Dreamweaver CS6 网页设计与制作项目教程

张　莉　王玉娟　黄　敏　主　编

徐　健　唐　琳　副主编

清华大学出版社

北　京

内 容 简 介

Dreamweaver CS6 作为专业的网页设计软件，是许多从事网页设计工作人员的必备工具。本书将详细介绍关于 Dreamweaver CS6 软件的基础知识和使用方法，实例是从典型工作任务中提炼的，简明易懂。全书分为 7 个项目，内容包括：教育培训类网站设计——站点管理与文本网页、艺术爱好类网站设计——表格与 AP Div 网页布局、生活服务类网站设计——使用图像与多媒体美化网页、电脑网络类网页设计——链接的创建、旅游交通类网站设计——使用 CSS 样式修饰页面、娱乐休闲类网页设计——使用行为制作特效网页、商业经济类网页设计——使用表单创建交互网页等。

本书项目案例贯穿 Dreamweaver CS6 的所有内容，是从行业典型工作任务中提炼并分析得到的符合学生认知过程和学习领域要求的项目，使用户通过基础理论学习以及实际制作，达到 Dreamweaver 网页制作的中级水平。

本书内容翔实，结构清晰，语言流畅，实例分析透彻，操作步骤简洁实用，可作为高职高专院校相关专业的教材，也适合广大初学 Dreamweaver 的用户使用。

图书在版编目(CIP)数据

Dreamweaver CS6 网页设计与制作项目教程/张莉，王玉娟，黄敏主编. —北京：清华大学出版社，2020.10
ISBN 978-7-302-55691-6

Ⅰ. ①D… Ⅱ. ①张… ②王… ③黄… Ⅲ. ①网页制作工具—高等学校—教材 Ⅳ. ①TP393.092.2

中国版本图书馆 CIP 数据核字(2020)第 105389 号

责任编辑：桑任松
装帧设计：杨玉兰
责任校对：周剑云
责任印制：杨 艳
出版发行：清华大学出版社
网 址：http://www.tup.com.cn, http://www.wqbook.com
地 址：北京清华大学学研大厦 A 座 **邮 编**：100084
社 总 机：010-62770175 **邮 购**：010-62786544
投稿与读者服务：010-62776969, c-service@tup.tsinghua.edu.cn
质量反馈：010-62772015, zhiliang@tup.tsinghua.edu.cn
课件下载：http://www.tup.com.cn, 010-62791865
印 装 者：大厂回族自治县彩虹印刷有限公司
经 销：全国新华书店
开 本：185mm×260mm **印 张**：21.75 **字 数**：524 千字
版 次：2020 年 10 月第 1 版 **印 次**：2020 年 10 月第 1 次印刷
定 价：62.00 元

产品编号：084991-01

前 言

随着网站技术的进一步发展，各企事业单位对网站开发工作人员的需求也大大增加。网站建设是一项综合性的技能，对很多计算机技术都有着较高的要求，而 Dreamweaver 是集创建网站和管理网站于一身的专业性网页编辑工具，因其界面友好、人性化和易于操作而被很多网页设计者所青睐。

本书用以帮助读者全面学习 Dreamweaver CS6 的使用，通过数个实例深入浅出地介绍 Dreamweaver CS6 的具体操作要领，以及如何快速使用其新功能。本书的讲解循序渐进，操作步骤清晰明了，针对一些关键的知识点，还介绍了其使用技巧及需要注意的问题，让读者在掌握各项操作的同时又学习了相关的技术精髓，这对于快速学习和掌握 Dreamweaver CS6 的操作是大有裨益的。

本书面向 Dreamweaver 的初、中级用户，采用由浅入深、循序渐进的写作方法，内容丰富。本书特色具体如下。

(1) 案例丰富，每个项目都有不同类型的案例，适合上机操作教学。

(2) 每个案例都经过编写者的精心挑选，可以引导读者发挥想象力，调动学习的积极性。

(3) 案例实用，技术含量高，与实践紧密结合。

(4) 配套资源丰富，方便教学。

本书由湖南应用技术学院信息工程学院张莉、中山大学新华学院信息科学学院王玉娟、乐山职业技术学院黄敏任主编，德州学院唐琳、桂林医学院徐健任副主编。在本书的编写过程中，参考了很多相关技术资料及经典案例，吸取了许多同仁的宝贵经验，在此深表感谢！本书的出版凝结了许多优秀教师的心血，在这里衷心感谢对本书的出版给予帮助的编辑老师、视频测试老师！

由于编者水平有限，书中错误之处在所难免，希望广大读者批评、指正。

编 者

目　录

项目 一

教育培训类网站设计——站点管理与文本网页

本章要点

基础知识

◈ 新建、保存、打开、关闭文档

◈ 页面属性设置

重点知识

◈ 编辑文本和设置文本属性

◈ 格式化文本

提高知识

◈ 设置段落格式

◈ 创建项目列表和编号列表

本章导读

文本是网页中最基本的元素，也是最直接的传达信息的方式。

本项目将介绍创建简单文本网页的一些基本操作，例如新建网页文档，设置页面属性、文本属性和格式化文本等。

任务 1 制作入学指南网页(一)——站点管理与网页的基本操作

入学指南网站是一个关于解决学生入学问题的网站，该例主要讲解如何打开文本网页，其效果如图 1-1 所示。

素材	项目一\入学指南网(一)	 图 1-1 入学指南网页(一)
场景	项目一\制作入学指南网页(一)——站点管理与网页的基本操作.html	
视频	项目一\任务 1：制作入学指南网页(一)——站点管理与网页的基本操作.mp4	

具体步骤如下。

(1) 按 Ctrl+O 组合键，在打开的对话框中选择“素材\项目一\入学指南网(一)\入学指南网(一).html”素材文件，单击【打开】按钮，如图 1-2 所示。

(2) 打开文件后的效果如图 1-3 所示。

图 1-2 选择素材文件

图 1-3 素材文件

(3) 在菜单栏中选择【文件】|【另存为】命令，如图 1-4 所示。

(4) 弹出【另存为】对话框，设置保存路径，将【文件名】设置为“制作入学指南网页(一)——打开文本网页”，单击【保存】按钮，如图 1-5 所示。

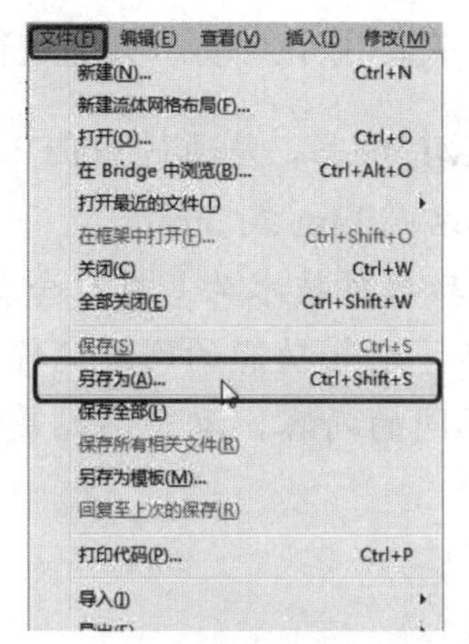

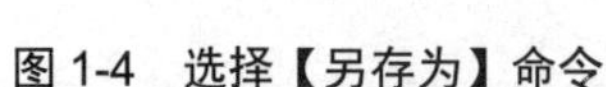

图 1-4　选择【另存为】命令

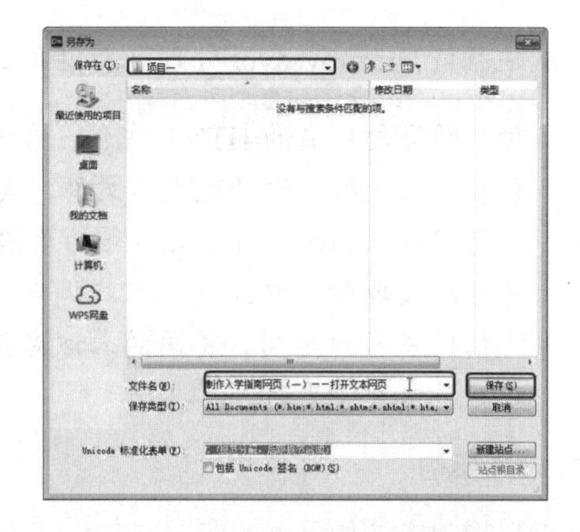

图 1-5　设置保存路径及名称

疑难解答：保存文件时弹出 Dreamweaver 对话框，应该怎么处理？

答：在弹出的 Dreamweaver 对话框中，单击【是】按钮，可以自动链接素材文件，如图 1-6 所示。

图 1-6　Dreamweaver 对话框

1.1.1　站点管理与应用

Dreamweaver 可以用来创建单个网页，但在大多数情况下，是将这些单独的网页组合成站点。Dreamweaver CS6 不仅提供了网页编辑功能，而且带有强大的站点管理功能。

有效地规划和组织站点，对建立网站是非常重要的。合理的站点结构能够加快对站点的设计，提高工作效率，节省时间。如果将所有的网页都存储在一个目录下，当站点的规模越来越大时，管理起来就会变得很不容易。因此一般来说，应该充分地利用文件夹来管理文档。

1. 认识站点

Dreamweaver 站点是一种管理网站中所有相关联文档的工具，通过站点可以实现将文件上传到网络服务器、自动跟踪和维护、管理文件以及共享文件等功能。严格地说，站点也是一种文档的组织形式，由文档和文档所在的文件夹组成，不同的文件夹保存不同的网页内容，如 images 文件夹用于存放图片，这样便于以后管理与更新。

Dreamweaver 中的站点包括本地站点、远程站点和测试站点 3 类。本地站点是用来存放整个网站框架的本地文件夹，是用户的工作目录，一般制作网页时只需建立本地站点。远程站点是存储于 Internet 服务器上的站点和相关文档。通常情况下，为了不连接 Internet 而对所建的站点进行测试，可以在本地计算机上创建远程站点，来模拟真实的 Web 服务器进行测试。测试站点是 Dreamweaver 处理动态页面的文件夹，用于对动态页面进行测试。

提示：静态网页是标准的 HTML 文件，采用 HTML 编写，是通过 HTTP 在服务器端和客户端之间传输的纯文本文件，其扩展名是 htm 或 html。

动态网页以.asp、.jsp、.php 等为后缀，以数据库技术为基础，含有程序代码，是可以实现如用户注册、在线调查、订单管理等功能的网页文件。动态网页能根据不同的时间、不同的来访者显示不同的内容，动态网站更新方便，一般在后台直接更新。

2. 确立站点架构

确立站点架构的方法如下。

1) 站点的作用

站点用来存储一个网站的所有文件，这些文件包括网页文件、图片文件、服务器端处理程序和 Flash 动画等多种文件。

在定义站点之前，首先要做好站点的规划，包括站点的目录结构和链接结构等。这里讲的站点目录结构是指本地站点的目录结构，远程站点的结构应该与本地站点相同，以便于网页的上传与维护。链接结构是指站点内各文档之间的链接关系。

2) 合理建立目录

站点的目录结构与站点的内容多少有关。如果站点的内容很多就要创建多级目录，以便分门别类存放不同类别的文档；如果站点的内容不多，目录结构可以简单一些。创建目录结构的基本原则是方便站点的管理和维护。创建的目录结构是否合理，对浏览者似乎没有什么影响，但对于网站的上传、更新、维护、扩充和移植等工作却有很大的影响。特别是大型网站，目录结构设计不合理时，文档的存放就会混乱。因此，在设计网站目录结构时，应该注意以下几点。

(1) 无论站点大小，都应该创建一定规模的目录结构，不要把所有的文件都存放在站点的根目录中。如果把很多的文件都放在根目录中，很容易造成文件管理的混乱，影响工作效率，也容易产生错误。

(2) 按模块及其内容创建子目录。

(3) 目录层次不要太深，一般控制在 5 级以内。

(4) 不要使用中文目录名，以免出现链接和浏览错误。

(5) 为首页建立文件夹，用来存放网站首页中的各种文件，首页的使用率最高，为它单独建一个文件夹很有必要。

(6) 目录名应能反映目录中的内容，以方便管理和维护。但是这样也容易导致安全问题，浏览者会很容易猜测出网站的目录结构，也就容易对网站实施攻击。所以在设计目录结构的时候，应尽量避免目录名和栏目名完全一致，可以采用数字、字母、下划线等组合的方式来提高目录名的猜测难度。

3. 创建本地站点

在开始制作网页之前，最好先定义一个新站点，这是为了更好地利用站点对文件进行管理，也可以尽可能减少错误，如链接出错、路径出错等。

使用 Dreamweaver 的向导创建本地站点的具体操作步骤如下。

(1) 打开 Dreamweaver CS6，选择【站点】|【新建站点】命令，弹出【站点设置对象】对话框，在对话框中输入站点的名称，如图 1-7 所示。

(2) 单击对话框的【浏览文件夹】按钮，设置站点的目录，如图 1-8 所示。

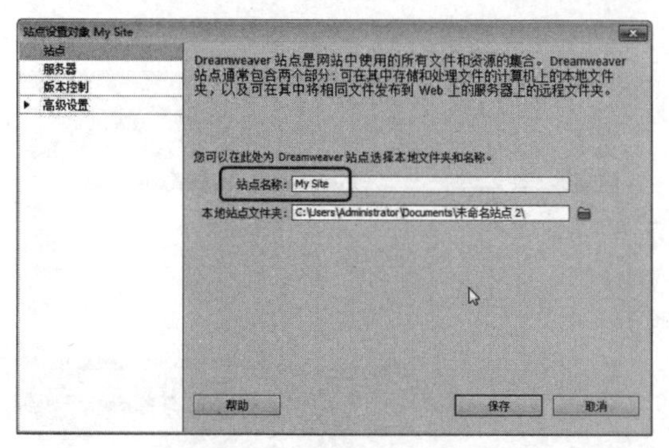

图 1-7　设置站点名称

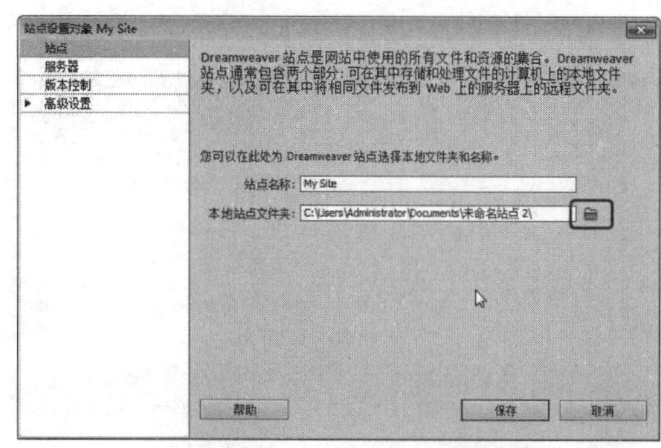

图 1-8　设置站点目录

(3) 弹出【选择根文件夹】对话框，选择需要设为根目录的文件夹，然后单击【选择】按钮，如图 1-9 所示。

(4) 返回【站点设置对象】对话框，本地站点文件夹已设定为选择的文件夹，在对话框中单击【保存】按钮，完成本地站点的创建，如图 1-10 所示。

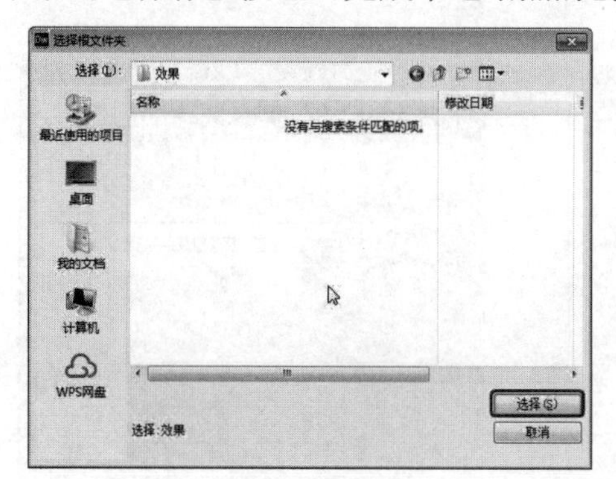

图 1-9　选择文件夹

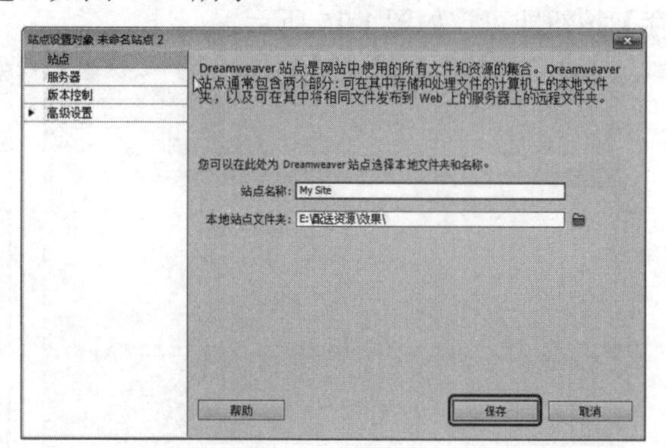

图 1-10　完成设置

(5) 本地站点创建完成后，在【文件】面板的【本地文件】栏中会显示该站点的根目录，如图 1-11 所示。

图 1-11　站点根目录

4. 管理站点

在 Dreamweaver CS6 中创建完站点后，可以对本地站点进行多方面的管理，如打开站点、编辑站点、复制站点及删除站点等。

1) 打开和编辑站点

在 Dreamweaver CS6 中可以定义多个站点，但是 Dreamweaver CS6 每次只能对一个站点进行处理，这样有时就需要在各个站点之间进行切换，打开另一个站点。

(1) 在菜单栏中选择【站点】|【管理站点】命令，打开【管理站点】对话框，如图 1-12 所示。

(2) 在【管理站点】对话框中选择要打开的站点，如选择 My Site02，单击【完成】按钮即可将其打开，如图 1-13 所示。

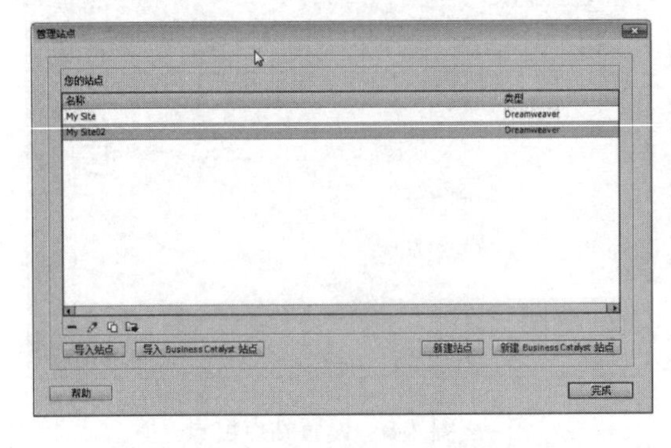

图 1-12　【管理站点】对话框

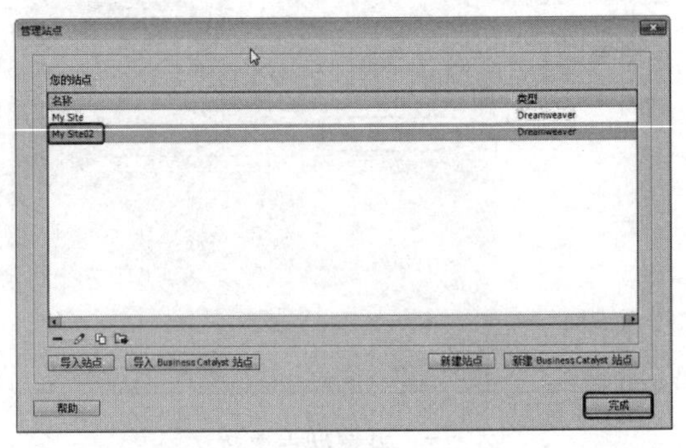

图 1-13　打开站点

(3) 如果要对站点进行编辑，可在选择站点名称后单击【编辑】按钮，如图 1-14 所示。

(4) 弹出【站点设置对象】对话框，在对话框中对站点进行编辑，设置完毕后，单击【保存】按钮即可，如图 1-15 所示。

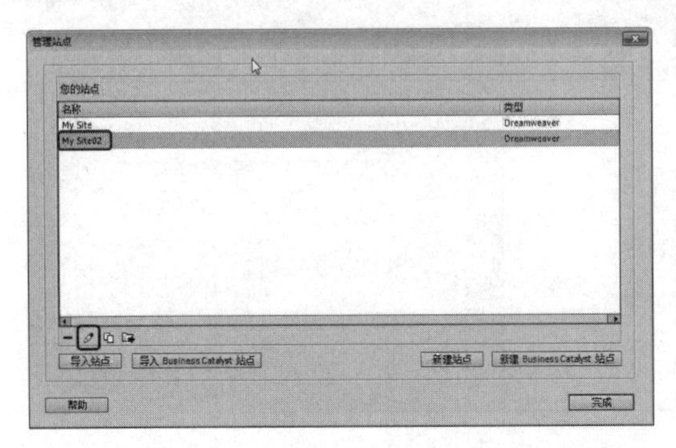

图 1-14　选择站点

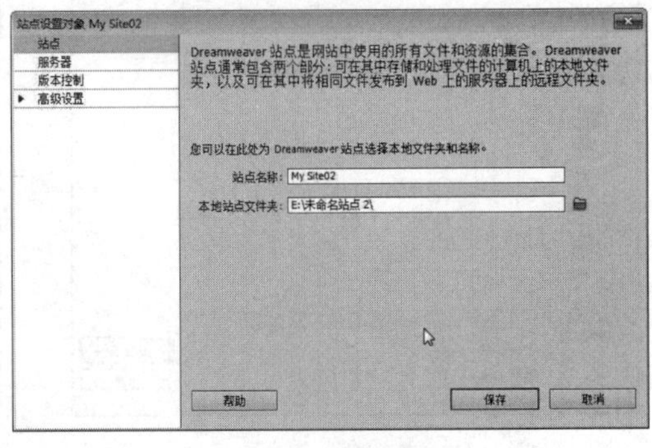

图 1-15　编辑站点

2) 复制和删除站点

如果要创建一个站点，而它的基本设置与已有站点都相同，那么为了减少重复劳动，就可以使用复制站点行为。而删除站点，就是将不需要的站点删除，但从站点列表中删除 Dreamweaver 站点及其所有设置信息并不会将站点文件从计算机中删除。

(1) 在菜单栏中选择【站点】|【管理站点】命令，打开【管理站点】对话框。

(2) 在打开的【管理站点】对话框中选择一个站点名称，然后单击【复制】按钮，复制站点，如图 1-16 所示。

(3) 完成对所选择站点的复制，如图 1-17 所示。

(4) 选择不需要的站点，单击【删除】按钮，如图 1-18 所示。

(5) 在弹出的确认删除信息对话框中单击【是】按钮，如图 1-19 所示，将选中的站点删除。

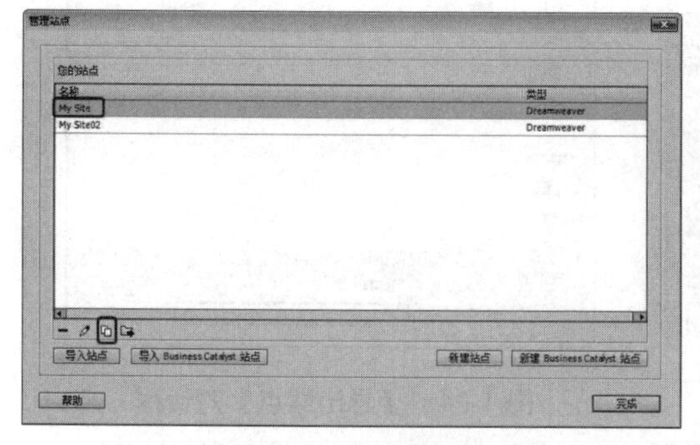

图 1-16　选择站点

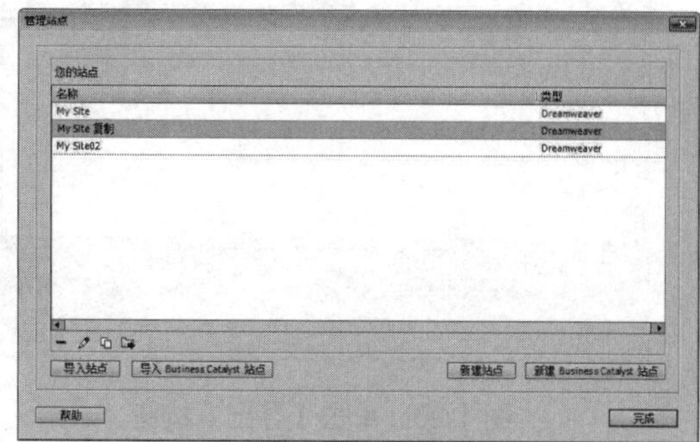

图 1-17　复制站点

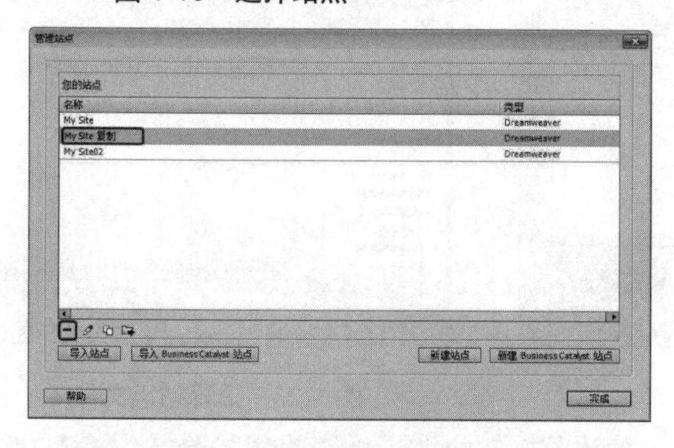

图 1-18　选择要删除的站点

图 1-19　确认删除

3) 导出和导入站点

在 Dreamweaver CS6 的站点编辑中，可以将现有的站点导出为一个站点文件，也可以将站点文件导入。导出、导入的作用在于保存和恢复站点与本地文件的链接关系。

导出和导入站点都是在【管理站点】对话框中操作的，使用者可以通过这些操作将站点导出或导入 Dreamweaver。这样，可以在各个计算机和产品版本之间移动站点，或者与其他用户共享这些设置。下面介绍站点导出和导入的操作。

(1) 打开【管理站点】对话框，选择要导出的一个或多个站点，然后单击【导出】按钮，如图 1-20 所示。

(2) 单击【导出】按钮后，打开【导出站点】对话框，然后设置文件名和存储路径，如图 1-21 所示。

(3) 单击【保存】按钮，将站点保存为后缀为.ste 的文件。

(4) 如果要在其他的计算机中将站点导入 Dreamweaver 中，可以单击【管理站点】对话框中的【导入站点】按钮，如图 1-22 所示。

(5) 打开【导入站点】对话框，选择要导入的站点文件，单击【打开】按钮，如图 1-23 所示。

(6) 如果 Dreamweaver 中有与导入的站点文件中的站点名称相同的站点，将会弹出提示对话框，单击【确定】按钮，如图 1-24 所示。

(7) 完成站点的导入，如图 1-25 所示。

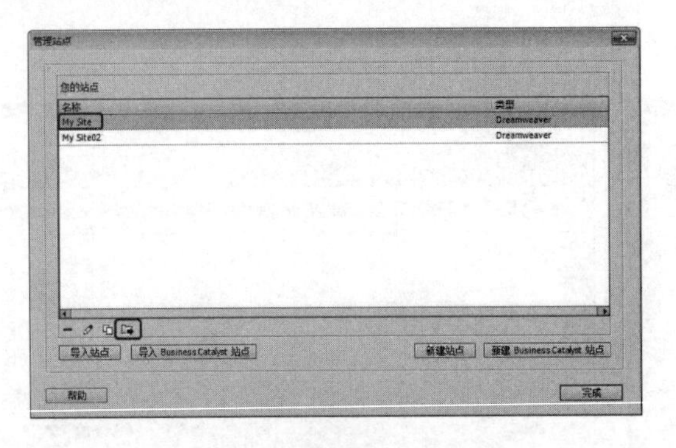

图 1-20　单击【导出】按钮

图 1-21　【导出站点】对话框

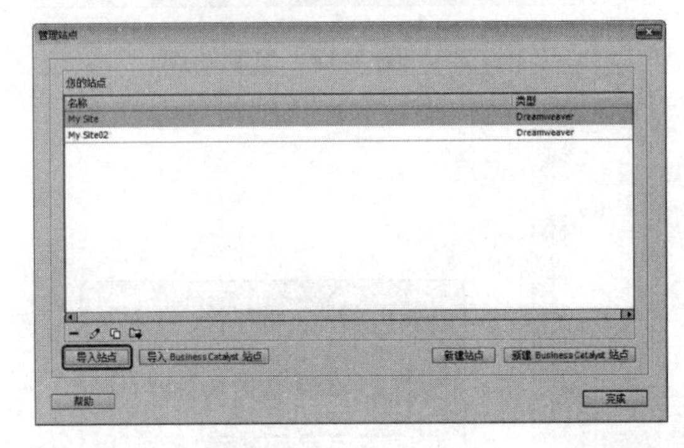

图 1-22　导入站点

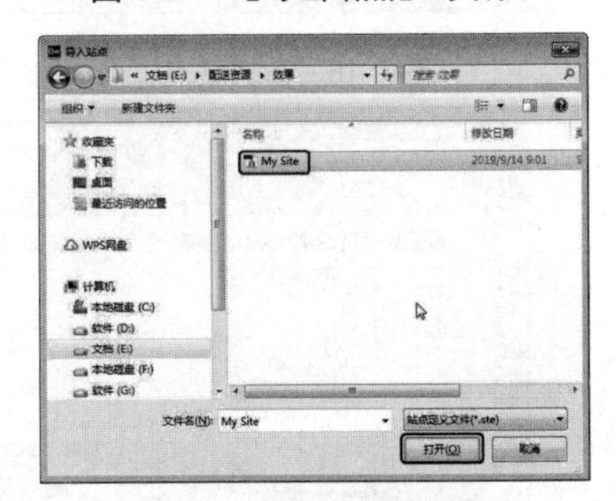

图 1-23　选择站点文件

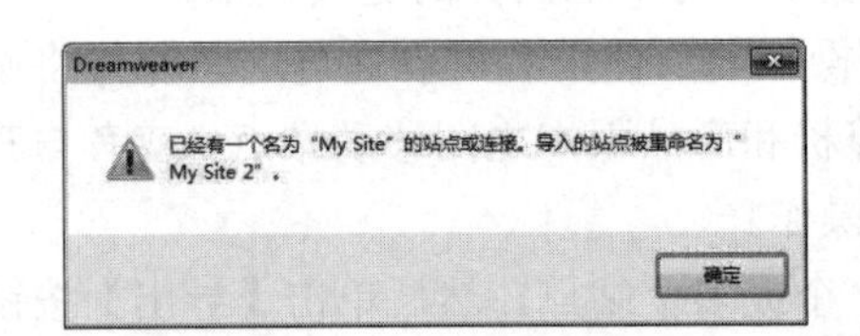

图 1-24　提示对话框

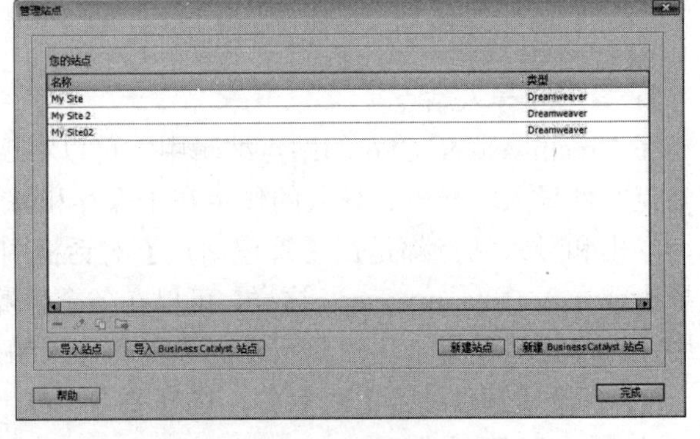

图 1-25　完成站点的导入

5. 文件及文件夹的操作

创建站点的主要目的就是有效地管理站点文件。无论是创建空白站点还是利用已有的文档创建站点，都需要对站点中的文件夹或文件进行操作。利用【文件】面板，可以对本地站点中的文件夹和文件进行创建、删除、移动和复制等操作。

1) 创建文件夹

站点中的所有文件被统一存放在单独的文件夹内，根据包含文件的多少，又可以细分到子文件夹里。在本地站点中创建文件夹的具体操作步骤如下。

(1) 打开【文件】面板，可以看到所创建的站点，如图 1-26 所示。

(2) 在【本地文件】栏中右击站点名称，弹出右键快捷菜单，选择【新建文件夹】命令，如图 1-27 所示。

(3) 新建文件夹的名称处于可编辑状态，可以为新建文件夹重新命名，将新建文件夹命名为“images”，通常在此文件夹中存放图片，如图 1-28 所示。

(4) 在文件夹名称上右击，从弹出的快捷菜单中选择【新建文件夹】命令，就会在所选择的文件夹下创建子文件夹。例如在 images 文件夹下创建 001 子文件夹，如图 1-29 所示。

图 1-26 【文件】面板

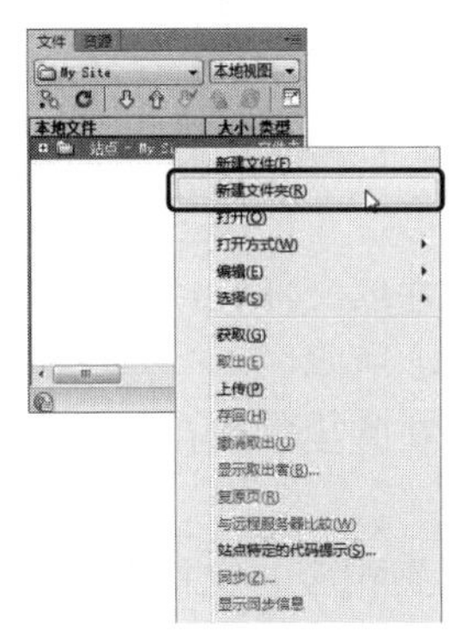

图 1-27 选择【新建文件夹】命令

图 1-28 重命名文件夹

图 1-29 新建 001 子文件夹

提示： 选定文件夹后，单击文件夹的名称或按 F2 键，使文字处于可编辑状态，然后输入新的名称即可修改文件夹名。

2) 创建文件

文件夹创建完成后，就可以在文件夹中创建相应的文件了，创建文件的具体操作步骤如下。

(1) 打开【文件】面板，在准备新建文件的文件夹上右击，在弹出的快捷菜单中选择【新建文件】命令，如图 1-30 所示。

(2) 新建文件的名称处于可编辑状态，可以为其重新命名。新建的文件名默认为 untitled.html，可将其改为“index.html”，如图 1-31 所示。

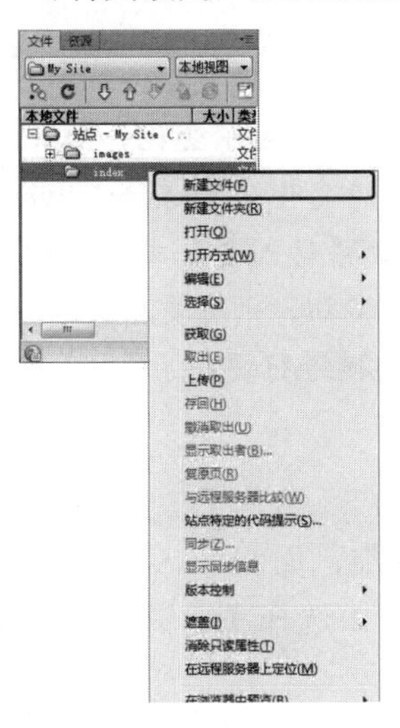

图 1-30 选择【新建文件】命令

图 1-31 重命名文件

提示：创建文件时，一般应先创建主页，文件名应设定为 index.htm 或 index.html，否则，上传后将无法显示网站内容。文件名的后缀.html 不可省略，否则就不是网页了。

3) 文件或文件夹的移动与复制

在【文件】面板中，可以利用快捷菜单中的【剪切】、【拷贝】和【粘贴】等命令来实现文件或文件夹的移动和复制，也可以选择【编辑】菜单中的相应命令，或直接用鼠标拖动来实现，具体操作步骤如下。

(1) 在【文件】面板中，选中要移动的文件或文件夹，右击，在弹出的快捷菜单中选择【编辑】|【剪切】或【拷贝】命令，如图 1-32 所示。

(2) 在要放置文件的文件夹名称上右击，在弹出的快捷菜单中选择【编辑】|【粘贴】命令，如图 1-33 所示。

(3) 这样，文件或文件夹就被移动或复制到相应的文件夹中了，如图 1-34 所示。

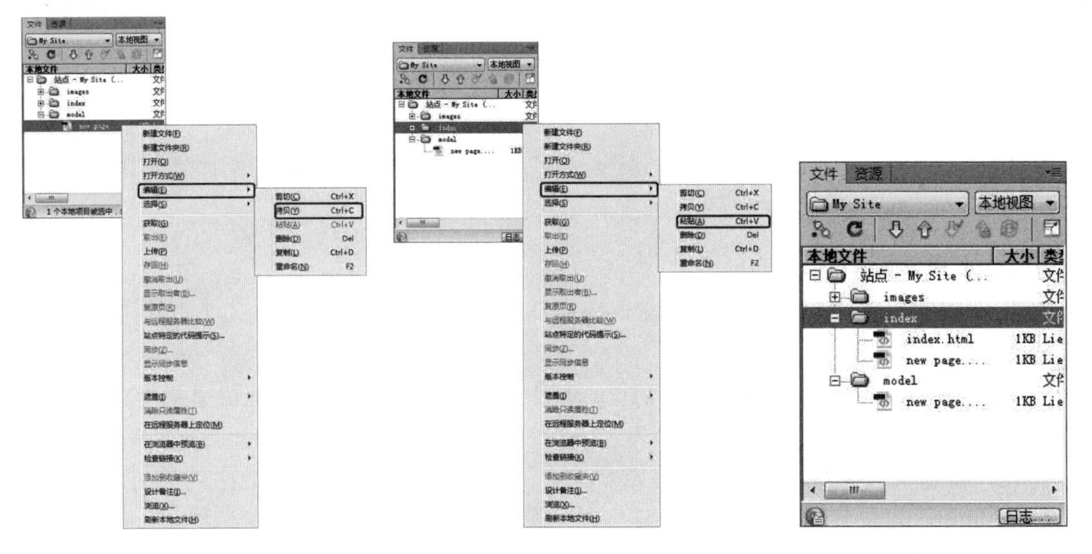

图 1-32 选择【拷贝】命令　　图 1-33 选择【粘贴】命令　　图 1-34 完成粘贴

提示：如果移动或复制的是文件，由于文件的位置发生了变化，因此，其中的链接信息(特别是相对链接)可能也会发生相应的变化。Dreamweaver CS6 会弹出【更新文件】对话框，提示是否要更新被移动或复制文件中的链接信息。从列表中选中要更新的文件，单击【更新】按钮，则可更新文件中的链接信息；单击【不更新】按钮，则不对文件中的链接进行更新。

4) 删除文件或文件夹

从本地站点中删除文件或文件夹的具体操作步骤如下。

(1) 在【文件】面板中，选中要删除的文件或文件夹，如图 1-35 所示。

(2) 右击选中的文件或文件夹，在弹出的快捷菜单中选择【编辑】|【删除】命令，如图 1-36 所示。或直接按 Delete 键。

(3) 这时会弹出提示对话框，询问是否要删除所选的文件，如图 1-37 所示。单击【是】按钮，即可将文件或文件夹从本地站点中删除。

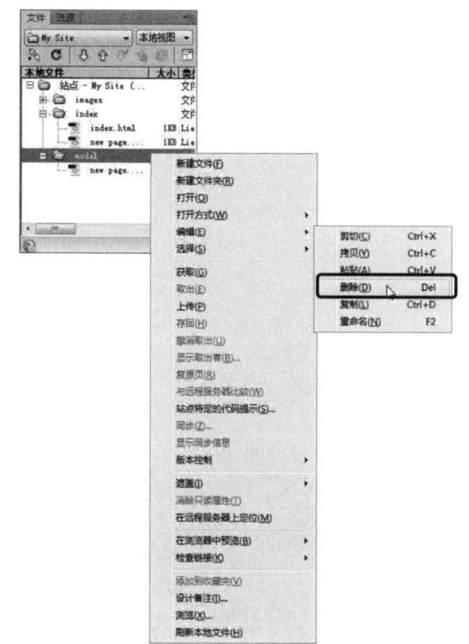

图 1-35　选择文件夹或文件　　图 1-36　选择【删除】命令　　图 1-37　提示对话框

提示： 与站点的删除操作不同，对文件或文件夹的删除操作会从磁盘上将其删除。按 Delete 键，也可将其删除。

1.1.2　新建网页文档

新建网页文档，是正式学习网页制作的第一步，也是网页制作的基本条件。下面来介绍新建网页文档的基本操作方法。

(1) 在菜单栏中选择【文件】|【新建】命令，如图 1-38 所示。

(2) 弹出【新建文档】对话框，选择【空白页】选项，在【页面类型】列表框中选择 HTML 选项，在【布局】列表框中选择【无】选项，如图 1-39 所示。

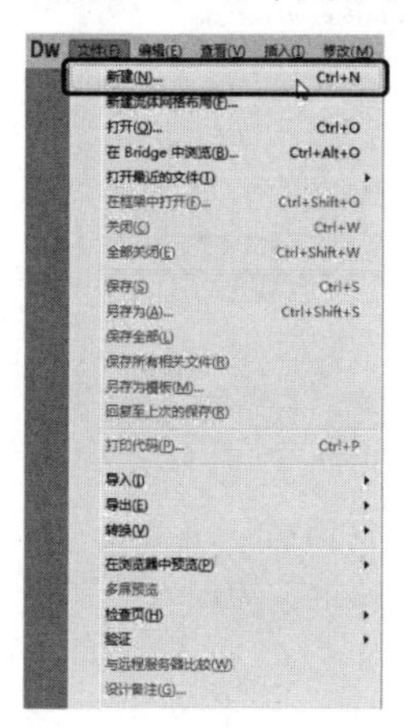

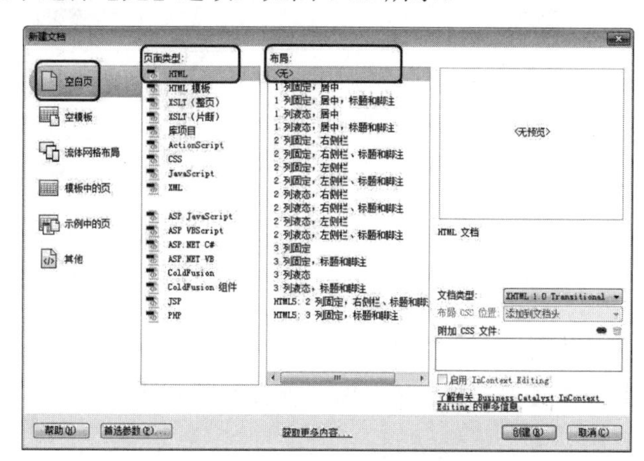

图 1-38　选择【新建】命令　　图 1-39　【新建文档】对话框

(3) 单击【创建】按钮，即可新建一个空白的 HTML 网页文档，如图 1-40 所示。

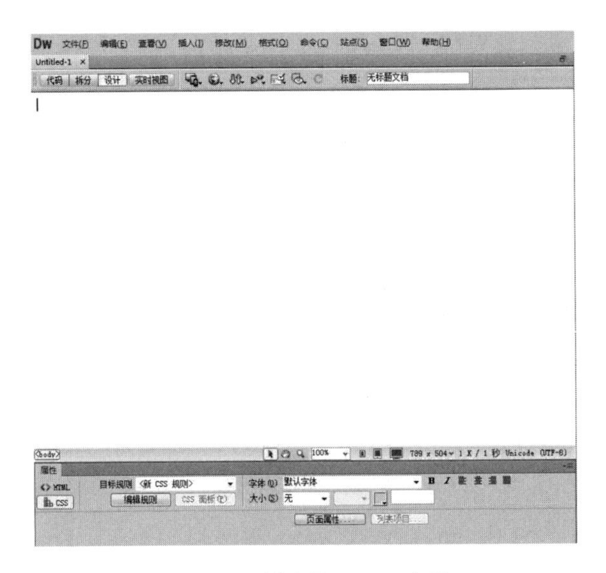

图 1-40　新建的 HTML 文档

1.1.3　保存网页文档

下面来介绍保存网页文档的方法，具体操作步骤如下。

(1) 在菜单栏中选择【文件】|【保存】命令，如图 1-41 所示。

(2) 弹出【另存为】对话框，在该对话框中为网页文档选择存储位置并输入文件名，然后选择保存类型，如图 1-42 所示。

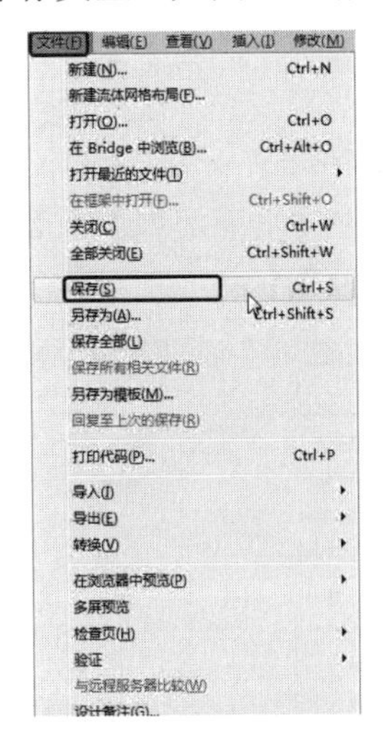

图 1-41　选择【保存】命令

图 1-42　【另存为】对话框

(3) 单击【保存】按钮，即可保存网页文档。

提示： 保存网页的时候，可以在【保存类型】下拉列表框中根据制作网页的要求选择不同的文件类型。设置文件名的时候，不要使用特殊符号，也尽量不要使用中文名称。

1.1.4 打开网页文档

下面来介绍如何打开网页文档。

(1) 在菜单栏中选择【文件】|【打开】命令，如图 1-43 所示。

(2) 在弹出的【打开】对话框中选择“素材\项目一\个人简历.html”素材文件，如图 1-44 所示。

(3) 单击【打开】按钮，即可在 Dreamweaver 中打开网页文件，如图 1-45 所示。

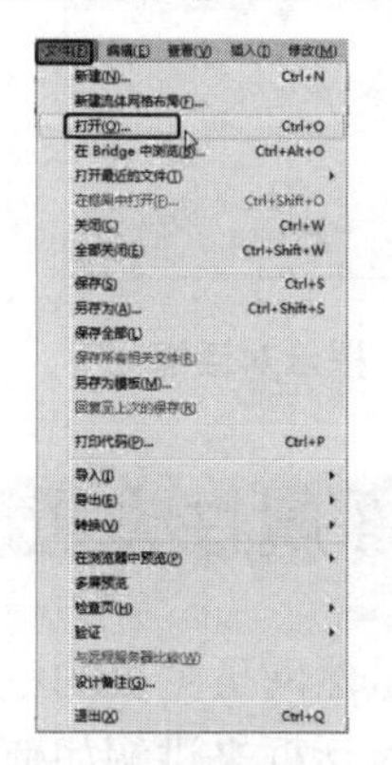

图 1-43 选择【打开】命令

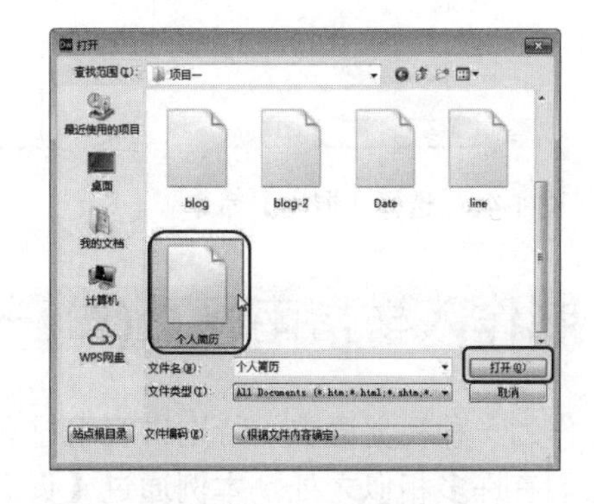

图 1-44 选择素材文件

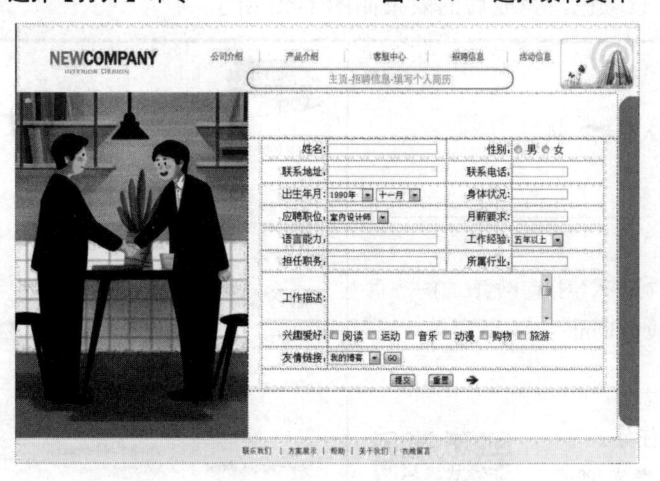

图 1-45 打开文件

1.1.5 关闭网页文件

下面再来介绍关闭网页文件的方法，具体的操作步骤如下。

(1) 在菜单栏中选择【文件】|【退出】命令，如图 1-46 所示，即可将文件关闭。

(2) 如果对打开的网页文件进行了操作，则在关闭该文件时，会弹出如图 1-47 所示的提示对话框，提示是否保存该文档，单击【是】按钮，即可保存文档。

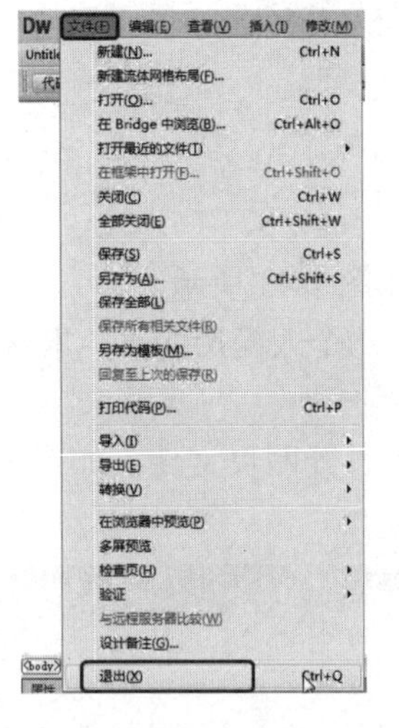

图 1-46　选择【退出】命令

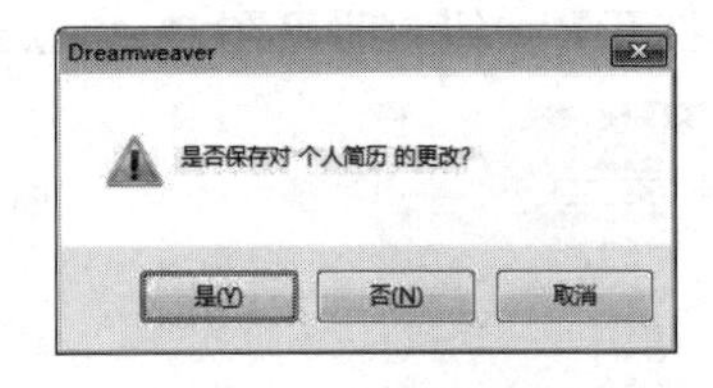

图 1-47　提示对话框

任务 2　制作入学指南网页(二)——页面属性设置

网页设计作为一种视觉语言，特别讲究编排和布局，虽然网页主页的设计不等同于平面设计，但它们有许多相似之处。本例通过【页面属性】对话框来讲解如何更改“入学指南网页(二)”的背景颜色，完成后的效果如图 1-48 所示。

素材	项目一\入学指南网(二)	图 1-48　入学指南网页(二)
场景	项目一\制作入学指南网页(二)——页面属性设置.html	
视频	项目一\任务 2：制作入学指南网页(二)——页面属性设置.mp4	

具体步骤如下。

(1) 打开“素材\项目一\入学指南网(二)\入学指南网页(二).html”素材文件，如图 1-49 所示。

(2) 在【属性】面板中选中 CSS 选项，单击【页面属性】按钮，如图 1-50 所示。

提示： 按 Ctrl+F3 组合键，打开【属性】面板。

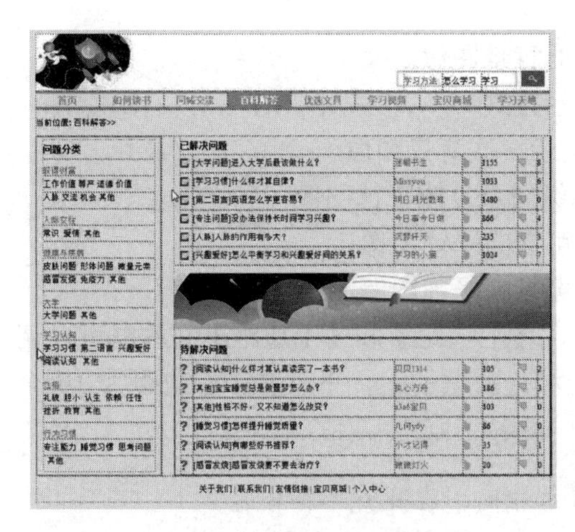

图 1-49　素材文件

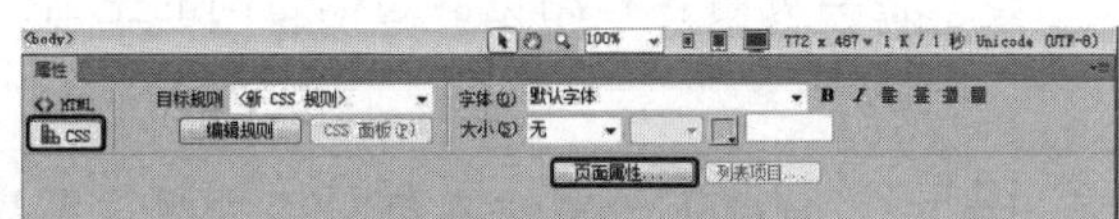

图 1-50　单击【页面属性】按钮

(3) 弹出【页面属性】对话框，将【分类】设置为【外观(CSS)】，将【背景颜色】设置为#FFFFFF，单击【确定】按钮，如图 1-51 所示，即可更改素材文件的背景颜色。

(4) 更改背景颜色后的效果如图 1-52 所示。

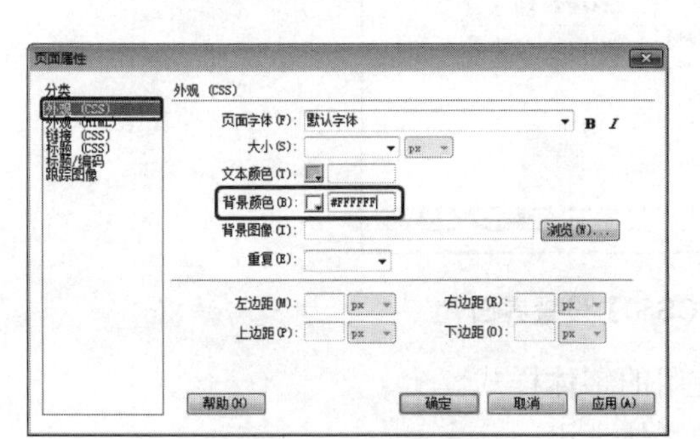

图 1-51　设置背景颜色

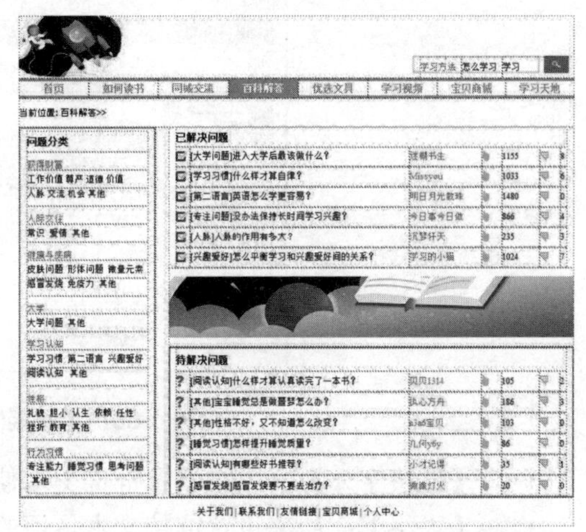

图 1-52　更改背景颜色后的效果

1.2.1　外观

在【页面属性】对话框左侧的【分类】列表框中选择【外观(CSS)】选项，切换到【外观(CSS)】设置界面。

◎　【页面字体】：用来设置网页中文本的字体样式。

◎　【大小】：用来设置网页中文字的大小。

◎　【文本颜色】：用来设置网页中文本的颜色。单击【文本颜色】右侧的按钮，在打开的拾色器中选择颜色。

◎　【背景颜色】：用来设置页面中使用的背景颜色。单击【背景颜色】右侧的按钮，在打开的拾色器中选择颜色。

◎　【背景图像】：用来设置页面的背景图像。单击右侧的【浏览】按钮，在弹出的

【选择图像源文件】对话框中选择需要的背景图像。

◎ 【重复】：设置背景图像在页面上的显示方式。
  ◈ no-repeat(非重复)：选择该选项仅显示一次背景图像。
  ◈ repeat(重复)：选择该选项可横向和纵向重复或平铺图像。
  ◈ repeat-x(横向重复)：选择该选项后可横向平铺图像。
  ◈ repeat-y(纵向重复)：选择该选项后可纵向平铺图像。

◎ 页边距：使用【左边距】、【右边距】、【上边距】和【下边距】文本框可以调整网页内容和浏览器边框之间的空白区域，默认的上、下、左、右边距为 10 个像素。

提示： HTML 外观设置与 CSS 外观设置基本相同，在此就不再赘述。

1.2.2 链接

在【页面属性】对话框左侧的【分类】列表框中选择【链接(CSS)】选项，切换到【链接(CSS)】设置界面，如图 1-53 所示。

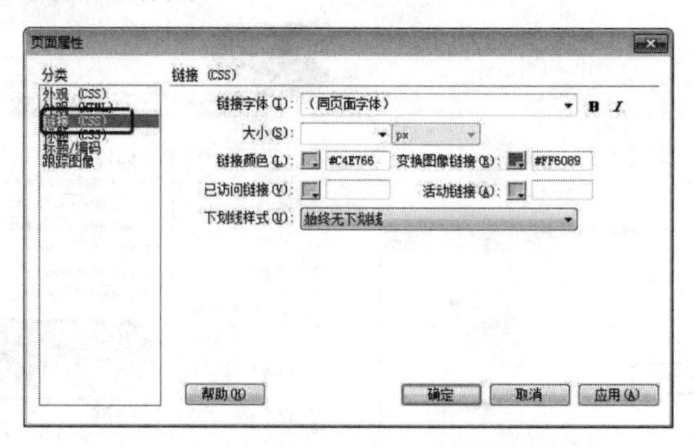

图 1-53 【链接(CSS)】设置界面

◎ 【链接字体】：用来设置链接文本使用的字体样式。
◎ 【大小】：用来设置链接文本使用的字体大小。
◎ 【链接颜色】：用来设置应用于链接文本的颜色。
◎ 【变换图像链接】：用来设置当鼠标指针位于链接上时显示的颜色。
◎ 【已访问链接】：用来设置应用于访问过的链接的颜色。
◎ 【活动链接】：用来设置单击链接时显示的颜色。
◎ 【下划线样式】：用来设置是否在链接上增加下划线。

1.2.3 标题

在【页面属性】对话框左侧的【分类】列表框中选择【标题(CSS)】选项，切换到【标题(CSS)】设置界面，在这里可以为标题(这里指用<hl>等定义的标题文本)定义更细致的格式，如图 1-54 所示。

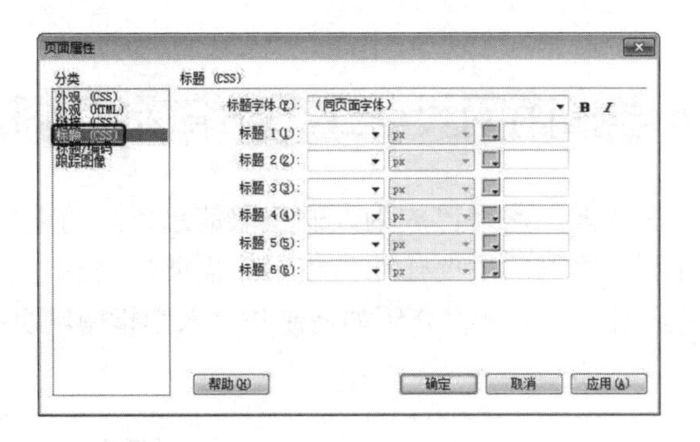

图 1-54　【标题(CSS)】设置界面

1.2.4　标题/编码

在【页面属性】对话框左侧的【分类】列表框中选择【标题/编码】选项，切换到【标题/编码】设置界面，在其中可以设置网页的字符编码，如图 1-55 所示。

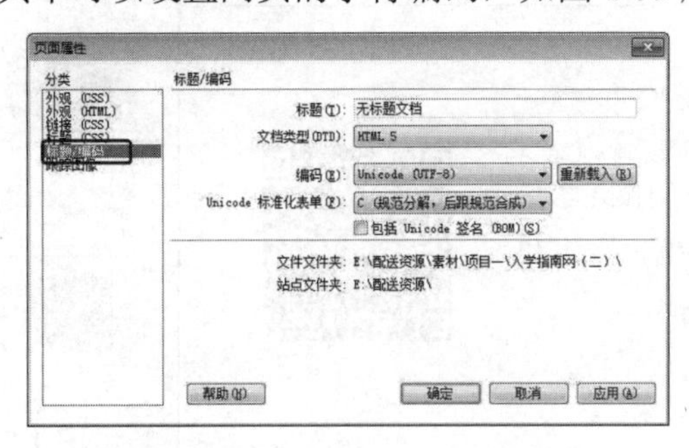

图 1-55　【标题/编码】设置界面

1.2.5　跟踪图像

在【页面属性】对话框左侧的【分类】列表框中选择【跟踪图像】选项，切换到【跟踪图像】设置界面，如图 1-56 所示，可以为当前制作的网页添加跟踪图像。

在【跟踪图像】文本框中输入跟踪图像的路径，跟踪图像就会出现在编辑窗口中。也可以单击右侧的【浏览】按钮，在弹出的【选择图像源文件】对话框中进行选择；通过拖动【透明度】滑块可以调节跟踪图像的透明度。

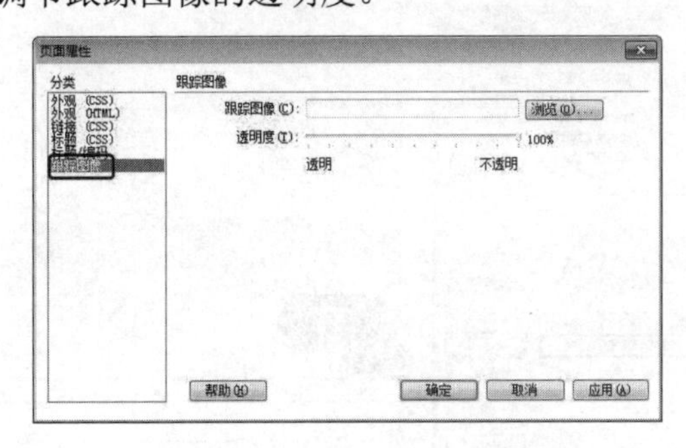

图 1-56　【跟踪图像】设置界面

任务 3 制作入学指南网页(三)——编辑文本和设置文本属性

在互联网高速发展的今天，网络已成为人们获取信息资源的重要途径。信息的呈现离不开网页这个重要的界面，网页的主要作用是将用户需要的信息与资源采用一定的手段进行组织，通过网络传递给用户。本例将介绍如何制作“入学指南网页(三)”，效果如图 1-57 所示。

素材	项目一\入学指南网(三)
场景	项目一\制作入学指南网页(三)——编辑文本和设置文本属性.html
视频	项目一\任务 3：制作入学指南网页(三)——编辑文本和设置文本属性.mp4

图 1-57 入学指南网页(三)

具体操作步骤如下。

(1) 在“制作入学指南网页(二)——页面属性设置”场景文件中，选择菜单栏中的【文件】|【另存为】命令，弹出【另存为】对话框。在该对话框中选择场景文件的保存位置，并输入文件名为“制作入学指南网页(三)——编辑文本和设置文本属性”，单击【保存】按钮，如图 1-58 所示。

(2) 在“制作入学指南网页(三)——编辑文本和设置文本属性”场景文件中将不需要的表格删除，删除表格后的效果如图 1-59 所示。

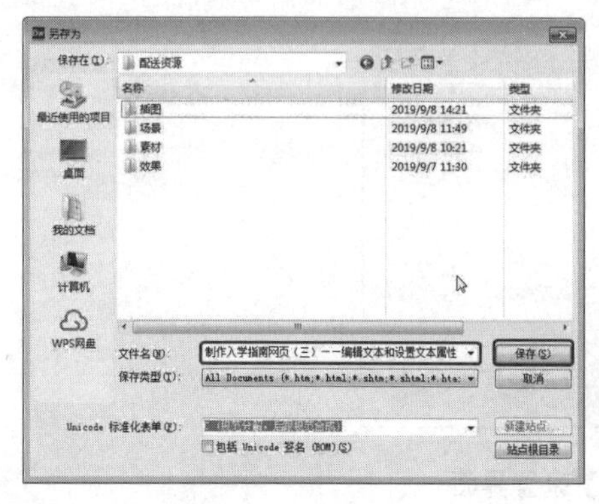

图 1-58 另存文件

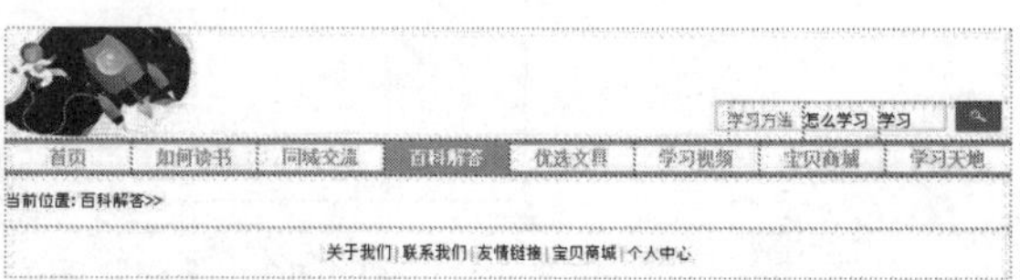

图 1-59 删除表格后的效果

(3) 将鼠标指针置入大表格中第二行的第四个单元格中，在【属性】面板中取消背景颜色的填充，然后将文字样式更改为 A4，效果如图 1-60 所示。

疑难解答：更改文本样式后，为什么没有变化？

答：在这里需要选中【百科解答】文本，单击【目标规则】右侧的按钮，选择<删除类>选项，然后将【目标规则】设置为 A4，即可改变文字样式。

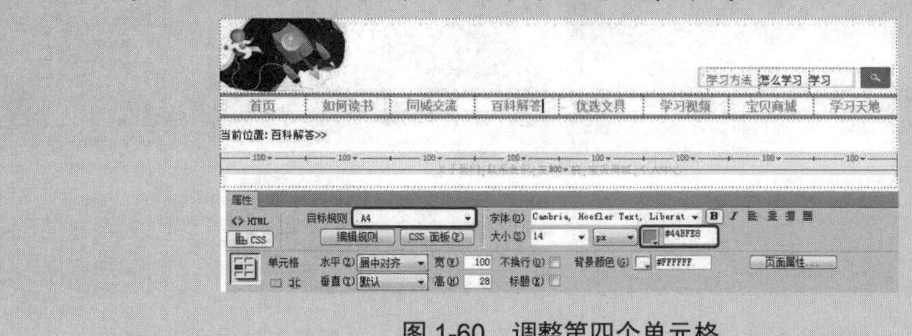

图 1-60 调整第四个单元格

(4) 将鼠标指针置入大表格中第二行的第五个单元格中，在【属性】面板中将【背景颜色】设置为#44BFE8，然后将文字样式更改为 A3，效果如图 1-61 所示。

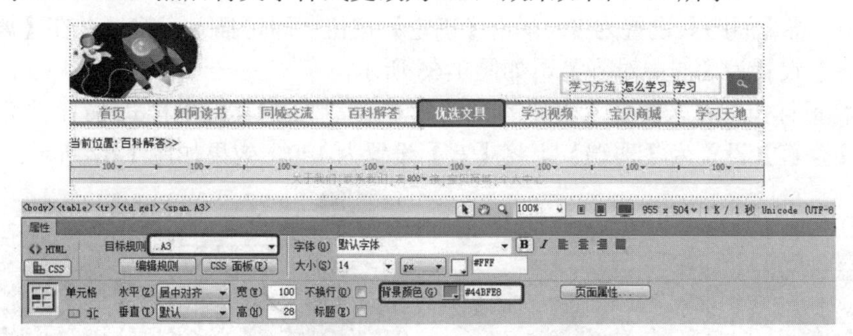

图 1-61 调整第五个单元格

(5) 将大表格中第三行中的文字删除，并插入素材“图片.jpg”，效果如图 1-62 所示。

(6) 将鼠标指针置入大表格的右侧，按 Ctrl+Alt+T 组合键，打开【表格】对话框，将【行数】和【列】都设置为 1，将【表格宽度】设置为 800 像素，将【边框粗细】、【单元格边距】、【单元格间距】都设置为 0，单击【确定】按钮，如图 1-63 所示，即可插入表格。

图 1-62 插入素材图片

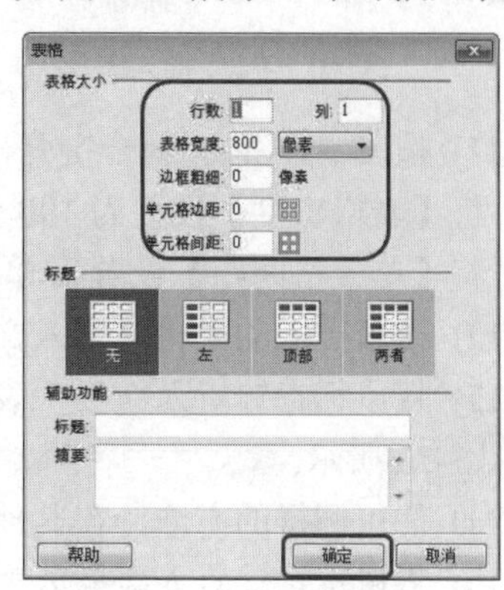

图 1-63 【表格】对话框

(7) 在【属性】面板中将【对齐】设置为【居中对齐】，如图 1-64 所示。

(8) 将鼠标指针置入新插入的表格中，为其应用样式 ge2，然后在【属性】面板中将【高】设置为 30，并在表格中输入文字，为输入的文字应用样式 A5，效果如图 1-65 所示。

图 1-64　设置表格对齐方式

图 1-65　设置单元格并输入文字

(9) 将鼠标指针置入新插入表格的右侧，然后按 Ctrl+Alt+T 组合键弹出【表格】对话框，将【行数】设置为 1，将【列】设置为 4，将【宽】设置为 804 像素，将【填充】和【边距】都设置为 0，将【间距】设置为 8，单击【确定】按钮，即可插入表格，并在【属性】面板中将【对齐】设置为【居中对齐】，如图 1-66 所示。

(10) 将鼠标指针置入新插入表格的第一个单元格中，为其应用样式 ge3，然后在【属性】面板中将【垂直】设置为【顶端】，将【宽】设置为 190，效果如图 1-67 所示。

图 1-66　插入表格

图 1-67　设置单元格属性

(11) 按 Ctrl+Alt+T 组合键弹出【表格】对话框，将【行数】设置为 4，将【列】设置为 1，将【表格宽度】设置为 190 像素，将【边框粗细】设置为 0，将【单元格边距】设置为 8，将【单元格间距】设置为 0，单击【确定】按钮，即可插入表格，如图 1-68 所示。

(12) 在新插入的表格中输入文字，并为输入的文字应用样式 A2，效果如图 1-69 所示。

(13) 将鼠标指针置入新插入表格的第 2 个单元格中，并插入素材图片“001.jpg”，效果如图 1-70 所示。

(14) 使用同样的方法，在其他单元格中插入素材图片，效果如图 1-71 所示。

(15) 将鼠标指针置入新插入表格的右侧，然后按 Ctrl+Alt+T 组合键弹出【表格】对话框，将【行数】和【列】都设置为 1，将【表格宽度】设置为 800 像素，将【边框粗细】、

【单元格边距】和【单元格间距】都设置为 0，单击【确定】按钮，即可插入表格，并在【属性】面板中将【对齐】设置为【居中对齐】，如图 1-72 所示。

图 1-68　插入表格

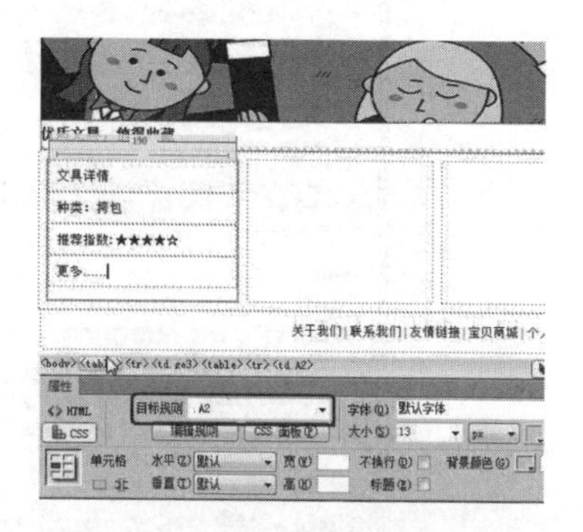

图 1-69　输入文字并应用样式

图 1-70　插入素材图片

图 1-71　在其他单元格中插入素材图片

图 1-72　插入表格

(16) 将鼠标指针置入新插入的表格中，在菜单栏中选择【插入】|HTML|【水平线】命令，即可在单元格中插入水平线。在【属性】面板中将【高】设置为 1，并单击【拆分】按钮，在视图中输入代码，用于更改水平线的颜色，如图 1-73 所示。

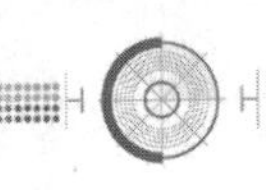

图 1-73　插入水平线

知识链接：水平线属性的各项参数

【宽】：在此文本框中输入水平线的宽度值，默认单位为像素，也可设置为百分比。

【高】：在此文本框中输入水平线的高度值，单位只能是像素。

【对齐】：用于设置水平线的对齐方式，有【默认】、【左对齐】、【居中对齐】和【右对齐】4 种方式。

【阴影】：选中该复选框，水平线将产生阴影效果。

【类】：在其下拉列表中可以添加样式，或应用已有的样式到水平线。

提示： 水平线对于组织信息很有用。在页面中，可以使用一条或多条水平线以可视的方式分隔文本和对象。

(17) 单击【设计】按钮，切换到【设计】视图，结合前面介绍的方法，制作其他内容，效果如图 1-74 所示。

(18) 将鼠标指针置入如图 1-75 所示的单元格中，在【属性】面板中删除该单元格的高度值。

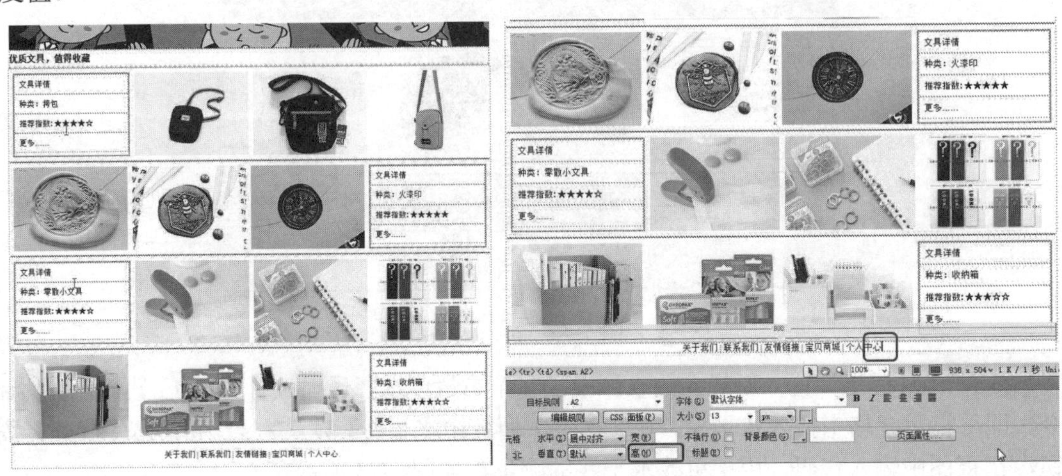

图 1-74　制作其他内容　　图 1-75　设置单元格

提示： 在访问一个网站时，首先看到的网页一般称为该网站的首页。有些网站的首页具有欢迎访问者的作用。首页只是网站的开场页，单击页面上的文字或图片，即可打开网站的主页，而首页也随之关闭。

网站主页与首页的区别在于：主页设有网站的导航栏，是所有网页的链接中心。大多数网站的首页与主页通常合为一体，即省略首页而直接显示主页，这种情况下，它们指的是同一个页面。本例就将网站的首页与主页合为了一体。

1.3.1 插入文本和文本属性设置

插入和编辑文本是网页制作的重要步骤，也是网页制作的重要组成部分。在 Dreamweaver 中，插入网页文本比较简单，可以直接输入，也可以复制其他电子文件中的文本。本节将具体介绍网页文本输入和编辑的方法。

(1) 启动 Dreamweaver CS6 软件，打开“素材\项目一\blog.html”素材文件，如图 1-76 所示。

(2) 将鼠标指针插入网页文档标题的下面，输入“名作欣赏”文本，如图 1-77 所示。

图 1-76 素材文件

图 1-77 输入文本

(3) 选中刚刚输入的文本，在【属性】面板的【字体】下拉列表框中选择【汉仪书魂体简】选项，如图 1-78 所示。

(4) 在空白位置处右击，在弹出的快捷菜单中选择【CSS 样式】|【新建】命令，弹出【新建 CSS 规则】对话框，在【选择器类型】选项组中选择【类(可应用于任何 HTML 元素)】选项，在【选择器名称】下拉列表框中输入 f_style04，单击【确定】按钮，如图 1-79 所示。

(5) 在【属性】面板中将字体【大小】设置为 18 px，将【字体颜色】设置为#603，如图 1-80 所示。

(6) 将鼠标指针插入文字“名作欣赏”的下面，先设置空格。操作方法为在【文本】插入面板中单击【字符：不换行空格】按钮，如图 1-81 所示。

(7) 单击【字符：不换行空格】按钮一次即空一个格，如果需要多个空格可连续单击，然后在空格的后面输入文本，如图 1-82 所示。

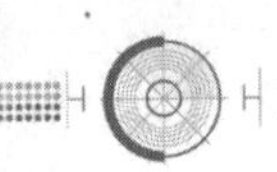

图 1-78　更改字体

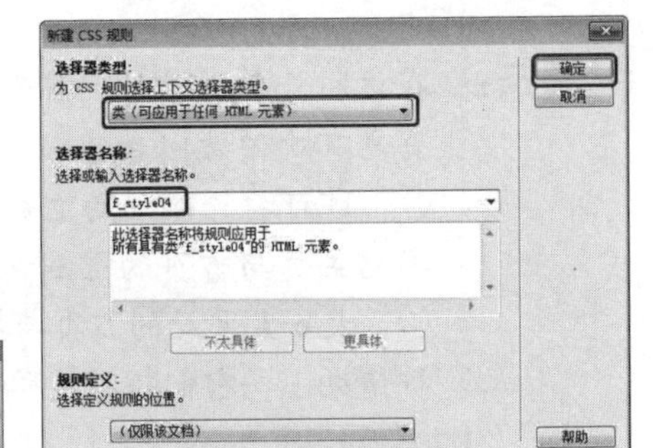

图 1-79　新建 CSS 规则

图 1-80　设置字体参数

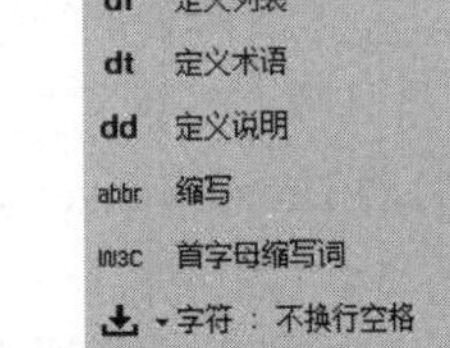

图 1-81　【文本】插入面板

(8) 选择除第 1 行文字之外的文字，如图 1-83 所示。

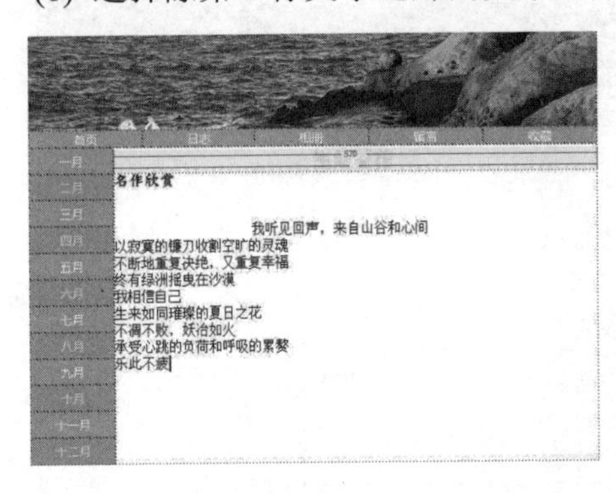

图 1-82　输入文本

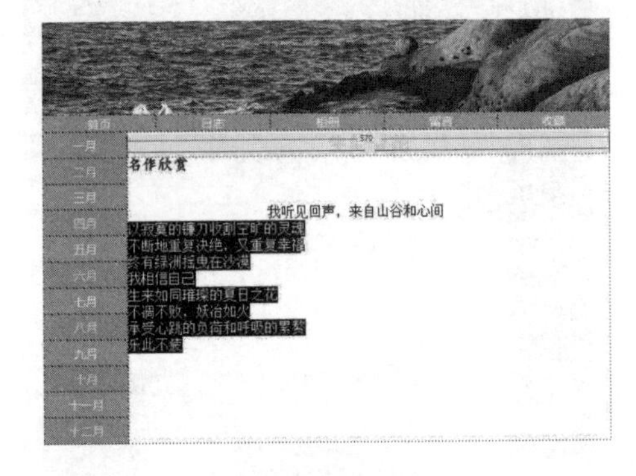

图 1-83　选择文字

(9) 单击【属性】面板上的【居中对齐】按钮，如图 1-84 所示。

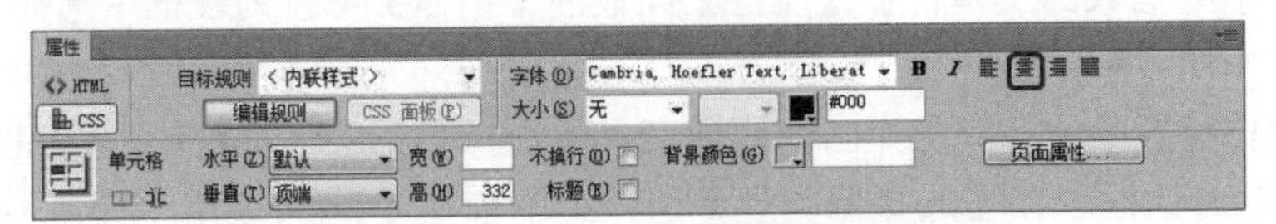

图 1-84　单击【居中对齐】按钮

(10) 弹出【新建 CSS 规则】对话框，在【选择器类型】选项组中选择【类(可应用于任何 HTML 元素)】选项，在【选择器名称】下拉列表框中输入 f_style05，单击【确定】按钮，如图 1-85 所示。

(11) 网页文档中的文本效果如图 1-86 所示。

(12) 选择全部正文文字，如图 1-87 所示。

(13) 在【属性】面板的【目标规则】下拉列表框中选择.f_style05，再修改文字颜色为

#600，如图 1-88 所示。

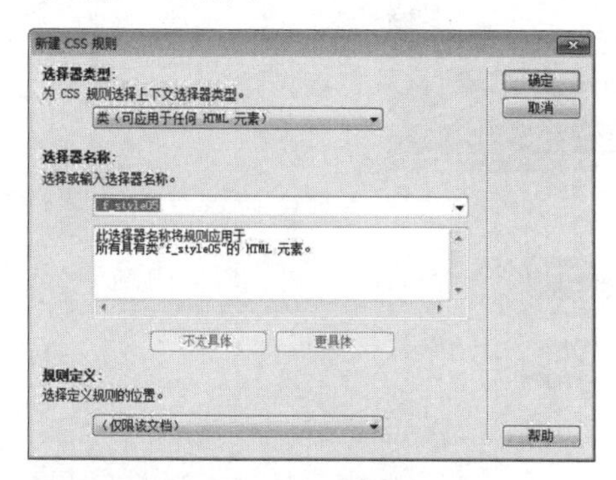

图 1-85 新建 CSS 规则

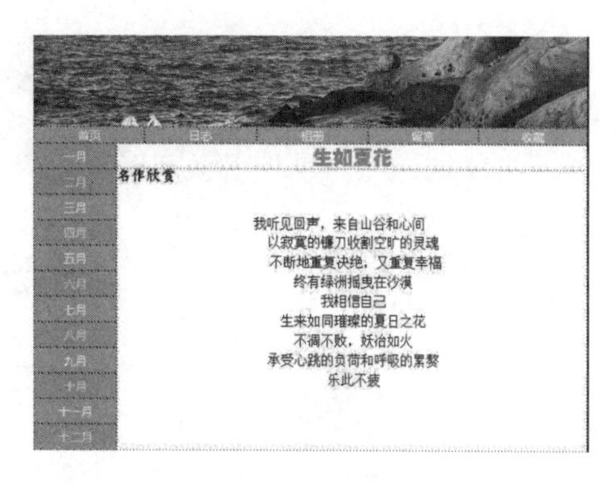

图 1-86 文本效果

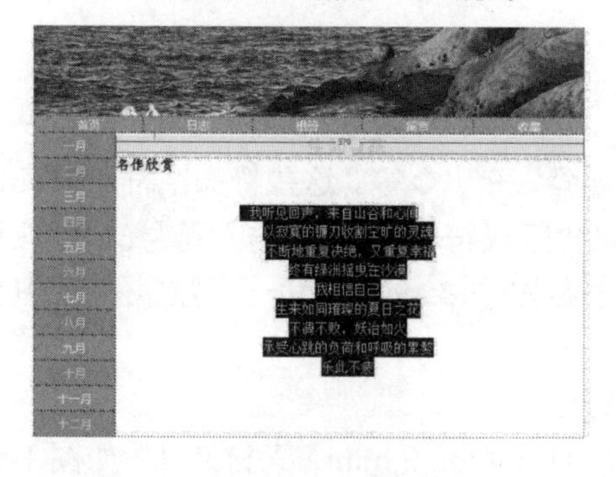

图 1-87 选择文字

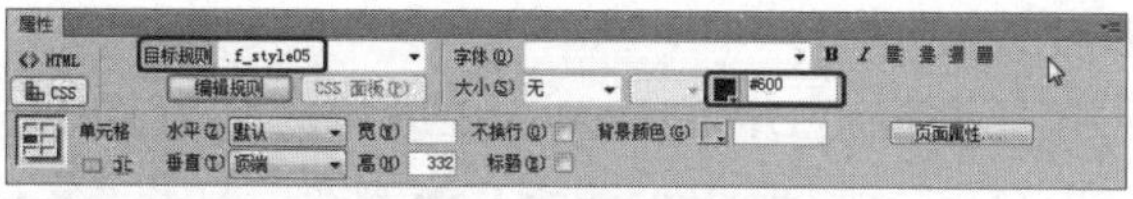

图 1-88 设置文字颜色

(14) 设置完成后，文字的效果如图 1-89 所示。

(15) 正文第一行文字的前面有空格，所以在浏览器中浏览时第一行文字不会居中对齐，所以要将其前面的空格删除，如图 1-90 所示。

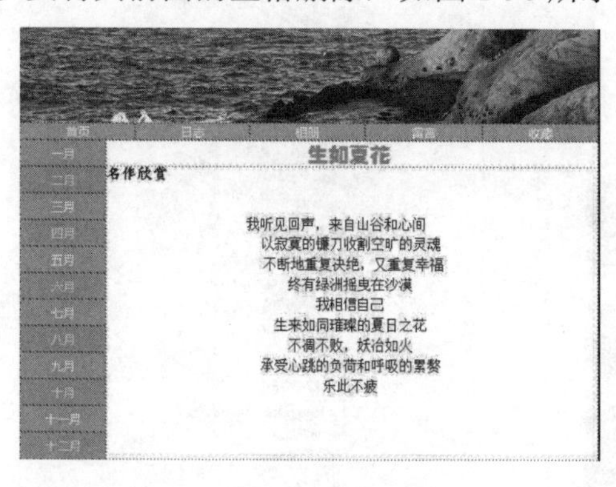

图 1-89 文字的效果

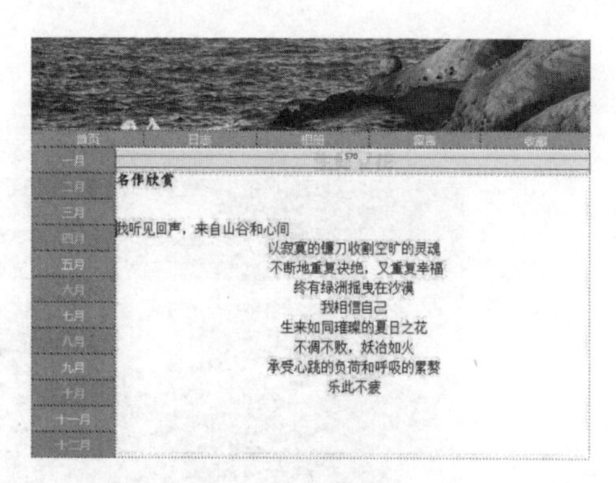

图 1-90 删除空格

(16) 将网页进行保存，按 F12 键在浏览器中浏览，如图 1-91 所示。

在 Dreamweaver CS6 中，输入文本和编辑文本的方法与 Word 办公文档的操作方法相似，比较容易掌握。在实际的网页设计中，对于文字效果的处理更多的是使用 CSS 样式，本着由浅入深的原则，这部分内容将在后面讲解。

图 1-91　浏览网页

1.3.2　在文本中插入特殊文本

在浏览网页时，经常会看到一些特殊的字符，如◎、€、◇等。这些特殊字符在 HTML 中以名称或数字的形式表示，称为实体。HTML 包含版权符号(©)、“与”符号(&)、注册商标符号(®)等字符的实体名称。每个实体都有一个名称(如—)和一个数字等效值(如—)。

下面将对 Dreamweaver CS6 中的特殊字符进行介绍。

(1) 启动 Dreamweaver CS6 软件，打开“素材\项目一\blog-2.html”素材文件，如图 1-92 所示。

(2) 将鼠标指针放置在背景图像上，打开【文本】插入面板，单击【字符：其他字符】按钮上的下三角形按钮，在展开的下拉列表中可看到 Dreamweaver 中的特殊符号，如图 1-93 所示。

图 1-92　素材文件

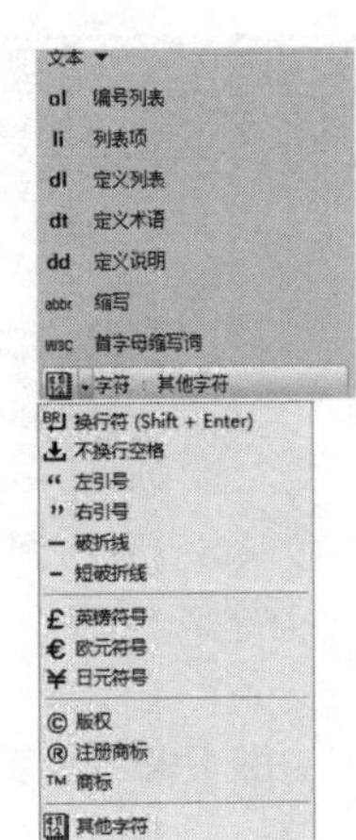

图 1-93　特殊符号列表

(3) 单击其中任意一个，即可插入相应的符号，如图 1-94 所示为依次插入的几个特殊符号。

(4) 如果要使用 Dreamweaver 中的其他字符，可以在展开的下拉列表中选择【其他字符】命令，打开【插入其他字符】对话框，如图 1-95 所示。

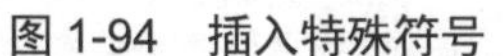

图 1-94 插入特殊符号

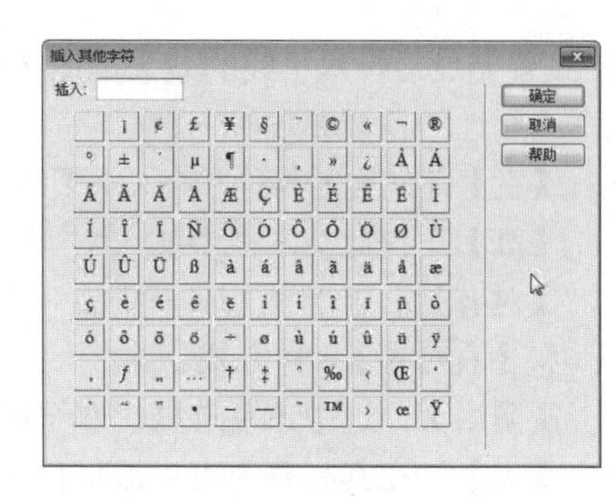

图 1-95 【插入其他字符】对话框

(5) 在【插入其他字符】对话框中单击想要插入的字符，然后单击【确定】按钮，即可在网页文档中插入相应的字符。图 1-96 所示为在网页文档中随意插入的一些特殊字符。

图 1-96 插入其他字符

1.3.3 使用水平线

水平线用于分隔网页文档的内容，合理地使用水平线可以取得非常好的效果。在一篇复杂的文档中插入几条水平线，就会变得层次分明，便于阅读了。

(1) 启动 Dreamweaver CS6 软件，打开“素材\项目一\line.html”素材文件，如图 1-97 所示。

(2) 将鼠标指针放置在要插入水平线的位置，打开【常用】插入面板，在其中单击【水平线】按钮，如图 1-98 所示。

石头记

缘起既明，正不知那石头上面记着何人何事？看官请听。按那石上书云：当日地陷东南，这东南有个姑苏城，城中阊门，最是红尘中一二等富贵风流之地。这阊门外有个十里街，街内有个仁清巷，巷内有个古庙，因地方狭窄，人皆呼作“葫芦庙”。庙旁住着一家乡宦，姓甄名费字士隐，嫡妻封氏，性情贤淑，深明礼义。家中虽不甚富贵，然本地也推他为望族了。因这甄士隐禀性恬淡，不以功名为念，每日只以观花种竹、酌酒吟诗为乐，倒是神仙一流人物。只是一件不足：年过半百，膝下无儿，只有一女乳名英莲，年方三岁。一日炎夏永昼，士隐于书房闲坐，手倦抛书，伏几盹睡，不觉朦胧中走至一处，不辨是何地方。忽见那厢来了一僧一道，且行且谈。只听道人问道：“你携了此物，意欲何往？”那僧笑道：“你放心，如今现有一段风流公案正该了结，这一干风流冤家尚未投胎入世。趁此机会，就将此物夹带于中，使他去经历经历。”那道人道：“原来近日风流冤家又将造劫历世，但不知起于何处，落于何方？”那僧道：“此事说来好笑。只因当年这个石头，娲皇未用，自己却也落得逍遥自在，各道：“此事说来好笑。只因当年这个石头，娲皇未用，自己却也落得逍遥自在，各处去游玩。一日来到警幻仙子处，那仙子知他有些来历，因留他在赤霞宫中，名他为赤霞宫神瑛侍者。

图 1-97 素材文件

图 1-98 单击【水平线】按钮

(3) 插入水平线后，选中水平线，在【属性】面板中设置水平线的属性，如图 1-99 所示。

(4) 设置完成后，水平线的效果如图 1-100 所示。

水平线属性的各项参数如下。

◎ 【宽】：在此文本框中输入水平线的宽度值，默认单位为像素，也可设置为百分比。

◎ 【高】：在此文本框中输入水平线的高度值，单位只能是像素。

◎ 【对齐】：用于设置水平线的对齐方式，有【默认】、【左对齐】、【居中对齐】和【右对齐】4 种方式。

◎ 【阴影】：选中该复选框，水平线将产生阴影效果。

◎ 【类】：在其列表中可以添加样式，或应用已有的样式到水平线。

图 1-99 设置水平线的属性

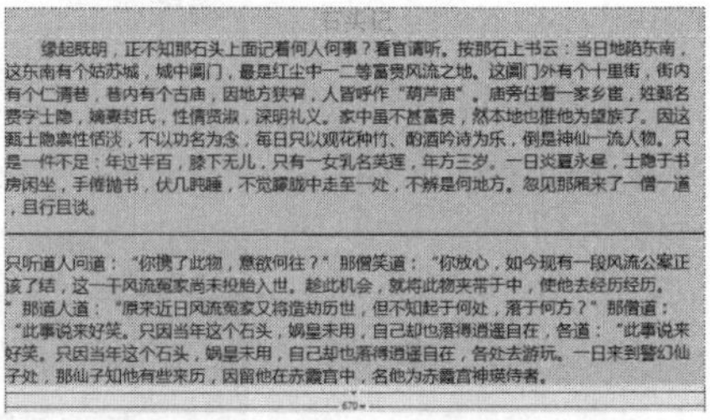

图 1-100 水平线的效果

(5) 如果要为水平线设置高度，可以选择水平线，然后在【属性】面板中设置水平线的高度为 1 像素，如图 1-101 所示。

(6) 单击【拆分】按钮，使用代码更改水平线的颜色，如图 1-102 所示。

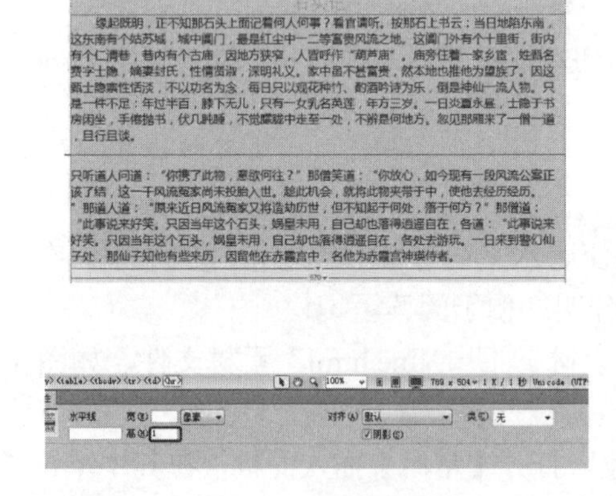

图 1-101 设置高度属性

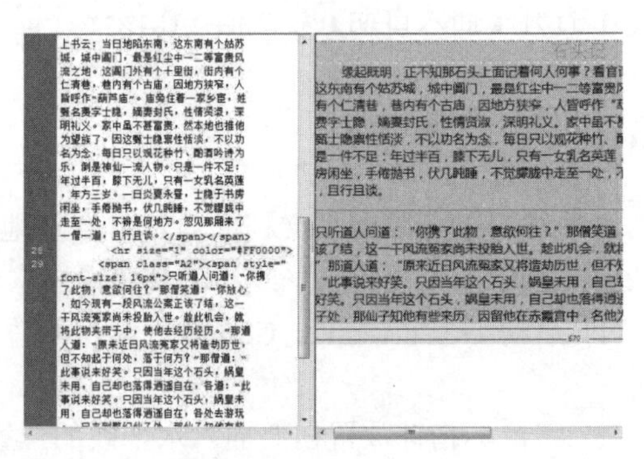

图 1-102 设置颜色

(7) 将文件保存，按 F12 键在浏览器中观看效果，如图 1-103 所示。

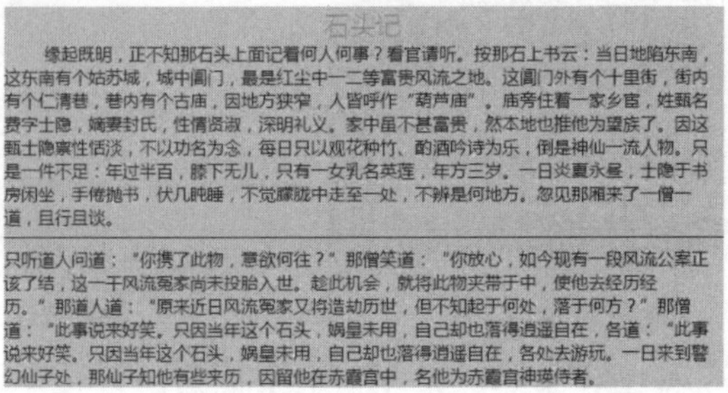

图 1-103 水平线效果

提示： Dreamweaver 的设计视图中无法看到设置的水平线的颜色，可以将文件保存后在浏览器中查看。或者直接单击【实时视图】按钮，在实时视图中观看效果。

1.3.4 插入日期

Dreamweaver 提供了一个方便插入的日期对象，使用该对象可以以多种格式插入当前日期，还可以选择在每次保存文件时都自动更新该日期。

(1) 启动 Dreamweaver CS6 软件，打开“素材\项目一\Date.html”素材文件，如图 1-104 所示。

(2) 将鼠标指针放置在网页文档中有绿色背景的单元格中，打开【常用】插入面板，在其中单击【日期】按钮，如图 1-105 所示。

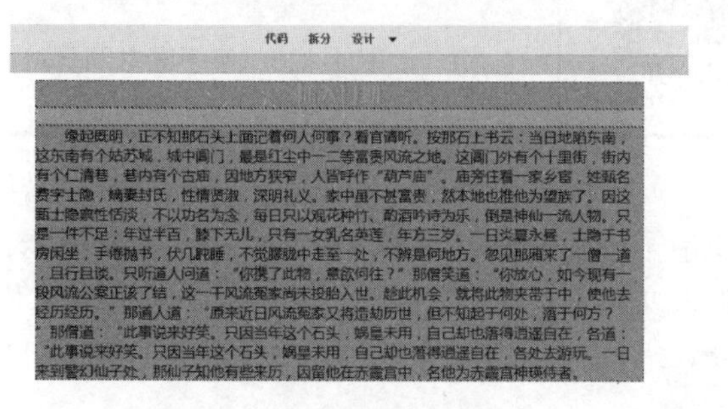

图 1-104 素材文件

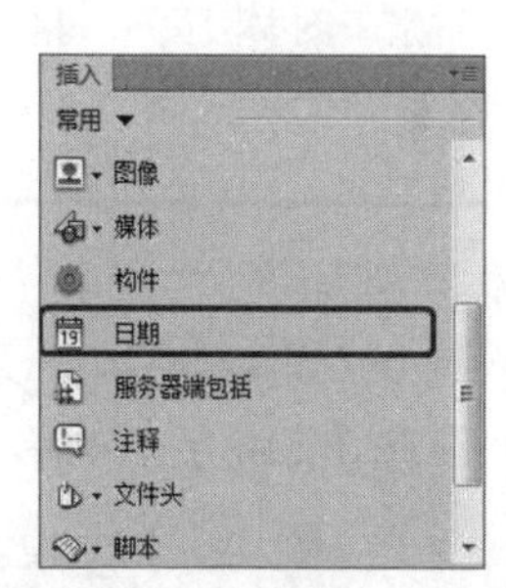

图 1-105 单击【日期】按钮

(3) 打开【插入日期】对话框，在该对话框中根据需要设置【星期格式】、【日期格式】和【时间格式】，如果希望在每次保存文档时都更新插入的日期，请选中【储存时自动更新】复选框，如图 1-106 所示。

(4) 单击【确定】按钮，即可将日期插入到文档中，如图 1-107 所示。

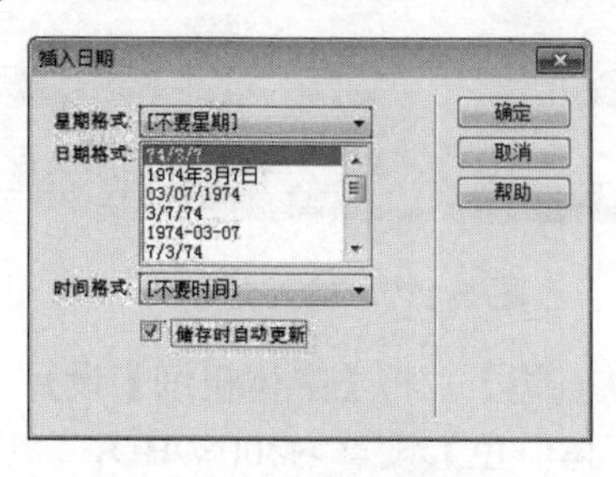

图 1-106 设置日期

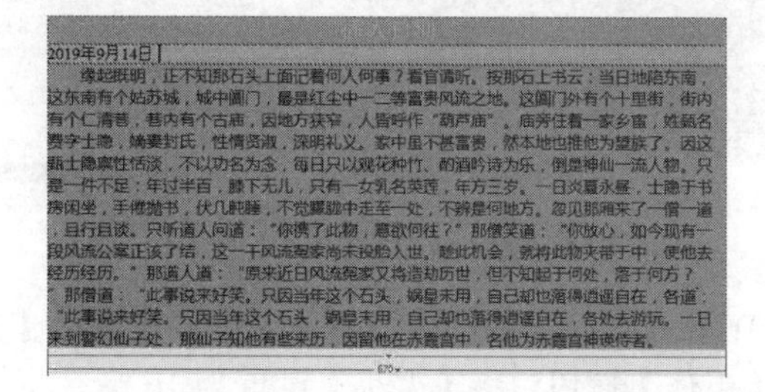

图 1-107 插入日期

任务 4 制作亲子图书网页——格式化文本

图书馆是搜集、整理、收藏图书资料以供人阅览、参考的机构。下面来讲解亲子图书网页的制作方法，效果如图 1-108 所示。

素材	项目一\亲子图书
场景	项目一\制作亲子图书网页——格式化文本.html
视频	项目一\任务 4：制作亲子图书网页——格式化文本.mp4

图 1-108　亲子图书网页

具体步骤如下。

(1) 打开“素材\项目一\亲子图书\亲子图书.html”素材文件，如图 1-109 所示。

(2) 在图 1-110 所示的单元格中输入文本。

图 1-109　素材文件

图 1-110　输入文本

(3) 在【属性】面板中，将【字体】设置为【微软雅黑】，将【字体粗细】设置为粗体，单击【粗体】按钮，将【大小】设置为 16 px，将【字体颜色】设置为#0089BD，如图 1-111 所示。

(4) 在如图 1-112 所示的单元格中输入文本，将【字体】设置为【微软雅黑】，单击【粗体】按钮，将【大小】设置为 16 px，将【字体颜色】设置为#BB016F。

(5) 在如图 1-113 所示的单元格中输入文本，将【字体】设置为【微软雅黑】，单击【粗体】按钮，将【大小】设置为 16 px，将【字体颜色】设置为#F5AC40。

(6) 在如图 1-114 所示的单元格中输入文本，将【字体】设置为【微软雅黑】，单击【粗体】按钮，将【大小】设置为 16 px，将【字体颜色】设置为#CDDE6A。

(7) 在如图 1-115 所示的单元格中输入文本，将【字体】设置为【微软雅黑】，单击【粗体】按钮，将【大小】设置为 16 px，将【字体颜色】设置为#C0539A。

图 1-111　设置字体样式(1)

图 1-112　设置字体样式(2)

图 1-113　设置字体样式(3)

图 1-114　设置字体样式(4)

图 1-115　设置字体样式(5)

1.4.1　设置字体样式

字体样式是指字体的外观显示样式，如粗体、斜体、添加下划线等。利用 Dreamweaver CS6 可以设置多种字体样式，具体操作如下。

(1) 选中要设置字体样式的文本，如图 1-116 所示。

(2) 右击并从快捷菜单中选择【样式】命令，会弹出子菜单，如图 1-117 所示。

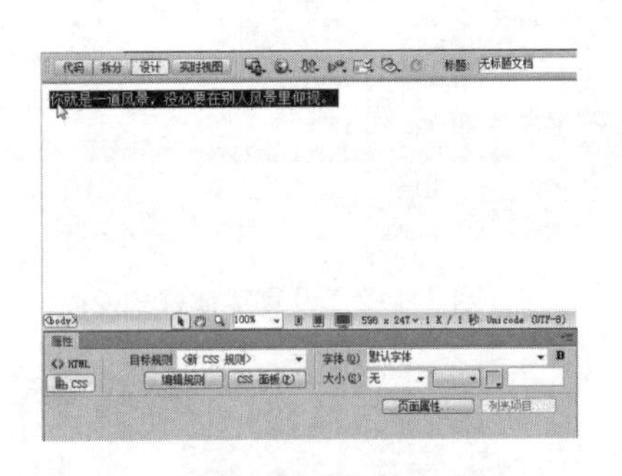

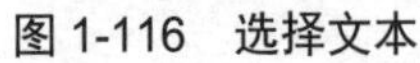

图 1-116　选择文本

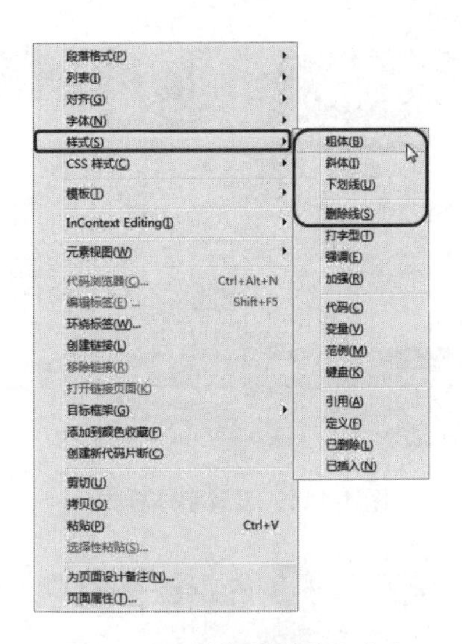

图 1-117　选择【样式】命令

◎　粗体：将选中的文字加粗显示，还可以按 Ctrl+B 组合键来设置，如图 1-118 所示。

◎　斜体：将选中的文字显示为斜体样式，还可以按 Ctrl+I 组合键来设置，如图 1-119 所示。

你就是一道风景，没必要在别人风景里面仰视。

图 1-118　加粗字体

你就是一道风景，没必要在别人风景里面仰视。

图 1-119　设置斜体

◎　下划线：可以在选中的文字下方显示一条下划线，如图 1-120 所示。

◎　删除线：在选定文字的中部横贯一条横线，表明文字被删除，如图 1-121 所示。

你就是一道风景，没必要在别人风景里面仰视。

图 1-120　添加下划线

~~你就是一道风景，没必要在别人风景里面仰视。~~

图 1-121　添加删除线

1.4.2　编辑段落

段落是指一段格式上统一的文本。在文件窗口中每输入一段文字，按 Enter 键后，就会自动形成一个段落。编辑段落是指对网页中的一段文本进行设置，主要的操作包括设置段落格式、段落的对齐方式、段落文本的缩进等。

1. 设置段落格式

设置段落格式的具体操作如下。

(1) 将鼠标指针放置在段落中的任意位置或选择段落中的一些文本，可以执行以下操作之一。

◎　选择菜单栏中的【格式】|【段落格式】命令。

◎　在【属性】面板的【格式】下拉列表中选择段落格式，如图 1-122 所示。

(2) 选择一个段落格式，例如标题 1，与所选格式关联的 HTML 标记(表示【标题 1】的 h1、表示【预先格式化的】文本的 pre 等)将应用于整个段落，如图 1-123 所示。

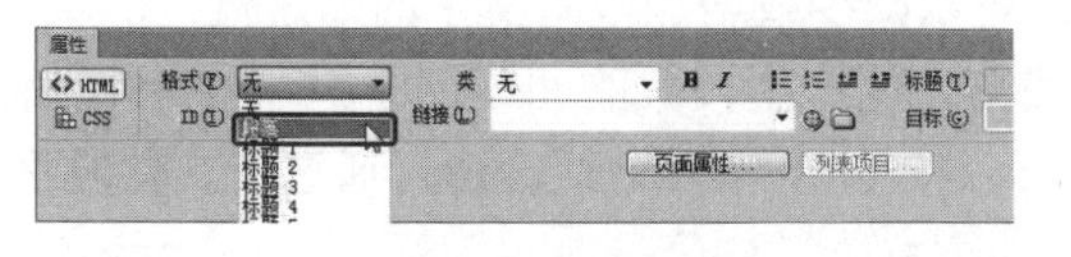

图 1-122　选择段落格式

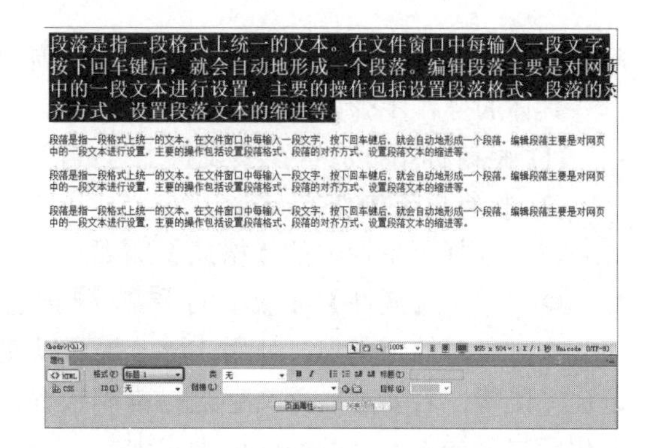

图 1-123　设置格式

(3) 在段落格式中对段落应用标题标签时，Dreamweaver 会自动将下一段文本作为标准段落。若要更改此设置，可选择【编辑】|【首选参数】命令，在弹出的对话框的【常规】设置界面中，取消选中【标题后切换到普通段落】复选框，如图 1-124 所示。

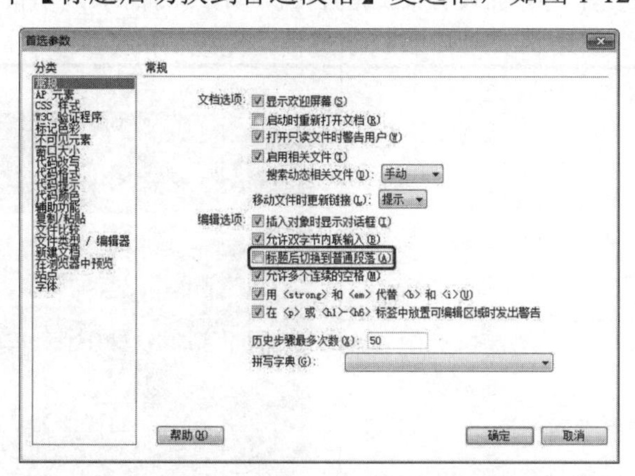

图 1-124　取消选中【标题后切换到普通段落】复选框

2．设置段落的对齐方式

段落的对齐方式指的是段落相对文档窗口在水平位置的对齐方式，有 4 种对齐方式：【左对齐】、【居中对齐】、【右对齐】和【两端对齐】。

设置段落对齐方式的具体操作步骤如下。

(1) 将鼠标指针放置在需要设置对齐方式的段落中。如果需要设置多个段落，则需要选择多个段落。

(2) 单击【属性】面板中的对齐按钮即可，如图 1-125 所示。

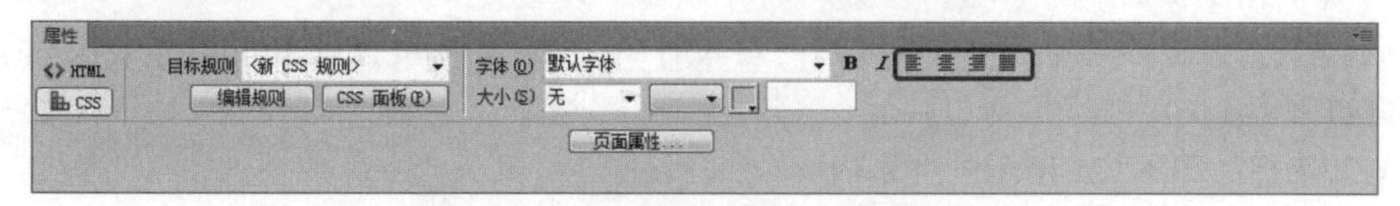

图 1-125　单击【属性】面板中的对齐按钮

3．设置段落文本的缩进

在强调一些文字或引用其他来源的文字时，需要将文字进行段落缩进，以示和普通段落的区别。缩进主要是指内容相对于文档窗口左端产生的间距。

具体的操作步骤如下。

(1) 将鼠标指针放置在要设置缩进的段落中。如果要缩进多个段落，则选择多个段落。

(2) 执行以下操作之一。

◎ 选择菜单栏中的【格式】|【缩进】命令，即可将当前段落往右缩进一段位置。

◎ 单击【属性】面板中的按钮或按钮，可以减少或增加段落文字的缩进量。

在对段落的定义中，使用 Enter 键可以使段落之间产生较大的间距，即用<p>和</p>标记定义段落；若要对段落文字进行强制换行，可以按 Shift+Enter 组合键，通过在文件段落的相应位置插入一个
标记来实现。

任务 5 制作小学网站网页——项目列表

进行网页设计必须首先明确设计站点的目的和用户的需求，从而制定切实可行的设计方案。本例将介绍小学网站网页设计的制作过程，完成后的效果如图 1-126 所示。

<table>
<tr><td>素材</td><td>项目一\小学网站网页设计</td><td rowspan="3">

图 1-126　小学网站网页设计</td></tr>
<tr><td>场景</td><td>项目一\制作小学网站网页——项目列表.html</td></tr>
<tr><td>视频</td><td>项目一\任务 5：制作小学网站网页——项目列表.mp4</td></tr>
</table>

具体操作步骤如下。

(1) 打开“素材\项目一\小学网站网页设计\小学网站网页设计.html”素材文件，如图 1-127 所示。

(2) 选择如图 1-128 所示的文本内容。

(3) 在【属性】面板中选择 HTML 选项，单击【项目列表】按钮，如图 1-129 所示。

(4) 设置项目列表后的效果如图 1-130 所示。

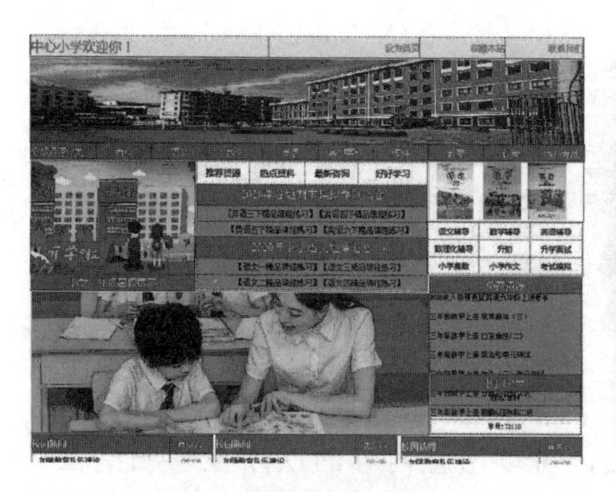

图 1-127 素材文件

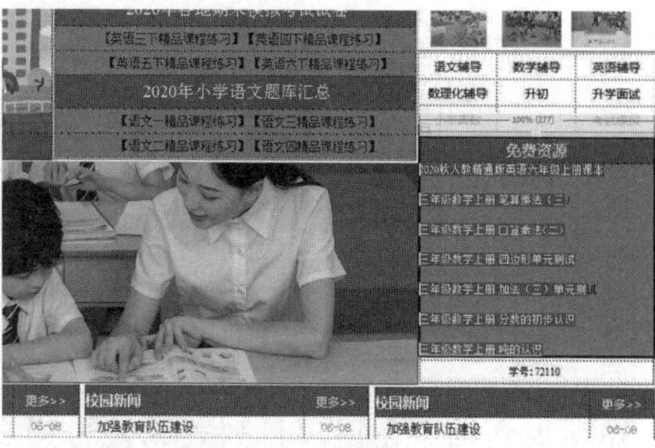

图 1-128 选择文本

图 1-129 单击【项目列表】按钮

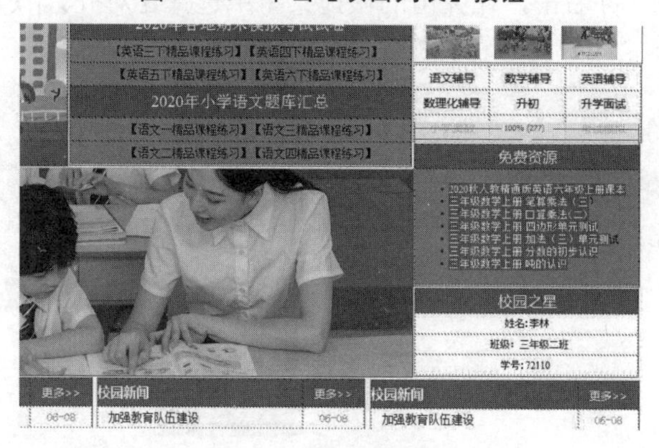

图 1-130 设置完成后的效果

1.5.1 认识列表

在【设计】视图中右击并从弹出的快捷菜单中选择【列表】命令，在其子菜单中包括【无】、【项目列表】、【编号列表】和【定义列表】等命令，用户可以根据需要选择，如图 1-131 所示。

选择【项目列表】命令，各个项目之间没有顺序级别之分，通常使用一个项目符号作为每条列表项的前缀，如图 1-132 所示。

选择【编号列表】命令，通常可以使用阿拉伯数字、英文字母、罗马数字等符号来编排项目，各个项目之间有一种先后关系，如图 1-133 所示。

选择【定义列表】命令，则每一个列表项都带有一个缩进的定义字段，就好像解释文字一样，如图 1-134 所示。

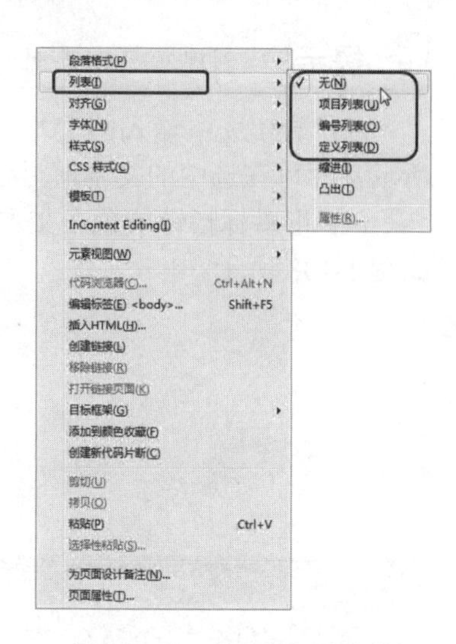

图 1-131 【列表】子菜单

- 项目列表
- 项目列表
- 项目列表
- 项目列表
- 项目列表
- 项目列表

图 1-132　项目列表

1. 编号列表
2. 编号列表
3. 编号列表
4. 编号列表
5. 编号列表
6. 编号列表

图 1-133　编号列表

定义列表
　　定义列表
定义列表
　　定义列表
定义列表
　　定义列表

图 1-134　定义列表

1.5.2　创建项目列表和编号列表

在网页文档中使用项目列表或编号列表，可以增强内容的次序性和归纳性。在 Dreamweaver 中创建项目列表有很多种方法，显示的项目符号也多种多样。本节介绍创建项目列表和编号列表的基本操作。

(1) 启动 Dreamweaver CS6 软件，打开“素材\项目一\旅游 1.html”素材文件，如图 1-135 所示。

(2) 将鼠标指针放置在文字“北京旅游景点简介：”的后面，按 Enter 键新建行并输入文字。选中输入的文字并右击，在弹出的快捷菜单中选择【对齐】|【左对齐】命令，即可将选中的文字左对齐，如图 1-136 所示。

图 1-135　素材文件

图 1-136　输入文字

提示： 创建项目列表时，还可以直接单击【文本】插入面板中的【项目列表】按钮。

(3) 继续选中输入的文本，打开【属性】面板，单击【项目列表】按钮，如图 1-137 所示，即可在选中的文本前显示项目符号。

(4) 将鼠标指针放置在文本的最后，按 Enter 键继续创建其他项目，并输入相应的文字，如图 1-138 所示。

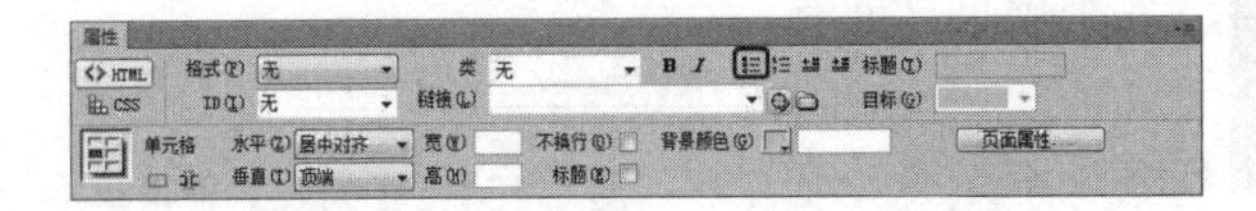

图 1-137　单击【项目列表】按钮

图 1-138　创建其他项目

(5) 选中输入的文字，如图 1-139 所示。打开【属性】面板，单击【编号列表】按钮，如图 1-140 所示。

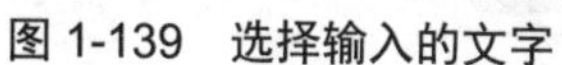

图 1-139　选择输入的文字

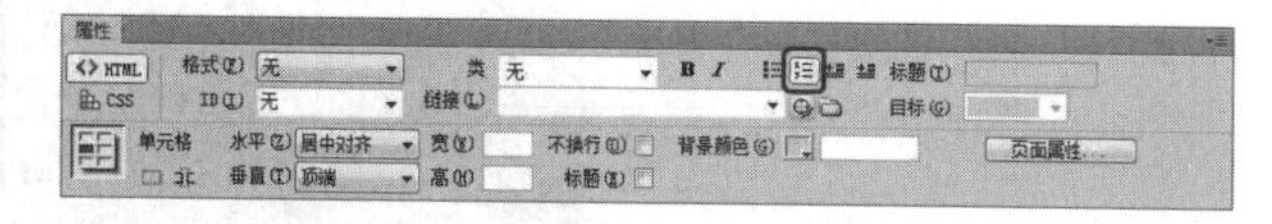

图 1-140　单击【编号列表】按钮

(6) 单击该按钮后，即可将选中文字的项目符号更改为编号，效果如图 1-141 所示。

图 1-141　以编号显示

1.5.3　创建嵌套项目

嵌套项目是项目列表的子项目，其创建方法与项目列表和编号列表的创建方法基本相同，下面来介绍嵌套项目的创建方法。

(1) 启动 Dreamweaver CS6 软件，打开“素材\项目一\旅游 2.html”素材文件，如图 1-142 所示。

(2) 选中表格中的文本，在【属性】面板中单击【项目列表】按钮，为选中的文字添加项目符号，如图 1-143 所示。

图 1-142　素材文件

图 1-143　添加项目符号

(3) 将鼠标指针放置在“北京旅游景点”的右侧，按 Enter 键新建行，然后输入相应的文字。选中输入的文字，分别单击【编号列表】按钮和【缩进】按钮，完成后的效果如图 1-144 所示。

嵌套项目可以是项目列表，也可以是编号列表。用户如果要将已有的项目设置为嵌套项目，可以选中项目中的某个项目，然后单击【缩进】按钮，再单击【项目列表】或【编号列表】按钮。

图 1-144　完成后的效果

1.5.4　项目列表设置

项目列表主要是在项目的属性对话框中设置。使用【列表属性】对话框可以设置整个列表或个别列表项的外观，可以设置编号样式、重置计数或设置个别列表项或整个列表的项目符号样式。

将插入点放置在列表项的文本后面，在菜单栏中选择【格式】|【列表】|【属性】命令，打开【列表属性】对话框，如图 1-145 所示。

在【列表类型】下拉列表框中，选择项目列表的类型，包括【项目列表】、【编号列表】、【目录列表】和【菜单列表】。

在【样式】下拉列表框中，选择项目列表或编号列表的样式。

当在【列表类型】下拉列表框中选择【项目列表】选项时，可以选择的样式有【项目符号】和【正方形】两种，如图 1-146 所示。

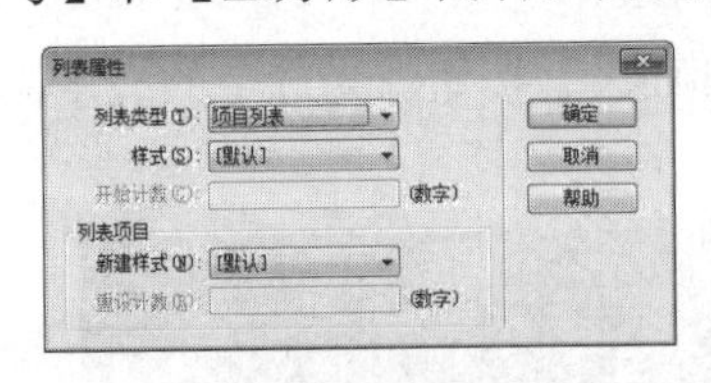

图 1-145　【列表属性】对话框

- 列表项目——项目符号样式化
- 列表项目——项目符号样式化
- 列表项目——项目符号样式化
- 列表项目——项目符号样式化

▪ 列表项目——项目符号样式化
▪ 列表项目——项目符号样式化
▪ 列表项目——项目符号样式化
▪ 列表项目——项目符号样式化

图 1-146　项目列表的两种样式

将【列表类型】设置为【编号列表】时，可选择的样式有【数字】、【大写罗马字母】、【小写字母】和【大写字母】几种，如图 1-147 所示。

1. 编号列表——数字样式
2. 编号列表——数字样式
3. 编号列表——数字样式
4. 编号列表——数字样式

I. 编号列表——大写罗马字母样式
II. 编号列表——大写罗马字母样式
III. 编号列表——大写罗马字母样式
IV. 编号列表——大写罗马字母样式

a. 编号列表——小写字母样式
b. 编号列表——小写字母样式
c. 编号列表——小写字母样式
d. 编号列表——小写字母样式

图 1-147　编号列表的几种样式

在选择【编号列表】选项时，在【开始计数】文本框中可以输入有序编号的起始数值。该选项可以使插入点所在的整个项目列表从第一行开始重新编号。

在【新建样式】下拉列表框中，可以为插入点所在行及其后面的行指定新的项目列表样式，如图 1-148 所示。

当选择【编号列表】选项时，在【重设计数】文本框中可以输入新的编号起始数字。这时从插入点所在行开始到以后各行，会从新数字开始编号，如图 1-149 所示。

A. 编号列表
a. 编号列表
III. 编号列表
iv. 编号列表
5. 编号列表

图 1-148　不同的样式

1. 编号列表
2. 编号列表
6. 编号列表
7. 编号列表
8. 编号列表

图 1-149　从新数字开始编号

设置完成后，单击【确定】按钮即可。

任务 6　上机练习——制作职业招聘网网页

招聘是人力资源管理的工作，其过程包括发布招聘广告、二次面试、雇佣轮选等。负责招聘工作的称为招聘专员(Recruiter)，他们是人力资源方面的专家，或者是人事部的职员。聘请的最后选择权应该是用人单位，他们与合适的应征者签署雇佣合约，职业招聘网网页效果如图 1-150 所示。

素材	项目一\职业招聘网
场景	项目一\上机练习——制作职业招聘网网页.html
视频	项目一\任务 6：上机练习——制作职业招聘网网页.mp4

图 1-150　职业招聘网网页

具体步骤如下。

(1) 启动软件后，在菜单栏中选择【文件】|【新建】命令，弹出【新建文档】对话框，

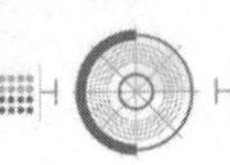

单击【创建】按钮。按 Ctrl+Alt+T 组合键打开【表格】对话框，在该对话框中将【行数】、【列】都设置为 1，将【表格宽度】设置为 800 像素，其他参数均设置为 0，如图 1-151 所示，单击【确定】按钮。

(2) 选择插入的表格，在【属性】面板中将【对齐】设置为【居中对齐】。将鼠标指针放置在单元格内，按 Ctrl+Alt+I 组合键打开【选择图像源文件】对话框，在该对话框中选择“素材\项目一\职业招聘网\题头.jpg”素材图片，如图 1-152 所示。

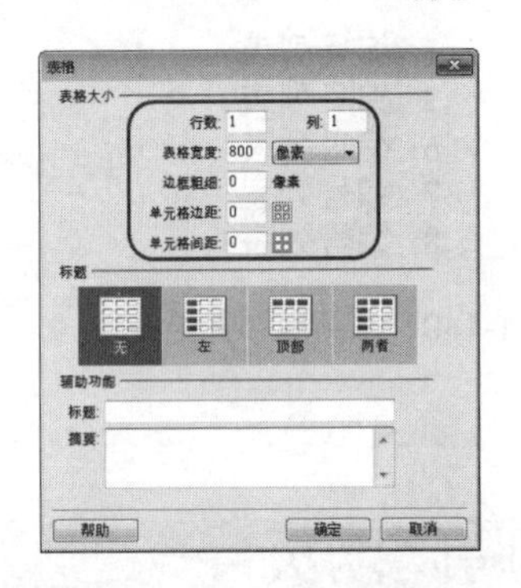

图 1-151　【表格】对话框

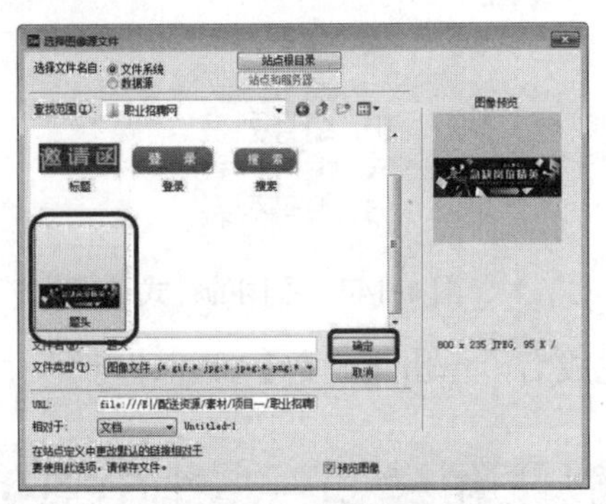

图 1-152　选择素材图片

(3) 将鼠标指针放置在表格的右侧，按 Ctrl+Alt+T 组合键打开【表格】对话框，在该对话框中将【行数】、【列】都设置为 1，将【表格宽度】设置为 800 像素，将【单元格边距】设置为 0，如图 1-153 所示，单击【确定】按钮。

(4) 在【属性】面板中将【对齐】设置为【居中对齐】，将鼠标指针放置在该单元格内，在菜单栏中选择【插入】|HTML|【水平线】命令。选择插入的水平线，单击【拆分】按钮，在 hr 的右侧输入代码“color=" #0066FF"”，如图 1-154 所示。

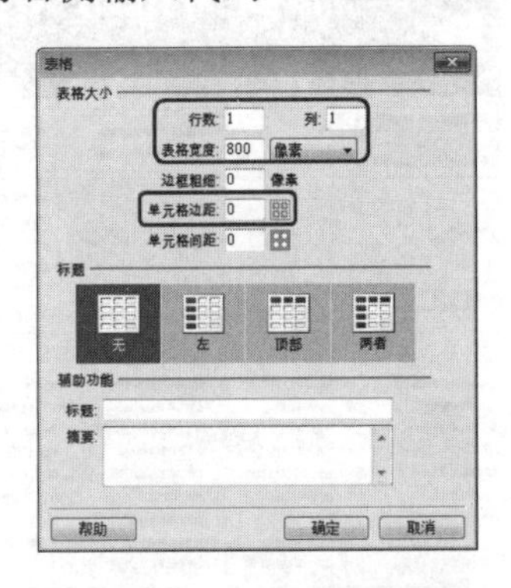

图 1-153　设置表格参数

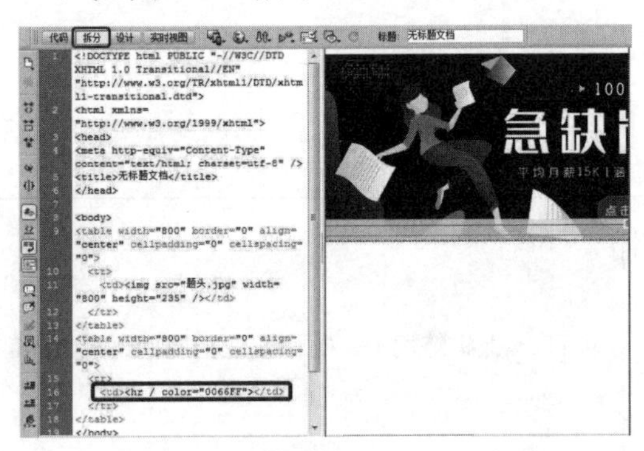

图 1-154　设置水平线颜色

(5) 将鼠标指针置入表格的右侧，按 Ctrl+Alt+T 组合键打开【表格】对话框，在该对话框中将【行数】、【列】分别设置为 1、2，将【表格宽度】设置为 800 像素，其他参数均设置为 0，如图 1-155 所示，单击【确定】按钮。

(6) 选择插入的表格，在【属性】面板中将【对齐】设置为【居中对齐】，将第 1 列单元格的【宽】、【高】分别设置为 200、70。将鼠标指针放置在第 1 列单元格内，按 Ctrl+Alt+I 组合键打开【选择图像源文件】对话框，在该对话框中选择“素材\项目一\职业招聘网\标题.jpg”素材图片，如图 1-156 所示。

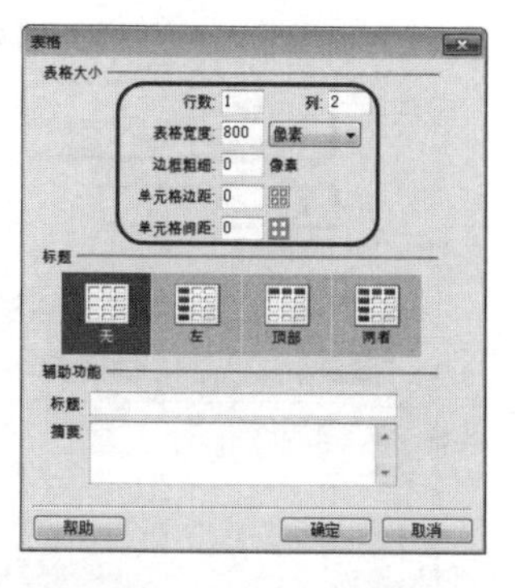

图 1-155 【表格】对话框

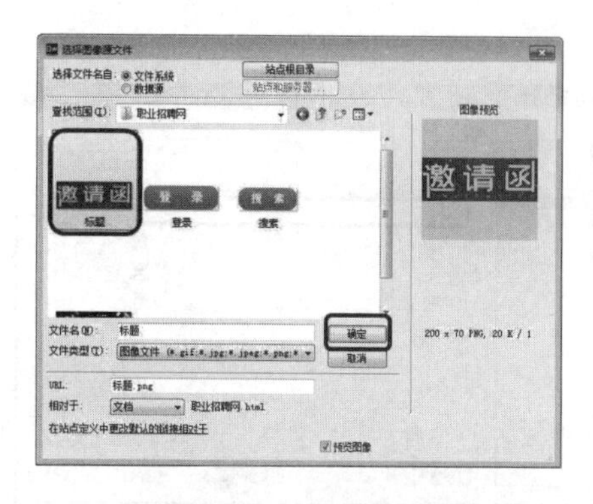

图 1-156 选择素材图片

知识链接：JPEG 文件

JPEG 文件的扩展名为.jpg 或.jpeg，其压缩技术十分先进，它采用无损压缩方式去除冗余的图像和彩色数据，在获取极高压缩率的同时能展现丰富生动的图像，换句话说，就是可以用最少的磁盘空间得到较好的图像质量。

同时 JPEG 还是一种很灵活的格式，具有调节图像质量的功能，允许用不同的压缩比例对这种文件进行压缩，比如我们最高可以把 1.37 MB 的 BMP 位图文件压缩至 20.3 KB。当然我们完全可以在图像质量和文件尺寸之间找到平衡点。

(7) 单击【确定】按钮，即可插入素材图片。将鼠标指针放置在第 2 列单元格，按 Ctrl+Alt+T 组合键打开【表格】对话框，在该对话框中将【行数】、【列】分别设置为 1、5，将【表格宽度】设置为 600 像素，如图 1-157 所示。

(8) 单击【确定】按钮插入表格。在空白位置右击，在弹出的快捷菜单中选择【CSS 样式】|【新建】命令，弹出【新建 CSS 规则】对话框，在该对话框中将【选择器名称】设置为 gel，如图 1-158 所示。

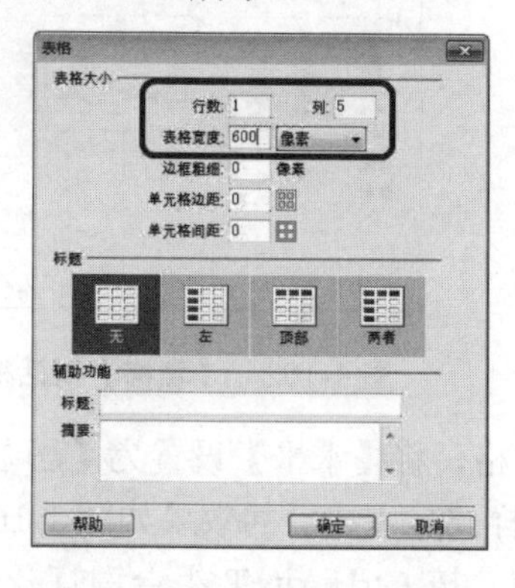

图 1-157 【表格】对话框

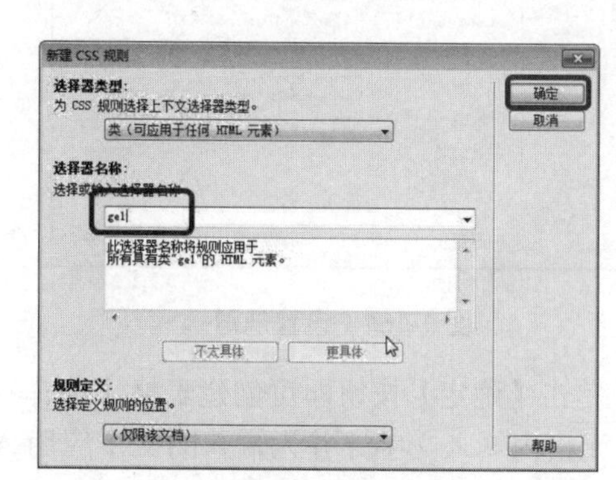

图 1-158 【新建 CSS 规则】对话框

(9) 单击【确定】按钮，在弹出的对话框中选择【边框】分类，将 Top 的 Style 设置为 solid，Width 设置为 thin，Color 设置为#3A37CF，如图 1-159 所示。

(10) 单击【确定】按钮，然后选择第 1、3、5 列单元格，为选中的单元格应用该样式。将第 1、3、5 列单元格的【宽】分别设置为 65、295、188。将鼠标指针放置在第 1 列单元格中，按 Ctrl+Alt+T 组合键打开【表格】对话框，在该对话框中将【行数】、【列】分别设置为 2、1，将【表格宽度】设置为 65 像素，将【单元格边距】设置为 8，如图 1-160 所示。

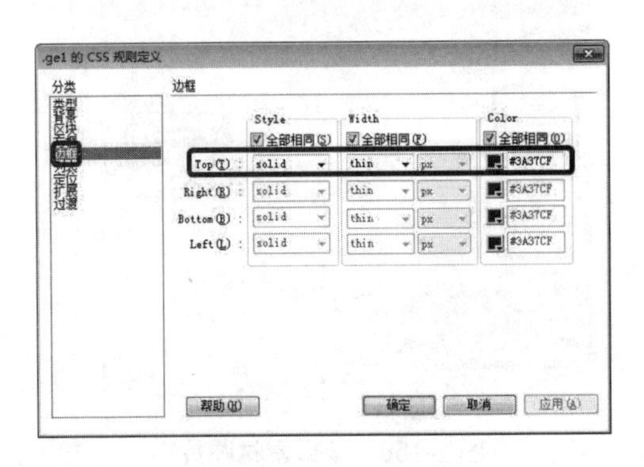

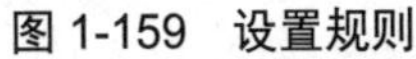
图 1-159 设置规则

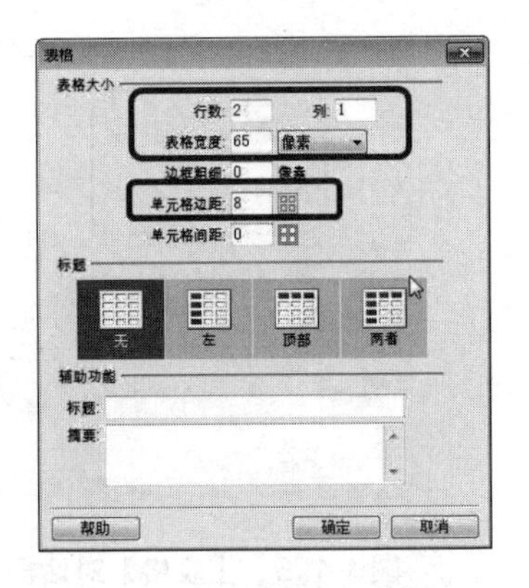

图 1-160 【表格】对话框

(11) 单击【确定】按钮，然后在创建的单元格内输入文字“找工作”“找人才”。在空白位置处右击，在弹出的快捷菜单中选择【CSS 样式】|【新建】命令，弹出【新建 CSS 规则】对话框，在该对话框中将【选择器名称】设置为 A1，单击【确定】按钮。在打开的【.A1 的 CSS 规则定义】对话框中将 Font-size 设置为 13 px，如图 1-161 所示，单击【确定】按钮。

(12) 选择刚刚创建的文字，在【属性】面板中将【目标规则】设置为 A1，将【水平】设置为【居中对齐】。将鼠标指针置入第 3 列单元格，按 Ctrl+Alt+T 组合键打开【表格】对话框，在该对话框中将【行数】、【列】分别设置为 2、1，将【表格宽度】设置为 295 像素，将【单元格边距】设置为 8，如图 1-162 所示。

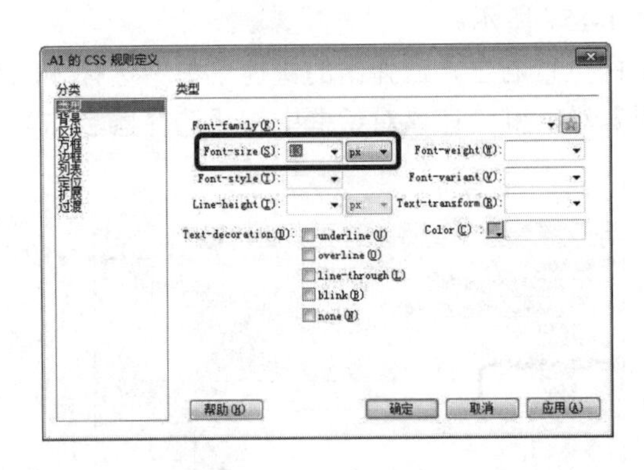

图 1-161 设置规则

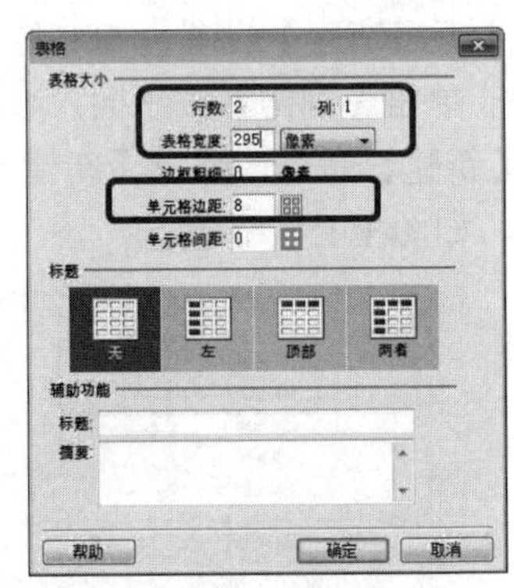

图 1-162 【表格】对话框

(13) 单击【确定】按钮即可创建表格。选择单元格，将【水平】设置为【居中对齐】，然后在单元格内输入文字，并为输入的文字应用 A1 样式。完成后的效果如图 1-163 所示。

(14) 将鼠标指针置入图 1-163 右侧的蓝色表格内，按 Ctrl+Alt+T 组合键打开【表格】对话框，在该对话框中将【行数】、【列】分别设置为 2、1，将【表格宽度】设置为 188 像素，将【单元格边距】设置为 8，单击【确定】按钮，插入表格。将单元格的【水平】设置为【居中对齐】，然后在单元格内输入文字。在空白位置处右击，在弹出的快捷菜单中选择【CSS 样式】|【新建】命令，弹出【新建 CSS 规则】对话框，在该对话框中将【选择器名称】设置为 A2，如图 1-164 所示。

(15) 单击【确定】按钮，在弹出的对话框中选择【分类】列表中的【类型】选项，将

Font-size 设置为 13，将 Font-weight 设置为 bold，如图 1-165 所示。

图 1-163　输入文字后的效果

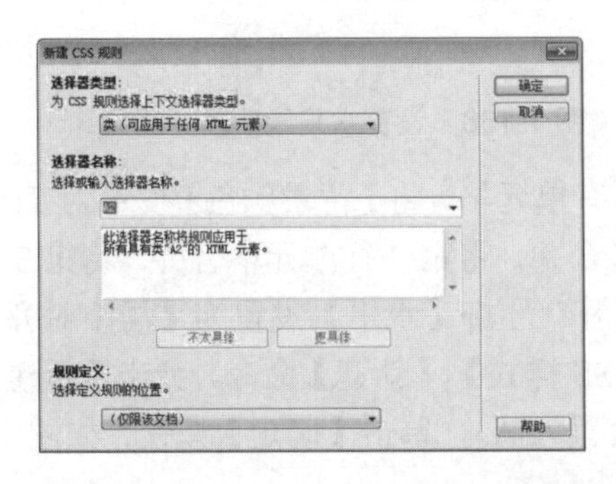

图 1-164　【新建 CSS 规则】对话框

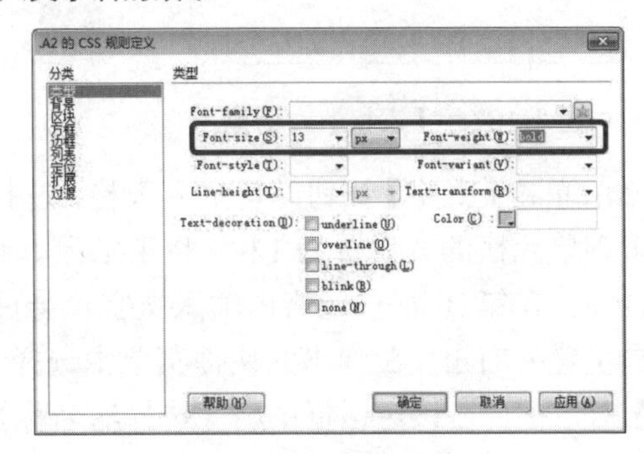

图 1-165　设置规则

(16) 单击【确定】按钮，将“城市：”“科目：”文字的【目标规则】设置为 A2，将其他文字的【目标规则】设置为 A1，单击【实时视图】按钮观看效果，如图 1-166 所示。

图 1-166　设置完成后的效果

(17) 将鼠标指针置入表格的右侧，按 Ctrl+Alt+T 组合键打开【表格】对话框，在该对话框中将【行数】、【列】都设置为 1，将【表格宽度】设置为 800 像素，将【单元格边距】设置为 0，如图 1-167 所示，单击【确定】按钮。

(18) 在【属性】面板中将【对齐】设置为【居中对齐】。将鼠标指针置入该单元格，在菜单栏中选择【插入】|HTML|【水平线】命令。选择插入的水平线，单击【拆分】按钮，在 hr 的右侧输入代码“color=" #0066FF"”，如图 1-168 所示。

(19) 将鼠标指针置入表格的右侧，按 Ctrl+Alt+T 组合键打开【表格】对话框，在该对话框中将【行数】、【列】分别设置为 1、2，将【表格宽度】设置为 800 像素，其他参数保持默认设置，单击【确定】按钮。将插入表格的对齐方式设置为【居中对齐】。将鼠标指针置入第 1 列单元格，将【表格宽度】设置为 260 像素。按 Ctrl+Alt+T 组合键打开【表格】对话框，在该对话框中将【行数】、【列】分别设置为 4、2，将【表格宽度】设置为

260 像素，将【单元格边距】设置为 11，如图 1-169 所示。

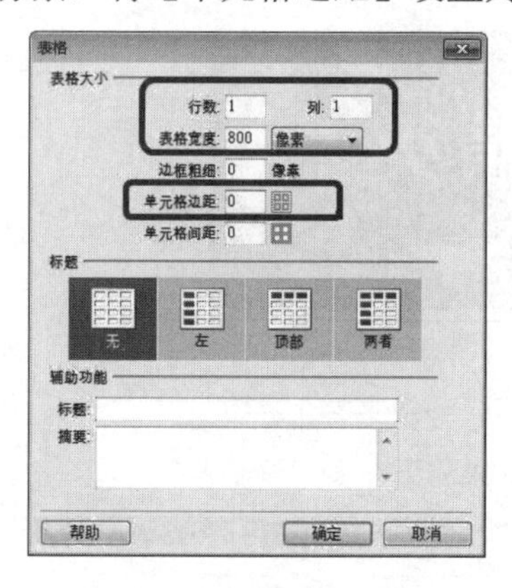

图 1-167 【表格】对话框

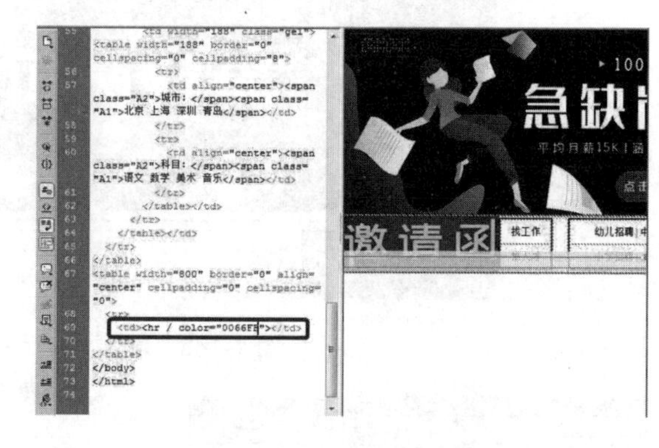

图 1-168 设置水平线颜色

(20) 单击【确定】按钮即可插入表格。选择所有单元格，将【背景颜色】设置为#f1f1f1。将第 1 列单元格的宽设置为 129，将第 1 行单元格合并，将第 2 行单元格合并，将第 3 行单元格合并。在第 1 行单元格内输入文字“会员注册”，将【水平】设置为【居中对齐】，在空白位置处右击，在弹出的快捷菜单中选择【CSS 样式】|【新建】命令，弹出【新建 CSS 规则】对话框，在该对话框中将【选择器名称】设置为 A3，单击【确定】按钮，如图 1-170 所示。

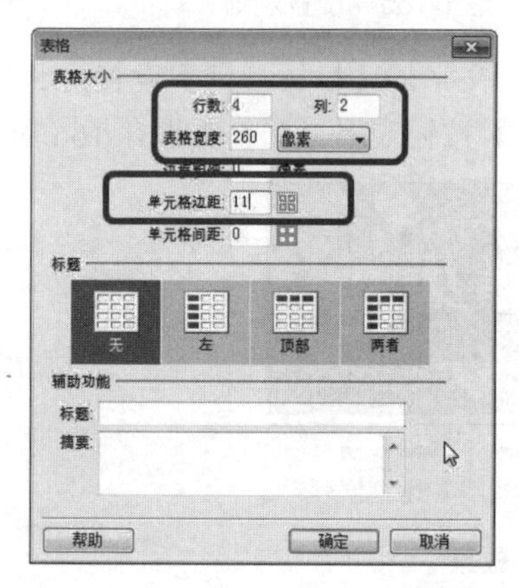

图 1-169 【表格】对话框

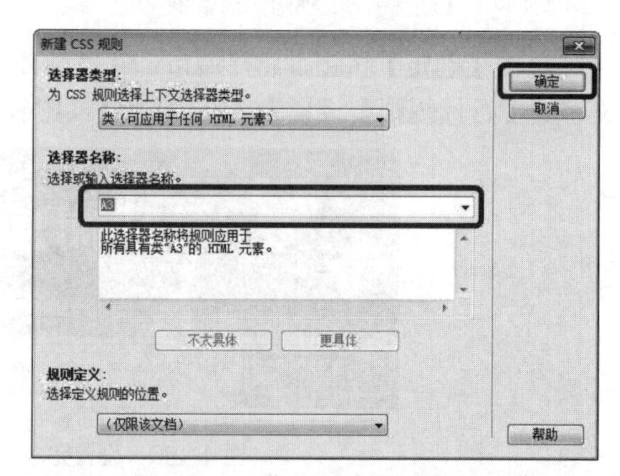

图 1-170 【新建 CSS 规则】对话框

(21) 在打开的对话框中将 Font-weight 设置为 bold，将 Color 设置为#4BF7FD，如图 1-171 所示，单击【确定】按钮。

(22) 选择刚刚输入的文字，在【属性】面板中将【目标规则】设置为 A3。将鼠标指针置入第 2 行单元格，在菜单栏中选择【插入】|【表单】|【文本域】命令，如图 1-172 所示，即可插入表单。

(23) 将文字更改为“用户名：”，使用同样的方法在第 3 行单元格内插入表单，效果如图 1-173 所示。

(24) 将鼠标指针插入第 4 行第 1 列单元格，按 Ctrl+Alt+I 组合键打开【选择图像源文件】对话框，在该对话框中选择“素材\项目一\职业招聘网\登录.png”素材图片，单击【确定】按钮，如图 1-174 所示。

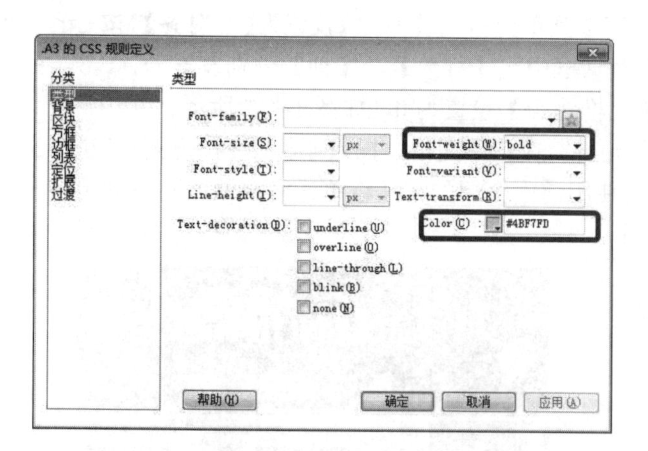

图 1-171 设置规则

图 1-172 选择【文本域】命令

图 1-173 设置完成后的效果

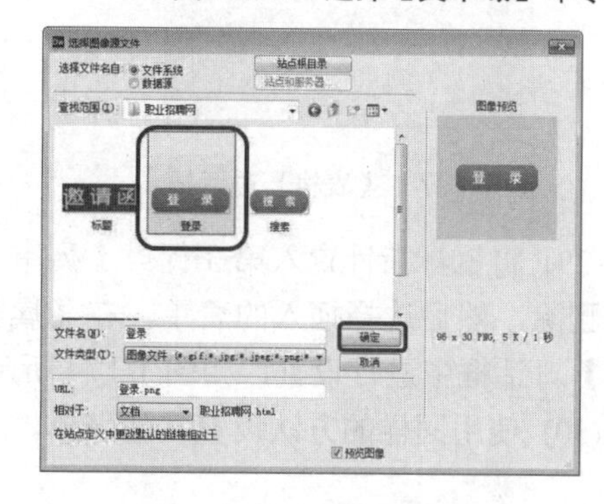

图 1-174 选择素材图片

(25) 在【属性】面板中将【水平】设置为【居中对齐】。将鼠标指针置入第 4 行第 2 列单元格，将【宽】设置为 87，在该单元格内输入文字“忘记密码？”，将【水平】设置为【居中对齐】。右击，在弹出的快捷菜单中选择【CSS 样式】|【新建】命令，弹出【新建 CSS 规则】对话框，将【选择器名称】设置为 A4，其他参数保持默认设置，单击【确定】按钮。在弹出的对话框中将 Font-size 设置为 13 px，将 Color 设置为#4BF7FD，单击【确定】按钮，如图 1-175 所示。

(26) 选择刚刚输入的文字，在【属性】面板中将【目标规则】设置为 A4，单击【实时视图】按钮，观看效果如图 1-176 所示。

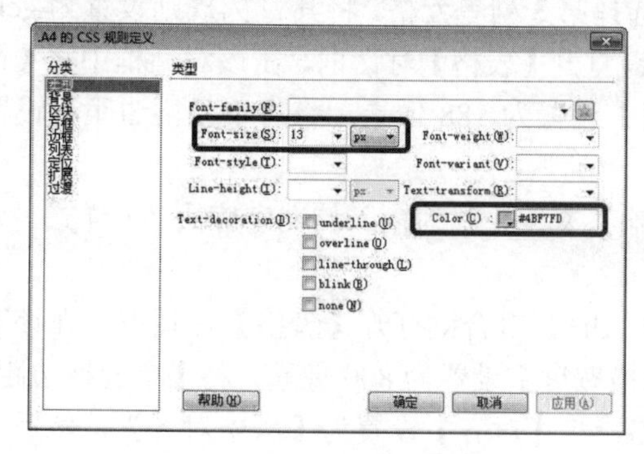

图 1-175 设置规则

图 1-176 设置完成后的效果

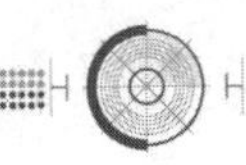

(27) 将鼠标指针置入大表格的第 2 列单元格，将【水平】设置为【右对齐】。按 Ctrl+Alt+T 组合键打开【表格】对话框，在该对话框中将【行数】、【列】分别设置为 1、3，将【表格宽度】设置为 525 像素，将【单元格边距】设置为 0，如图 1-177 所示。

(28) 将鼠标指针置入第 1 列单元格，在该单元格内插入 4 行 2 列、表格宽度为 320 像素、单元格边距为 12 的表格。然后使用前面介绍的方法将单元格合并，并在单元格内进行设置，完成后的效果如图 1-178 所示。

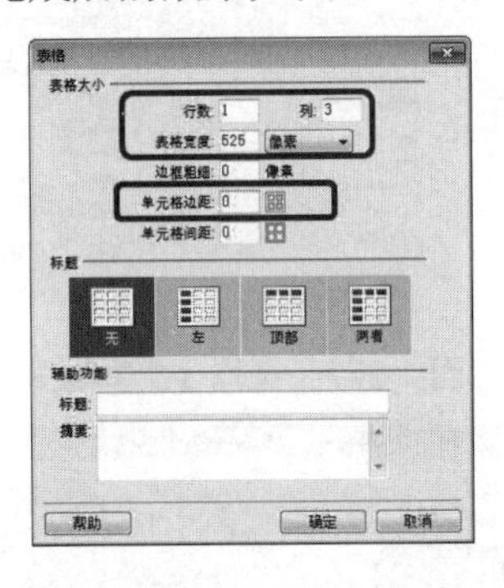

图 1-177 【表格】对话框

图 1-178 设置完成后的效果

(29) 将鼠标指针置入第 3 行第 1 列单元格，选择【插入】|【表单】|【选择】命令，将文字删除，然后选择插入的表单，在【属性】面板中单击【列表值】按钮，在弹出的【列表值】对话框中进行设置，如图 1-179 所示。

(30) 使用同样的方法设置其他表单，完成后的效果如图 1-180 所示。

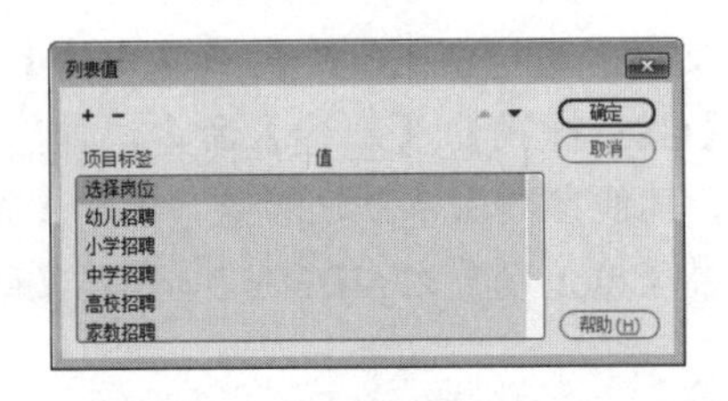

图 1-179 【列表值】对话框

图 1-180 设置完成后的效果

(31) 将第 2 列单元格的【宽】设置为 13。选择第 3 列单元格，将其目标规则设置为 gel。将鼠标指针置入该单元格，按 Ctrl+Alt+T 组合键打开【表格】对话框，在该对话框中将【行数】、【列】分别设置为 6、1，将【表格宽度】设置为 188 像素，将【单元格边距】设置为 8，如图 1-181 所示。

(32) 单击【确定】按钮，然后在单元格内输入文字，并为输入的文字应用 A1 样式，完成后的效果如图 1-182 所示。

(33) 将鼠标指针置入表格的右侧，按 Ctrl+Alt+T 组合键打开【表格】对话框，在该对话框中将【行数】、【列】都设置为 1，将【表格宽度】设置为 800 像素，将【单元格边距】设置为 0，单击【确定】按钮。选择插入的表格，将【对齐】设置为【居中对齐】，然后将鼠标指针置入该单元格，选择【插入】|【水平线】命令。选择插入的水平线，根据前面介

绍的方法设置水平线的颜色，完成后的效果如图 1-183 所示。

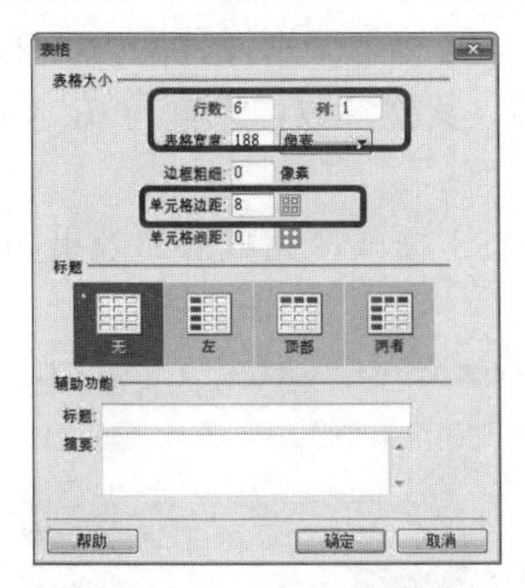

图 1-181 【表格】对话框

图 1-182 设置完成后的效果

(34) 将鼠标指针置入表格的右侧，按 Ctrl+Alt+T 组合键打开【表格】对话框，在该对话框中将【行数】、【列】分别设置为 1、2，将【表格宽度】设置为 820 像素，将【单元格间距】设置为 10，其他参数保持默认设置，如图 1-184 所示，单击【确定】按钮。

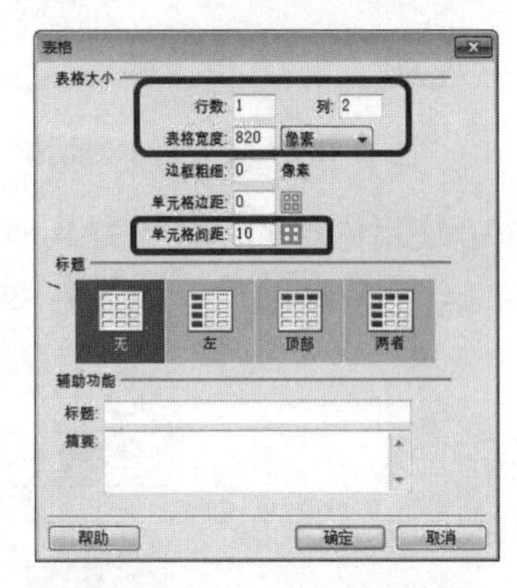

图 1-183 插入水平线后的效果　　图 1-184 【表格】对话框

(35) 选择插入的表格，在【属性】面板中将【对齐】设置为【居中对齐】。在空白位置处右击，在弹出的快捷菜单中选择【CSS 样式】|【新建】命令，弹出【新建 CSS 规则】对话框，在该对话框中将【选择器名称】设置为 ge2，如图 1-185 所示。

(36) 单击【确定】按钮，在打开的对话框中将 Top 的 Style 设置为 solid，Width 设置为 thin，Color 设置为#ccc，如图 1-186 所示。

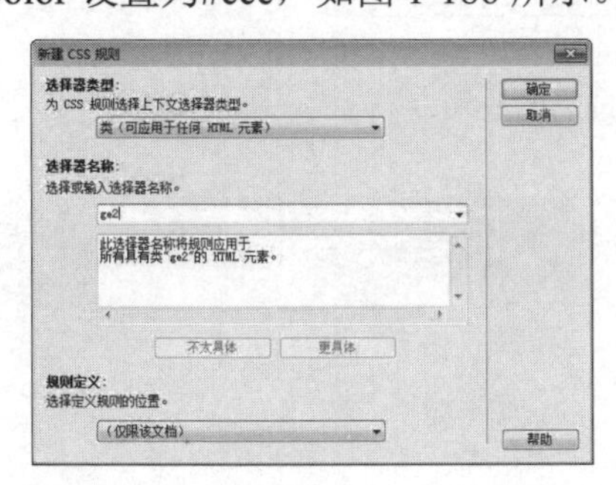

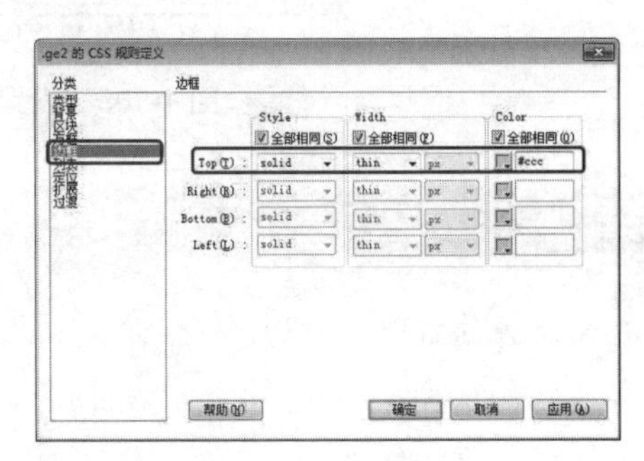

图 1-185 【新建 CSS 规则】对话框　　图 1-186 设置规则

(37) 为第1列、第2列单元格应用ge2样式。将鼠标指针置入第1列单元格，按Ctrl+Alt+T组合键打开【表格】对话框，在该对话框中将【行数】、【列】分别设置为10、2，将【表格宽度】设置为391像素，将【单元格边距】设置为5，其他参数均设置为0，如图1-187所示。

(38) 在插入的表格内输入文字，然后为文字应用CSS样式，完成后的效果如图1-188所示。

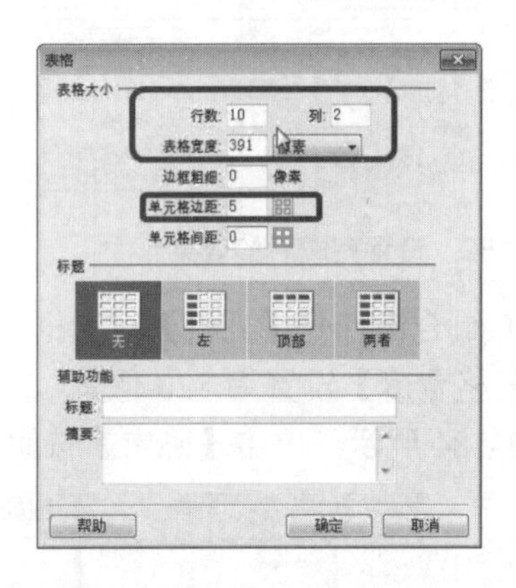

图1-187 【表格】对话框

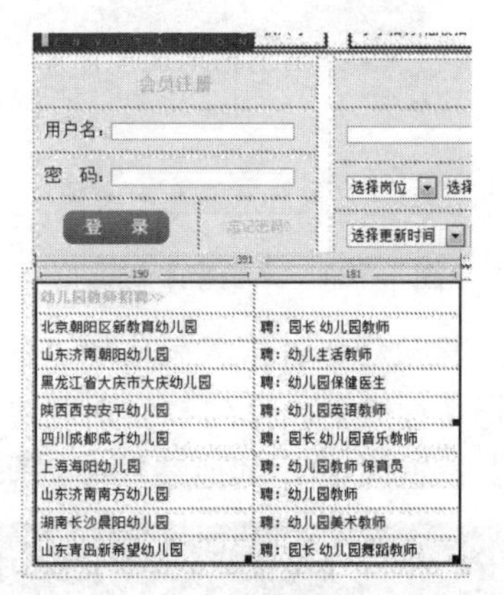

图1-188 输入文字后的效果

(39) 使用同样的方法设置其他表格，在表格内输入文字和插入水平线，并为文字应用CSS样式，完成后的效果如图1-189所示。

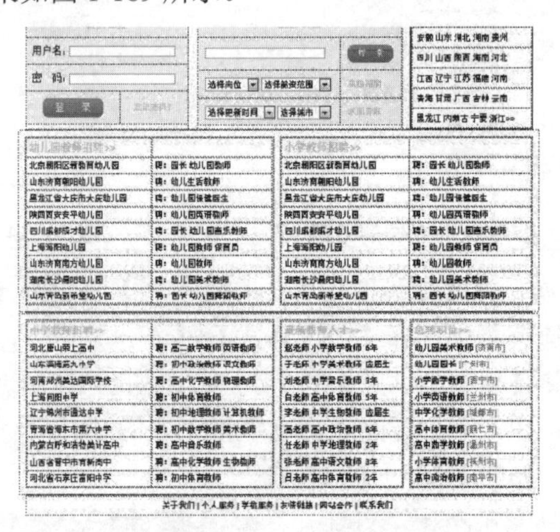

图1-189 设置完成后的效果

思考与练习

1. 如何新建网页文档？
2. 如何插入日期？
3. 如何设置段落缩进？

艺术爱好类网站设计——表格与 AP Div 网页布局

本章要点

基础知识
- 插入表格
- 在单元格中插入图像

重点知识
- 选择表格行、列
- 合并、拆分单元格

提高知识
- 调整整个表格的大小
- 调整行高或列宽

本章导读

艺术类网站也是网络中常见的一类网站，一般由公益组织或商业企业创建，其目的是为了更好地宣传艺术内容。本章通过几个案例来介绍艺术类网站的设计方法与技巧，通过本章的学习，可以使读者在制作此类网站时有更清晰的思路，以便日后创建更加精美的网站。

在制作网页时，我们可以使用表格对网页的内容进行排版，因此需要掌握一些表格的基本操作，如选择表格、剪切表格、复制表格、添加行或列等。

任务 1 制作觅图网网页——在单元格中添加内容

本例将介绍觅图网网页的制作过程，主要介绍如何使用表格和 Div 布局网页，包括设置表单和插入 Div 的方法。完成后的效果如图 2-1 所示。

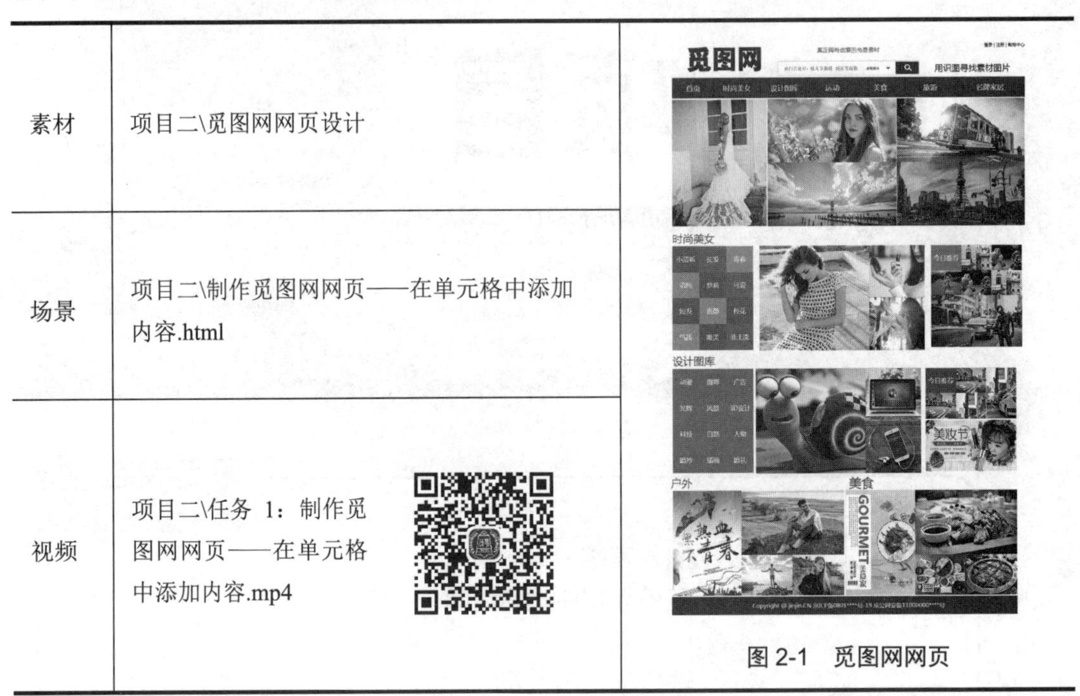

素材	项目二\觅图网网页设计	图 2-1　觅图网网页
场景	项目二\制作觅图网网页——在单元格中添加内容.html	
视频	项目二\任务 1：制作觅图网网页——在单元格中添加内容.mp4	

具体操作步骤如下。

(1) 启动软件后，按 Ctrl+N 组合键，在弹出的【新建文档】对话框中，将【页面类型】设置为 HTML，【布局】设置为【无】，【文档类型】设置为 HTML4.01 Transitional，然后单击【创建】按钮，如图 2-2 所示。

(2) 在【属性】面板中单击【页面属性】按钮，在弹出的【页面属性】对话框中，将【左边距】、【右边距】、【上边距】和【下边距】都设置为 10 px，然后单击【确定】按钮，如图 2-3 所示。

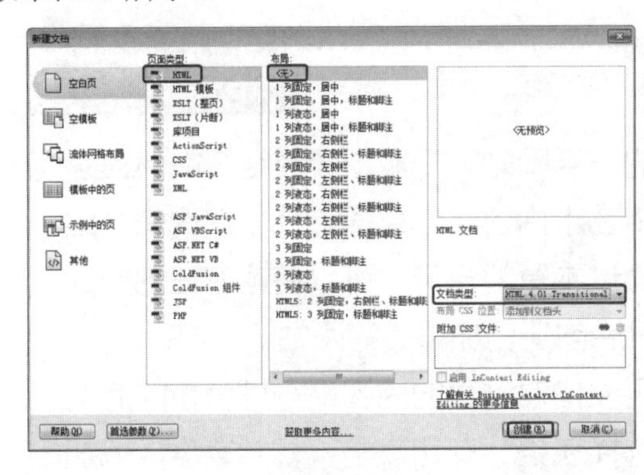

图 2-2　【新建文档】对话框

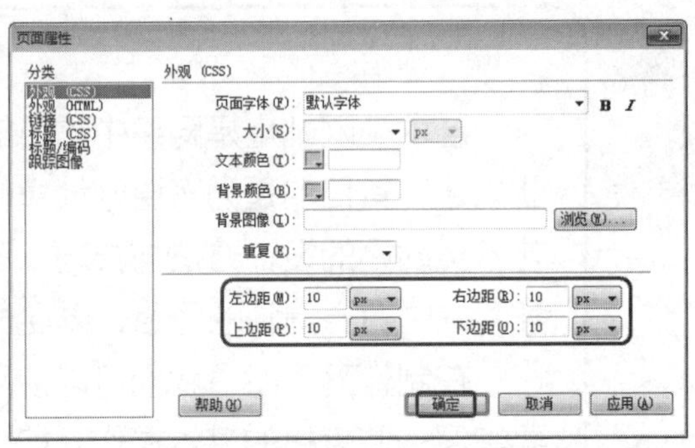

图 2-3　【页面属性】对话框

提示： 若在浏览网页时发现图片格局错位，可以将代码顶部用于声明文档类型的如下代码删除。

```
<!DOCTYPE HTML PUBLIC "-//W3C//DTD HTML 4.01 Transitional//EN"
"http://www.w3.org/TR/html4/loose.dtd">
```

(3) 按 Ctrl+Alt+T 组合键，弹出【表格】对话框，将【行数】设置为 2，【列】设置为 1，【表格宽度】设置为 1000 像素，【边框粗细】、【单元格边距】、【单元格间距】均设置为 0，然后单击【确定】按钮，如图 2-4 所示。

(4) 将鼠标指针插入第 1 行单元格中，然后单击【拆分单元格为行或列】按钮，在弹出的【拆分单元格】对话框中，将【把单元格拆分】设置为【列】，将【列数】设置为 3，然后单击【确定】按钮，如图 2-5 所示。

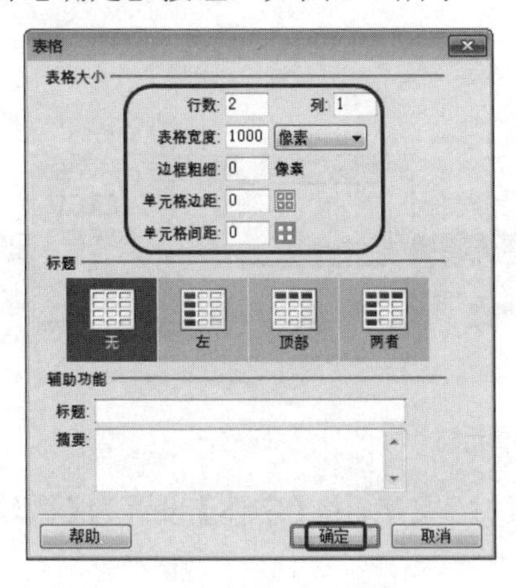

图 2-4 【表格】对话框

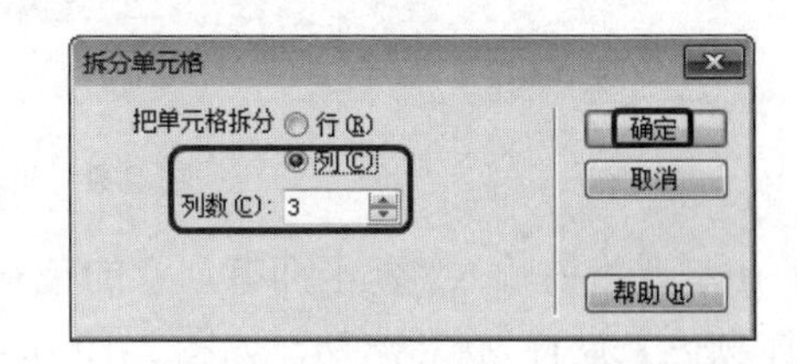

图 2-5 【拆分单元格】对话框

(5) 将鼠标指针插入第 1 行第 1 列单元格中，将【水平】设置为【居中对齐】，【垂直】设置为【居中】，【宽】设置为 30%，【高】设置为 100，如图 2-6 所示。

(6) 按 Ctrl+Alt+I 组合键，弹出【选择图像源文件】对话框，选择“素材\项目二\觅图网网页设计\01.png”素材文件，单击【确定】按钮，如图 2-7 所示。

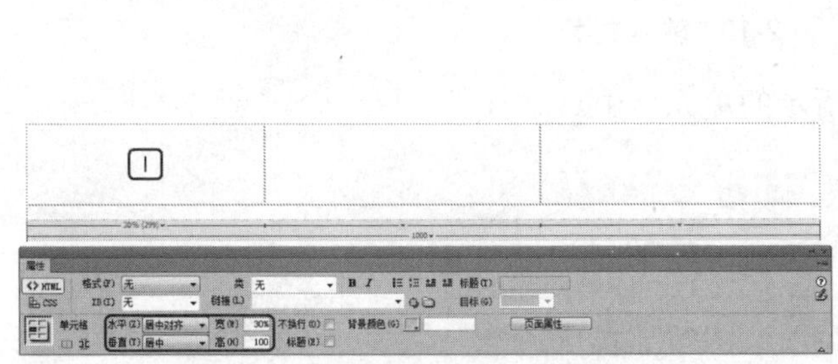

图 2-6 设置第一行第一列单元格

图 2-7 选择素材图片

(7) 将鼠标指针插入第 2 列单元格中，将【水平】设置为【居中对齐】，【垂直】设置为【居中】，【宽】设置为 40%，【高】设置为 100，如图 2-8 所示。

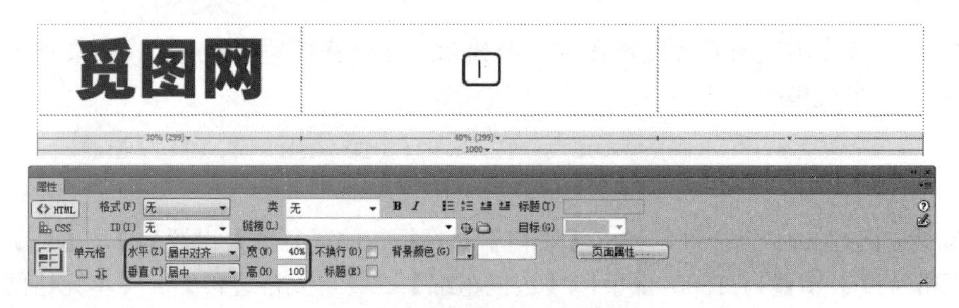

图 2-8　设置第 2 列单元格

(8) 单击【拆分单元格为行或列】按钮，在弹出的【拆分单元格】对话框中，将【把单元格拆分】设置为【行】，将【行数】设置为 2，然后单击【确定】按钮。将鼠标指针置于如图 2-9 所示的单元格内。

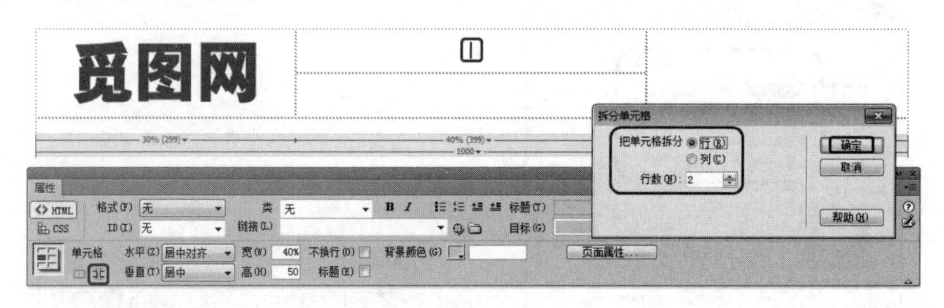

图 2-9　拆分单元格

(9) 在单元格内输入“真正拥有创意的免费素材”文字，将【字体】设置为【微软雅黑】，将【字体颜色】设置为#787878，如图 2-10 所示。

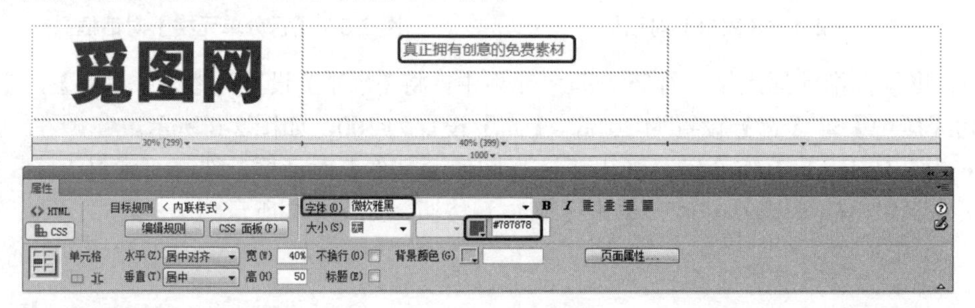

图 2-10　输入文字

(10) 将鼠标指针插入如图 2-11 所示的单元格中。

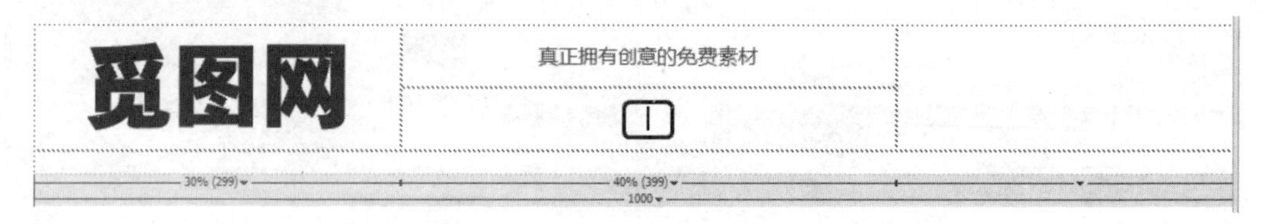

图 2-11　将鼠标指针置于单元格中

(11) 将【水平】设置为【左对齐】，然后插入“素材\项目二\觅图网网页设计\02.png”素材文件，将图片的【宽】、【高】分别设置为 400 px、40 px，如图 2-12 所示。

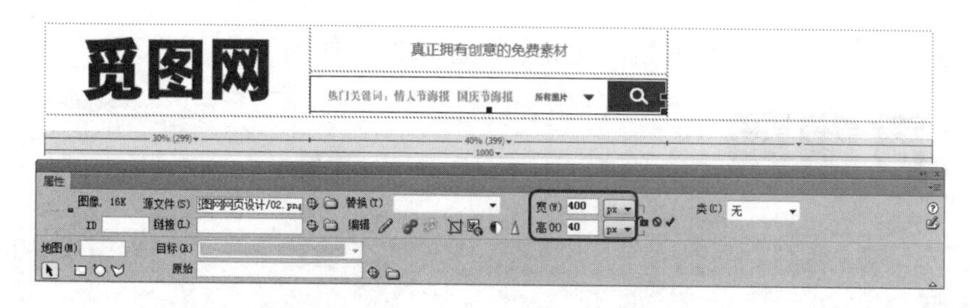

图 2-12　插入素材图片

(12) 将鼠标指针放置在第 3 列单元格内，单击【拆分单元格为行或列】按钮，在弹出的【拆分单元格】对话框中，将【把单元格拆分】设置为【行】，将【行数】设置为 2，然后单击【确定】按钮。确认鼠标指针置于如图 2-13 所示的单元格内。

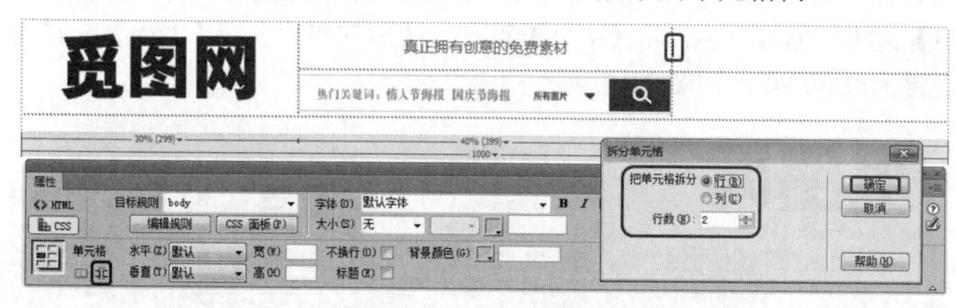

图 2-13　拆分单元格

(13) 单击【拆分单元格为行或列】按钮，在弹出的【拆分单元格】对话框中，将【把单元格拆分】设置为【行】，将【行数】设置为 2，然后单击【确定】按钮。将鼠标指针置于拆分后的单元格的第 1 行，将【水平】设置为【右对齐】，将【垂直】设置为【居中】，如图 2-14 所示。

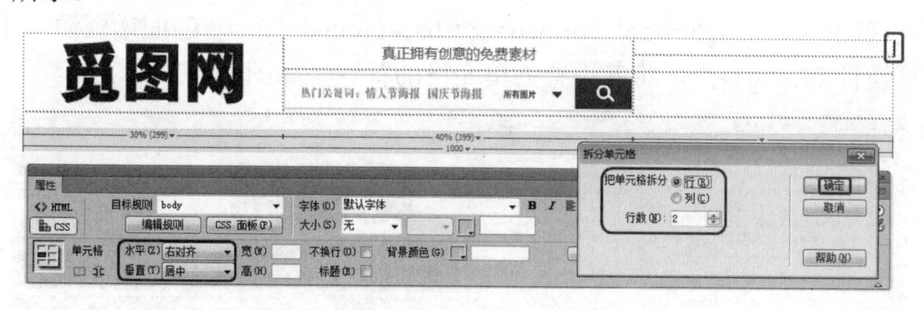

图 2-14　拆分单元格并设置单元格对齐

(14) 在单元格内输入文本“登录 | 注册 | 帮助中心”，将【字体】设置为【微软雅黑】，将【大小】设置为 12 px，如图 2-15 所示。

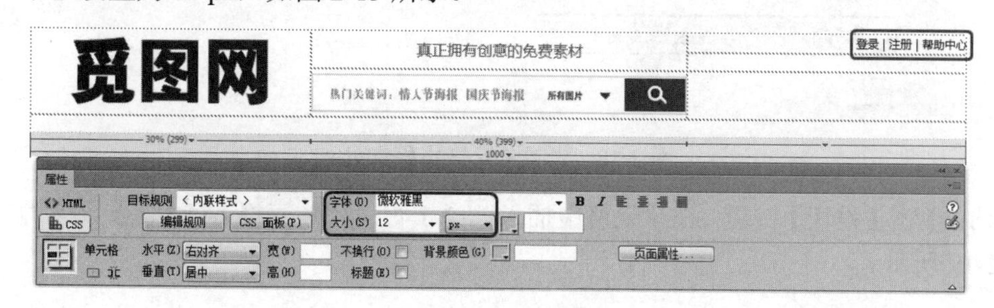

图 2-15　输入文本

(15) 将第一行和第二行单元格的【高】设置为 25，如图 2-16 所示。

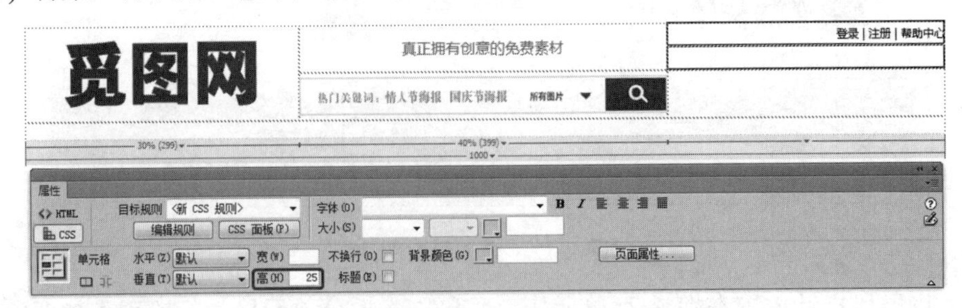

图 2-16 设置单元格高度

(16) 将鼠标指针插入第 3 行单元格中，将【水平】设置为【居中对齐】，【垂直】设置为【居中】，然后输入文字，将【字体】设置为【微软雅黑】，【大小】设置为 24，【字体颜色】设置为#D30048，如图 2-17 所示。

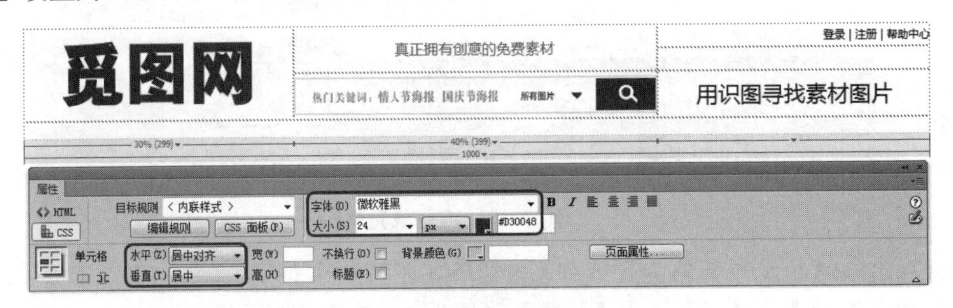

图 2-17 设置单元格并输入文字

(17) 将鼠标指针插入下一行单元格中，将【高】设置为 56。单击【拆分】按钮，在<td>标签中输入代码“<td height="56" colspan="3" background="file:///E|/配送资源/素材/项目二/觅图网网页设计/03.png">”，将其设置为单元格的背景，如图 2-18 所示。

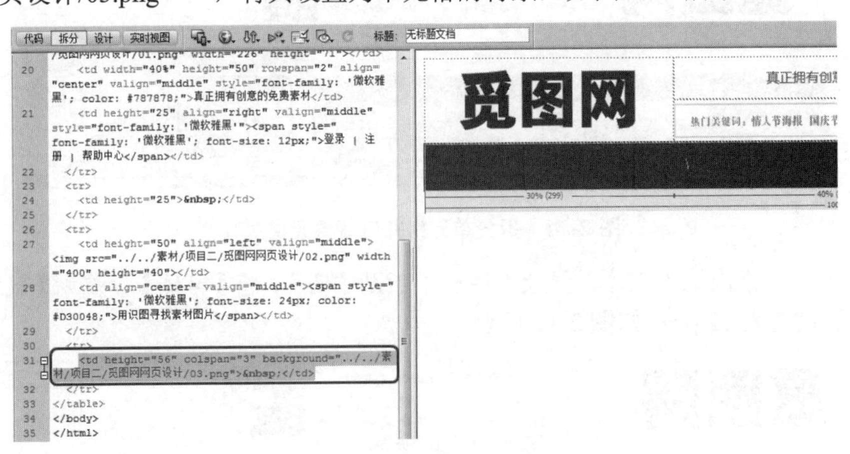

图 2-18 设置单元格的背景图片

(18) 单击【设计】按钮，在单元格中插入一个 1 行 7 列的表格，将【宽】设置为 100%，如图 2-19 所示。

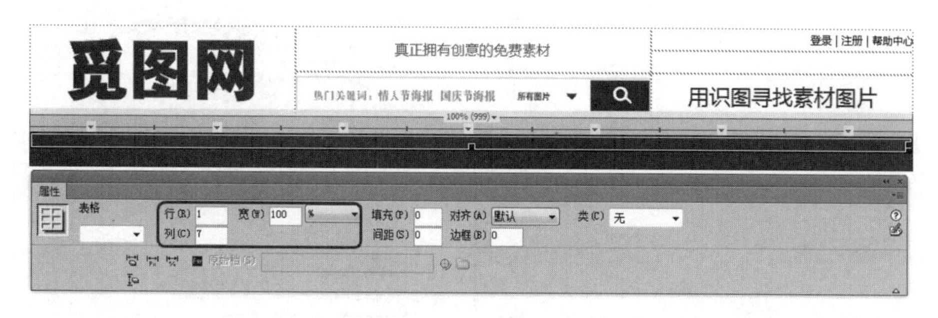

图 2-19　插入表格

(19) 选中新插入的所有单元格，将【水平】设置为【居中对齐】，【高】设置为 56，然后调整单元格的线框，将其与背景图片的竖线基本对齐，如图 2-20 所示。

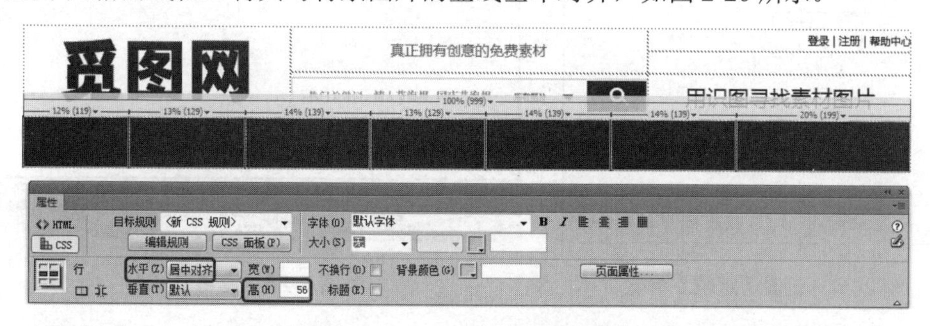

图 2-20　设置并调整单元格

(20) 在单元格中输入文字，将【字体】设置为【微软雅黑】，【大小】设置为 20，【字体】设置为【微软雅黑】，如图 2-21 所示。

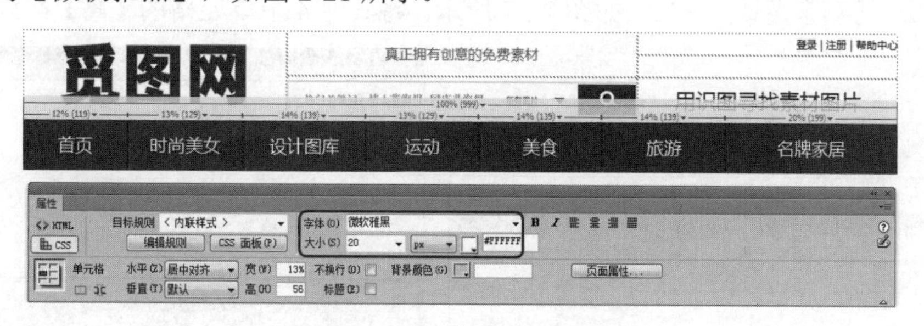

图 2-21　输入并设置字体

(21) 在空白位置单击，在菜单栏中执行【插入】|【布局对象】|【Div 标签】命令，在弹出的【插入 Div 标签】对话框中，将 ID 设置为 div01，如图 2-22 所示。

(22) 单击【新建 CSS 规则】按钮，在弹出的【新建 CSS 规则】对话框中，使用默认参数，然后单击【确定】按钮，如图 2-23 所示。

(23) 在弹出的对话框中，将【分类】设置为【定位】，然后将 Position 设置为 absolute，单击【确定】按钮，如图 2-24 所示。

(24) 返回到【插入 Div 标签】对话框，然后单击【确定】按钮，在页面中插入 Div。选中插入的 div01，在【属性】面板中，将【宽】设置为 1000 px，【高】设置为 352 px，调整 div01 的位置，如图 2-25 所示。

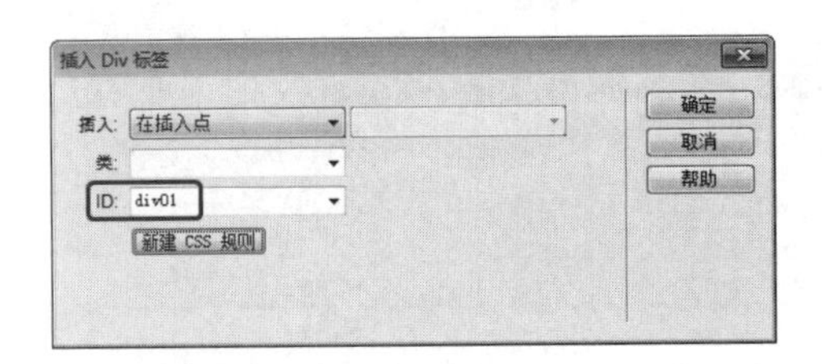

图 2-22 【插入 Div 标签】对话框

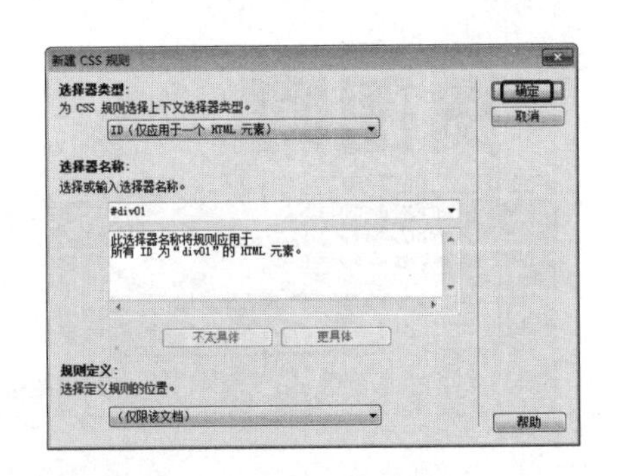

图 2-23 【新建 CSS 规则】对话框

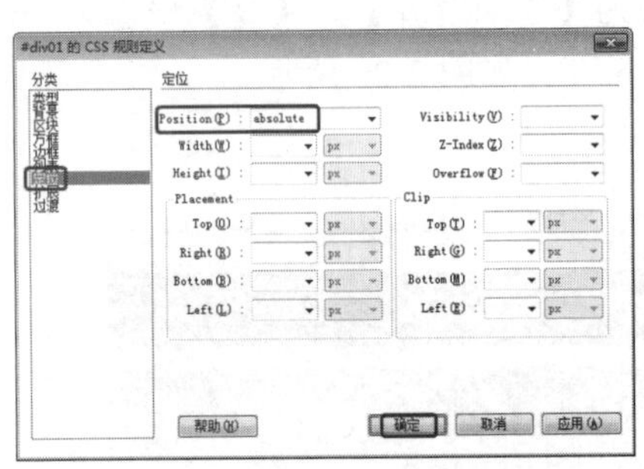

图 2-24 设置【定位】参数

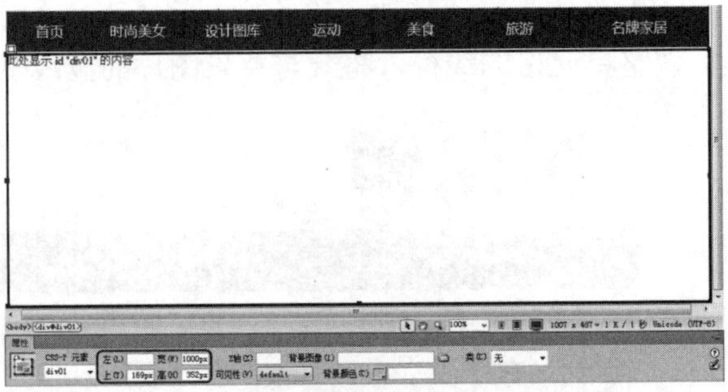

图 2-25 设置 div01

(25) 将 div01 中的文字删除，然后插入一个 2 行 3 列的表格，将【宽】设置为 100%，如图 2-26 所示。

(26) 选中第 1 列的两个单元格，单击按钮，将其合并为一个单元格，然后将【宽】设置为 272，【高】设置为 352，如图 2-27 所示。将其他 4 个单元格的【高】都设置为 176。

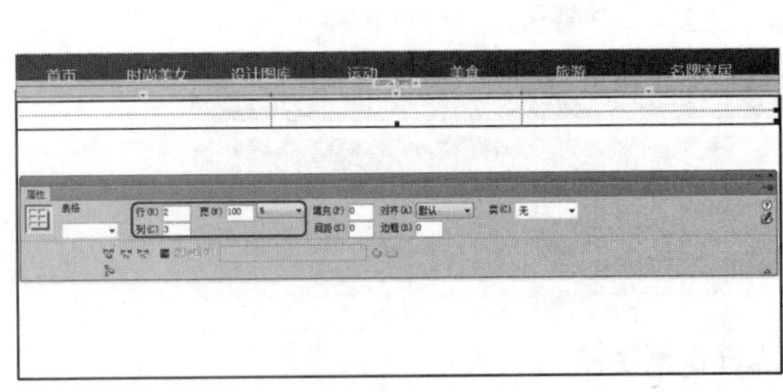

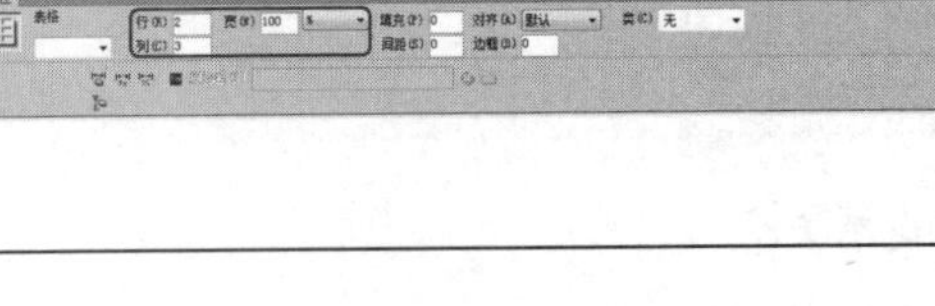

图 2-26 插入表格

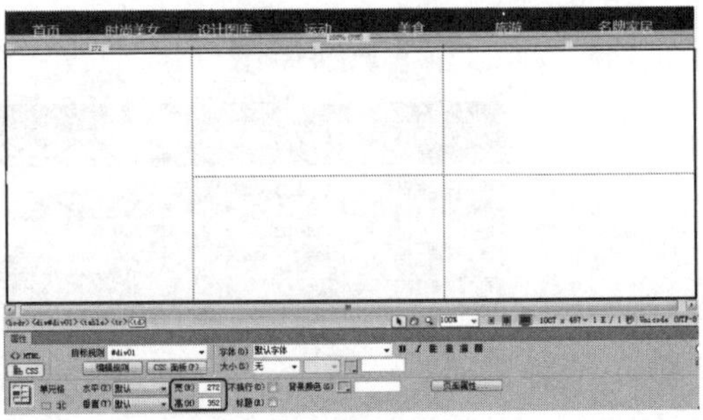

图 2-27 设置单元格

(27) 参照前面的方法，在各个单元格中插入素材图片，如图 2-28 所示。

(28) 使用相同的方法插入新的 Div，将其命名为 div02，将【宽】设置为 121 px，【高】设置为 35 px，调整 div02 的位置，如图 2-29 所示。

(29) 将 div02 中的文字删除，然后输入文字，将【字体】设置为【微软雅黑】，【大小】设置为 30，【字体颜色】设置为#666666，如图 2-30 所示。

(30) 使用相同的方法插入新的 Div，将其命名为 div03，将【宽】设置为 230 px，【高】设置为 290 px，调整 div03 的位置，如图 2-31 所示。

图 2-28　插入素材图片

图 2-29　插入 div02

图 2-30　输入文字

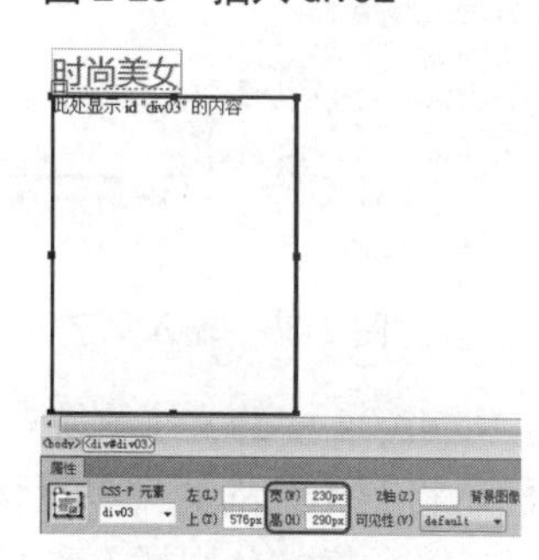
图 2-31　插入 div03

(31) 将 div03 中的文字删除，然后插入一个 4 行 3 列的表格，将单元格的【水平】设置为【居中对齐】，【垂直】设置为【居中】，【宽】设置为 76，【高】设置为 72，如图 2-32 所示。

(32) 按 Ctrl 键选中如图 2-33 所示的单元格，将【背景颜色】设置为#BC52F3，如图 2-33 所示。

(33) 使用相同的方法，将其他几个单元格的【背景颜色】设置为#4FBAFF、#7A75F9，效果如图 2-34 所示。

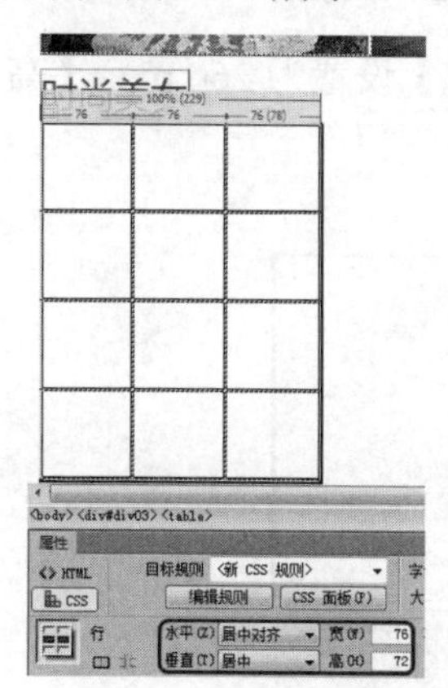
图 2-32　插入表格

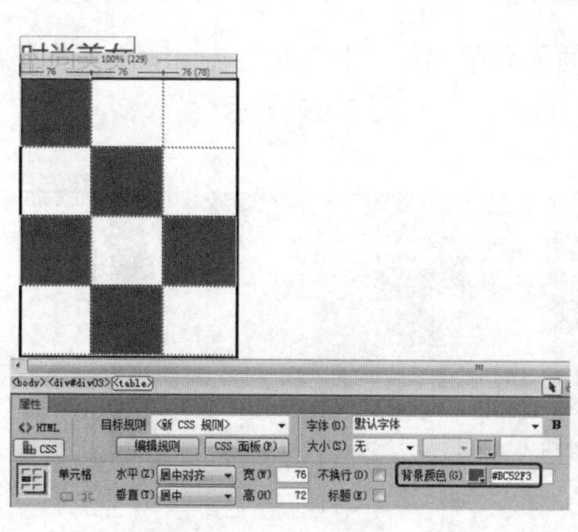
图 2-33　设置背景颜色

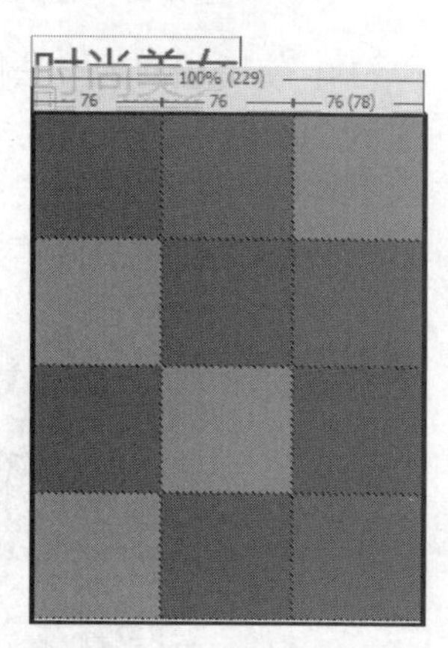
图 2-34　背景颜色效果

(34) 在单元格中输入文字，将【字体】设置为【微软雅黑】，【大小】设置为 18，【字体颜色】设置为白色，如图 2-35 所示。

(35) 使用相同的方法插入新的 Div，将其命名为 div04，将【宽】设置为 465 px，【高】设置为 290 px，调整 div04 的位置，如图 2-36 所示。

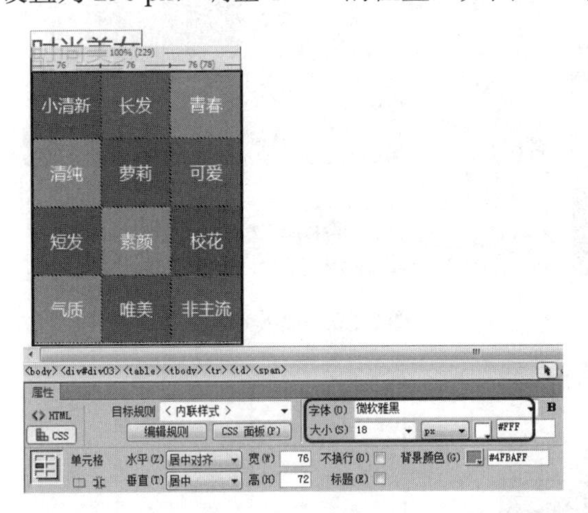

图 2-35 输入文字

图 2-36 插入 div04

(36) 将 div04 中的文字删除，然后插入一个 2 行 2 列的表格，将【表格宽度】设置为 100%，然后将第 1 列的两个单元格进行合并，如图 2-37 所示。

(37) 在单元格中分别插入素材图片，如图 2-38 所示。

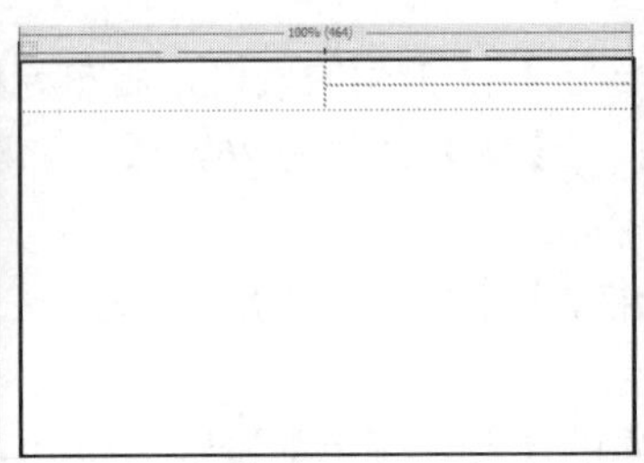

图 2-37 插入单元格

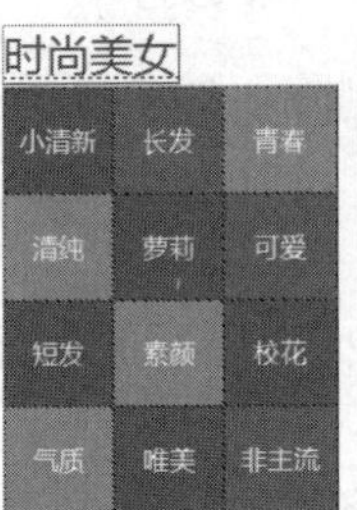

图 2-38 插入素材图片

(38) 使用相同的方法插入新的 Div，将其命名为 div05，将【宽】设置为 260 px，【高】设置为 290 px，调整 div05 的位置，如图 2-39 所示。

图 2-39 插入 div05

(39) 将 div05 中的文字删除，插入一个 3 行 3 列的表格，将【宽】设置为 100%，然后将最后一行的 3 个单元格合并，如图 2-40 所示。

图 2-40　插入表格

(40) 参照前面的方法，设置单元格的宽和高，然后输入文字并插入素材图片，如图 2-41 所示。

图 2-41　输入文字并插入素材图片

(41) 使用相同的方法插入其他 Div 并编辑 Div 中的内容，如图 2-42 所示。

图 2-42　插入其他 Div 并编辑 Div 中的内容

2.1.1　插入表格

表格是网页中最常用的排版方式之一，它可以将数据、文本、图片、表单等元素有序地显示在页面上。通过在网页中插入表格，可以对网页内容进行精确的定位。

下面将介绍如何在网页中插入简单的表格。

(1) 新建文档，在菜单栏中选择【插入】|【表格】命令，如图 2-43 所示。

(2) 系统自动弹出【表格】对话框，在该对话框中设置表格的行数、列数、表格宽度等基本属性，如图 2-44 所示。

图 2-43　选择【表格】命令

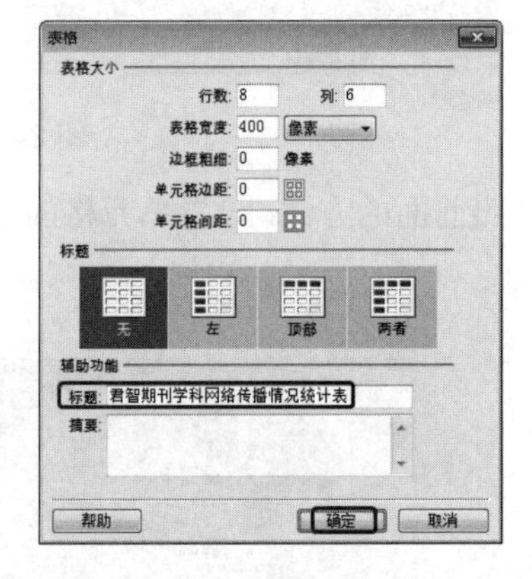

图 2-44　设置表格基本属性

(3) 设置完成后单击【确定】按钮，即可插入表格，如图 2-45 所示。

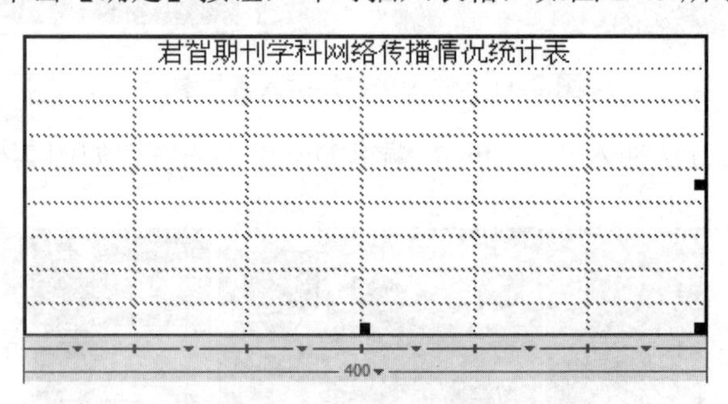

图 2-45　插入表格

【表格】对话框中各选项的功能说明如下。

◎　【行数】和【列】：用于设置插入表格的行数和列数。

◎　【表格宽度】：用于设置插入表格的宽度。在文本框中设置表格宽度，在文本框右侧的下拉列表框中选择宽度单位，包括【像素】和【百分比】两种。

◎　【边框粗细】：用于设置插入表格边框的粗细值。如果用表格规划网页格式时，通常将【边框粗细】设置为 0，这样在浏览网页时表格将不会被显示。

◎　【单元格边距】：用于设置插入表格中单元格边界与单元格内容之间的距离。默认值为 1 像素。

◎　【单元格间距】：用于设置插入表格中单元格与单元格之间的距离。默认值为 2

像素。

◎　【标题】：用于设置插入表格内标题所在单元格的样式。共有四种样式可选，包括【无】、【左】、【顶部】和【两者】。

◎　【辅助功能】：辅助功能包括【标题】和【摘要】两个选项。【标题】是指在表格上方居中显示表格外侧标题。【摘要】是指对表格的说明。【摘要】内容不会显示在【设计】视图中，只有在【代码】视图中才可以看到。

提示：在鼠标指针所在位置都可插入表格，既使鼠标指针位于表格或者文本中，也可以在鼠标指针位置插入表格。

2.1.2　在表格中输入文本

下面来介绍如何在表格中输入文本。

(1) 运行 Dreamweaver CC 2018，打开“素材\项目二\输入内容.html”素材文件，如图 2-46 所示。

(2) 将鼠标指针放置在需要输入文本的单元格中，输入文字。单元格在输入文本时可以自动扩展，如图 2-47 所示。

图 2-46　素材文件

图 2-47　输入文本

2.1.3　嵌套表格

嵌套表格是指在表格中的某个单元格中再插入一个表格。当单个表格不能满足布局需求时，可以创建嵌套表格。如果嵌套表格的宽度单位为百分比，将受它所在单元格宽度的限制；如果单位为像素，当嵌套表格的宽度大于所在单元格的宽度时，单元格宽度将变大。

下面来介绍如何嵌套表格。

(1) 打开“素材\项目二\嵌套表格.html”素材文件，如图 2-48 所示。

图 2-48　素材文件

(2) 将鼠标指针放置在单元格中文本的右侧，在菜单栏中选择【插入】|【表格】命令，打开【表格】对话框。在【表格】对话框中设置表格属性，如图 2-49 所示。

(3) 单击【确定】按钮，即可插入嵌套表格，效果如图 2-50 所示。

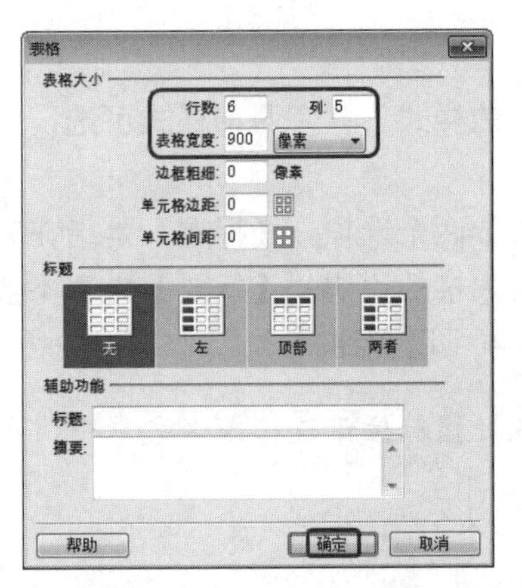

图 2-49　设置表格属性

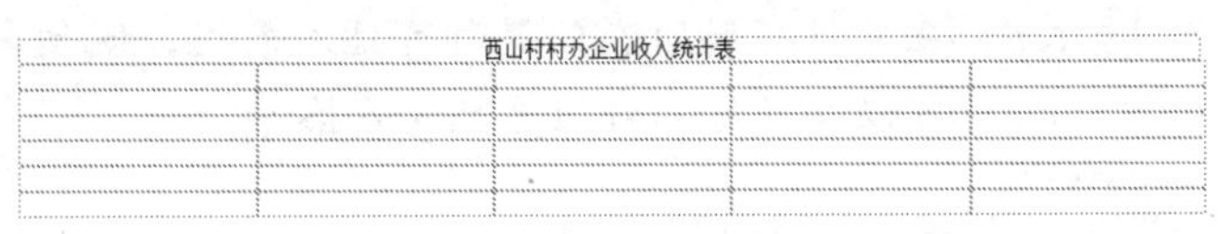

图 2-50　插入嵌套表格

2.1.4　在单元格中插入图像

制作网站时，为了使网站更加美观，可以在单元格中插入相应图像，使其更加活泼生动。下面来介绍如何在单元格中插入图像，具体操作步骤如下。

(1) 在菜单栏中选择【插入】|【表格】命令，在弹出的【表格】对话框中，将【行数】设置为 1，【列】设置为 2，【表格宽度】设置为 300 像素，【边框粗细】设置为 1 像素，如图 2-51 所示。

(2) 单击【确定】按钮，即可插入表格，如图 2-52 所示。

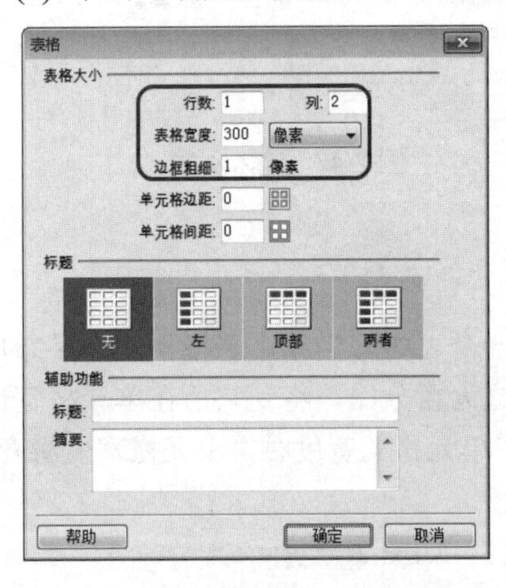

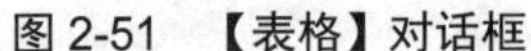
图 2-51　【表格】对话框

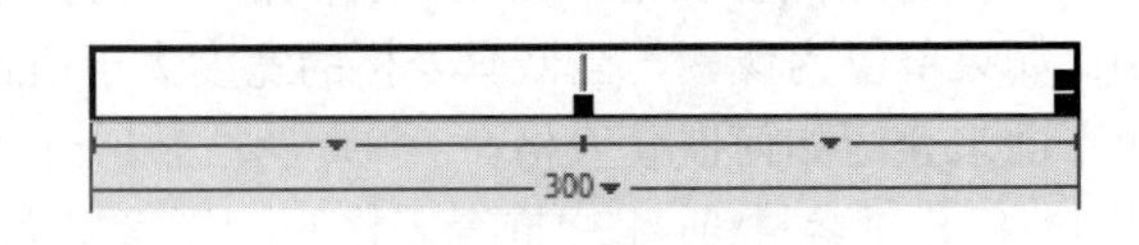

图 2-52　插入表格

(3) 将鼠标指针放置在需要插入图像的单元格中，在菜单栏中选择【插入】|【图像】命令，如图 2-53 所示。

(4) 在弹出的【选择图像源文件】对话框中，选择需要插入的图像，单击【确定】按钮，如图 2-54 所示，即可将图像插入到单元格中。

(5) 适当调整图片大小，效果如图 2-55 所示。

(6) 使用同样的方法，在第二个单元格中插入图像，最终效果如图 2-56 所示。

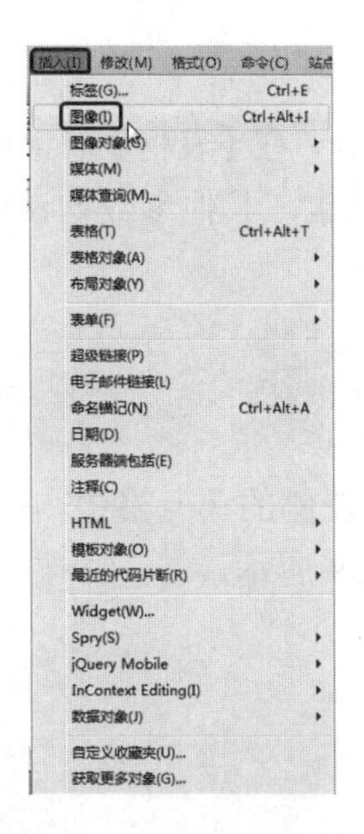

图 2-53 选择【图像】命令

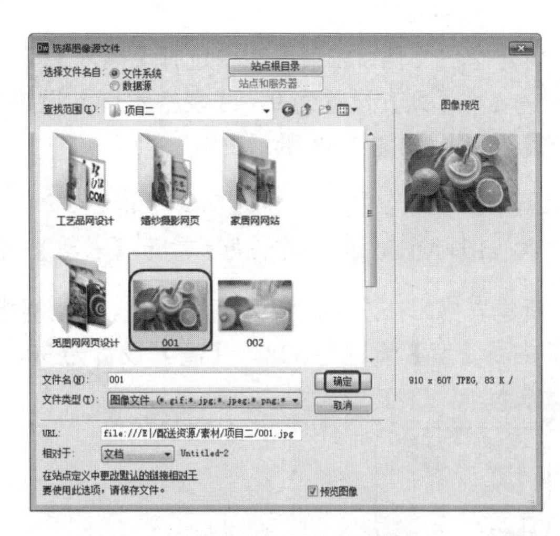

图 2-54 选择图像

图 2-55 插入图像后的效果

图 2-56 最终效果

任务 2 制作工艺品网页——表格的基本操作

本例将讲解如何制作工艺品网页，主要通过插入表格和图像进行制作，完成后的效果如图 2-57 所示。

素材	项目二\工艺品网设计	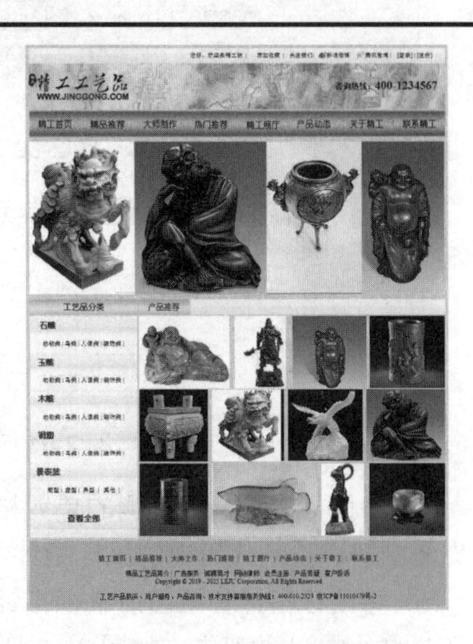 图 2-57 工艺品网页
场景	项目二\制作工艺品网页——表格的基本操作.html	
视频	项目二\任务 2：制作工艺品网页——表格的基本操作.mp4	

具体操作步骤如下。

(1) 新建空白文档，在菜单栏中选择【插入】|【表格】命令，在【表格】对话框中将【行数】设置为 1，【列】设置为 9，【表格宽度】设置为 850 像素，其他参数均设置为 0，单击【确定】按钮，如图 2-58 所示。

> **疑难解答：如何快速打开【表格】对话框？**
> 答：按 Ctrl+Alt+T 组合键可快速打开【表格】对话框。

(2) 新建表格后在左侧的单元格中单击，将鼠标指针插入左侧的单元格中，在下方的【属性】面板中将【宽】设置为 328，【高】设置为 30，如图 2-59 所示。

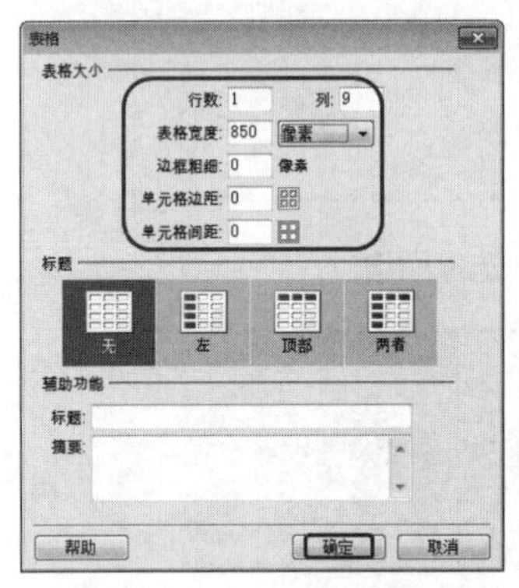

图 2-58 设置【表格】对话框

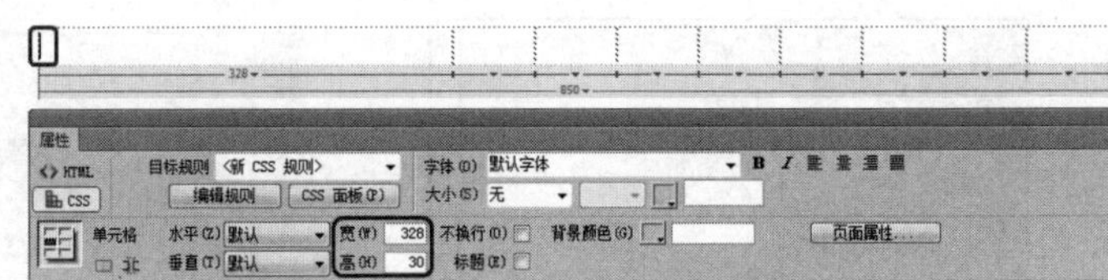

图 2-59 设置单元格

(3) 在其右侧的单元格中输入文字，选择文字在下方的【属性】面板中将【大小】设置为 12 px，如图 2-60 所示。

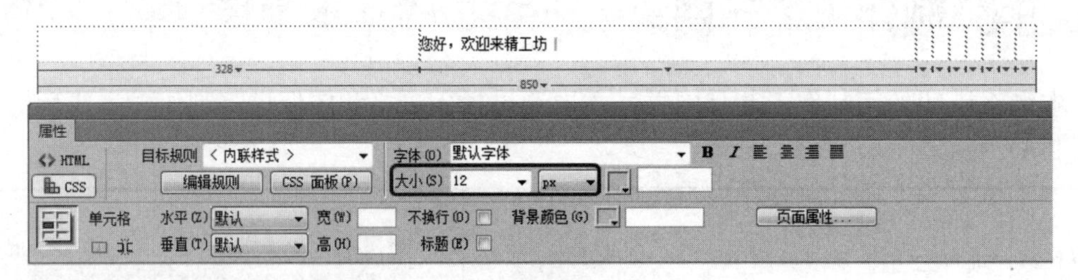

图 2-60 设置单元格中文字的大小

(4) 使用同样的方法设置其他单元格的宽度，并在单元格中输入文字，效果如图 2-61 所示。

图 2-61 设置其他单元格并输入文字

(5) 将鼠标指针插入左侧的单元格中，在位于菜单栏下方中单击【拆分】按钮，在打开的界面中即可看到代码中的鼠标指针，如图 2-62 所示。

(6) 将鼠标指针移至当前鼠标指针所在行中<td 代码的右侧，按 Enter 键即可弹出选项，选择 background 并双击，如图 2-63 所示。

图 2-62 代码中的鼠标指针

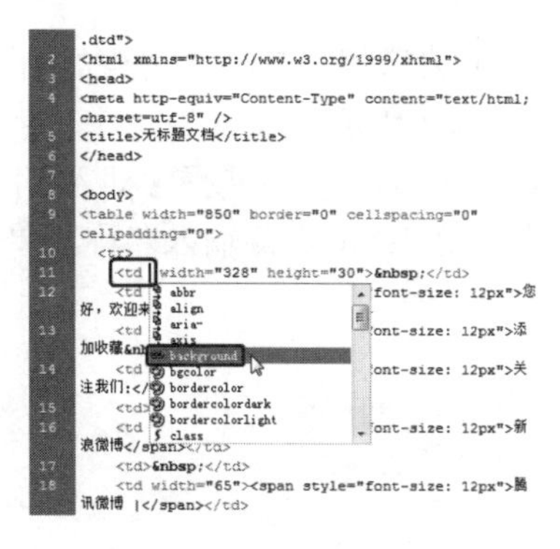

图 2-63 选择 background

(7) 执行上一步操作后，即可再次弹出【浏览】选项，单击该选项，即可打开【选择文件】对话框，选择“素材\项目二\工艺品网设计\底图 1.jpg”素材文件，单击【确定】按钮，如图 2-64 所示。

(8) 使用同样的方法，将鼠标指针插入其他单元格中，并添加素材，效果如图 2-65 所示。

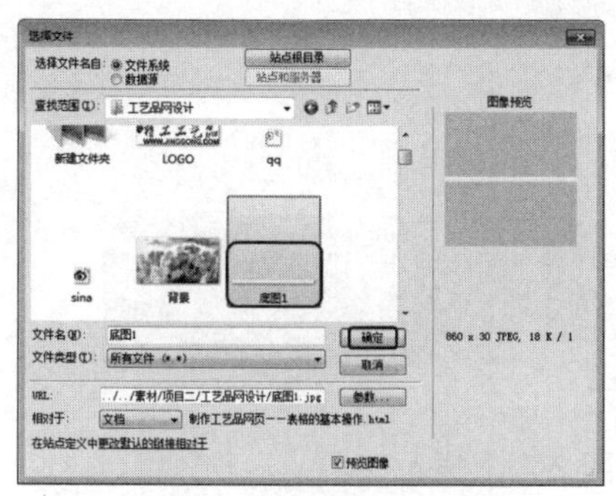

图 2-64 【选择文件】对话框

图 2-65 插入背景图像

(9) 返回至【设计】视图中，将鼠标指针插入未输入文字的单元格中，按 Ctrl+Alt+I 组合键，打开【选择图像源文件】对话框，选择“素材\项目二\工艺品网设计\sina.png”素材文件，如图 2-66 所示。

(10) 使用同样的方法在另一个未输入文字的单元格中插入素材文件，效果如图 2-67 所示。

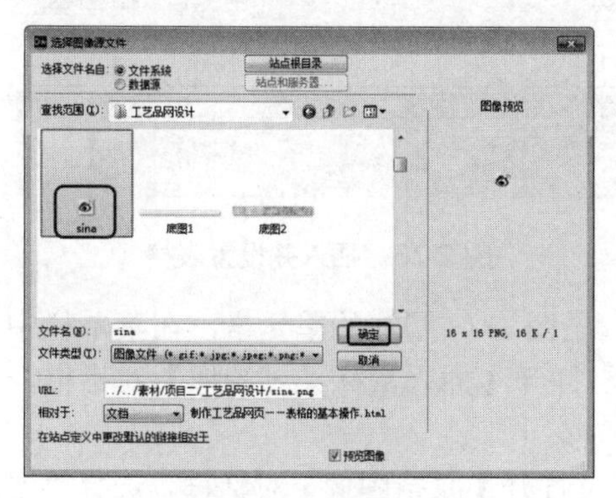

图 2-66 选择素材

图 2-67 插入素材后的效果

(11) 将鼠标指针插入表格的右侧，使用前面介绍的方法，插入表格，并插入素材，效果如图 2-68 所示。

(12) 在菜单栏中选择【插入】|【布局对象】|【Div 标签】命令，打开【插入 Div 标签】对话框，在 ID 的右侧输入名称，单击【新建 CSS 规则】按钮，如图 2-69 所示。

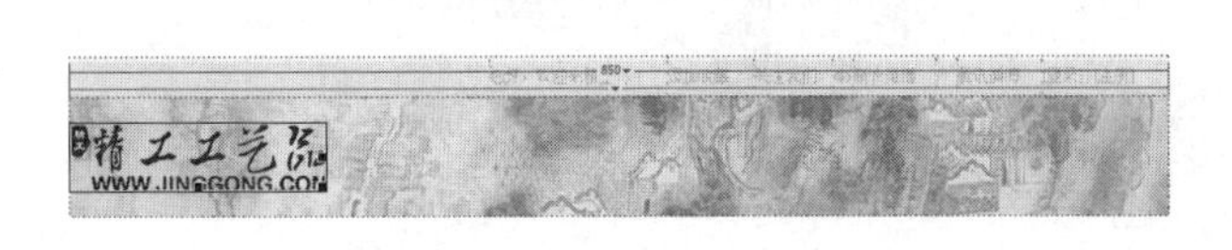

图 2-68　新建表格并插入素材

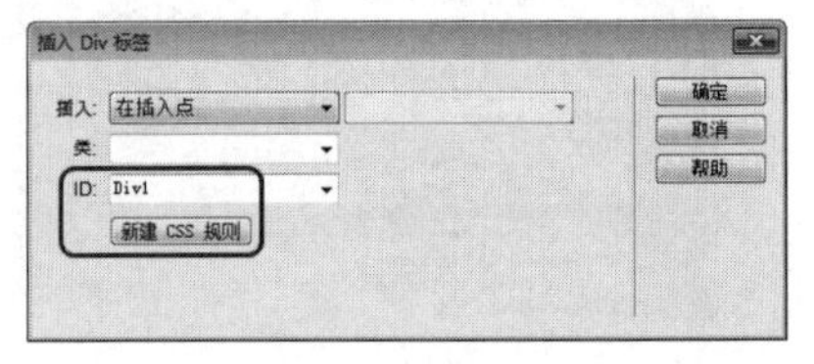

图 2-69　【插入 Div 标签】对话框

(13) 单击【确定】按钮，在打开的对话框中选择【分类】中的【定位】选项，将 Position 设置为 absolute，然后单击【确定】按钮，如图 2-70 所示。

(14) 返回到【插入 Div 标签】对话框中，单击【确定】按钮，即可在鼠标指针所在的位置插入 Div，如图 2-71 所示。

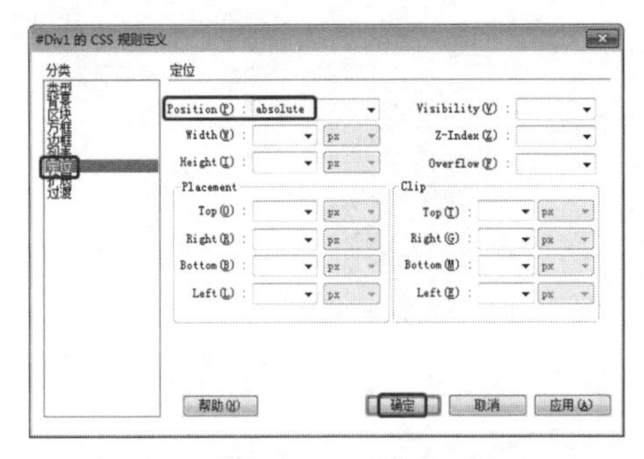

图 2-70　设置【定位】参数

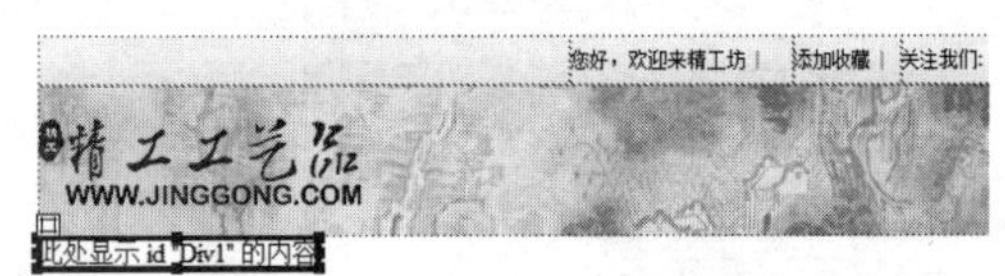

图 2-71　插入 Div

(15) 将鼠标指针插入 Div 中，删除其中的文字，然后输入需要的文字，调整 Div 的宽度和位置。选中其中的文字，在【属性】面板中将【文字颜色】设置为#800080，然后分别选中文字，将大小分别设置为 16 px 和 24 px，效果如图 2-72 所示。

(16) 使用前面介绍的方法，插入一个 1 行 8 列、表格宽度为 850 像素的表格。将鼠标指针插入第 1 列单元格中，在【属性】面板中将【高】设置为 58，如图 2-73 所示。

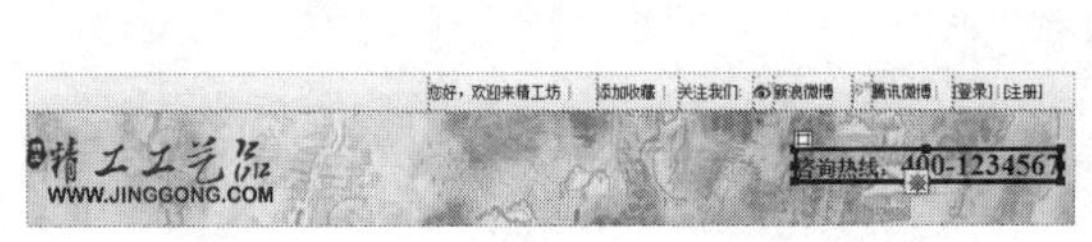

图 2-72　输入并设置文字后的效果

图 2-73　插入并设置表格

(17) 选中新插入表格的第 1 行，第 1 列单元格，见图 2-73 圈注的单元格，在菜单栏中选择【插入】|【图像对象】|【鼠标经过图像】命令，打开【插入鼠标经过图像】对话框，如图 2-74 所示。

(18) 单击【原始图像】右侧的【浏览】按钮，即可打开【原始图像】对话框，选择“素材\项目二\工艺品网设计\经过前图像 1.jpg”素材文件，单击【确定】按钮，如图 2-75 所示。

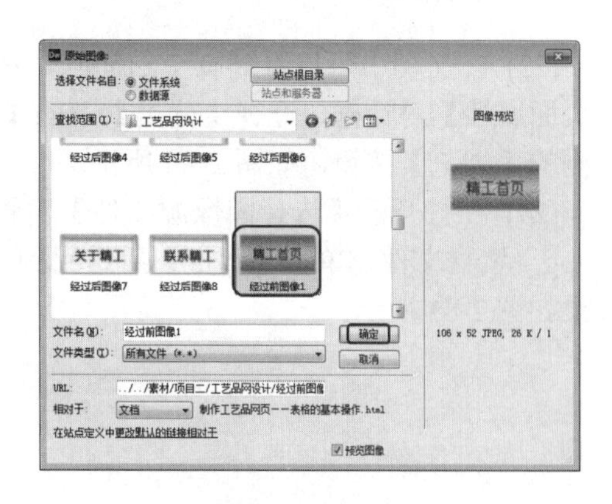

图 2-74　【插入鼠标经过图像】对话框　　图 2-75　选择素材(1)

(19) 返回到【插入鼠标经过图像】对话框，单击【鼠标经过图像】右侧的【浏览】按钮，在打开的【鼠标经过图像】对话框中，选择“素材\项目二\工艺品网设计\经过后图像1.jpg”素材文件，然后单击【确定】按钮，如图 2-76 所示。

(20) 返回到【插入鼠标经过图像】对话框，单击【确定】按钮，效果如图 2-77 所示。

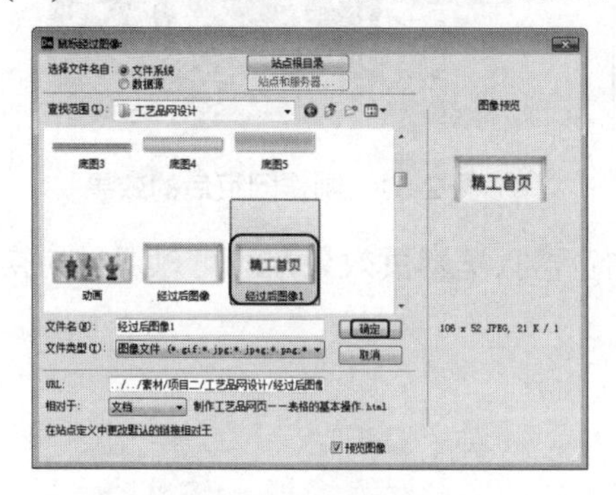

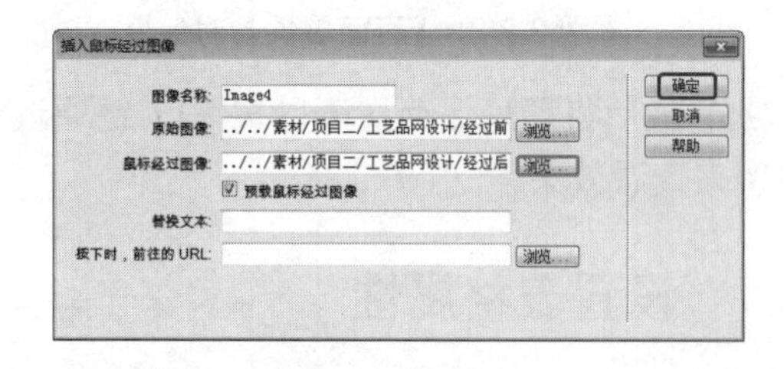

图 2-76　选择素材(2)　　图 2-77　【插入鼠标经过图像】对话框

(21) 使用相同的方法，在其他单元格中插入鼠标经过图像，效果如图 2-78 所示。

(22) 根据前面介绍的方法插入表格，输入文字，插入图像，并进行调整，对部分单元格的背景色进行设置，效果如图 2-79 所示。

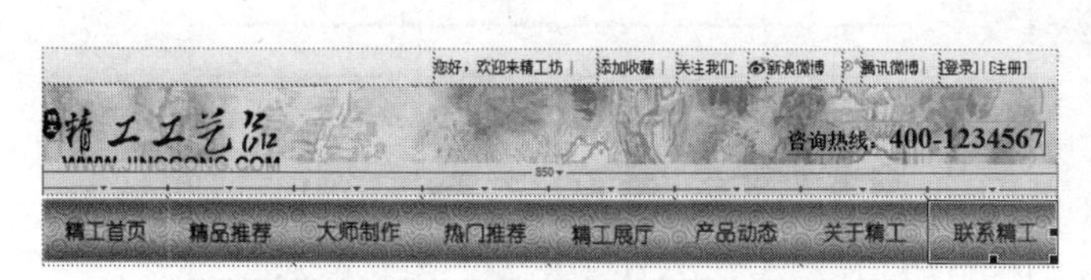

图 2-78　制作其他鼠标经过图像效果　　图 2-79　制作其他效果

(23) 在文档中可以看到有空白间隙，在【属性】面板中单击【页面属性】按钮，打开【页面属性】对话框，选择【分类】下的【外观(HTML)】选项，在右侧单击【背景图像】右侧的【浏览】按钮，如图 2-80 所示。

(24) 在打开的【选择图像源文件】对话框中选择“素材\项目二\工艺品网设计\祥云背景.jpg”素材文件，单击【确定】后返回到【页面属性】对话框，单击【确定】按钮，最终效果如图 2-81 所示。

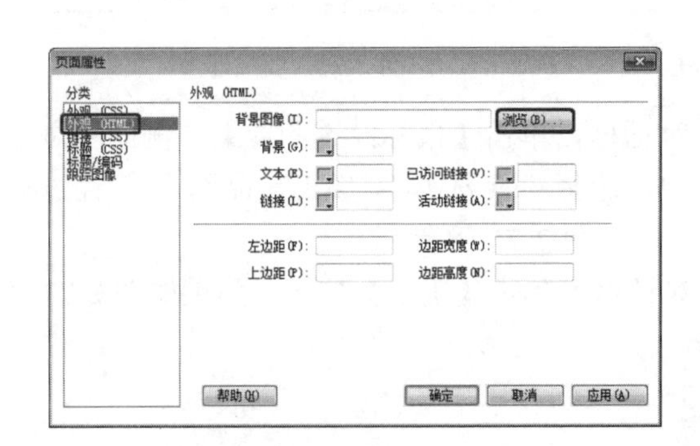

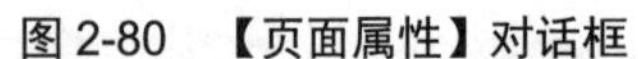
图 2-80 【页面属性】对话框

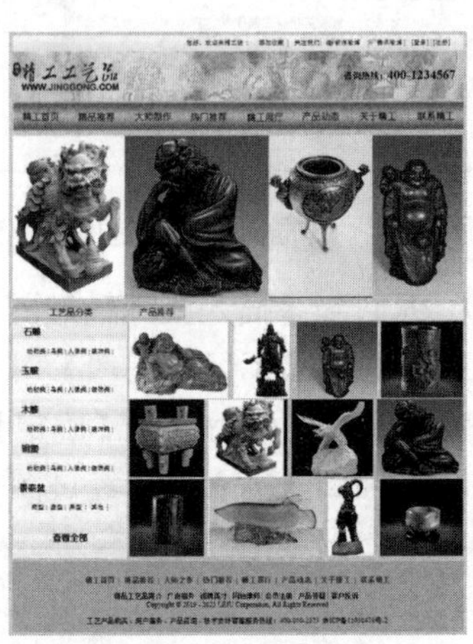
图 2-81 制作网页后的效果

(25) 最后将场景保存，可以按 F12 键通过浏览器预览网页效果，还可以通过切换至实时视图来查看效果。

2.2.1 设置表格属性

创建完表格后，如果对创建的表格不满意，或想要使创建的表格更加美观，可以对表格的属性进行设置。

下面来介绍设置表格属性的方法。

(1) 在菜单栏中选择【插入】|【表格】命令，在弹出的【表格】对话框中，将【行数】设置为 5，【列】设置为 10，【表格宽度】设置为 300 像素，【边框粗细】设置为 1 像素，如图 2-82 所示。

(2) 单击【确定】按钮，完成表格创建，如图 2-83 所示。

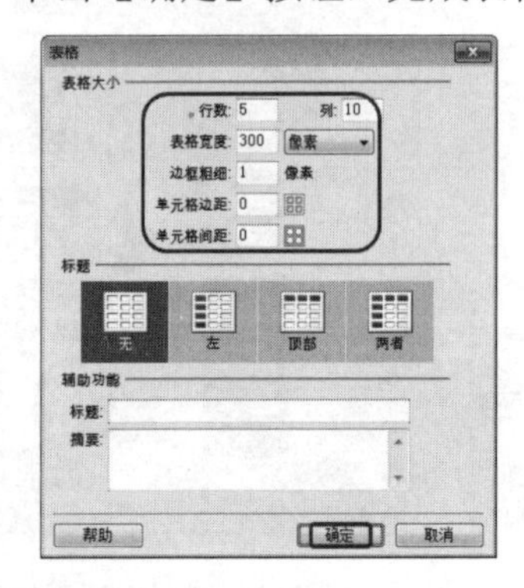

图 2-82 【表格】对话框

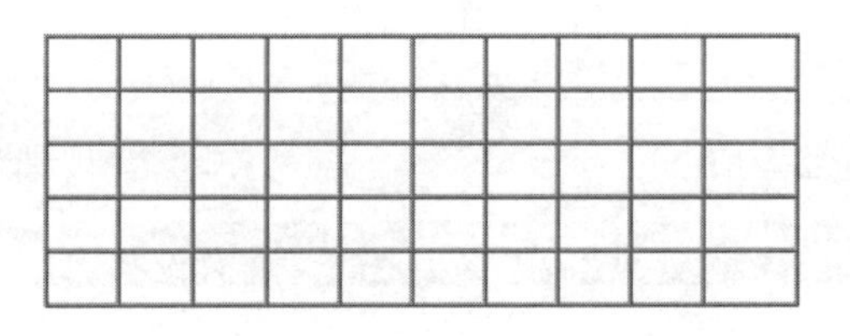
图 2-83 创建的表格

(3) 选择创建的表格，如图2-84所示。

(4) 在【属性】面板中将【宽】设置为400像素，【填充】设置为3，【间距】设置为2，【对齐】设置为【居中对齐】，【边框】设置为4，【类】设置为【无】，如图2-85所示。

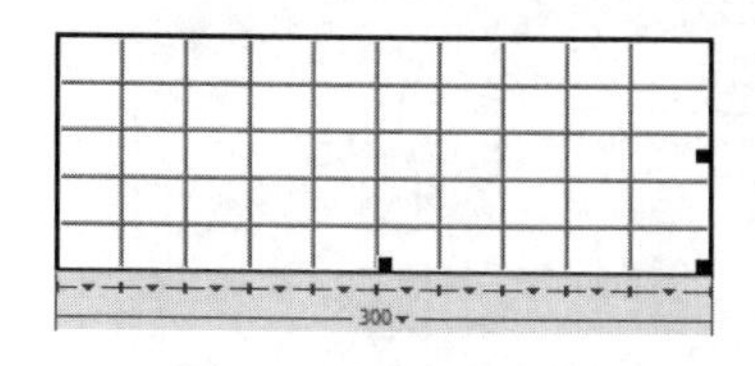

图2-84　选择创建的表格

图2-85　设置表格属性

(5) 设置表格属性后的效果如图2-86所示。

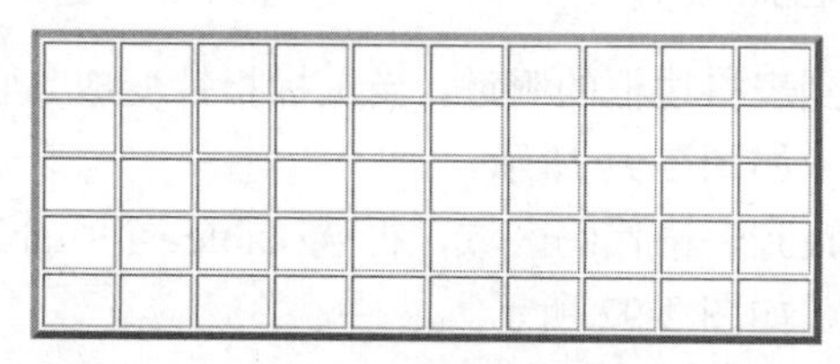

图2-86　设置效果

提示：将鼠标指针插入单元格中，在【属性】面板中也可以对单元格的属性进行设置。

2.2.2　选定整个表格

在编辑表格之前，首先需要选中表格，在Dreamweaver中提供了多种选择表格的方法，具体如下。

◎　单击表格中任意一个单元格的边框，即可选中整个表格，如图2-87所示。

◎　将鼠标指针置入表格的任意一个单元格中，在菜单栏中选择【修改】|【表格】|【选择表格】命令，如图2-88所示，即可选择整个表格。

图2-87　单击边框线

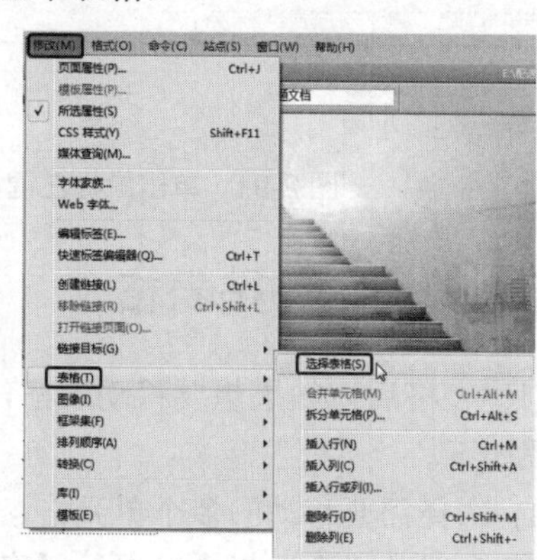

图2-88　选择【选择表格】命令

◎　将鼠标指针置入任意单元格中，在状态栏的标签选择器中单击<table>标签，即可选中整个表格，如图2-89所示。

◎ 将鼠标指针置入任意单元格中并右击，在弹出的快捷菜单中选择【表格】|【选择表格】命令，即可选中整个表格，如图 2-90 所示。

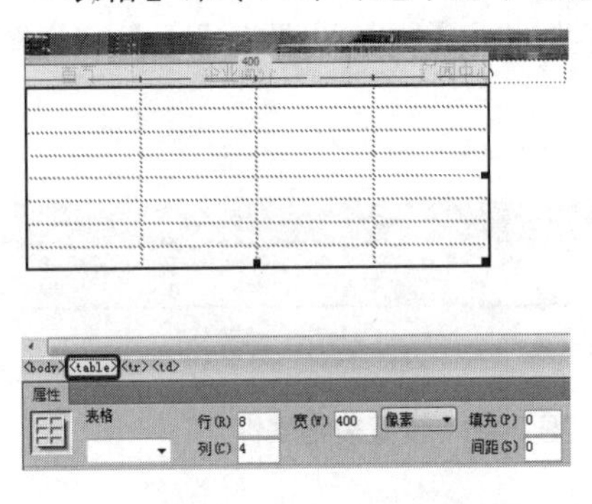

图 2-89 单击<table>标签

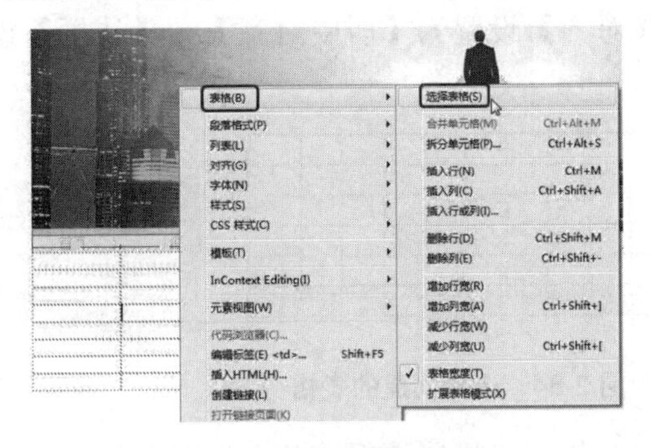

图 2-90 选择【选择表格】命令

◎ 将鼠标指针移动到表格边框的附近，当鼠标指针变成形状时，单击鼠标左键，即可选中整个表格，如图 2-91 所示。

◎ 在代码视图中，找到表格代码区域，框选<table>至</table>标签之间的代码，即可选中整个单元格，如图 2-92 所示。

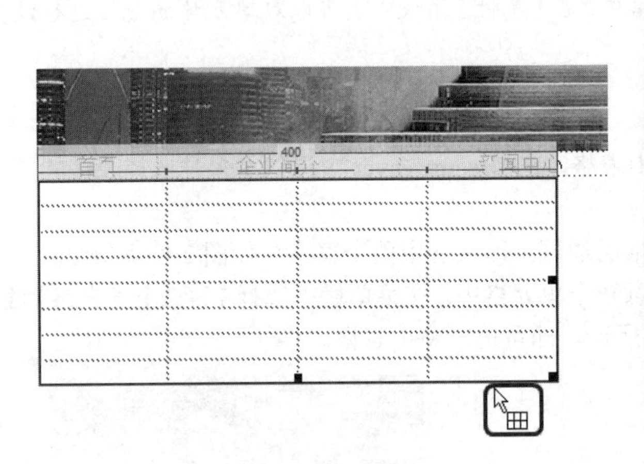

图 2-91 单击鼠标左键

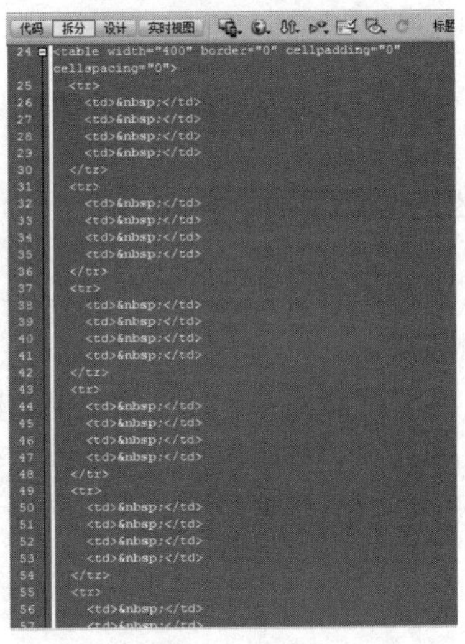

图 2-92 框选代码

2.2.3 剪切、粘贴表格

创建表格后，如果想要移动表格，可以使用【剪切】和【粘贴】命令来完成，具体操作步骤如下。

(1) 选择需要移动的多个单元格，如图 2-93 所示。

(2) 在菜单栏中选择【编辑】|【剪切】命令，剪切选定单元格，如图 2-94 所示。

(3) 将鼠标指针放置在需要粘贴单元格的表格右侧，在菜单栏中选择【编辑】|【粘贴】命令，如图 2-95 所示，即可粘贴表格。

(4) 选择该命令后，即可粘贴表格，效果如图 2-96 所示。

图 2-93 选择需要移动的单元格

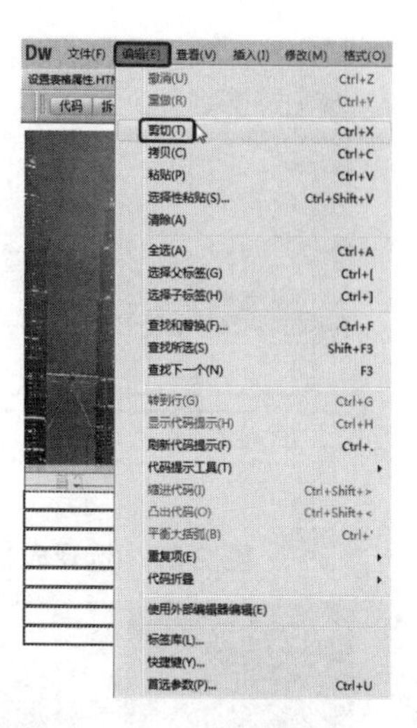

图 2-94 选择【剪切】命令

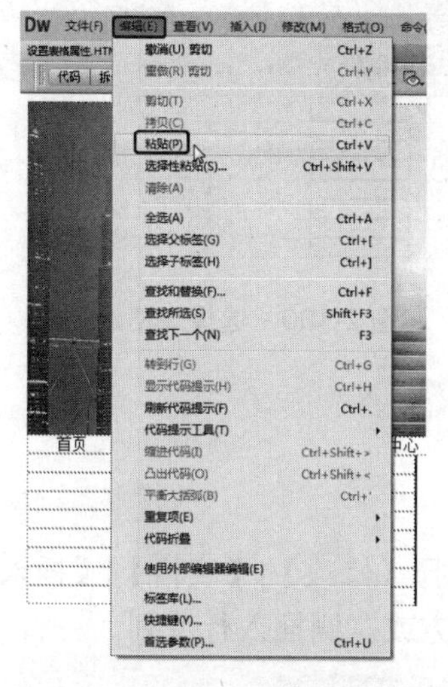

图 2-95 选择【粘贴】命令

图 2-96 粘贴表格后的效果

提示： 剪切多个单元格时，所选的连续单元格必须为矩形。对表格整个行或列进行剪切时，则会将整个行或列从原表格中删除，而不仅仅是剪切单元格内容。

2.2.4 选择表格行或列

在 Dreamweaver 中提供了多种选择表格行或列的方法，下面对这些方法进行介绍。

◎ 将鼠标指针放置在表格的行首，当鼠标指针变成➡形状时单击，即可选中表格的行，如图 2-97 所示。将鼠标指针放置在列首，当鼠标指针变成⬇形状时单击，即可选定表格的列，如图 2-98 所示。

◎ 按住鼠标左键不放，从左至右或者从上至下拖曳，即可选中行或列。如图 2-99 所示为选择行后的效果。

◎ 将鼠标置入某一行或列的第一个单元格中，按住 Shift 键然后单击该行或列的最后一个单元格，即可选择该行或列。如图 2-100 所示为选择列后的效果。

图 2-97　选择表格的行(1)

图 2-98　选择表格的列(1)

图 2-99　选择表格的行(2)

图 2-100　选择表格的列(2)

2.2.5　添加行或列

下面来介绍添加行或列的几种方法。

◎　将鼠标指针放置在单元格中，在菜单栏中选择【修改】|【表格】|【插入行或列】命令，如图 2-101 所示，即可在插入点的上方或左侧插入行或列。

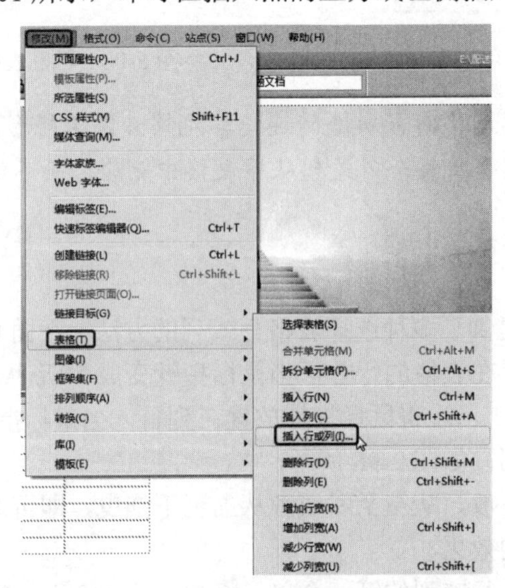

图 2-101　选择【插入行或列】命令

◎ 将鼠标指针置入任意单元格中并右击，在弹出的快捷菜单中选择【插入行】或【插入列】命令，系统将会自动弹出【插入行或列】对话框，如图 2-102 所示。在对话框中可以选择插入行或列，并设置添加的行数或列数以及插入位置。如图 2-103 所示为插入多行后的效果。

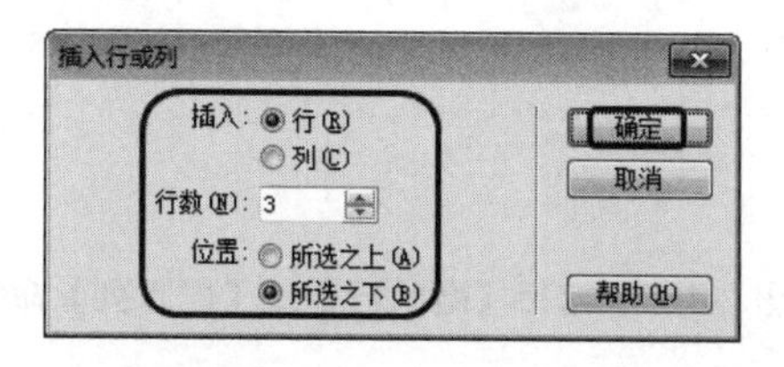

图 2-102 【插入行或列】对话框

图 2-103 插入多行后的效果

◎ 单击列标签，根据需要在弹出的下拉菜单中选择【左侧插入列】或【右侧插入列】命令，如图 2-104 所示，即可插入所需的行或列。如图 2-105 所示为插入列后的效果。

图 2-104 在下拉菜单中选择命令

图 2-105 插入列后的效果

提示： 将鼠标指针放置在表格的最后一个单元格中，按 Tab 键会自动在表格中添加一行。

2.2.6 删除行或列

下面来介绍删除行或列的方法。

◎ 将鼠标指针放置在要删除的行或列的任意单元格中，在菜单栏中选择【修改】|【表格】|【删除行】或【删除列】命令，如图 2-106 所示。

◎ 将鼠标指针放置在要删除的行或列的任意单元格中，右击，在弹出的快捷菜单中选择【表格】|【删除行】或【删除列】命令，如图 2-107 所示。

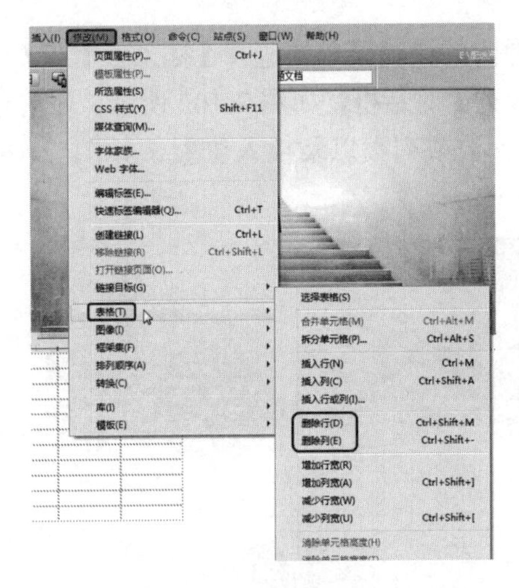

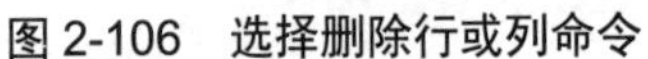

图 2-106　选择删除行或列命令

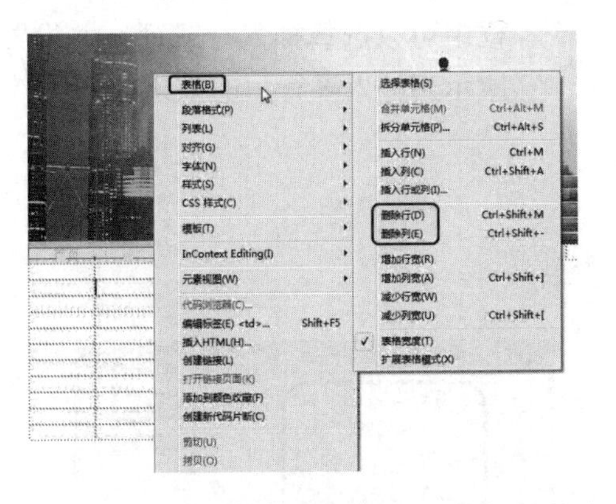

图 2-107　选择【删除行】或【删除列】命令

提示： 选择要删除的行或列，按 Delete 键可以直接将其删除。使用 Delete 键删除行或列时，可以删除多行或多列，但不能删除所有行或列。

2.2.7　选择一个单元格

将表格选中后，表格的四周将会出现黑色的边框，选中某个单元格后，该单元格也会出现黑色的边框。下面来介绍选择单个单元格的几种方法。

◎　将鼠标指针放在需要被选中的单元格的上方，按住鼠标左键不放，从单元格的左上角拖曳至右下角，即可选中一个单元格，如图 2-108 所示。

◎　将鼠标指针放置在需要被选中的单元格中，按 Ctrl+A 组合键即可选中一个单元格，如图 2-109 所示。

图 2-108　选中一个单元格

图 2-109　按 Ctrl+A 组合键选中单元格

◎　按住 Ctrl 键，在需要选择的单元格上右击，即可选中一个单元格，如图 2-110 所示。

◎　将鼠标指针放置在一个单元格中，在状态栏的标签选择器中单击<tb>标签，即可选中一个单元格，如图 2-111 所示。

图 2-110　按住 Ctrl 键选中一个单元格

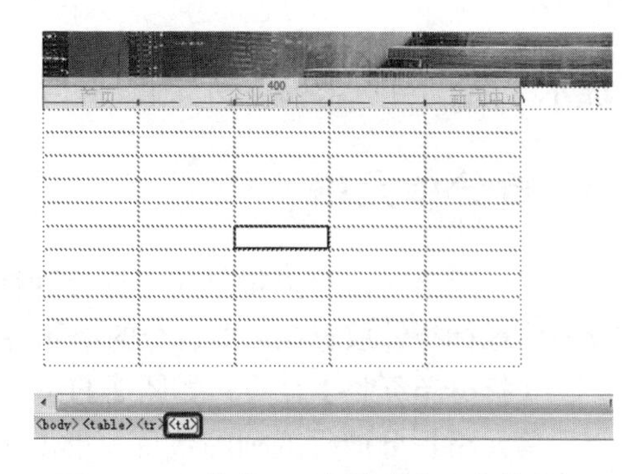

图 2-111　单击<tb>标签选中一个单元格

2.2.8　合并单元格

合并单元格是指将多个连续的单元格合并为一个单元格。

◎　在文档窗口中，选择需要合并的单元格，如图 2-112 所示，然后可以采用以下几种方法合并单元格。

◎　在所选单元格中右击，在弹出的快捷菜单中选择【表格】|【合并单元格】命令，如图 2-113 所示。

图 2-112　选择单元格

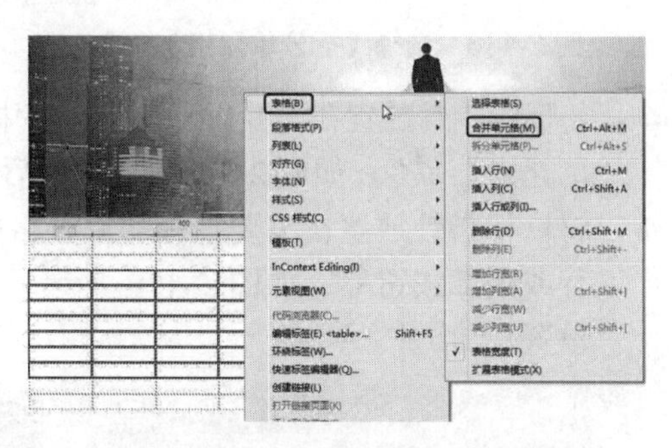

图 2-113　选择【合并单元格】命令

◎　在菜单栏中选择【修改】|【表格】|【合并单元格】命令，如图 2-114 所示。

◎　在【属性】面板中单击【合并所选单元格】按钮，即可合并单元格，如图 2-115 所示。

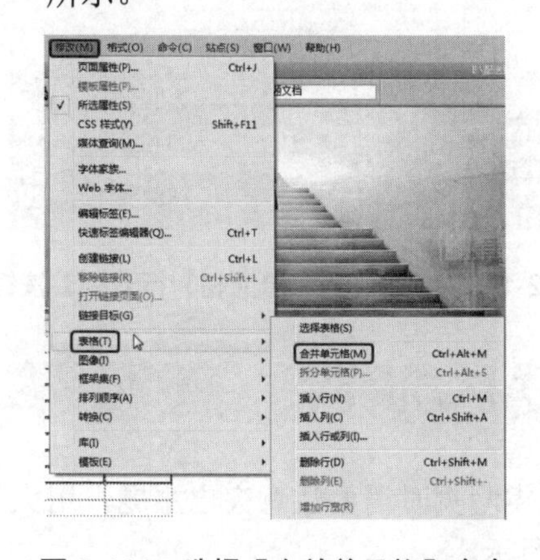

图 2-114　选择【合并单元格】命令

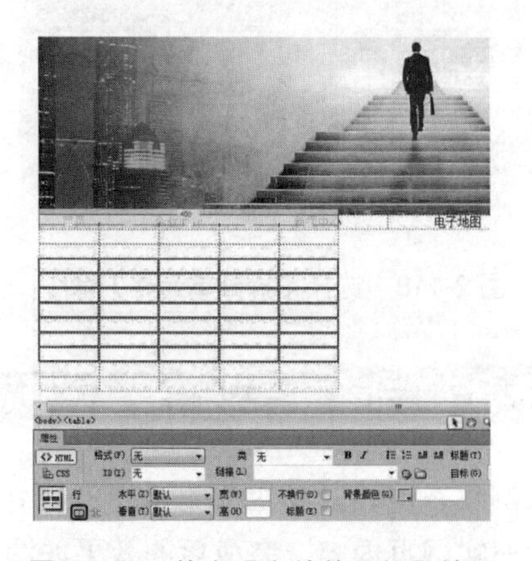

图 2-115　单击【合并单元格】按钮

提示：合并单元格后，所选第一个单元格的属性将应用于合并后的单元格。

2.2.9 拆分单元格

在拆分单元格时，可以将单元格拆分为行和列。下面来介绍拆分单元格的几种方法。

◎ 将鼠标指针放置在需要拆分的单元格中，右击，在弹出的快捷菜单中选择【表格】|【拆分单元格】命令，如图 2-116 所示。在弹出的【拆分单元格】对话框中，设置单元格拆分成行或列的数目，单击【确定】按钮，如图 2-117 所示。

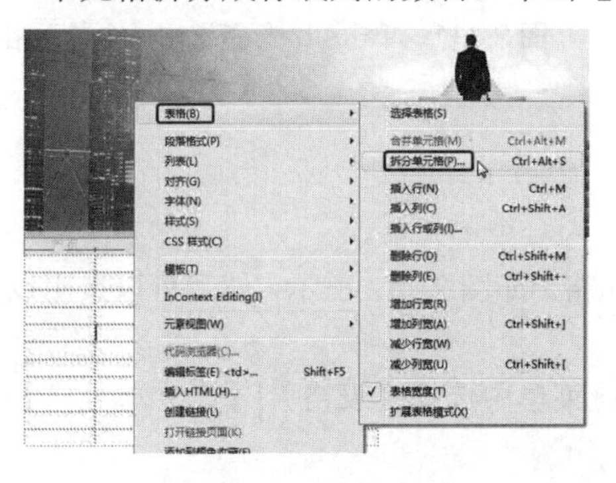

图 2-116 选择【拆分单元格】命令

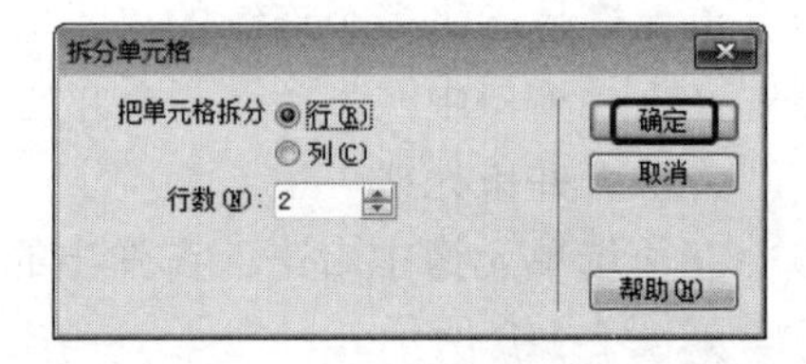

图 2-117 【拆分单元格】对话框

◎ 将鼠标指针放置在需要拆分的单元格中，在菜单栏中选择【修改】|【表格】|【拆分单元格】命令，如图 2-118 所示，然后在弹出的【拆分单元格】对话框中进行设置。

◎ 将鼠标指针放置在需要拆分的单元格中，在【属性】面板中单击【拆分单元格为行或列】按钮，如图 2-119 所示，然后在弹出的【拆分单元格】对话框中进行设置。

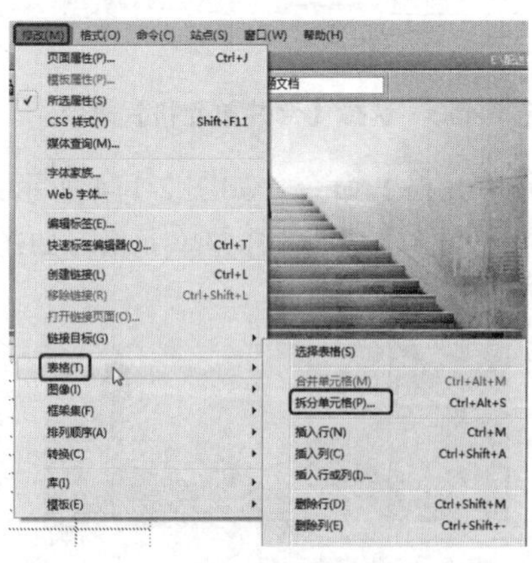
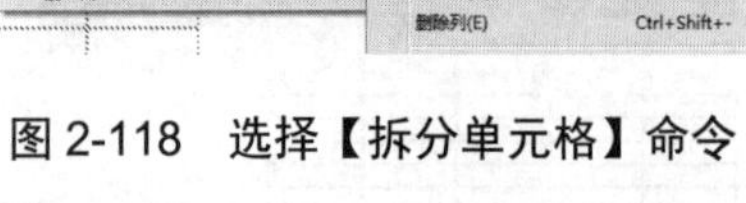

图 2-118 选择【拆分单元格】命令

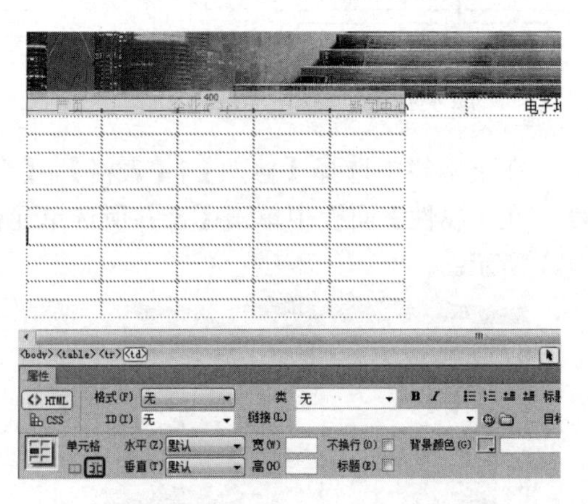

图 2-119 单击【拆分单元格为行或列】按钮

任务 3 制作婚纱摄影网页——AP Div

本例将介绍婚纱摄影网页的设计，在制作这类网页时需要注意突出主题，用大量的婚纱照片充实网页内容，完成后的效果如图 2-120 所示。

素材	素材\项目二\婚纱摄影网页	图 2-120 婚纱摄影网页
场景	场景\项目二\制作婚纱摄影网页——AP Div	
视频	视频教学\项目二\任务 3：制作婚纱摄影网页——AP Div.mp4	

具体操作步骤如下。

(1) 启动软件后，按 Ctrl+N 组合键，弹出【新建文档】对话框，选择【空白页】选项，设置【页面类型】为 HTML，【布局】为【无】，单击【创建】按钮，如图 2-121 所示。

(2) 新建文档后，在文档底部的【属性】面板中选择 CSS 选项，然后单击【页面属性】按钮。弹出【页面属性】对话框，在【分类】列表中选择【外观(CSS)】选项，将【左边距】、【右边距】、【上边距】、【下边距】都设为 0px，然后单击【确定】按钮，如图 2-122 所示。

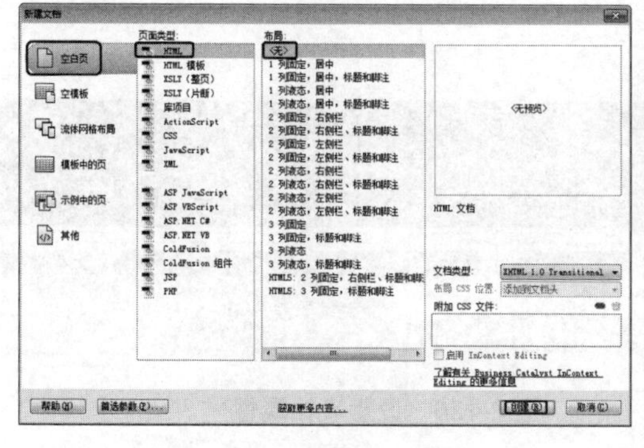

图 2-121 新建文档

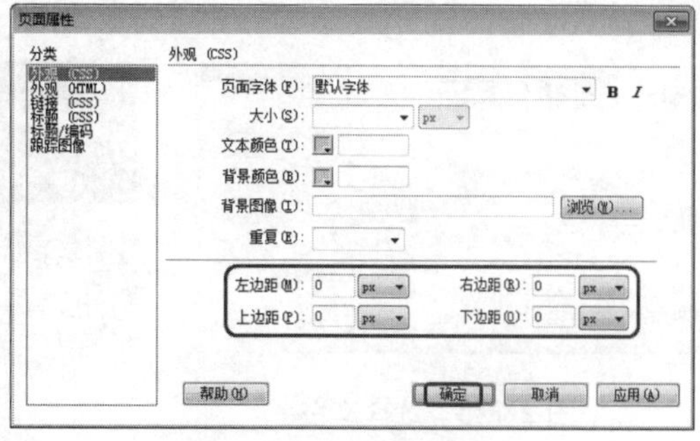

图 2-122 设置页面属性

(3) 按 Ctrl+Alt+T 组合键，弹出【表格】对话框，在该对话框中将【行数】和【列】均设置为 1，将【表格宽度】设置为 1000 像素，将【边框粗细】、【单元格边距】和【单元格间距】都设为 0，如图 2-123 所示。

(4) 将鼠标指针置入第(3)步创建的单元格中，在【属性】面板中将【高】设置为 160，然后单击【拆分】按钮，在代码区找到鼠标指针，然后将其移动到<td 的后面，如图 2-124 所示。

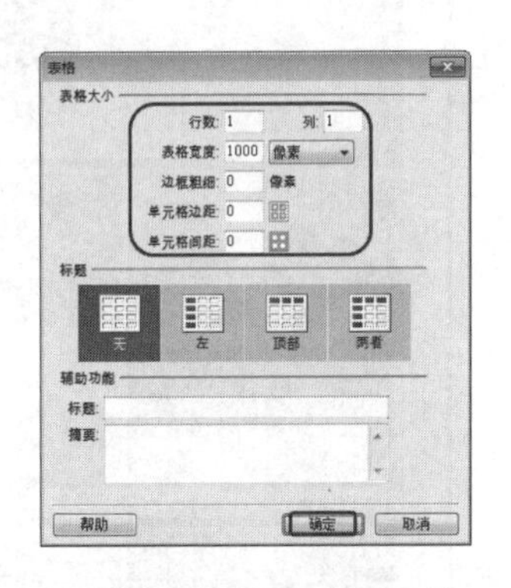

图 2-123　设置表格属性

图 2-124　插入鼠标指针

知识链接：标签的定义

<tr> 表示 HTML 表格中的行。

<td> 表示 HTML 表格中的标准单元格。

<p>标记单独出现时，表示段落结束，之后的文本进行换行。

<pre>和<pre>的作用是表示两者之间的文字将按原样在浏览器中显示，不改变格式。

的作用是中断文本的某一行，之后的文本将开始新的一行。

(5) 插入鼠标指针后，按 Enter 键，在弹出的下拉列表中选择 background 并双击该选项。弹出【浏览】按钮，双击该按钮，在弹出的【选择文件】对话框中选择“素材\项目二\婚纱摄影网页\03.png”素材文件，如图 2-125 所示。

(6) 将鼠标指针放置在创建的表格中，再次插入一个 1 行 2 列的单元格。将鼠标指针置入第一列单元格中，在【属性】面板中将【水平】设置为【居中对齐】，将【宽】设置为 35%，将【高】设置为 160，如图 2-126 所示。

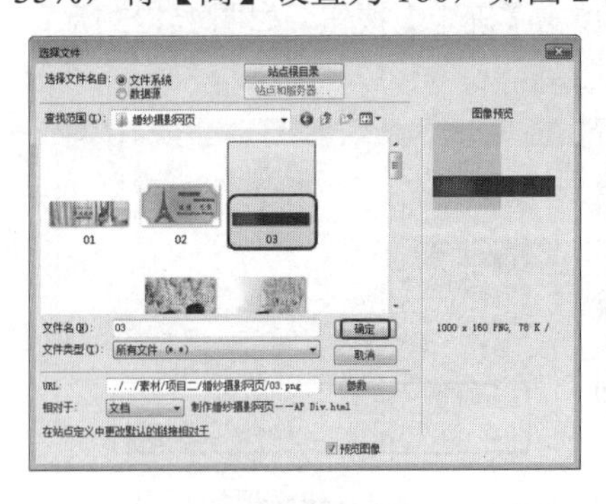

图 2-125　选择文件

图 2-126　设置表格属性

(7) 确认鼠标指针在第一列单元格中，按 Ctrl+Alt+I 组合键，在弹出的对话框中选择“素材\项目二\婚纱摄影网页|02.png”素材文件，如图 2-127 所示。

(8) 单击【确定】按钮，返回到场景文件中，查看效果，如图 2-128 所示。

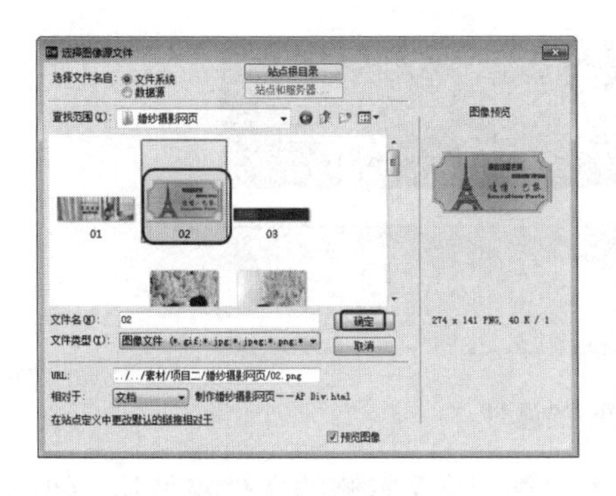

图 2-127 选择素材

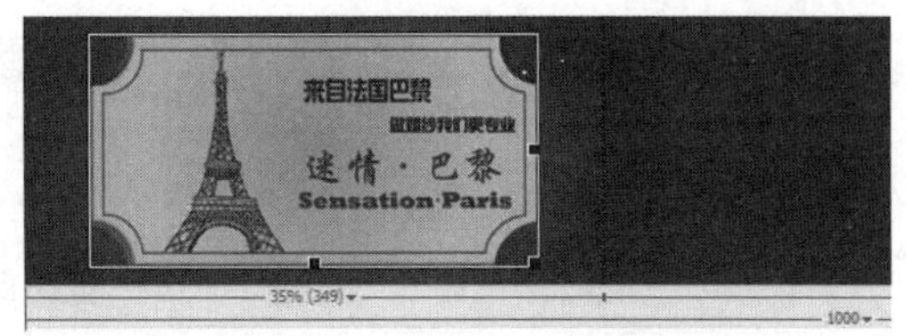

图 2-128 插入素材图片

(9) 将鼠标指针置入第二列单元格中，在【属性】面板中将【水平】设置为【居中对齐】，并在第二列单元格中输入文字“来自法国巴黎 | 做婚纱我们更专业”，将【字体】设置为【华文楷体】，将【大小】设置为 33 px，将【字体颜色】设置为白色，完成后的效果如图 2-129 所示。

(10) 在菜单栏中执行【插入】|【布局对象】|【Div 标签】命令，弹出【插入 Div 标签】对话框。在该对话框中，将【插入】设置为【在开始标签之后】|<body>，将 ID 设置为 A1，如图 2-130 所示。

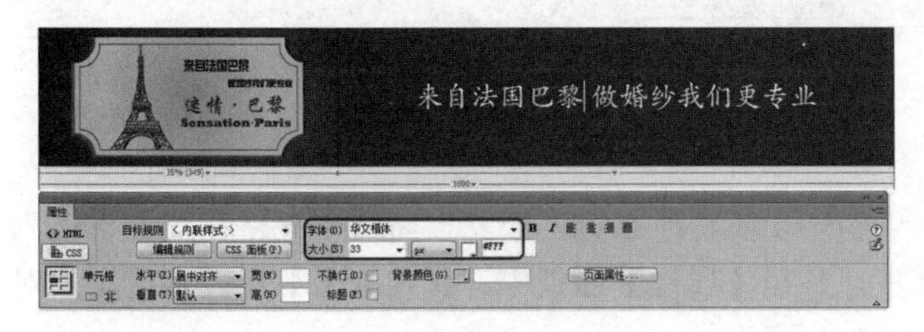

图 2-129 输入文字

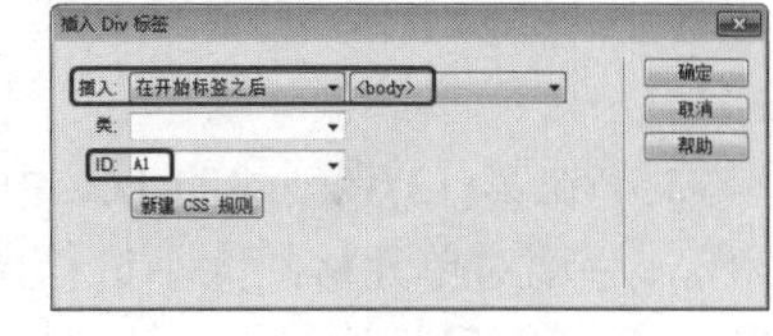

图 2-130 插入 Div

(11) 单击【新建 CSS 规则】按钮，在弹出的【新建 CSS 规则】对话框中，系统会自动命名选择器名称保持默认值，单击【确定】按钮，如图 2-131 所示。

(12) 弹出【#A1 的 CSS 规则定义】对话框，在该对话框中，将【分类】设置为【定位】，将 Position 设置为 absolute，然后单击【确定】按钮，如图 2-132 所示。

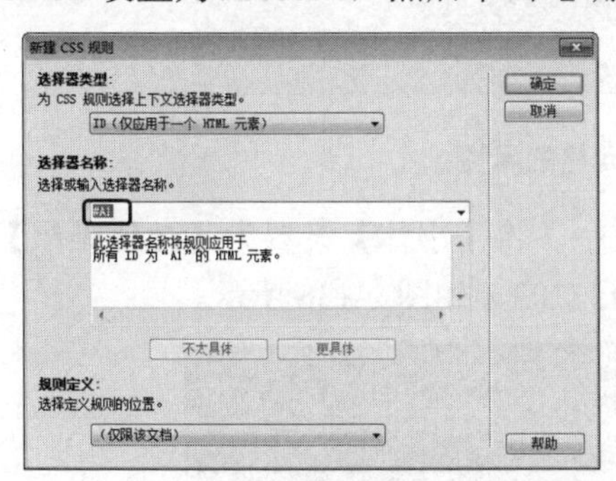

图 2-131 设置 CSS 规则

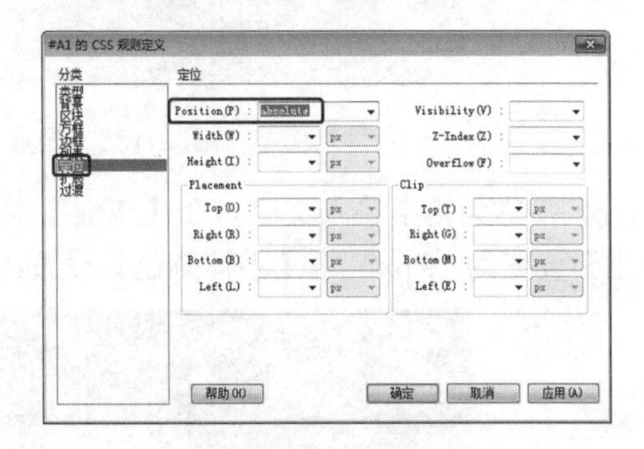

图 2-132 定义 CSS

(13) 返回到【插入 Div 标签】对话框中，单击【确定】按钮，此时创建的 Div 就会出现在文档的开始处。删除文本内容，选择该 Div，在【属性】面板中，将【左】、【上】、【宽】和【高】分别设置为 0 px、160 px、1000 px、43 px，如图 2-133 所示。

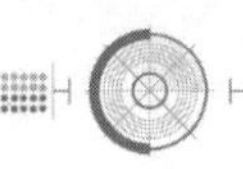

图 2-133　设置 Div 的属性

(14) 继续选择该 Div，在【属性】面板中单击【背景图像】右侧的文件夹按钮，弹出【选择图像源文件】对话框，在该对话框中选择“素材\项目二\婚纱摄影网页\04.png”素材文件，如图 2-134 所示。

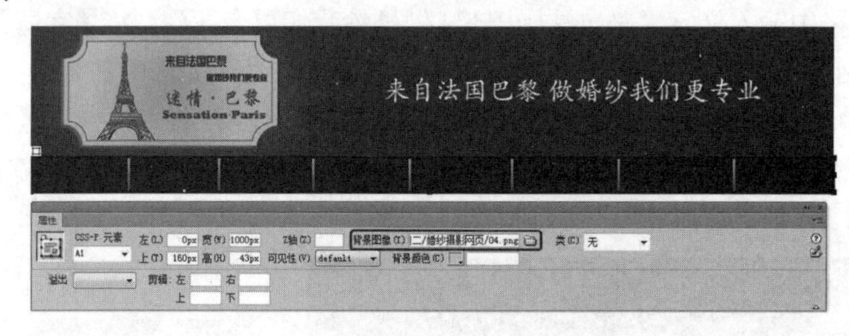

图 2-134　设置背景图像

(15) 在第(13)步创建的 Div 中，插入一个 1 行 8 列的表格，将【单元格宽度】设置为 100%，手动对单元格的大小进行调整，并在【属性】面板中，将【水平】设置为【居中对齐】，将【高】设置为 43，如图 2-135 所示。

图 2-135　设置单元格的属性

(16) 在单元格中输入文字，在【属性】面板中，将【字体】设置为【微软雅黑】，将【大小】设置为 16 px，将【字体颜色】设置为#f57703，如图 2-136 所示。

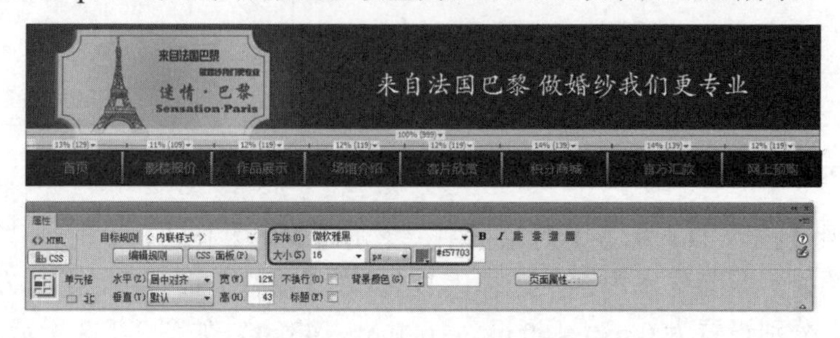

图 2-136　输入文字并设置属性

(17) 在菜单栏中选择【插入】|【布局对象】|AP Div 命令，在【属性】面板中将【左】、【上】、【宽】和【高】分别设置为 0 px、205 px、1000 px、300 px，将元素名称更改为 A2，并在其内插入“素材\项目二\婚纱摄影网页\01.png”素材文件，如图 2-137 所示。

图 2-137　插入素材图片

(18) 再次插入一个 AP Div，在【属性】面板中，将【左】、【上】、【宽】和【高】分别设置为 0 px、507 px、1000 px、38 px，将元素名称更改为 A3，如图 2-138 所示。

图 2-138　插入 AP Div

(19) 在第(18)步创建的 AP Div 中插入一个 1 行 2 列的表格，将【表格宽度】设置为 100 百分比。将鼠标指针置入第一列单元格中，在【属性】面板中将【宽】和【高】分别设置为 200、38，并在其内输入文字，将【字体】设置为【微软雅黑】，将【大小】设置为 30 px，将【字体颜色】设置为#4e250c，如图 2-139 所示。

(20) 将鼠标指针置入第二列单元格中，配合空格键输入文字，在【属性】面板中将【字体】设置为【微软雅黑】，将【大小】设置为 16 px，将【字体颜色】设置为#4e250c，将【水平】设置为右对齐，如图 2-140 所示。

图 2-139　输入文字(1)

图 2-140　输入文字(2)

(21) 再次插入一个活动的 AP Div，在【属性】面板中将【左】、【上】、【宽】和【高】分别设置为 0 px、548 px、1000 px、18 px，将【背景颜色】设置为#5f3111，将元素名称更改为 A4，如图 2-141 所示。

图 2-141 插入 AP Div

(22) 再次插入一个活动的 AP Div，在【属性】面板中将【左】、【上】、【宽】和【高】分别设置为 10 px、569 px、980 px、550 px，将元素名称更改为 A5，并在其内插入一个 2 行 4 列的单元格，将【表格宽度】设置为 100 百分比，如图 2-142 所示。

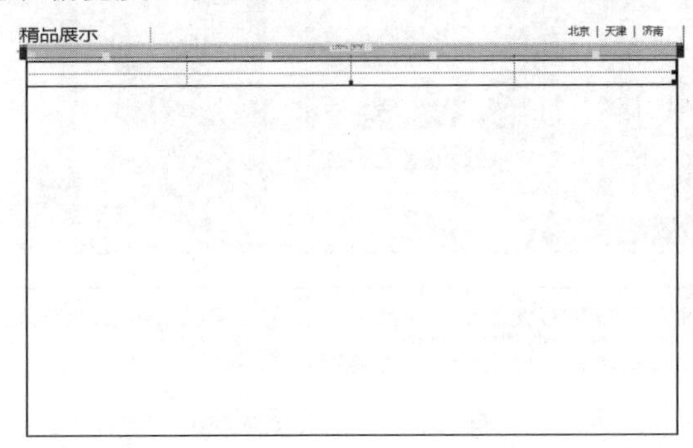

图 2-142 插入表格

(23) 在场景中选择所有的单元格，在【属性】面板中将【水平】设置为【居中对齐】，将【垂直】设置为【居中】，将【宽】和【高】分别设置为 245、275，完成后的效果如图 2-143 所示。

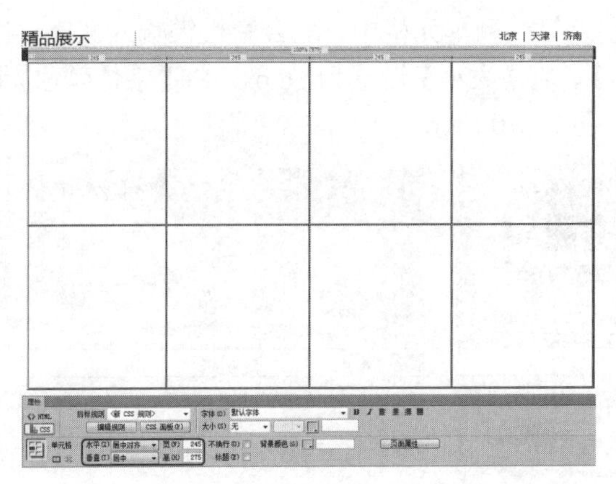

图 2-143 设置表格属性

(24) 在表格中导入相应的素材图片，效果如图 2-144 所示。

图 2-144　导入素材图片

(25) 使用同样的方法制作网页的其他部分，完成后的效果如图 2-145 所示。

图 2-145　完成后的效果

2.3.1　创建 AP Div

下面来介绍创建 AP Div 的具体操作。执行以下操作之一即可完成 AP Div 的创建。

◎　将鼠标指针放置在需要插入 AP Div 的位置，在菜单栏中选择【插入】|【布局对象】| AP Div 命令，如图 2-146 所示，即可创建一个 AP Div。

提示： 选择【插入】|【布局对象】|AP Div 命令创建的 AP Div，其大小、显示方式、背景颜色和背景图片等属性均是默认的，可以在【首选参数】对话框中进行更改。

◎　打开【插入】面板，在【布局】选项列表中单击【绘制 AP Div】按钮，然后在文档窗口中单击并拖动鼠标，至合适大小后释放鼠标，即可绘制一个 AP Div，如图 2-147 所示。

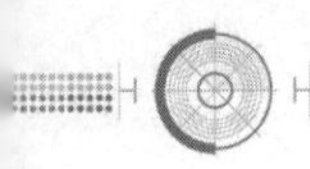

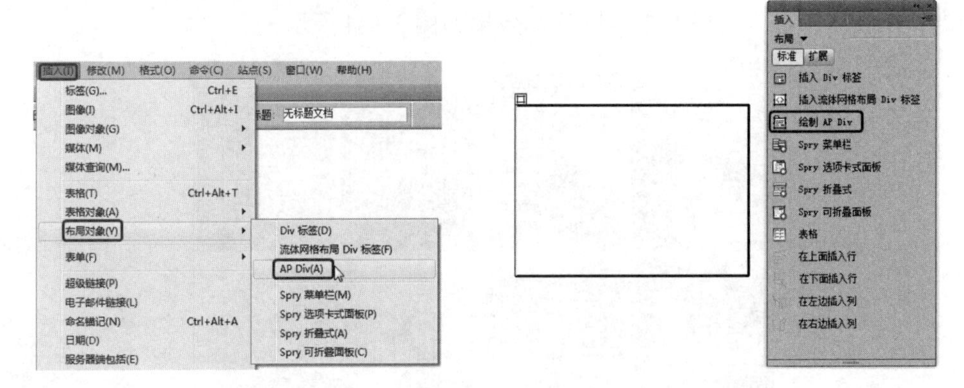

图 2-146　选择 AP Div 命令　　　　图 2-147　绘制 AP Div

提示： 要连续绘制多个 AP Div，单击【插入】面板【布局】选项列表中的【绘制 AP Div】按钮后，按住 Ctrl 键的同时在文档窗口中进行绘制。只要不松开 Ctrl 键，就可以不断绘制新的 AP Div。

◎ 打开【插入】面板，在【布局】选项列表中单击【绘制 AP Div】按钮，并将其拖曳至文档窗口中，即可创建一个 AP Div，如图 2-148 所示。

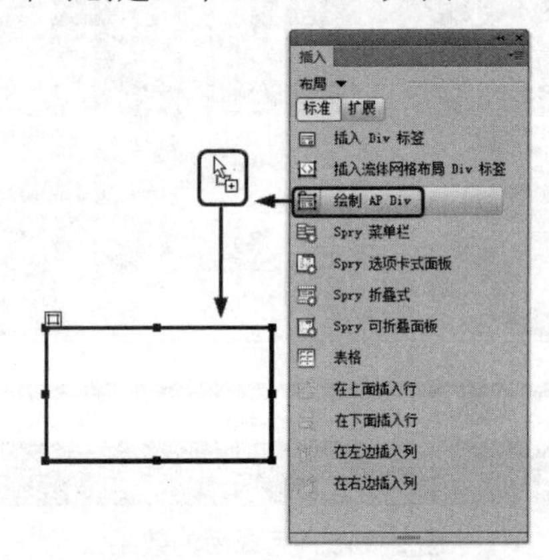

图 2-148　拖曳 AP Div 创建 AP Div

2.3.2　在 AP Div 中添加内容

创建完一个 AP Div 后，就可以在 AP Div 中添加图像及 AP Div 内容，具体的操作步骤如下。

(1) 在空白页面绘制一个 AP Div，然后将鼠标指针放置于绘制好的 AP Div 中，在菜单栏中选择【插入】|【图像】命令，如图 2-149 所示。

(2) 打开【选择图像源文件】对话框，在该对话框中选择“素材\项目二\004.jpg”素材文件，如图 2-150 所示。

(3) 单击【确定】按钮即可将选择的素材文件插入绘制的 AP Div 中，根据情况，在【属性】面板中设置【宽】、【高】参数，效果如图 2-151 所示。

还可以使用其他方法在 AP Div 中插入图像。在页面中选择绘制的 AP Div，打开【属性】面板，在该面板中单击【背景图像】文本框右侧的【文件夹】按钮，如图 2-152 所示。

在弹出的对话框中选择需要插入的素材文件，单击【确定】按钮，即可为页面中的 AP Div 添加背景图像，而添加的背景图像相应的路径也会被记录下来，如图 2-153 所示。

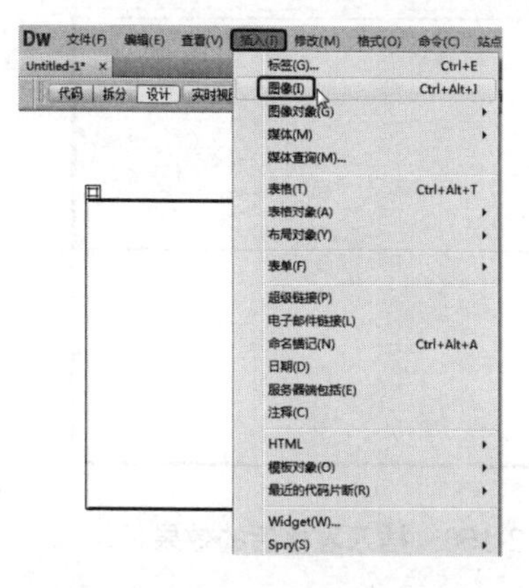

图 2-149 选择【图像】命令

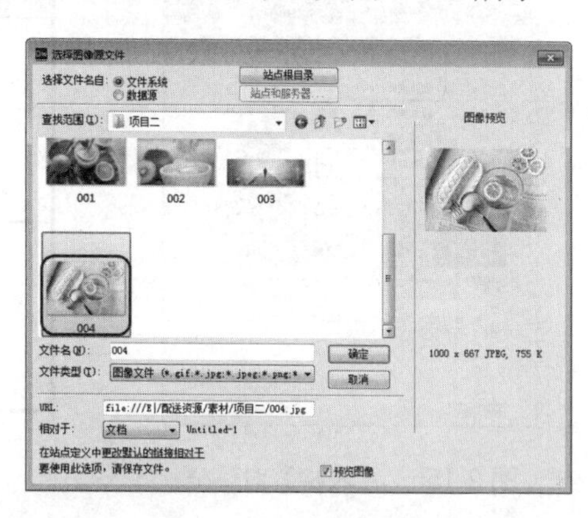

图 2-150 【选择图像源文件】对话框

图 2-151 插入图像后的效果

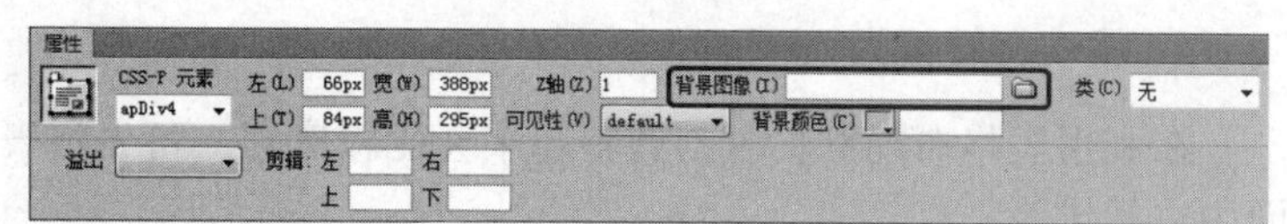

图 2-152 【属性】面板

也可以在【属性】面板的【背景图像】文本框中输入一个正确的路径，按 Enter 确认，即可在 AP Div 中插入该路径对应的素材文件。

在 AP Div 中不仅可以添加图像，还可以创建表格、表单、文字内容等，接下来将综合介绍怎样在 AP Div 中创建表格，具体的操作步骤如下。

(1) 在页面中绘制一个 AP Div，将鼠标指针置于绘制的 AP Div 中，在菜单栏中选择【插入】|【表格】命令，如图 2-154 所示。

图 2-153 保存的路径

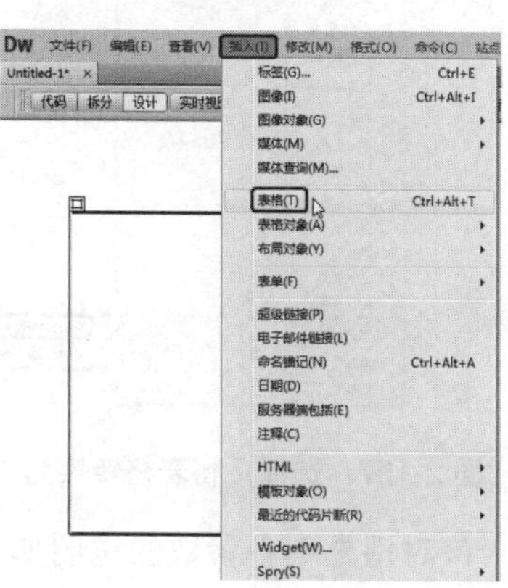

图 2-154 选择【表格】命令

(2) 打开【表格】对话框，将【行数】设置为 5，【列】设置为 1，【表格宽度】设置为 100 百分比，【单元格间距】设置为 10，如图 2-155 所示。

(3) 单击【确定】按钮，即可在 AP Div 中插入表格，效果如图 2-156 所示。

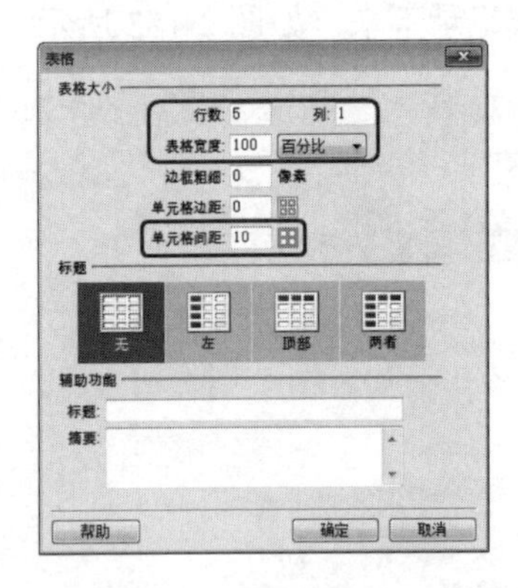

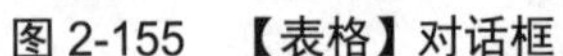
图 2-155 【表格】对话框

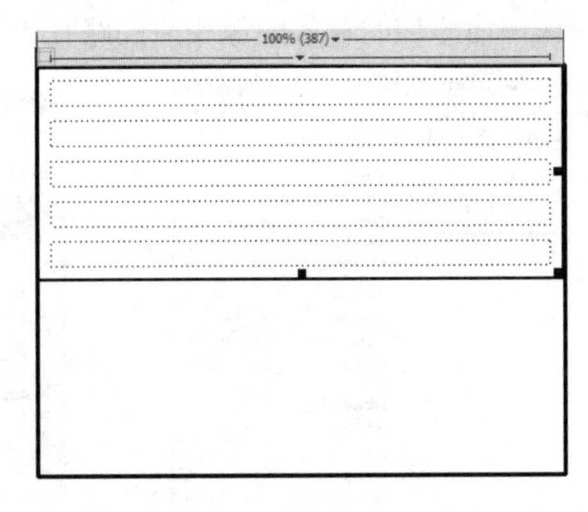

图 2-156 插入表格后的效果

2.3.3 AP Div 与表格间的转换

在 Dreamweaver 中可以实现 AP Div 与表格之间的相互转换。

1. 将表格转换为 AP Div

在利用表格布局网页时，调整起来会比较麻烦，可先将表格转换为 AP Div，然后在页面中进行排版。

将 AP Div 转换为表格的具体操作步骤如下。

(1) 在文档窗口中创建一个 AP Div 并将其选中，在菜单栏中选择【修改】|【转换】|【将表格转换为 AP Div】命令，如图 2-157 所示。

(2) 打开【将表格转换为 AP Div】对话框，如图 2-158 所示。

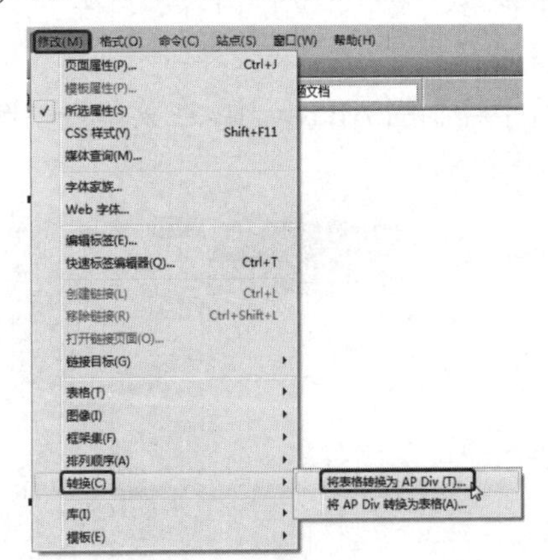

图 2-157 选择【将表格转换为 AP Div】命令

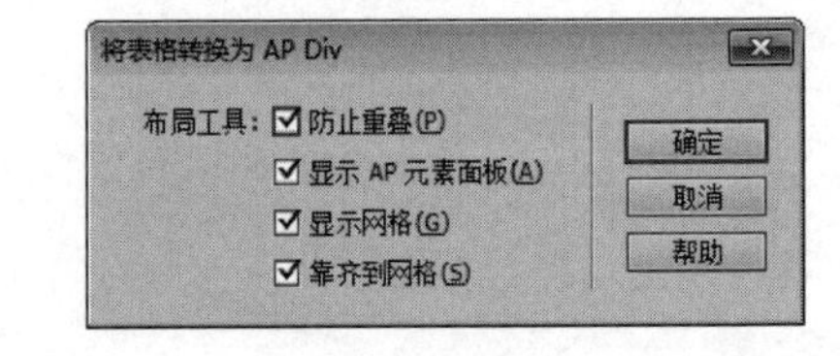

图 2-158 【将表格转换为 AP Div】对话框

该对话框中各参数的说明如下。

◎ 【防止重叠】：选中此复选框，在转换完成后可防止 AP Div 重叠。

◎ 【显示 AP 元素面板】：选中此复选框，在转换完成后显示【AP 元素】面板。

◎ 【显示网格】：选中此复选框，在转换完成后可显示网格。

◎ 【靠齐到网格】：选中此复选框，设置网页元素靠齐到网格。

(3) 设置完成后单击【确定】按钮，即可将表格转换为 AP Div。

2. 将 AP Div 转换为表格

用户可使用 AP Div 创建布局，然后将 AP Div 转换为表格。将 AP Div 转换为表格的具体操作步骤如下。

(1) 在文档窗口中创建一个 AP Div 并将其选中，在菜单栏中选择【修改】|【转换】|【将 AP Div 转换为表格】命令，如图 2-159 所示。

(2) 打开【将 AP Div 转换为表格】对话框，如图 2-160 所示。

(3) 设置完成后单击【确定】按钮，即可将 AP Div 转换为表格。

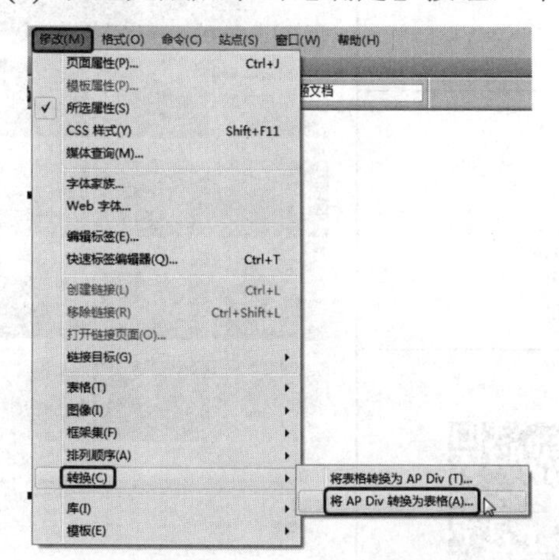

图 2-159 选择【将 AP Div 转换为表格】命令

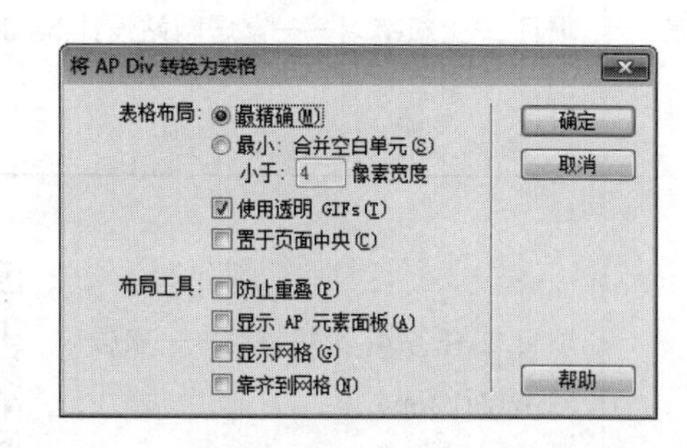

图 2-160 【将 AP Div 转换为表格】对话框

图 2-160 所示对话框中各参数的说明如下。

◎ 【最精确】：选择该选项，在转换时为每个 AP Div 建立一个表格单元，并保留 AP Div 与 AP Div 之间所必需的任何单元格。

◎ 【最小：合并空白单元】：选择该选项，如果 AP Div 位于被指定的像素之内，这些 AP Div 的边缘应该对齐。选择该选项可以减少空行、空格。

◎ 【使用透明 GIFs】：用透明的 GIF 图像填充表格的最后一行。这样可以确保表格在所有浏览器中的显示相同。如果选择该选项，将不可能通过拖曳生成表格的列来改变表格的大小。未选择该选项时，转换成的表格中不包含透明的 GIF 图像，但在不同的浏览器中，表格的 GIF 图像的外观可能稍有不同。

◎ 【置于页面中央】：选中此复选框，可使生成的表格在页面上居中对齐。如果不选择该选项，则表格左对齐。

◎ 【防止重叠】：选中此复选框，在转换完成后可防止 AP Div 重叠。

◎ 【显示 AP 元素面板】：选中此复选框，在转换完成后显示【AP 元素】面板。

◎ 【显示网格】：选中此复选框，在转换完成后可显示网格。

◎ 【靠齐到网格】：选中此复选框，设置网页元素靠齐到网格。

提示：把 AP Div 转换为表格的目的是为了与 3.0 IE 浏览器低版本及其以下版本的浏览器兼容。如果所编辑的网页只是针对 4.0 及更高版本的浏览器，则无须把 AP Div 转换为表格，因为高版本的浏览器均已支持 AP Div。

任务4 上机练习——家居网站设计

本例将讲解如何制作家居网站，主要使用插入表格命令和插入图像命令进行制作，完成后的效果如图 2-161 所示。

素材	项目二\家居网站 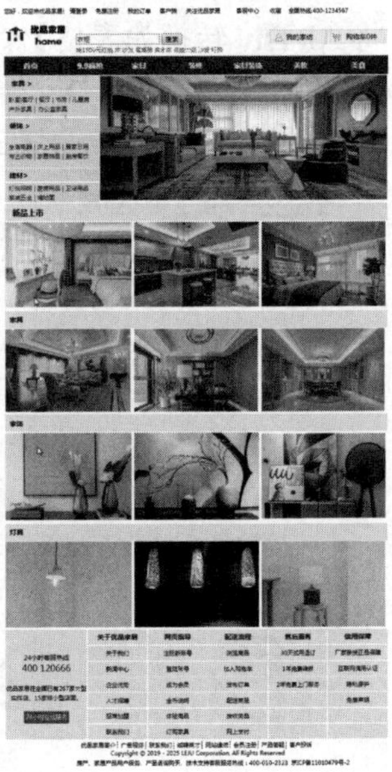
场景	项目二\上机练习——家居网站设计.html
视频	项目二\任务 4：上机练习——家居网站设计.mp4

图 2-161　家居网站

具体操作步骤如下。

(1) 启动软件后，按 Ctrl+N 组合键打开【新建文档】对话框，选择【页面类型】为 HTML，【文档类型】为 HTML5，单击【创建】按钮，如图 2-162 所示。

(2) 进入工作界面后，在菜单栏中选择【插入】|【表格】命令，也可以按 Ctrl+Alt+T 组合键打开【表格】对话框，如图 2-163 所示。

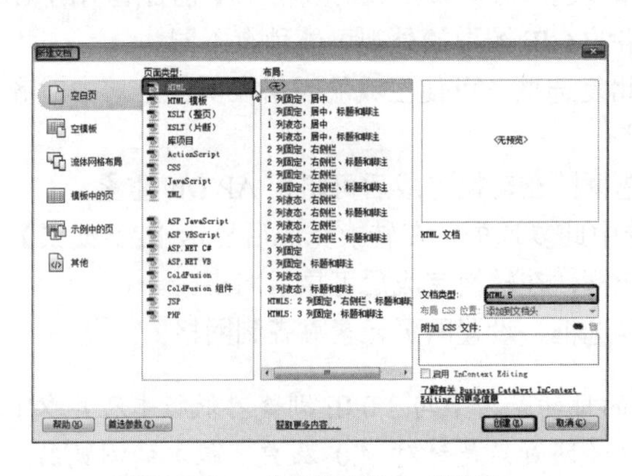

图 2-162　【新建文档】对话框

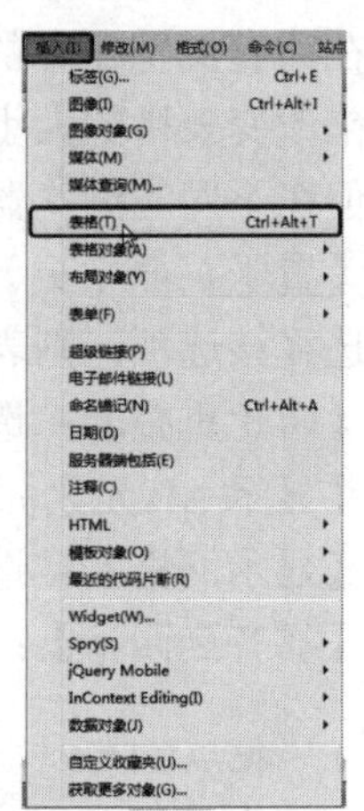

图 2-163　选择【表格】命令

(3) 在【表格】对话框中将【行数】设置为1，【列】设置为9，【表格宽度】设置为800像素，其他参数均设置为0，单击【确定】按钮，如图2-164所示。

(4) 将鼠标指针置入第1列单元格中，在【属性】面板中将【宽】设置为135，如图2-165所示。

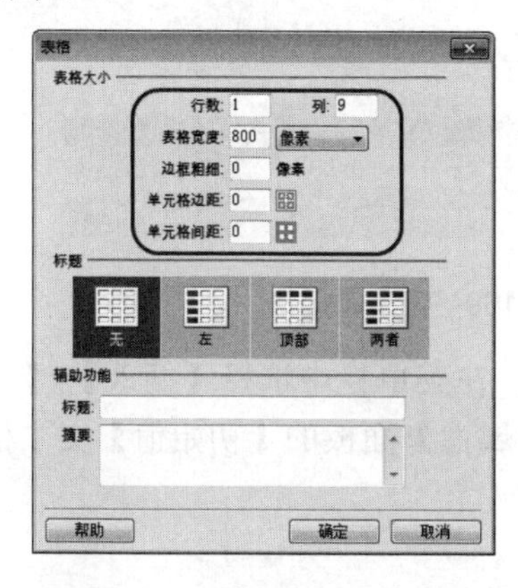

图2-164　【表格】对话框

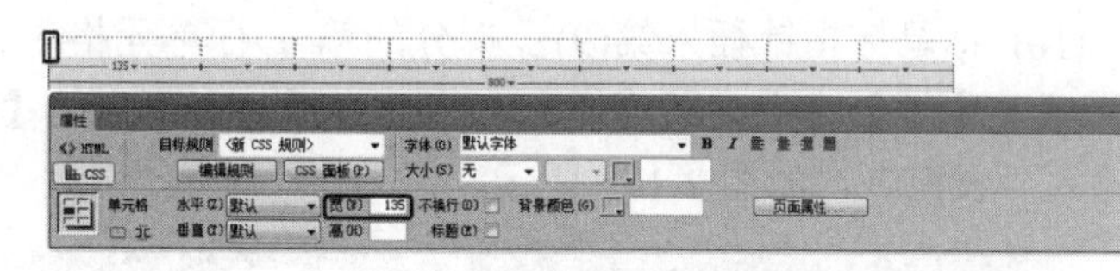

图2-165　设置单元格

(5) 在单元格中输入文字，适当调整表格的宽度，并选中文字，在下方的属性面板中将【大小】设置为12 px，如图2-166所示。

(6) 将鼠标指针插入表格的右侧外，按Enter键换至下一行，然后按Ctrl+Alt+T组合键打开【表格】对话框。在【表格】对话框中将【行数】设置为1，【列】设置为4，【表格宽度】设置为800像素，【单元格间距】设置为2，其他参数均设置为0，单击【确定】按钮，如图2-167所示。

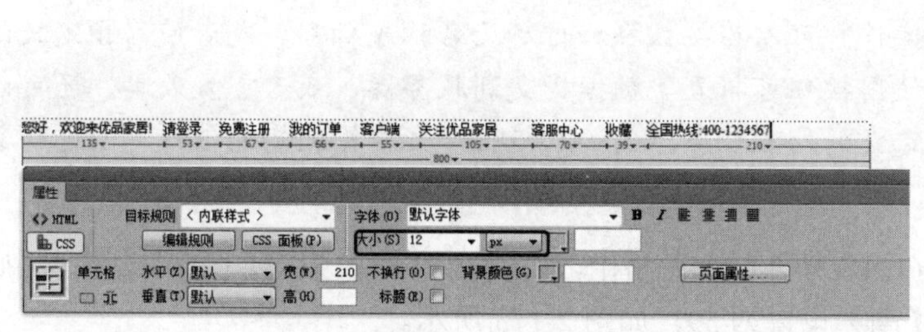

图2-166　设置单元格中文字的大小

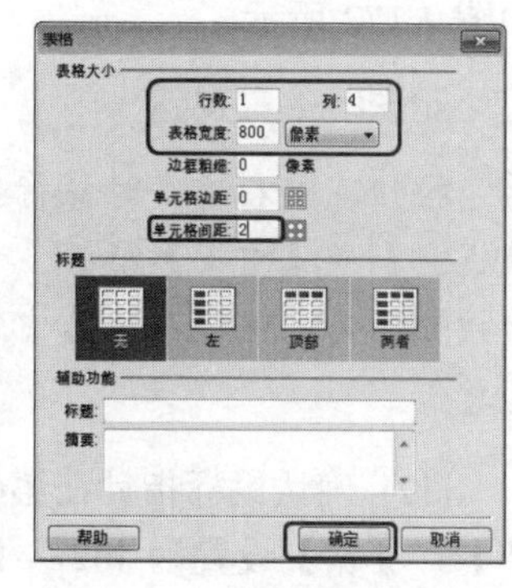

图2-167　设置新的表格

(7) 将鼠标指针置于第1列单元格中，按Ctrl+Alt+I组合键打开【选择图像源文件】对话框，选择“素材\项目二\家居网网站\标志.jpg”素材文件，单击【确定】按钮，如图2-168所示。

(8) 确认鼠标指针还在第(7)步插入的单元格中，在【属性】面板中将【宽】设置为144，如图2-169所示。

(9) 选中第2列单元格，在【属性】面板中单击【拆分单元格行或列】按钮，即可弹出【拆分单元格】对话框，选择【行】单选按钮，将【行数】设置为2，单击【确定】按钮，如图2-170所示。

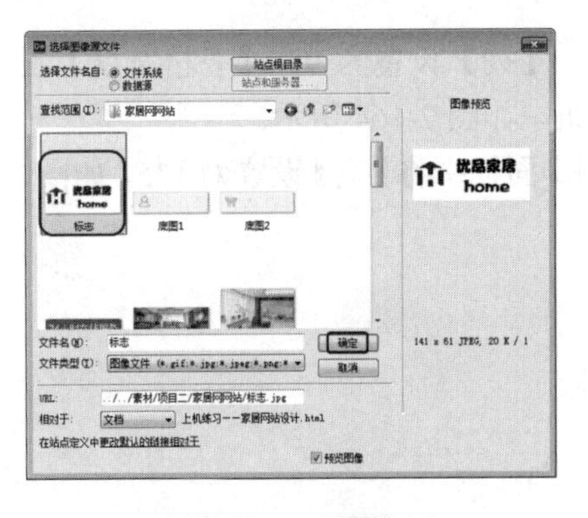

图 2-168　选择素材

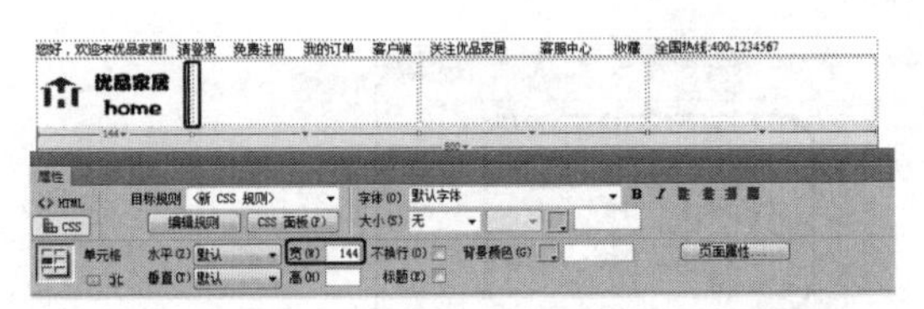

图 2-169　设置单元格

(10) 将鼠标指针插入第(9)步拆分的第 1 行单元格中，在菜单栏中选择【插入】|【表单】|【文本域】命令，即可插入一个文本域，在下方的【属性】面板的【初始值】文本框中输入“衣柜”，如图 2-171 所示。

图 2-170　【拆分单元格】对话框

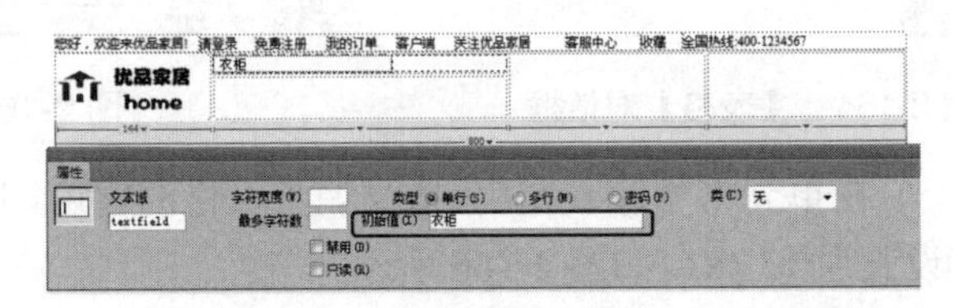

图 2-171　输入文本

(11) 确认鼠标指针还在第(10)步插入的单元格中，在菜单栏中选择【插入】|【表单】|【按钮】命令，即可插入一个按钮，在下方的【属性】面板的【值】文本框中输入“搜索”，如图 2-172 所示。

知识链接：按钮

按钮可以在单击时执行操作。可以为按钮添加自定义名称或标签，或者使用预定义的【提交】或【重置】标签。使用按钮可将表单数据提交到服务器，或者重置表单。还可以为按钮指定其他已在脚本中定义的处理任务。例如，单击按钮根据指定的值计算所选商品的总价。

(12) 确认鼠标指针在第(11)步插入的单元格中，在【属性】面板中将【垂直】设置为【底部】，【宽】设置为 402，【高】设置为 59，如图 2-173 所示。

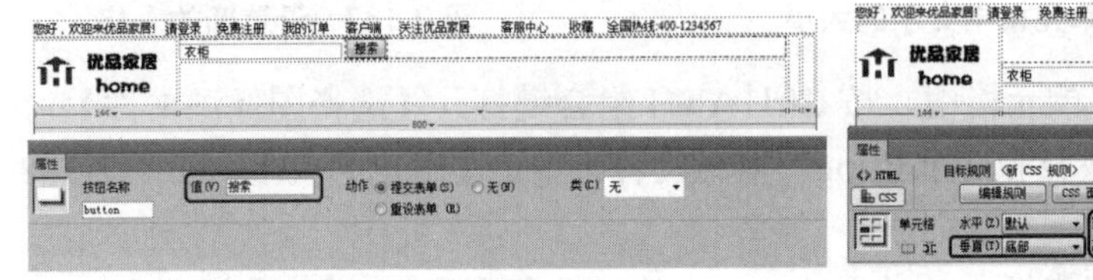

图 2-172　设置按钮属性

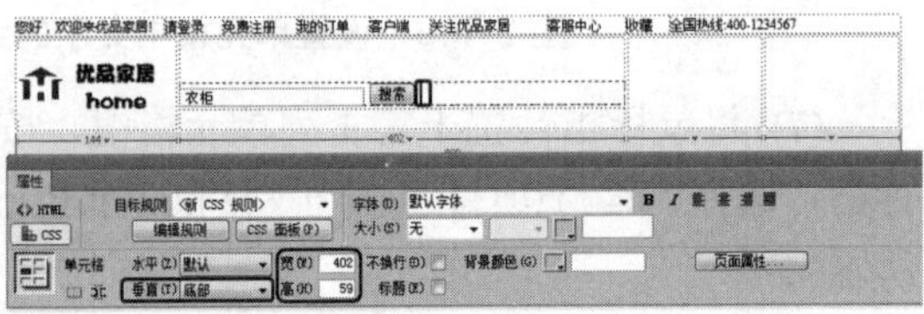

图 2-173　设置单元格

(13) 在下一行单元格中输入文字，选中文字，将【垂直】设置为【顶端】，将【大小】设置为 12 px，将颜色设置为#F60，如图 2-174 所示。

(14) 选中第 3 列单元格，使用前面介绍的方法将其拆分，并将鼠标指针插入拆分后的第二个单元格中，在【属性】面板中将【高】设置为 30，然后输入文字，并将文字【大小】设置为 15 px，如图 2-175 所示。

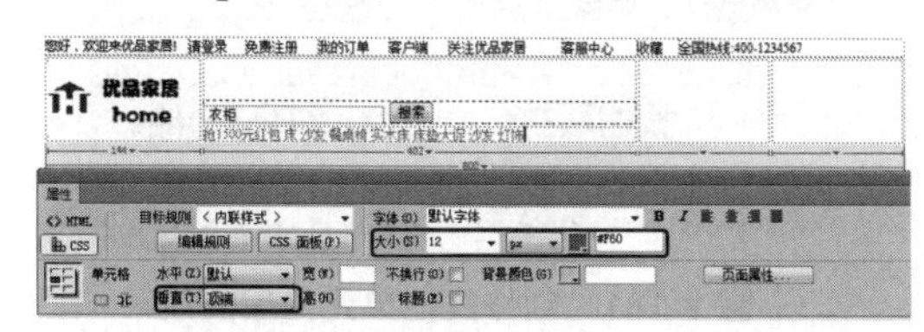

图 2-174 输入文字并设置属性

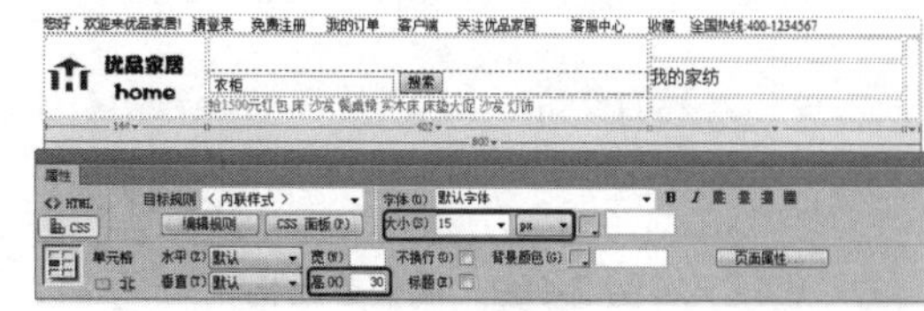

图 2-175 设置单元格并输入文字

(15) 确认鼠标指针在第(14)步设置的单元格中，单击【拆分】按钮，切换至拆分视图，在打开的界面中找到上一步输入的文字，然后在该文字所在段落初始处的<td 标签右侧插入鼠标指针，如图 2-176 所示。

(16) 按 Enter 键弹出选项列表，选择 background 选项，如图 2-177 所示。

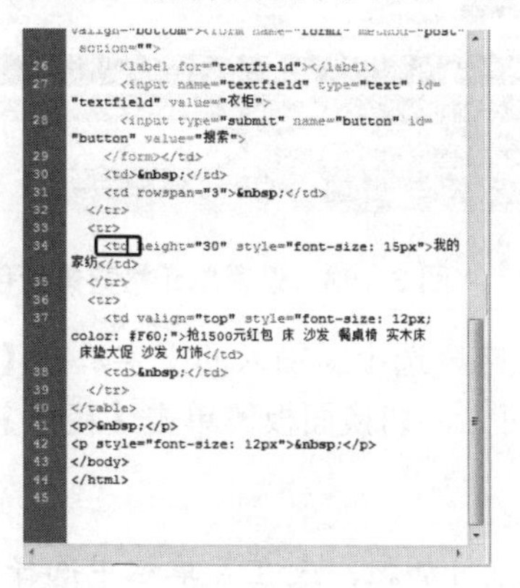

图 2-176 在<td 标签右侧插入光标

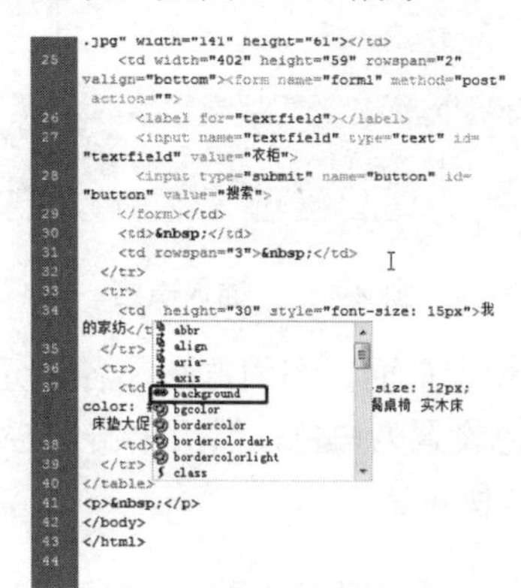

图 2-177 选择 background 选项

(17) 执行上一步操作后将弹出【浏览】选项，双击该选项即可打开【选择文件】对话框，选择底图 1.jpg 素材文件，单击【确定】按钮，如图 2-178 所示。

(18) 返回到文档中后，在【文档】栏中单击【设计】按钮，切换至设计视图，效果如图 2-179 所示。

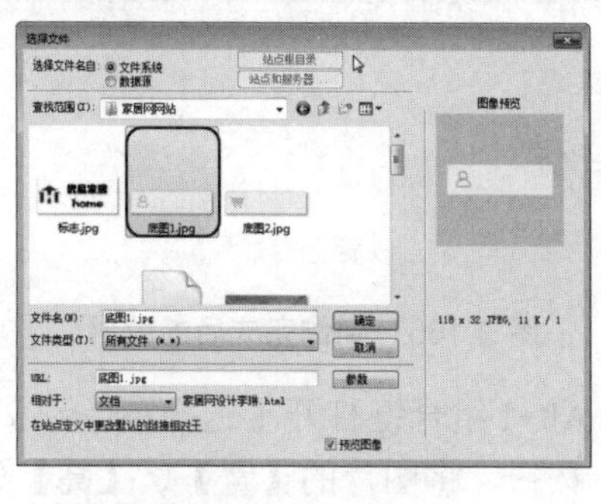

图 2-178 选择素材

图 2-179 查看效果

(19) 用鼠标调整单元格边框至合适的位置，并在该单元格中的文字前添加空格调整文字的位置，如图 2-180 所示。

(20) 使用同样的方法制作右侧单元格的效果，并将其中的文字颜色设置为红色，制作后的效果如图 2-181 所示。

图 2-180　调整单元格

图 2-181　制作其他单元格后的效果

(21) 使用前面介绍的方法插入 1 行 7 列，单元格间距为 0 的表格，并分别设置单元格的宽和高，效果如图 2-182 所示。

(22) 选中新插入的单元格，在【属性】面板中将【背景颜色】设置为#DF241B，按 Enter 键确认，如图 2-183 所示。

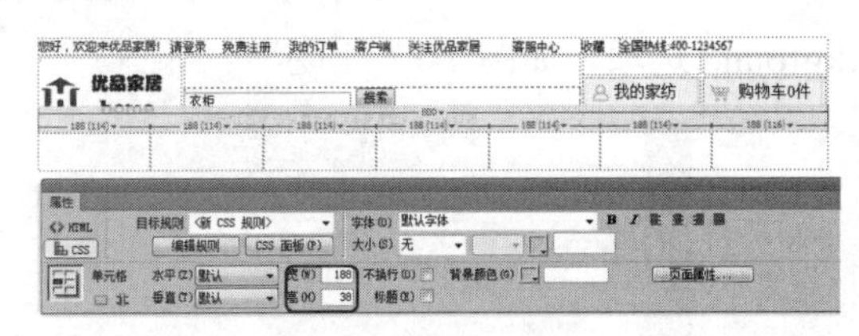

图 2-182　插入表格

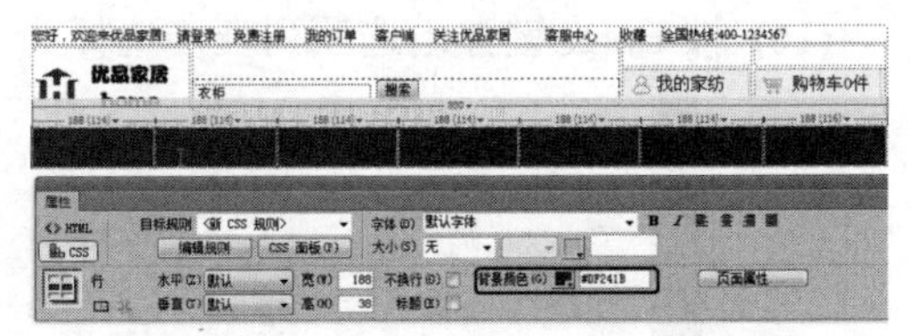

图 2-183　设置单元格背景颜色

(23) 使用前面介绍的方法在各单元格中输入文字，选中新输入的文字，在【属性】面板中将颜色设置为白色，然后单击 HTML 按钮，切换面板，单击【粗体】按钮，如图 2-184 所示。

提示：用户还可以按 Ctrl+B 组合键对文字进行加粗，或在菜单栏中选择【格式】|【HTML 样式】|【加粗】命令来实现加粗效果。

(24) 使用同样方法设置其他文字，并使用同样方法插入表格，制作具有类似效果的单元格，效果如图 2-185 所示。

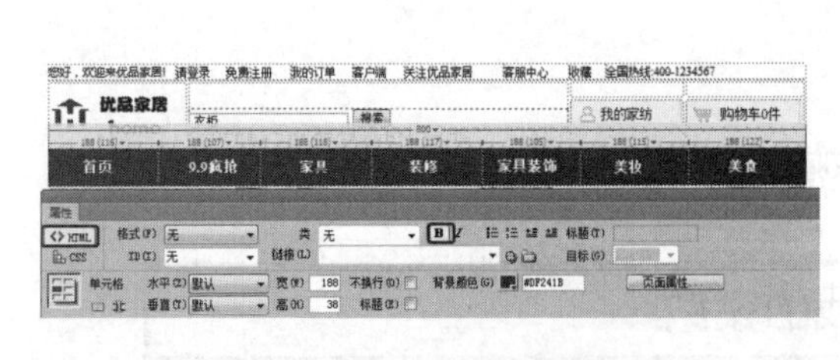

图 2-184　输入文字并加粗文字

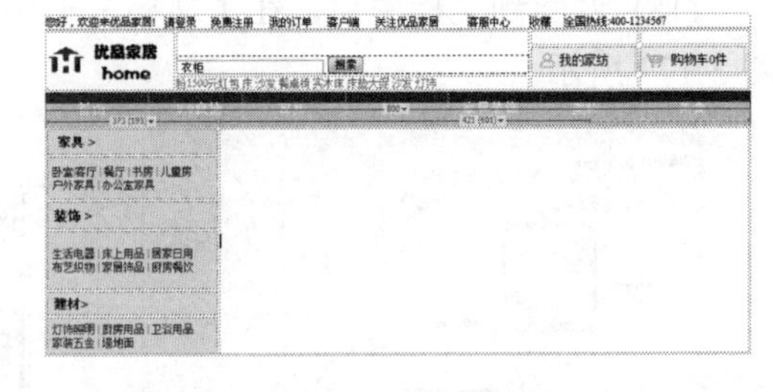

图 2-185　制作完成后的效果

(25) 在新插入表格的空白单元格中单击，按 Ctrl+Alt+I 组合键打开【选择图像源文件】对话框，选择“素材 01.jpg”素材文件，单击【确定】按钮，将图片的【宽】、【高】分别设置为 601 px、252 px，如图 2-186 所示。

(26) 根据前面介绍的方法，插入表格和图像，输入并设置文字，制作效果如图 2-187 所示。通过将鼠标指针插入单元格，在【属性】栏中设置文字的居中效果。

图 2-186 设置图片属性

图 2-187 制作出其他效果

思考与练习

1. 如何设置表格属性?
2. 在表格中如何添加行或列?
3. 如何拆分单元格?

项目三 生活服务类网站设计——使用图像与多媒体美化网页

本章要点

基础知识
- 插入网页图像
- 设置图像大小

重点知识
- 插入鼠标经过图像
- 插入背景图像

提高知识
- 插入 SWF 动画
- 插入声音

本章导读

图像和文本都是网页中不可缺少的基本元素，用图像美化的网页能够更加活泼、简洁，能吸引更多的浏览者。

本章将通过设计生活服务类网站，介绍网页图像的基础知识，使读者能够灵活地掌握和运用网页图像的使用方法和技巧。

任务 1 制作鲜花网网页——在网页中添加图像

鲜花主要用于美化环境和人际交往。不同的鲜花代表不同的含义，根据不同的情况，选择恰当的花，才能体现出送花的意义和价值。本案例将介绍如何制作鲜花网网页，效果如图 3-1 所示。

素材	项目三\鲜花网网页	图 3-1　鲜花网网页
场景	项目三\制作鲜花网网页——在网页中添加图像.html	
视频	项目三\任务 1：制作鲜花网网页——在网页中添加图像.mp4	

具体操作步骤如下。

(1) 启动软件，按 Ctrl+O 组合键，在弹出的【打开】对话框中选择“素材\项目三\鲜花网网页\鲜花网网页素材.html”素材文件，如图 3-2 所示。

(2) 单击【打开】按钮，即可将选中的素材文件打开，效果如图 3-3 所示。

图 3-2　选择素材文件

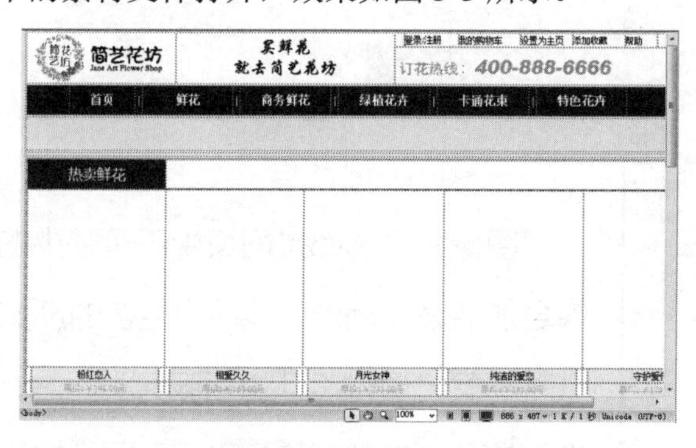

图 3-3　素材文件

(3) 在页面中选择如图 3-4 所示的单元格。

(4) 在菜单栏中选择【插入】|【图像】命令，如图 3-5 所示。

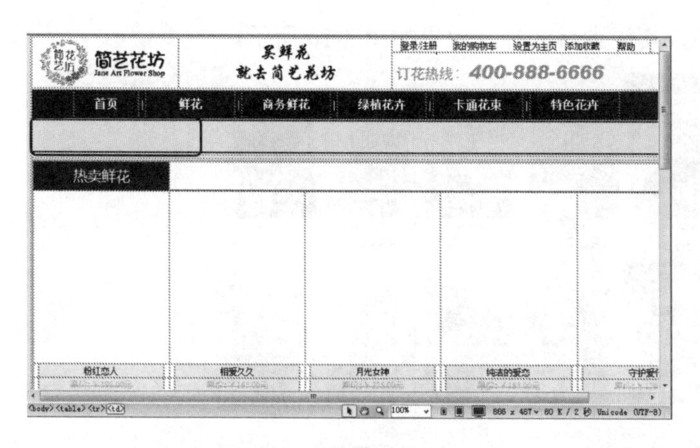

图 3-4　选择单元格

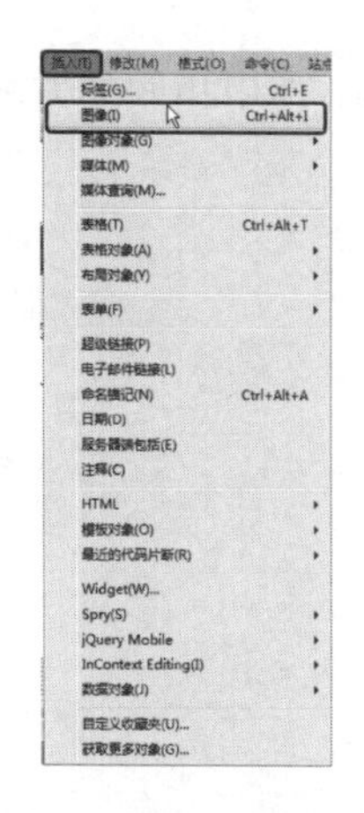

图 3-5　选择【图像】命令

(5) 在弹出的【选择图像源文件】对话框中选择“素材\项目三\鲜花网网页\01.jpg”素材文件，如图 3-6 所示。

(6) 单击【确定】按钮，即可将选中的素材文件插入文档中，效果如图 3-7 所示。

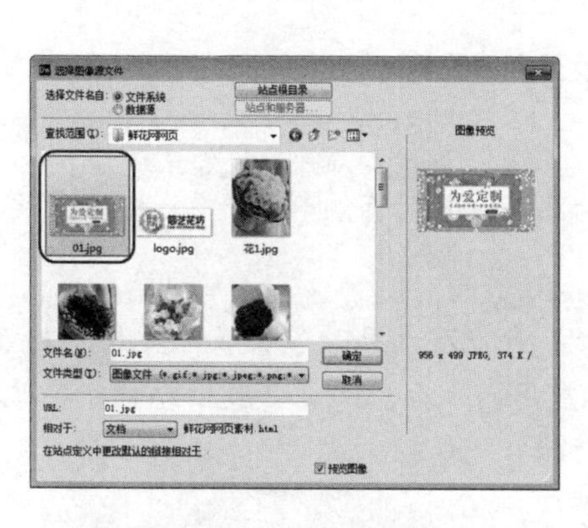

图 3-6　选择素材文件

图 3-7　插入图片后的效果

(7) 将鼠标指针置入“粉红恋人”上方的单元格中，按 Ctrl+Alt+I 组合键，在弹出的【选择图像源文件】对话框中选择“素材\项目三\鲜花网网页\花 1.jpg”素材文件，如图 3-8 所示。

(8) 单击【确定】按钮，即可将选中的素材图片插入文档中，如图 3-9 所示。

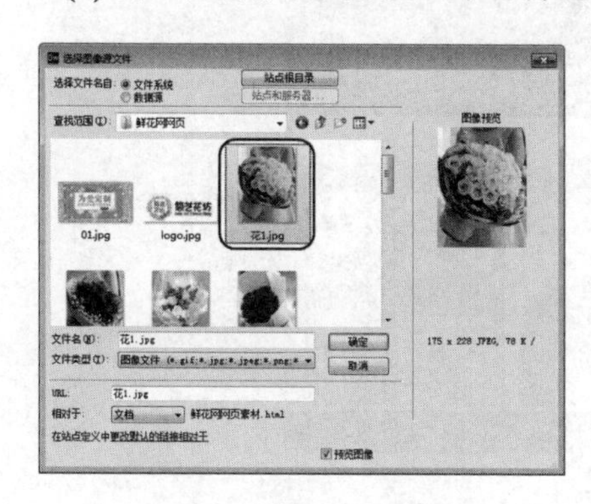

图 3-8　选择素材图片

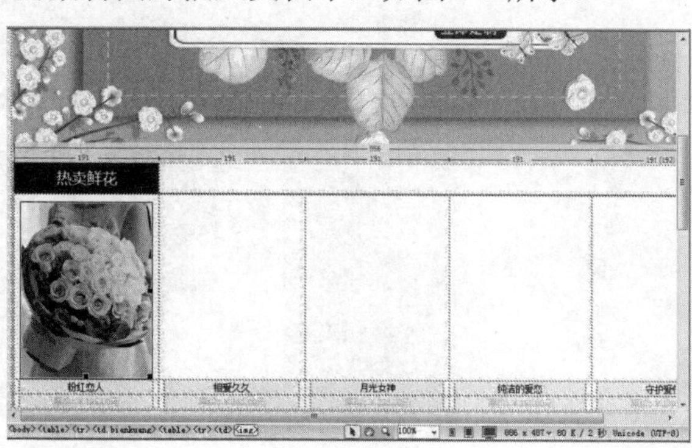

图 3-9　插入图片

(9) 使用相同的方法插入其他素材图片，效果如图 3-10 所示。

图 3-10　插入其他图像文件后的效果

知识链接：网站与网页的认识

网站是由网页组成的，而大家通过浏览器看到的画面就是网页，网页是一个 HTML 文件。

1. 网页的认识

网页是构成网站的基本元素，是将文字、图形、声音及动画等各种多媒体信息相互链接而构成的一种信息表达方式，也是承载各种网站应用的平台。网页一般由站标、导航栏、广告栏、信息区和版权区等部分组成，如图 3-11 所示。

图 3-11　网页的组成

在访问一个网站时，首先看到的网页一般称为该网站的首页。网站首页是一个网站的入口，如图 3-12 所示。

首页只是网站的开场页，单击页面上的文字或图片，即可打开网站的子页，而首页也随之关闭，如图 3-13 所示。

图 3-12　首页

图 3-13　子页

网站主页与首页的区别在于：主页设有网站的导航栏，是所有网页的链接中心。多数网站的首页与主页通常合为一体，即省略了首页而直接显示主页，如图 3-14 所示。

2. 网站的认识

网站就是在 Internet 上通过超级链接的形式构成的相关网页的集合。人们可以通过网页浏览器来访问网站，获取自己需要的资源或享受网络提供的服务。如果一个企业建立了自己的网站，那么就可以更加直观地在 Internet 中宣传公司产品，展示企业形象。

根据网站用途的不同，可以将网站分为以下几种类型。

图 3-14　首页与主页合为一体的网站

- 门户网站：是指通向某类综合性互联网信息资源并提供有关信息服务的应用系统，是涉及领域非常广泛的综合性网站，如图 3-15 所示。
- 行业网站：行业网站即所谓的行业门户，其拥有丰富的资讯信息和强大的搜索引擎功能，如图 3-16 所示。

图 3-15　门户网站

图 3-16　行业网站

- 个人网站：所谓个人网站就是指由个人开发建立的网站，它在内容形式上具有很强的个性化，通常用来宣传自己或展示个人的兴趣爱好。

3. 网站的设计及制作

对于一个网站来说，除了要设计网页内容外，还要对网站进行整体规划设计。要设计出一个精美的网站，前期的规划是必不可少的，好的创意及丰富翔实的内容才能够让网站焕发出勃勃生机。

1) 确定网站的风格和布局

在网页中插入各种对象、修饰效果前，要先确定网页的总体风格和布局。

网站风格就是网站的外衣，是指网站展现给浏览者的整体形象，包括站点的 CI(如标志、色彩、字体和标语)、版面布局、浏览互性、文字、内容、网站荣誉等诸多因素。

不同网页的各种网页元素所处的位置也不同，一般情况下，重要的元素放在突出位置。常见的网页布局方式有同字型、厂字型、标题正文型、分栏型、封面型和 Flash 型等。

- 同字型：也可以称为国字型，是一些大型网站常用的页面布局方式，特点是内容丰富、链接多、信息量大。网页的最上面是网站的标题以及横幅广告，接下来是网页的内容，被分为 3 列，中间是网页的主要内容，最下面是版权信息等，如图 3-17 所示。
- 厂字型：厂字型布局的特点是内容清晰、一目了然，网页的最上面是网站的标题以及横幅广告条，左侧是导航链接，右侧是正文信息区，如图 3-18 所示。

图 3-17　同字型

图 3-18　厂字型

- 标题正文型：标题正文型布局的特点是内容简单，上面是网站标志和标题，下面是网站正文，如图 3-19 所示。

图 3-19　标题正文型

- 封面型：封面型布局比较接近于平面设计艺术，这种类型基本上出现在一些网站的首页，一般为设计精美的图片或动画，多用于个人网页，如果处理得好，会给人带来赏心悦目的感觉。

2) 收集资料和素材

先根据网站建设的基本要求收集资料和素材，包括文本、音频、视频及图片等。资料收集得越充分，制作网站就越容易。搜集素材的时候不仅可以在网站上搜索，还可以自己制作。

3) 规划站点

资料和素材收集完成后，就需要规划网站的布局了，即对站点中所使用的素材和资料进行管理和规划，对网站中栏目的设置、颜色的搭配、版面的设计、文字图片的运用等进行规划，以便于日后管理。

4) 制作网页

制作网页是一个复杂而细致的过程，一定要按照先大后小、先简单后复杂的顺序来制作。所谓先大后小，就是在制作网页时，先把大的结构设计好，然后再逐步完善小的结构。所谓先简单后复杂，就是先设计出简单的内容，然后再设计复杂的内容，以便出现问题及时修改。

在网页排版时，要尽量保持网页风格的一致性，不至于在网页跳转时产生不协调的感觉。在制作网页时灵活运用模板，可以大大提高制作效率。将相同版面的网页做成模板，基于此模板创建网页，以后想改变网页时，只需修改模板就可以了。

5) 测试站点

制作完成后，上传到测试空间进行网站测试，网站测试的内容主要是检查浏览器的兼容性、检查链接是否正确、检查多余标签、检查语法错误等。

6) 发布站点

在发布站点之前，应该申请域名和网络空间，同时还要对本地计算机进行相应的配置，以完成网站的上传。

可以利用上传工具将网站发布到 Internet 上供大家浏览、观赏和使用。上传工具有很多，有些网页制作工具本身就带有 FTP 功能，利用这些 FTP 工具，可以很方便地把网站发布到所申请的网站服务器上。

7) 更新站点

网站要经常更新内容，保持内容的新鲜度，只有不断地补充新内容，才能吸引更多的浏览者。

如果一个网站都是静态的网页，在更新网站时就需要增加新的页面，更新链接；如果是动态的页面，则只需要在后台进行信息的发布和管理就可以了。

3.1.1 网页图像格式

从网页的视觉效果而言，使用图像才能使网页充满勃勃生机和具有说服力，并且网页的风格也需要依靠图像才能得以体现。不过，在网页中使用图像也不是没有任何限制的。准确地使用图像来体现网页的风格，同时又不会影响浏览网页的速度，这是在网页中插入图像的基本要求。

如何才能恰当地使用图像，首先图像素材要贴近网页风格，能够准确表达所要说明的内容，并且图片要富于美感，能够吸引浏览者的注意，并能够通过图片对网站产生兴趣。最好是用自己制作的图片来体现设计意图，当然选择其他合适的图片并经过加工和修改之后再运用到网页中也是可以的，但一定要注意版权问题。

其次，在选择美观、得体的图片时，还要注意图片的大小。相对而言，图像所占文件大小往往是文字的数百至数千倍，所以图像是导致网页文件过大的主要原因。过大的网页文件往往会造成浏览速度过慢等问题，所以要尽量使用小一些的图像文件。

图像文件包含多种格式，但是在网页中常用的只有三种，即 GIF、JPEG 和 PNG。下面来详细介绍它们的特点。

1. GIF 格式

GIF 是一种压缩的 8 位图像文件，是用于压缩具有单调颜色和清晰细节的图像(如线状图、徽标或带文字的插图)的标准格式。它所采用的压缩方式是无损的，可以方便地解决跨平台的兼容性问题。所以这种格式的文件大多用在网络传输上，速度要比传输其他格式的图像文件快得多。

GIF 格式文件的最大缺点是最多只能处理 256 种色彩。GIF 格式的图像占用磁盘空间小，支持透明背景并且支持动画效果，曾经一度被应用在计算机教学、娱乐等软件中，在网页中多数用作图标、按钮、滚动条和背景等。

2. JPEG 格式

JPEG 是最常用的图像文件格式，是一种有损压缩格式，能够将图像压缩在很小的存储空间，图像中重复或者不重要的资料会被丢弃，因此容易造成图像数据的损伤。

JPEG 格式的文件支持大约 1670 万种颜色，因此主要应用于摄影图片的存储和显示，尤其是色彩丰富的大自然照片。在压缩前，可以从对话框中选择所需图像的最终质量，这样，就可以有效地控制 JPEG 在压缩时的损失数据量。JPEG 文件可以在图像品质和文件大小之间达到良好的平衡。

另外，使用 JPEG 格式，可以将当前所渲染的图像输入 Macintosh 机做进一步处理，或将 Macintosh 制作的文件以 JPEG 格式再现于 PC 上。总之 JPEG 是一种极具价值的文件格式。

3. PNG 格式

PNG 是 20 世纪 90 年代中期开发的图像文件存储格式，PNG 图像可以是灰阶的(位深可达 16 bit)或彩色的(位深可达 48 bit)，为缩小文件尺寸，还可以使用 8 bit 的索引色。PNG 使用新的高速的交替显示方案，可以迅速地显示，只要下载 1/64 的图像信息就可以显示出低分辨率的预览图像。与 GIF 格式不同，PNG 格式不支持动画。

PNG 用于存储的 Alpha 通道定义文件中的透明区域，以确保将文件存储为 PNG 格式之前，删除那些除了想要的 Alpha 通道以外的所有 Alpha 通道。

另外，PNG 采用无损压缩方式来减少文件的大小，能把图像文件大小压缩到极限，以利于网络的传输却不失真。PNG 格式的文件可保留所有原始层、向量、颜色和效果信息，并且在任何时候所有元素都是可以完全编辑的。

3.1.2　插入网页图像

了解了网页中常用的图像格式之后，下面来介绍如何在网页中插入图像。

(1) 按 Ctrl+O 组合键，在弹出的对话框中选择“素材\项目三\酒店素材.html”素材文件，单击【打开】按钮，打开的素材文件如图 3-20 所示。

(2) 将鼠标指针置入要插入图像的单元格中，如图 3-21 所示。

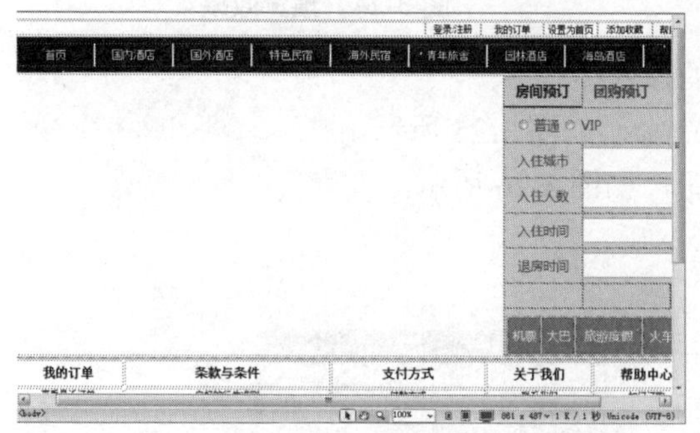

图 3-20　素材文件

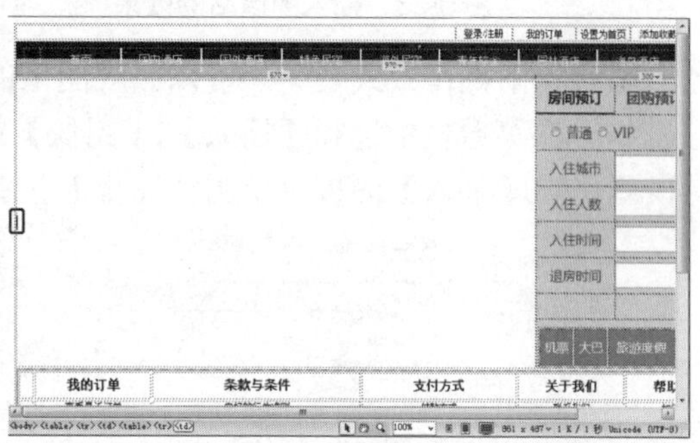

图 3-21　将鼠标指针定位到单元格

(3) 在菜单栏中选择【插入】|【图像】命令在弹出的对话框中选择“素材\项目三\酒店.jpg”素材文件，如图 3-22 所示。

图 3-22　选择素材文件

(4) 单击【确定】按钮，即可将选中的素材文件插入单元格中，效果如图 3-23 所示。

提示： 如果所选图片位于当前站点的根文件夹中，则直接将图片插入；如果图片文件不在当前站点的根文件夹中，系统会弹出提示对话框，询问是否希望将选定的图片复制到当前站点的根文件夹中。

(5) 插入完成后，按 F12 键预览效果，如图 3-24 所示。

图 3-23 插入图像后的效果

图 3-24 预览效果

执行以下操作方式之一，可以完成图像的插入。

◎ 在菜单栏中选择【插入】|【图像】命令，如图 3-25 所示。

◎ 在【插入】面板中单击【图像】按钮，如图 3-26 所示。

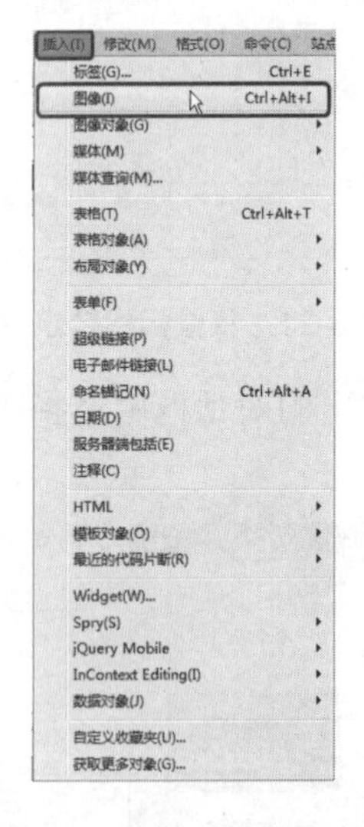

图 3-25 选择【图像】命令

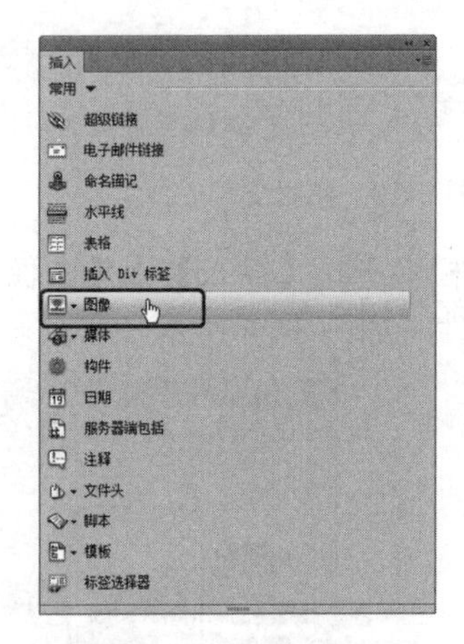

图 3-26 单击【图像】按钮

任务 2 制作房地产网页——编辑和更新网页图像

房地产是一个综合的较为复杂的概念，从实物现象来看，它是由建筑物与土地共同构成的。土地可以分为未开发的土地和已开发的土地，建筑物依附土地而存在，与土地结合在一起。本案例将介绍如何制作房地产网页，效果如图 3-27 所示。

素材	项目三\房地产网页	
场景	项目三\制作房地产网页——编辑和更新网页图像.html	
视频	项目三\任务 2：制作房地产网页——编辑和更新网页图像.mp4	

图 3-27　房地产网页

具体操作步骤如下。

(1) 启动软件，按 Ctrl+O 组合键，在弹出的对话框中选择“素材\项目三\房地产网页\房地产网页素材.html”素材文件，如图 3-28 所示。

(2) 单击【打开】按钮，即可将选中的素材文件打开，如图 3-29 所示。

图 3-28　选择素材文件

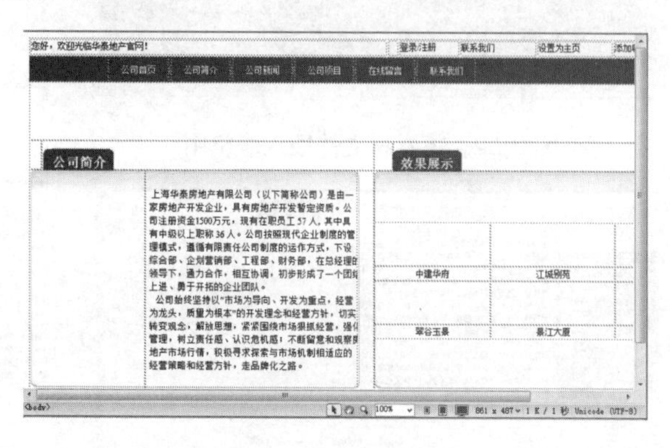

图 3-29　素材文件

(3) 将鼠标指针置入如图 3-30 所示的单元格中。

(4) 按 Ctrl+Alt+I 组合键，在弹出的【选择图像源文件】对话框中选择“素材\项目三\房地产网页\房地产.jpg”素材文件，如图 3-31 所示。

(5) 单击【确定】按钮，即可将选中的素材文件插入表格中，效果如图 3-32 所示。

(6) 将鼠标指针置入如图 3-33 所示的单元格中。

(7) 按 Ctrl+Alt+I 组合键，在弹出的对话框中选择“素材\项目三\房地产网页\效果 1.jpg”素材文件，单击【确定】按钮。选中插入的图像文件，在【属性】面板中将【宽】、【高】分别设置为 151 px、218 px，如图 3-34 所示。

(8) 将鼠标指针置入“中建华府”上方的单元格中，按 Ctrl+Alt+I 组合键，在弹出的对话框中选择“素材\项目三\房地产网页\效果 2.jpg”素材文件，单击【确定】按钮。选中插入的图像文件，在【属性】面板中将【宽】、【高】分别设置为 150 px、123 px，如图 3-35 所示。

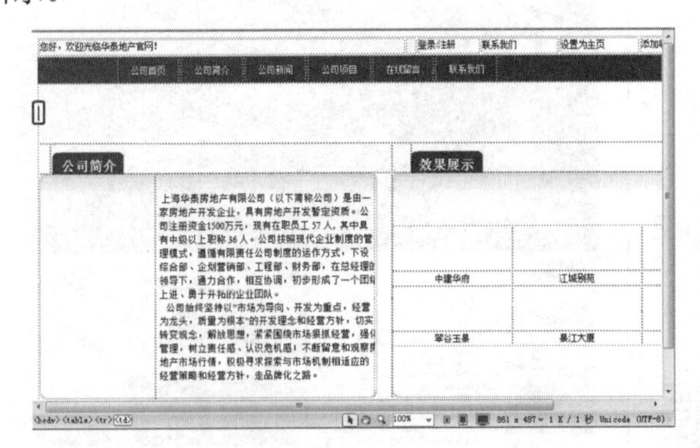

图 3-30　将鼠标指针置入单元格中

图 3-31　选择素材文件

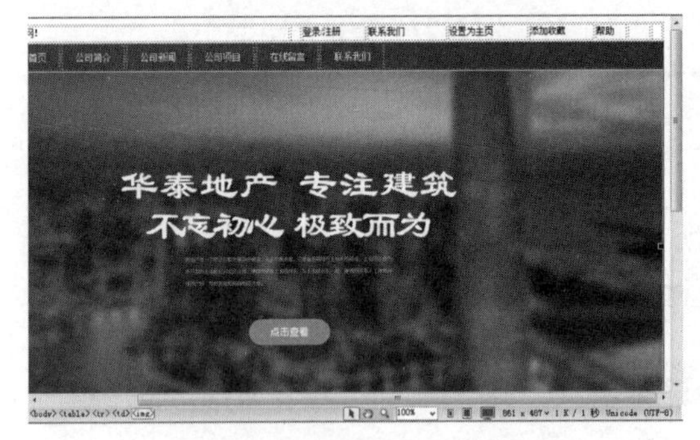

图 3-32　将素材文件插入表格中

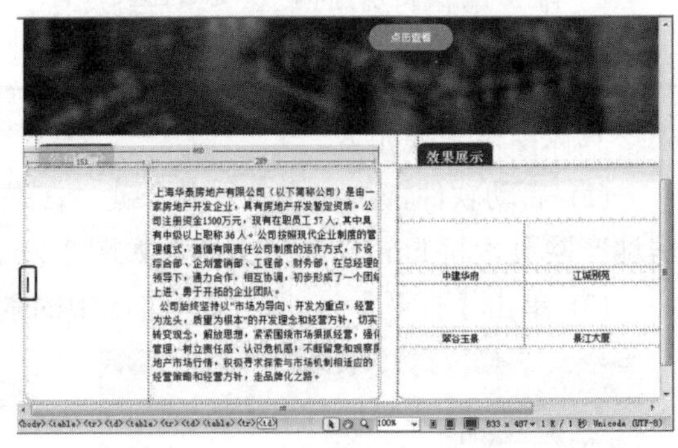

图 3-33　将鼠标指针置入单元格中

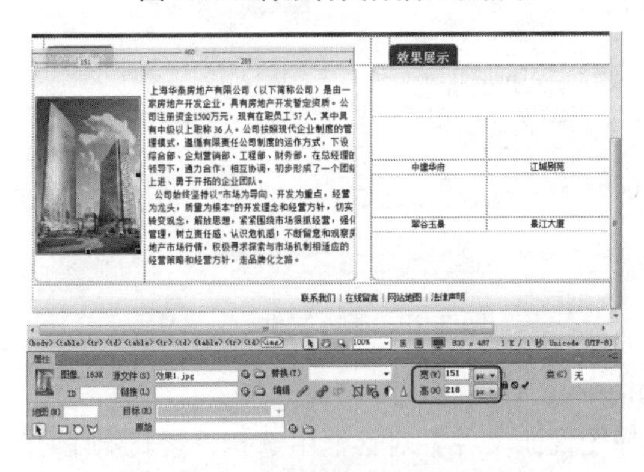

图 3-34　插入图像并设置其大小

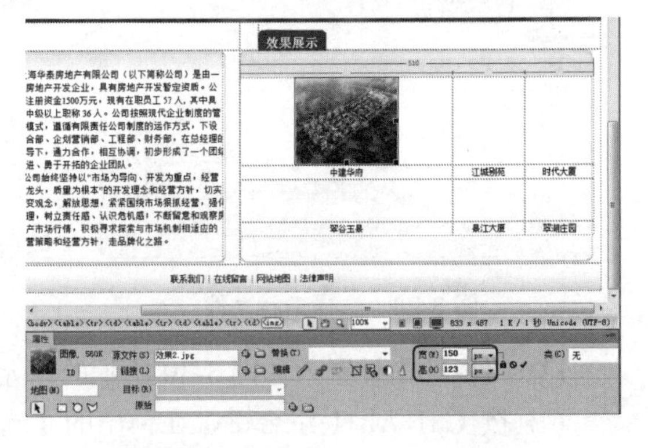

图 3-35　插入图像并进行设置

(9) 使用同样的方法插入其他图像文件，并对其进行相应的设置，效果如图 3-36 所示。

(10) 在文档中选择如图 3-37 所示的图像对象，在【属性】面板中单击【亮度和对比度】按钮，如图 3-37 所示。

(11) 执行第(10)步操作后将会弹出一个提示对话框，单击【确定】按钮，在弹出的【亮度/对比度】对话框中将【亮度】、【对比度】分别设置为 28、3，如图 3-38 所示。

(12) 设置完成后单击【确定】按钮，即可完成图片的编辑，效果如图 3-39 所示。

图 3-36　添加其他图像文件

图 3-37　选择图像并单击按钮

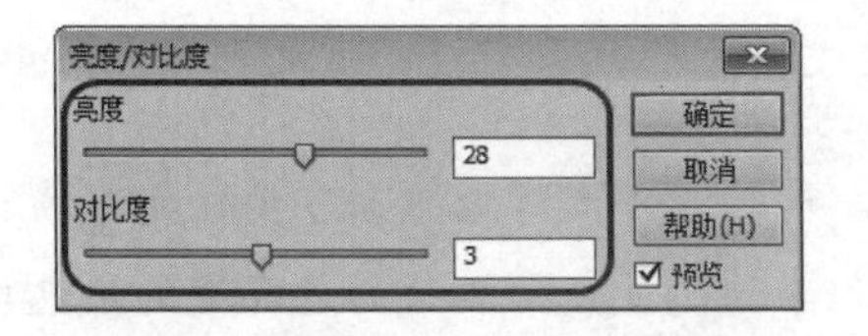

图 3-38　设置【亮度/对比度】参数

图 3-39　图片编辑后的效果

疑难解答：在使用【亮度和对比度】工具时需要注意什么？

答：使用【亮度和对比度】工具调整图像后，源文件的亮度和对比度也会随之调整，而且此操作无法撤销。如果不希望源文件被调整，可以将其进行复制，使用副本对象进行调整。

知识链接：网页色彩的搭配

色彩对人的视觉影响非常明显，一个网站设计得成功与否，在某种程度上取决于设计者对色彩的运用和搭配。因为网页设计属于一种平面效果设计，在平面图上，色彩的冲击力是最强的，它最容易给客户留下深刻的印象，如图 3-40 所示。

图 3-40　色彩效果

1. 色彩处理

1) 色彩的感觉

- 色彩的冷暖感：色彩的冷暖感觉主要取决于色调。在色彩的各种感觉中，首先感觉到的是冷暖。一般来说，看到红、橙、黄等时会产生温暖的感觉，而看到蓝、蓝紫、蓝绿时会产生冷的感觉。
- 色彩的轻重感：决定色彩轻重感觉的主要是明度，明度高的色彩感觉轻，明度低的色彩感觉重。其次是纯度，在同明度、同色相条件下，纯度高的感觉轻。
- 色彩的强弱感：明亮、鲜艳的色彩感觉强，反之则感觉弱。
- 色彩的兴奋与沉静：这与色相、明度、纯度都有关，其中纯度的作用最为明显。在色相方面，凡是偏红、橙的暖色系具有兴奋感，凡属蓝、青的冷色系具有沉静感；在明度方面，明度高的色彩具有兴奋感，明度低的色彩具有沉静感；在纯度方面，纯度高的色彩具有兴奋感，纯度低的色彩具有沉静感。
- 色彩的华丽与朴素：这与纯度关系最大，其次与明度有关。凡是鲜艳而明亮的色彩具有华丽感，凡是浑浊而深暗的色彩具有朴素感。有彩色系具有华丽感，无彩色系具有朴素感。
- 色彩的进退感：对比强、暖色、明快、高纯度的色彩代表前进，反之则代表后退。

2) 色彩的季节性

春季处处一片生机，通常会流行一些活泼跳跃的色彩；夏季气候炎热，人们希望凉爽，通常流行以白色和浅色调为主的清爽亮丽的色彩；秋季秋高气爽，流行的是沉重的暖色调；冬季气候寒冷，深颜色有吸光、传热的作用，人们希望能暖和一点，喜爱穿深色衣服。这就很明显地形成了四季的色彩流行趋势：春夏以浅色、明艳色调为主；秋冬以深色、稳重色调为主。每年色彩的流行趋势都会因此而分成春夏和秋冬两大色彩趋向。

3) 颜色的心理感觉

不同的颜色会使浏览者产生不同的心理感受。

- 红色：红色是一种激奋的色彩，代表热情、活泼、温暖、幸福和吉祥。红色的色感温暖，性格刚烈而外向，是一种对人刺激性很强的颜色。红色容易引起人们的注意，也容易使人兴奋、激动、热情、紧张和冲动，而且还是一种容易导致视觉疲劳的颜色。如图 3-41 所示为以红色为主色调的网页。
- 橙色：橙色是十分活泼的光辉色彩，与红色同属暖色系，具有红与黄之间的色性，可以使人联想到火焰、灯光、霞光、水果等物象，是最温暖、闪亮的色彩。如图 3-42 所示为以橙色为主色调的网页。

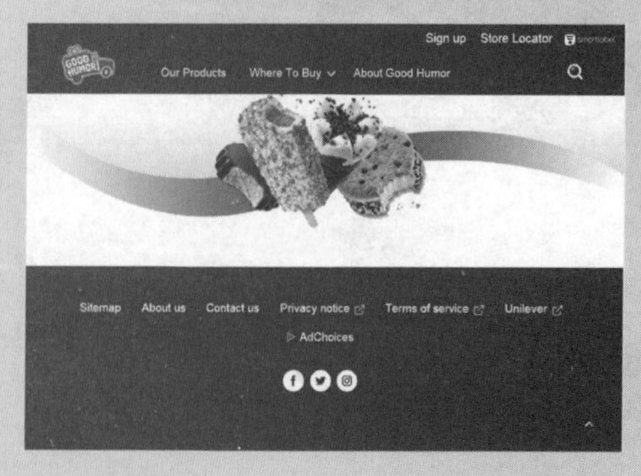

图 3-41　以红色为主色调的网页

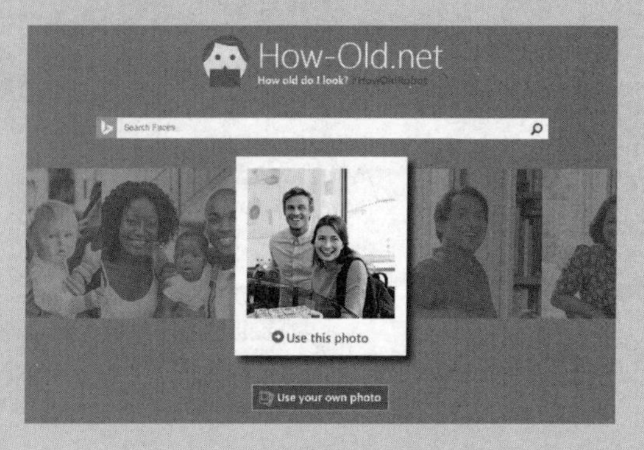

图 3-42　以橙色为主色调的网页

- 黄色：黄色是亮度最高的色彩，在高明度下能够保持很强的纯度，是各种色彩中最为娇气的一种颜色，它具有快乐、希望、智慧和轻快的个性，代表明朗、愉快和高贵。如图 3-43 所示为以黄色为主色调的网页。
- 绿色：绿色是一种表达柔顺、恬静、满足、优美的色彩，代表新鲜、充满希望、和平、柔和、安逸和青春，显得和睦、宁静、健康。绿色具有黄色和蓝色两种成分。在绿色中，将黄色的扩张感和蓝色的收缩感中和，并将黄色的温暖感与蓝色的寒冷感相抵消。绿色和金黄、淡白搭配，可产生优雅、舒适的气氛。如图 3-44 所示为以绿色为主色调的网页。

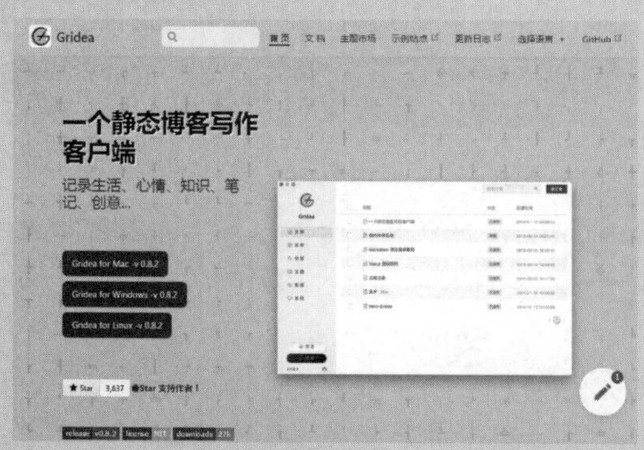

图 3-43　为以黄色为主色调的网页

图 3-44　以绿色为主色调的网页

- 蓝色：蓝色与红、橙色相反，是典型的寒色，代表深远、永恒、沉静、理智、诚实、公正、权威，是最具凉爽、清新特点的色彩。浅蓝色系明朗而富有青春朝气，为年轻人所钟爱，但也有不够成熟的感觉。深蓝色系沉着、稳定，是中年人普遍喜爱的色彩。群青色，充满着动人的深邃魅力。藏青则给人以大度、庄重的印象。靛蓝、普蓝因在民间广泛应用，似乎成了民族特色的象征。在蓝色中分别加入少量的红、黄、黑、橙、白等色，均不会明显影响蓝色的表达效果。如图 3-45 所示为以蓝色为主色调的网页。

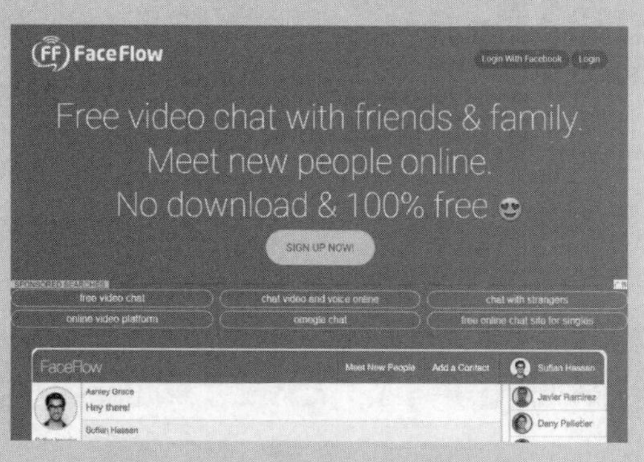

图 3-45　以蓝色为主色调的网页

- 紫色：紫色具有神秘、高贵、优美、庄重、奢华的气质，有时也会让人感到孤寂、消极。尽管它不像蓝色那样冷，但红色的渗入会使它显得复杂、矛盾。它处于冷暖之间游离不定的状态，加上它的低明度的性质，也许就构成了这一色彩在心理上引起的消极感。如图 3-46 所示为以紫色为主色调的网页。
- 黑色：黑色是最具有收敛性的、沉郁的、难以琢磨的色彩，给人以一种神秘感。同时黑色还可以表达凄凉、悲伤、忧愁、恐怖，甚至死亡，但若运用得当，还能产生黑铁金属质感，可表达时尚前卫、科技等。如图 3-47 所示为以黑色为主色调的网页。

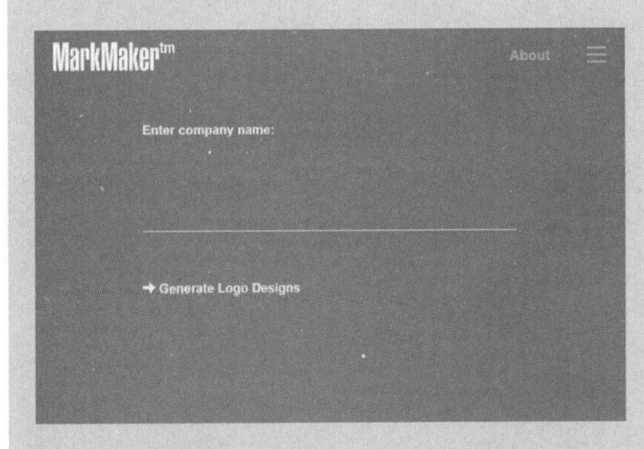

图 3-46　以紫色为主色调的网页

图 3-47　以黑色为主色调的网页

- 白色：白色的色感光明，代表纯洁、纯真、朴素、神圣和明快。如果在白色中加入其他任何色，都会影响其纯洁性，使其性格变得含蓄。如图 3-48 所示为以白色为主色调的网页。
- 灰色：灰色在商业设计中具有柔和、高雅的意象，属中性色彩，男女皆能接受，所以灰色也是永远流行的主要颜色。在许多高科技产品中，尤其是和金属材料有关的产品，几乎都采用灰色来传达高级、科技的形象。使用灰色时，大多利用不同的层次变化组合或搭配其他色彩，才不会产生过于平淡、沉闷、呆板、僵硬的感觉。如图 3-49 所示为以灰色为主色调的网页。

图 3-48　以白色为主色调的网页

图 3-49　以灰色为主色调的网页

2. 网页色彩搭配原理

色彩搭配既是一项技术性工作，也是一项艺术性很强的工作。因此，在设计网页时，除了要考虑网站本身的特点外，还要遵循一定的艺术规律，从而设计出色彩鲜明、风格独特的网站。

网页的色彩是树立网站形象的关键要素之一，网页的背景、文字、图标、边框、链接等应该搭配什么样的色彩才能最好地表达出网站的内涵和主题呢?下面来介绍网页色彩搭配的一些原理。

- 色彩的鲜明性：网页的色彩要鲜明，这样容易引人注目。一个网站的用色必须要有自己独特的风格，这样才能显得个性鲜明，给浏览者留下深刻的印象，如图 3-50 所示。

- 色彩的独特性：要有与众不同的色彩，使得大家对网站印象强烈。
- 色彩的艺术性：网站设计也是一种艺术活动，因此必须遵循艺术规律，在考虑到网站本身特点的同时，按照内容决定形式的原则，大胆进行艺术创新，设计出既符合网站要求，又有一定艺术特色的网站，如图 3-51 所示。

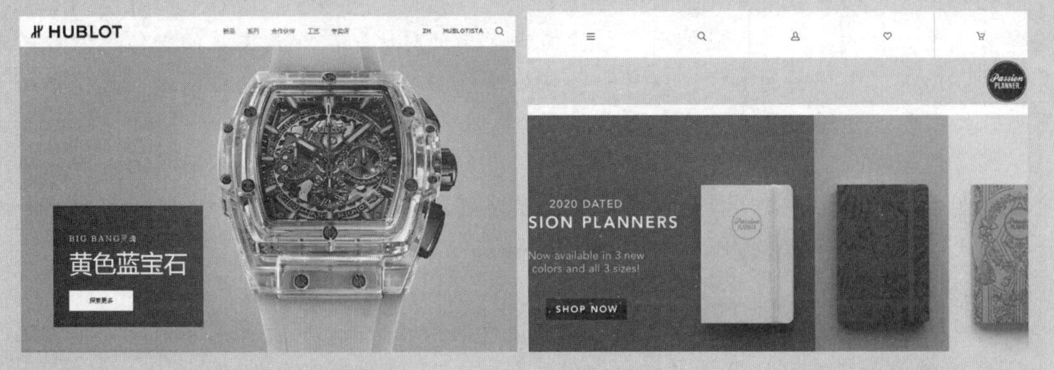

图 3-50　色彩鲜明的网页　　　　图 3-51　色彩的艺术性

- 色彩搭配的合理性：网页设计虽然属于平面设计的范畴，但又与其他平面设计不同，它在遵循艺术规律的同时，还要考虑人的生理特点。色彩搭配一定要合理，色彩和表达的内容应相适合，给人一种和谐、愉快的感觉，避免采用纯度很高的单一色彩，这样容易造成视觉疲劳，如图 3-52 所示。

图 3-52　色彩搭配的合理性

- 色彩的联想性：不同的色彩会使人产生不同的联想，蓝色会使人联想到天空，黑色会使人联想到黑夜，红色会使人联想到喜事等。选择的色彩要和网页的内涵相关联。

3. 网页中色彩的搭配原则

色彩在人们的生活中具有丰富的感情和含义，在特定的场合，同种色彩可以代表不同的含义。色彩总的应用原则应该是“总体协调，局部对比”，就是主页的整体色彩效果是和谐的，局部、小范围的地方可以有一些强烈的色彩对比。在色彩的运用上，可以根据主页内容的需要，分别采用不同的主色调。

人常常会感受到色彩对自己心理的影响。色彩的心理效应发生在不同层次。有些属于直接的刺激，有些要通过间接的联想，更高层次则涉及人的观念、信仰，对于艺术家和设计者来说，无论哪一层次的作用都是不能忽视的。

1) 彩色的搭配

- 相近色：色环中相邻的 3 种颜色。相近色的搭配给人的视觉效果很舒适、很自然，所以相近色在网站设计中极为常用。如图 3-53 所示为相近色。
- 互补色：色环中相对的两种色彩。对互补色调整一下亮度，有时候是一种很好的搭配。如图 3-54 中所示为互补色。

图 3-53　相近色

图 3-54　互补色

- 暖色：黄色、橙色、红色和紫色等都属于暖色系。暖色跟黑色调和可以达到很好的效果。暖色一般应用于购物类网站、电子商务网站、儿童类网站等，用以体现商品的琳琅满目，儿童类网站的活泼、温馨等效果，如图 3-55 所示。
- 冷色：绿色、蓝色和蓝紫色等都属于冷色系。冷色跟白色调和可以达到一种很好的效果。冷色一般应用于一些高科技、游戏类网站，主要表达严肃、稳重等效果，如图 3-56 所示。
- 色彩均衡：网站要让人看上去舒适、协调，除了文字、图片等内容的合理排版外，色彩均衡也是相当重要的一部分，比如一个网站不可能只应用一种颜色，所以色彩的均衡问题是设计者必须考虑的问题。

提示： 色彩的均衡包括色彩的位置，每种色彩所占的比例、面积等。比如，鲜艳明亮的色彩面积应小一点，让人感觉舒适、不刺眼，如图 3-57 所示。

图 3-55　暖色系网站

图 3-56　冷色系网站

2) 非彩色的搭配

黑白色是最基本和最简单的搭配，白字黑底、黑底白字都清晰明了。灰色是万能色，可以和任何色彩搭配，也可以帮助两种对立的色彩和谐过渡。如果实在找不出合适的色彩，那么用灰色试试，效果绝对不会太差。

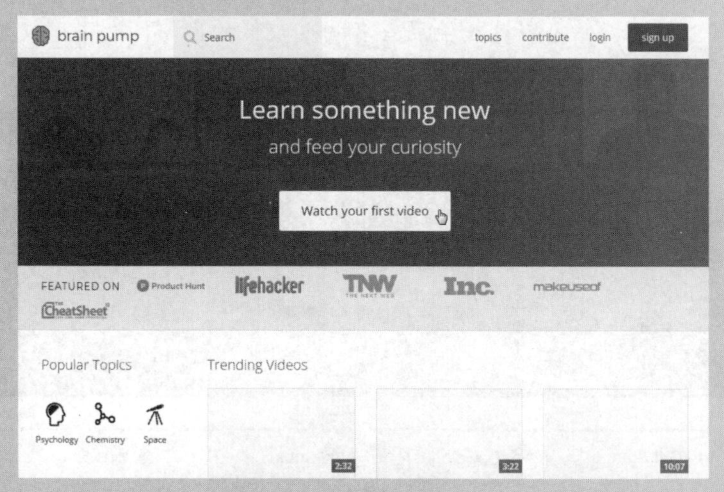

图 3-57　色彩的均衡效果

4. 网页元素的色彩搭配

为了将网页设计得更靓丽、更舒适，增强页面的可阅读性，必须合理、恰当地运用与搭配页面各元素的色彩。

1) 网页导航条

网页导航条是网站的指路方向标，浏览者要在网页间跳转，要了解网站的结构，要查看网站的内容，都必须使用导航条。可以使用稍微具有跳跃性的色彩吸引浏览者的视线，使其感觉网站清晰明了、层次分明，如图 3-58 所示。

2) 网页链接

一个网站不可能只有一页，所以文字与图片的链接是网站中不可缺少的部分。要让浏览者快速地找到网站链接，设置独特的链接颜色是一种驱使浏览者点击链接的好办法，如图 3-59 所示。

图 3-58　网页导航条

图 3-59　网页链接

3) 网页文字

如果网站中使用了背景颜色，就必须要考虑背景颜色与前景文字的搭配问题。一般网站侧重的是文字，所以背景可以选择纯度或者明度较低的色彩，文字用较为突出的亮色，以便让人一目了然，如图 3-60 所示。

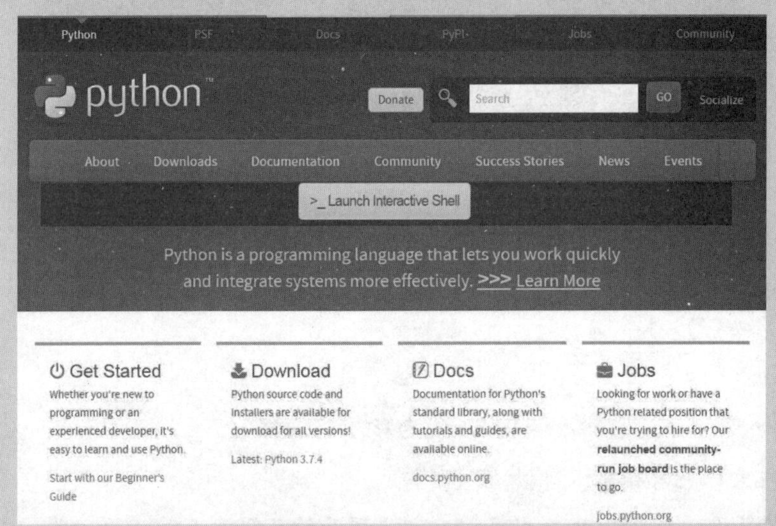

图 3-60　网页文字

4）网页标志

网页标志是宣传网站最重要的元素之一，所以一定要在页面上突出、醒目。可以将 Logo 和 Banner 做得鲜亮一些，也就是说，在色彩方面与网页的主题色区分开，如图 3-61 所示。

5. 网页色彩搭配的技巧

色彩的搭配是一门艺术，灵活运用能让主页更具亲和力。要想制作出漂亮的主页，需要灵活运用色彩并加上自己的创意和技巧。下面介绍网页色彩搭配的一些常用技巧。

- 使用单色：尽管网站设计要避免采用单一色彩，以免产生单调的感觉，但通过调整色彩的饱和度和透明度，也可以产生变化，使网站避免单调，做到色彩统一，有层次感，如图 3-62 所示。

图 3-61 网页标志

- 使用邻近色：所谓邻近色，就是在色带上相邻近的颜色，如绿色和蓝色、红色和黄色就互为邻近色。采用邻近色设计网页，可以使网页避免色彩杂乱，以达到页面艺术的和谐与统一，如图 3-63 所示。

图 3-62 使用单色效果

图 3-63 使用邻近色效果

- 使用对比色：对比色可以突出重点，产生强烈的视觉效果，合理使用对比色，能够使网站特色鲜明、重点突出。在设计时，一般以一种颜色作为主色调，对比色作为点缀，可以起到画龙点睛的作用，如图 3-64 所示。
- 黑色的使用：黑色是一种特殊的颜色，如果使用恰当、设计合理，往往能产生很强的艺术效果。黑色一般用来作为背景色，与其他纯度色彩搭配使用，如图 3-65 所示。

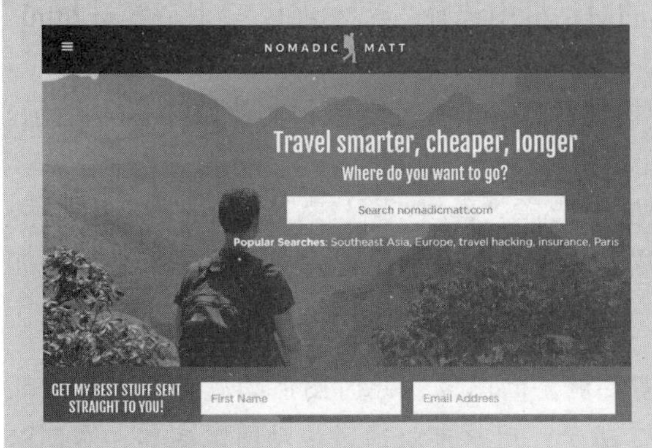

图 3-64 使用对比色效果

图 3-65 黑色的使用效果

- 背景色的使用：背景的颜色不要太深，否则会显得过于厚重，这样会影响整个页面的显示效果。一般采用清淡素雅的色彩，避免采用花纹复杂的图片和纯度很高的色彩作为背景色，同时，背景色要与文字色彩对比强烈一些，如图 3-66 所示。
- 色彩的数量：一般初学者在设计网页时往往会使用多种颜色，统一和协调性差，缺乏内在的美感，给人一种繁杂的感觉。实际上，网站用色并不是越多越好，一般应控制在三种色彩以内，可以通过调整色彩的各种属性来产生颜色的变化，使整个网页的色调统一，如图 3-67 所示。

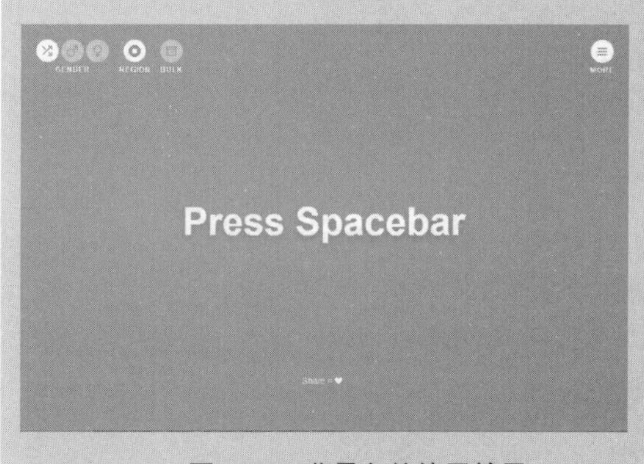

图 3-66　背景色的使用效果

图 3-67　色彩的使用数量

- 要和网站内容匹配：了解网站所要传达的信息和品牌，选择可以加强这些信息的颜色，如在设计一个强调稳健的金融机构时，就要选择冷色系、柔和的颜色，如蓝、灰或绿色。
- 围绕网页主题：根据主题确定网站颜色，同时还要考虑网站的访问对象，文化的差异也会使色彩产生非预期的反应。还有，不同地区与不同年龄层对颜色的反应亦会有所不同。年轻族一般比较喜欢饱和色，但这样的颜色却无法引起高年龄层人群的兴趣。

3.2.1　设置图像大小

将图像插入文档后，如果图像的大小不符合文档的需求，用户可以在 Dreamweaver 中设置图像的大小，从而达到所需的效果。下面介绍如何设置图像的大小。

(1) 启动软件，按 Ctrl+O 组合键，在弹出的对话框中选择“素材\项目三\卫浴素材.html”素材文件，如图 3-68 所示。

(2) 单击【打开】按钮，即可将选中的素材文件打开。打开的素材文件如图 3-69 所示。

(3) 将鼠标指针置入如图 3-70 所示的单元格中。

(4) 按 Ctrl+Alt+I 组合键，在弹出的对话框中选择“素材\项目三\卫浴.jpg”素材文件，单击【确定】按钮，在【属性】面板中将【宽】、【高】分别设置为 900 px、374 px，如图 3-71 所示。

提示： 用户还可以在文档窗口中选择需要调整的图像，此时图像的底部、右侧以及右下角会出现控制点，如图 3-72 所示。用户可以通过拖动图像底部、右侧以及右下角的控制点来调整图像的高度和宽度。

图 3-68 选择素材文件

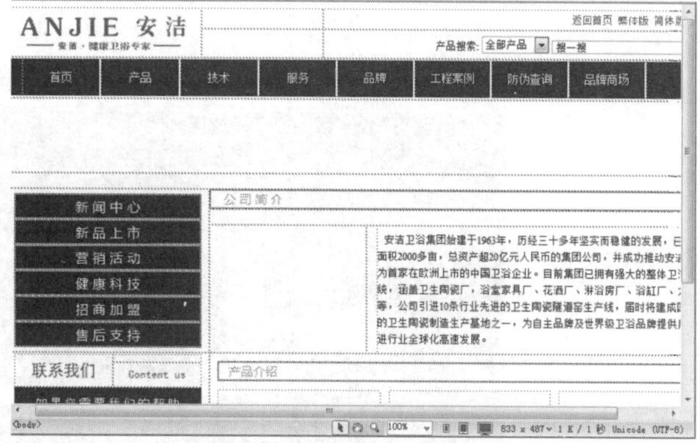

图 3-69 素材文件

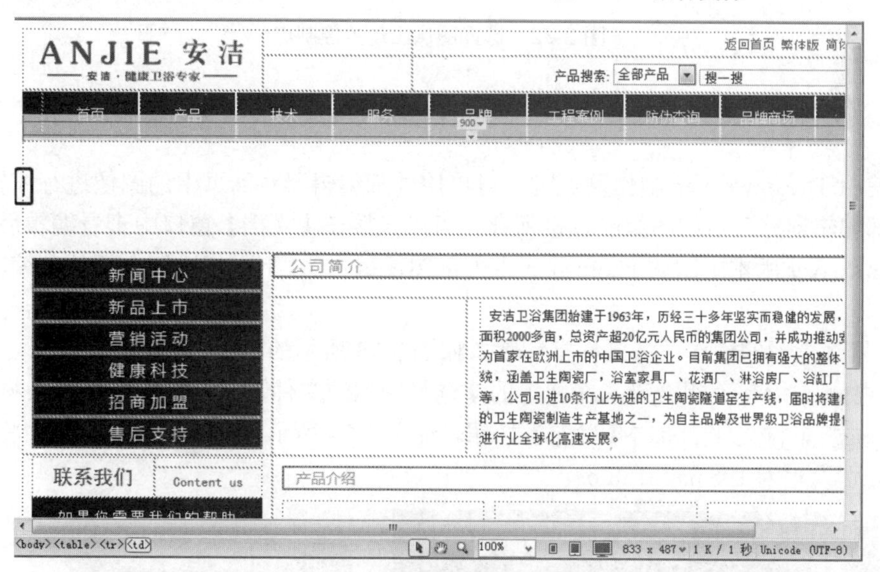

图 3-70 将鼠标指针置入单元格中

图 3-71 插入素材图像并调整其大小

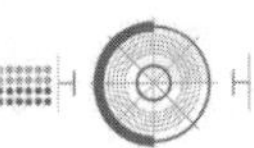

图 3-72　选择图像出现的控制点

3.2.2　使用 Photoshop 更新网页图像

在使用 Dreamweaver 制作网页时，可以用外部编辑器对网页中的图像进行编辑修改。使用外部编辑器修改后的图像能直接保存，可以直接在【文档】窗口中查看编辑后的图像。在 Dreamweaver 版本中默认 Photoshop 为外部图像编辑器。下面将详细介绍外部编辑器的使用方法。

(1) 继续上面的操作，将鼠标指针置入如图 3-73 所示的单元格中。

(2) 按 Ctrl+Alt+I 组合键，在弹出的【选择图像源文件】对话框中选择“素材\项目三\卫浴 01.jpg”素材文件，单击【确定】按钮，如图 3-74 所示。在【属性】面板中将【宽】、【高】分别设置为 195 px、158 px。

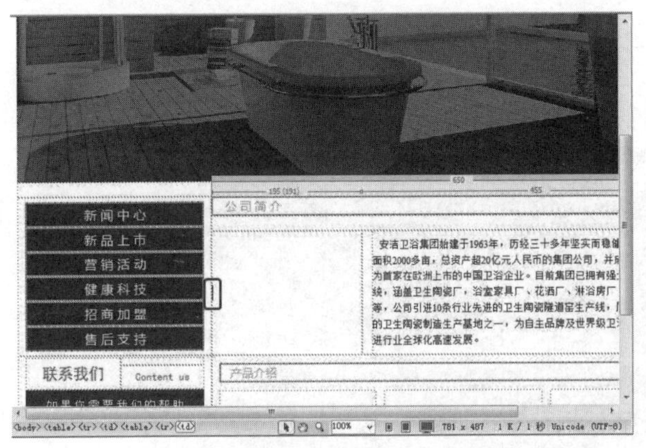

图 3-73　将鼠标指针置入单元格中

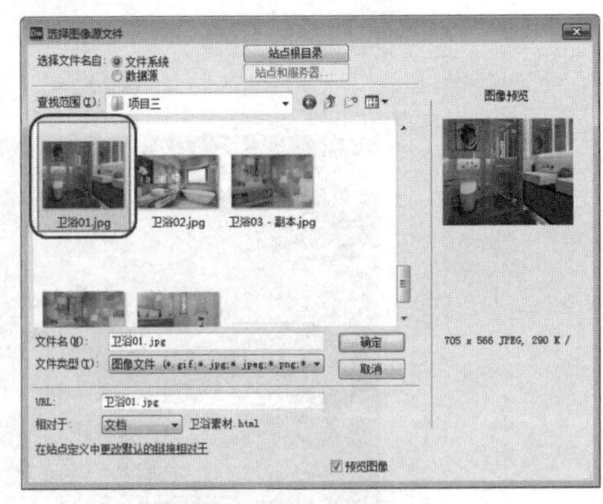

图 3-74　选择文件

(3) 继续选中该图像，在菜单栏中选择【修改】|【图像】|【编辑以】|Photoshop 命令，如图 3-75 所示。

(4) 执行第(3)步操作后，即可启动 Photoshop 软件，并在软件中自动打开选中的图像文件。在工具箱中单击【裁剪工具】按钮，按住 Shift+Alt 组合键对图像的裁剪框进行调整，如图 3-76 所示。

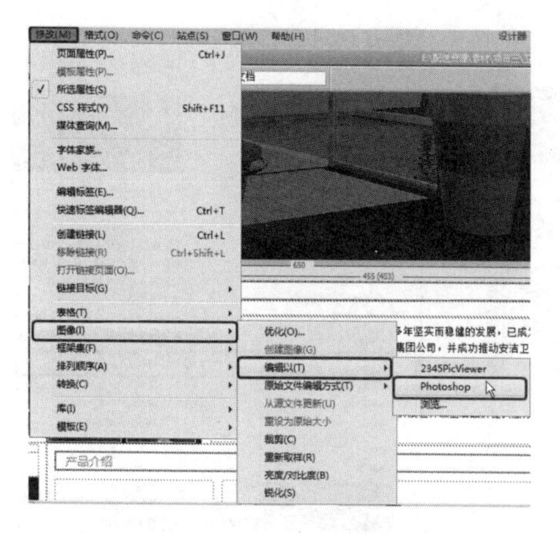

图 3-75　选择 Photoshop 命令

图 3-76　调整裁剪框

(5) 按 Enter 键对选中的图像进行裁剪。裁剪完成后，按 Ctrl+M 组合键，在弹出的对话框中添加一个编辑点，将【输出】设置为 197，将【输入】设置为 169，如图 3-77 所示。

(6) 设置完成后，单击【确定】按钮。按 Ctrl+S 组合键，对图像文件进行保存，关闭 Photoshop 软件。在 Dreamweaver 网页中可以看到更新的网页图像，如图 3-78 所示。

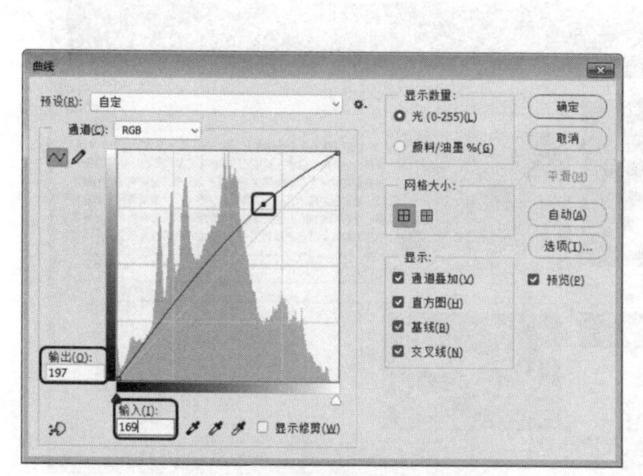

图 3-77　调整曲线参数

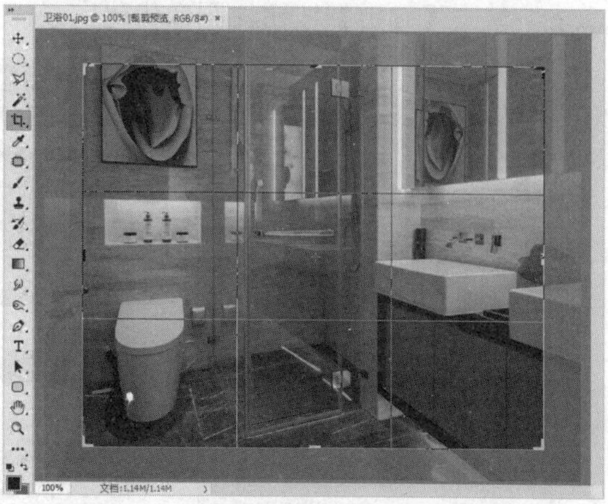

图 3-78　更新图像后的效果

提示： 将调整后的图像保存后，若 Dreamweaver 网页中的图像未发生变化，可选中调整的图片后单击【属性】面板中的【重新取样】按钮，在弹出的对话框中单击【确定】按钮即可更新图片。

3.2.3　优化图像

图像优化处理的具体操作步骤如下。

(1) 继续上面的操作，将鼠标指针置入“产品介绍”下方的第一列空白单元格中，按 Ctrl+Alt+I 组合键，在弹出的对话框中选择“素材\项目三\卫浴 02.jpg”素材文件，单击【确定】按钮，即可插入图像，如图 3-79 所示。

(2) 选中需要优化的图像，在菜单栏中选择【修改】|【图像】|【优化】命令，如图 3-80 所示。

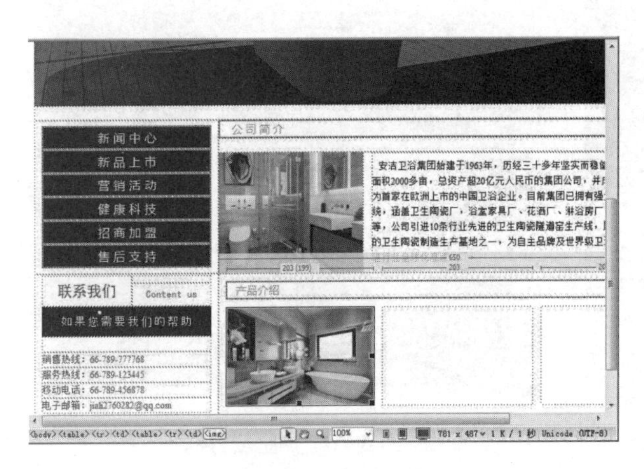

图 3-79　插入图像

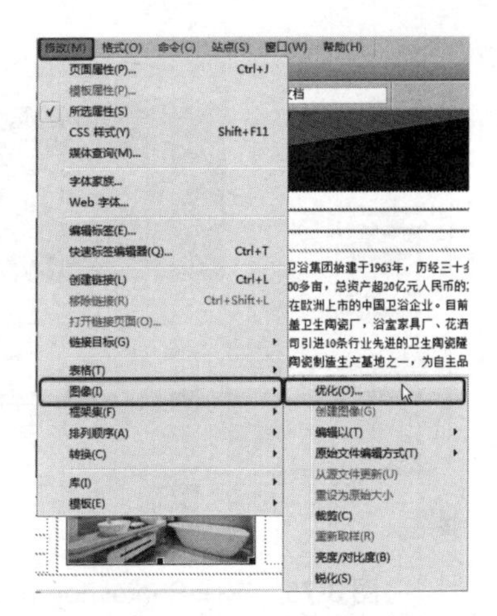

图 3-80　选择【优化】命令

(3) 打开【图像优化】对话框，单击【预置】右侧的下三角按钮，在弹出的下拉列表框中选择【高清 JPEG 以实现最大兼容性】选项，此时【格式】将自动默认为 JPEG，【品质】将自动默认为 80，如图 3-81 所示。

(4) 单击【确定】按钮，图像优化完成，效果如图 3-82 所示。

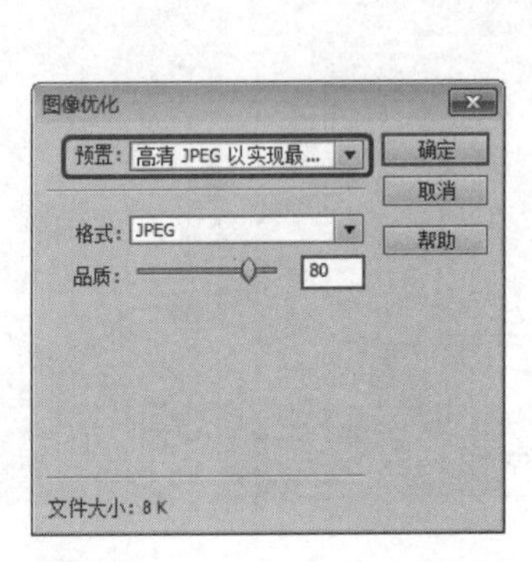

图 3-81　【图像优化】对话框

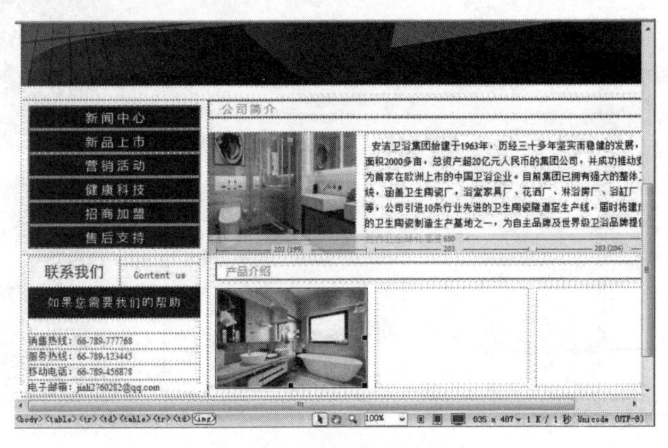

图 3-82　图像优化效果

提示： 在【属性】面板中单击【编辑图像设置】按钮，也可打开【图像优化】对话框，可对选中的图像进行优化设置。

3.2.4　裁剪图像

裁剪对象的具体操作步骤如下。

(1) 继续上面的操作，将鼠标指针置入“产品介绍”下方的第二列空白单元格中，按 Ctrl+Alt+I 组合键，在弹出的对话框中选择“素材\项目三\卫浴 03.jpg”素材文件，单击【确定】按钮，即可插入图像，如图 3-83 所示。

(2) 选择需要裁剪的图像，在菜单栏中选择【修改】|【图像】|【裁剪】命令，如图 3-84 所示。

(3) 系统将自动弹出提示对话框，选中【不要再显示该消息】复选框，如图 3-85 所示。

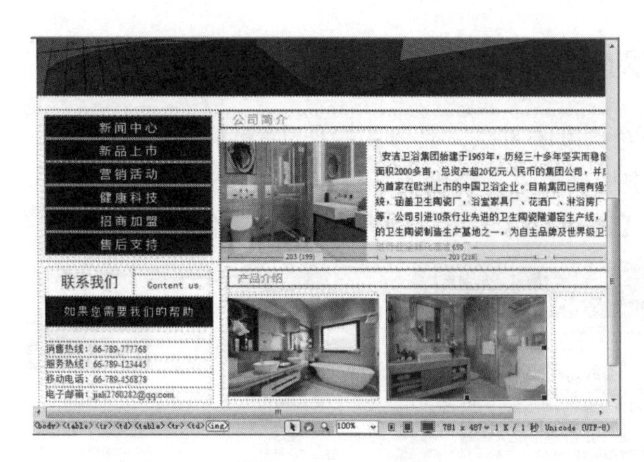

图 3-83　插入图像

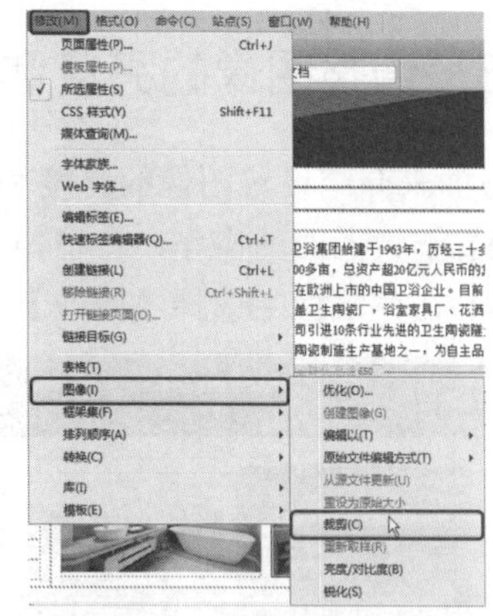

图 3-84　选择【裁剪】命令

(4) 单击【确定】按钮，图像进入裁剪编辑状态，如图 3-86 所示。

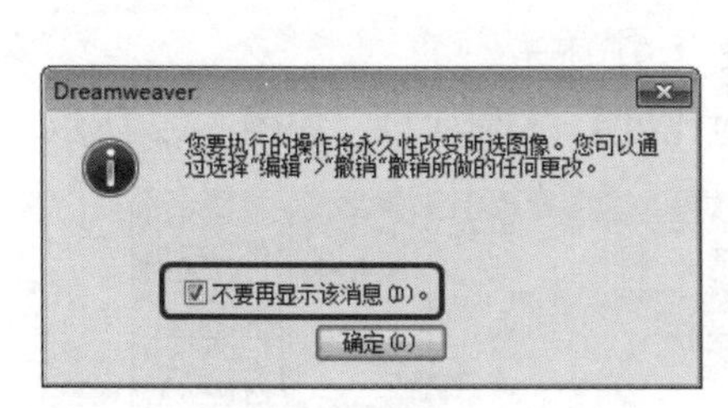

图 3-85　提示对话框

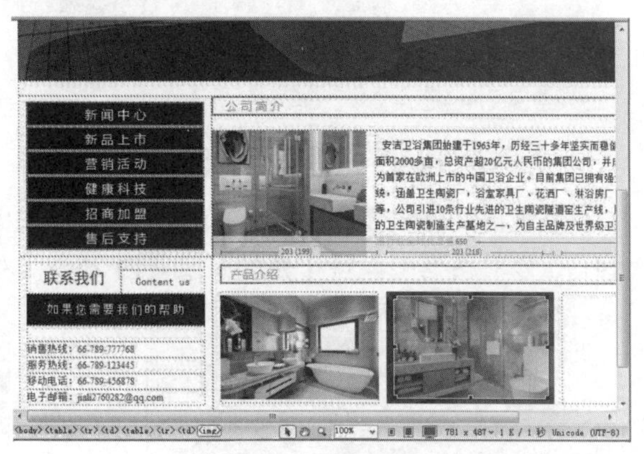

图 3-86　裁剪编辑状态

(5) 在【属性】面板中将【宽】、【高】分别设置为 203 px、130 px，并调整裁剪窗口的位置，效果如图 3-87 所示。

(6) 调整完成后，在窗口中双击鼠标左键或者按 Enter 键，退出裁剪编辑状态，效果如图 3-88 所示。

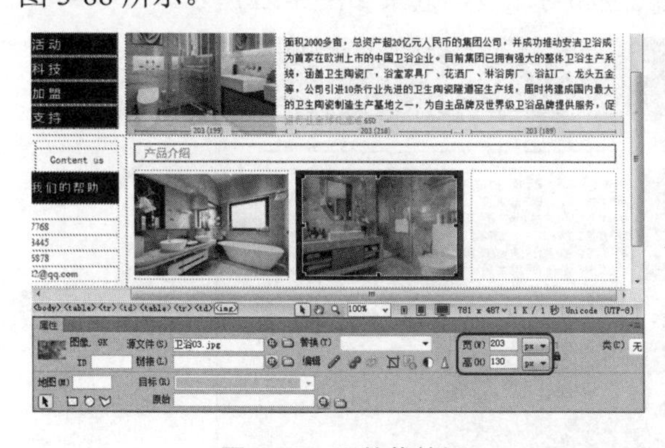

图 3-87　调整裁剪框

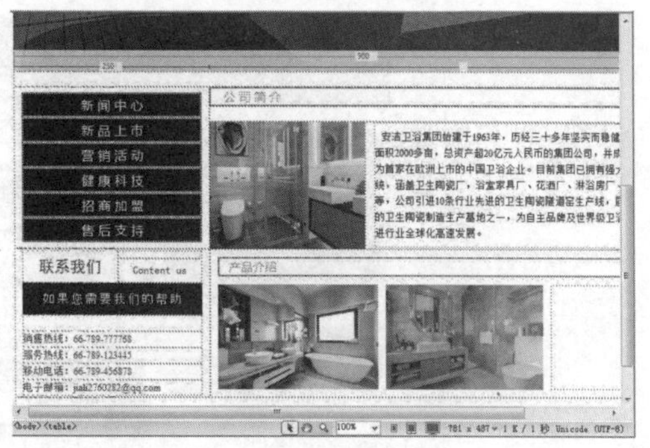

图 3-88　裁剪图像后的效果

提示： 在【属性】面板中单击【裁剪】按钮，也可对选中的图像进行裁剪。

3.2.5 调整图像的亮度和对比度

下面来介绍设置图像的亮度和对比度的方法，具体的操作步骤如下。

(1) 继续上面的操作，在窗口中选择要进行调整的图像，如图 3-89 所示。

(2) 在菜单栏中选择【修改】|【图像】|【亮度/对比度】命令，如图 3-90 所示。

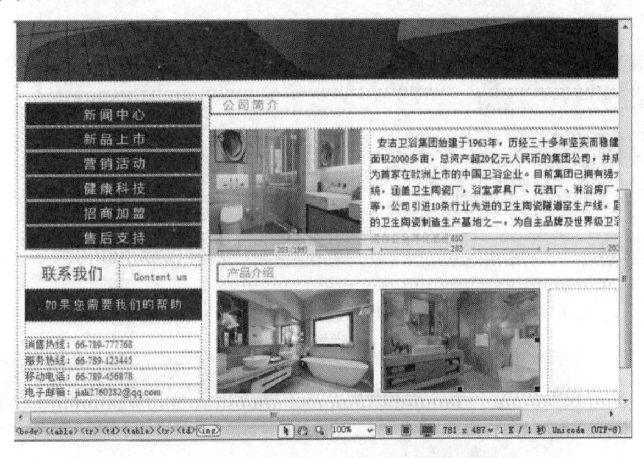

图 3-89 选择要调整的图像

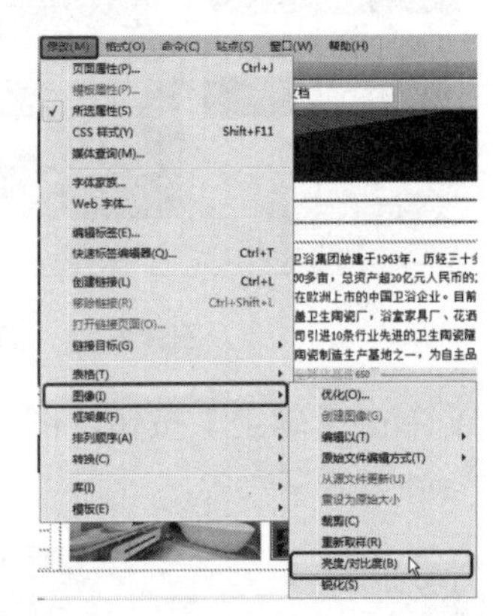

图 3-90 选择【亮度/对比度】命令

(3) 系统自动弹出【亮度/对比度】对话框，如图 3-91 所示。

(4) 在该对话框中，将【亮度】设置为 25，【对比度】设置为 11，如图 3-92 所示。

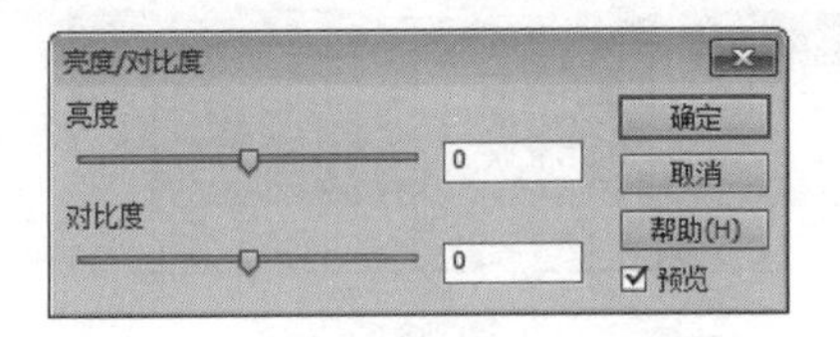

图 3-91 【亮度/对比度】对话框

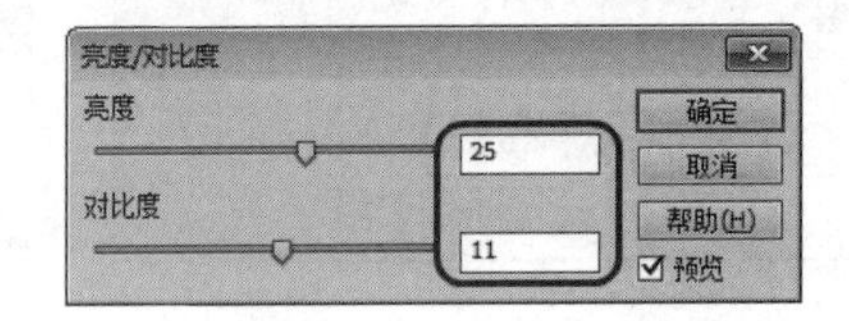

图 3-92 设置【亮度】和【对比度】参数

提示：在【亮度/对比度】对话框中选中【预览】复选框，可以查看设置亮度和对比度后的图像效果。

(5) 单击【确定】按钮，即可完成调整亮度和对比度，效果如图 3-93 所示。

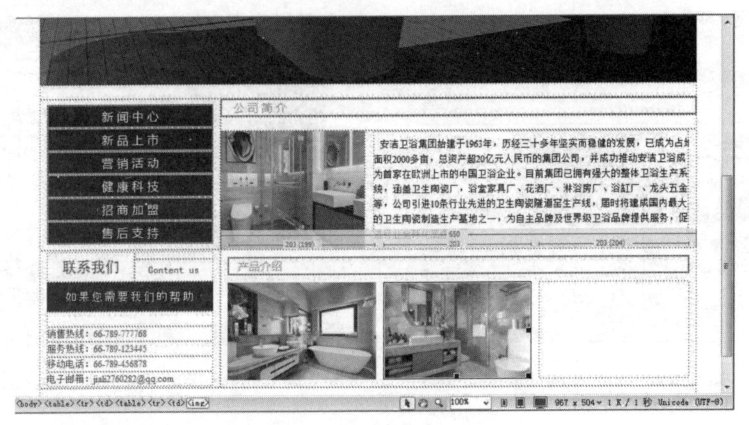

图 3-93 调整图像后的效果

提示：在【属性】面板中单击【亮度和对比度】按钮，也可打开【亮度/对比度】对话框，可对选中的图像进行亮度、对比度的设置。在【亮度/对比度】对话框中，亮度和对比度的数值范围为-100 至 100。

3.2.6 锐化图像

锐化能增加对象边缘像素的对比度，使图像模糊的地方层次分明，从而提高图像的清晰度。

(1) 继续上面的操作，将鼠标指针置入“产品介绍”下方的第三列空白单元格中，按 Ctrl+Alt+I 组合键，在弹出的对话框中选择“素材\项目三\卫浴 04.jpg”素材文件，单击【确定】按钮，即可插入图像文件，如图 3-94 所示。

(2) 选择该图像对象，在菜单栏中选择【修改】|【图像】|【锐化】命令，如图 3-95 所示。

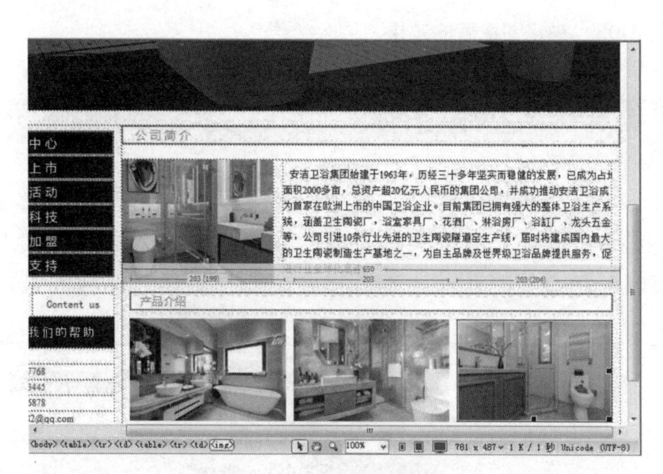

图 3-94 插入图像文件

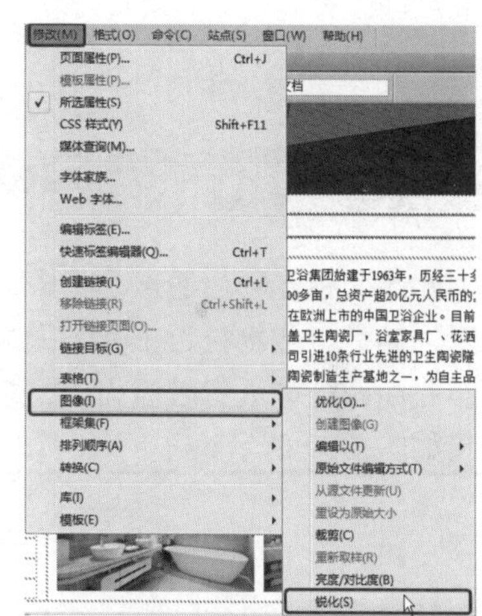

图 3-95 选择【锐化】命令

(3) 执行上一步操作后，系统将自动弹出【锐化】对话框，如图 3-96 所示。

(4) 在该对话框中，将【锐化】值设置为 4，如图 3-97 所示。

图 3-96 【锐化】对话框

图 3-97 设置【锐化】参数

(5) 设置完成后，单击【确定】按钮，即可完成对图像的设置，效果如图 3-98 所示。

提示：在【属性】面板中单击【锐化】按钮，也可打开【锐化】对话框，可对选中的图像进行锐化设置。在【锐化】对话框中，锐化的数值范围为 0 ~ 10。

图 3-98　锐化图像后的效果

任务 3　制作礼品网网页——应用图像

礼品又称礼物，通常是指人们之间互相赠送的物件。其目的是为了取悦对方，或表达善意、敬意。礼物拉近了人与人之间的距离。在网络飞速发展的今天，不少人选择在网上购买礼品，这样既省时省力，又能购买到心仪的礼品。本节将介绍如何制作礼品网网页，效果如图 3-99 所示。

素材	项目三\礼品网网页
场景	项目三\制作礼品网网页——应用图像.html
视频	项目三\任务 3：制作礼品网网页——应用图像.mp4

图 3-99　礼品网网页

(1) 启动软件，按 Ctrl+O 组合键，在弹出的【打开】对话框中选择“素材\项目三\礼品网网页\礼品网素材.html”素材文件，如图 3-100 所示。

(2) 单击【打开】按钮，即可将选中的素材文件打开，如图 3-101 所示。

图 3-100 选择素材文件

图 3-101 素材文件

(3) 将鼠标指针置入如图 3-102 所示的单元格中。

(4) 在菜单栏中选择【插入】|【图像对象】|【鼠标经过图像】命令，如图 3-103 所示。

图 3-102 将鼠标指针置入单元格中

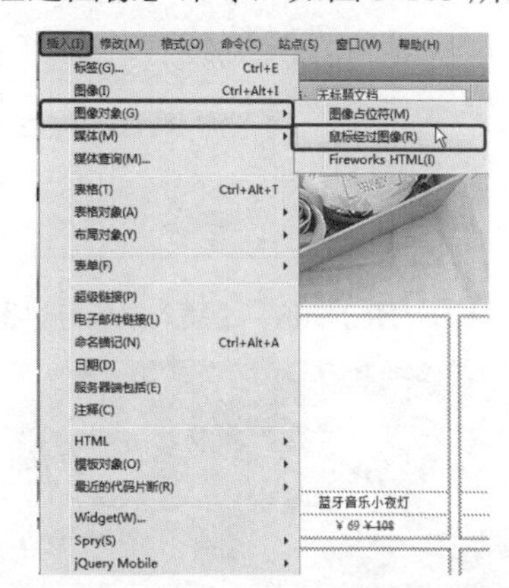

图 3-103 选择【鼠标经过图像】命令

(5) 在弹出的【插入鼠标经过图像】对话框中单击【原始图像】右侧的【浏览】按钮，如图 3-104 所示。

(6) 在弹出的【原始图像】对话框中选择“素材\项目三\礼品网网页\礼品 01.jpg”素材文件，如图 3-105 所示。

(7) 单击【确定】按钮，在返回的【插入鼠标经过图像】对话框中单击【鼠标经过图像】右侧的【浏览】按钮，如图 3-106 所示。

(8) 在弹出的【鼠标经过图像】对话框中选择“素材\项目三\礼品网网页\礼品 01-副本.jpg”素材文件，如图 3-107 所示，单击【确定】按钮。

(9) 在返回的【插入鼠标经过图像】对话框中单击【确定】按钮，选中插入的图像文件，在【属性】面板中将【宽】、【高】分别设置为 165 px、160 px，如图 3-108 所示。

(10) 使用同样的方法在其他单元格中插入鼠标经过图像，效果如图 3-109 所示。

(11) 在菜单栏中选择【修改】|【页面属性】命令，如图 3-110 所示。

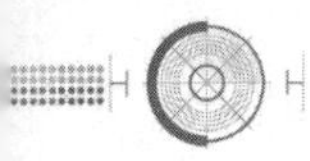

图 3-104　单击【浏览】按钮

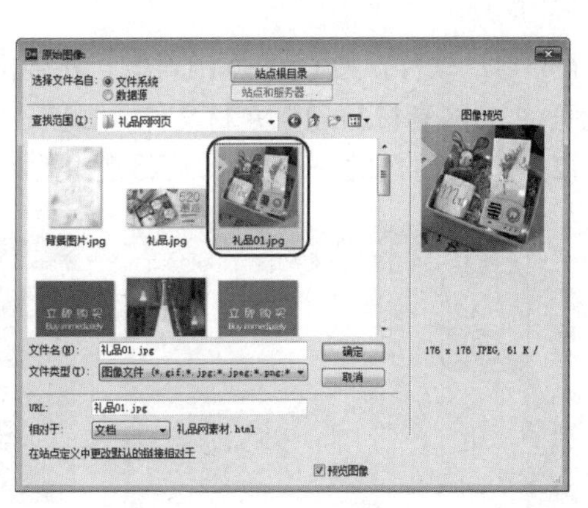

图 3-105　选择原始文件

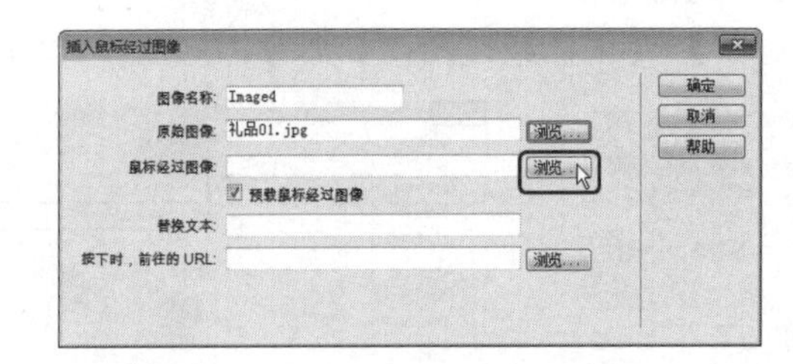

图 3-106　【插入鼠标经过图像】对话框

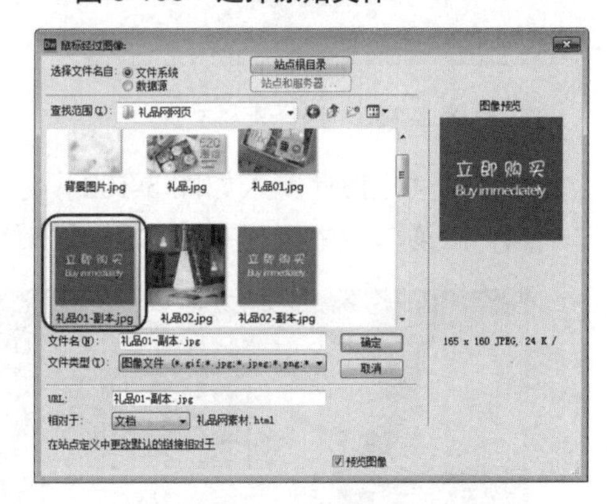

图 3-107　选择素材文件

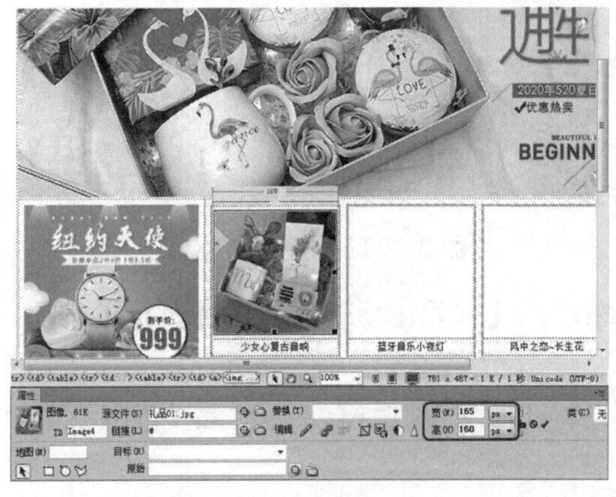

图 3-108　设置图像大小

图 3-109　插入其他图像后的效果

(12) 在弹出的【页面属性】对话框中选择【外观(CSS)】分类，单击【背景图像】右侧的【浏览】按钮，如图 3-111 所示。

(13) 在弹出的对话框中选择“素材\项目三\礼品网网页\背景图片.jpg”素材文件，如图 3-112 所示，单击【确定】按钮。

(14) 在返回的【页面属性】对话框中单击【确定】按钮，如图 3-113 所示。

(15) 执行上述操作后，即可完成添加背景图像，效果如图 3-114 所示。

(16) 制作完成后，按 F12 键预览网页效果，如图 3-115 所示。

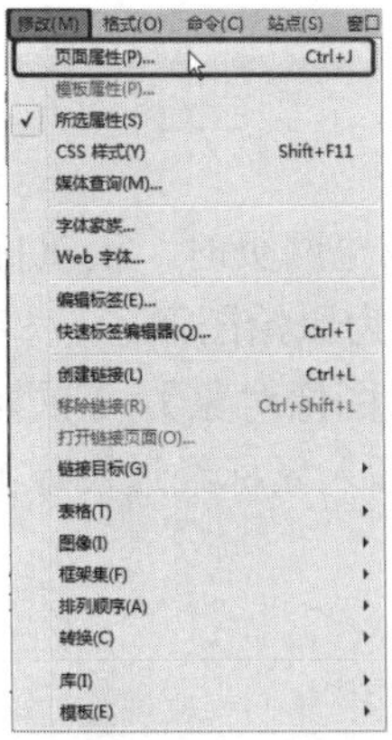

图 3-110　选择【页面属性】命令

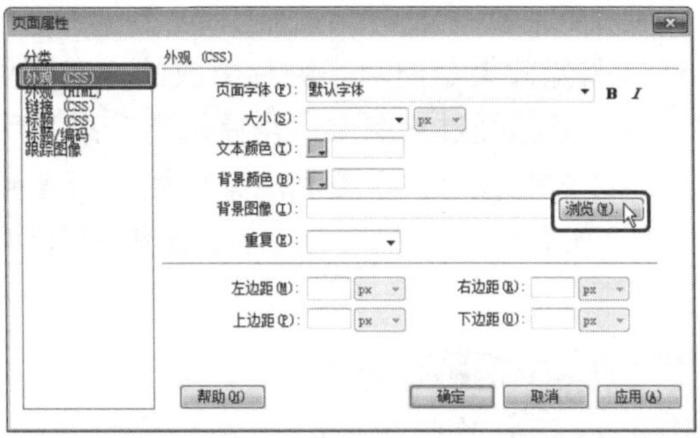

图 3-111　单击【浏览】按钮

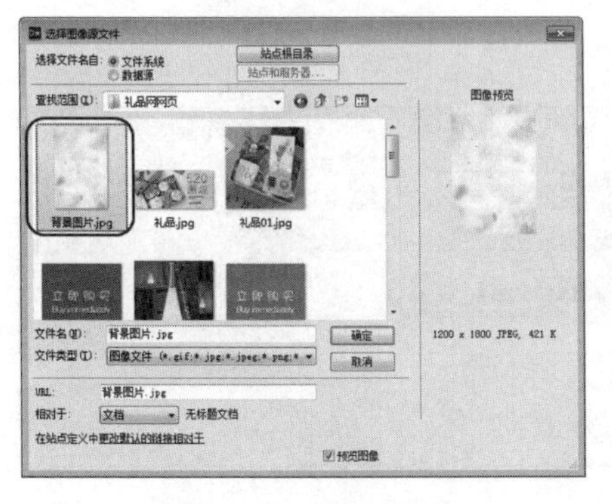

图 3-112　选择素材文件

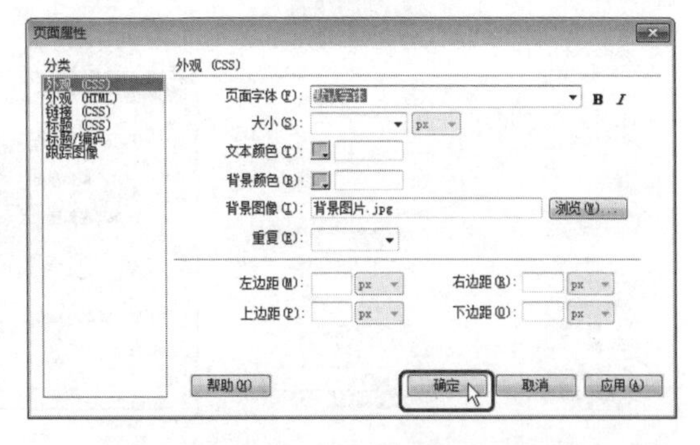

图 3-113　单击【确定】按钮

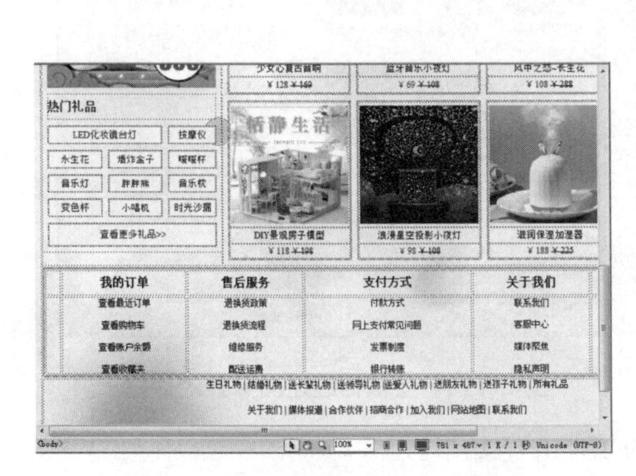

图 3-114　添加背景图像后的效果

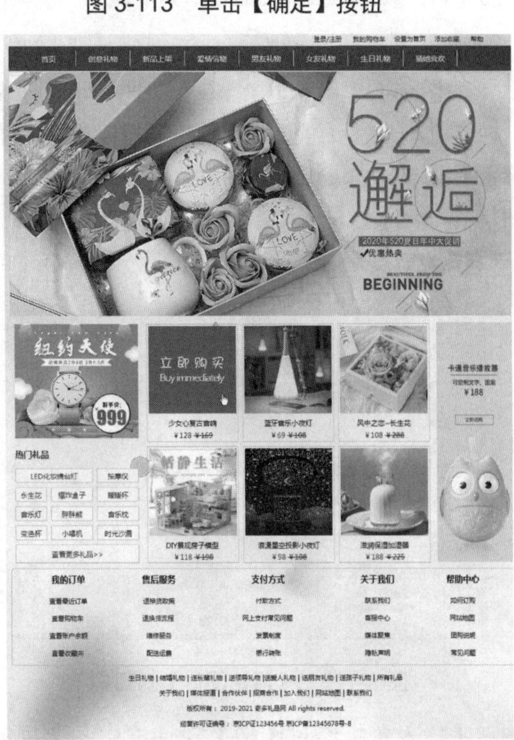

图 3-115　预览网页效果

3.3.1 鼠标经过图像

鼠标经过图像效果是由两张图片组成的，在浏览器中浏览网页时，当鼠标指针移至原始图像时会显示鼠标经过的图像，当鼠标指针离开后又恢复为原始图像。

制作鼠标经过图像时，主要利用菜单栏中的【插入】|【图像对象】|【鼠标经过图像】命令，如图 3-116 所示。选择该命令后，系统将自动弹出【插入鼠标经过图像】对话框，如图 3-117 所示。

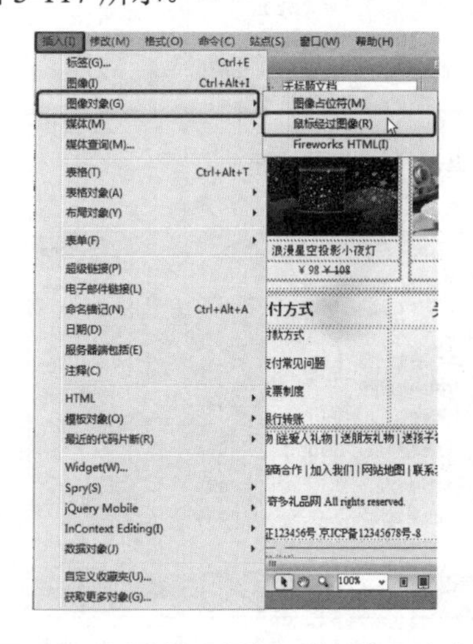

图 3-116 选择【鼠标经过图像】命令

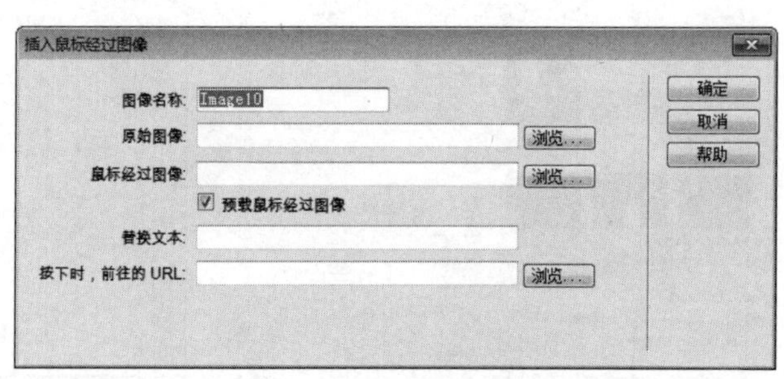

图 3-117 【插入鼠标经过图像】对话框

单击【原始图像】文本框右侧的【浏览】按钮时，系统将自动弹出【原始图像】对话框，如图 3-118 所示。在该对话框中可选择原始图像，然后单击【确定】按钮。

单击【鼠标经过图像】文本框右侧的【浏览】按钮时，系统将自动弹出【鼠标经过图像】对话框，如图 3-119 所示。在该对话框中可选择鼠标经过的图像，然后单击【确定】按钮即可。

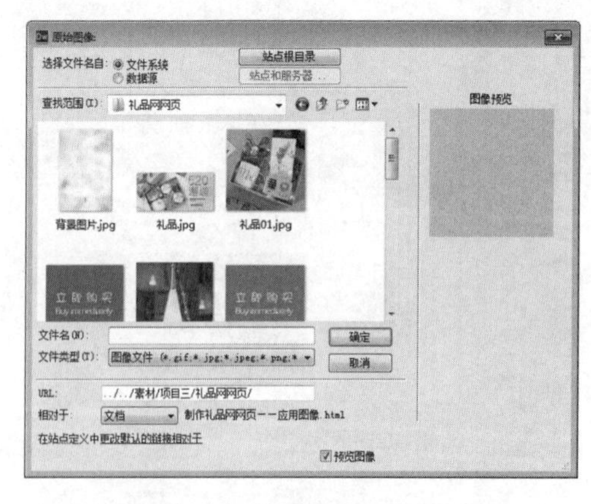

图 3-118 【原始图像】对话框

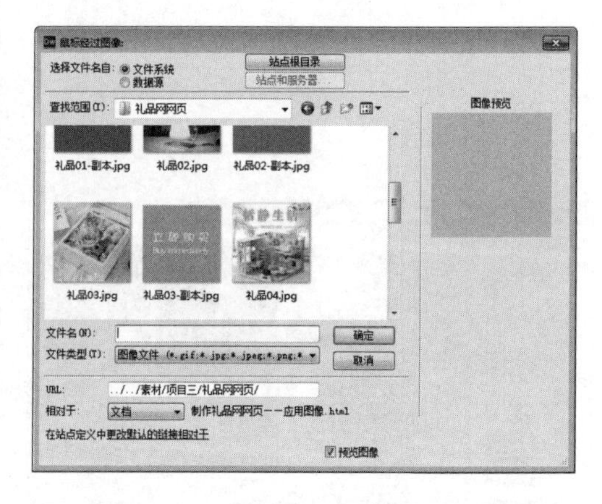

图 3-119 【鼠标经过图像】对话框

【插入鼠标经过图像】对话框中各选项的功能介绍如下。

◎ 【图像名称】：用于设置鼠标经过的图像名称。

◎　【原始图像】：单击【浏览】按钮时，在弹出的对话框中可选择图像文件或直接输入图像的路径。

◎　【鼠标经过图像】：单击【浏览】按钮时，在弹出的对话框中可选择鼠标经过显示的图像或直接输入图像路径。

◎　【预载鼠标经过图像】：选中该复选框时，可将图像预先载入浏览器的缓存中，这样在用户鼠标划过图像时，不会延迟。

◎　【替换文本】：在“替换文本”中输入图片的注释，如果当图片出现问题不能显示时，就会出现说明文本。

◎　【按下时，前往的 URL】：单击【浏览】按钮，可选择图像文件，或直接输入单击鼠标经过图像时打开的网页路径或网站地址。

3.3.2　背景图像

添加背景图像不但可以丰富页面内容，还可以使网页更加生动。

添加背景图像的具体操作步骤如下。

(1) 启动 Dreamweaver，在【属性】面板中单击【页面属性】按钮，如图 3-120 所示。

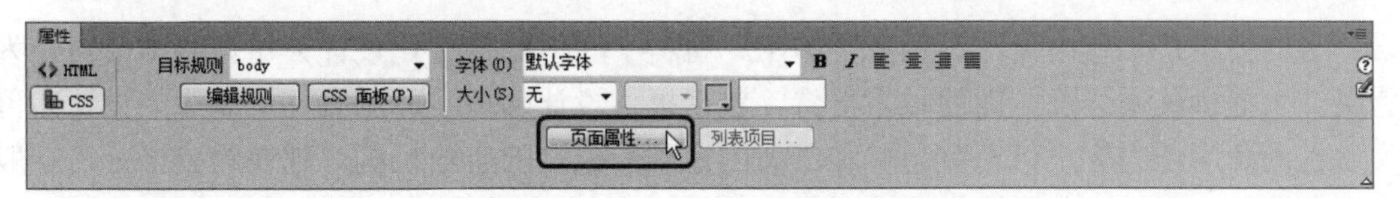

图 3-120　单击【页面属性】按钮

(2) 打开【页面属性】对话框，单击【背景图像】右侧的【浏览】按钮，如图 3-121 所示。

(3) 在打开的【选择图像源文件】对话框中选择一个背景图像，如图 3-122 所示，单击【确定】按钮。

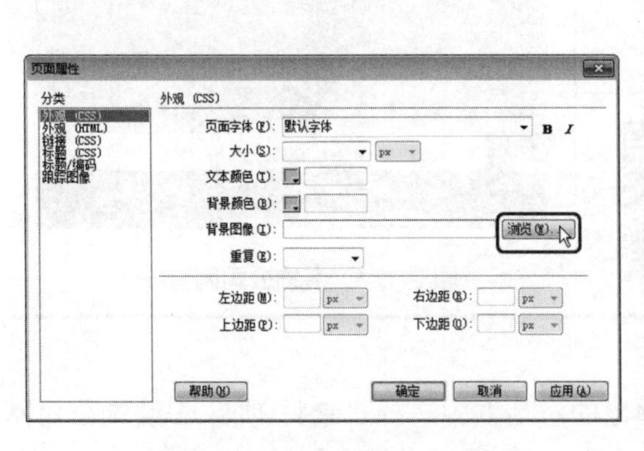

图 3-121　单击【浏览】按钮

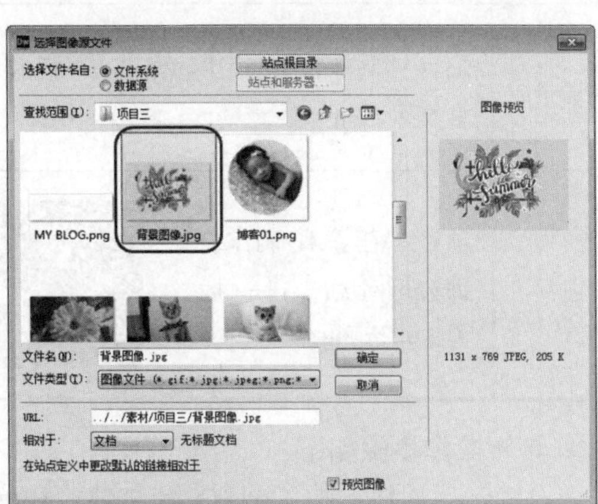

图 3-122　选择图像

(4) 返回到【页面属性】对话框中，继续单击【确定】按钮，背景图像会在文档窗口中显示出来，如图 3-123 所示。

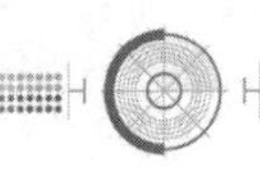

图 3-123　背景图像效果

提示：在菜单栏中选择【文件】|【页面属性】命令，即可打开【页面属性】对话框，其作用与在【属性】面板中单击【页面属性】按钮相同。

任务 4　制作装饰公司网页(一)——插入多媒体

装饰公司是集室内设计、预算、施工、材料于一体的专业化设计公司。装饰公司是为相关业主提供装修装饰方面的技术支持，包括提供设计师和装修工人，从专业的设计和可实现性的角度，为客户营造更温馨和舒适的家园而成立的企业机构。现在的装饰公司一般采用设计与装修相结合的经营模式。本案例将介绍如何制作装饰公司网页，效果如图 3-124 所示。

素材	项目三\装饰公司网页	 图 3-124　装饰公司网页(一)
场景	项目三\制作装饰公司网页(一)——插入多媒体.html	
视频	项目三\任务 4：制作装饰公司网页(一)——插入多媒体.mp4	

具体操作步骤如下。

(1) 启动软件，按 Ctrl+O 组合键，在弹出的对话框中选择“素材\项目三\装饰公司网页\装饰公司网页(一)素材.html”素材文件，如图 3-125 所示。

(2) 单击【打开】按钮，即可将选中的素材文件打开，如图 3-126 所示。

(3) 将鼠标指针置入如图 3-127 所示的单元格中。

(4) 在菜单栏中选择【插入】|【媒体】| SWF 命令，如图 3-128 所示。

图 3-125　选择素材文件

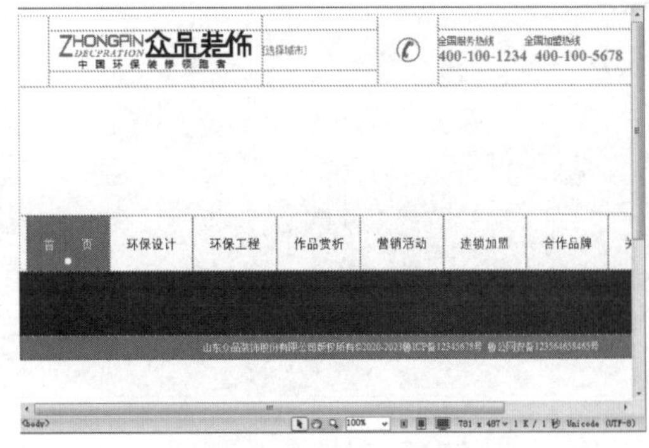

图 3-126　素材文件

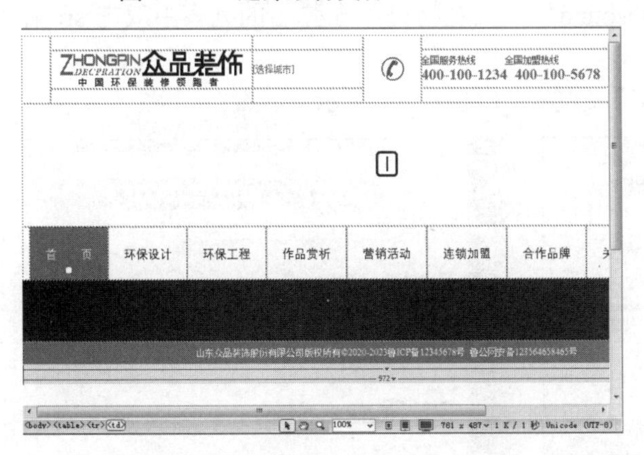

图 3-127　将鼠标指针置入单元格中

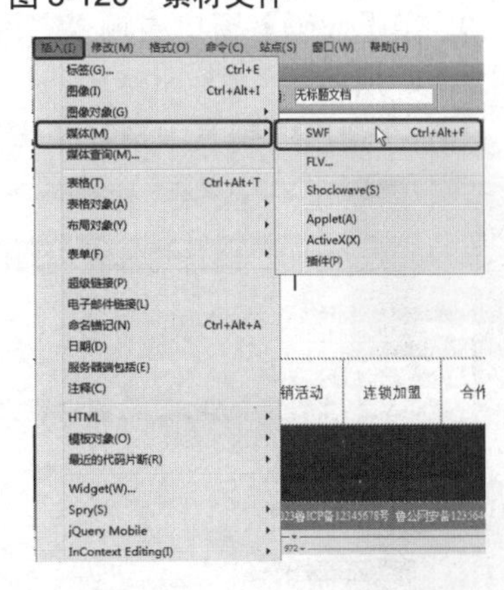

图 3-128　选择 SWF 命令

(5) 在弹出的【选择 SWF】对话框中选择“素材\项目三\装饰公司网页\效果图切换.swf”素材文件，如图 3-129 所示，单击【确定】按钮。

(6) 弹出【对象标签辅助功能属性】对话框，将【标题】设置为“效果切换”，单击【确定】按钮，如图 3-130 所示。

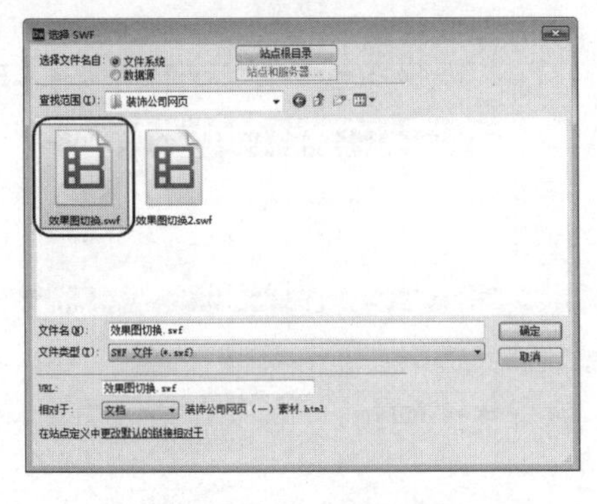

图 3-129　选择素材文件

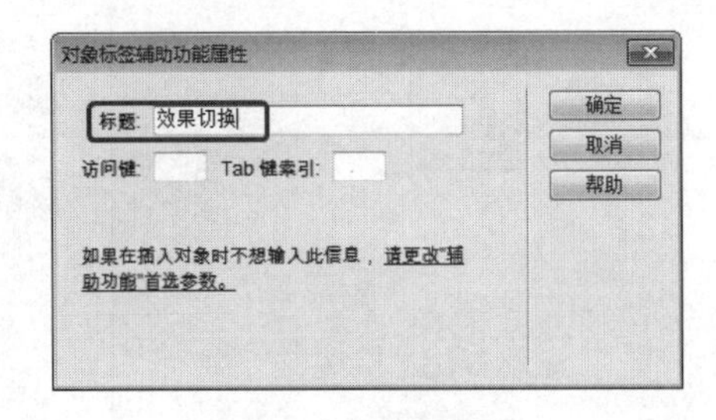

图 3-130　设置标题

(7) 选中插入的素材文件，在【属性】面板中将【宽】、【高】分别设置为 972、566，如图 3-131 所示。

(8) 单击【代码】按钮，打开【代码】视图，拖动代码窗口右侧的滑块至最底部，并将鼠标指针置入</body>标记的后面，按 Enter 键，如图 3-132 所示。

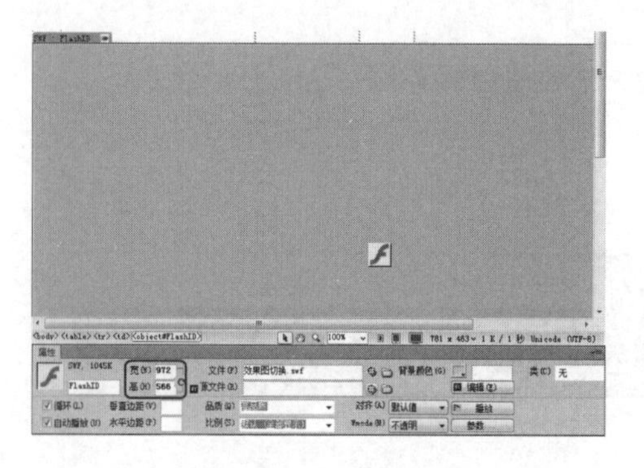

图 3-131　设置宽、高

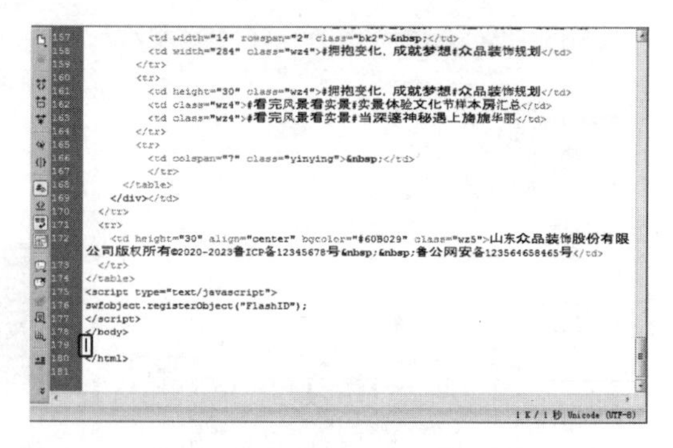

图 3-132　代码窗口

(9) 在【代码】窗口中输入“<bgsound”，按空格键，在弹出的列表中双击 src 命令，如图 3-133 所示。

(10) 在弹出的列表中选择【浏览】命令，如图 3-134 所示。

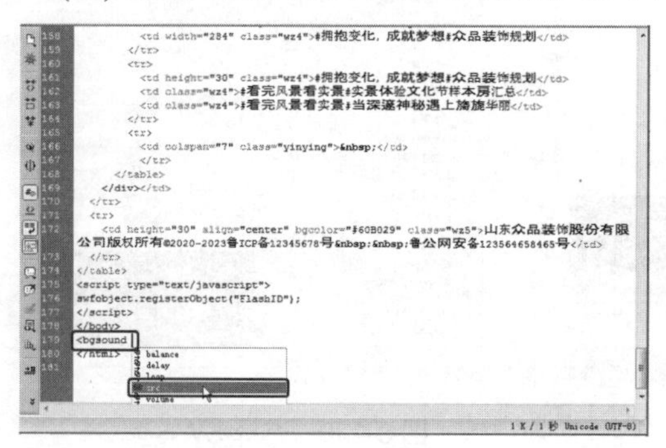

图 3-133　双击 src 命令

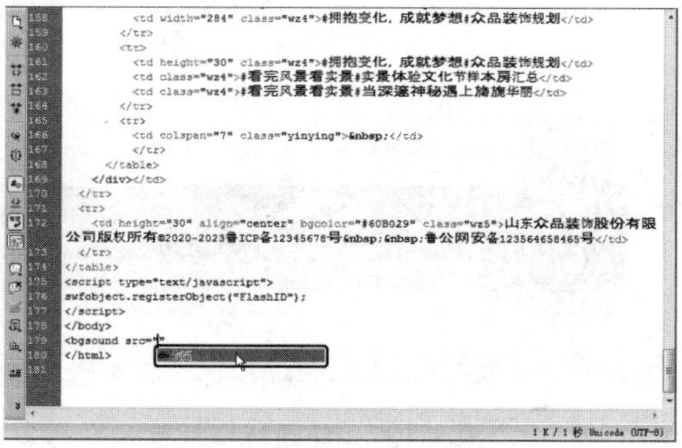

图 3-134　选择【浏览】命令

(11) 在弹出的【浏览文件】对话框中选择“素材\项目三\装饰公司网页\背景音乐.mp3”素材文件，如图 3-135 所示。

(12) 单击【确定】按钮，在【代码】窗口中输入“>”，如图 3-136 所示，即可完成音乐的插入。

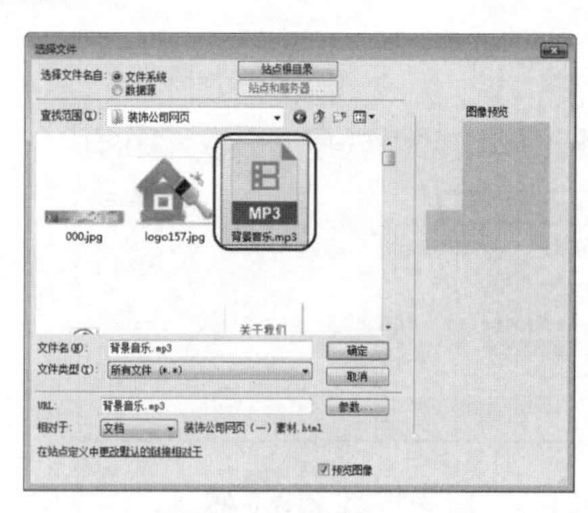

图 3-135　选择音频文件

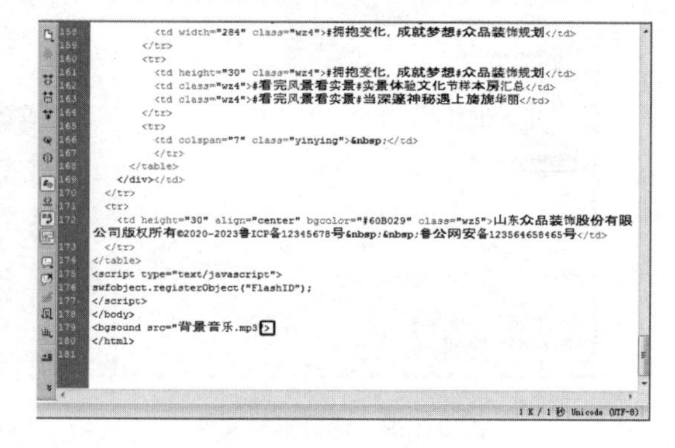

图 3-136　输入代码

3.4.1　插入 SWF 动画

为了使网页更加有趣、富有美感，可以插入 SWF 动画。

在网页中插入 SWF 动画的具体操作步骤如下。

(1) 启动软件，按 Ctrl+O 组合键，在弹出的对话框中选择“素材\项目三\个人博客素材.html”素材文件，如图 3-137 所示。

(2) 单击【打开】按钮，打开素材文件，将鼠标指针置入如图 3-138 所示的单元格中。

图 3-137　选择素材文件

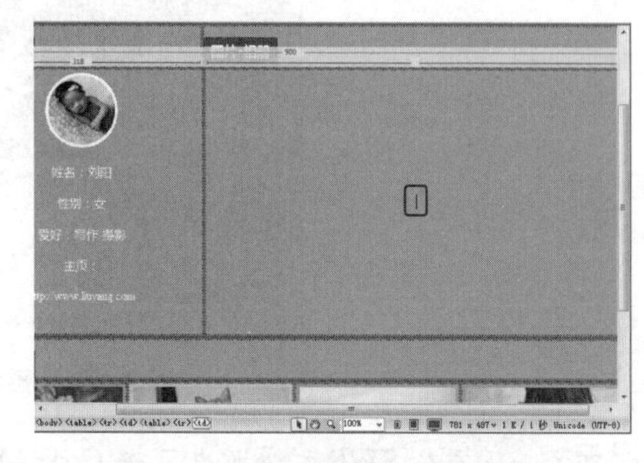

图 3-138　将鼠标指针置入单元格中

(3) 在菜单栏中选择【插入】|【媒体】| SWF 命令，如图 3-139 所示。

(4) 在弹出的【选择 SWF】对话框中选择“素材\项目三\博客相册.swf”素材文件，如图 3-140 所示，单击【确定】按钮。

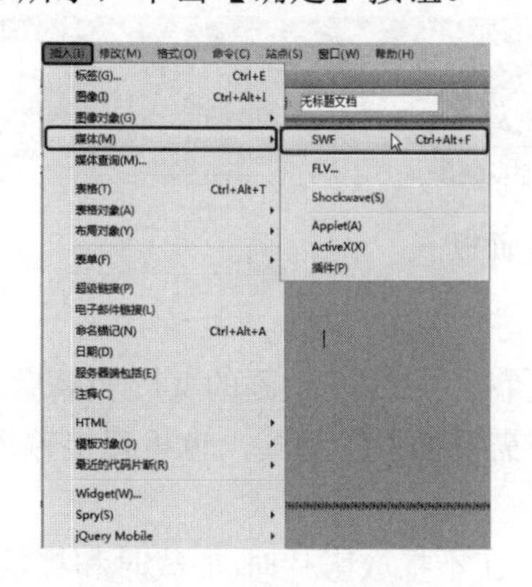

图 3-139　选择 SWF 命令

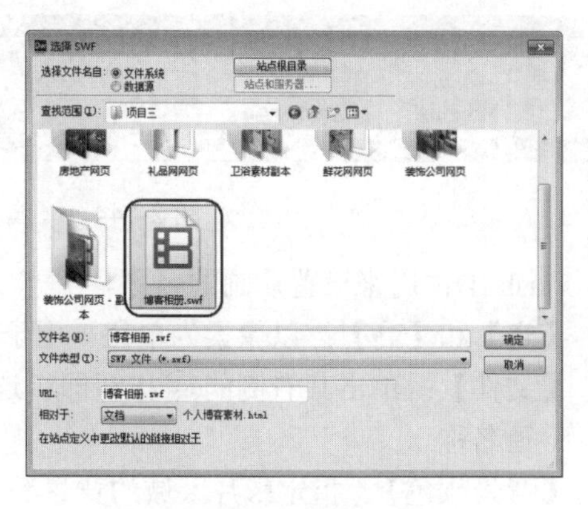

图 3-140　选择素材文件

(5) 在弹出的【对象标签辅助功能属性】对话框中将【标题】设置为“相册”，如图 3-141 所示。

(6) 单击【确定】按钮，即可将选中的 SWF 动画插入文档中，效果如图 3-142 所示。

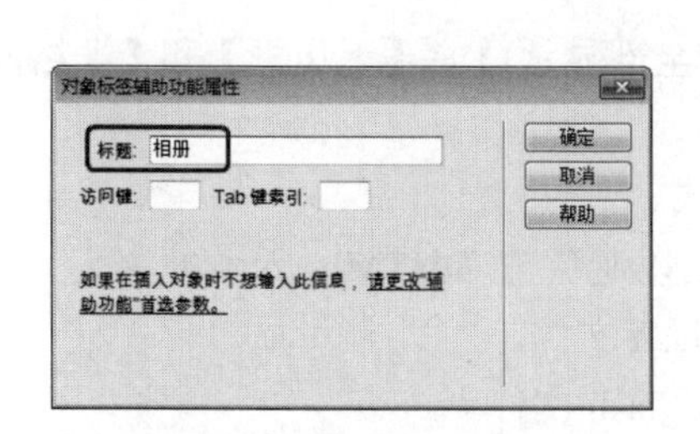

图 3-141　设置【标题】名称

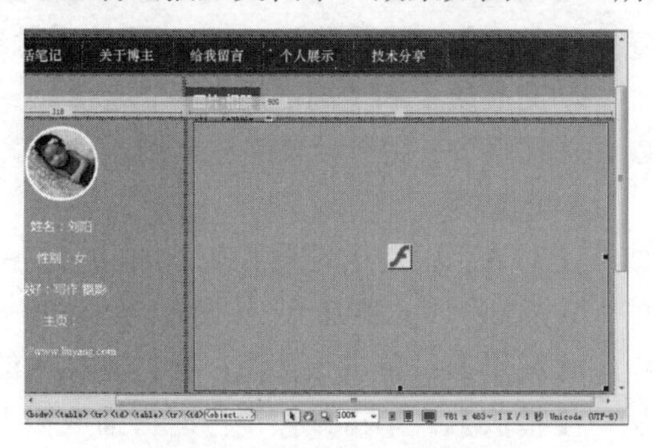

图 3-142　插入动画后的效果

(7) 按 F12 键预览效果，如图 3-143 所示。

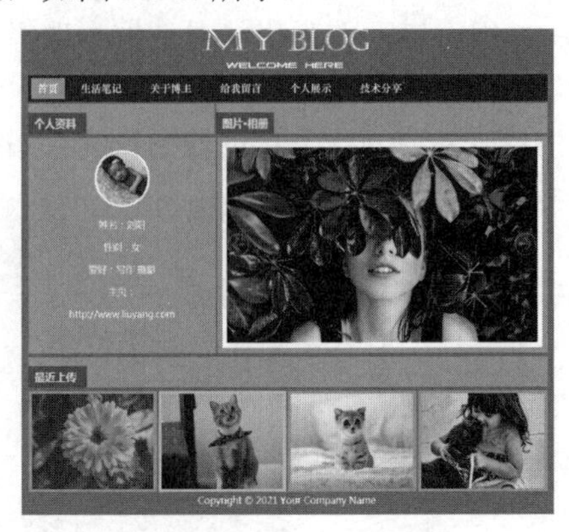

图 3-143　预览效果

提示：在插入 SWF 动画时也可按 Ctrl+Alt+F 快捷键，在弹出的【选择 SWF】对话框中，选择需要插入的 Flash SWF 文件即可，与在菜单栏中选择【插入】|【媒体】| SWF 命令的作用相同。

选择插入的 SWF 动画，打开【属性】面板，如图 3-144 所示，可以进行以下设置。

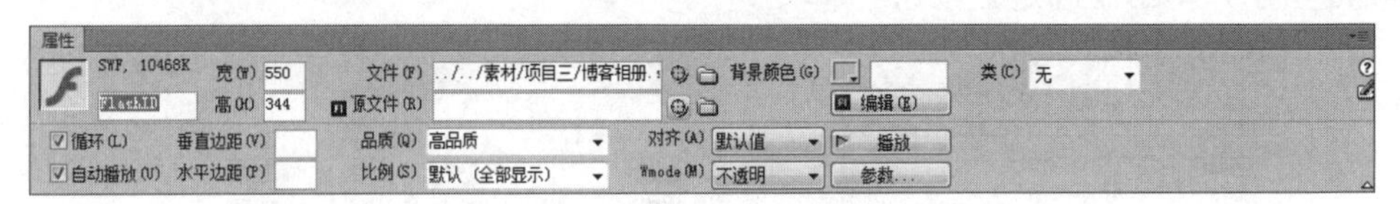

图 3-144　【属性】面板

◎　Flash ID：用来设置动画的名称。

◎　【宽】和【高】：以像素为单位，用于设置插入 Flash 动画的宽度和高度。

◎　【文件】：单击其右侧的按钮即可选择需要插入的动画，也可直接输入文件的路径名称。

◎　【背景颜色】：指定影片区域的背景颜色。在不播放影片时(加载时和播放后)也显示此颜色。

◎　【循环】：选中该复选框，插入的动画在网页预览时可重复播放。

◎　【自动播放】：选中该复选框，插入的动画在网页预览时可自动播放。

◎　【垂直边距】和【水平边距】：用于设置 SWF 动画的上下或左右边距。

◎　【品质】：用于设置 SWF 动画的质量参数，有【低品质】、【自动低品质】、【自动高品质】和【高品质】4 个选项。

◎　【比例】：用于设置缩放比例，有【默认(全部显示)】、【无边框】和【严格匹配】3 个选项。

◎　【对齐】：用于设置 SWF 动画的对齐方式。

◎　Wmode：为 SWF 文件设置 Wmode 参数以避免与 DHTML 元素冲突。

◎　【编辑】：单击该按钮，会打开插入的 Flash 文件。

◎　【播放】：单击该按钮，即可播放插入的 Flash 文件。

◎　【参数】：单击该按钮，可打开【参数】对话框，以设定附加参数。

3.4.2 插入声音

在上网时，有时打开一个网站会听到动听的音乐，这是因为该网页添加了背景音乐。添加背景音乐需要在代码视图中进行。

在 Dreamweaver CS6 中可以插入的声音文件类型有 mp3、wav、midi 等。其中，mp3 为压缩格式的音乐文件；midi 是通过电脑软件合成的音乐，其文件较小，不能被录制；wav 和 aif 文件可以进行录制。在网页中添加背景音乐的具体操作步骤如下。

(1) 继续上面的操作，单击【代码】按钮，显示【代码】窗口，如图 3-145 所示。

(2) 拖动窗口左侧的滑块至最底部，并将鼠标指针置入</body>标记的后面，按 Enter 键，这时将在</body>标记的下方新建一行，如图 3-146 所示。

图 3-145 【代码】窗口

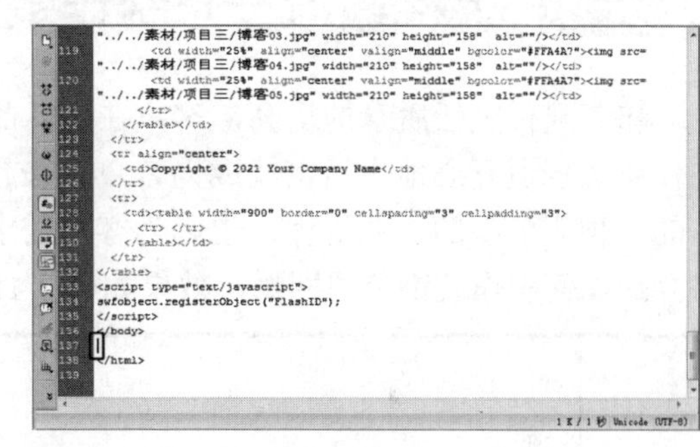

图 3-146 新建行

(3) 在【代码】窗口中输入“< bgsound”，按空格键，在弹出的列表中双击 src 命令，如图 3-147 所示。

(4) 在弹出的列表中双击【浏览】命令，如图 3-148 所示。

图 3-147 双击 src 命令

图 3-148 双击【浏览】命令

(5) 在弹出的【选择文件】对话框中选择“素材\项目三\博客背景音乐.mp3”素材文件，如图 3-149 所示，单击【确定】按钮。

(6) 在【代码】窗口中输入“>”，如图 3-150 所示。

(7) 至此，音频文件就插入完成了，按 F12 键预览效果即可。

图 3-149　选择音频文件

图 3-150　输入代码

任务 5　上机练习——制作装饰公司网页(二)

随着现代生活质量的提高，客户在生活品位上也有了较大的改变，因此，如何在自己的住所里舒适开心地生活也就成为客户越来越关心的问题。装饰公司正是在这种需求下诞生的一种服务型的行业群体，也因为客户需求的不断提高，促进了装饰公司的发展。本例将介绍如何制作装饰公司网页，效果如图 3-151 所示。

素材	项目三\装饰公司网页	图 3-151　装饰公司网页(二)
场景	项目三\上机练习——制作装饰公司网页(二).html	
视频	项目三\任务 5：上机练习——制作装饰公司网页(二).mp4	

具体操作步骤如下。

(1) 启动软件，按 Ctrl+O 组合键，在弹出的【打开】对话框中选择“素材\项目三\装饰公司网页\装饰公司网站(二)素材.html”素材文件，如图 3-152 所示。

(2) 单击【打开】按钮，即可将选中的素材文件打开，如图 3-153 所示。

(3) 将鼠标指针置入如图 3-154 所示的单元格中。

(4) 在菜单栏中选择【插入】|【图像对象】|【鼠标经过图像】命令，如图 3-155 所示。

图 3-152　选择素材文件

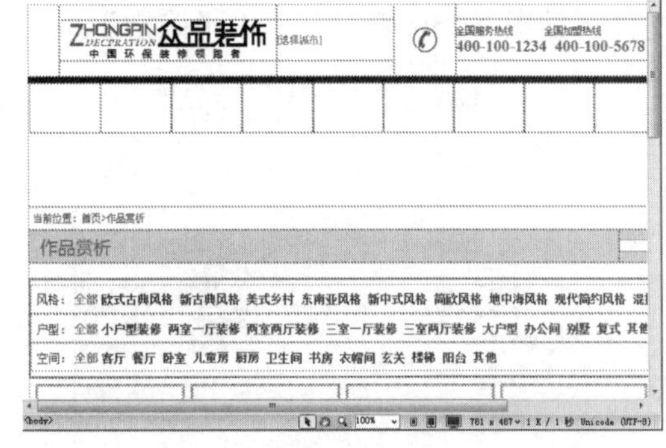

图 3-153　素材文件

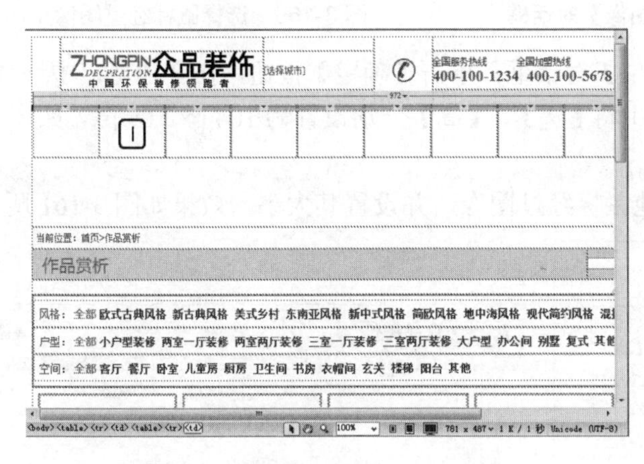

图 3-154　将鼠标指针插入单元格中

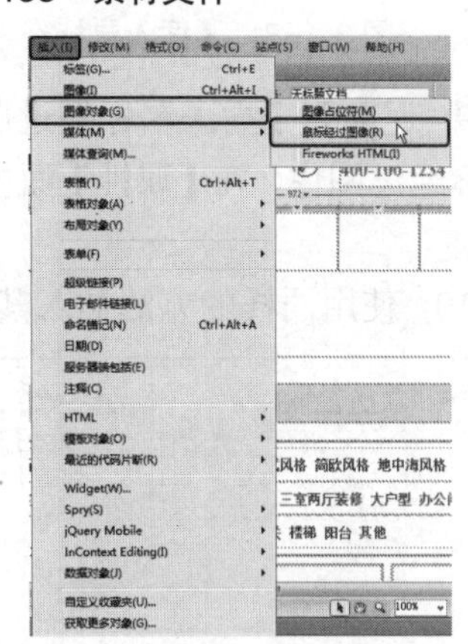

图 3-155　选择【鼠标经过图像】命令

(5) 在弹出的【插入鼠标经过图像】对话框中单击【原始图像】右侧的【浏览】按钮，如图 3-156 所示。

(6) 在弹出的【原始图像】对话框中选择“素材\项目三\装饰公司网页\首页 1.png”素材文件，如图 3-157 所示，单击【确定】按钮。

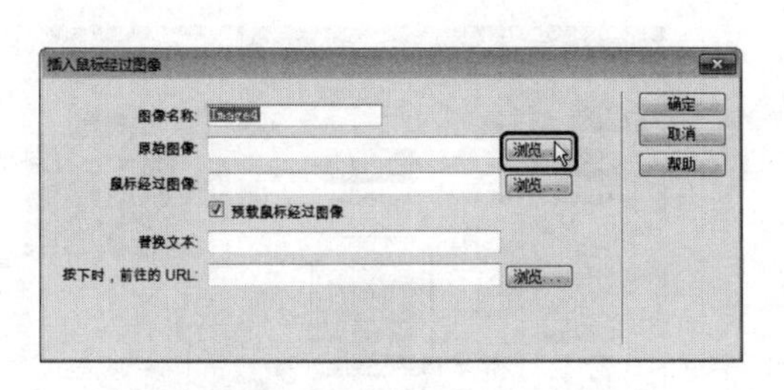

图 3-156　单击【浏览】按钮

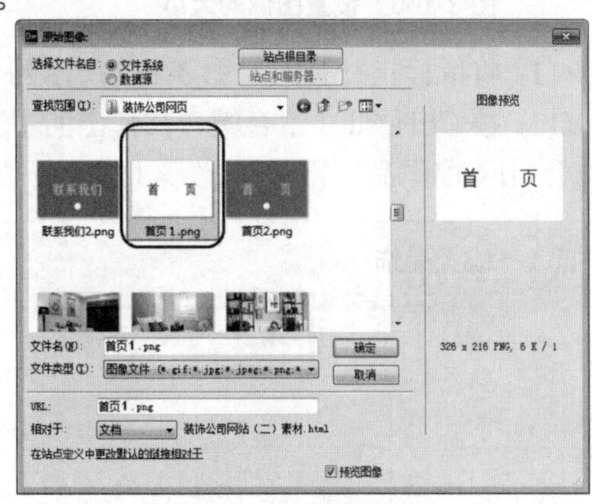

图 3-157　选择图像文件

(7) 返回到【插入鼠标经过图像】对话框，单击【鼠标经过图像】右侧的【浏览】按钮，如图 3-158 所示。

(8) 在弹出的【鼠标经过图像】对话框中选择“素材\项目三\装饰公司网页\首页 2.png”

素材文件，如图 3-159 所示，单击【确定】按钮。

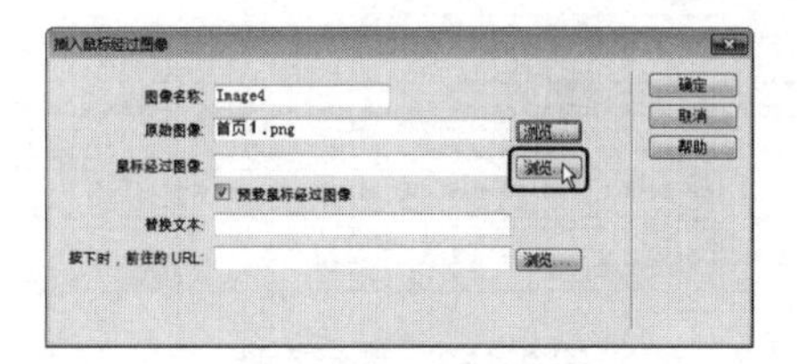

图 3-158 【插入鼠标经过图像】对话框

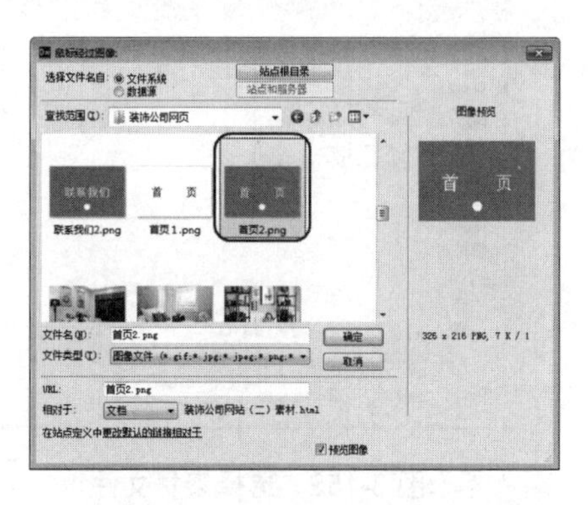

图 3-159 选择鼠标经过图像文件

(9) 返回到【插入鼠标经过图像】对话框，单击【确定】按钮，在文档窗口中选择插入的鼠标经过图像，在【属性】面板中将【宽】、【高】分别设置为 104 px、69 px，如图 3-160 所示。

(10) 使用同样的方法插入其他鼠标经过图像，并设置其大小，效果如图 3-161 所示。

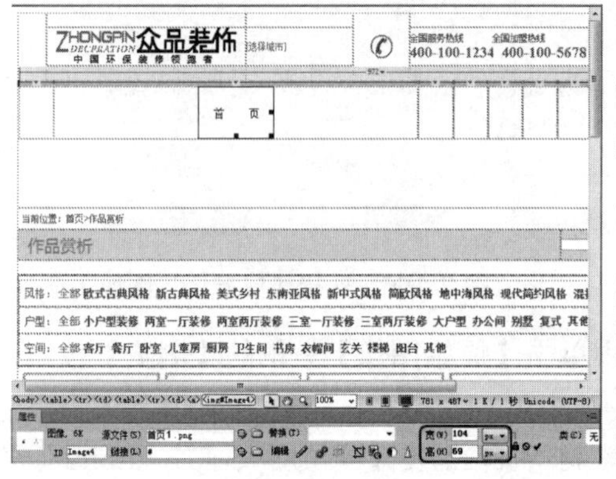

图 3-160 设置图像的大小

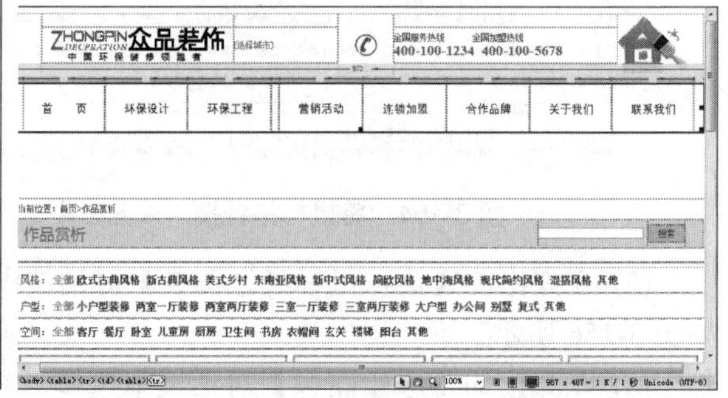

图 3-161 插入其他鼠标经过图像并设置其大小

(11) 将鼠标指针置入如图 3-162 所示的单元格中。

(12) 按 Ctrl+Alt+I 组合键，在弹出的【选择图像源文件】对话框中选择“素材\项目三\装饰公司网页\作品赏析 2.png”素材文件，如图 3-163 所示，单击【确定】按钮。

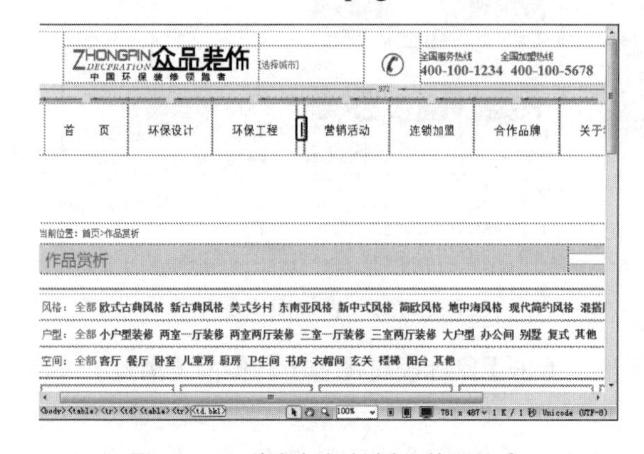

图 3-162 将鼠标指针插入单元格中

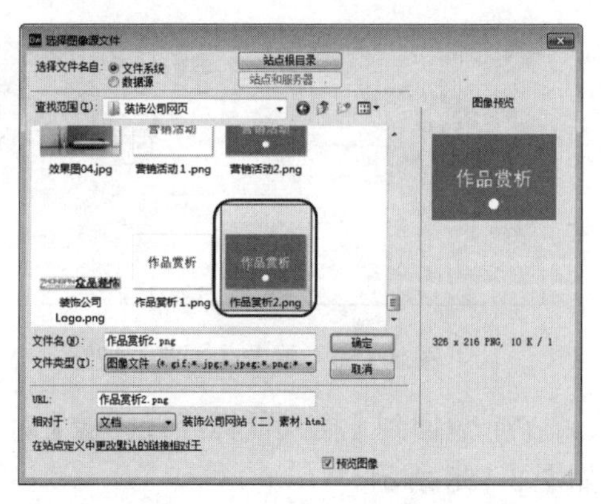

图 3-163 选择图像文件

(13) 选中插入的图像文件，在【属性】面板中将【宽】、【高】分别设置为 104 px、69 px，如图 3-164 所示

(14) 将鼠标指针置入如图 3-165 所示的单元格中。

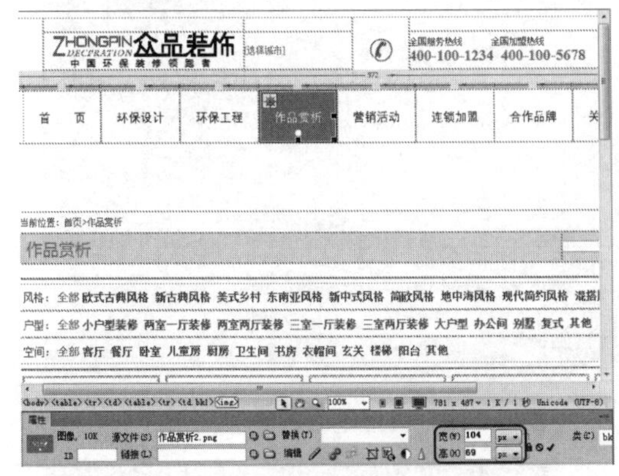

图 3-164 设置插入图像的大小

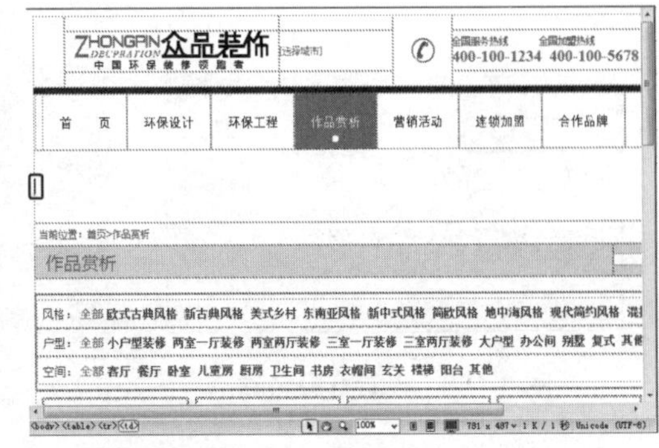

图 3-165 将鼠标指针插入单元格中

(15) 在菜单栏中选择【插入】|【媒体】| SWF 命令，如图 3-166 所示。

(16) 在弹出的【选择 SWF】对话框中选择“素材\项目三\装饰公司网页\效果图切换 2.swf”素材文件，如图 3-167 所示，单击【确定】按钮。

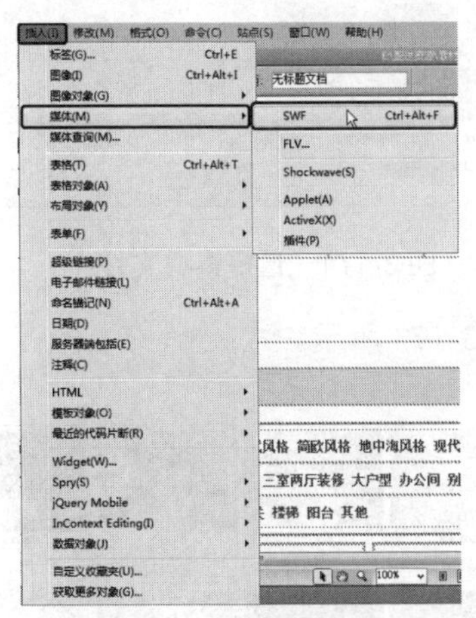

图 3-166 选择 SWF 命令

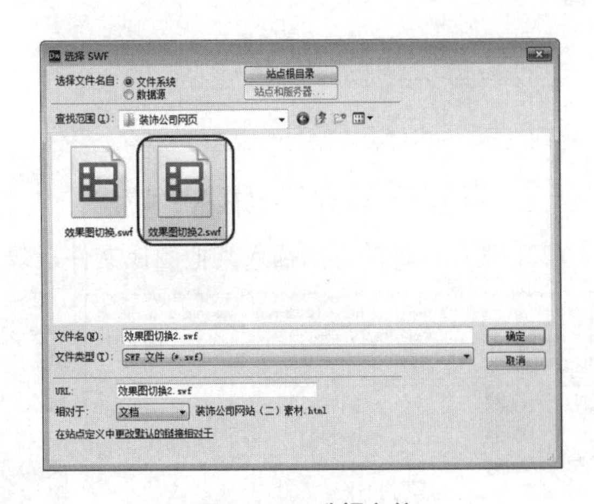

图 3-167 选择文件

(17) 在弹出的【对象标签辅助功能属性】对话框中将【标题】设置为“效果切换 2”，如图 3-168 所示，单击【确定】按钮。

(18) 选中插入的 SWF 动画，在【属性】面板中将【宽】、【高】分别设置为 972、285，如图 3-169 所示。

(19) 将鼠标指针置入如图 3-170 所示的单元格中。

(20) 按 Ctrl+Alt+I 组合键，在弹出的【选择图像源文件】对话框中选择“素材\项目三\装饰公司网页\效果 1.jpg”素材文件，如图 3-171 所示，单击【确定】按钮。

(21) 选中插入的图像，在【属性】面板中将【宽】、【高】分别设置为 181 px、130 px，如图 3-172 所示。

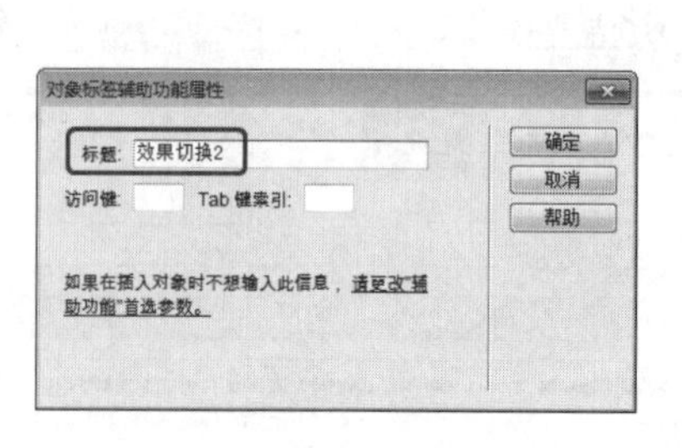

图 3-168　设置标题名称

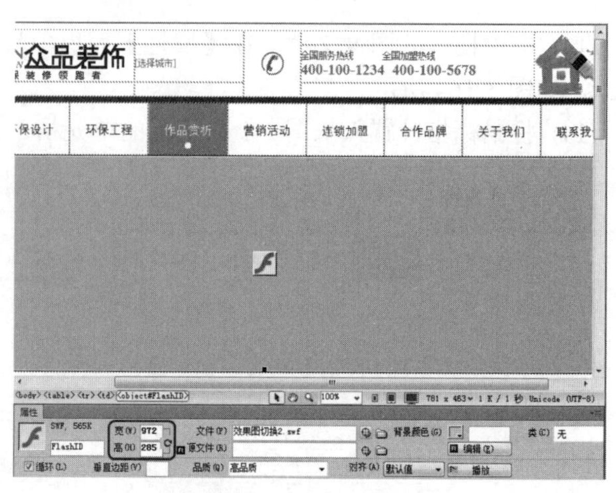

图 3-169　设置动画的宽和高

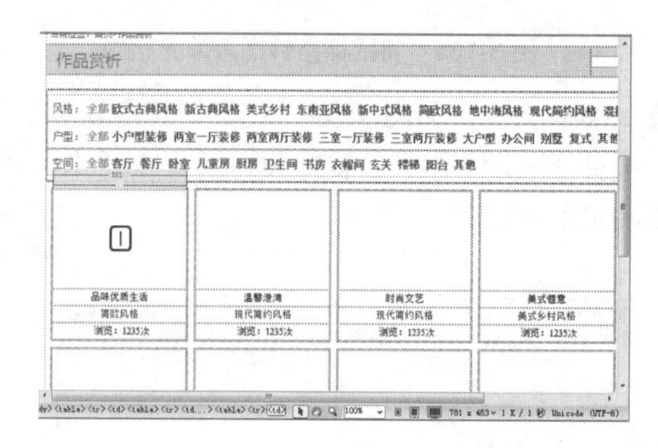

图 3-170　将鼠标指针置入单元格中

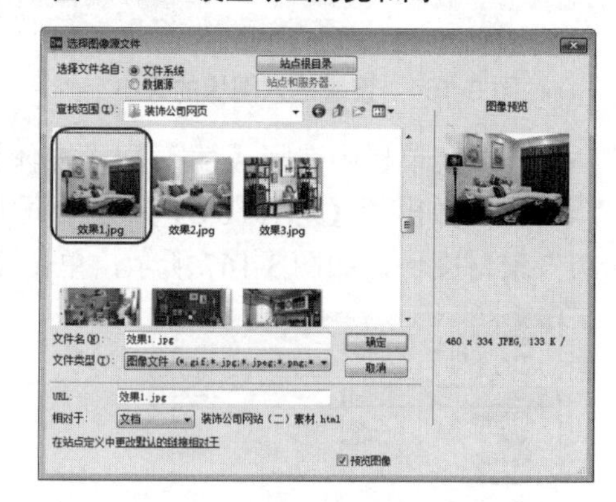

图 3-171　选择素材文件

(22) 使用同样的方法插入其他图像文件，效果如图 3-173 所示。

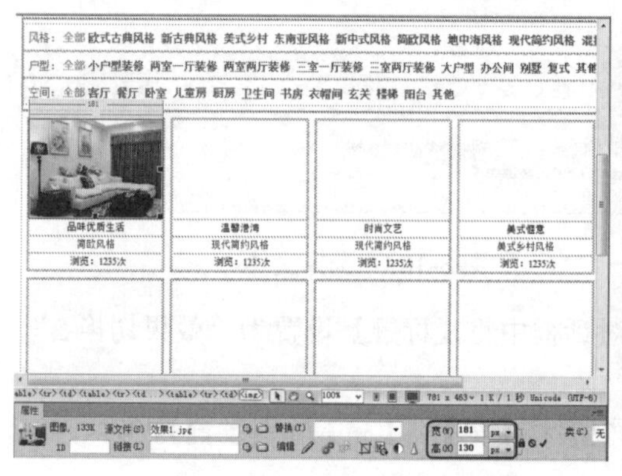

图 3-172　插入图像并设置其大小

图 3-173　插入其他图像文件后的效果

(23) 在文档窗口中选择如图 3-174 所示的图像，在【属性】面板中单击【亮度和对比度】按钮。

(24) 在弹出的【亮度/对比度】对话框中将【亮度】、【对比度】分别设置为 37、30，如图 3-175 所示，单击【确定】按钮。

(25) 在文档窗口中选择如图 3-176 所示的图像。

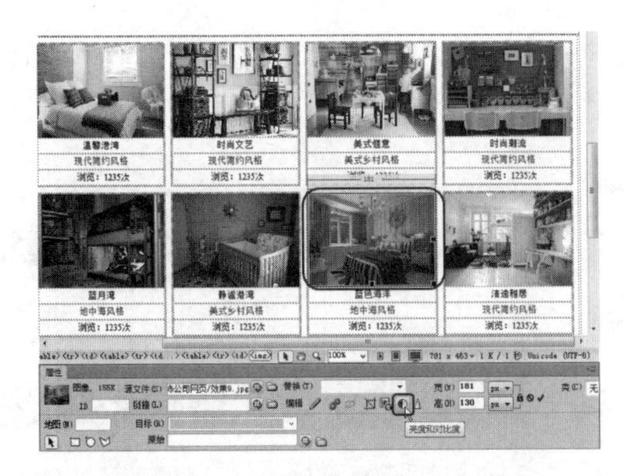

图 3-174 单击【亮度和对比度】按钮

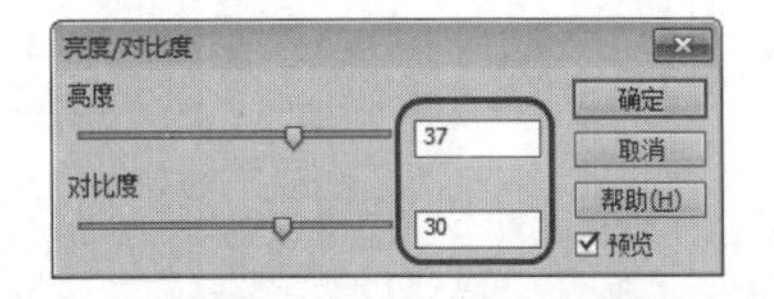

图 3-175 设置【亮度】和【对比度】参数

(26) 在菜单栏中选择【修改】|【图像】|【编辑以】| Photoshop 命令，如图 3-177 所示。

图 3-176 选择图像

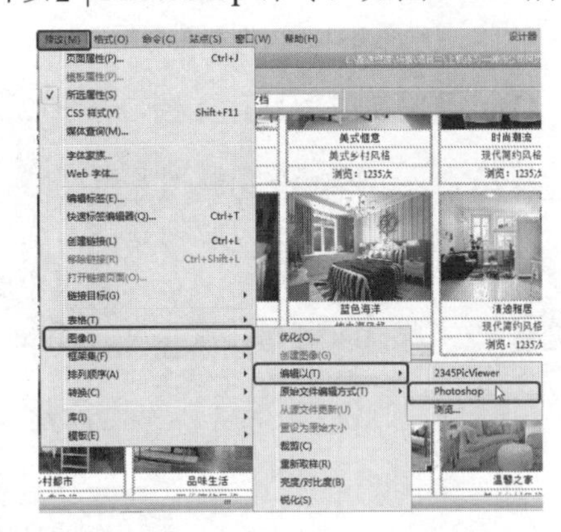

图 3-177 选择 Photoshop 命令

(27) 执行上述操作后，即可启动 Photoshop 软件，并在软件中自动打开选中的图像文件。按 Ctrl+M 组合键，在弹出的【曲线】对话框中添加一个编辑点，将【输入】设置为 173，将【输出】设置为 154，如图 3-178 所示，单击【确定】按钮。

(28) 按 Ctrl+S 组合键，将图像文件保存，关闭 Photoshop 软件。在 Dreamweaver 网页中可以看到更新的网页图像，如图 3-179 所示。

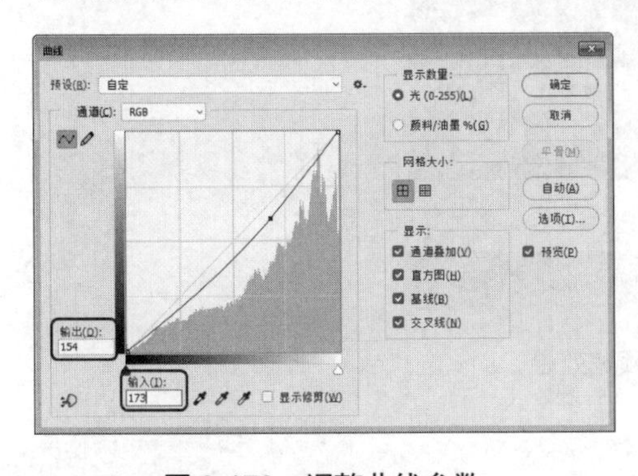

图 3-178 调整曲线参数

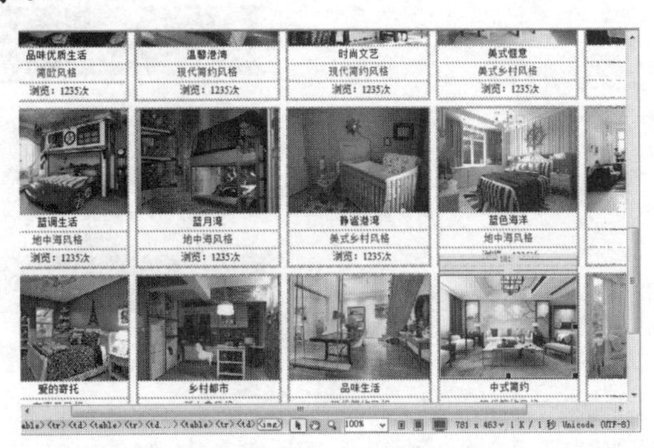

图 3-179 更新的网页图像

(29) 继续选中该图像，在【属性】面板中单击【裁剪】按钮，在文档窗口中对图像的裁剪框进行调整，如图 3-180 所示。

(30) 调整完成后，按 Enter 键完成裁剪。继续选中该图像文件，在【属性】面板中将【宽】、【高】分别设置为 181 px、130 px，效果如图 3-181 所示。

图 3-180　调整裁剪框

图 3-181　设置图像大小后的效果

(31) 设置完成后另存文档，按 F12 键预览效果即可，如图 3-182 所示。

疑难解答： 为何在预览网页时有些效果无法正常显示？

在预览效果时，不同的浏览器产生的效果不同。当使用默认的 Internet Explorer 浏览器无法观察效果时，用户可以在菜单栏中选择【文件】|【实时预览】子菜单中的其他浏览器预览效果(前提是计算机中安装了除 Internet Explorer 浏览器以外的其他浏览器)。

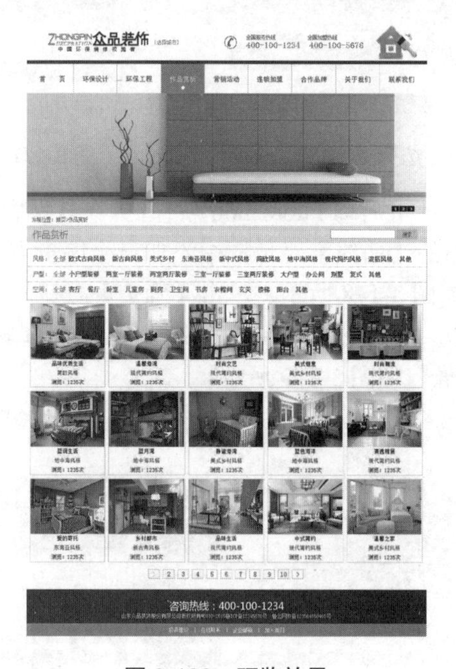

图 3-182　预览效果

思考与练习

1. 网页中常用的图像格式有哪些？
2. 什么是鼠标经过图像？

电脑网络类网页设计——链接的创建

本章要点

基础知识

- 使用【属性】面板创建链接
- 使用【指向文件】按钮创建链接

重点知识

- 创建空链接
- 创建下载链接

提高知识

- 创建锚记链接
- 创建热点链接

本章导读

网站都是由多个网页组合而成的，而网页之间的联系都是通过超链接来实现的。超级链接的对象可以是一段文字、一张图片，也可以是一个网站。

超链接是网页非常重要的组成部分，用户只需单击链接，即可跳转到相应的网页。链接为网页提供了极为便捷的查阅功能，让人们可以尽情地享受网络所带来的无限乐趣。

任务 1 制作 IT 信息网页——创建简单链接

IT 的英文是 Information Technology，即信息科技和产业的意思。本例将介绍 IT 信息网站的制作过程，效果如图 4-1 所示。

素材	项目四\IT 信息网页
场景	项目四\制作 IT 信息网页——创建简单链接.html
视频	项目四\任务 1：制作 IT 信息网页——创建简单链接.mp4

图 4-1 IT 信息网页

具体操作步骤如下。

(1) 启动软件后，新建一个 HTML 文档。新建文档后，按 Ctrl+Alt+T 组合键，弹出【表格】对话框，将【行数】设置为 4、【列】设置为 1，将【表格宽度】设置为 900 像素，将【边框粗细】【单元格边距】和【单元格间距】均设置为 0，然后单击【确定】按钮，如图 4-2 所示。

(2) 选中插入的表格，在【属性】面板中，将【对齐】设置为【居中对齐】，如图 4-3 所示。

图 4-2 【表格】对话框

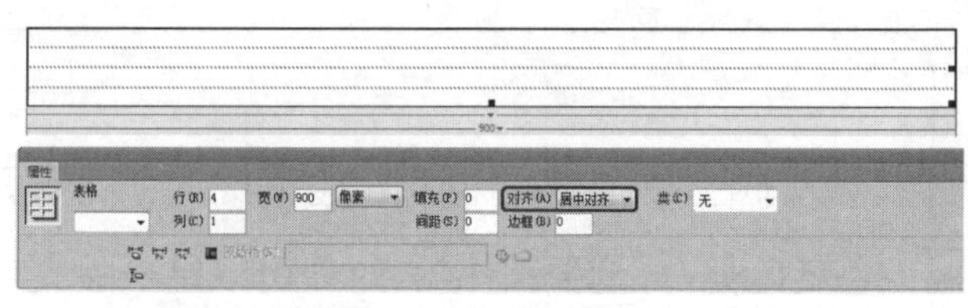

图 4-3 设置表格对齐

(3) 将鼠标指针插入第一行单元格中，在【属性】面板中将【水平】设置为【居中对齐】。按 Ctrl+Alt+I 组合键，弹出【选择图像源文件】对话框，选择“素材\项目四\IT 信息网页\素材 1.jpg”素材文件，单击【确定】按钮，插入素材图片，将图片设置为 900px×300px，如图 4-4 所示。

(4) 在第二行单元格中插入一个 1 行 3 列的表格，然后将【间距】设置为 1，如图 4-5 所示。

图 4-4　插入图片

图 4-5　设置表格

(5) 在【属性】面板中，将左右两个单元格设置为 30×30，将【背景颜色】都设置为#006699，如图 4-6 所示。

(6) 将鼠标指针插入第二行中间的单元格中，按 Ctrl+Alt+T 组合键，弹出【表格】对话框，将【行数】设置为 1，【列】设置为 7，将【表格宽度】设置为 100 百分比，将【边框粗细】、【单元格边距】和【单元格间距】设置为 0，然后单击【确定】按钮，如图 4-7 所示。

图 4-6　设置单元格

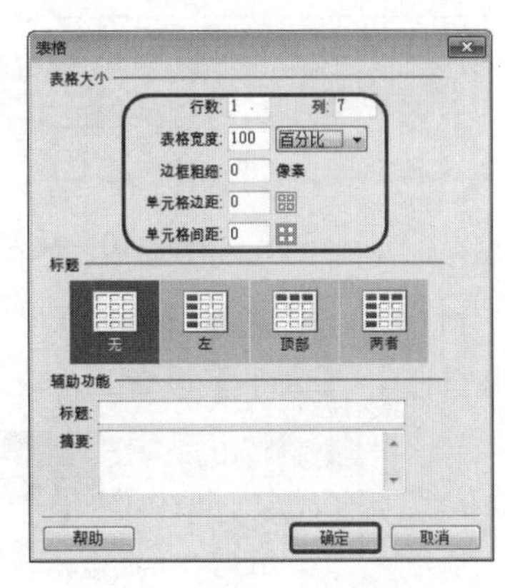

图 4-7　【表格】对话框

(7) 选中插入的表格，然后将【间距】设置为 1。选中表格中的所有单元格，在【属性】面板中，将【水平】设置为【居中对齐】，【宽】设置为 14%，【高】设置为 30，如图 4-8 所示。

(8) 在单元格中分别输入文字，然后将【字体】设置为【经典粗黑简】，【大小】设置为 18 px，文字颜色设置为白色，【背景颜色】设置为#006699，如图 4-9 所示。

提示： 在此将文字颜色设置为白色时，需要分别选择文字进行设置。

提示： 【间距】是指单元格之间的空间，与【表格】对话框中的【单元格边距】选项作用相同。

(9) 在第 3 行单元格中，插入一个 1 行 2 列的表格，将表格的【间距】设置为 1，如图 4-10 所示。将第一列单元格的【宽】设置为 319，第二列单元格的【宽】设置为 578。

图 4-8　设置单元格　　　　图 4-9　输入并设置文字

(10) 将鼠标指针插入第一列单元格中，按 Ctrl+Alt+T 组合键，弹出【表格】对话框，将【行数】设置为 7，【列】设置为 1，将【表格宽度】设置为 300 像素，如图 4-11 所示。

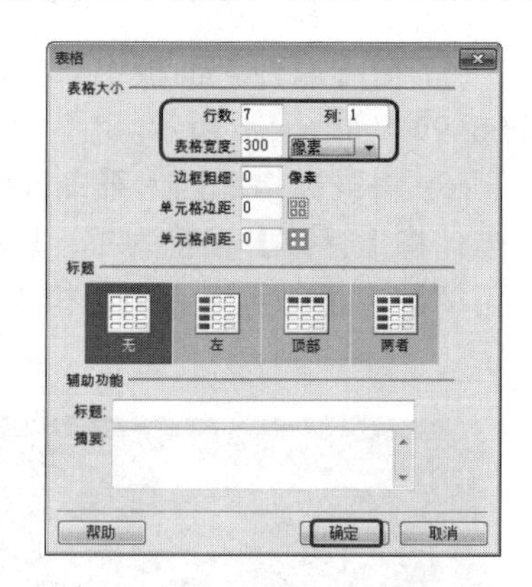

图 4-10　插入并设置单元格　　　　图 4-11　【表格】对话框

(11) 将新表格的【间距】设置为 1。然后在第一行中输入文字，将【字体】设置为【华文中宋】，【大小】设置为 24 px，文字颜色设置为#006699，如图 4-12 所示。

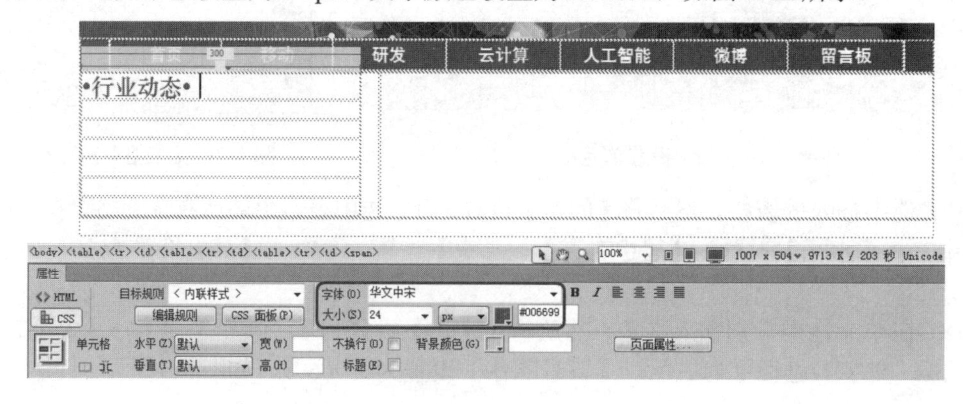

图 4-12　输入文字

(12) 将鼠标指针定位在文字的后面，按 Shift+Enter 组合键进行换行。在菜单栏中选择【插入】｜HTML｜【水平线】命令，插入水平线。选中插入的水平线，将【宽】设置为 300 px，【高】设置为 3，如图 4-13 所示。

(13) 选中水平线，并单击【拆分】按钮。在<hr>标签中，添加代码 color="#006699"，为水平线设置颜色，如图 4-14 所示。

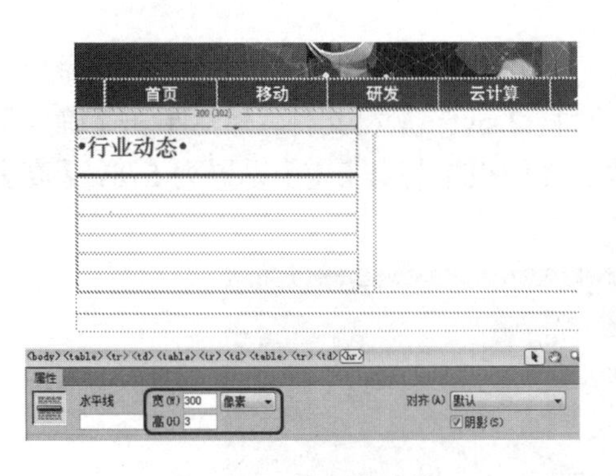

图 4-13 插入水平线

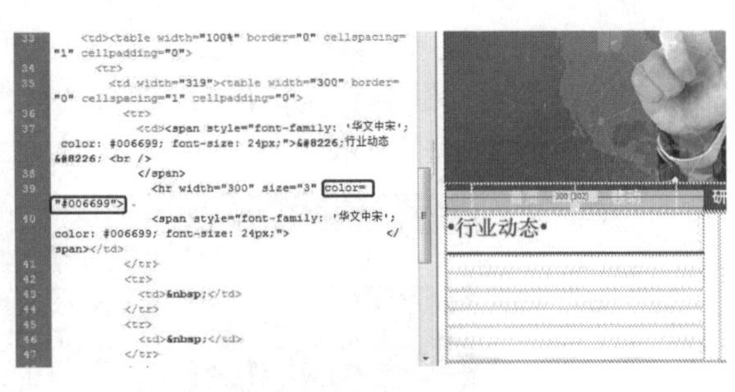

图 4-14 设置水平线的颜色

(14) 单击【设计】按钮。选中剩余的 6 行单元格，将【高】设置为 67，【背景颜色】设置为#006699，如图 4-15 所示。

(15) 在单元格中输入文字，将【字体】设置为【华文中宋】，【大小】设置为 18 px，文字颜色设置为白色，如图 4-16 所示。

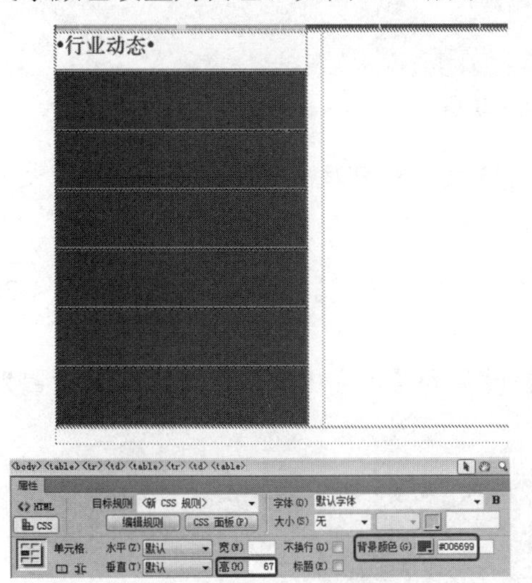

图 4-15 设置单元格

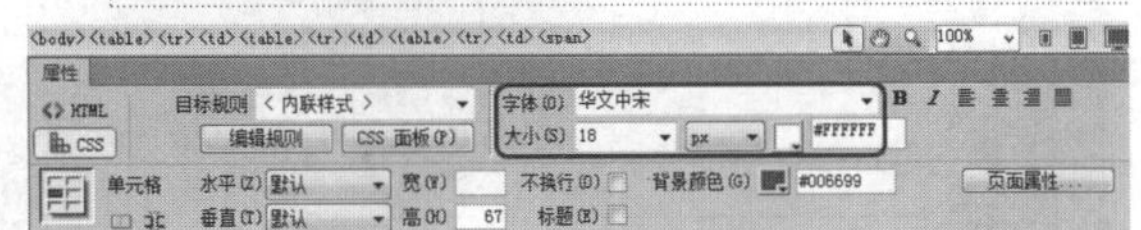

图 4-16 输入并设置文字

(16) 在第 2 列单元格中插入一个 7 行 1 列的表格，将【宽】设置为 578 px，【间距】设置为 1，如图 4-17 所示。

(17) 选择<td>标记，将【垂直】设置为顶端，如图 4-18 所示。

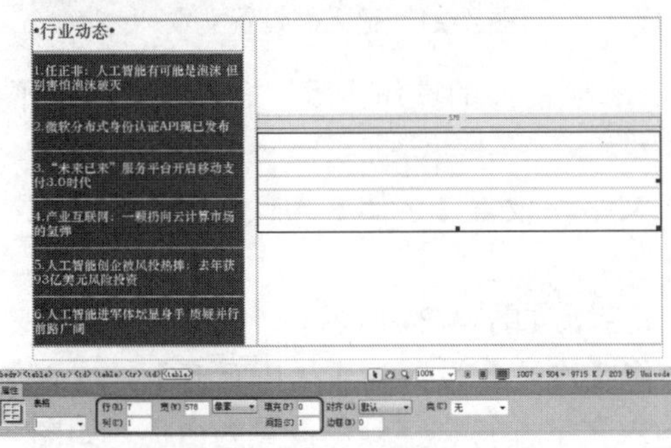

图 4-17 插入表格

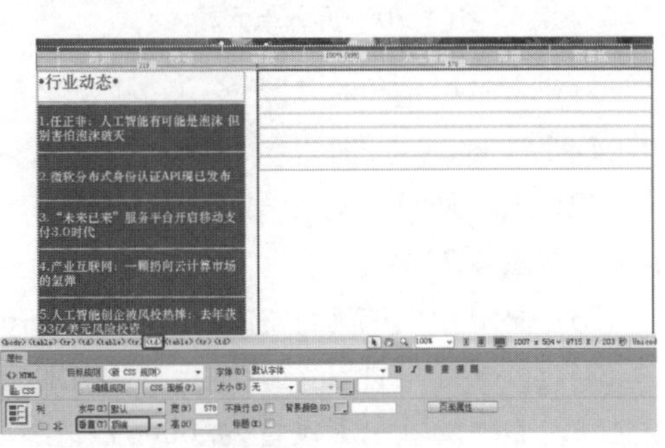

图 4-18 设置单元格

(18) 将鼠标指针插入第一行单元格中，在菜单栏中选择【插入】|【媒体】| SWF 命令，在打开的对话框中选择“素材\项目四\IT 信息网页\素材 2.swf”素材文件，然后单击【确定】按钮。在弹出的对话框中单击【确定】按钮，在【属性】面板中将其【宽】设置为 578，【高】设置为 328，如图 4-19 所示。

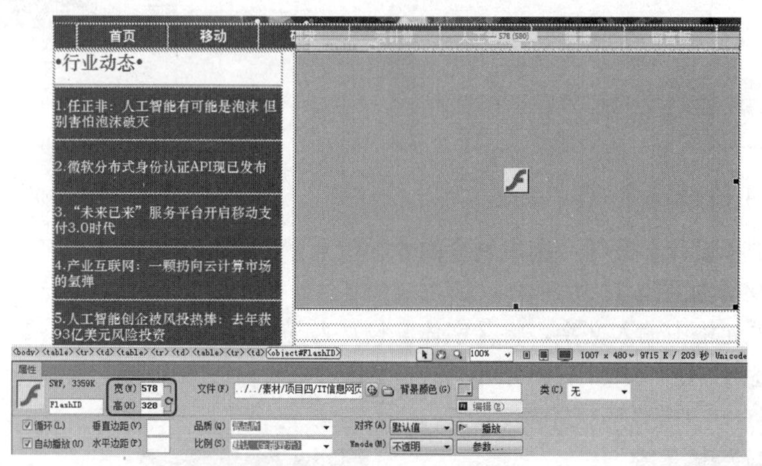

图 4-19　插入 Flash 动画

提示：因为 Flash 的大小超过了单元格的宽，单元格的宽度会变化。将 Flash 的大小调整后，再对单元格的宽进行调整。

(19) 将剩余的 6 行单元格都拆分为两列，并将第一列的【宽】设置为 50%，如图 4-20 所示。

(20) 在第一列单元格中输入文字，将【字体】设置为【华文中宋】，【大小】设置为 16 px，文字颜色设置为#006699，如图 4-21 所示。

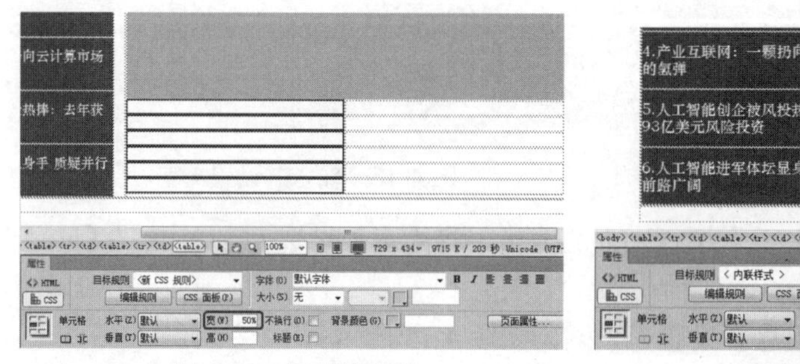

图 4-20　拆分单元格

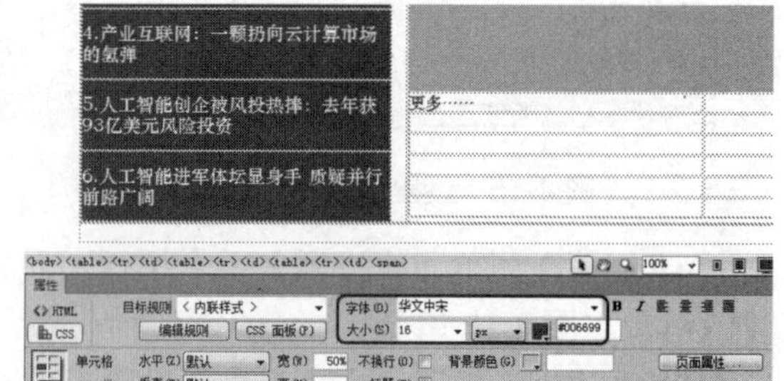

图 4-21　输入并设置文本

(21) 将光标定位在“更多……”文字后面，参照前面的操作步骤，插入并设置水平线，如图 4-22 所示。

(22) 在左列第 2 行至第 5 行单元格中输入文字，设置【字体】为默认字体，【大小】为 16，如图 4-23 所示。

(23) 使用相同的方法输入并设置另外 6 行文字，如图 4-24 所示。

(24) 将鼠标指针插入最后一行单元格中，将【水平】设置为【居中对齐】，【高】设置为 50，【背景颜色】设置为#006699，然后输入文字并将文字颜色设置为白色，如图 4-25 所示。

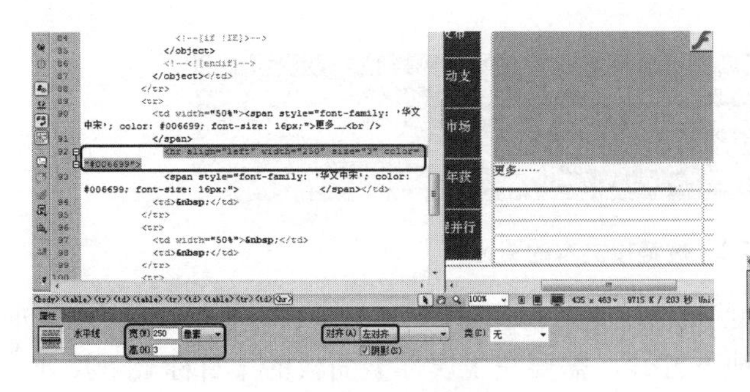

图 4-22 插入并设置水平线

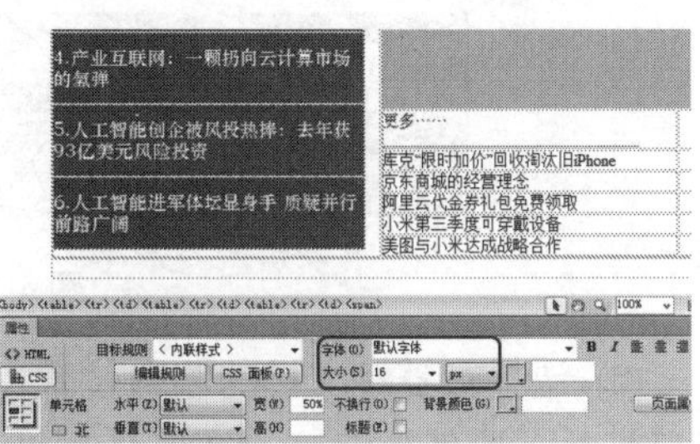

图 4-23 输入并设置文字

更多……	更多……
库克"限时加价"回收淘汰旧iPhone	今日头条意向收购锤子科技部分专利
京东商城的经营理念	京东第二大股东
阿里云代金券礼包免费领取	谷歌和亚马逊，互怼模式进入白热化
小米第三季度可穿戴设备	Google Shopping对卖家开放
美图与小米达成战略合作	下半年的5G战役

图 4-24 输入并设置另外 6 行文字

(25) 选中"关于我们"文字，右击，在弹出的快捷菜单中选择【创建链接】命令，在弹出的【选择文件】对话框中浏览并选择"素材 3.jpg"，单击【确定】按钮，如图 4-26 所示，即可为选中的文字创建链接。

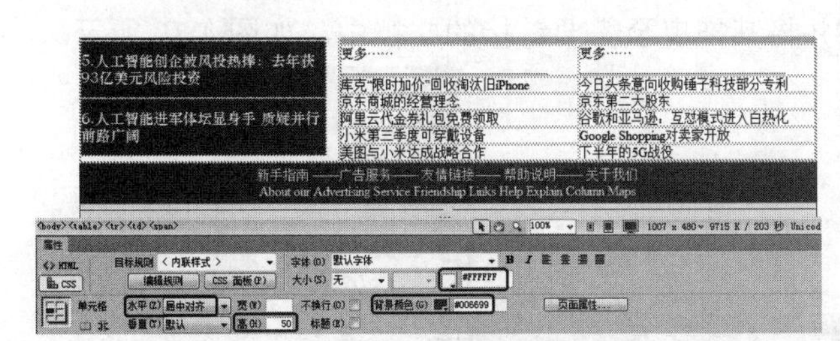

图 4-25 设置单元格并输入文字

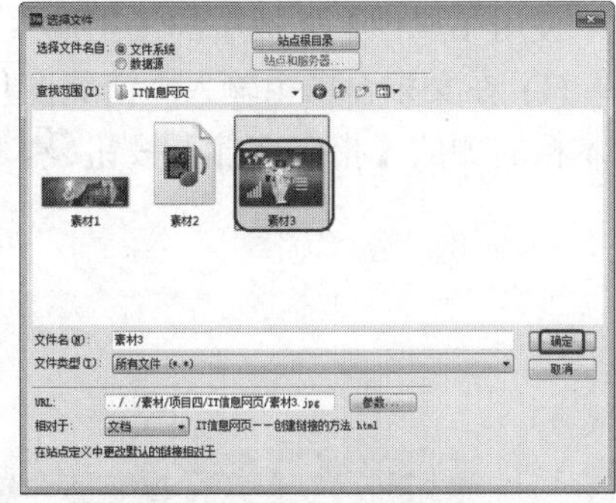

图 4-26 【选择文件】对话框

4.1.1 使用【属性】面板创建链接

使用【属性】面板可以把当前文档中的文本或者图像与另一个文档相链接，具体步骤如下。

(1) 选择文档窗口中需要链接的文本或图像，在【属性】面板中单击【链接】文本框右侧的【浏览文件】按钮，如图 4-27 所示。在弹出的【选择文件】对话框中选择一个文件，设置完成后单击【确定】按钮，在【链接】文本框中便显示出被链接文件的路径，如图 4-28 所示。

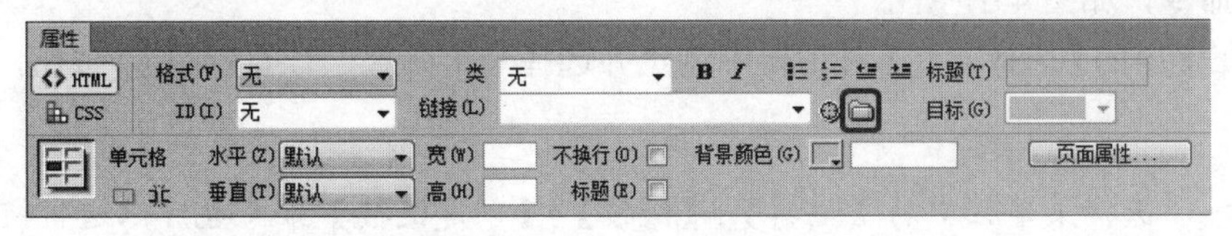

图 4-27 【属性】面板

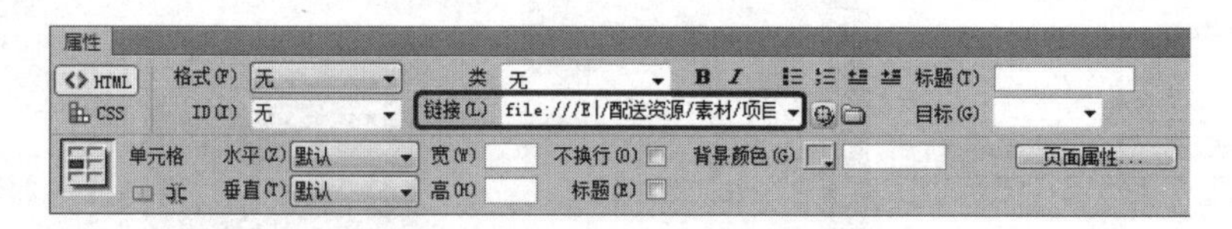

图 4-28　被链接文本的路径

(2) 选择被链接文档的载入位置。默认情况下，在预览网页时，被链接的文档会在当前窗口打开。要使被链接的文档在其他地方打开，需要在【属性】面板的【目标】下拉列表框中选择一个选项，如图 4-29 所示。

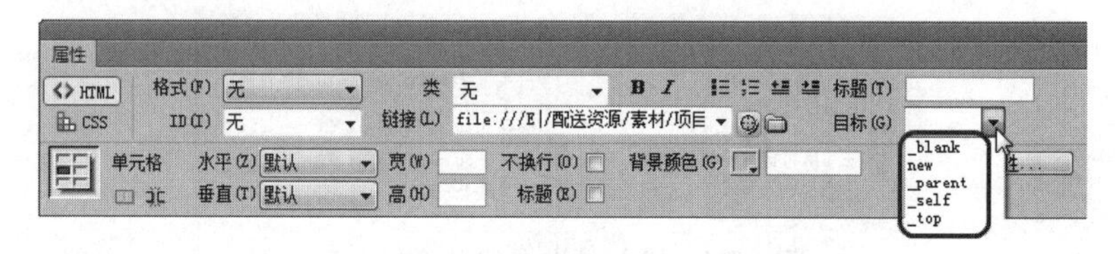

图 4-29　【目标】下拉列表框

4.1.2　使用【指向文件】按钮创建链接

使用【属性】面板中的【指向文件】图标创建链接的具体操作步骤如下。

(1) 在文档窗口中输入“精美图片”文本，并将其选中，在【属性】面板中单击【链接】文本框右侧的【指向文件】按钮，并将其拖曳至需要链接的文档中，如图 4-30 所示。

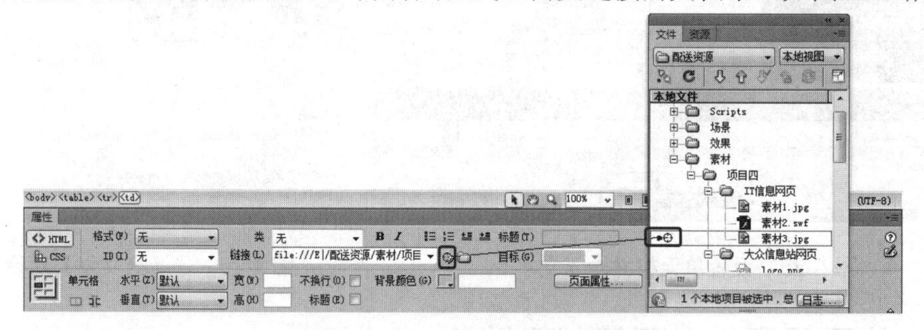

图 4-30　通过拖动来创建链接

(2) 释放鼠标左键，即可将文件链接到指定的目标中。

4.1.3　使用快捷菜单创建链接

使用快捷菜单创建文本或图像链接的具体操作步骤如下。

(1) 在文档窗口中，选择要加入链接的文本或图像，右击，在弹出的快捷菜单中选择【创建链接】命令，如图 4-31 所示。

(2) 在弹出的【选择文件】对话框中浏览并选择一个图像，单击【确定】按钮，如图 4-32 所示。

提示： 选择菜单栏中的【编辑】|【链接】|【创建链接】命令也可以进行链接。

图 4-31　选择【创建链接】命令

图 4-32　【选择文件】对话框

任务 2　制作大众信息站网页——创建其他链接

本例将介绍如何制作大众信息站网页，主要使用 Div 布局网站结构，通过表格对网站的结构进行细化调整，并为其创建链接，完成后的效果如图 4-33 所示。

素材	项目四\大众信息站
场景	项目四\制作大众信息站网页——创建其他链接.html
视频	项目四\任务 2：制作大众信息站网页——创建其他链接.mp4

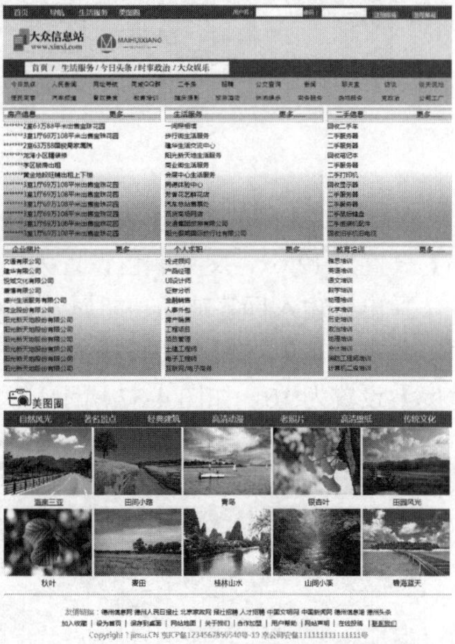

图 4-33　大众信息站网页

具体操作步骤如下。

(1) 启动软件后，新建一个 HTML 文档。新建文档后，按 Ctrl+Alt+T 组合键，弹出【表格】对话框，将【行数】设置为 1，【列】设置为 8，将【表格宽度】设置为 1000 像素，将【边框粗细】【单元格边距】和【单元格间距】均设置为 0，如图 4-34 所示，单击【确定】

按钮。

(2) 将鼠标指针插入表格中，在【属性】面板中将【高】设置为30，并将所有单元格的【背景颜色】设置为#2568A0，如图4-35所示。

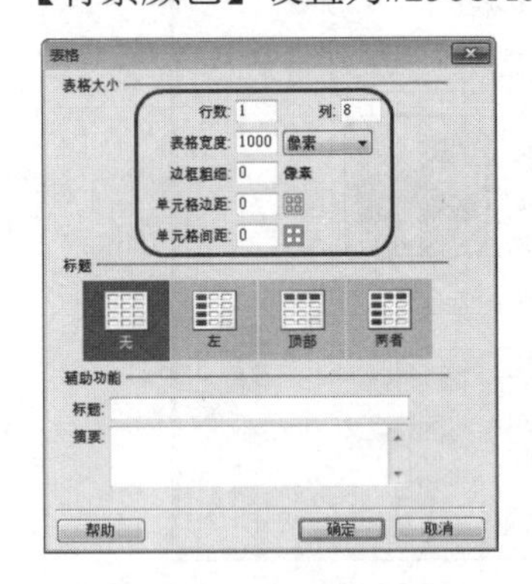

图4-34 【表格】对话框

图4-35 设置表格属性

(3) 在部分单元格中输入文字，选中“首页”文字，在【属性】面板中将【字体】设置为【微软雅黑】，【大小】设置为16 px，文字颜色设置为白色，【水平】设置为【居中对齐】，如图4-36所示。然后使用同样方法设置其他文字。

图4-36 输入并设置文字

(4) 将前4列的【宽】设置为80，在第5列单元格中插入鼠标指针，输入文本，将【大小】设置为12 px，文字颜色设置为白色。在菜单栏中选择【插入】|【表单】|【文本域】命令，弹出【输入标签辅助功能属性】对话框，单击【确定】按钮，弹出Dreamweaver对话框，单击【是】按钮，即可插入文本表单。选中插入的表单，在【属性】面板中将【字符宽度】设置为10，如图4-37所示。

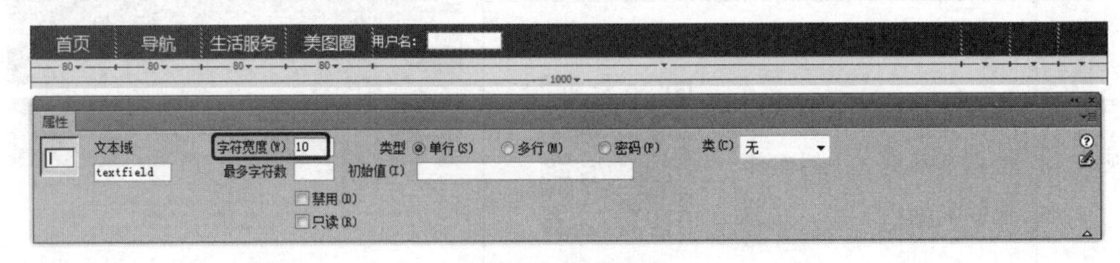

图4-37 设置表单

提示： 插入文本域后，需要在“用户名：”右侧按Delete键，可将文本域调整至文本的右侧。

(5) 将鼠标指针插入第5列单元格中，在【属性】面板中将【水平】设置为【右对齐】，并将单元格的【宽】设置为346，如图4-38所示。

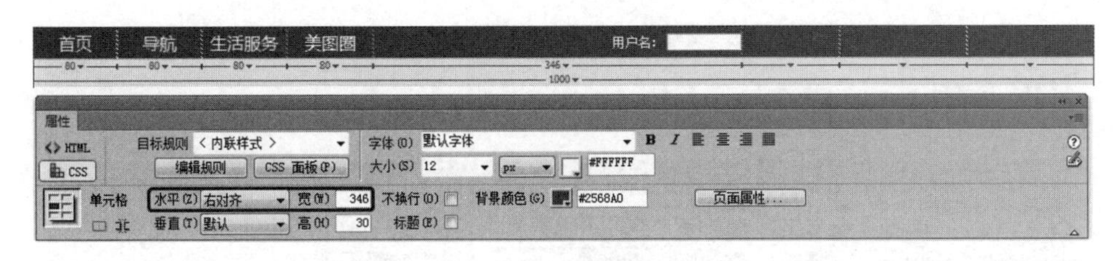

图 4-38　设置单元格

(6) 在第 6 列单元格中插入鼠标指针，输入文本，将【大小】设置为 12 px，文字颜色设置为白色。在菜单栏中选择【插入】|【表单】|【文本域】命令，弹出【输入标签辅助功能属性】对话框，单击【确定】按钮，弹出 Dreamweaver 对话框，单击【是】按钮，即可插入文本表单。选中插入的表单，在【属性】面板中将【字符宽度】设置为 10，如图 4-39 所示。

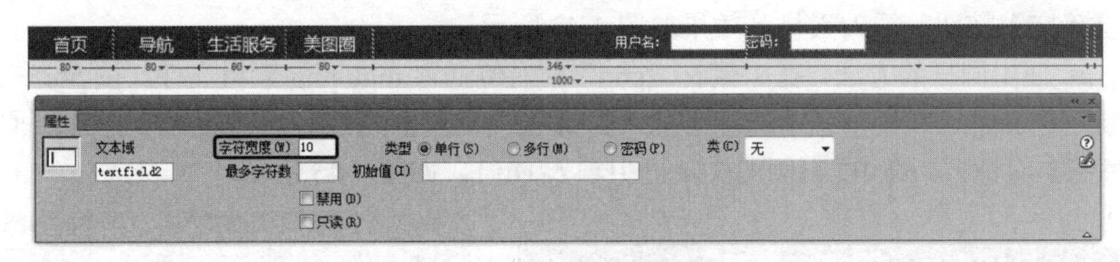

图 4-39　再次设置表单

(7) 将鼠标指针插入到第 6 列单元格中，在【属性】面板中将单元格的【宽】设置为 156，如图 4-40 所示。

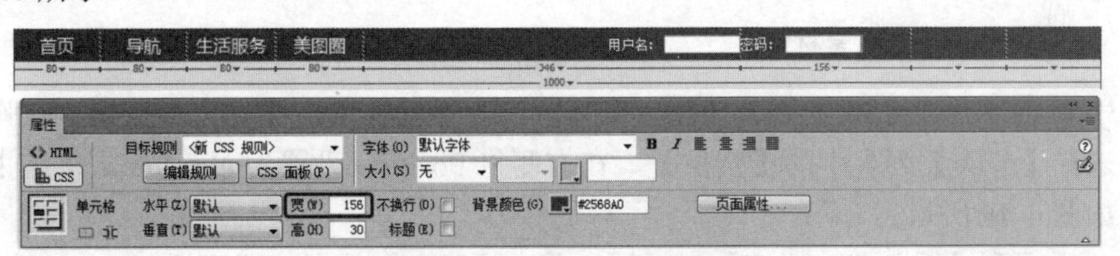

图 4-40　设置单元格宽度

(8) 将鼠标指针插入第 7 列单元格中，按 Ctrl+Alt+I 组合键，打开【选择图像源文件】对话框，选择“图标 1.jpg”素材文件，单击【确定】按钮，效果如图 4-41 所示。

(9) 使用同样的方法在右侧的单元格中插入素材，然后选中两个单元格，在【属性】面板中将【垂直】设置为【底部】，如图 4-42 所示。

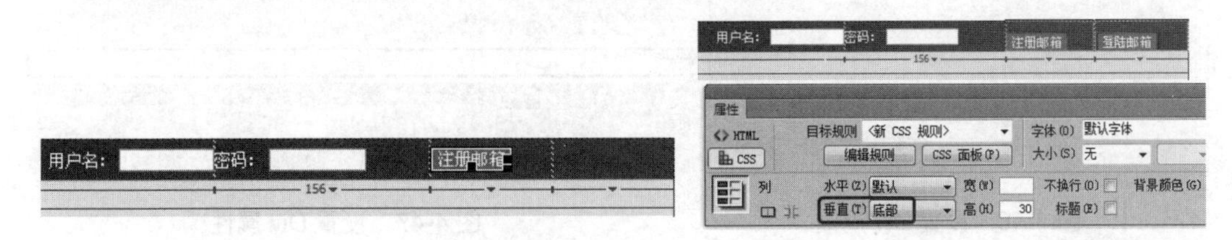

图 4-41　插入素材后的效果　　　图 4-42　设置单元格内容垂直

(10) 将鼠标指针移至表格的右侧，插入 1 行 1 列的表格，将表格的【高】设置为 85，将【背景颜色】设置为#edeeee，如图 4-43 所示。

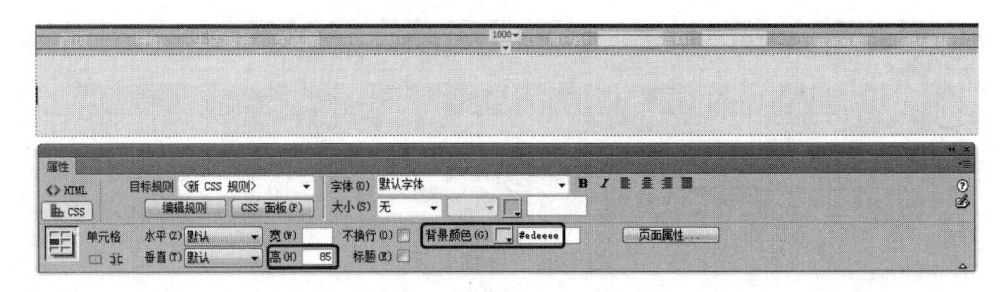

图 4-43　插入并设置表格

提示：设置颜色时可以直接在文本框中输入颜色的十六进制代码，也可以单击色块，在展开的面板中选择颜色。

(11) 按 Ctrl+Alt+I 组合键，打开【选择图像源文件】对话框，选择“素材 1.png”文件，单击【确定】按钮，插入素材，效果如图 4-44 所示。

(12) 使用同样的方法，在“素材 1.png”的右侧插入 logo.png 素材文件。按 Shift+Enter 组合键另起新行，在菜单栏中选择【插入】|【布局对象】|【Div 标签】命令，打开【插入 Div 标签】对话框，在 ID 右侧的文本框中输入 Div1，如图 4-45 所示。

图 4-44　插入素材

图 4-45　【插入 Div 标签】对话框

(13) 单击【新建 CSS 规则】按钮，在打开的对话框中单击【确定】按钮。在弹出的对话框中选择【分类】列表中的【定位】，在右侧将 Position 设置为 absolute，单击【确定】按钮，如图 4-46 所示。

(14) 返回到【插入 Div 标签】对话框，单击【确定】按钮，即可插入 Div。选中 Div，在【属性】面板中将【宽】设置为 1000 px，【高】设置为 40 px，如图 4-47 所示。

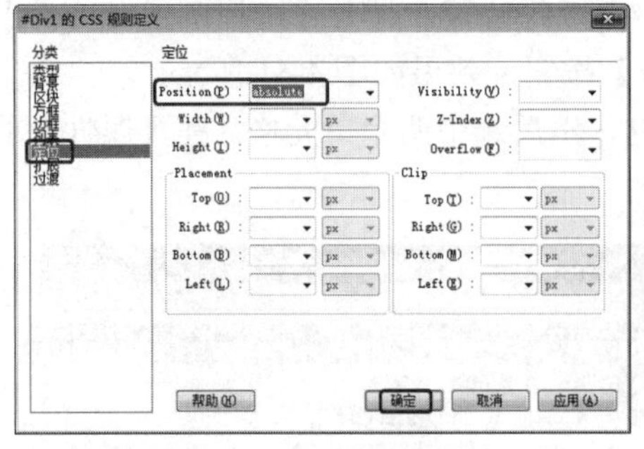

图 4-46　设置 Div 规则

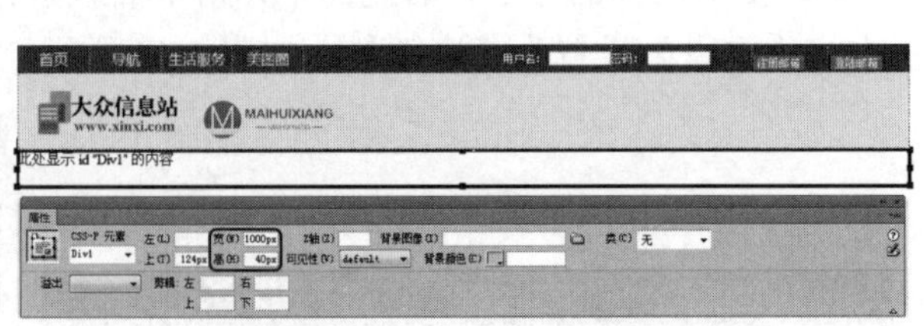

图 4-47　设置 Div 属性

提示：Div 的位置可以根据自己的情况进行调整。

(15) 选中插入的 Div，在【属性】面板中单击【背景图像】右侧的【浏览文件】按钮，打开【选择图像源文件】对话框，选择“素材 2.jpg”文件，单击【确定】按钮，然后将 Div

中自带的文字删除，效果如图 4-48 所示。

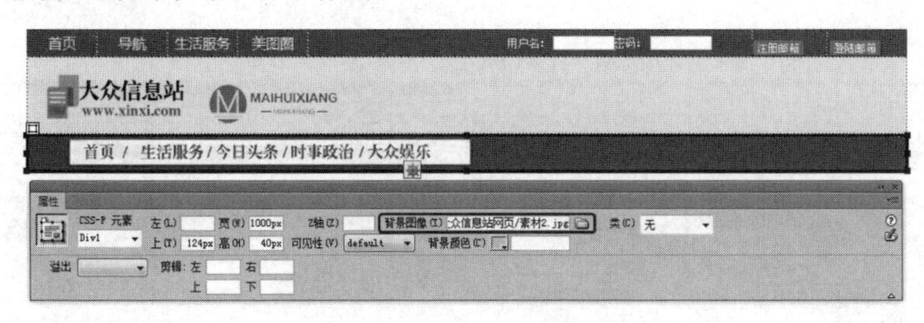

图 4-48　设置背景图像

(16) 根据前面介绍的方法，插入 Div。选中插入的 Div，在【属性】面板中将【宽】设置为 1000 px，【高】设置为 60 px，【上】设置为 163 px，【背景颜色】设置为#CCCCCC，如图 4-49 所示。

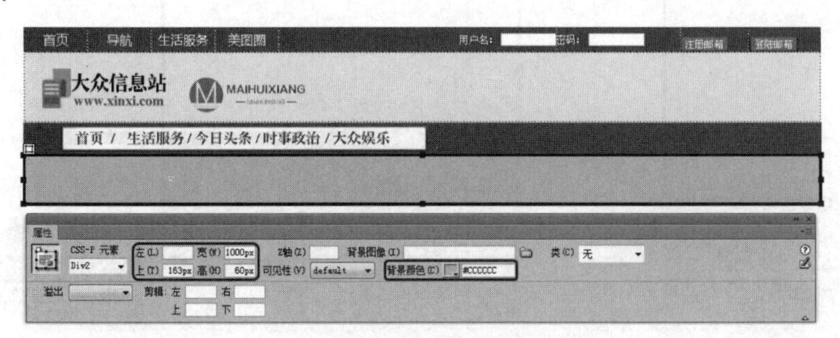

图 4-49　插入并设置 Div

(17) 将鼠标指针插入 Div 中，使用前面介绍的方法插入 2 行 11 列的表格，并将所有单元格的【宽】设置为 90，【高】设置为 30，如图 4-50 所示。

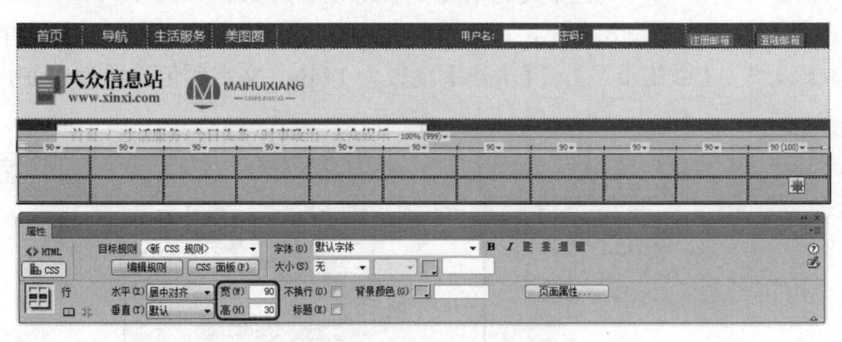

图 4-50　插入并设置表格

(18) 在各个单元格中输入文字，在【属性】面板中将【字体】设置为【华文细黑】，【大小】设置为 14 px，【水平】设置为【居中对齐】，如图 4-51 所示。

(19) 根据前面介绍的方法，插入 Div，选中插入的 Div，在【属性】面板中将【宽】设置为 351 px，【高】设置为 288 px，【上】设置为 228 px，如图 4-52 所示。

(20) 选中插入的 Div，在【属性】面板中单击【背景图像】右侧的【浏览文件】按钮，在打开的【选择图像源文件】对话框中选择“素材 3.jpg”文件，单击【确定】按钮，插入素材，如图 4-53 所示。

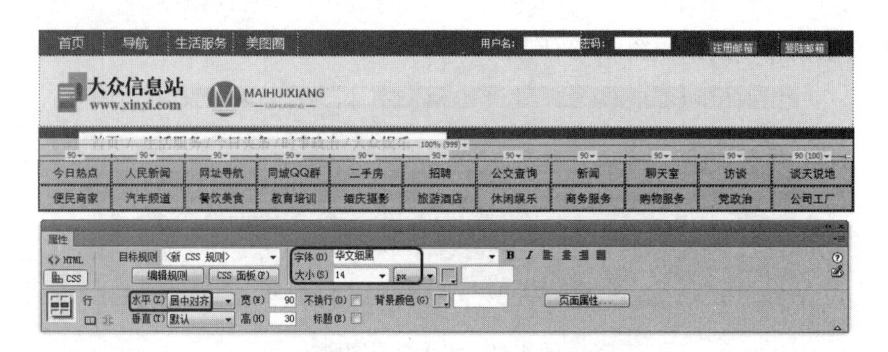

图 4-51　输入并设置文字

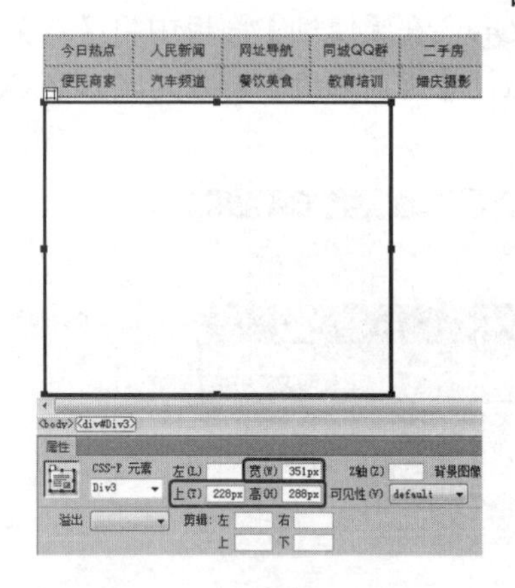

图 4-52　插入并设置 Div

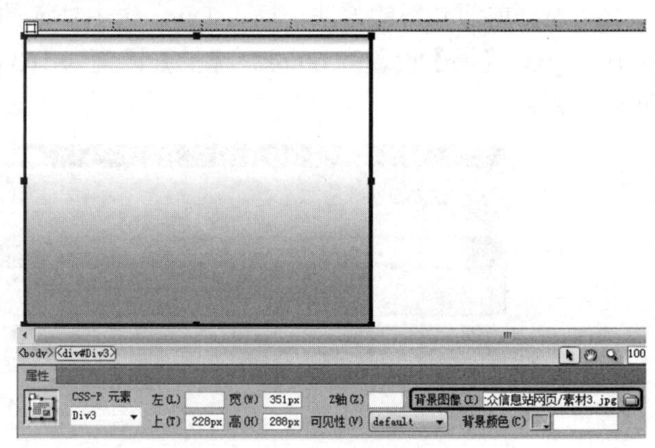

图 4-53　插入素材

(21) 将鼠标指针插入 Div 中，使用前面介绍的方法插入 13 行 1 列的表格，并将第 1 行单元格的【高】设置为 30，其他单元格的【高】均设置为 21，如图 4-54 所示。

(22) 在各个单元格中输入文字，首行单元格中的文字使用默认设置，其他单元格中的文字【字体】设置为【微软雅黑】，【大小】设置为 14 px，文字颜色设置为#00F，如图 4-55 所示。

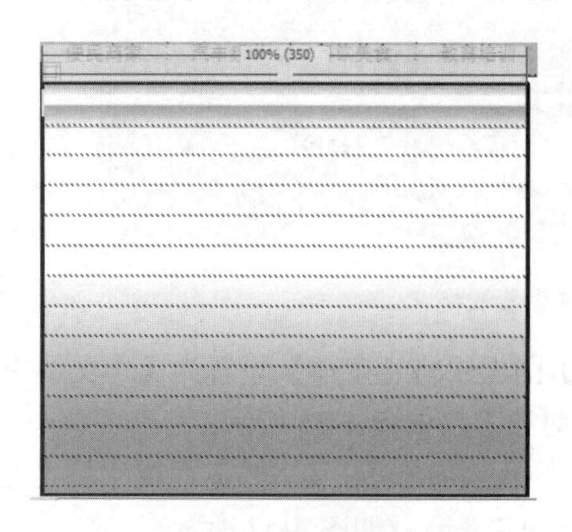

图 4-54　插入表格

图 4-55　输入并设置文字

(23) 使用同样的方法插入 Div。在插入的 Div 中插入表格并输入文字，制作出其他效果，如图 4-56 所示。

(24) 再次插入一个 Div。选中插入的 Div，在【属性】面板中将【宽】设置为 1000 px，

【高】设置为 23 px，【左】设置为 8 px，【上】设置为 810 px，如图 4-57 所示。

图 4-56　制作出其他效果

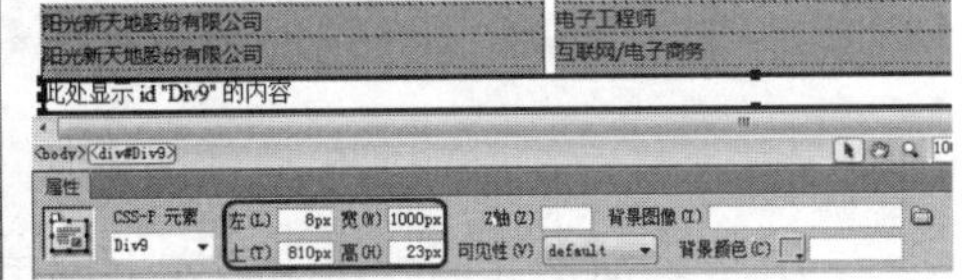

图 4-57　插入并设置 Div

(25) 将鼠标指针插入 Div 中，将其中的文字删除，在菜单栏中选择【插入】|HTML|【水平线】命令，插入水平线，效果如图 4-58 所示。

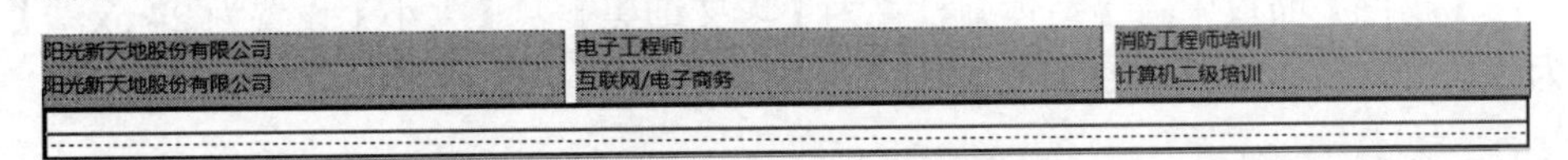

图 4-58　插入水平线

(26) 再次插入一个 Div。选中插入的 Div，在【属性】面板中将【宽】设置为 1000 px，【高】设置为 84 px，【左】设置为 8 px，【上】设置为 835 px，如图 4-59 所示。

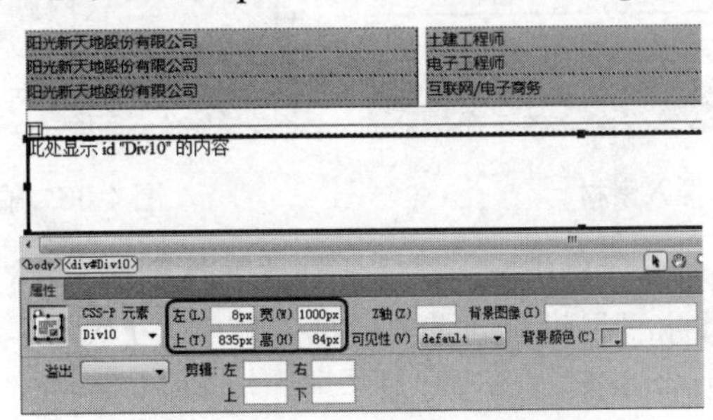

图 4-59　再次插入 Div

(27) 将光标插入 Div 中，将文本内容删除。将鼠标指针插入 Div 中，使用前面介绍的方法插入 2 行 7 列的表格，并将第 1 行单元格的【宽】均设置为 142，【高】均设置为 49，如图 4-60 所示。

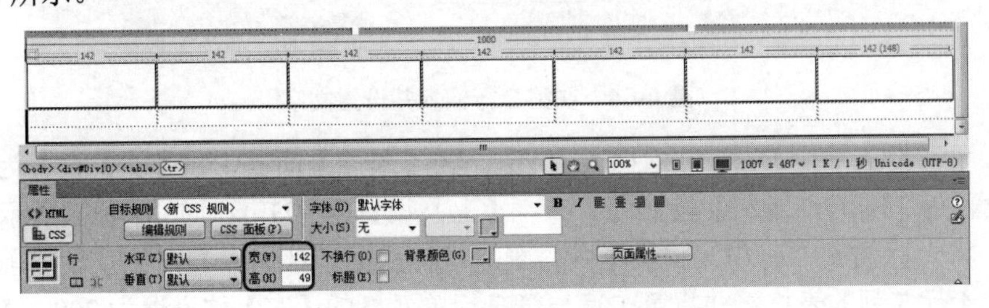

图 4-60　设置第一行单元格

(28) 将第 2 行单元格的【宽】均设置为 142，【高】均设置为 35，【背景颜色】均设置为#256AA3，如图 4-61 所示。

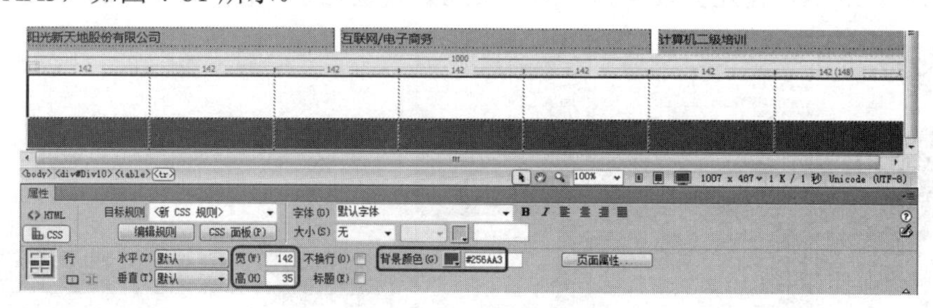

图 4-61　设置第二行单元格

(29) 将鼠标指针插入第一行左侧的单元格中，按 Ctrl+Alt+I 组合键，打开【选择图像源文件】对话框，选择“素材 4.png”文件，单击【确定】按钮，插入素材文件，如图 4-62 所示。

(30) 继续将鼠标指针插入第一行左侧的单元格中，输入“美图圈”文字。选中输入的文字，在【属性】面板中将【字体】设置为【华文细黑】，【大小】设置为 24 px，【水平】设置为【居中对齐】，【垂直】设置为【顶端】，如图 4-63 所示。

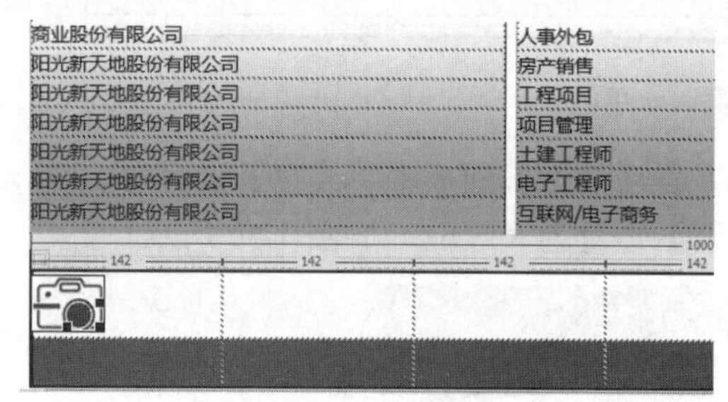

图 4-62　插入素材

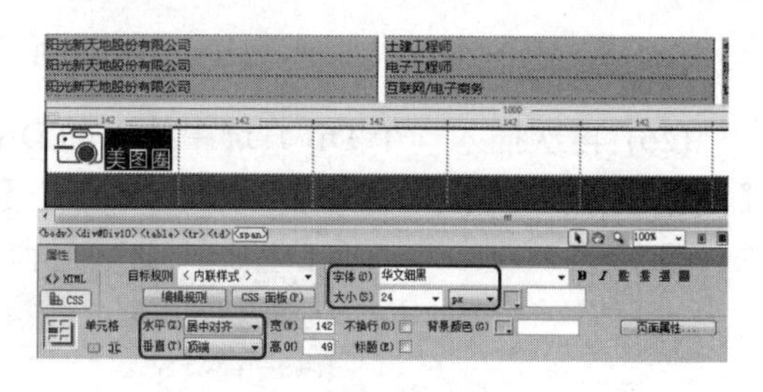

图 4-63　输入并设置文字

(31) 在第 2 行的各个单元格中输入文字，在【属性】面板中，将所有文字的【字体】设置为【微软雅黑】，【水平】设置为【居中对齐】，将【大小】设置为 18 px，文字颜色设置为#FFFFFF，如图 4-64 所示。

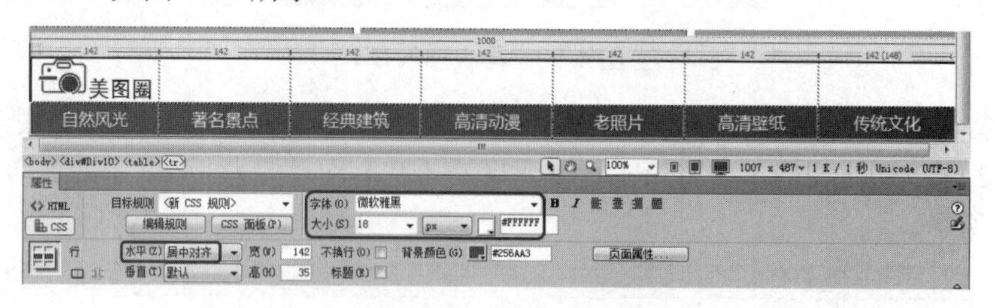

图 4-64　在第 2 行输入并设置文字

(32) 再次插入一个 Div。选中插入的 Div，在【属性】面板中将【宽】设置为 1000 px，【高】设置为 350 px，【左】设置为 8 px，【上】设置为 921 px，如图 4-65 所示。

(33) 将光标插入 Div 中，将文本内容删除。将鼠标指针插入 Div 中，使用前面介绍的方法插入 4 行 5 列的表格，并将第 1 行与第 3 行单元格的【宽】均设置为 200，【高】均设置为 145，如图 4-66 所示。

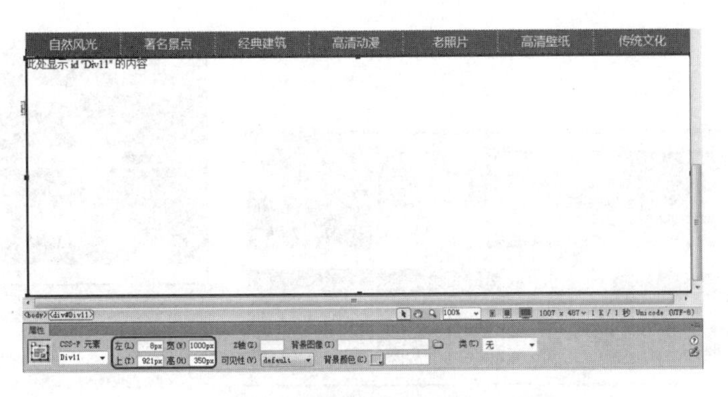

图 4-65 插入并设置 Div

(34) 将第 2 行与第 4 行单元格的【高】均设置为 30。将鼠标指针插入第 1 行第 1 列的单元格中，按 Ctrl+Alt+I 组合键，打开【选择图像源文件】对话框，选择“素材 5.jpg”文件，单击【确定】按钮，插入素材，效果如图 4-67 所示。

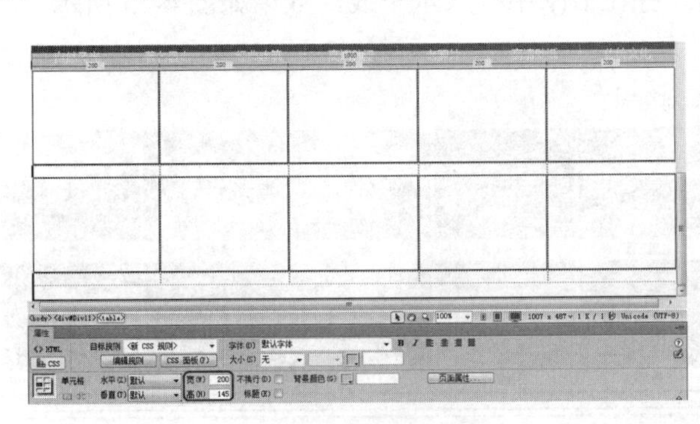

图 4-66 设置表格

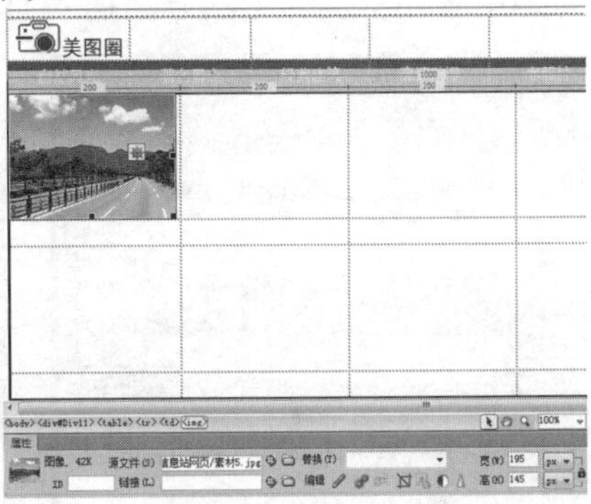

图 4-67 插入素材

(35) 使用同样的方法在其他单元格中插入素材图像，并将图像在表格中的【水平】设置为【居中对齐】，效果如图 4-68 所示。

(36) 将鼠标指针插入第 2 行第 1 列的单元格中，输入文字。选中输入的文字，在【属性】面板中将【水平】设置为【居中对齐】，如图 4-69 所示。

图 4-68 插入其他素材后的效果

图 4-69 输入文字并设置

(37) 使用同样的方法在其他单元格中输入文字，效果如图 4-70 所示。

(38) 选中“海南三亚”文本，在【属性】面板中单击【链接】文本框右侧的【浏览文件】按钮，如图 4-71 所示。

图 4-70　输入其他文字后的效果

图 4-71　单击【浏览文件】按钮

(39) 在弹出的【选择文件】对话框中选择“素材\项目四\大众信息站网页\素材 5.jpg”，单击【确定】按钮，即可创建下载链接，如图 4-72 所示。

(40) 使用前面介绍的方法插入 Div，并在 Div 中插入水平线，效果如图 4-73 所示。

图 4-72　【选择文件】对话框

图 4-73　插入 Div 和水平线

(41) 再次插入一个 Div。选中插入的 Div，将文本删除，在【属性】面板中将【宽】设置为 1000 px，【高】设置为 111 px，【左】设置为 8 px，【上】设置为 1305 px，如图 4-74 所示。

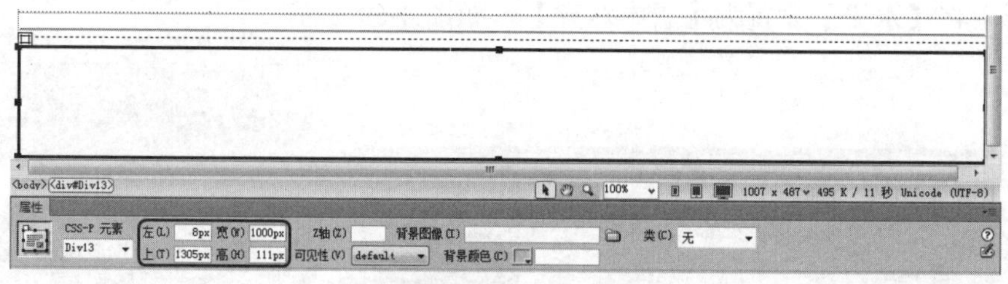

图 4-74　插入并设置 Div

(42) 将鼠标指针插入 Div 中，使用前面介绍的方法插入 4 行 1 列的表格，并将第 1 行至第 3 行单元格的【高】均设置为 25，如图 4-75 所示。

(43) 将鼠标指针插入第 1 行的单元格中，输入文字“友情链接”。选中输入的文字，在【属性】面板中将文字颜色设置为#999，将【水平】设置为【居中对齐】，如图 4-76 所示。

(44) 继续在该单元格中输入文字。选中输入的文字，在【属性】面板中将【大小】设置为 14 px，文字颜色设置为#00F，如图 4-77 所示。

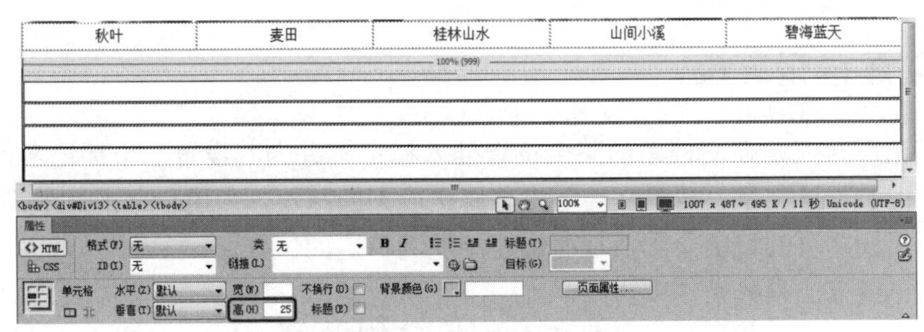

图 4-75　插入并设置表格

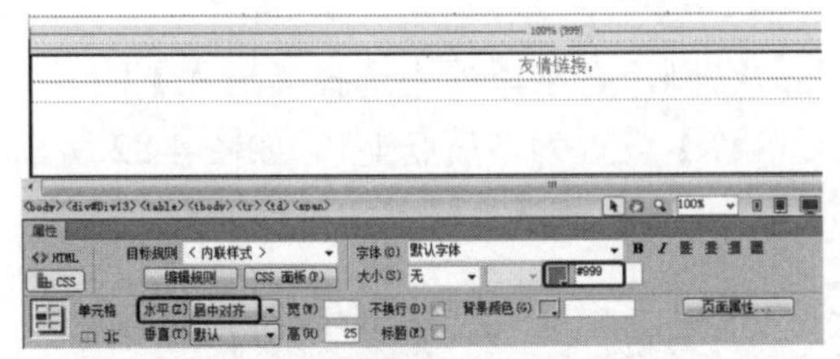

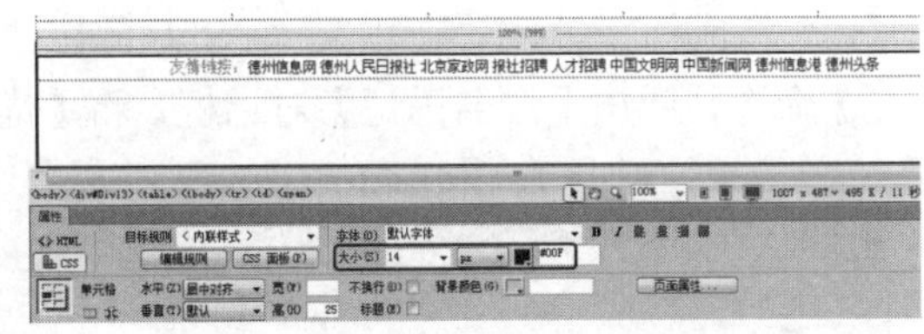

图 4-76　输入并设置文字　　　　图 4-77　再次输入并设置文字

(45) 使用前面介绍的方法，在其他单元格中输入相应文字，效果如图 4-78 所示。

图 4-78　输入其他文字后的效果

(46) 选中“联系我们”文本，在菜单栏中选择【插入】|【电子邮件链接】命令，如图 4-79 所示。

(47) 弹出【电子邮件链接】对话框，在【电子邮件】文本框中输入一个电子邮件地址，如 test123@123.net，如图 4-80 所示。单击【确定】按钮，即可在页面中创建一个电子邮件链接。

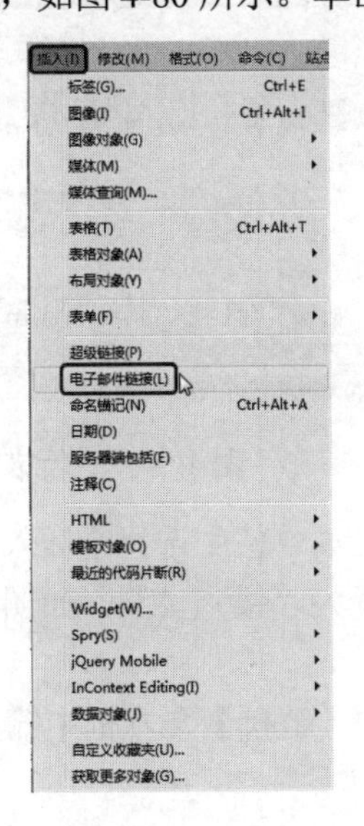

图 4-79　选择【电子邮件链接】命令

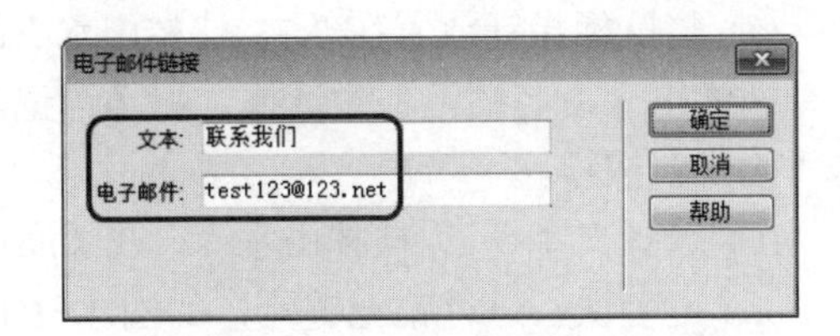

图 4-80　【电子邮件链接】对话框

4.2.1 创建锚记链接

创建锚记链接就是在文档中的某个位置插入标记，并为其设置一个标记名称，便于引用。锚记常用于长篇文章、技术文件等内容量比较大的网页，当用户单击某个锚记链接时，可以跳转到相同网页的特定段落，从而快速浏览到特定的位置。

创建锚记链接的具体操作步骤如下。

(1) 运行 Dreamweaver CS6，打开“素材\项目四\创建锚记链接素材.html”文件，如图 4-81 所示。

(2) 将鼠标指针放置在正文“一 万里长城”的右侧，在菜单栏中选择【插入】|【命名锚记】命令，弹出【命名锚记】对话框，将【锚记名称】设置为“锚点 1”，如图 4-82 所示。

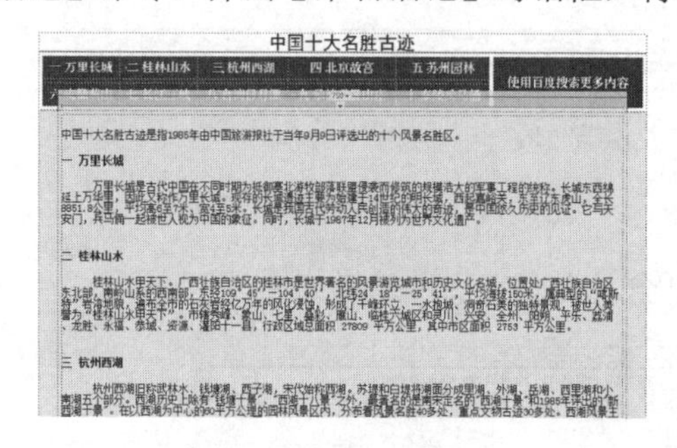

图 4-81 素材文件

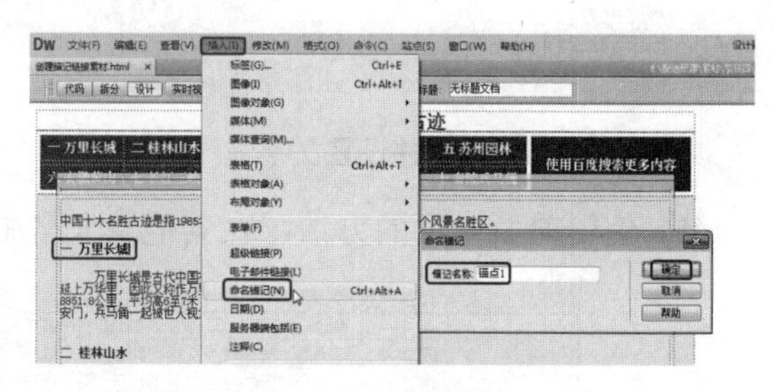

图 4-82 命名锚记

(3) 单击【确定】按钮，便可插入锚记，效果如图 4-83 所示。

(4) 选择标题“一 万里长城”，在【属性】面板的【链接】文本框中输入“#锚点 1”，按 Enter 键确认，进行锚记链接，如图 4-84 所示。

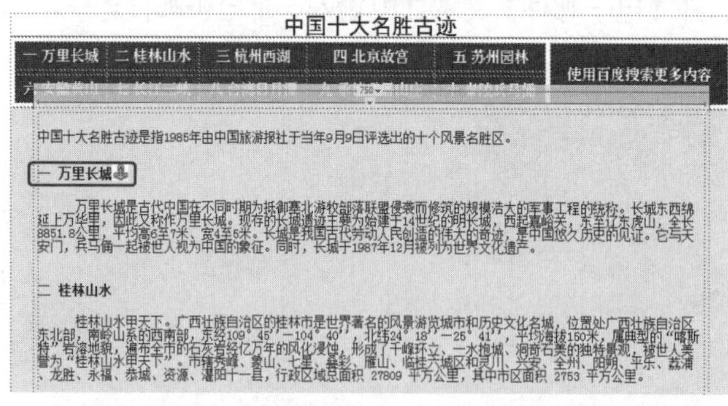

图 4-83 插入锚记

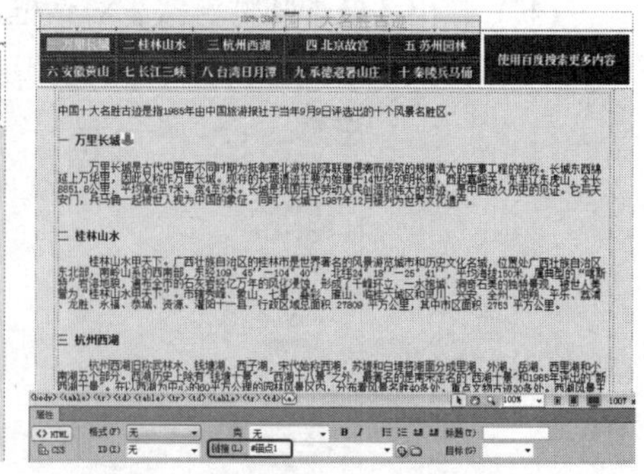

图 4-84 进行锚记链接

(5) 将鼠标指针放置在“二 桂林山水”的右侧，在菜单栏中选择【插入】|【命名锚记】命令，弹出【命名锚记】对话框，将【锚记名称】设置为“锚点 2”，如图 4-85 所示，单击【确定】按钮。

(6) 选择文字“二 桂林山水”，在【属性】面板的【链接】文本框中输入“#锚点 2”，按 Enter 键确认，进行锚记链接，如图 4-86 所示。

(7) 使用相同的方法，将其他标题进行锚记链接。

(8) 将制作完成的文档另存，按 F12 键在浏览器中预览创建锚记链接后的效果，如

图 4-87 所示。单击页面上的锚记链接，即可查看相应的内容。

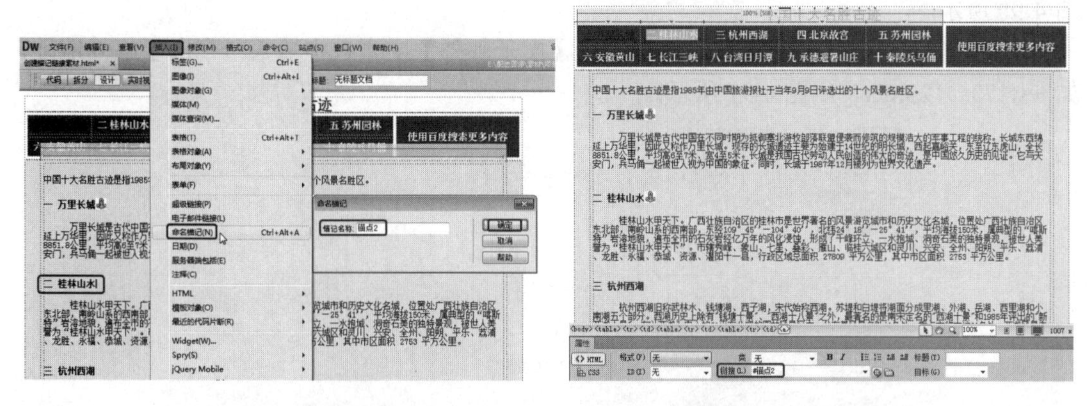

图 4-85　命名锚记　　　　图 4-86　进行锚记链接

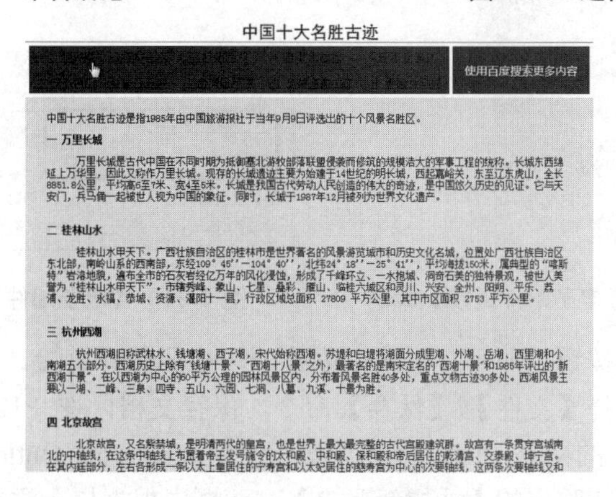

图 4-87　预览效果

4.2.2　创建 E-mail 链接

为了方便浏览者与网站管理者进行沟通，一般的网页中都会设有一个电子邮件链接，单击它，会自动打开一个默认的电子邮件处理系统，如图 4-88 所示。

创建电子邮件链接的具体操作步骤如下。

(1) 打开“素材\项目四\创建 E-mail 链接素材.html”文件，如图 4-89 所示。

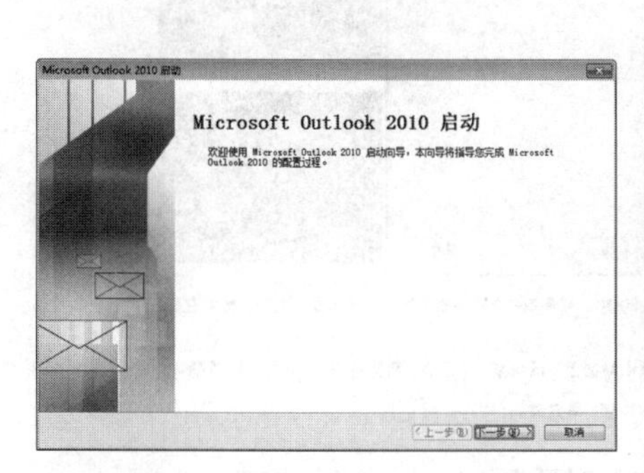

图 4-88　默认的电子邮件处理系统

图 4-89　素材文件

(2) 选中“联系我们”文本，在菜单栏中选择【插入】|【电子邮件链接】命令，如图 4-90 所示。

(3) 弹出【电子邮件链接】对话框，在【电子邮件】文本框中输入一个电子邮件地址，如 test123@123.net，如图 4-91 所示。

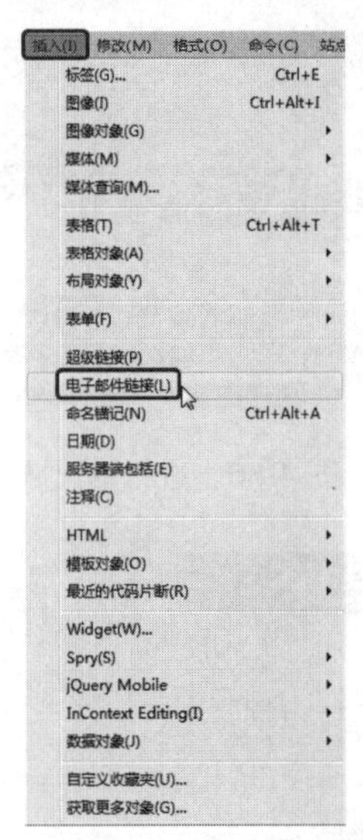

图 4-90　选择【电子邮件链接】命令

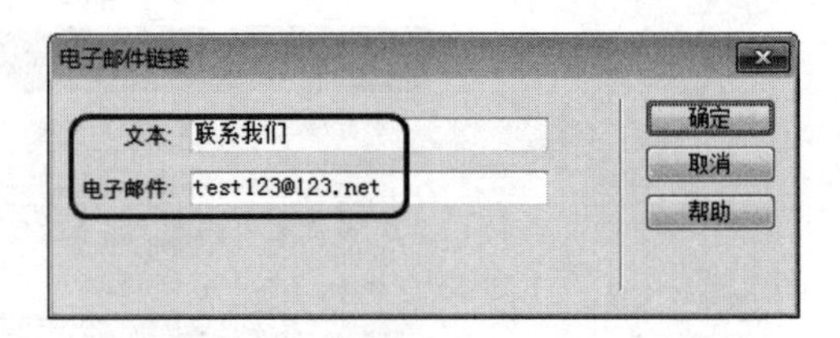

图 4-91　【电子邮件链接】对话框

(4) 单击【确定】按钮，即可在页面中创建一个电子邮件链接。

(5) 在菜单栏中选择【文件】|【保存】命令，保存文档，按 F12 键在浏览器中预览效果。单击“联系我们”的文本，即可打开【欢迎使用 Microsoft Outlook 2010】窗口。单击两次【下一步】按钮，在弹出的【添加新账户】对话框中根据提示添加账户即可，如图 4-92 所示。

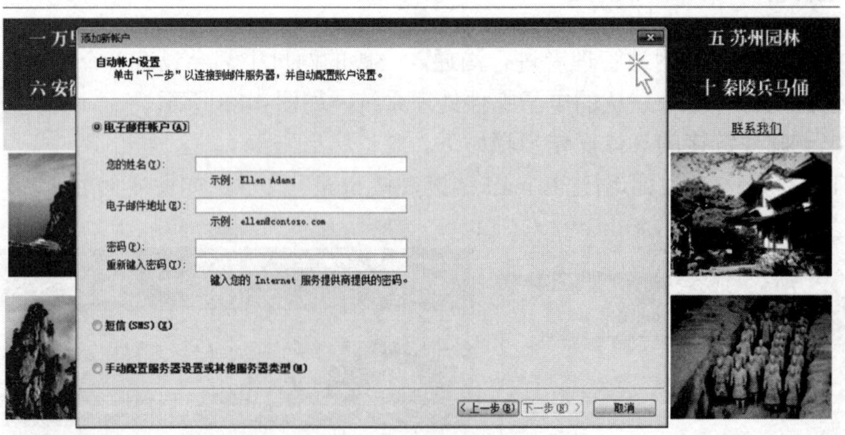

图 4-92　【添加新账户】对话框

4.2.3　创建下载链接

如果需要在网站中为浏览者提供图片或文字等下载资料，就必须为这些图片或文字提供下载链接，如果超链接的网页文件为RAR、MP3、EXE等格式时，单击链接就会下载指定的文件。

创建下载文件链接的具体操作步骤如下。

(1) 打开“素材\项目四\创建下载链接素材.html”文件，如图4-93所示。

图4-93　素材文件

(2) 选中“图片下载”文本，在【属性】面板中单击【链接】文本框右侧的【浏览文件】按钮，如图4-94所示。

图4-94　单击【浏览文件】按钮

(3) 在弹出的【选择文件】对话框中选择“素材\项目四\万里长城.jpg”，单击【确定】按钮，即可创建下载链接，如图4-95所示。

(4) 将制作完成的文档进行另存，按F12键在浏览器中预览效果，在页面中单击“图片下载”文本，即可下载图片，如图4-96所示。

图 4-95 【选择文件】对话框

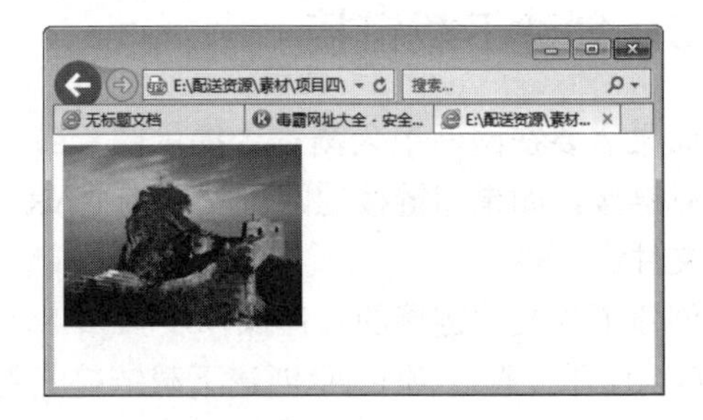

图 4-96 文件下载

4.2.4 创建空链接

空链接是指一种没有指定位置的链接，一般用于为页面上的对象或文本附加行为。创建空链接的具体操作步骤如下。

(1) 打开“素材\项目四\创建空链接素材.html”文件，如图 4-97 所示。

图 4-97 素材文件

(2) 选中需要设置链接的文本，在【属性】面板的【链接】文本框中输入#，按 Enter 键确认操作，即可创建空链接，如图 4-98 所示。

图 4-98 创建空链接

(3) 保存文档，按 F12 快捷键在浏览器中预览效果，如图 4-99 所示。

图 4-99　预览效果

4.2.5　创建热点链接

热点链接就是利用 HTML 语言在图像上定义一定范围，然后再为其添加链接，添加热点链接的范围称为热点链接。

创建热点链接的具体操作步骤如下。

(1) 打开“素材\项目四\创建热点链接素材.html”文件，如图 4-100 所示。

(2) 选中需要创建热点链接的图片，用户可以在【属性】面板的左下角看到 4 个热点工具，分别是【指针热点工具】【矩形热点工具】【圆形热点工具】和【多边形热点工具】，如图 4-101 所示。

图 4-100　素材文件

图 4-101　热点工具

(3) 选择一个热点工具，在图 4-102 所示的位置绘制一个热点范围，并调整至合适的位置。

(4) 单击【属性】面板中【链接】文本框右侧的【浏览文件】按钮，在弹出的【选择文件】对话框中选择“素材\项目四\海.jpg”，单击【确定】按钮，即可创建热点链接，如图 4-103 所示。

(5) 在菜单栏中选择【文件】|【保存】命令，保存文档，按 F12 键在浏览器中预览效果，如图 4-104 所示。

图 4-102　绘制热点范围

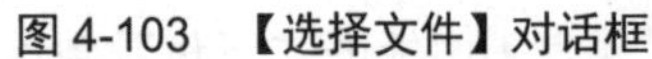

图 4-103　【选择文件】对话框

图 4-104　预览效果

任务 3　上机练习——制作绿色软件网页

本例将介绍如何制作绿色软件网页，主要使用 Div 对网页进行布局，然后在单元格内输入文字、插入图片等，完成后的效果如图 4-105 所示。

素材	项目四\绿色软件网页
场景	项目四\上机练习——制作绿色软件网页.html
视频	项目四\任务 3：上机练习——制作绿色软件网页.mp4

图 4-105　绿色软件网页

具体操作步骤如下。

(1) 启动软件后，新建一个 HTML 文档。按 Ctrl+Alt+T 快捷键，弹出【表格】对话框，将【行数】设置为 1、【列】设置为 1，将【表格宽度】设置为 1000 像素，将【边框粗细】、【单元格边距】和【单元格间距】均设置为 0，如图 4-106 所示，单击【确定】按钮。

(2) 将鼠标指针插入表格中，在【属性】面板中将【高】设置为 78，如图 4-107 所示。

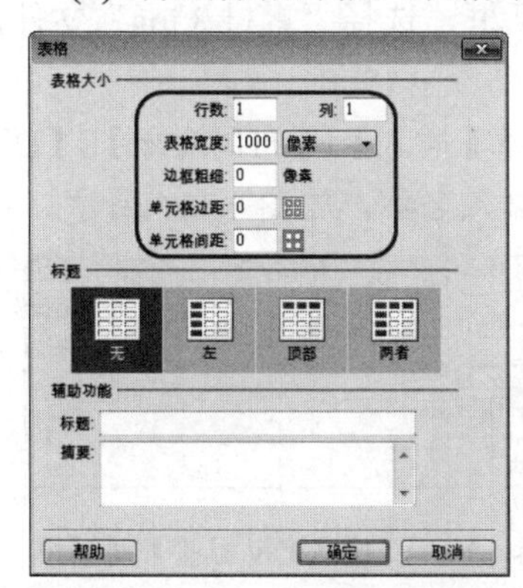

图 4-106　【表格】对话框

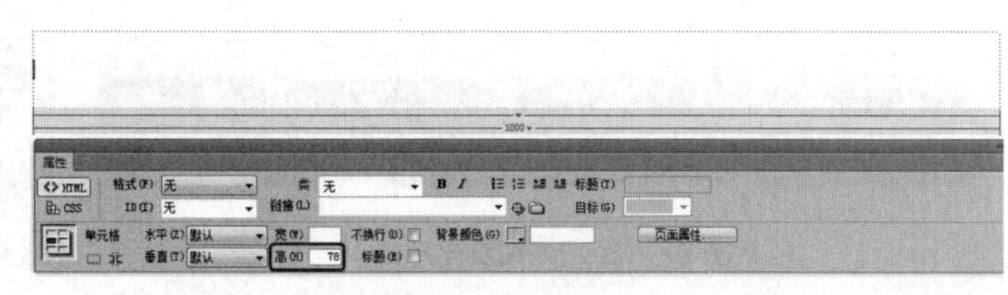

图 4-107　设置表格

(3) 将鼠标指针插入表格中，单击【拆分】按钮，切换至拆分视图。在打开的界面中找到代码中鼠标指针所在的段落，将鼠标指针插入<td 的右侧，如图 4-108 所示。

(4) 按空格键，在弹出的列表中选择 background 选项并双击，如图 4-109 所示。

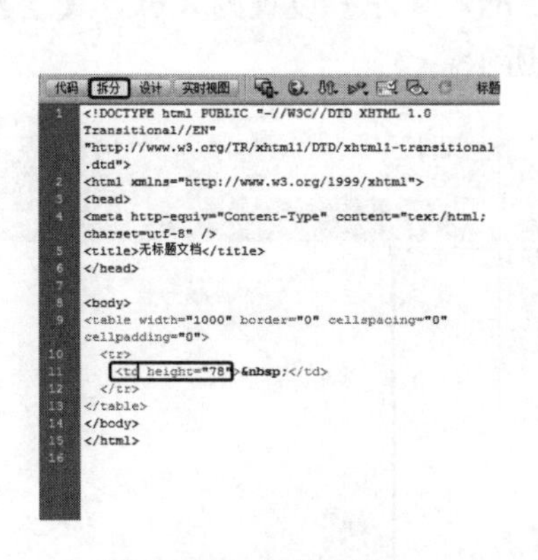

图 4-108　拆分视图

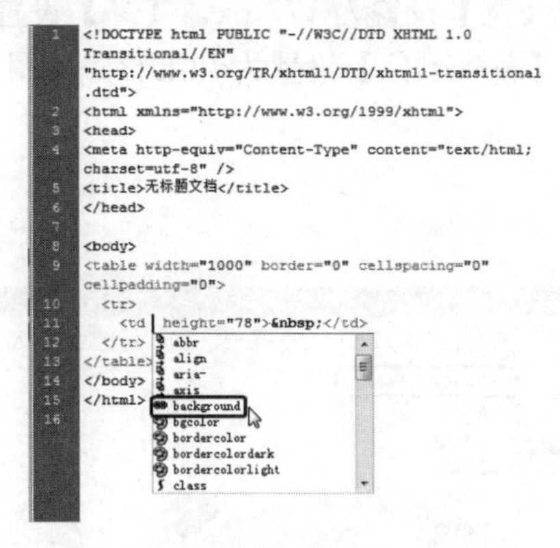

图 4-109　选择 background 选项

(5) 执行上一步操作后即可弹出【浏览】选项，单击该选项，打开【选择图像源文件】对话框，选择"素材 1.jpg"文件，单击【确定】按钮。返回到文档中，单击【设计】按钮，切换至设计视图，效果如图 4-110 所示。

(6) 按 Ctrl+Alt+I 组合键，打开【选择图像源文件】对话框，选择"素材 2.png"文件，单击【确定】按钮，即可插入图片，如图 4-111 所示。

图 4-110　设计视图

图 4-111　插入图片

(7) 在表格的右侧插入鼠标指针，根据前面介绍的方法插入单元格，如图 4-112 所示。

图 4-112　插入单元格

(8) 按 Ctrl+Alt+I 组合键，打开【选择图像源文件】对话框，选择“素材 3.jpg”文件，单击【确定】按钮，插入素材，如图 4-113 所示。

(9) 将鼠标指针插入表格下方的空白处，在菜单栏中选择【插入】|【布局对象】|【Div 标签】命令，打开【插入 Div 标签】对话框，在 ID 的右侧输入名称，如图 4-114 所示。

图 4-113　插入素材

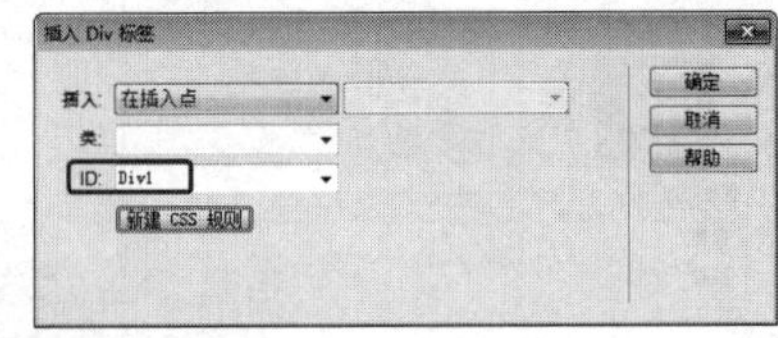

图 4-114　【插入 Div 标签】对话框

(10) 单击【新建 CSS 规则】按钮，在打开的对话框中单击【确定】按钮，将再次弹出一个对话框，选择【分类】列表中的【定位】，在右侧将 Position 设置为 absolute，然后单击【确定】按钮，如图 4-115 所示。

(11) 返回至【插入 Div 标签】对话框，单击【确定】按钮。选中插入的 Div，在【属性】面板中将【宽】设置为 177 px，【高】设置为 662 px，【左】设置为 8 px，【上】设置为 132 px，【背景颜色】设置为#f0f2f3，如图 4-116 所示。

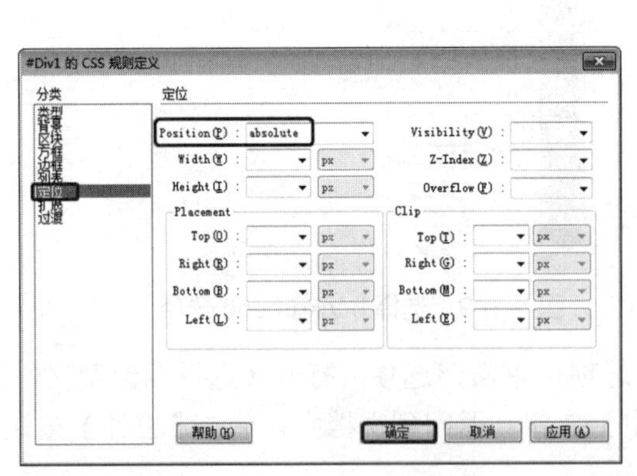

图 4-115　设置新建 Div 的规则

图 4-116　设置 Div 属性

(12) 将鼠标指针插入 Div 中，将文字删除。按 Ctrl+Alt+T 组合键，弹出【表格】对话框，将【行数】设置为 14、【列】设置为 1、【表格宽度】设置为 100%，将【边框粗细】【单元格边距】和【单元格间距】均设置为 0，单击【确定】按钮，如图 4-117 所示。

(13) 选中所有单元格，在【属性】面板中将【高】设置为 40，【水平】设置为【居中对齐】，如图 4-118 所示。

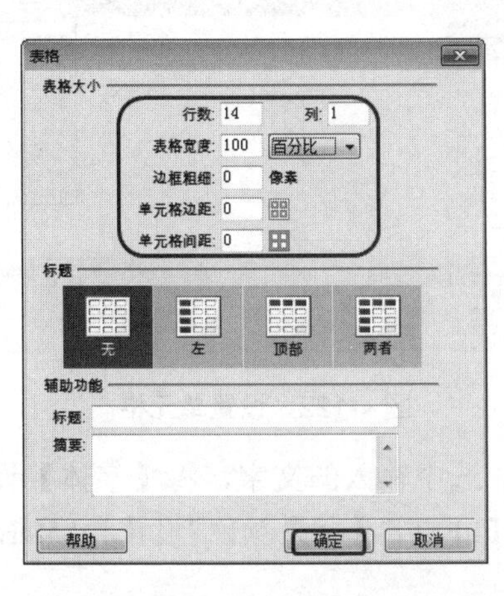

图 4-117　【表格】对话框

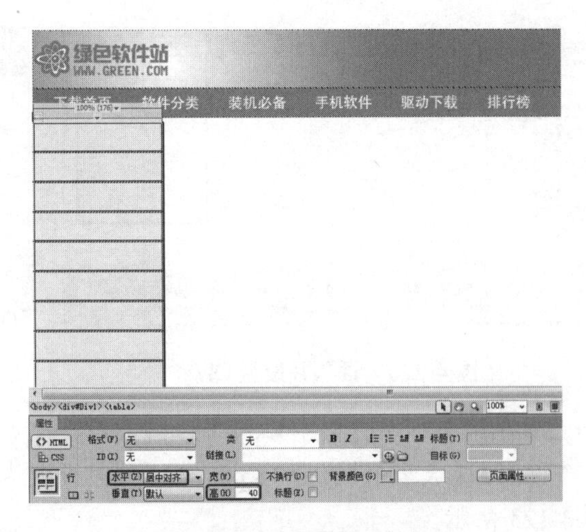

图 4-118　设置单元格

提示：如果没有明确指定边框粗细或单元格间距和单元格边距的值，则大多数浏览器都按边框粗细和单元格边距设置为 1、单元格间距设置为 2 来显示表格。若要确保浏览器显示表格时不显示边距或间距，可以将【单元格边距】和【单元格间距】设置为 0。

(14) 在各个单元格中输入文字。依次选择每行单元格中的文本，在【属性】面板中将【字体】设置为【微软雅黑】，将第一行单元格的文字【大小】设置为 16 px，文字颜色设置为#FFFFFF，【背景颜色】设置为#5DBE1C，如图 4-119 所示。

(15) 将其他单元格中的文字【大小】设置为 14 px，将数字与括号的文字颜色设置为#999999，如图 4-120 所示。

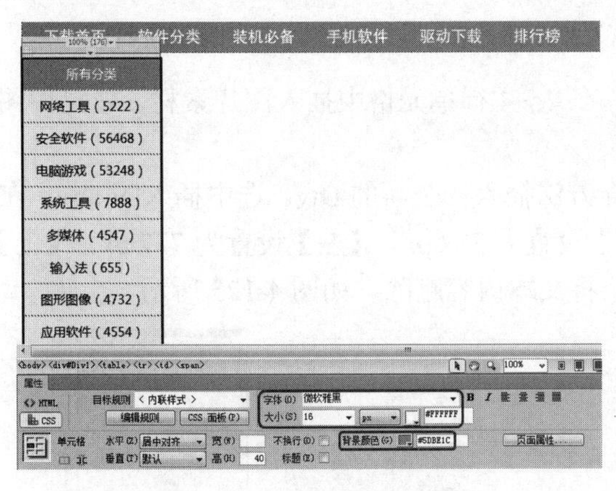

图 4-119　输入并设置文字

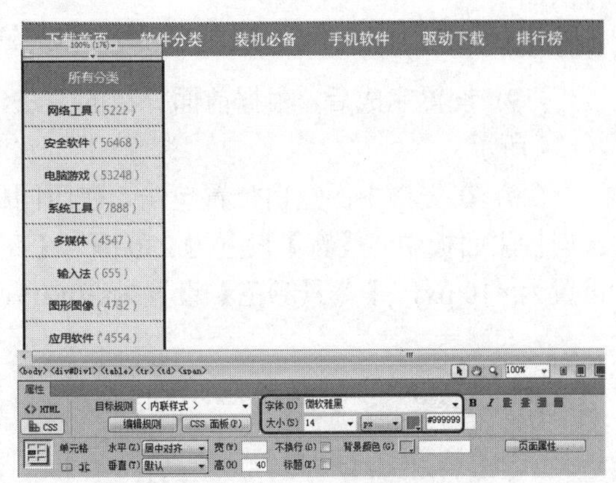

图 4-120　设置文字

(16) 在文档中的空白位置单击，使用同样方法插入一个新的 Div。选中插入的 Div，在【属性】面板中将【宽】设置为 230 px，【高】设置为 283 px，【左】设置为 777 px，【上】设置为 132 px，【背景颜色】设置为#f0f2f3，删除多余的文本，如图 4-121 所示。

(17) 将鼠标指针插入 Div 中，使用前面介绍的方法插入 4 行 1 列的表格，将【表格宽度】设置为 100 百分比。选中所有单元格，在【属性】面板中将【水平】设置为【居中对齐】，第一行单元格的【高】设置为 30，其他单元格的【高】设置为 70，如图 4-122 所示。

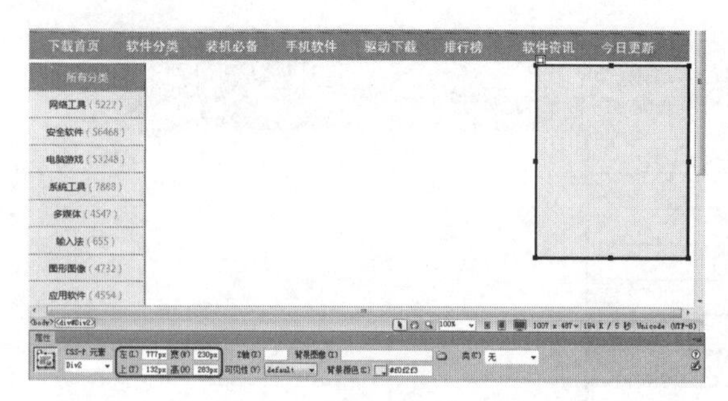

图 4-121　插入并设置 Div

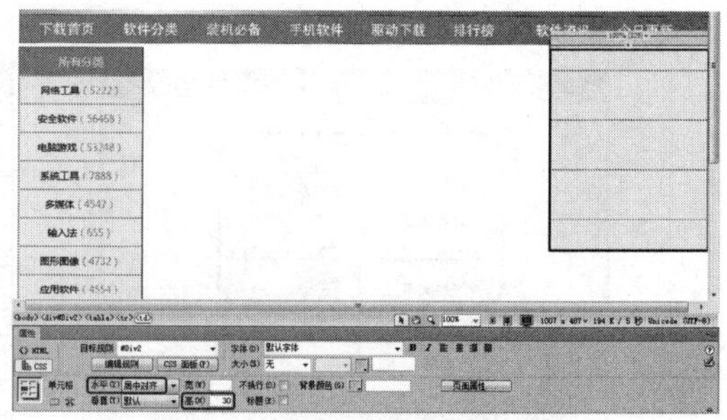

图 4-122　设置单元格

(18) 在第一行单元格中输入“今日推荐”文字。选中输入的文字，将【字体】设置为【微软雅黑】,【大小】设置为 18 px，文字颜色设置为#FFFFFF,【背景颜色】设置为#5DBE1C，如图 4-123 所示。

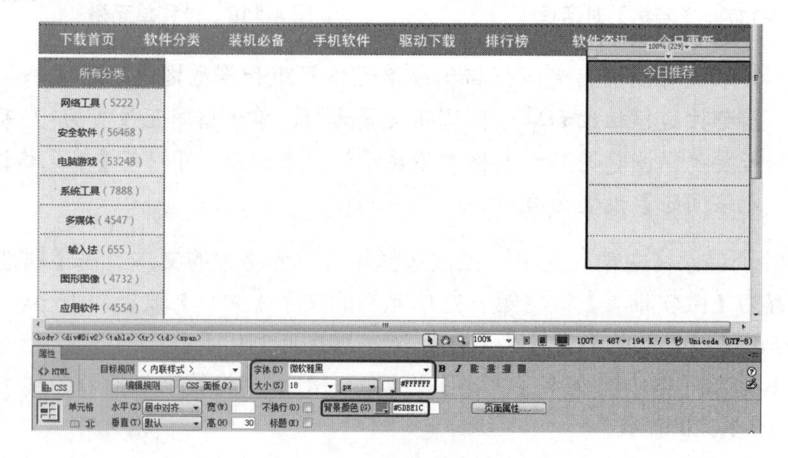

图 4-123　输入并设置文字

(19) 设置完成后，根据前面介绍的方法，在 2～4 行单元格中插入图片素材，效果如图 4-124 所示。

(20) 在文档中的空白位置单击，使用同样方法插入一个新的 Div。选中插入的 Div，在【属性】面板中将【宽】设置为 230 px，【高】设置为 382 px，【左】设置为 777 px，【上】设置为 410 px，【背景颜色】设置为#f0f2f3，将文本内容删除，如图 4-125 所示。

图 4-124　插入素材

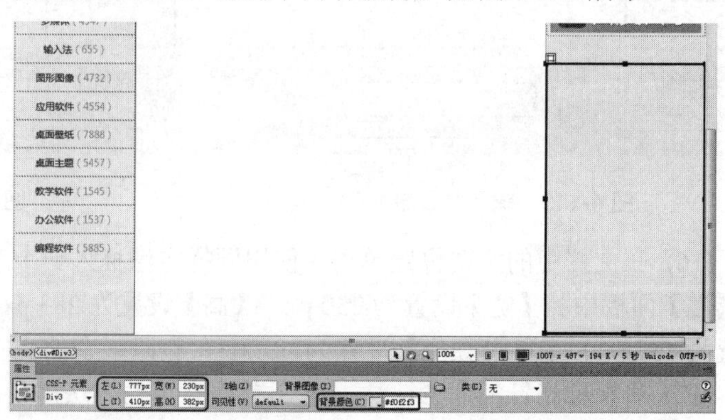

图 4-125　插入并设置 Div

(21) 使用前面介绍的方法插入 11 行 3 列的表格，将【表格宽度】设置为 100%。选中插入的第一行单元格，在【属性】面板中单击【合并所选单元格，使用跨度】按钮，合并所选单元格，然后分别设置 3 列单元格的宽度，效果如图 4-126 所示。

(22) 将鼠标指针插入第一行单元格中，输入“排行榜”文字，在【属性】面板中将【字体】设置为【微软雅黑】，【大小】设置为 18 px，文字颜色设置为白色，【水平】设置为【居中对齐】，【垂直】设置为【居中】，【高】设置为 35，【背景颜色】设置为#5DBE1C，如图 4-127 所示。

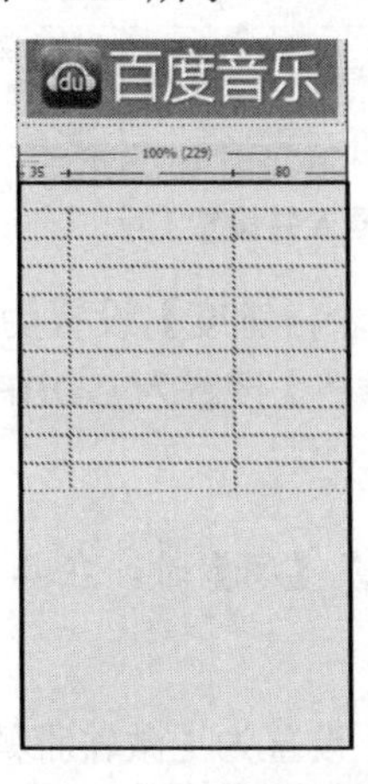

图 4-126 设置表格属性

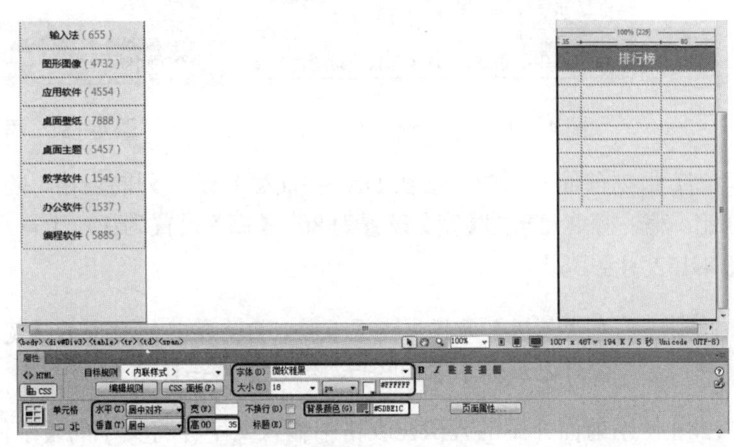

图 4-127 输入并设置文字

(23) 根据前面介绍的方法，在该表格中输入其他文字，设置背景颜色和高度，并插入图片素材，效果如图 4-128 所示。

(24) 在文档中的空白位置单击，使用同样方法插入一个新的 Div。选中插入的 Div，在【属性】面板中将【宽】设置为 570 px，【高】设置为 240 px，【左】设置为 196 px，【上】设置为 132 px，【背景颜色】设置为#f0f2f3，如图 4-129 所示。

图 4-128 在其他单元格中输入文字并设置

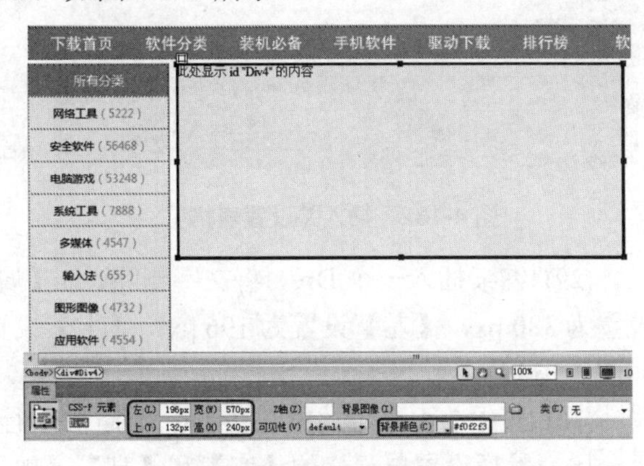

图 4-129 插入并设置 Div

(25) 将鼠标指针插入 Div 中，将文字删除，然后根据前面介绍的方法，在 Div 中插入图像素材，如图 4-130 所示。

(26) 再次插入一个 Div，将文字删除，然后在【属性】面板中将【宽】设置为 570 px，【高】设置为 39 px，【左】设置为 196 px，【上】设置为 375 px，删除多余的内容，如

图 4-131 所示。

图 4-130　插入素材

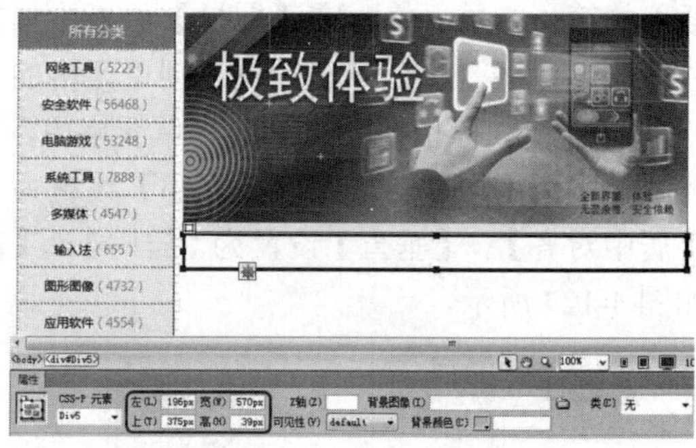

图 4-131　再次插入并设置 Div

(27) 根据前面介绍的方法在 Div 中插入 1 行 7 列的表格，将【表格宽度】设置为 100 百分比，然后将单元格的【宽】设置为 80，【高】设置为 30，【背景颜色】设置为#5DBE1C，如图 4-132 所示。

提示： 在【属性】面板中设置表格、Div 或其他对象的【宽】或【高】时，在其参数值后添加和不添加%号，结果是不一样的。

(28) 使用前面介绍的方法在表格中输入文字并将文字的【字体】设置为【微软雅黑】，文字颜色设置为白色，将【水平】设置为【居中对齐】，如图 4-133 所示。

图 4-132　插入并设置表格

图 4-133　输入并设置文字

(29) 继续插入一个 Div，将文字删除，在【属性】面板中将【宽】设置为 570 px，【高】设置为 380 px，【左】设置为 196 px，【上】设置为 415 px，【背景颜色】设置为#f0f2f3，如图 4-134 所示。

(30) 根据前面介绍的方法在 Div 中插入 6 行 5 列的表格，将【表格宽度】设置为 100 百分比，然后设置单元格的【宽】和【高】，效果如图 4-135 所示。

(31) 根据前面介绍的方法，在各个单元格中插入图像素材并输入文字，进行相应的设置，效果如图 4-136 所示。

(32) 综合运用前面介绍的方法插入 Div 和表格，设置背景颜色，输入文字并进行相应的设置，效果如图 4-137 所示。

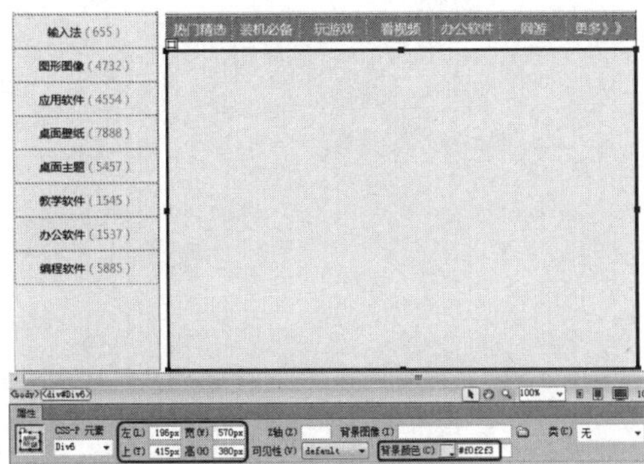

图 4-134　插入并设置 Div

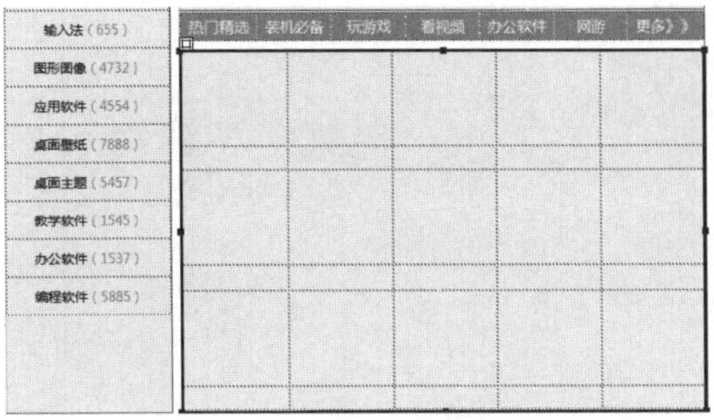

图 4-135　插入表格

图 4-136　插入素材并输入文字

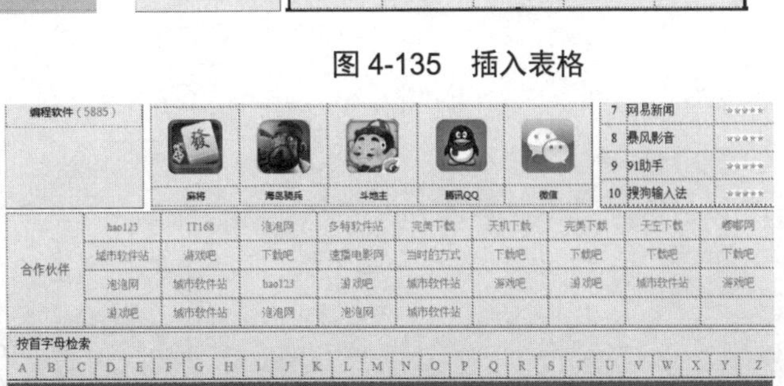

图 4-137　制作其他效果

思考与练习

1. 如何使用快捷菜单创建链接?
2. 如何使用【属性】面板创建链接?
3. 如何使用【属性】面板中的【指向文件】按钮创建链接?

项目五 旅游交通类网站设计——使用 CSS 样式修饰页面

本章要点

基础知识

- CSS 基础
- 创建 CSS 样式

重点知识

- 边框样式的定义
- 链接外部样式表

提高知识

- 修改 CSS 样式
- 创建嵌入式 CSS 样式

本章导读

在网页制作中，如果不使用 CSS 样式，那么为文档应用格式将会十分烦琐。使用 CSS 样式可以对文档进行精细的页面美化，还可以保持网页风格的一致性，达到统一的效果，并且便于调整修改，更降低了网页编辑和修改的工作量。

本章将简单讲解如何使用 CSS 样式修饰页面，重点学习天气预报网页、旅游网站(一)、旅游网站(二)、旅游网站(三)以及畅途网网页的制作。

任务 1 制作天气预报网页——初识 CSS

天气预报或气象预报是使用现代科学技术对未来某一地点地球大气层的状态进行预测，本案例将介绍天气预报网页的制作，完成后的效果如图 5-1 所示。

素材	项目五\天气预报网
场景	项目五\制作天气预报网页——初识 CSS.html
视频	项目五\任务 1：制作天气预报网页——初识 CSS.mp4

图 5-1　天气预报网页

具体操作步骤如下。

(1) 启动软件后，选择【文件】|【打开】命令，选择“素材\项目五\天气预报网\天气预报网页素材”素材文件，效果如图 5-2 所示。

(2) 在空白位置处右击，在弹出的快捷菜单中选择【CSS 样式】|【新建】命令，弹出【新建 CSS 规则】对话框，将【选择器名称】设置为 ge3，如图 5-3 所示，单击【确定】按钮。

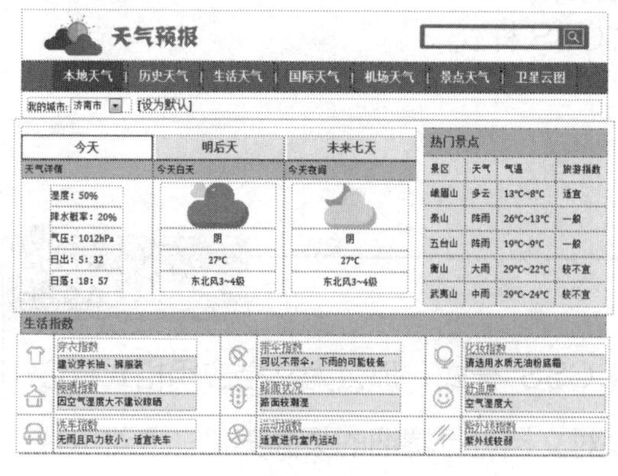

图 5-2　素材文件

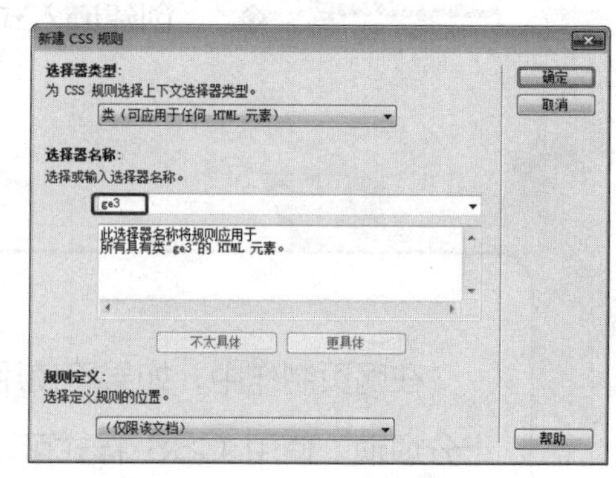

图 5-3　设置选择器名称

(3) 在打开的对话框中将【分类】设置为【边框】，将 Top 设置为 solid，将 width 设置为 thin，将 Color 设置为#09F，如图 5-4 所示。

(4) 在【设计】视图中选择要应用 CSS 样式的表格，在【属性】面板中将【目标规则】设置为.ge3，单击【实时视图】按钮观看效果，如图 5-5 所示。

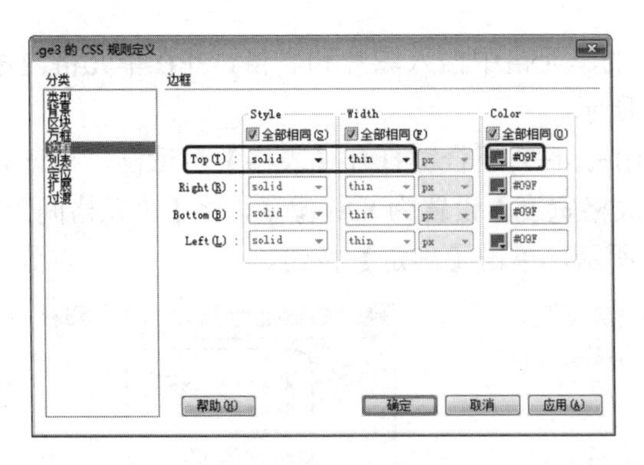

图 5-4 设置边框

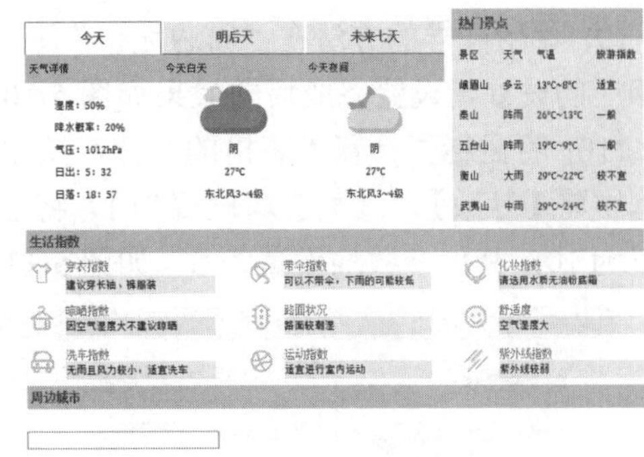

图 5-5 设置完成后的效果

(5) 将鼠标指针置入表格内，按 Ctrl+Alt+T 组合键，打开【表格】对话框，将【行数】、【列】分别设置为 1、4，将【表格宽度】设置为 241 像素，将【单元格边距】设置为 5，其他参数均设置为 0，如图 5-6 所示。

(6) 选择插入的表格，将第 1、2、3、4 列单元格的【宽】分别设置为 60、30、30、81，【高】设置为 35。在第 1 列、第 4 列单元格内输入文字，并将文字的【目标规则】设置为.A3，将第 4 列单元格的【水平】设置为右对齐。完成后的效果如图 5-7 所示。

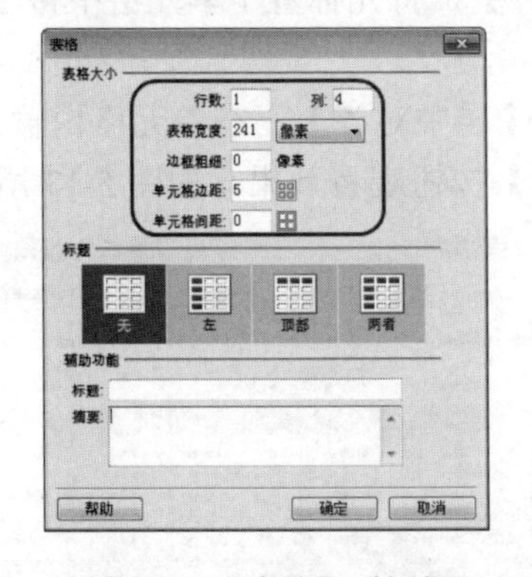

图 5-6 【表格】对话框

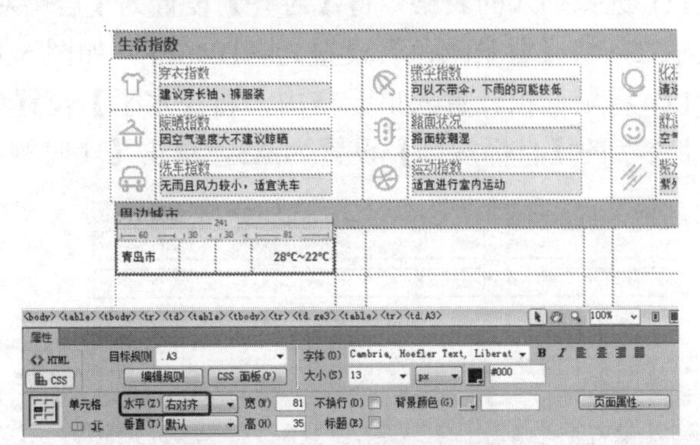

图 5-7 输入文字后的效果

(7) 将鼠标指针置入第 2 列单元格内，按 Ctrl+Alt+I 组合键打开【选择图像源文件】对话框，选择“素材\项目五\天气预报网\晴.png”素材图片，如图 5-8 所示，单击【确定】按钮。

(8) 选择插入的图片，将【宽】、【高】进行锁定，将【宽】设置为 23，完成后的效果如图 5-9 所示。

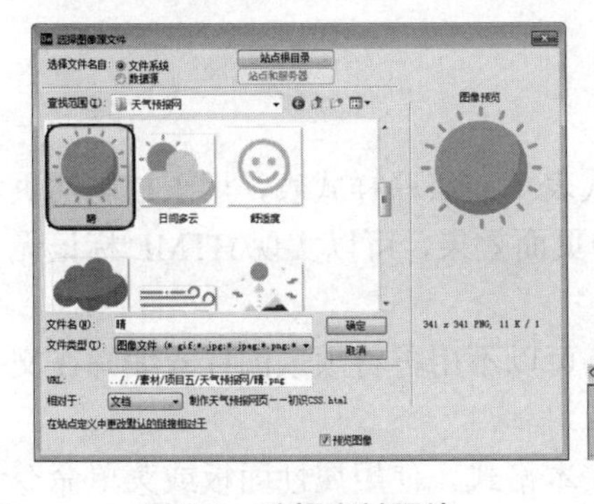

图 5-8 选择素材图片

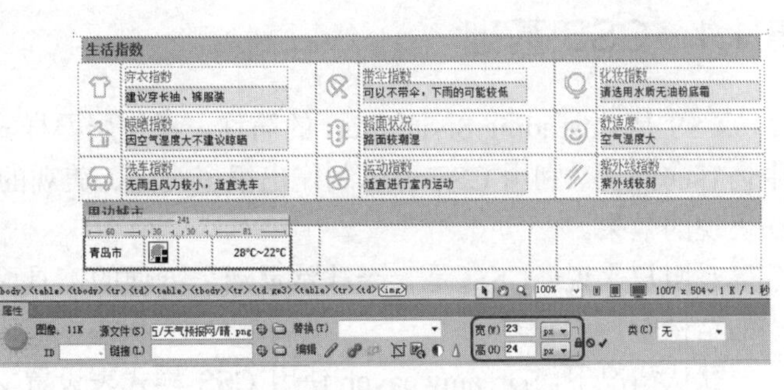

图 5-9 插入素材图片

(9) 使用同样的方法在“周边城市”下方的单元格中插入图片和表格，并在单元格内进行相应的设置，设置完成后的效果如图 5-10 所示。

(10) 将鼠标指针置入表格的右侧，按 Ctrl+Alt+T 组合键打开【表格】对话框，在该对话框中将【行数】、【列】均设置为 1，将【表格宽度】设置为 820 像素，将【单元格间距】设置为 10，其他参数均设置为 0，如图 5-11 所示，单击【确定】按钮。

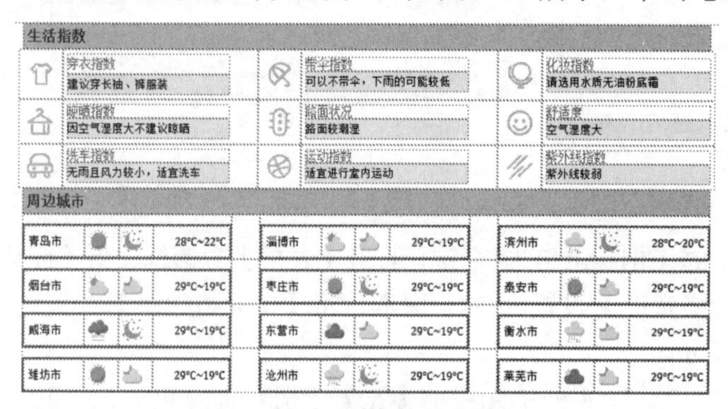

图 5-10 设置完成后的效果

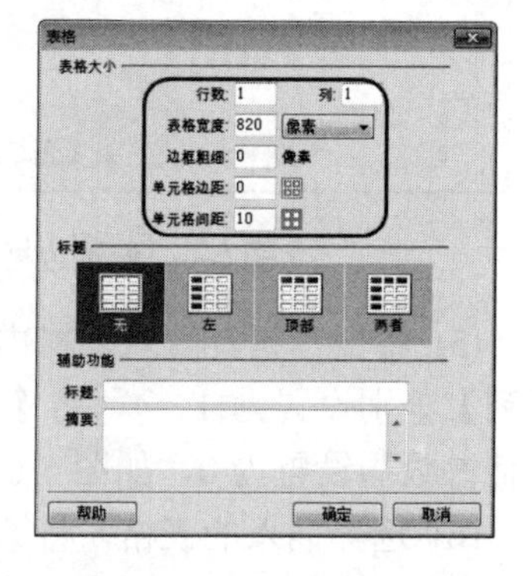

图 5-11 【表格】对话框

(11) 选择插入的表格，将【对齐】设置为【居中对齐】，将光标置于单元格中将【高】设置为 32，将【背景颜色】设置为#9DD6FF，如图 5-12 所示。

(12) 将鼠标指针置入单元格内，将【水平】设置为【居中对齐】，在单元格内输入文字，将文字的【目标规则】设置为.A3，单击【实时视图】按钮观看效果，如图 5-13 所示。

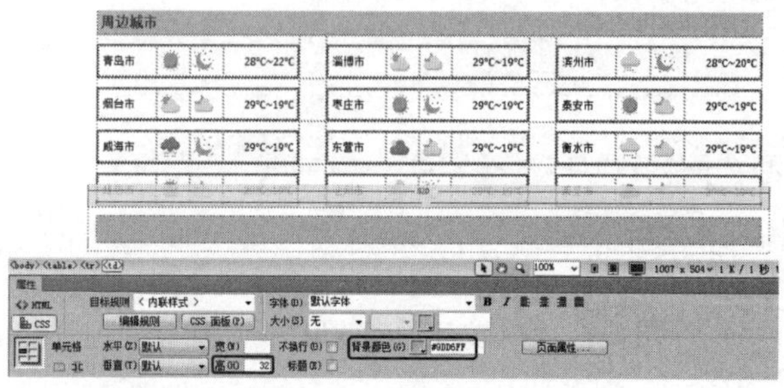

图 5-12 为表格填充颜色

图 5-13 输入文字并为其设置样式

提示： 预览此网页时，可能会出现表格错行现象，读者可以在浏览器中修改兼容视图，比如在 IE 浏览器中按 F12 键，在浏览器模式中修改为兼容性视图。

5.1.1 CSS 基础

CSS 是 Cascading Style Sheet 的简称，译作层叠样式表单或级联样式表，用于控制网页中内容的外观。利用 CSS 可以制作出很多绚丽、美观的页面效果，可以实现 HTML 标记无法表现的效果。

对用户来说，CSS 是一个非常灵活、方便的工具，可以不用再将烦琐的样式编写在文档的结构中。

默认情况下，Dreamweaver 使用 CSS 样式表设置文本格式。使用属性面板或菜单命令应用于文本的样式将自动创建为 CSS 规则。当 CSS 样式更新后，所有应用了该样式的文档都会自动更新。

CSS 样式表的特点如下。

◎ 使用 CSS 样式表可以灵活地设置网页中文字的字体、颜色、大小、间距等。
◎ 使用 CSS 样式表可以灵活地设置一段文本的间距、行高、缩进及对齐方式等不同样式等。
◎ 使用 CSS 样式表可以灵活地为网页中的元素设置不同的背景颜色、背景图像以及位置。
◎ 使用 CSS 样式表可以为网页中的元素设置各种过滤器，从而产生透明、模糊、阴影等效果。
◎ 使用 CSS 样式表可以灵活地与脚本语言相结合，从而可产生各种动态效果。
◎ CSS 样式表在所有浏览器中几乎都可以使用。并且由于 CSS 样式是 HTML 格式的代码，因此网页打开的速度非常快。
◎ 使用 CSS 样式表方便修改、维护和更新大量网页。

5.1.2 【CSS 样式】面板

在【CSS 样式】面板中可以创建、编辑和删除 CSS 样式，还可以添加外部样式到文档中。使用【CSS 样式】面板可以查看文档所有的 CSS 规则和属性，也可以查看所选择页面元素的 CSS 规则和属性。

在菜单栏中选择【窗口】|【CSS 样式】命令，如图 5-14 所示，即可打开【CSS 样式】面板。在【CSS 样式】面板中会显示已有的 CSS 样式，如图 5-15 所示。

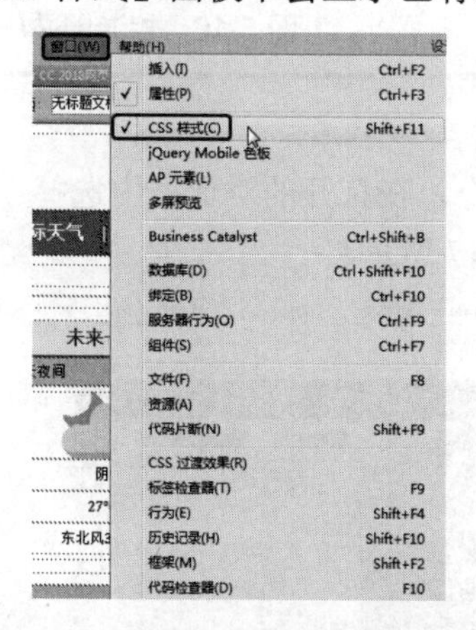

图 5-14 选择【CSS 样式】命令

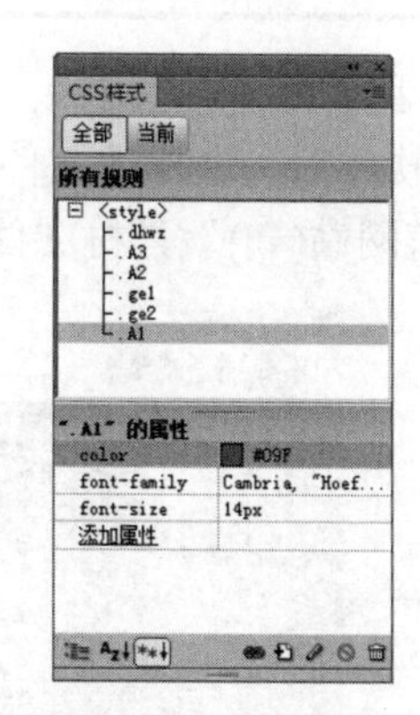

图 5-15 【CSS 样式】面板

任务 2 制作旅游网站(一)——定义 CSS 样式的属性

本案例将介绍如何制作旅游网站主页。本案例主要通过插入表格、图像，输入文字并应用 CSS 样式以及为表格添加不透明度效果等操作来完成网站主页的制作，效果如图 5-16 所示。

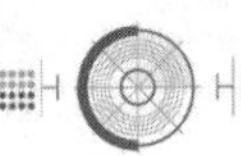

素材	项目五\旅游网站(一)
场景	项目五\制作旅游网站(一)——定义CSS样式的属性.html
视频	项目五\任务 2：制作旅游网站(一)——定义 CSS 样式的属性.mp4

图 5-16　旅游网站(一)

具体操作步骤如下。

(1) 启动软件后，选择【文件】|【打开】命令，在打开的对话框中选择“素材\项目五\旅游网站\旅游网站(一)”素材文件，效果如图 5-17 所示。

图 5-17　素材文件

(2) 将鼠标指针置于第 9 行单元格中，插入一个 1 行 4 列、单元格间距为 8、表格宽度为 970 的表格。将鼠标指针置于新插入表格的第 1 列单元格中，将【宽】、【高】分别设置为 231、300，如图 5-18 所示。

(3) 继续将鼠标指针置入该单元格中，按 Ctrl+Alt+T 组合键，在弹出的【表格】对话框中将【行数】【列】分别设置为 6、1，将【表格宽度】设置为 231 像素，将【单元格间距】设置为 0，如图 5-19 所示。

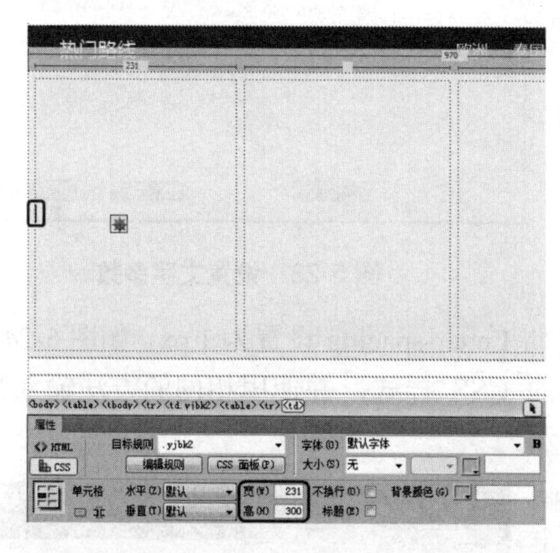

图 5-18　插入表格并设置单元格的宽和高

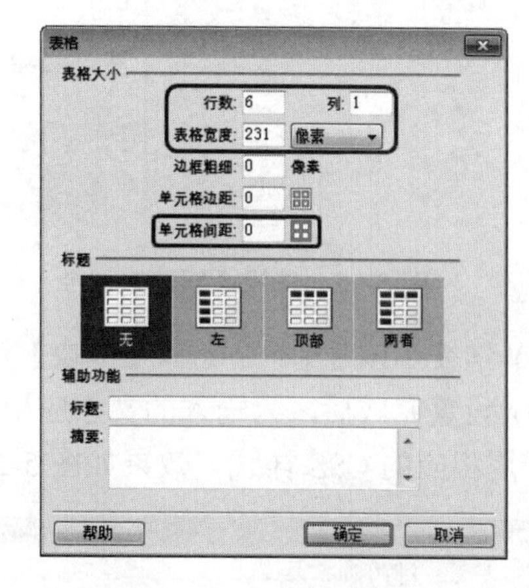

图 5-19　设置表格参数

(4) 设置完成后，单击【确定】按钮。将鼠标指针置入新插入表格的第 1 行单元格中，输入“国内游”。在【CSS 样式】面板中选择 body，新建一个 CSS 样式 wz12，在弹出的对话框中将 Font-family 设置为【微软雅黑】，将 Font-size 设置为 18px，将 Color 设置为 #e34646，如图 5-20 所示。

(5) 单击【确定】按钮，为文字应用新建的 CSS 样式，在【属性】面板中将【高】设置为 35，如图 5-21 所示。

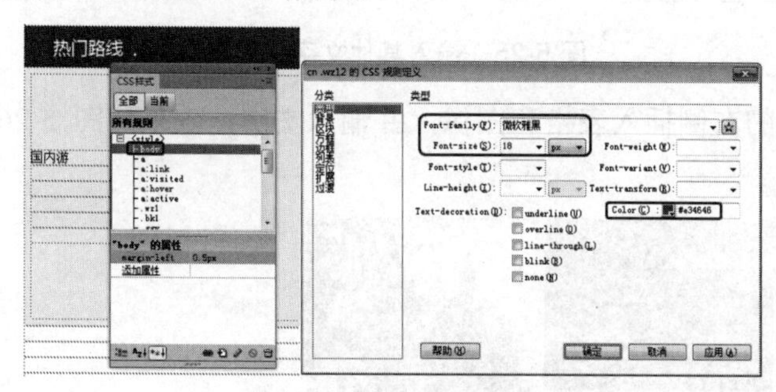

图 5-20　设置文字参数

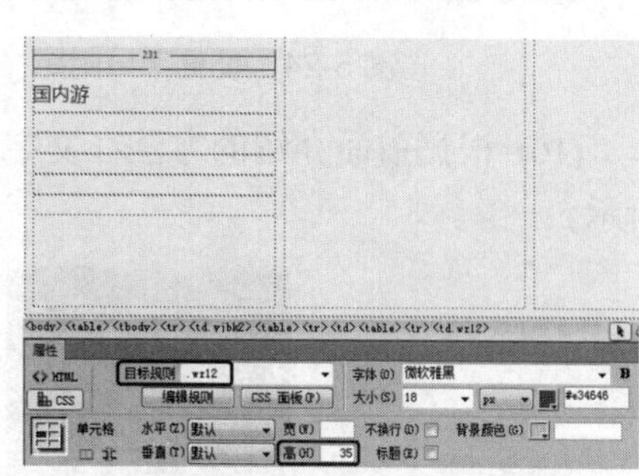

图 5-21　应用 CSS 样式并设置单元格高度

(6) 将鼠标指针置于国内游下方的单元格内，输入文字。在【CSS 样式】面板中选择 body。选中输入的文字并右击，在弹出的快捷菜单中选择【CSS 样式】|【新建】命令，如图 5-22 所示。

(7) 在弹出的对话框中将【选择器名称】设置为 wz13，单击【确定】按钮。在弹出的对话框中将 Font-family 设置为【微软雅黑】，将 Font-size 设置为 14 px，将 Line-height 设置为 25 px，如图 5-23 所示。

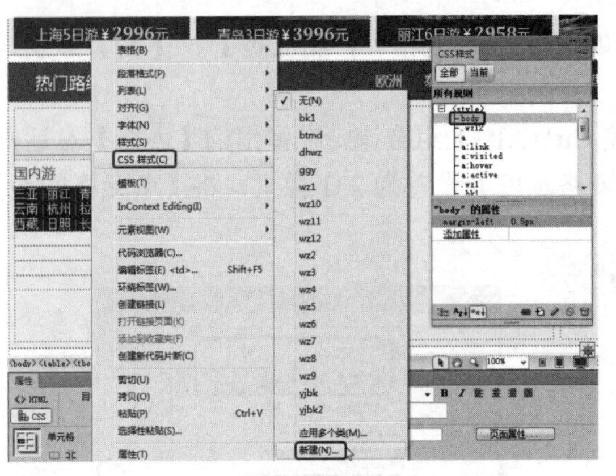

图 5-22　选择【新建】命令

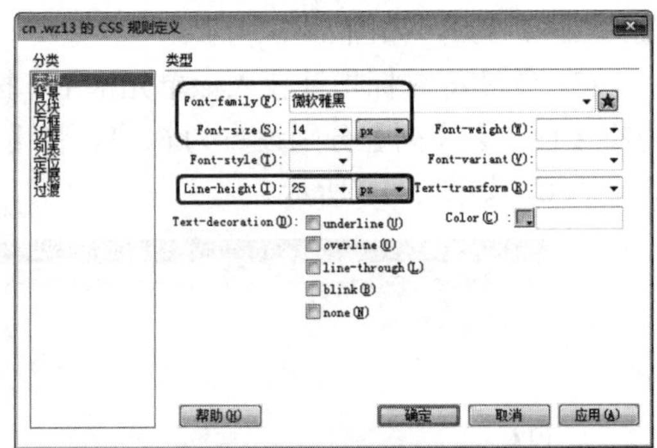

图 5-23　设置文字参数

(8) 继续在该对话框中选择【区块】分类，将 Letter-spacing 设置为 1 px，如图 5-24 所示。

(9) 设置完成后，为输入的文字应用新建的 CSS 样式，并使用相同的方法输入其他文字和应用相应的 CSS 样式，效果如图 5-25 所示。

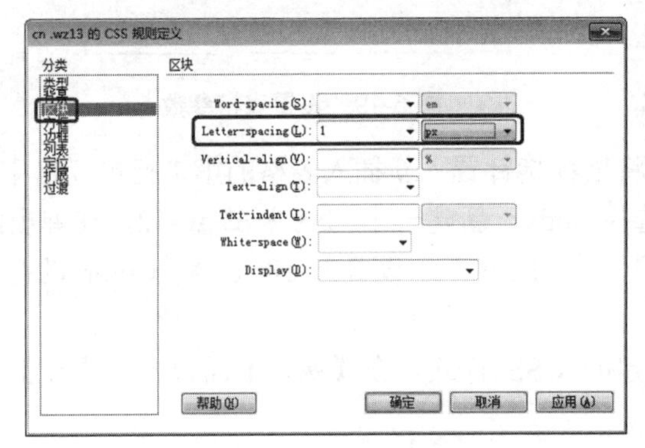

图 5-24　设置字母间距

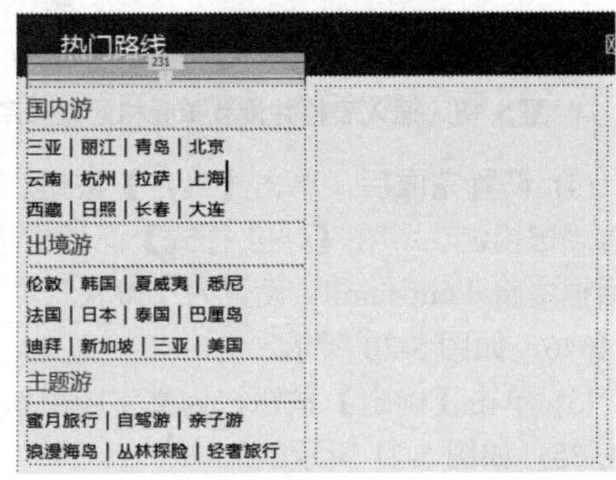

图 5-25　输入其他文字并应用 CSS 样式

(10) 根据前面介绍的方法在文字的右侧插入表格和图像，并输入文字，效果如图 5-26 所示。

图 5-26　插入表格和图像并输入文字

(11) 根据前面介绍的方法制作其他网页效果，并将表格底部多余的单元格删除，效果如图 5-27 所示。

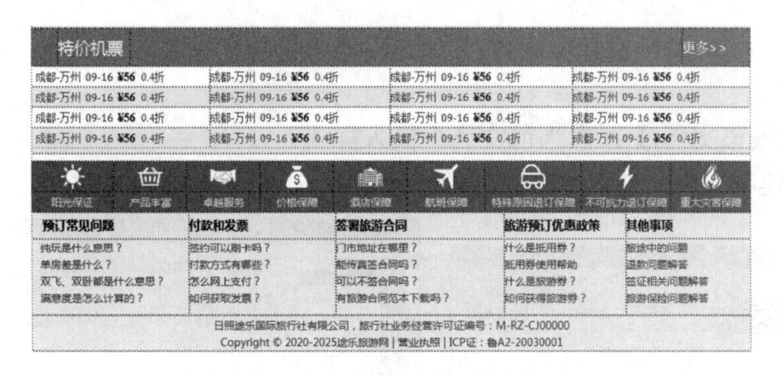

图 5-27　制作其他对象后的效果

5.2.1　创建 CSS 样式

在 Dreamweaver 中要想实现页面的布局、字体、颜色、背景等效果，首先需要创建 CSS 样式，下面来介绍如何创建 CSS 样式。

(1) 选中需要应用样式的内容并右击，从弹出的快捷菜单中选择【CSS 样式】|【新建】命令，如图 5-28 所示。

(2) 系统将自动弹出【新建 CSS 规则】对话框，如图 5-29 所示。

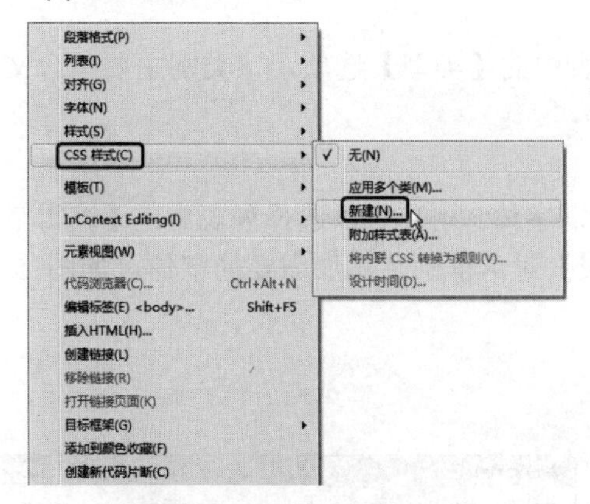

图 5-28　选择【新建】命令

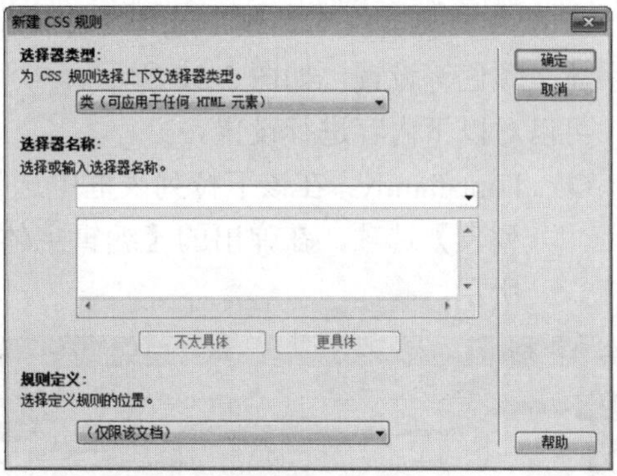

图 5-29　【新建 CSS 规则】对话框

(3) 在该对话框中将【选择器类型】设置为【复合内容(基于选择的内容)】，将【规则定义】设置为【仅限该文档】，如图 5-30 所示。

(4) 单击【确定】按钮，在弹出的对话框中对 CSS 样式进行设置，如图 5-31 所示，然后单击【确定】按钮即可。

【新建 CSS 规则】对话框中的选择器类型介绍如下。

◎　【类(可应用于任何 HTML 元素)】：可以创建一个作为 class 属性应用于任何 HTML 元素的自定义样式。类名称必须以英文字母或句点开头，不能包含空格或其他符号。

◎　【ID(仅应用于一个 HTML 元素)】：定义包含特定 ID 属性的标签的格式。ID 名称必须以英文字母开头，Dreamweaver 将自动在名称前添加#，不能包含空格或其他符号。

◎　【标签(重新定义 HTML 元素)】：重新定义特定 HTML 标签的默认格式。

◎　【复合内容(基于选择的内容)】：定义同时影响两个或多个标签、类或 ID 的复合规则。

◎　【(仅限该文档)】：在当前文档中嵌入样式。

◎　【新建样式表文件】：创建外部样式表。

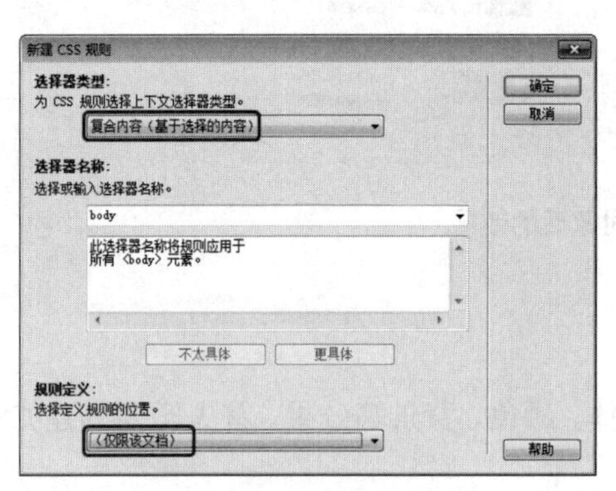

图 5-30　设置 CSS 规则

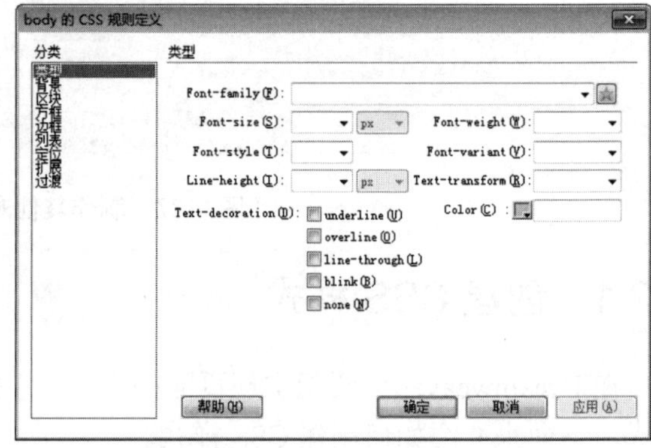

图 5-31　创建 CSS 样式

5.2.2　类型属性

在 CSS 规则定义对话框中选择【分类】列表中的【类型】选项，该类别主要包含文字的字体、颜色等设置，如图 5-32 所示。

可以对以下内容进行设置。

◎　Font-family：在该下拉列表框中选择所需字体。用户可以选择列表中的【编辑字体列表】选项，在弹出的【编辑字体列表】对话框中，添加需要的字体，如图 5-33 所示。

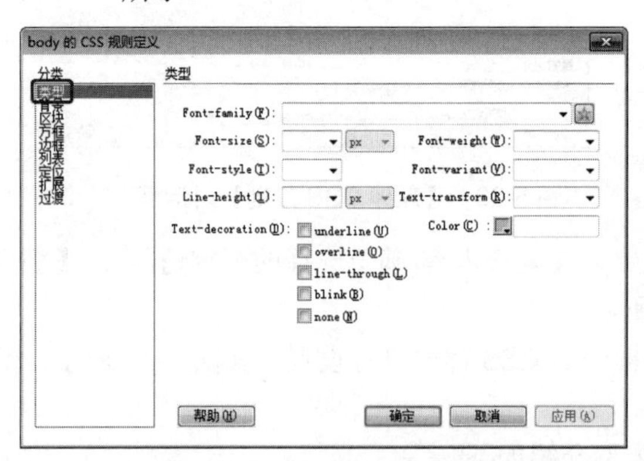

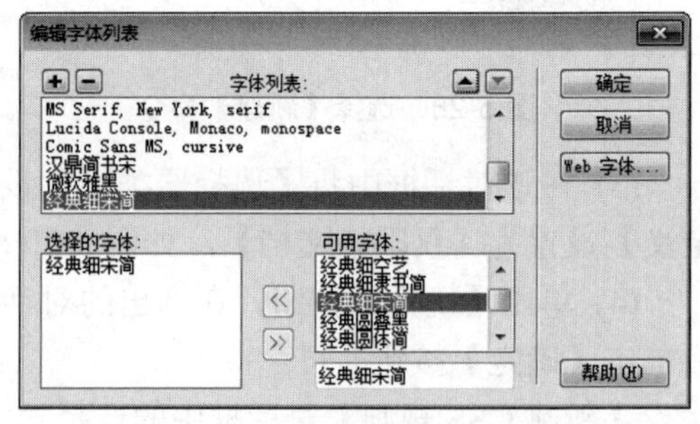

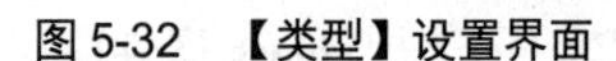
图 5-32　【类型】设置界面

图 5-33　选择字体

◎　Font-size：用于调整字体的大小，常用的单位是像素(px)，可以通过选择数字和度量单位设置大小，也可以选择相对大小，如图 5-34 所示。

◎　Font-style：用于设置字体的风格，在该下拉列表框中包含 normal(正常)、italic(斜体)和 oblique(偏斜体)3 种字体样式，默认为 normal，如图 5-35 所示。

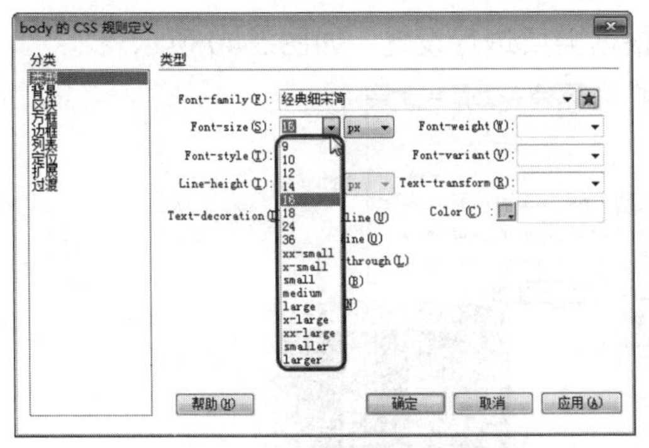

图 5-34　选择字体大小

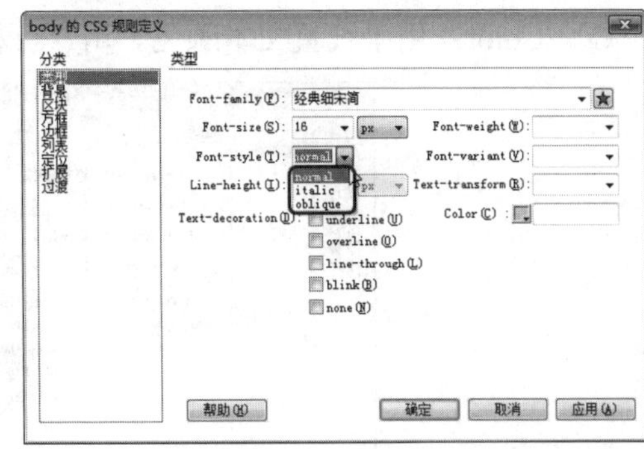

图 5-35　选择字体样式

◎　Line-height：用于控制行与行之间的垂直距离，也就是设置文本所在行的高度。用户在选择 normal 选项时，系统将自动计算字体大小的行高。当然为了更加精确，用户也可以输入确切的值以及选择相应度量单位，如图 5-36 所示。

◎　Font-weight：对字体应用特定或相对的粗体量。在该下拉列表框中可以根据需要进行相应设置，如图 5-37 所示。数值为 400 是【正常】值，而数值为 700 属于【粗体】。

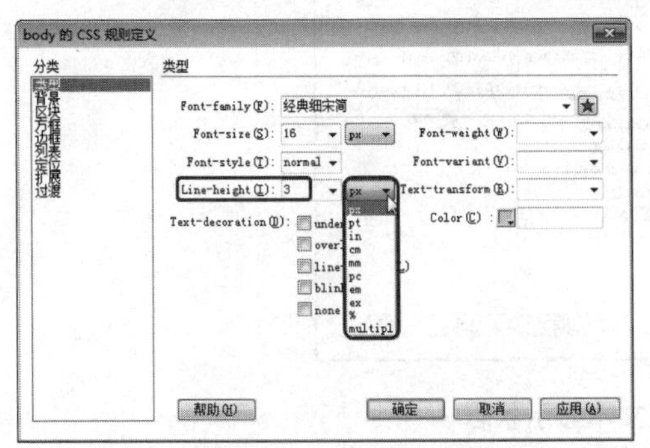

图 5-36　设置行高以及度量单位

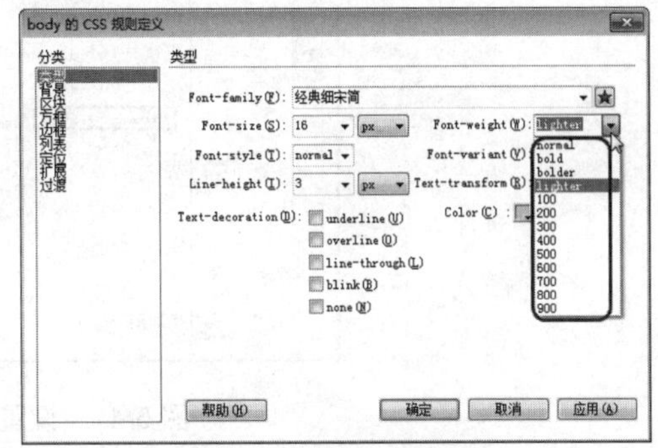

图 5-37　设置粗体数值

◎　Font-variant：用于设置文本的小型大写字母。用户可根据需要进行设置，如图 5-38 所示。

◎　Text-transform：将所选内容中的每个单词的首字母大写或将文本设置为全部大写或小写。用户可根据需要进行设置。如图 5-39 所示。

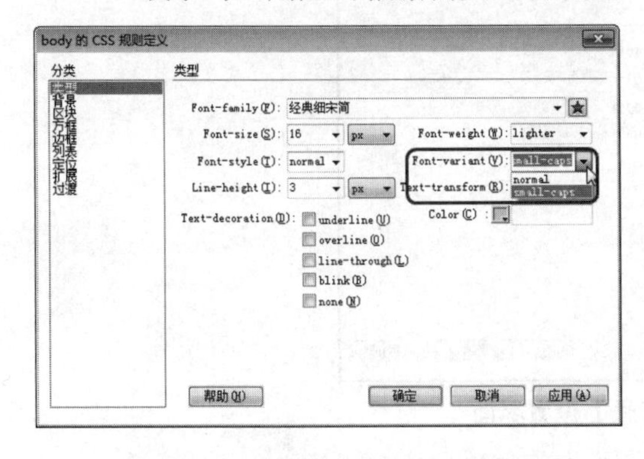

图 5-38　设置文本的小型大写字母

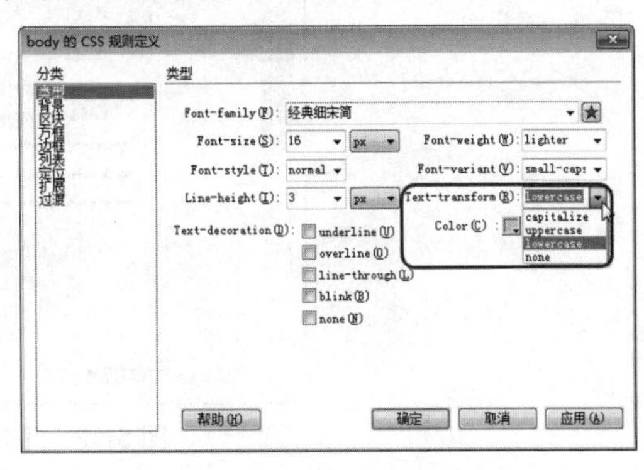

图 5-39　设置字母大小写

◎ Color：用于设置文本颜色。用户可根据需要进行设置，如图 5-40 所示。

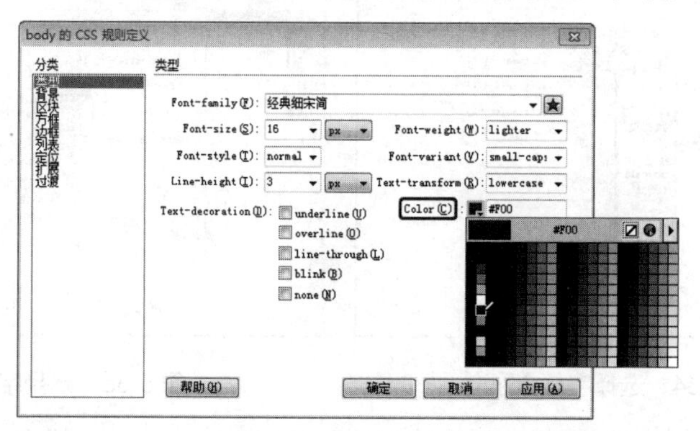

图 5-40　设置文本颜色

◎ Text-decoration：控制链接文本的显示状态，可在文本中添加下划线、上划线、删除线或使文本闪烁。用户可根据需要进行设置，如图 5-41 所示。

图 5-41　设置文本显示状态

5.2.3　背景样式的定义

在 CSS 规则定义对话框的【分类】列表框中选择【背景】选项，可以为网页元素添加背景色或图像，如图 5-42 所示。

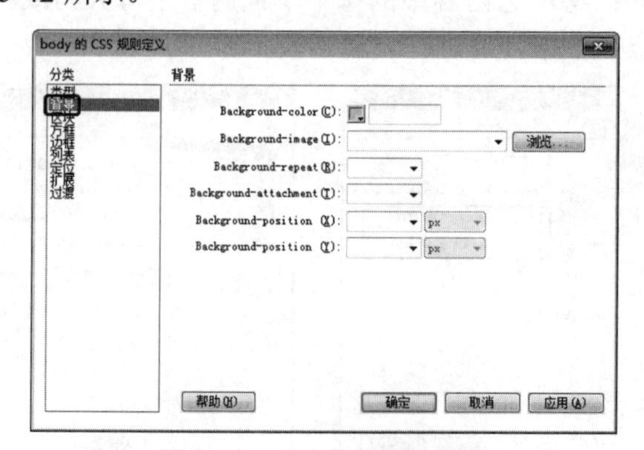

图 5-42　【背景】设置界面

可以对以下内容进行设置。

◎　Background-color：用于设置背景颜色，用户可根据需要进行设置，如图 5-43 所示。

◎　Background-image：用于设置背景图像。用户可根据需要进行设置，如图 5-44 所示。

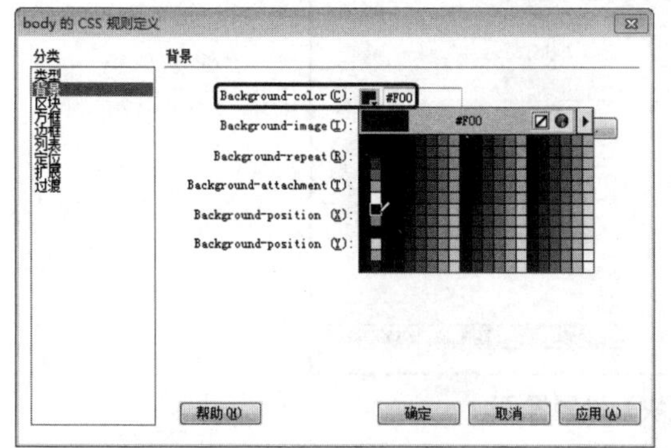

图 5-43　设置背景颜色

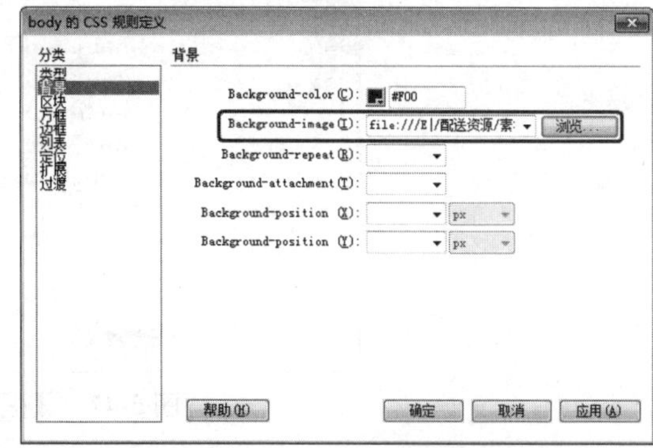

图 5-44　设置背景图像

◎　Background-repeat：用于设置是否以及如何重复背景图像。在下拉列表中包含 4 个选项。no- repeat(不重复)：只在元素开始处显示一次图像。repeat(重复)：在元素后面水平和垂直平铺图像。repeat-x(横向重复)和 repeat-y(纵向重复)：分别显示图像的水平带区和垂直带区。用户可根据需要进行设置，如图 5-45 所示。

◎　Background-attachment：用于设置背景图像是固定在原始位置还是随内容一起滚动。用户可根据需要进行设置，如图 5-46 所示。此外，某些浏览器可能将固定选项视为滚动。Internet Explorer 支持该选项，但 Netscape Navigator 不支持。

◎　Background-position(X/Y)：用于指定背景图像相对于元素的初始位置。

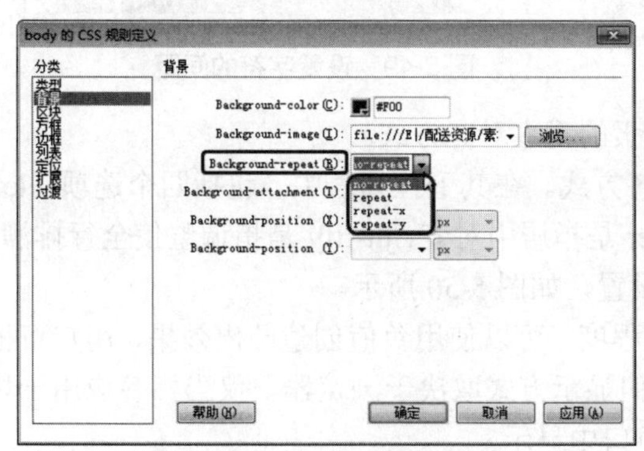

图 5-45　设置重复背景图像

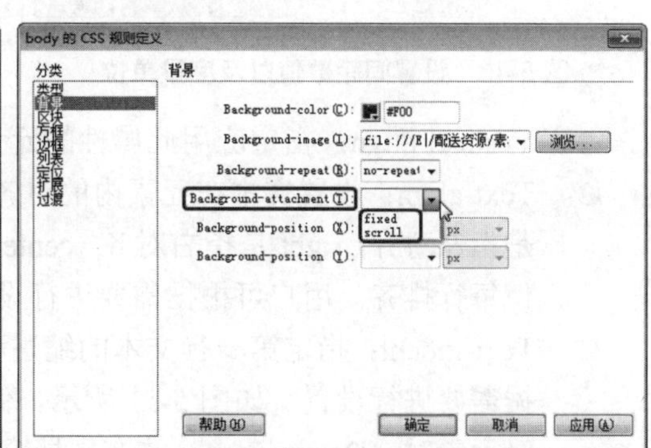

图 5-46　设置背景图像位置

5.2.4　区块样式的定义

在 CSS 规则定义对话框中选择【分类】列表框中的【区块】选项，可以对标签和属性的间距及对齐方式进行设置，如图 5-47 所示。

可以对以下内容进行设置。

◎　Word-spacing：用于调整文字间的距离，可以指定为负值。如果要设定精确的值，可在其下拉列表框中选择【(值)】选项，此时，便可输入相应的数值，并可在右侧的下拉列表框中选择相应的度量单位，如图 5-48 所示。

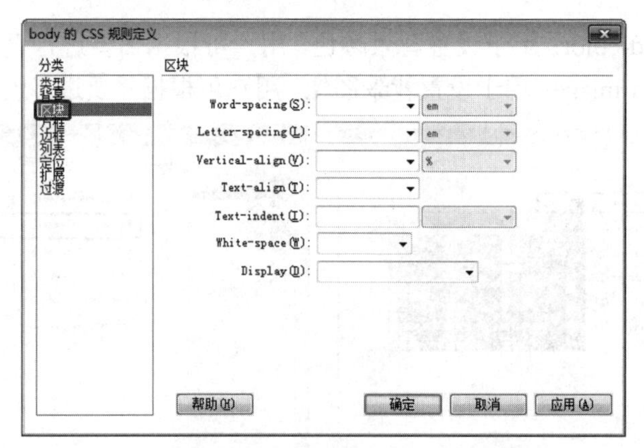

图 5-47 【区块】设置界面

◎ Letter-spacing：用于增加或减小字母或字符的间距。输入正值增加，输入负值减小。用户可根据需要进行设置，如图 5-49 所示。

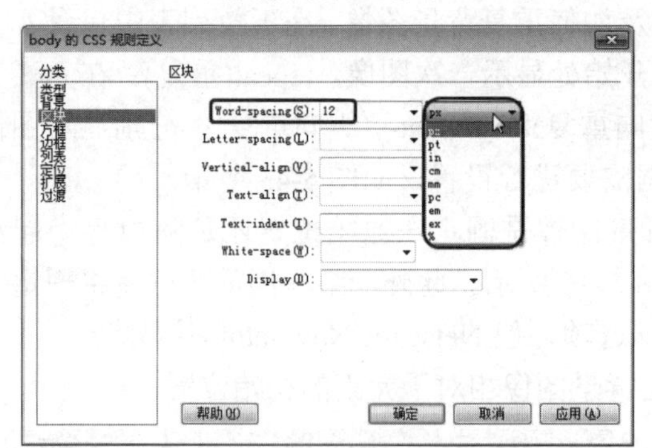

图 5-48 设置间距数值以及度量单位

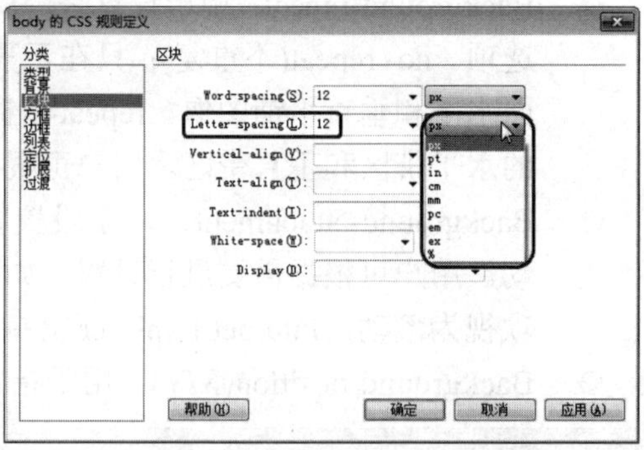

图 5-49 设置字符的间距

◎ Vertical-align：指定应用此属性的元素的垂直对齐方式。

◎ Text-align：设置文本在元素内的对齐方式。在其下拉列表中，包括四个选项，left 是指左对齐，right 是指右对齐，center 是指居中对齐，justify 是指调整使全行排满，使每行排齐。用户可根据需要进行设置，如图 5-50 所示。

◎ Text-indent：指定第一行文本的缩进程度。可以使用负值创建凸出效果，用户可根据需要进行设置，如图 5-51 所示。但显示方式取决于浏览器。仅当标签应用于块级元素时，Dreamweaver 才在文档窗口中显示。

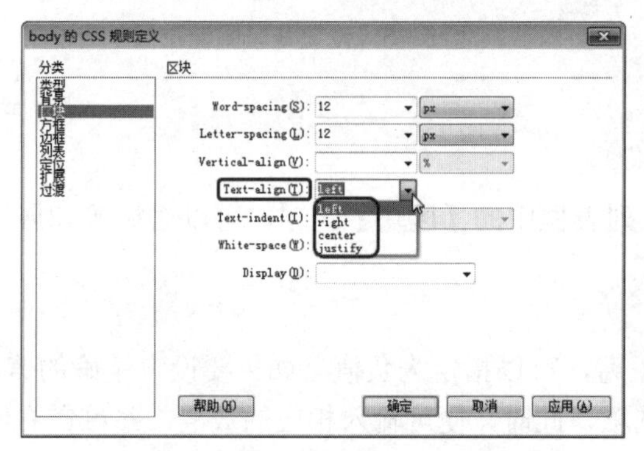

图 5-50 设置文本在元素内的对齐方式

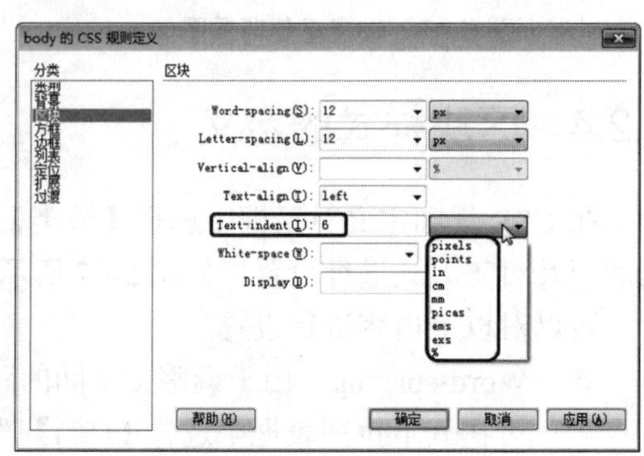

图 5-51 设置文本的缩进程度

◎ White-space：确定如何处理元素中的空白。Dreamweaver 不在文档窗口中显示此属性。在下拉列表中可以选择以下 3 个选项：normal 为收缩空白。pre 的处理方式与文本被括在 pre 标签中一样(即保留所有空白，包括空格、制表符和回车)。nowrap 指定仅当遇到 br 标签时文本才换行。用户可根据需要进行设置，如图 5-52 所示。

◎ Display：指定是否显示以及如何显示元素。选择 none 选项可禁用该元素的显示。用户可根据需要进行设置，如图 5-53 所示。

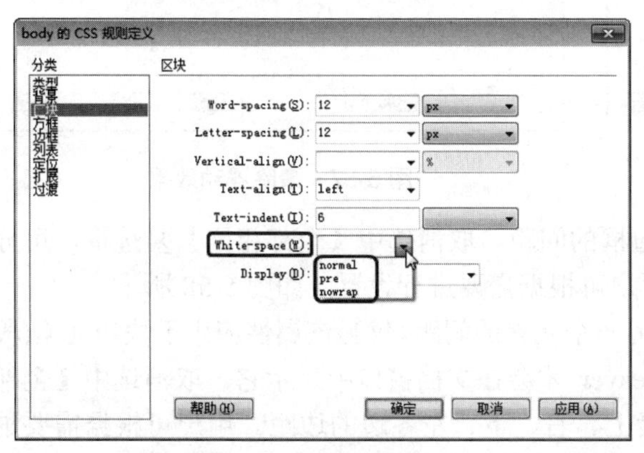

图 5-52 设置元素中的空格

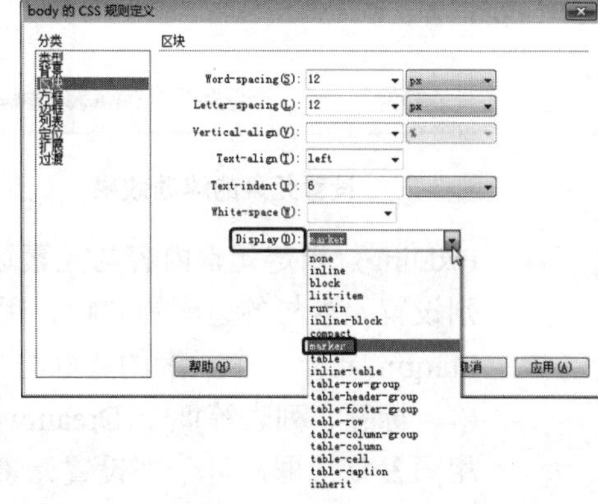

图 5-53 设置是否显示以及如何显示元素

5.2.5 方框样式的定义

在 CSS 规则定义对话框中选择【分类】列表框中的【方框】选项，可以设置方框的大小、填充、边界参数如图 5-54 所示。

可以对以下内容进行设置。

◎ Width 和 Height：用于设置元素的宽度和高度。用户可根据需要进行设置，如图 5-55 所示。

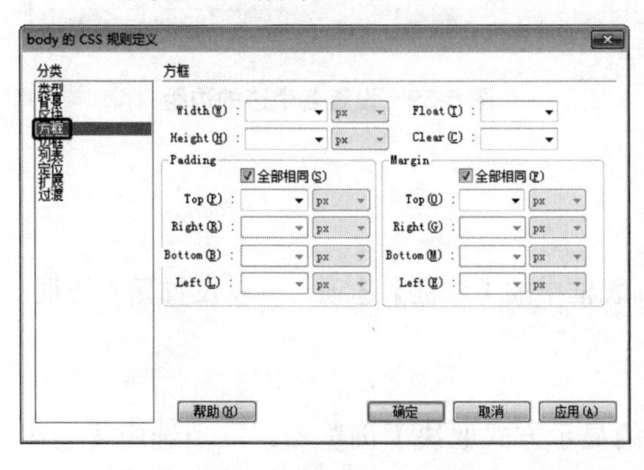

图 5-54 【方框】设置界面

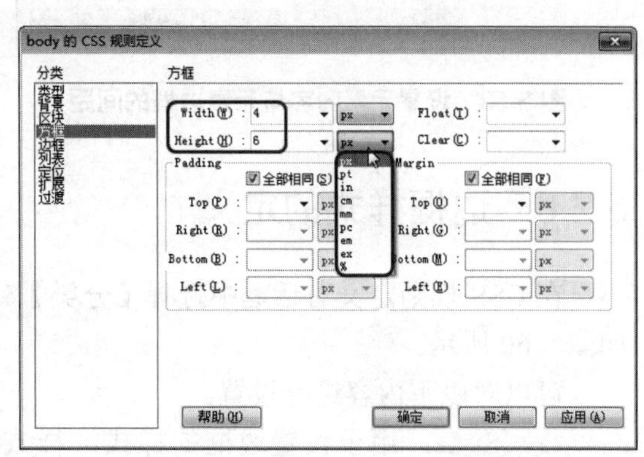

图 5-55 设置元素的宽度和高度

◎ Float：float 属性定义元素在哪个方向浮动，以往这个属性总应用于图像，使文本围绕在图像周围，不过在 CSS 中，任何元素都可以浮动。用户可根据需要进行设置，如图 5-56 所示。

◎ Clear：清除设置的浮动效果。用户可根据需要进行设置，如图 5-57 所示。

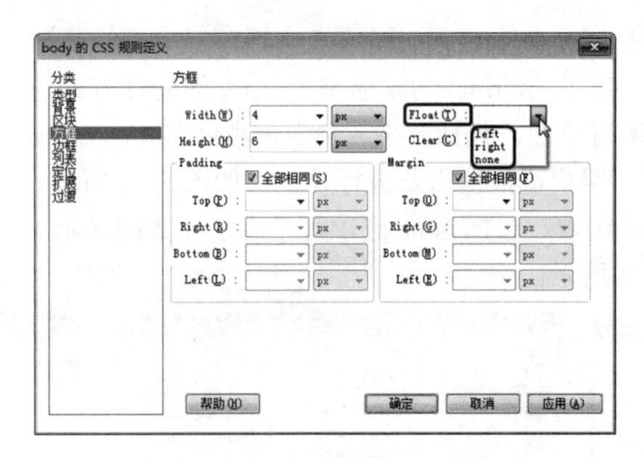

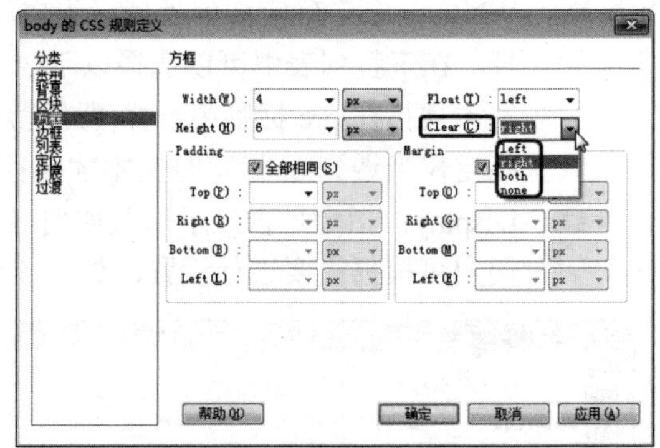

图 5-56　设置元素的浮动效果

图 5-57　清除浮动效果

◎　Padding：指定元素内容与元素边框的间距。取消选中【全部相同】复选框，可分别设置元素与各边框的间距。用户可根据需要进行设置，如图 5-58 所示。

◎　Margin：指定一个元素的边框与另一个元素的间距。仅当该属性应用于块级元素(段落、标题、列表等)时，Dreamweaver 才会在文档窗口中显示它。取消选中【全部相同】复选框，可分别设置元素上、右、下、左各边的边距。用户可根据需要进行设置，如图 5-59 所示。

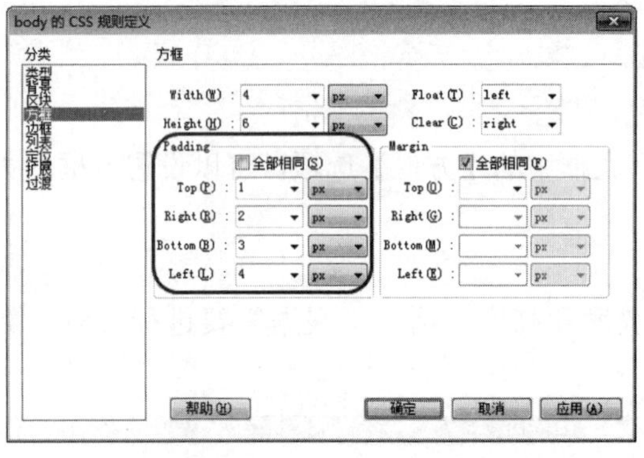

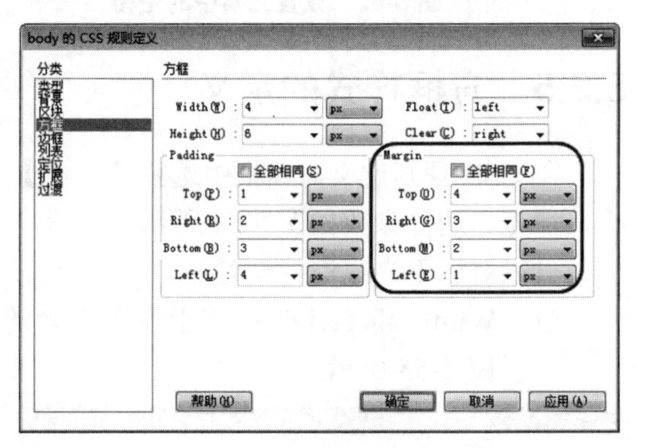

图 5-58　设置元素内容与元素边框的间距

图 5-59　设置各个边的边距

5.2.6　边框样式的定义

在 CSS 规则定义对话框中选择【分类】列表框中的【边框】选项，可以设置元素边框，如图 5-60 所示。

可以对以下内容进行设置。

◎　Style：用于设置边框的样式。样式的显示方式取决于浏览器。取消选中【全部相同】复选框，可分别设置元素各边的边框样式。用户可根据需要进行设置，如图 5-61 所示。

◎　Width：用于设置元素边框的粗细。取消选中【全部相同】复选框，可分别设置元素各边的边框宽度。用户可根据需要进行设置，如图 5-62 所示。

◎　Color：用于设置边框的颜色。可以分别设置每条边的颜色，但显示方式取决于浏览器。取消选中【全部相同】复选框，可分别设置元素各边的边框颜色。用户可根据需要进行设置，如图 5-63 所示。

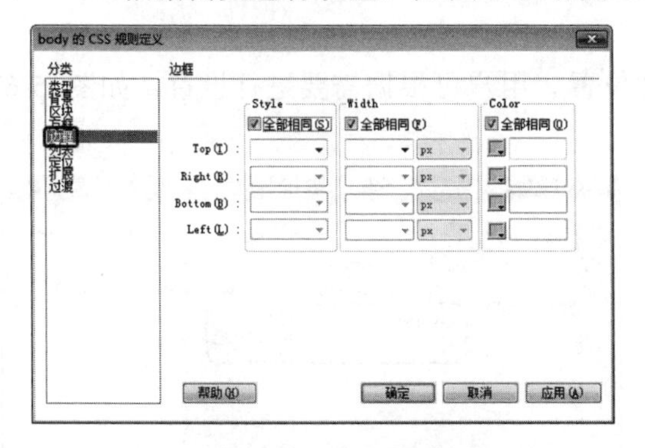

图 5-60 【方框】设置界面

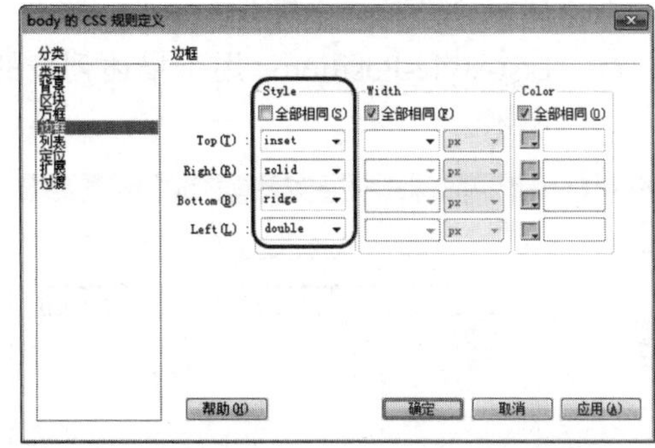

图 5-61 设置元素各边的边框样式

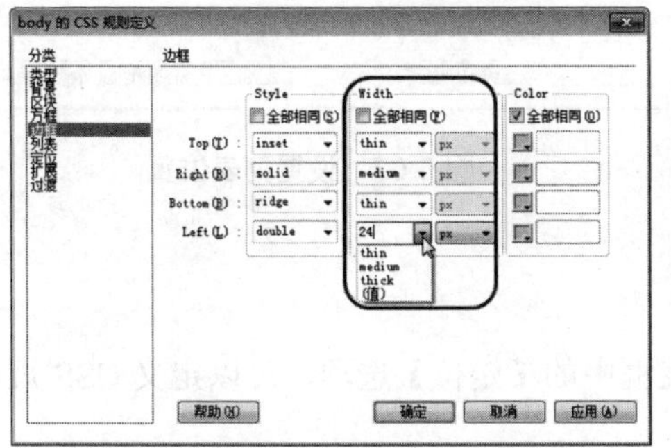

图 5-62 设置元素各边的边框宽度

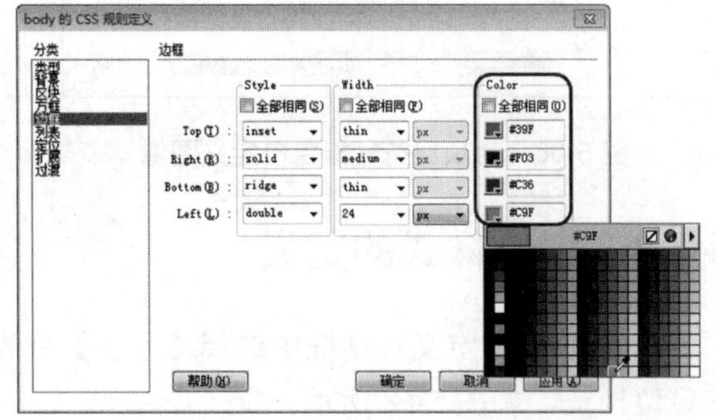

图 5-63 设置每条边的颜色

5.2.7 列表样式的定义

在 CSS 规则定义对话框中选择【分类】列表框中的【列表】选项，可以定义 CSS 规则的列表样式，如图 5-64 所示。

可以对以下内容进行设置。

◎ List-style-type：用于设置项目符号或编号的外观。用户可根据需要进行设置，如图 5-65 所示。

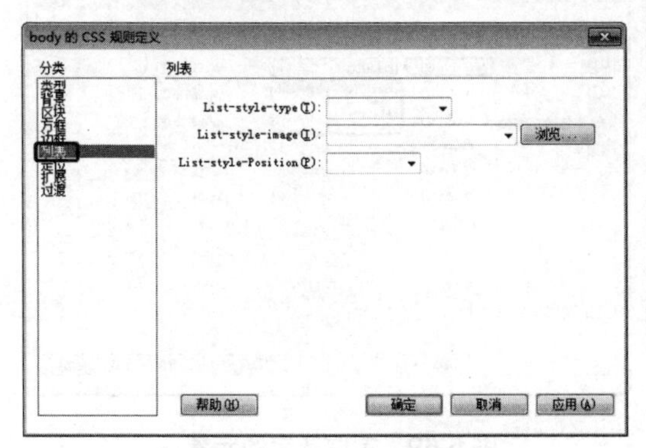

图 5-64 【列表】设置界面

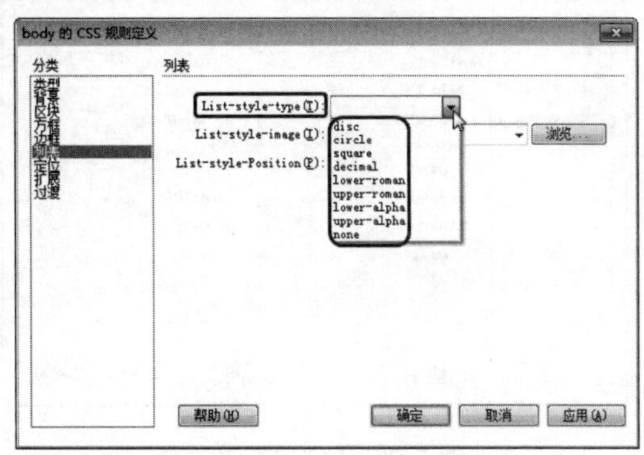

图 5-65 设置项目符号

◎ List-style-image：可以为项目符号指定自定义图像。可以单击【浏览】按钮浏览选择图像，或在文本框中输入图像的路径。用户可根据需要进行设置，如图 5-66 所示。

◎ List-style-Position：用于描述列表的位置。用户可根据需要进行设置，如图 5-67 所示。

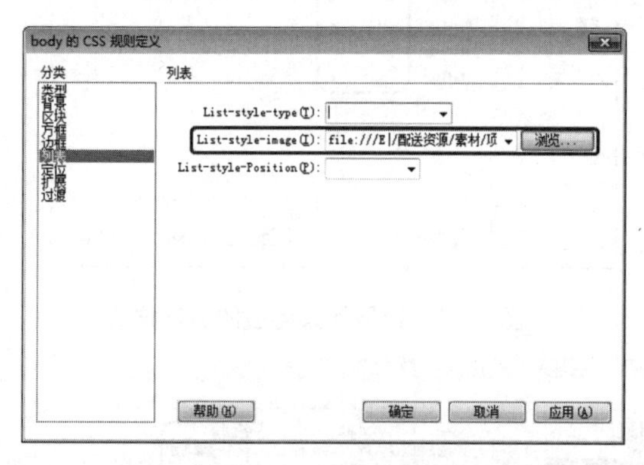

图 5-66　为项目符号指定自定义图像

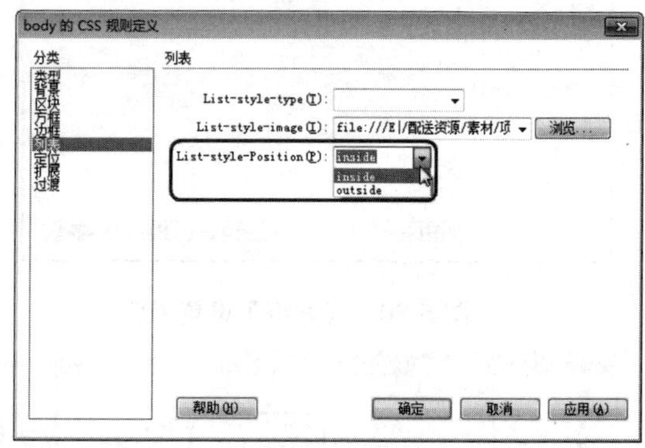

图 5-67　设置列表位置

5.2.8　定位样式的定义

在 CSS 规则定义对话框中选择【分类】列表框中的【定位】选项，可以定义 CSS 规则的定位样式，如图 5-68 所示。

可以对以下内容进行设置。

◎ Position：用于确定浏览器应如何定位选定的元素，其下拉列表中包括 4 个选项。absolute：绝对定位，默认的定位方式，绝对于浏览器左上角的边缘开始计算定位数值。fixed：是指使用定位框中输入的、相对于区块在文档文本流中的位置的坐标来放置内容区块。relative：是指使用定位框中输入的坐标(相对于浏览器的左上角)来放置内容。当用户滚动页面时，内容将在此位置保持固定。static：是指将内容放在文本流中的位置。这是所有可定位的 HTML 元素的默认位置。用户可以根据需要进行设置，如图 5-69 所示。

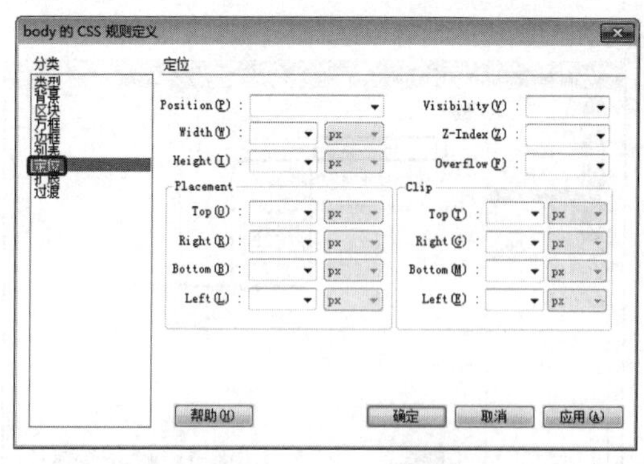

图 5-68 【定位】设置界面

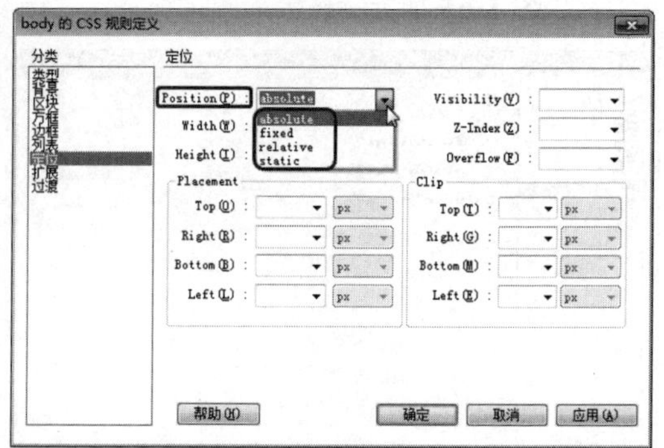

图 5-69　定位选定的元素

◎ Visibility：用于控制网页中元素的隐藏。用户可以根据需要对其进行设置，如

图 5-70 所示。inherit：继承内容父级的可见性属性。visible：将显示内容，而与父级的值无关。hidden：将隐藏内容，而与父级的值无关。

◎ Z-Index：用于设置网页中内容的叠放顺序，并可设置重叠效果。用户可以根据需要对其进行设置，如图 5-71 所示。

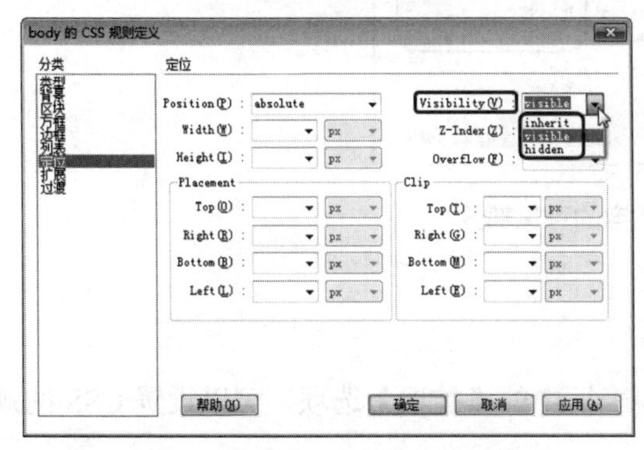

图 5-70 设置网页中元素的隐藏属性

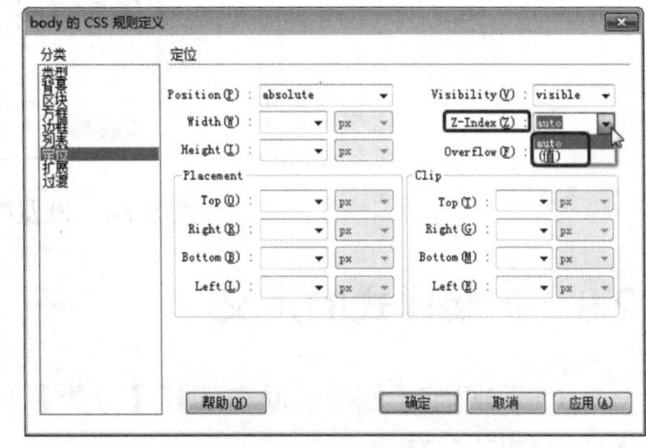

图 5-71 设置网页中内容的叠放顺序

◎ Overflow：确定当容器的内容超出容器的显示范围时的处理方式。在其下拉列表框中有 4 个选项，visible：将增加容器的大小，以使所有内容都可见。容器将向右下方扩展。hidden：保持容器的大小并剪辑任何超出的内容。不提供任何滚动条。scroll：将在容器中添加滚动条，而不论内容是否超出容器的大小。明确提供滚动条可避免滚动条在动态环境中出现和消失所引起的混乱。该选项不显示在文档窗口中。auto：将使滚动条仅在容器的内容超出容器的边界时出现。该选项不显示在文档窗口中。用户可以根据需要对其进行设置，如图 5-72 所示。

◎ Placement 用于设置元素的绝对定位的类型，并且在设定完该类型后，该组属性将决定元素在网页中的具体位置。用户可以根据需要对其进行设置，如图 5-73 所示。

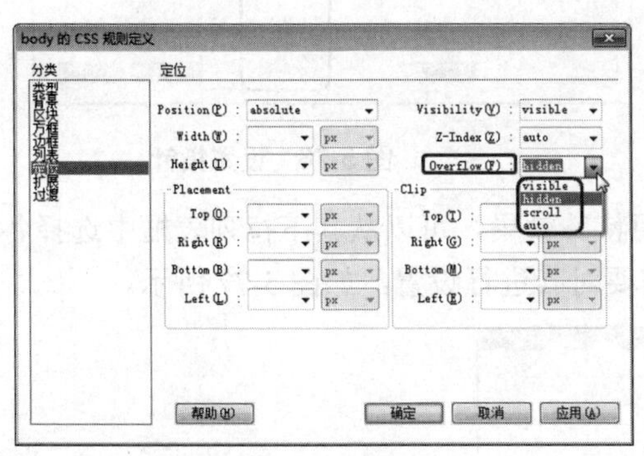

图 5-72 Overflow 的选项

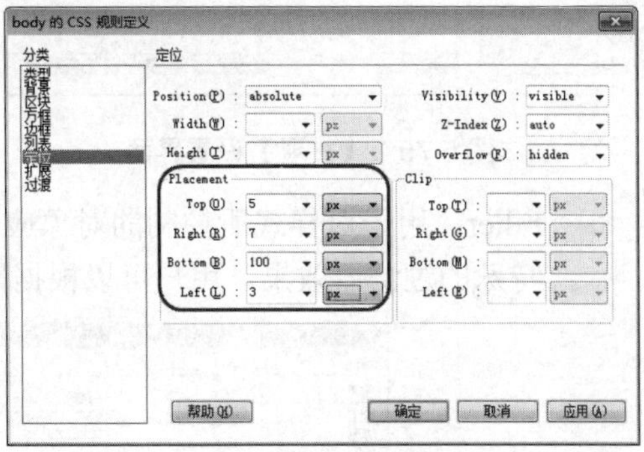

图 5-73 设置元素在网页中的具体位置

◎ Clip：定义内容的可见部分。如果指定了剪辑区域，可以通过脚本语言进行访问，并操作属性以创建类似擦除这样的特殊效果。用户可以根据需要对其进行设置，如图 5-74 所示。

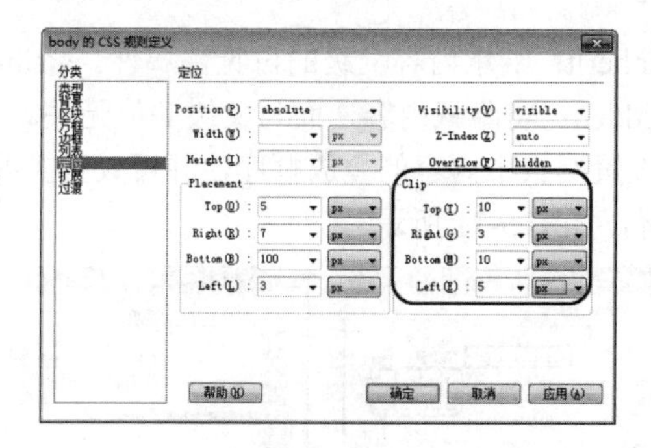

图 5-74　设置内容的可见部分

5.2.9　扩展样式的定义

在 CSS 规则定义对话框中选择【分类】列表框中的【扩展】选项，可以设置 CSS 的规则样式，如图 5-75 所示。

可以对以下内容进行设置。

◎　Page-break-before、Page-break-after：Page-break-before 属性设置元素之前，Page-break-after 属性设置元素之后。

◎　Cursor：当指针位于样式所控制的对象上时改变指针图像。用户可以根据需要对其进行设置，如图 5-76 所示。

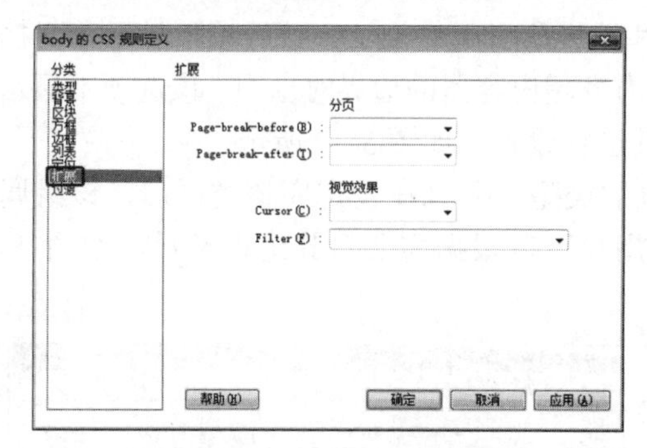

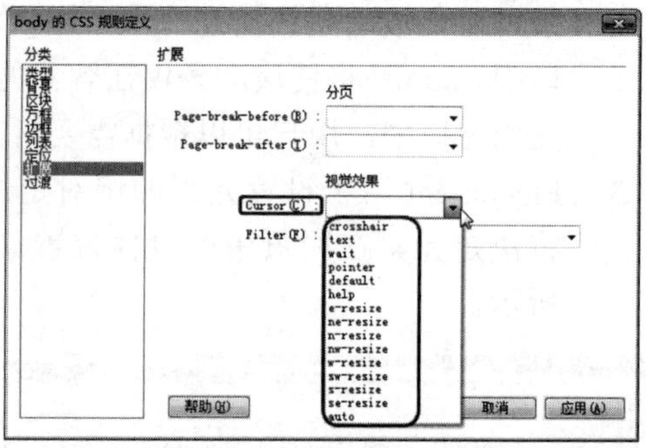

图 5-75　【扩展】设置界面

图 5-76　设置指针

◎　Filter：用于对样式所控制的对象应用特殊效果，可以从其下拉列表框中选择各种特殊的过滤器效果。用户可以根据需要对其进行设置，如图 5-77 所示。

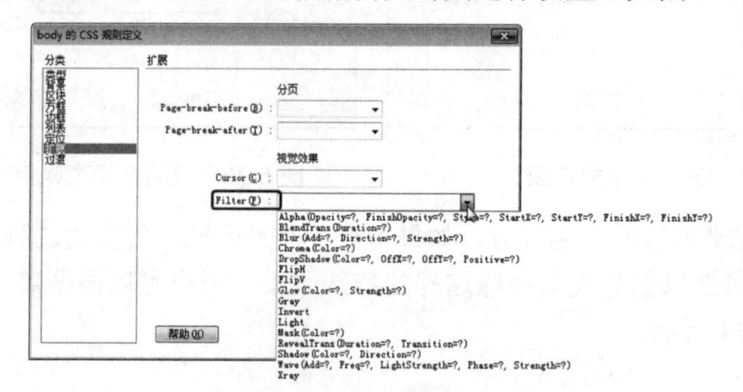

图 5-77　应用特殊效果

5.2.10　创建嵌入式 CSS 样式

通常，我们把在 HTML 页面内部定义的 CSS 样式表叫作嵌入式 CSS 样式表。

下面来介绍创建嵌入式 CSS 样式的具体操作方法。

(1) 运行 Dreamweaver CS6 软件，打开“素材\项目五\茶品.html”素材文件，如图 5-78 所示。

图 5-78　素材文件

(2) 在菜单栏中选择需要更改样式的内容并右击，从中选择【CSS 样式】|【新建】命令，如图 5-79 所示。

(3) 在弹出的【新建 CSS 规则】对话框中，将【选择器类型】设置为【类(可应用于任何 HTML 元素)】，将【选择器名称】设置为“.ct”，如图 5-80 所示。

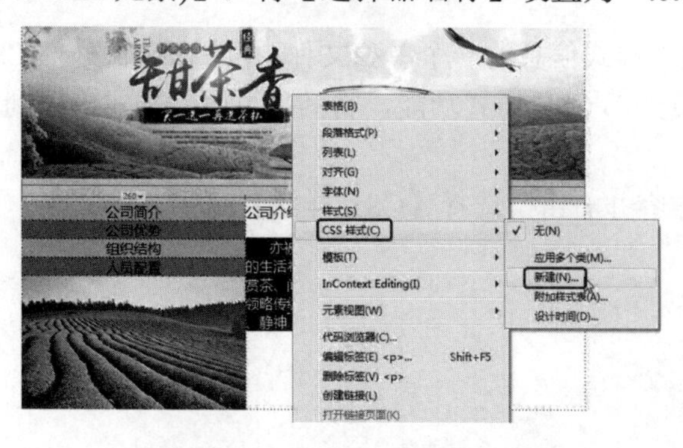

图 5-79　选择【CSS 样式】命令

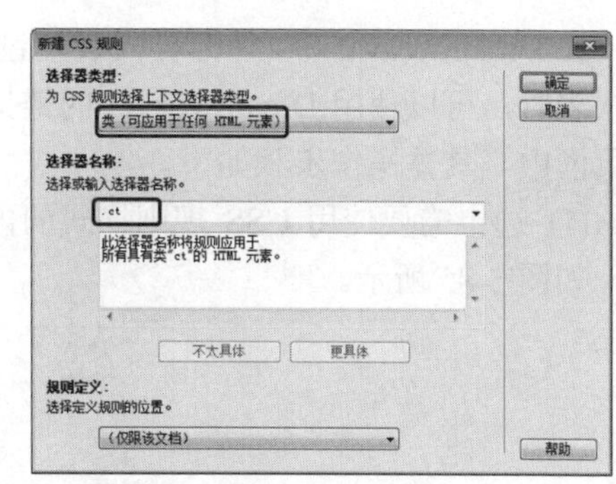

图 5-80　【新建 CSS 规则】对话框

(4) 单击【确定】按钮，系统将会自动弹出【. ct 的 CSS 规则定义】对话框，如图 5-81 所示。

(5) 在【分类】列表框中选择【类型】选项，然后在右侧的设置区域将 Font-family 设置为【黑体】，将 Font-size 设置为 14 px，将 Color 设置为#393，如图 5-82 所示。

(6) 单击【确定】按钮，可以在【CSS 样式】面板中进行查看。选择需要应用样式的文字，在【属性】面板的【目标规则】下拉列表框中选择样式，如图 5-83 所示。

(7) 应用样式后的效果如图 5-84 所示。

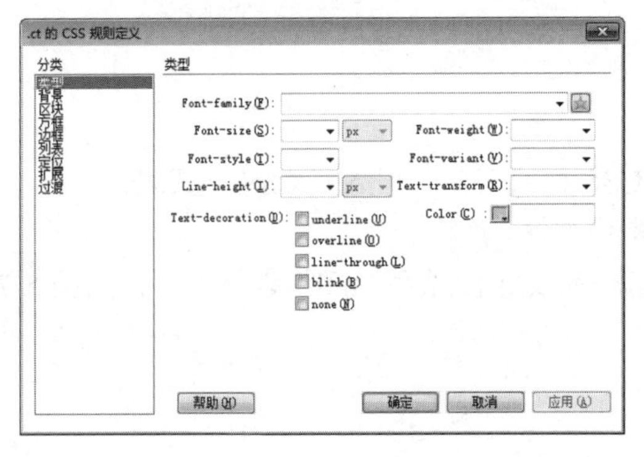

图 5-81　【. ct 的 CSS 规则定义】对话框

图 5-82　设置【.ct 的 CSS 规则定义】对话框

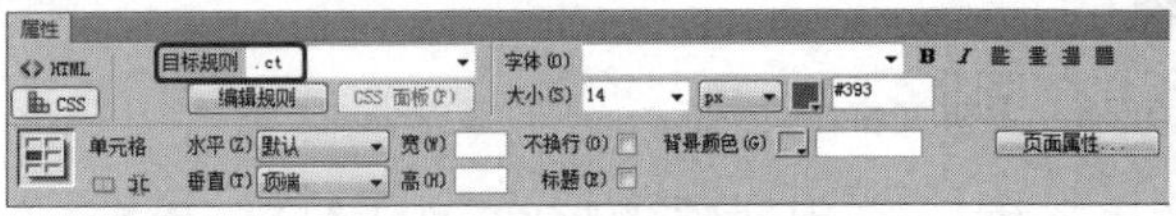

图 5-83　设置应用样式

图 5-84　应用样式后的效果

5.2.11　链接外部样式表

在 Dreamweaver 中，外部样式表是包含样式信息的一个单独文件。用户在编辑外部 CSS 样式表时，可以使用 Dreamweaver 的链接外部 CSS 样式功能，将其他页面的样式应用到当前页面中。具体操作步骤如下。

(1) 选中需要使用 CSS 规则样式的内容并右击，选择【CSS 样式】|【附加样式表】命令，如图 5-85 所示。

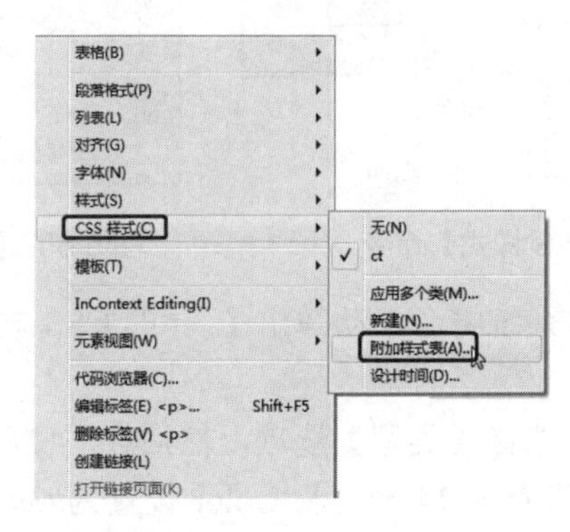

图 5-85　选择【附加样式表】命令

(2) 在该对话框中单击【浏览】按钮，如图 5-86 所示。在弹出的【选择样式表文件】对话框中选择需要链接的样式，单击【确定】按钮，如图 5-87 所示。

(3) 返回到【链接外部样式表】对话框，单击【确定】按钮，外部样式表链接完成。在

【CSS 样式】面板中可以查看。

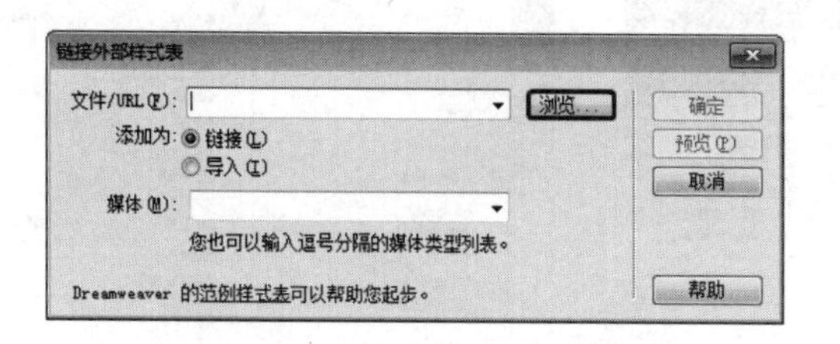

图 5-86　单击【浏览】按钮

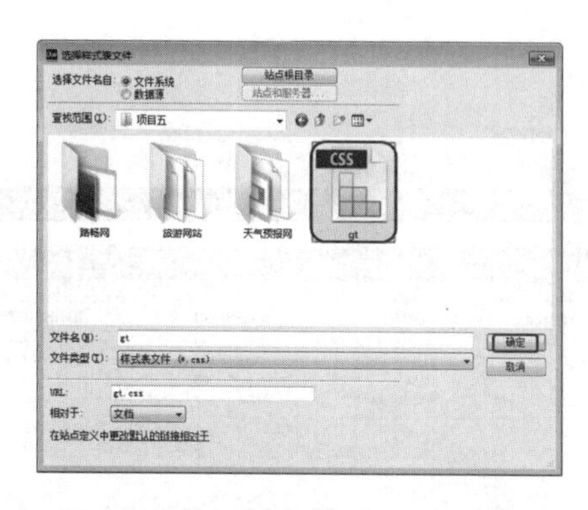

图 5-87　【选择样式表文件】对话框

任务 3　制作旅游网站(二)——编辑 CSS 样式

本案例将介绍如何制作旅游网站的第二个网页。首先打开准备好的素材文件，然后对其进行修改和调整，从而完成第二页的制作，效果如图 5-88 所示。

素材	项目五\旅游网站(二).html
场景	项目五\制作旅游网站(二)——编辑 CSS 样式.html
视频	项目五\任务 3：制作旅游网站(二)——编辑 CSS 样式.mp4

图 5-88　旅游网站(二)

具体操作步骤如下。

(1) 打开“素材\项目五\旅游网站(二).html”素材文件，如图 5-89 所示。

(2) 将鼠标指针置入第 5 行单元格中，右击，在弹出的快捷菜单中选择【表格】|【插入行或列】命令，如图 5-90 所示。

(3) 在弹出的对话框中选择【行】单选按钮，将【行数】设置为 7，如图 5-91 所示。

(4) 设置完成后，单击【确定】按钮。将鼠标指针置入第 5 行单元格中，按 Ctrl+Alt+T 组合键，在弹出的对话框中将【行数】、【列】分别设置为 1、2，将【表格宽度】设置为

970 px，如图 5-92 所示。

图 5-89 素材文件

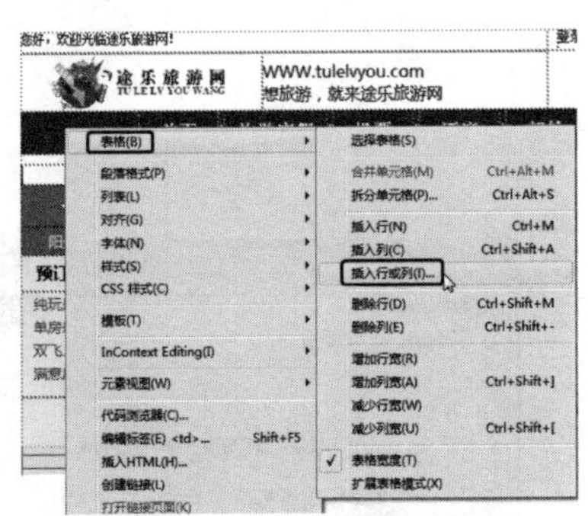

图 5-90 选择【插入行或列】命令

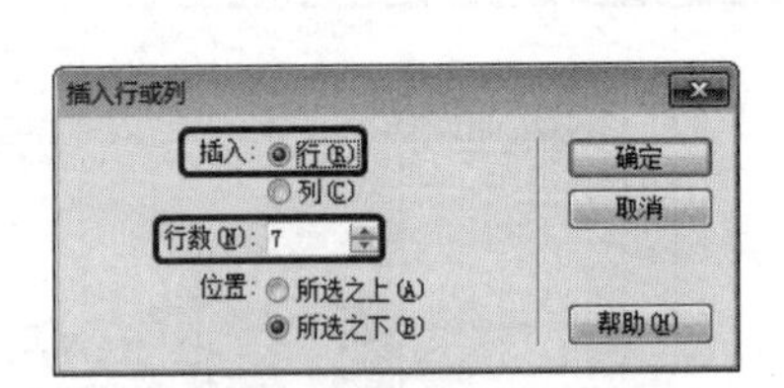

图 5-91 设置插入的行数

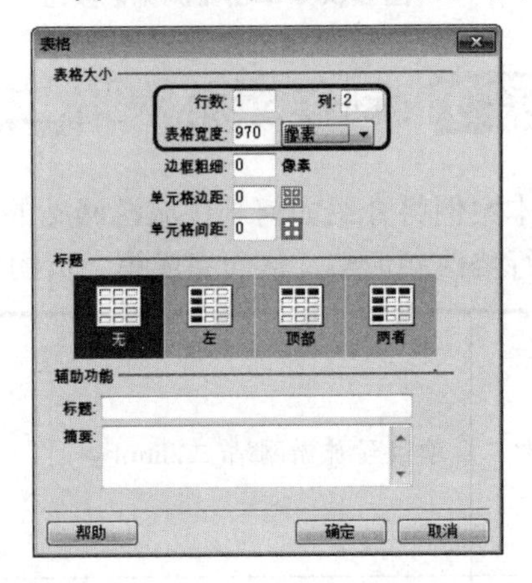

图 5-92 设置表格参数

(5) 设置完成后，单击【确定】按钮。将鼠标指针置于新插入表格中的第 1 列单元格中，新建一个名为.bk3 的 CSS 样式。在弹出的对话框中选择【边框】分类，将 Style、Weight、Color 分别设置为 solid、5 px、#0066CC，如图 5-93 所示。

(6) 设置完成后，单击【确定】按钮。选中第 1 列单元格，为其应用新建的 CSS 样式，在【属性】面板中将【宽】设置为 300，如图 5-94 所示。

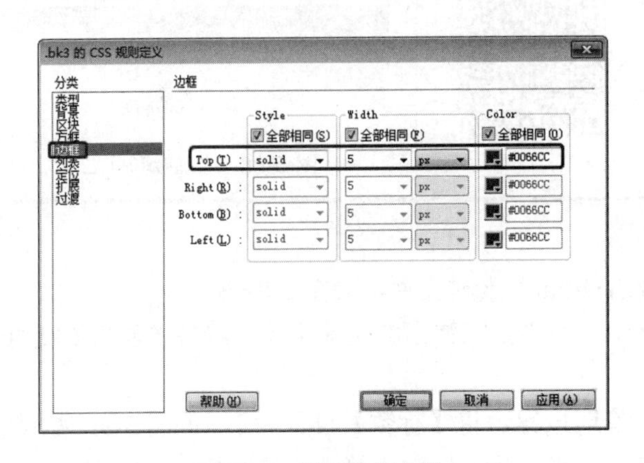

图 5-93 设置边框参数

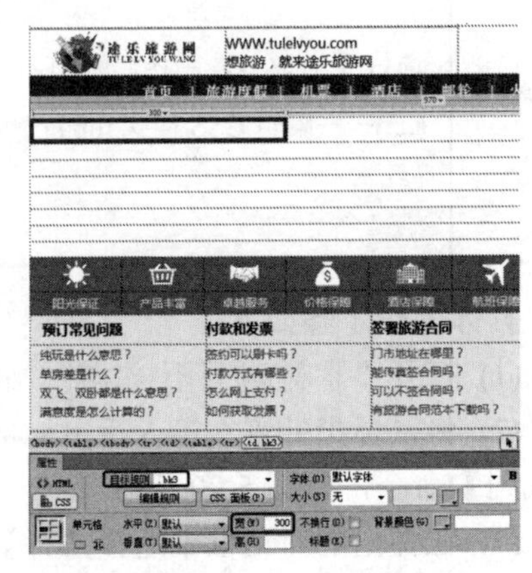

图 5-94 应用样式并设置单元格宽度

(7) 将鼠标指针继续置入该单元格中，按 Ctrl+Alt+T 组合键，在弹出的对话框中将【行数】、【列】分别设置为 6、1，将【表格宽度】设置为 300 像素，将【单元格边距】设置为 5，如图 5-95 所示。

(8) 设置完成后，单击【确定】按钮。选中第 1 行单元格，为其应用.bk2 CSS 样式，如图 5-96 所示。

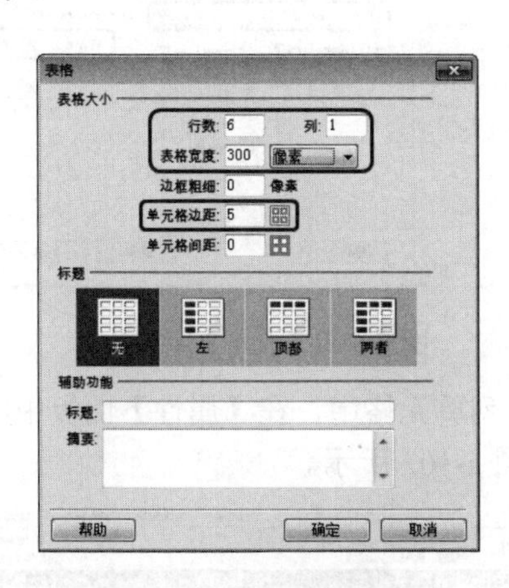

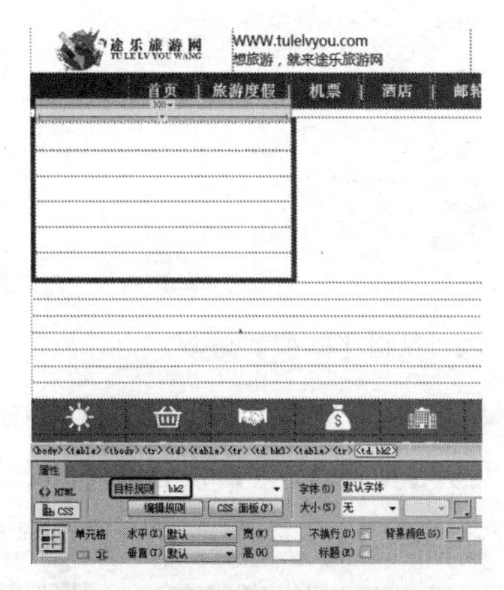

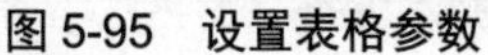

图 5-95 设置表格参数　　图 5-96 应用 CSS 样式

(9) 继续将鼠标指针置入该单元格中，输入“出发港口”。选中输入的文字，新建一个名为.wz19 的 CSS 样式，在弹出的对话框中将 Font-size 设置为 15 px，将 Font-weight 设置为 bold，将 Color 设置为#333，如图 5-97 所示。

(10) 单击【确定】按钮，为该文字应用新建的 CSS 样式，效果如图 5-98 所示。

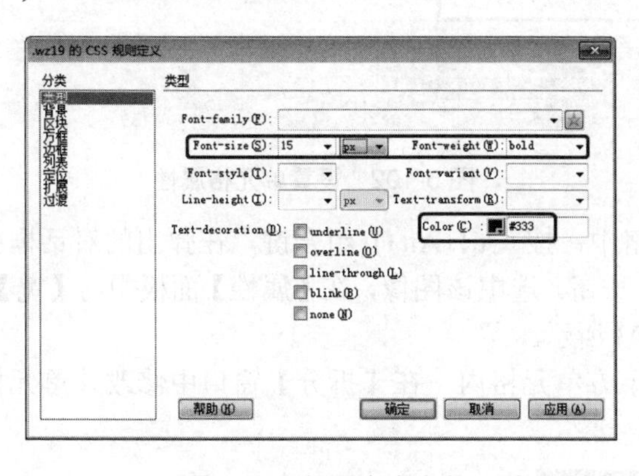

图 5-97 设置文字参数　　图 5-98 应用样式后的效果

(11) 将鼠标指针置于第 2 行单元格中，输入文字，右击，在弹出的快捷菜单中选择【CSS 样式】|【新建】命令，如图 5-99 所示。

(12) 在弹出的对话框中将【选择器名称】设置为“.wz20”，单击【确定】按钮。在弹出的对话框中将 Font-size 设置为 15 px，将 Line-height 设置为 23 px，将 Color 设置为#666，如图 5-100 所示。

(13) 设置完成后单击【确定】按钮，为该文字应用新建的 CSS 样式。使用相同的方法在其他单元格中输入文字，效果如图 5-101 所示。

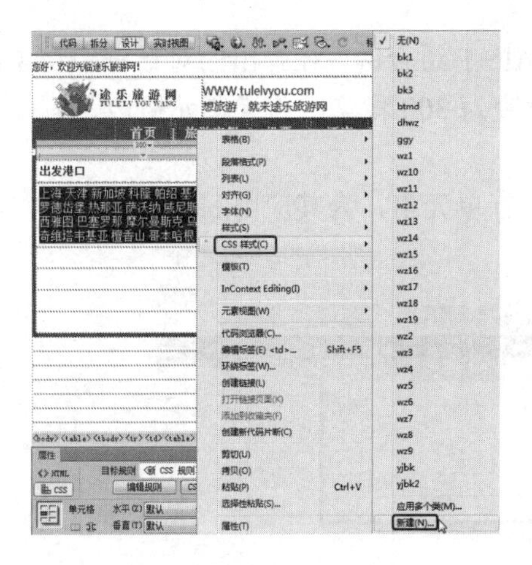

图 5-99 选择【新建】命令

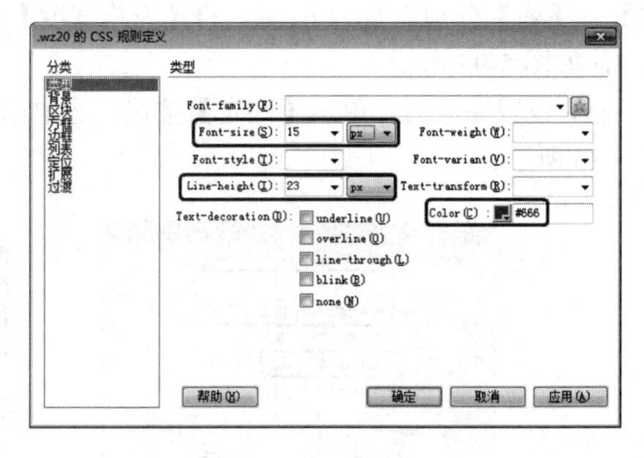

图 5-100 设置文字参数

(14) 将鼠标指针置于 1 行 2 列表格的第 2 列单元格中，在【属性】面板中将【水平】设置为【右对齐】，将【宽】设置为 660，如图 5-102 所示。

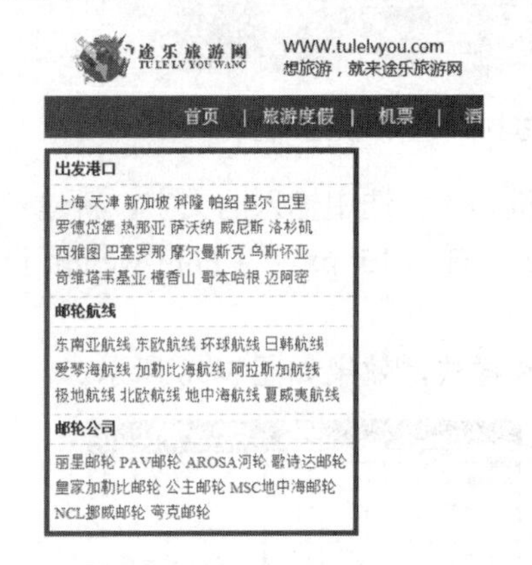

图 5-101 应用样式并输入其他文字

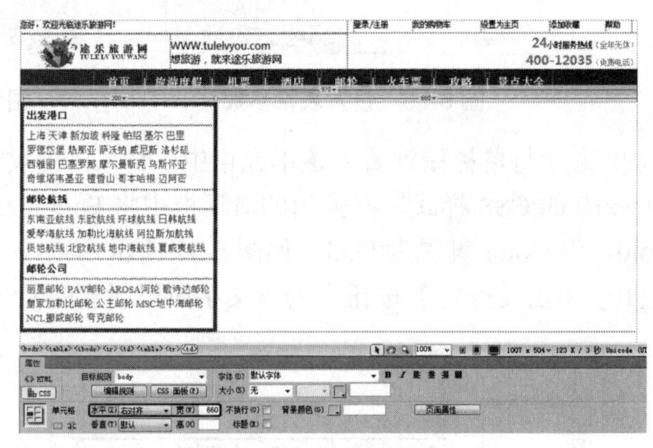

图 5-102 设置单元格属性

(15) 继续将鼠标指针置于该单元格中，按 Ctrl+Alt+I 组合键，在弹出的对话框中选择"邮轮 1.jpg"素材文件，单击【确定】按钮。选中该图像，在【属性】面板中将【宽】【高】分别设置为 653 px、366 px，如图 5-103 所示。

(16) 将鼠标指针置于蓝色表格的下方单元格内，在【拆分】窗口中修改该单元格的代码，效果如图 5-104 所示。

图 5-103 插入素材文件并进行设置

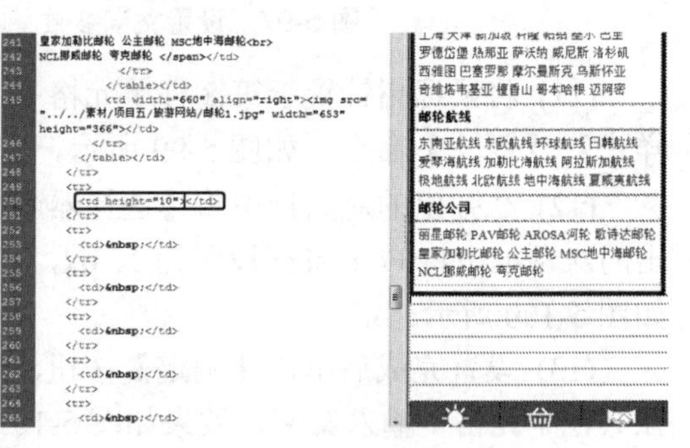

图 5-104 修改单元格代码

(17) 将鼠标指针置入图 5-105 单元格中，在该单元格中输入“精选热门航线”，选中输入的文字，为其应用名为.wz2 的 CSS 样式，将【高】设置为 35，如图 5-105 所示。

(18) 将鼠标指针置入第 8 行单元格中，按 Ctrl+Alt+T 组合键，在弹出的对话框中将【行数】【列】分别设置为 2、3，将【表格宽度】设置为 970 px，将【单元格边距】【单元格间距】分别设置为 0、1，如图 5-106 所示。

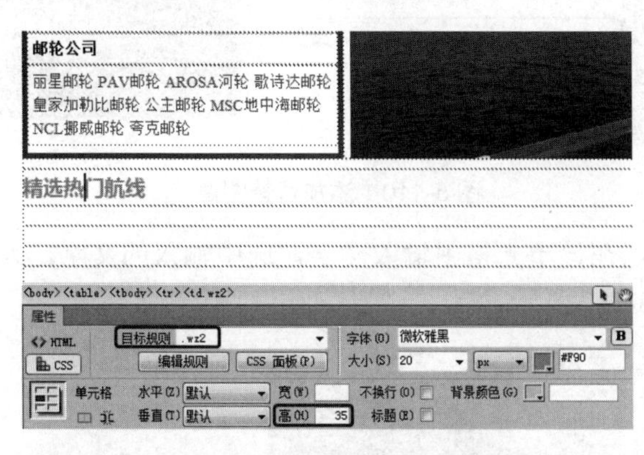

图 5-105　输入文字、应用样式并设置单元格高度

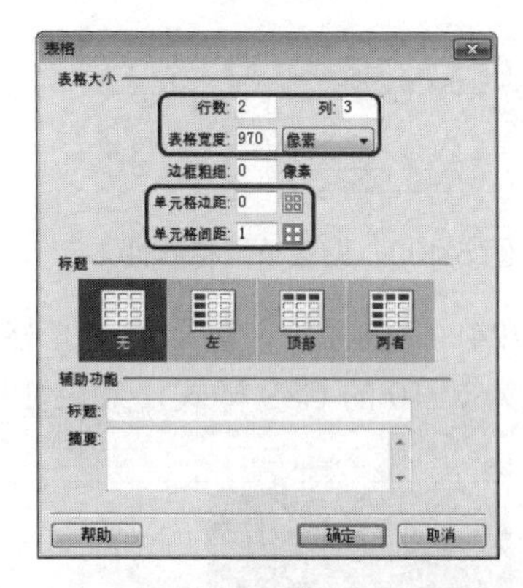

图 5-106　设置表格参数

(19) 设置完成后，单击【确定】按钮。选中第 1 列的两行单元格，按 Ctrl+Alt+M 组合键，对其进行合并。将鼠标指针置于合并后的单元格中，在【属性】面板中将【宽】设置为 282，如图 5-107 所示。

(20) 继续将鼠标指针置于该单元格中，按 Ctrl+Alt+T 组合键，在弹出的对话框中将【行数】【列】分别设置为 3、1，将【表格宽度】设置为 282 px，将【单元格间距】设置为 0，如图 5-108 所示。

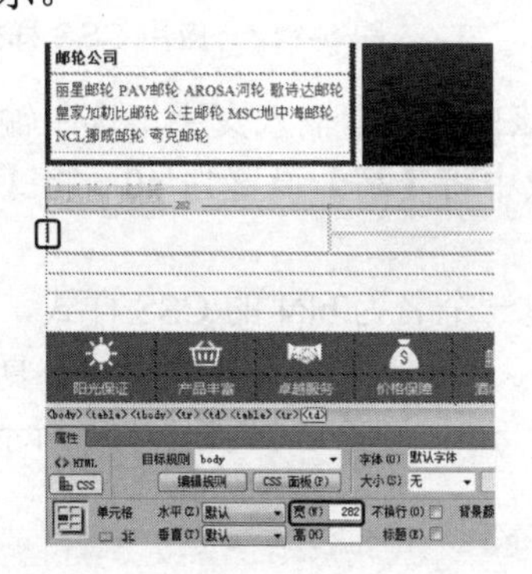

图 5-107　合并单元格并设置宽度

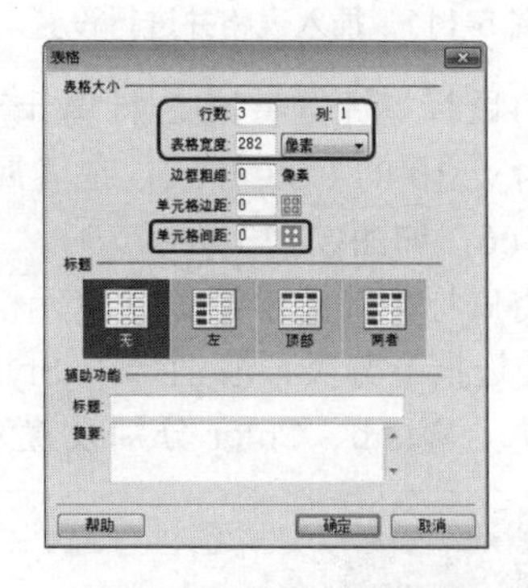

图 5-108　设置表格参数

(21) 设置完成后，单击【确定】按钮。将鼠标指针置于新插入表格的第 1 行单元格中，在【属性】面板中将【垂直】设置为【底部】，将【宽】【高】分别设置为 282、255，如图 5-109 所示。

(22) 设置完成后，在【拆分】窗口中为该单元格添加背景图像，效果如图 5-110 所示。

(23) 继续将鼠标指针置于该单元格中，在该单元格中插入一个 1 行 1 列、宽度为 282 像素的表格。选中该表格的单元格，在【属性】面板中为其应用名为.btmd 的 CSS 样式，将【水平】设置为【居中对齐】，将【高】设置为 35，将【背景颜色】设置为#3A3A3A，如图 5-111 所示。

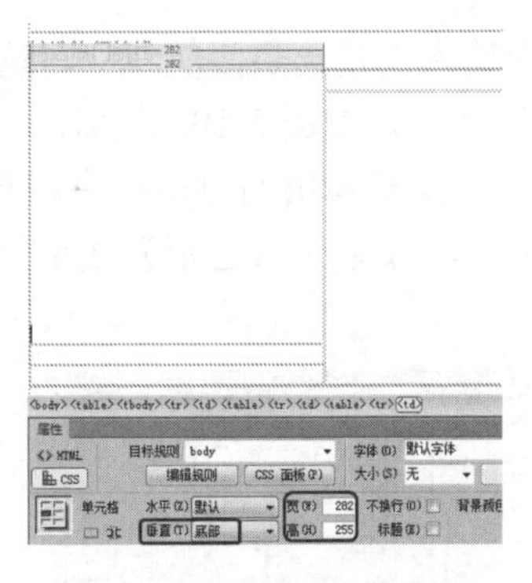

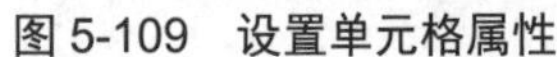

图 5-109 设置单元格属性

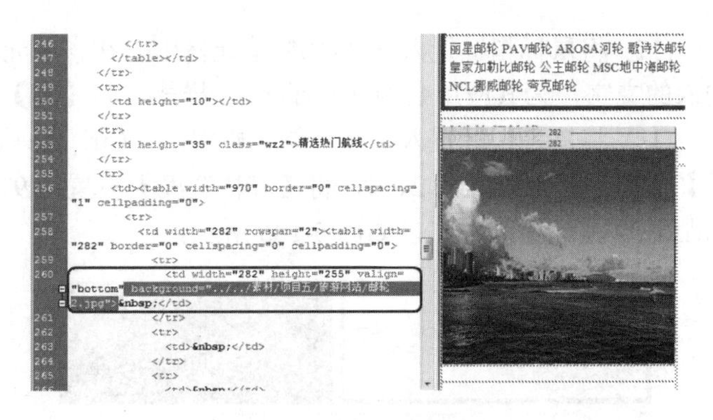

图 5-110 添加背景图像

(24) 将鼠标指针置于该单元格中，在该单元格中输入文字，选中输入的文字，为其应用名为.wz10 的 CSS 样式，效果如图 5-112 所示。

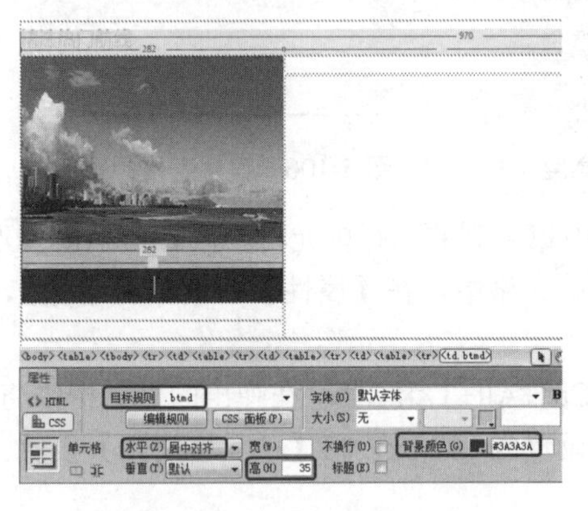

图 5-111 插入表格并进行设置

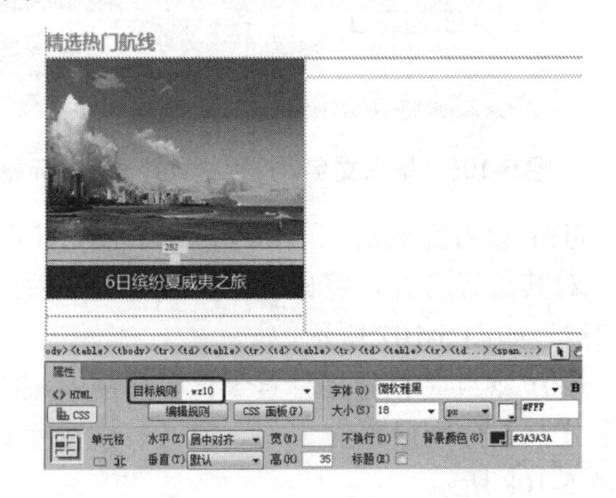

图 5-112 应用 CSS 样式

(25) 将鼠标指针置于第 2 行单元格中，在该单元格中输入文字。选中输入的文字，为其应用名为.wz10 的 CSS 样式，在【属性】面板中将【高】设置为 40，将【背景颜色】设置为#CC3366，如图 5-113 所示。

(26) 将鼠标指针置于第 3 行单元格中，新建一个名为.bk4 的 CSS 样式，在弹出的对话框中选择【边框】分类，取消选中 Style、Width、Color 下的【全部相同】复选框，将 Top 右侧的 Style、Width、Color 分别设置为 dotted、thin、#FFF，如图 5-114 所示。

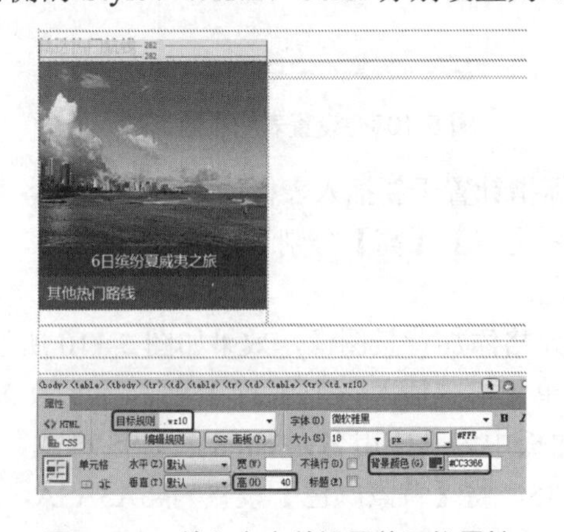

图 5-113 输入文字并设置单元格属性

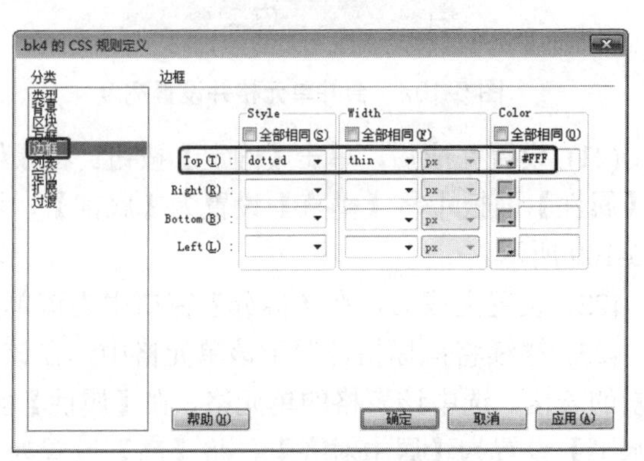

图 5-114 设置边框参数

(27) 设置完成后，单击【确定】按钮。选中第 3 行单元格，为其应用新建的 CSS 样式，在【属性】面板中将【高】设置为 89，将【背景颜色】设置为#CC3366，如图 5-115 所示。

(28) 将鼠标指针置于该单元格中，输入文字，选中输入的文字，如图 5-116 所示。

图 5-115　应用样式并设置单元格属性

图 5-116　输入文字并选中

(29) 新建一个名为.wz21 的 CSS 样式，在弹出的对话框中将 Font-size 设置为 13 px，将 Line-height 设置为 26 px，将 Color 设置为#FFF，如图 5-117 所示。

(30) 设置完成后，单击【确定】按钮，为该文字应用新建的 CSS 样式，效果如图 5-118 所示。

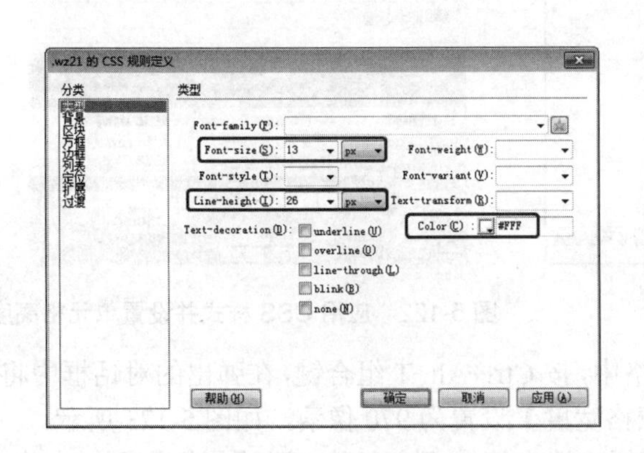

图 5-117　设置文字参数

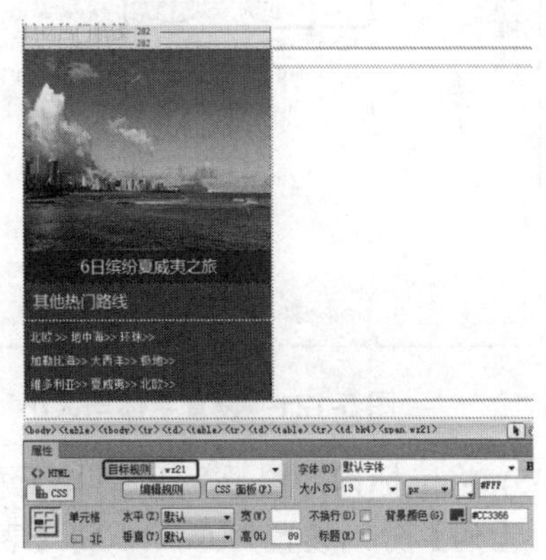

图 5-118　应用样式后的效果

(31) 使用相同的方法在其右侧的单元格中插入图像和表格，并输入相应的文字，效果如图 5-119 所示。

图 5-119　插入图像和表格并输入文字

(32) 将鼠标指针置于第 9 行单元格中，在【拆分】窗口中修改单元格的代码，效果如图 5-120 所示。

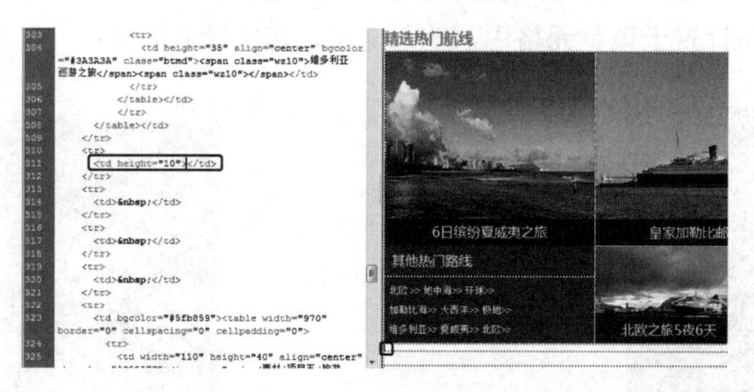

图 5-120　修改单元格代码

(33) 将鼠标指针置于第 10 行单元格中，在该单元格中输入“常见问题”。选中该文字，新建一个名为.wz22 的 CSS 样式，在弹出的对话框中将 Font-family 设置为【微软雅黑】，将 Font-size 设置为 20 px，如图 5-121 所示。

(34) 设置完成后，单击【确定】按钮，为该文字应用新建的 CSS 样式，在【属性】面板中将【高】设置为 35，如图 5-122 所示。

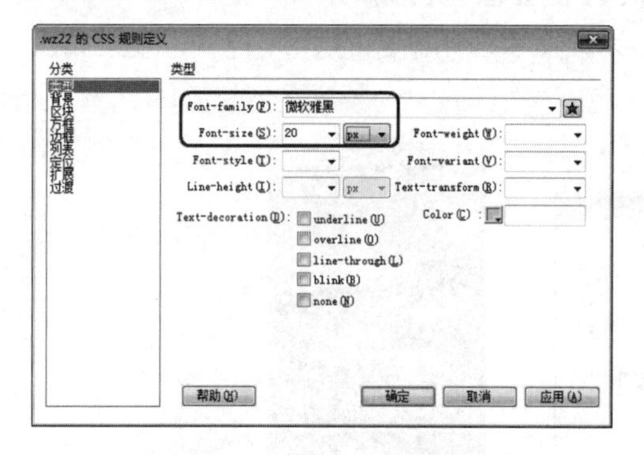

图 5-121　设置字体与大小

图 5-122　应用 CSS 样式并设置单元格高度

(35) 将鼠标指针置于第 11 行单元格中，按 Ctrl+Alt+T 组合键，在弹出的对话框中将【行数】、【列】分别设置为 6、4，将【表格宽度】设置为 970 像素，如图 5-123 所示。

(36) 设置完成后，单击【确定】按钮。选中第 1 列单元格，在【属性】面板中将【水平】、【垂直】分别设置为【右对齐】、【顶端】，将【宽】设置为 59，如图 5-124 所示。

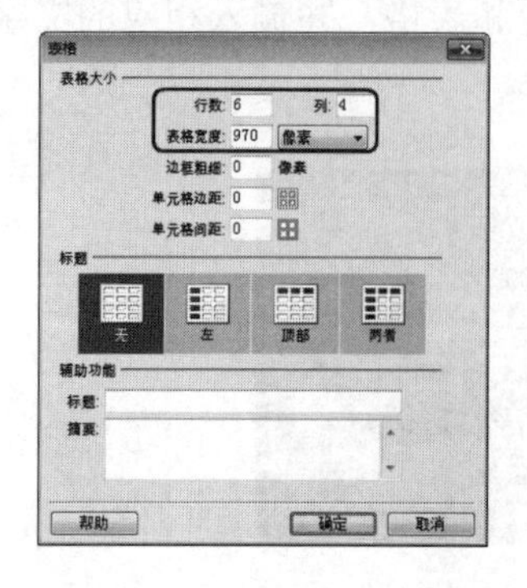

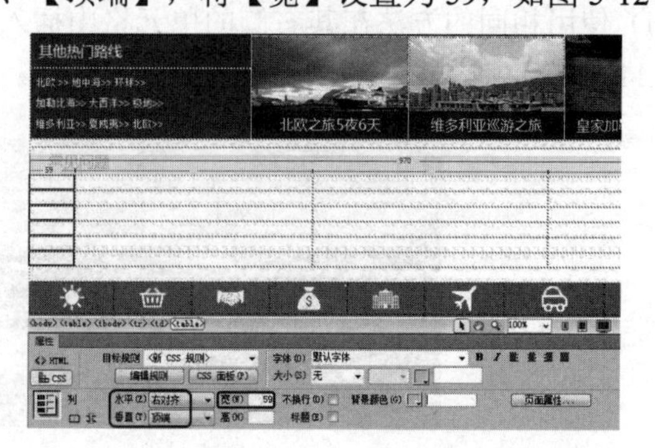

图 5-123　设置表格参数

图 5-124　设置单元格属性

(37) 将鼠标指针置于第 1 行的第 1 列单元格中，按 Ctrl+Alt+I 组合键，在弹出的对话框中选择 Q.png 素材文件，单击【确定】按钮。选中该素材文件，在【属性】面板中将【宽】、【高】都设置为 35 px，如图 5-125 所示。

(38) 将鼠标指针置于第 1 行的第 2 列单元格中，输入文字，并为其应用名为.wz20 的 CSS 样式，在【属性】面板中将【宽】设置为 425，效果如图 5-126 所示。

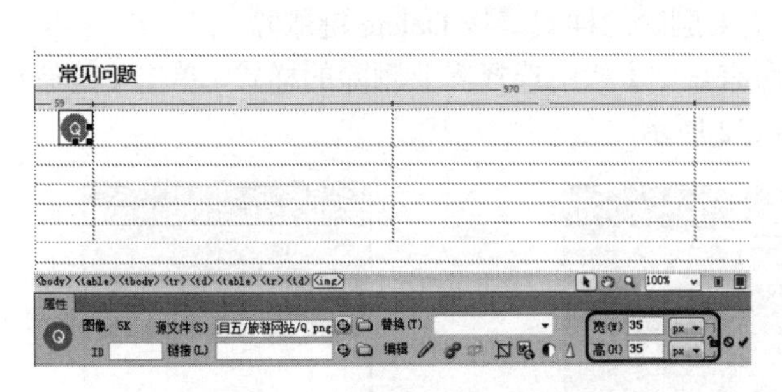

图 5-125　设置素材文件大小

图 5-126　输入文字并设置单元格宽度

(39) 使用同样的方法在其他单元格中输入文字并插入图像，效果如图 5-127 所示。

(40) 将鼠标指针置于第 12 行单元格中，在【属性】面板中将【高】设置为 35，如图 5-128 所示。

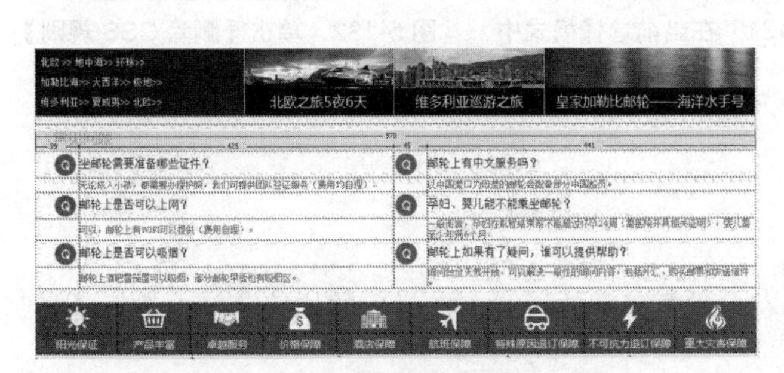

图 5-127　输入其他文字并插入图像

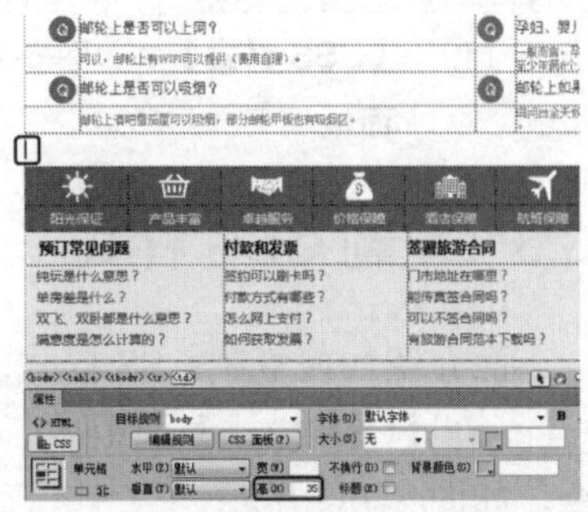

图 5-128　设置单元格高度

5.3.1　修改 CSS 样式

使用以下方法可以对 CSS 样式进行修改。

◎　在【属性】面板的【目标规则】下拉列表框中选择需要修改的样式，然后单击【编辑规则】按钮，如图 5-129 所示，在弹出的 CSS 规则定义对话框中进行修改。

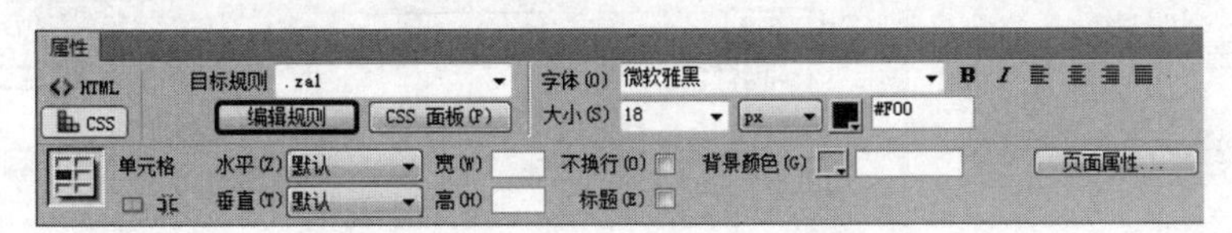

图 5-129　在【属性】面板中修改

◎　在【CSS 样式】面板中选择需要修改的 CSS 样式，在属性栏中对其进行修改，如图 5-130 所示。

◎ 在文档中选择需要修改 CSS 样式的文本，在【CSS 样式】面板中切换到【当前】选项卡，在属性栏中可以对 CSS 样式进行修改，如图 5-131 所示。

5.3.2 删除 CSS 样式

使用以下方法可以将 CSS 样式删除。

◎ 在【CSS 样式】面板中选择需要删除的样式，按 Delete 键删除。

◎ 在【CSS 样式】面板中的【所有规则】栏中选择需要删除的样式，单击【删除 CSS 规则】按钮🗑删除，如图 5-132 所示。

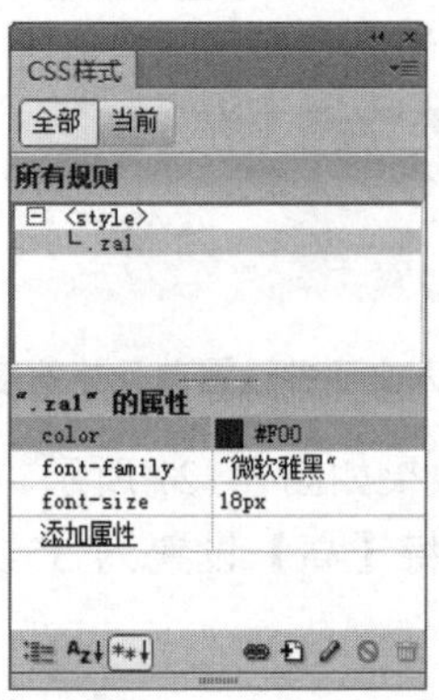

图 5-130 【CSS 样式】面板

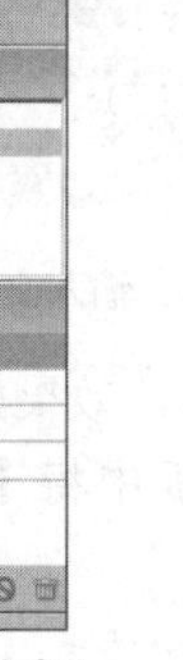

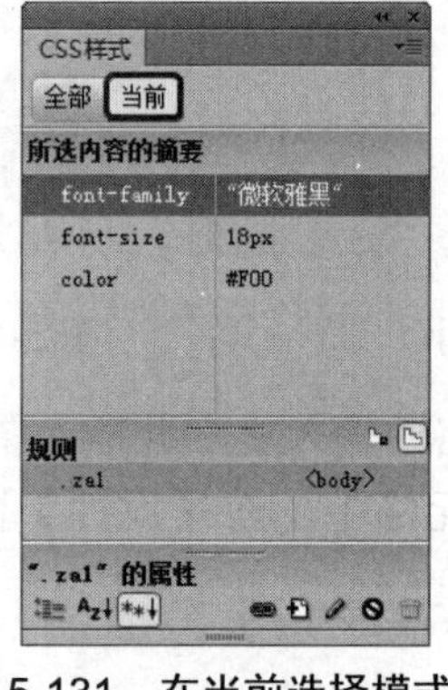

图 5-131 在当前选择模式中修改

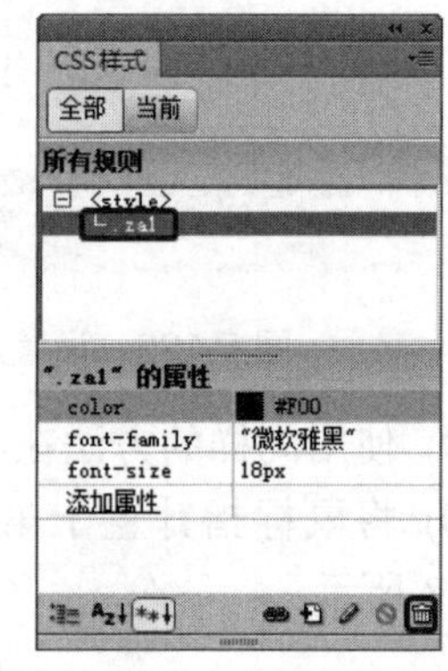

图 5-132 单击【删除 CSS 规则】按钮

5.3.3 复制 CSS 样式

下面介绍如何复制 CSS 样式。

(1) 在【CSS 样式】面板中，右击需要复制的样式，在弹出的快捷菜单中选择【复制】命令，如图 5-133 所示。

(2) 弹出【复制 CSS 规则】对话框，可以更改复制的 CSS 样式名称，CSS 样式复制完成。返回【CSS 样式】面板中查看，如图 5-134 所示。

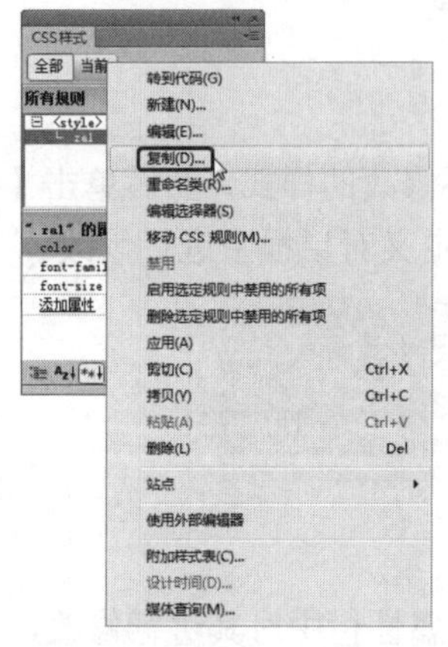

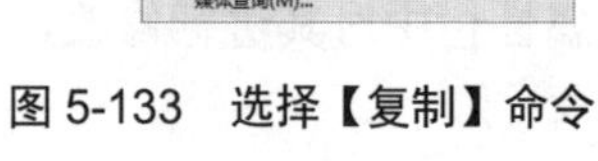

图 5-133 选择【复制】命令

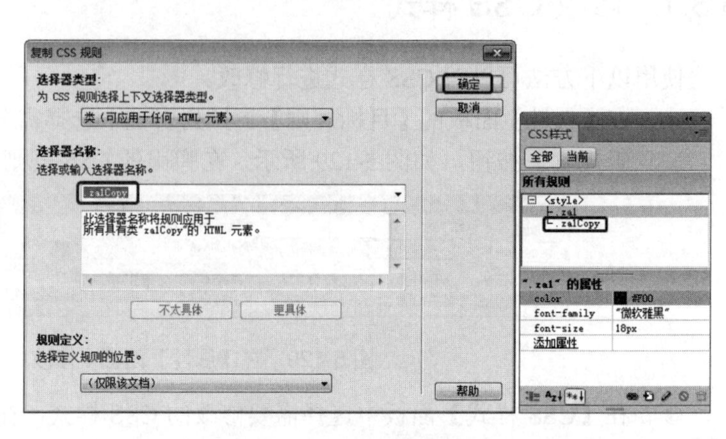

图 5-134 查看复制样式

任务 4 制作旅游网站(三)——使用 CSS 过滤器

本案例将介绍如何制作旅游网站的第三个网页。首先打开准备好的素材文件，然后进行修改和调整，从而完成第三个网页的制作，效果如图 5-135 所示。

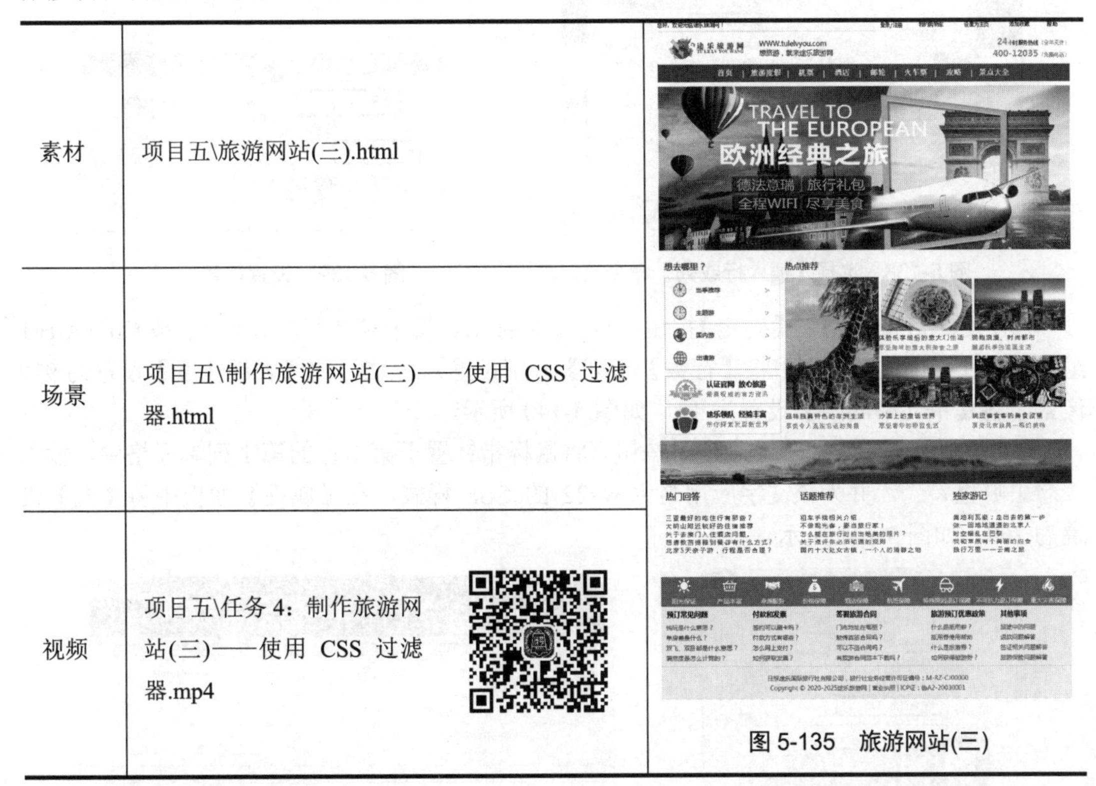

素材	项目五\旅游网站(三).html
场景	项目五\制作旅游网站(三)——使用 CSS 过滤器.html
视频	项目五\任务 4：制作旅游网站(三)——使用 CSS 过滤器.mp4

图 5-135 旅游网站(三)

具体操作步骤如下。

(1) 打开“素材\项目五\旅游网站(三).html”素材文件，效果如图 5-136 所示。

(2) 将鼠标指针置于第 5 行单元格中，按 Ctrl+Alt+I 组合键，弹出【选择图像源文件】对话框，选择“素材\项目五\图 1.jpg”素材文件，完成后的效果如图 5-137 所示。

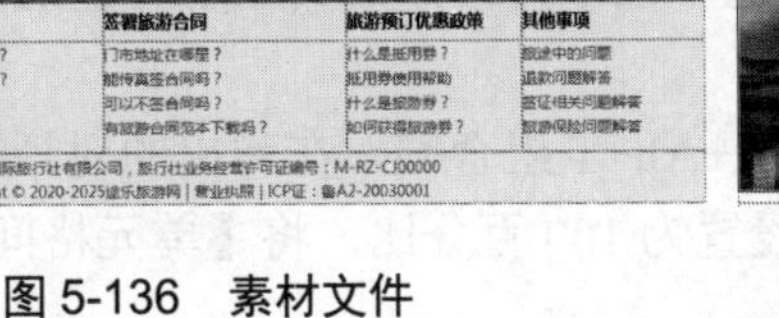

图 5-136 素材文件

图 5-137 插入素材图片

(3) 将鼠标指针置于第 7 行单元格中，右击，在弹出的快捷菜单中选择【表格】|【插入行或列】命令，如图 5-138 所示。

(4) 在弹出的对话框中选择【行】单选按钮，将【行数】设置为 4，如图 5-139 所示。

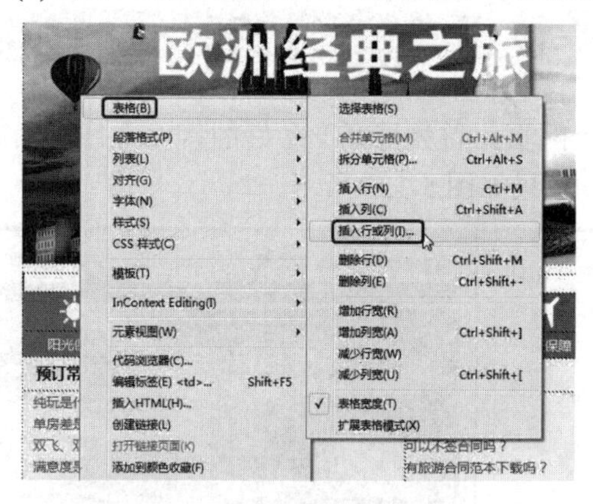

图 5-138 选择【插入行或列】命令

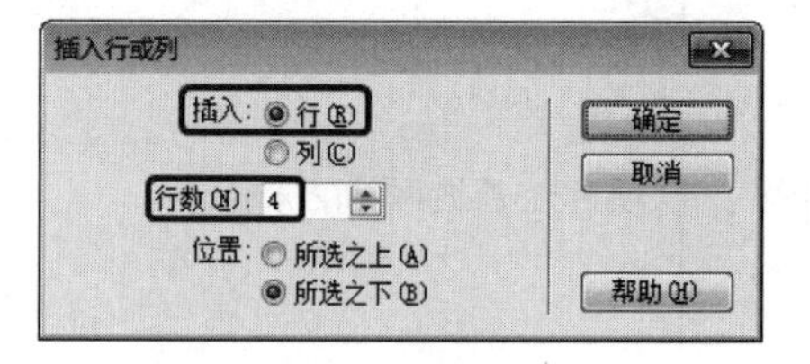

图 5-139 设置行数

(5) 设置完成后，单击【确定】按钮。继续将鼠标指针置于第 7 行单元格中，按 Ctrl+Alt+T 组合键，在弹出的对话框中将【行数】【列】分别设置为 3、2，将【表格宽度】设置为 970 像素，将【单元格间距】设置为 13，如图 5-140 所示。

(6) 设置完成后，单击【确定】按钮。将鼠标指针置于第 1 行的第 1 列单元格中，输入“想去哪里？”，并为该文字应用名为.wz22 的 CSS 样式，在【属性】面板中将【宽】设置为 268，如图 5-141 所示。

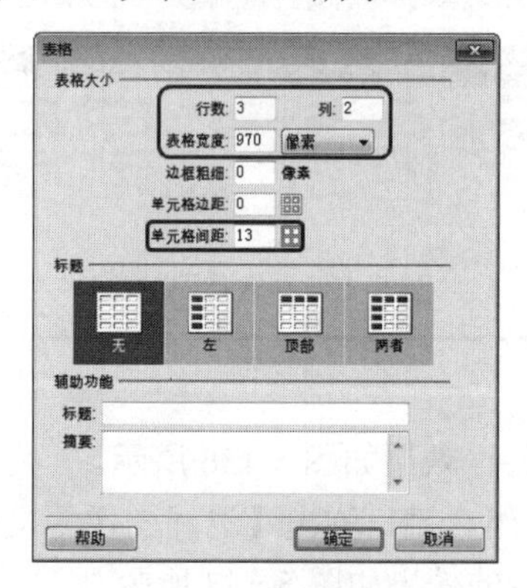

图 5-140 设置表格参数

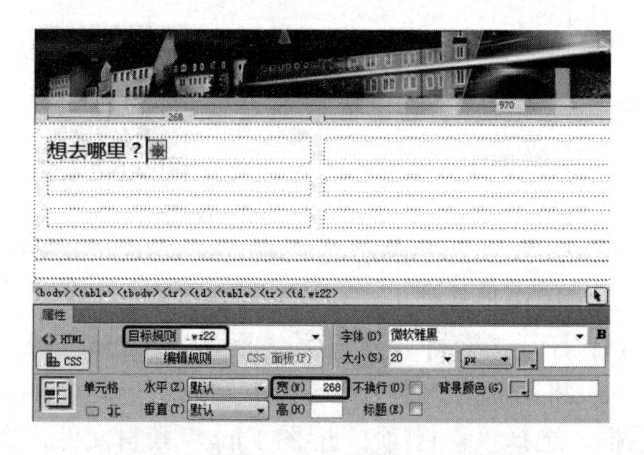

图 5-141 输入文字并设置单元格宽度

(7) 将鼠标指针置于第 1 列的第 2 行单元格中，新建一个名为.bk5 的 CSS 样式，在弹出的对话框中选择【边框】分类，将 Top 右侧的 Style、Width、Color 分别设置为 solid、thin、#b4dff5，如图 5-142 所示。

(8) 设置完成后，单击【确定】按钮。选中该单元格，为其应用新建的 CSS 样式，效果如图 5-143 所示。

(9) 将鼠标指针置于该单元格中，按 Ctrl+Alt+T 组合键，在弹出的对话框中将【行数】【列】分别设置为 4、3，将【表格宽度】设置为 100 百分比，将【单元格间距】设置为 0，如图 5-144 所示。

(10) 设置完成后，单击【确定】按钮。选中第 1 列的单元格，在【属性】面板中将【水平】设置为【居中对齐】，将【宽】【高】分别设置为 72、50，如图 6-145 所示。

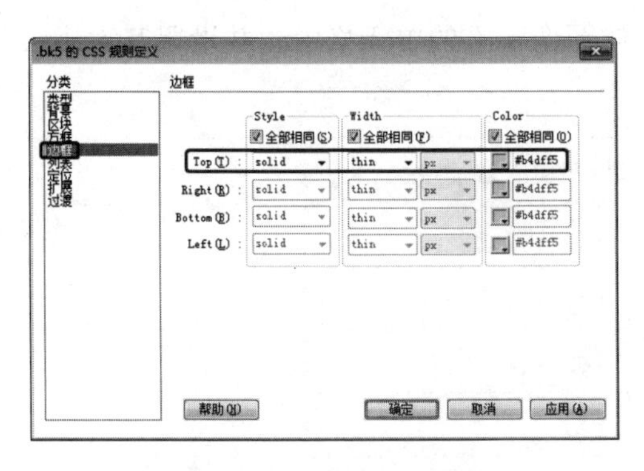

图 5-142 设置边框参数

图 5-143 应用 CSS 样式

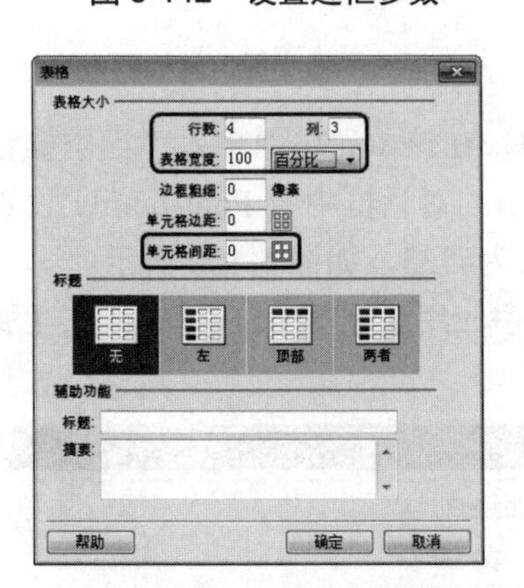

图 5-144 设置表格参数

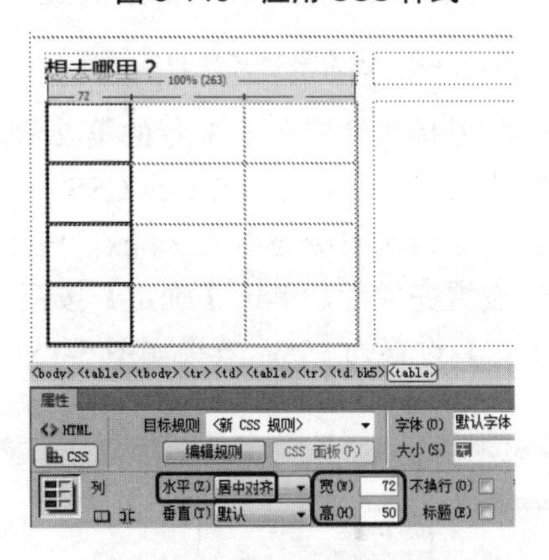

图 5-145 设置单元格属性

(11) 继续将鼠标指针置于该单元格中，新建名为.bk6 的 CSS 样式，在弹出的对话框中选择【边框】分类，取消选中 Style、Width、Color 下的【全部相同】复选框，将 Bottom 右侧的 Style、Width、Color 分别设置为 solid、thin、#EBEBEB，如图 5-146 所示。

(12) 设置完成后，单击【确定】按钮，为第 1 行的第 1 列至第 3 行的第 3 列单元格应用新建的 CSS 样式，效果如图 5-147 所示。

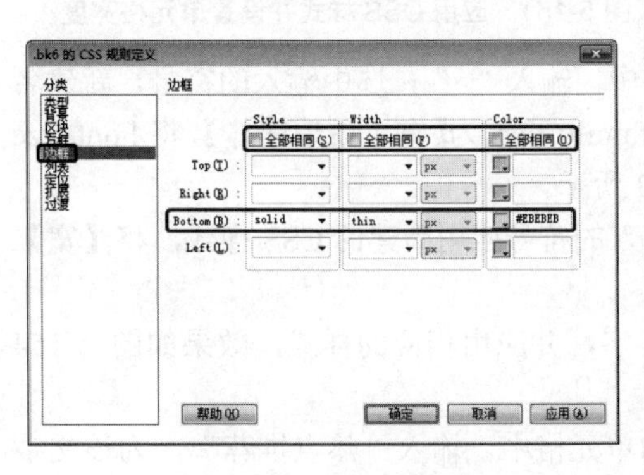

图 5-146 设置边框参数

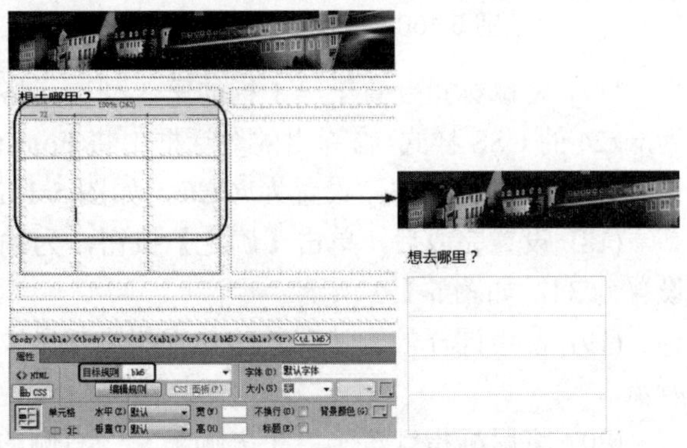

图 5-147 应用 CSS 样式

(13) 将鼠标指针置于第 1 行的第 1 列单元格中，按 Ctrl+Alt+I 组合键，在弹出的对话框中选择“图标 01.png”素材文件，单击【确定】按钮，在【属性】面板中将该素材文件的【宽】、【高】都设置为 35 px，如图 5-148 所示。

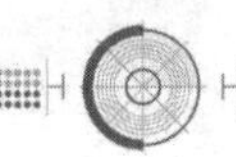

(14) 使用同样的方法将其他素材文件插入该图像下方的单元格中，并设置其大小，效果如图 5-149 所示。

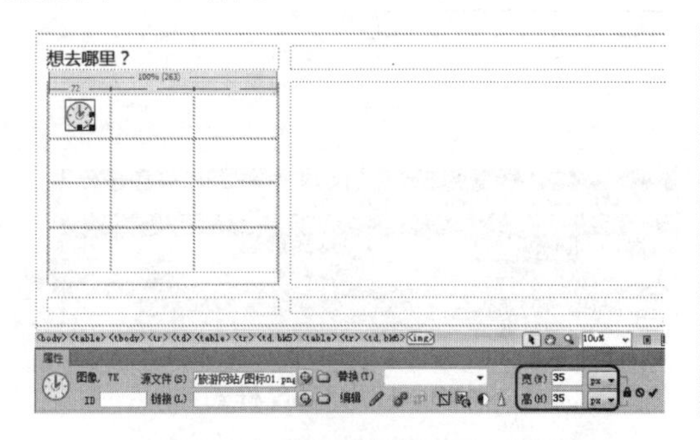

图 5-148　设置素材文件的宽、高

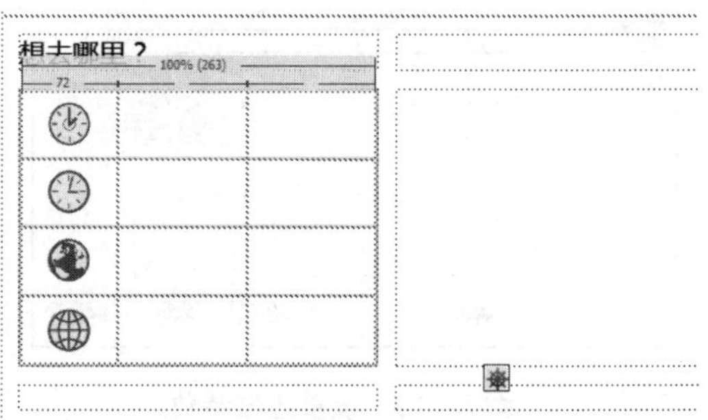

图 5-149　插入其他图像

(15) 将鼠标指针置于第 1 行的第 2 列单元格中，在该单元格中输入“当季推荐”。选中该文字，新建一个名为.wz23 的 CSS 样式，在弹出的对话框中将 Font-family 设置为【微软雅黑】，将 Font-size 设置为 14 px，将 Color 设置为#333，如图 5-150 所示。

(16) 设置完成后，单击【确定】按钮，为该文字应用新建的 CSS 样式。在【属性】面板中将【宽】设置为 158，效果如图 5-151 所示。

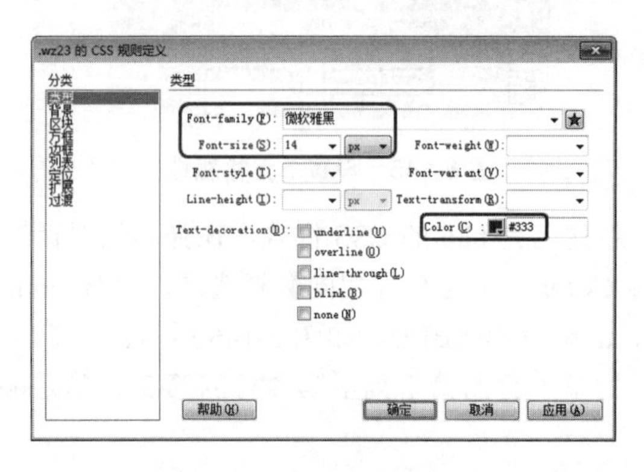

图 5-150　设置文字参数

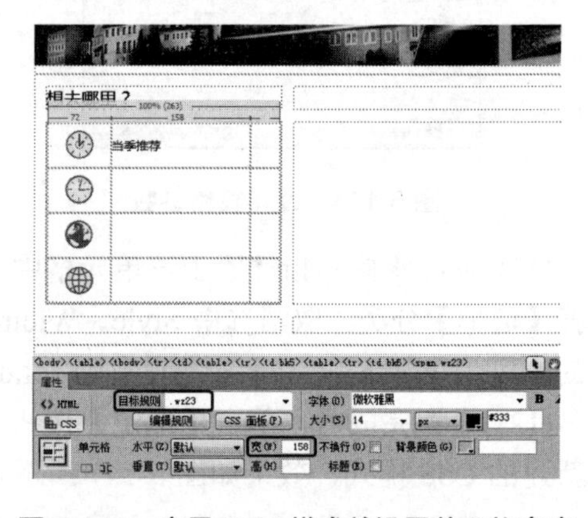

图 5-151　应用 CSS 样式并设置单元格宽度

(17) 将鼠标指针置于第 1 行的第 3 列单元格中，输入“>”，选中输入的符号，新建名为.wz24 的 CSS 样式。在弹出的对话框中将 Font-family 设置为【方正琥珀简体】，将 Font-size 设置为 18 px，将 Color 设置为#CCC，如图 5-152 所示。

(18) 设置完成后，单击【确定】按钮，为输入的符号应用新建的 CSS 样式，将【宽】设置为 34，如图 5-153 所示。

(19) 使用同样的方法在其他单元格中输入文字，并应用相应的样式，效果如图 5-154 所示。

(20) 将鼠标指针置于“想去哪里？”右侧的单元格中，输入“热点推荐”，为该文字应用名为.wz22 的 CSS 样式，将【宽】设置为 663，效果如图 5-155 所示。

(21) 选择“热点推荐”下方的两行单元格，按 Ctrl+Alt+M 组合键，将其合并。将鼠标指针置于合并后的单元格中，按 Ctrl+Alt+T 组合键，在弹出的对话框中将【行数】、【列】分别设置为 4、3，将【表格宽度】设置为 663 像素，如图 5-156 所示。

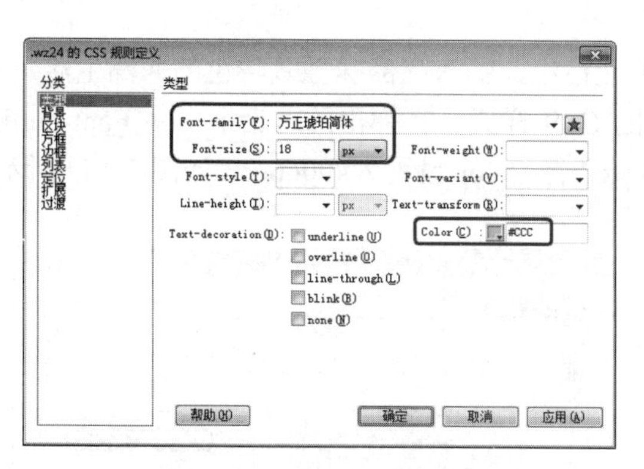

图 5-152 设置文字参数

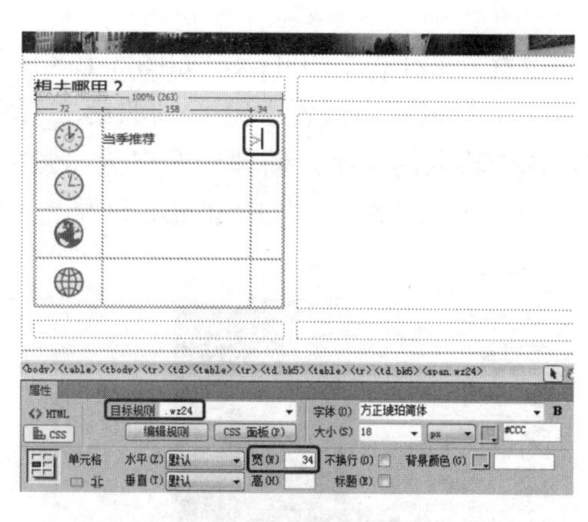

图 5-153 应用 CSS 样式并设置单元格宽度

图 5-154 输入其他文字后的效果

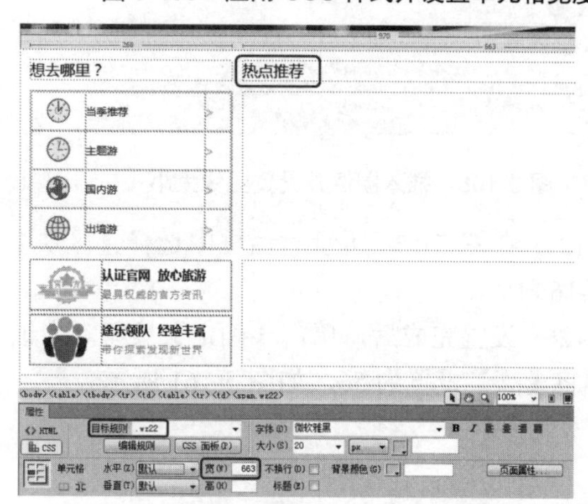

图 5-155 输入文字并设置单元格宽度

(22) 设置完成后，单击【确定】按钮。选中第 1 列的 3 行单元格，按 Ctrl+Alt+M 组合键进行合并，将鼠标指针置于合并后的单元格中，在【属性】面板中将【宽】、【高】分别设置为 221、300，如图 5-157 所示。

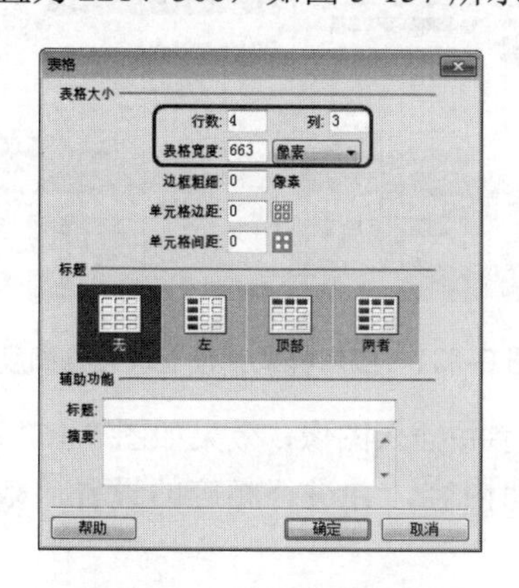

图 5-156 设置表格参数

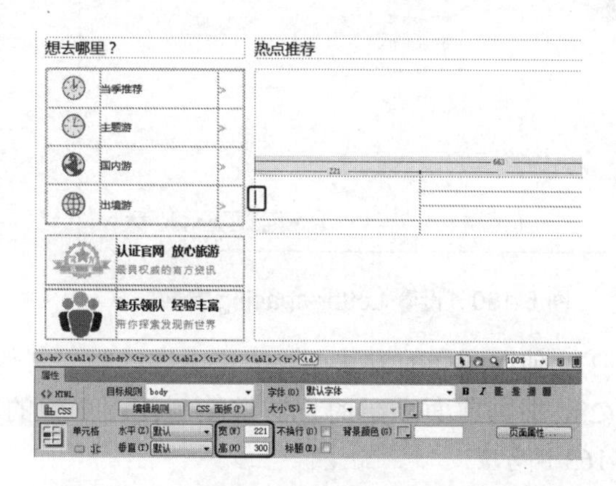

图 5-157 合并单元格并设置单元格宽、高

(23) 继续将鼠标指针置于该单元格中，按 Ctrl+Alt+I 组合键，在弹出的对话框中选择“图 2.jpg”素材文件，单击【确定】按钮，插入图像。在【属性】面板中将【宽】【高】

分别设置为 221 px、300 px，如图 5-158 所示。

(24) 将鼠标指针置于第 1 列的第 2 行单元格中，输入“品味独具特色的非洲生活”文字，选中输入的文字，新建一个名为 wz26 的 CSS 样式。在弹出的对话框中将 Font-family 设置为【微软雅黑】，将 Font-size 设置为 14 px，将 Color 设置为#0066cc，如图 5-159 所示。

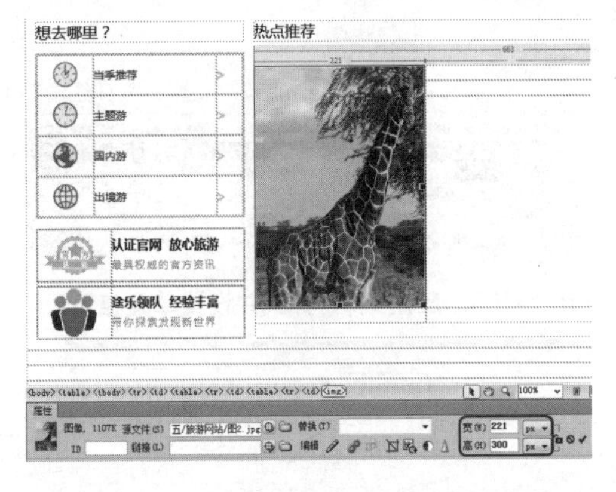

图 5-158 插入图像并设置图像大小

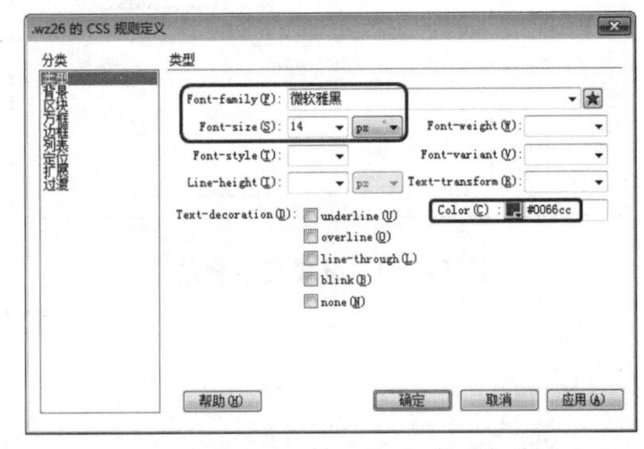

图 5-159 设置文字参数

(25) 在图 5-159 所示对话框中选择【区块】分类，将 Letter-spacing 设置为 3 px，如图 5-160 所示。

(26) 设置完成后，单击【确定】按钮，为该文字应用新建的 CSS 样式，在【属性】面板中将【高】设置为 56，如图 5-161 所示。

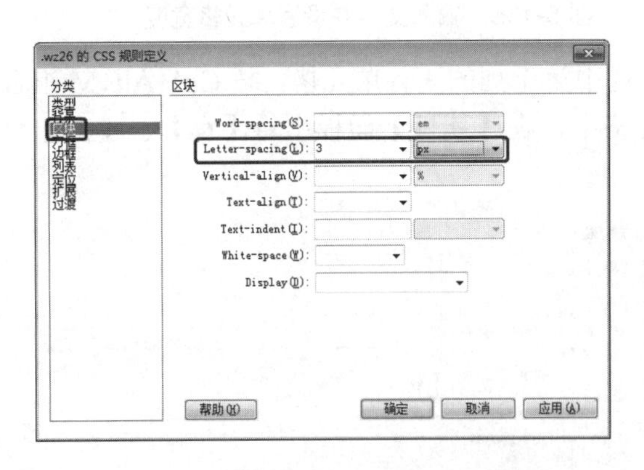

图 5-160 设置 Letter-spacing 参数

图 5-161 应用样式并设置单元格高度

(27) 使用同样的方法在该表格中继续输入其他文字并插入图像，效果如图 5-162 所示。

(28) 根据前面介绍的方法继续制作网页中的其他内容，并进行相应的设置，效果如图 5-163 所示。

(29) 在空白位置处右击选择【CSS 样式】|【新建】命令，如图 5-164 所示。弹出【新建 CSS 规则】对话框，在【选择器名称】中输入“Flip”，设置完成后，单击【确定】按钮，如图 5-165 所示。

图 5-162　输入文字并插入图像后的效果

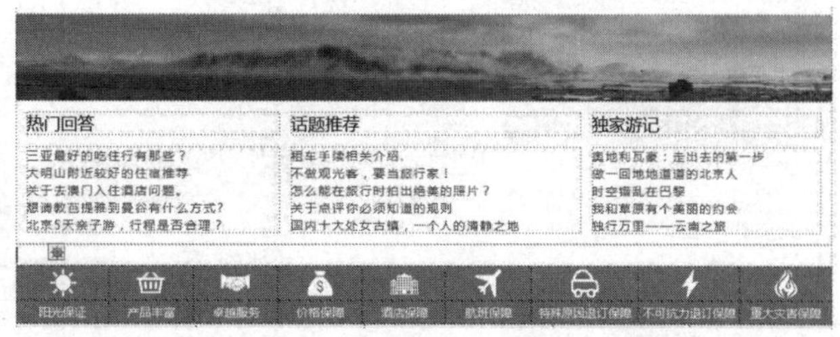

图 5-163　制作网页中的其他内容

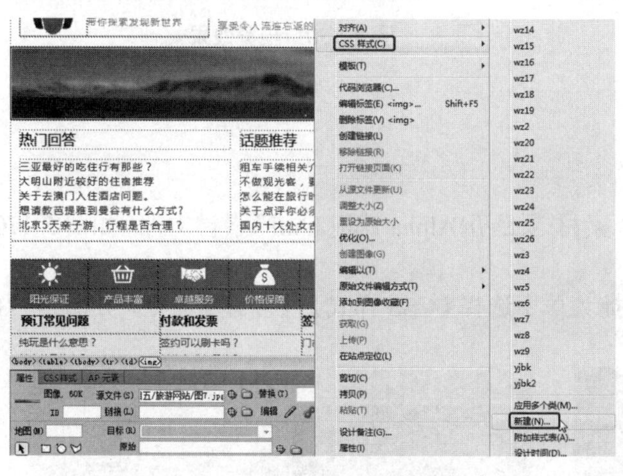

图 5-164　选择【新建】命令

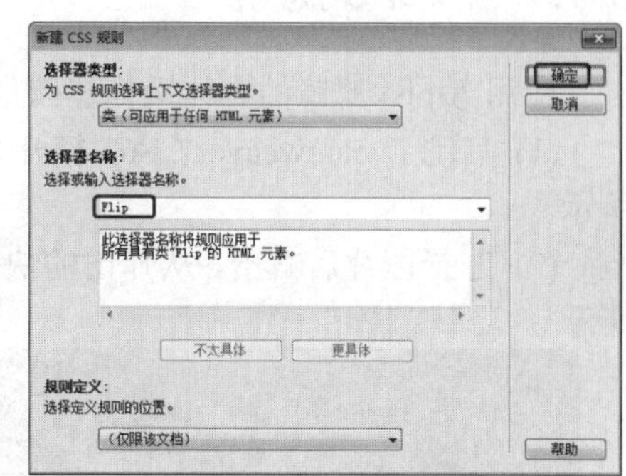

图 5-165　设置选择器名称

(30) 在弹出的【.Flip 的 CSS 规则定义】对话框中选择【分类】列表框中的【扩展】选项，切换到【扩展】设置界面，如图 5-166 所示。

(31) 在 Filter 下拉列表框中选择 FlipH 选项，如图 5-167 所示，单击【确定】按钮。

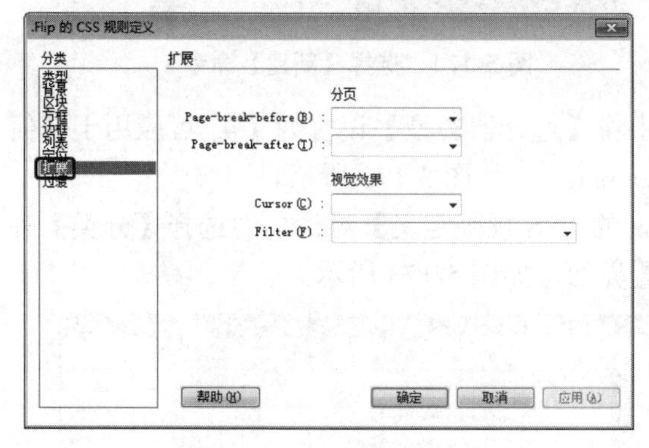

图 5-166　【扩展】设置界面

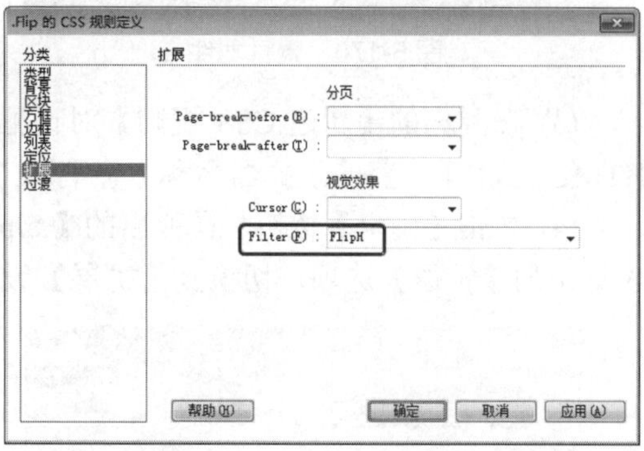

图 5-167　选择 FlipH 滤镜

(32) 选择图片，右击，在弹出的快捷菜单中选择【CSS 样式】| Flip 命令，如图 5-168 所示。设置完成后，按 F12 键在网页中进行预览，如图 5-169 所示。

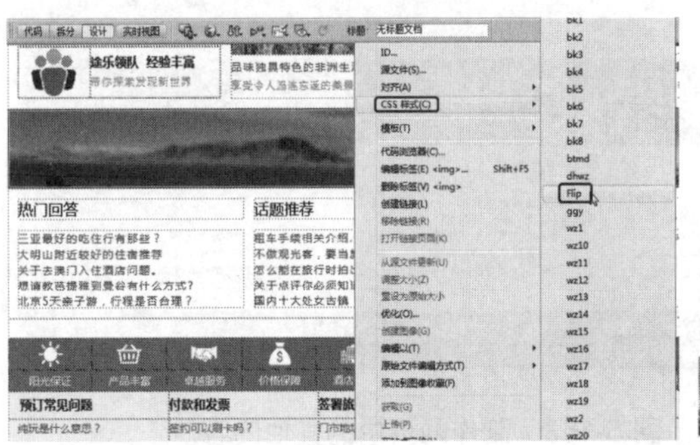

图 5-168　选择 Flip 命令

图 5-169　预览效果

5.4.1　Alpha 滤镜

应用 Alpha 滤镜的具体操作步骤如下。

(1) 启动 Dreamweaver CS6，打开“素材\项目五\Alpha 滤镜.html”素材文件，如图 5-170 所示。

(2) 选择图片后右击，从弹出的快捷菜单中选择【CSS 样式】|【新建】命令，如图 5-171 所示。

图 5-170　素材文件

图 5-171　选择【新建】命令

(3) 在弹出的【新建 CSS 规则】对话框中将【选择器类型】设置为【类(可应用于任何 HTML 元素)】，将【选择器名称】命名为“.alpha”，如图 5-172 所示。

(4) 单击【确定】按钮，在弹出的【.alpha 的 CSS 规则定义】对话框中选择【分类】列表框中的【扩展】选项，切换到【扩展】设置界面，如图 5-173 所示。

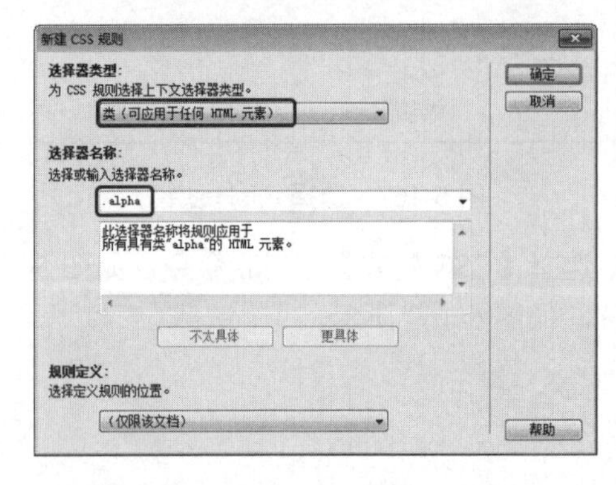

图 5-172　【新建 CSS 规则】对话框

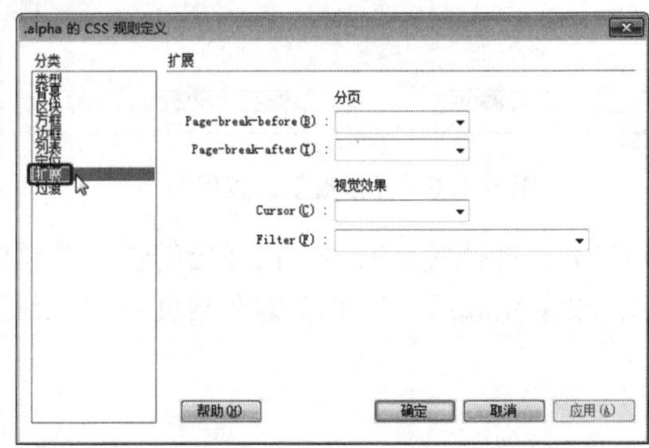

图 5-173　【扩展】设置界面

(5) 在 Filter 下拉列表框中选择 Alpha(Opacity=?, FinishOpacity=?, Style=?, StartX=?, StartY=?, FinishX=?, FinishY=?)选项。在本例中将 Opacity 设置为 200，Style 设置为 2，删除其他参数，如图 5-174 所示。

(6) 单击【确定】按钮，在文档窗口中选择需要应用样式的图像，右击，在弹出的快捷菜单中选择【CSS 样式】|alpha 命令，如图 5-175 所示。

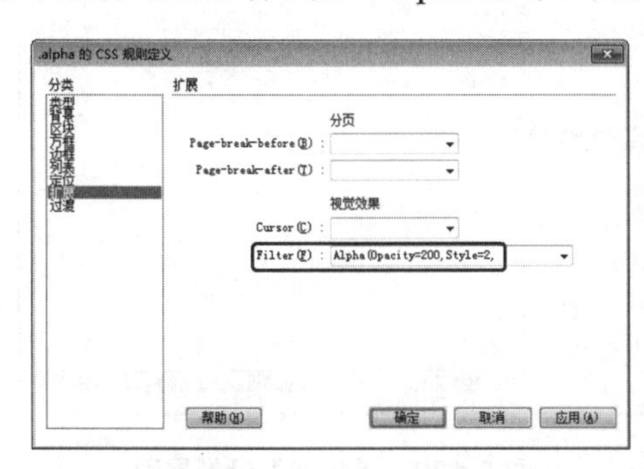

图 5-174　设置 Filter 选项

图 5-175　选择 alpha 命令

(7) 将文档保存，按 F12 键在网页中进行预览，如图 5-176 所示。

图 5-176　预览效果

5.4.2　Blur 滤镜

应用 Blur 滤镜的具体操作步骤如下。

(1) 打开“素材\项目五\Blur 滤镜.html”素材文件，如图 5-177 所示。

(2) 选择需要修改的内容并右击，从中选择【CSS 样式】|【新建】命令，如图 5-178 所示。

图 5-177　素材文件

图 5-178　选择【新建】命令

(3) 在弹出的【新建 CSS 规则】对话框中将【选择器类型】设置为【类(可应用于任何 HTML 元素)】，将【选择器名称】命名为“.blur”，如图 5-179 所示。

(4) 单击【确定】按钮，在弹出的【.blur 的 CSS 规则定义】对话框中，选择【分类】列表框中的【扩展】选项，切换到【扩展】设置界面，如图 5-180 所示。

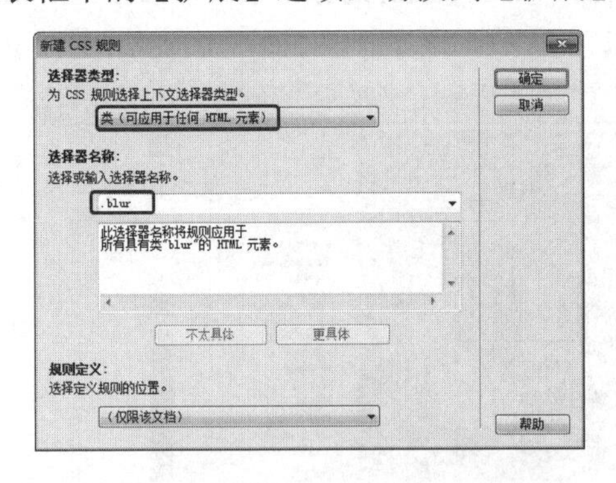

图 5-179　设置【新建 CSS 规则】对话框

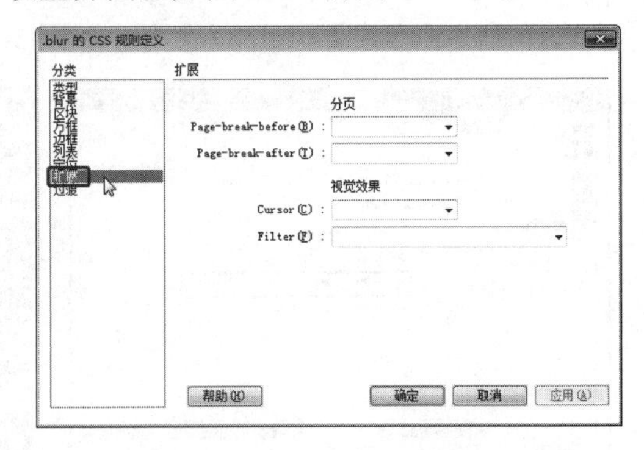

图 5-180　【扩展】设置界面

(5) 在 Filter 下拉列表框中选择 Blur(Add=?, Direction=?, Strength=?)选项。本例将 Add 设置为 true，Direction 设置为 260，Strength 设置为 30，如图 5-181 所示，单击【确定】按钮。

(6) 在文档窗口中选择需要应用样式的图像，单击鼠标右键，在弹出的快捷菜单中选择【CSS 样式】｜blur 命令，如图 5-182 所示。

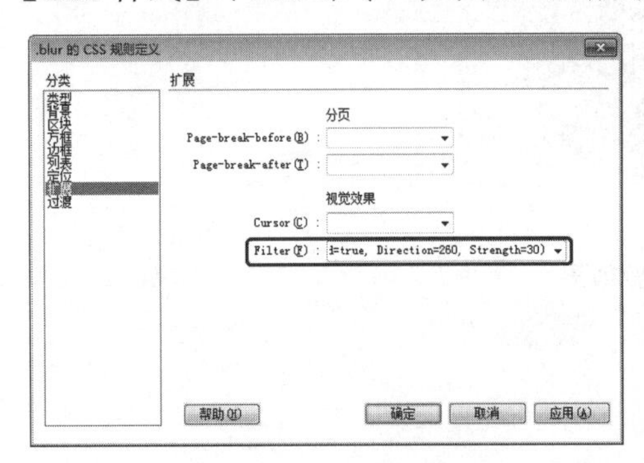

图 5-181　设置 Blur 滤镜

图 5-182　选择 blur 命令

(7) 设置完成后，将文档保存，按 F12 键可以在网页中预览，如图 5-183 所示。

图 5-183　预览应用滤镜的效果

5.4.3 FlipH 滤镜

应用 FlipH 滤镜的具体操作步骤如下。

(1) 启动 Dreamweaver CS6 软件，打开“素材\项目五\FlipH 滤镜.html”素材文件，如图 5-184 所示。

(2) 选择需要修改的内容并右击，从中选择【CSS 样式】|【新建】命令，如图 5-185 所示。

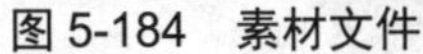

图 5-184 素材文件

图 5-185 选择【新建】命令

(3) 在弹出的【新建 CSS 规则】对话框中，将【选择器类型】设置为【类(可应用于任何 HTML 元素)】，将【选择器名称】命名为“.Flip”，如图 5-186 所示。

(4) 单击【确定】按钮，在弹出的【.Flip 的 CSS 规则定义】对话框中选择【分类】列表框中的【扩展】选项，如图 5-187 所示。

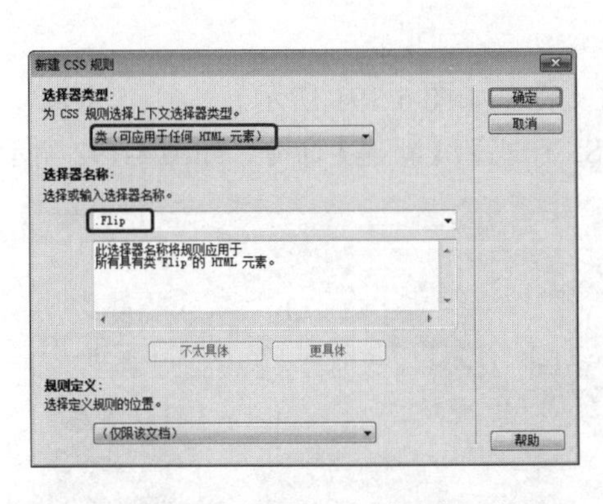

图 5-186 设置【新建 CSS 规则】对话框

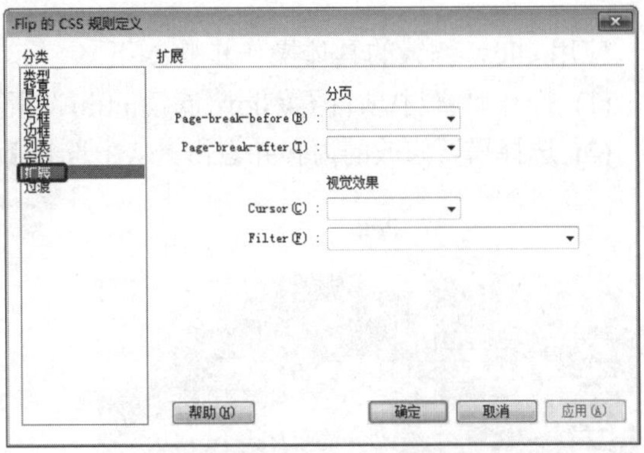

图 5-187 选择【扩展】选项

(5) 在 Filter 下拉列表框中选择 FlipH 选项，如图 5-188 所示，单击【确定】按钮。

(6) 在文档窗口中选择需要应用样式的图像，右击，在弹出的快捷菜单中选择【CSS 样式】| Flip 命令，如图 5-189 所示。

(7) 设置完成后，将文档保存，按 F12 键可以在网页中预览，效果如图 5-190 所示。

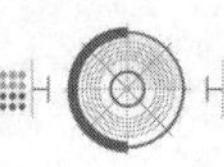

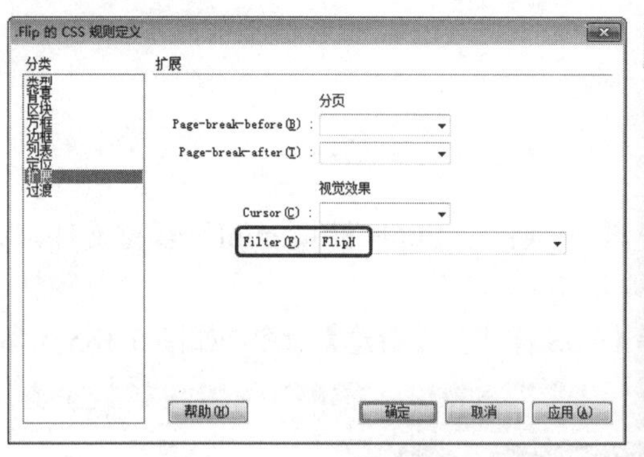

图 5-188 选择 FlipH 滤镜

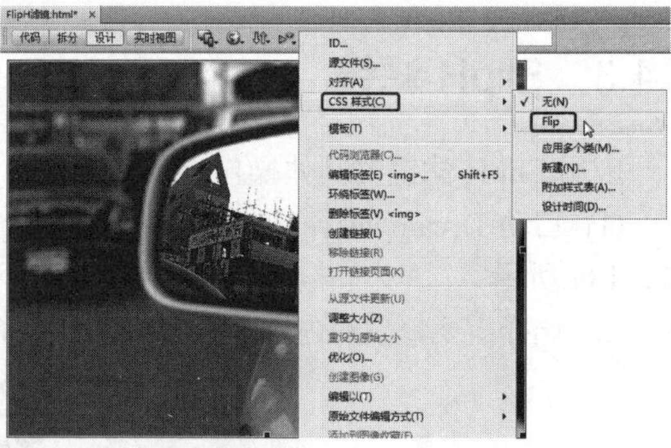

图 5-189 选择 Flip 命令

图 5-190 预览应用滤镜的效果

5.4.4 Glow 滤镜

应用 Glow 滤镜的具体操作步骤如下。

(1) 打开“素材\项目五\Glow 滤镜.html”素材文件，如图 5-191 所示。

(2) 选择需要修改的内容并右击，从中选择【CSS 样式】|【新建】命令，如图 5-192 所示。

图 5-191 素材文件

图 5-192 选择【新建】命令

(3) 在弹出的【新建 CSS 规则】对话框中将【选择器类型】设置为【类(可应用于任何 HTML 元素)】，将【选择器名称】命名为“.glow”，如图 5-193 所示。

(4) 单击【确定】按钮，在弹出的【.glow 的 CSS 规则定义】对话框中选择【分类】列表框中的【扩展】选项，如图 5-194 所示。

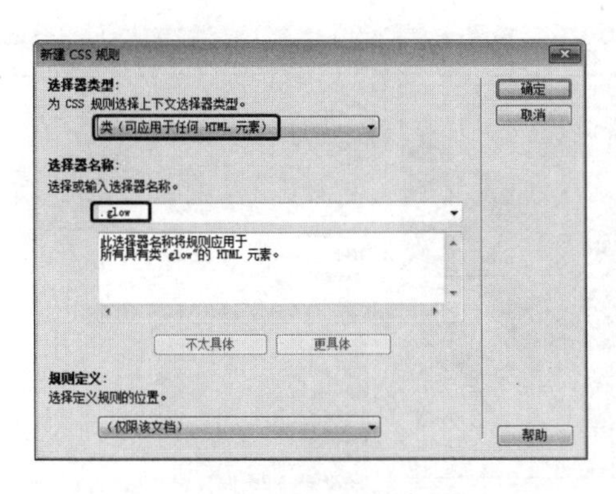

图 5-193 设置【新建 CSS 规则】对话框

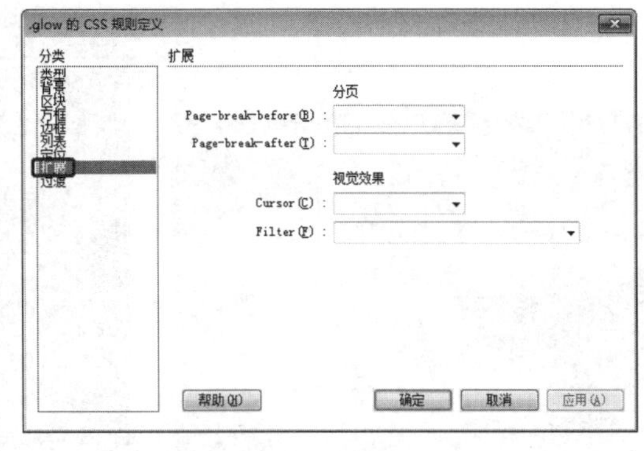

图 5-194 选择【扩展】选项

(5) 在 Filter 下拉列表框中选择 Glow(Color=?, Strength=?)选项。本例将 Color 设置为 #FE00，Strength 设置为 5，如图 5-195 所示，单击【确定】按钮。

(6) 在文档窗口中选择需要应用样式的图像，单击鼠标右键，在弹出的快捷菜单中选择【CSS 样式】| glow 命令，如图 5-196 所示。

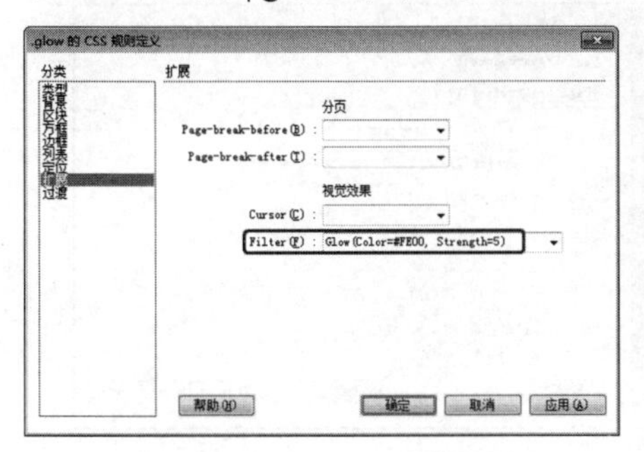

图 5-195 选择并设置滤镜

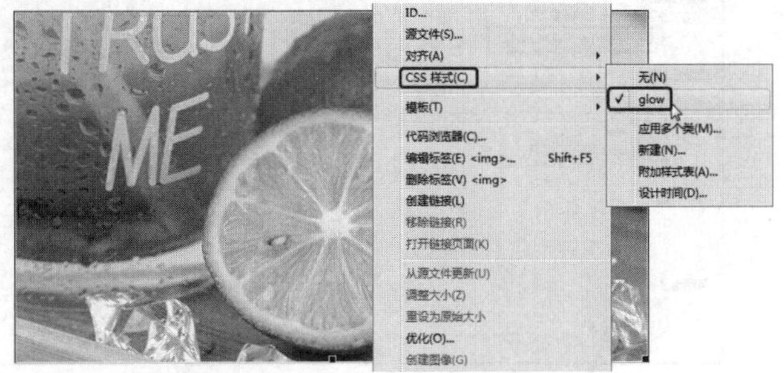

图 5-196 选择 glow 命令

(7) 设置完成后，将文档保存，按 F12 键可以在网页中预览，如图 5-197 所示。

图 5-197 预览应用滤镜的效果

5.4.5 Gray 滤镜

应用 Gray 滤镜的具体操作步骤如下。

(1) 启动 Dreamweaver CS6 软件，打开“素材\项目五\Gray 滤镜.html”素材文件，如图 5-198 所示。

(2) 选择需要修改的内容并右击，从中选择【CSS 样式】|【新建】命令，如图 5-199 所示。

(3) 在弹出的【新建 CSS 规则】对话框中将【选择器类型】设置为【类(可应用于任何 HTML 元素)】，将【选择器名称】命名为“.gray”，如图 5-200 所示。

图 5-198　素材文件

图 5-199　选择【新建】命令

(4) 单击【确定】按钮，弹出【.gray 的 CSS 规则定义】对话框，在【分类】列表框中选择【扩展】选项，如图 5-201 所示。

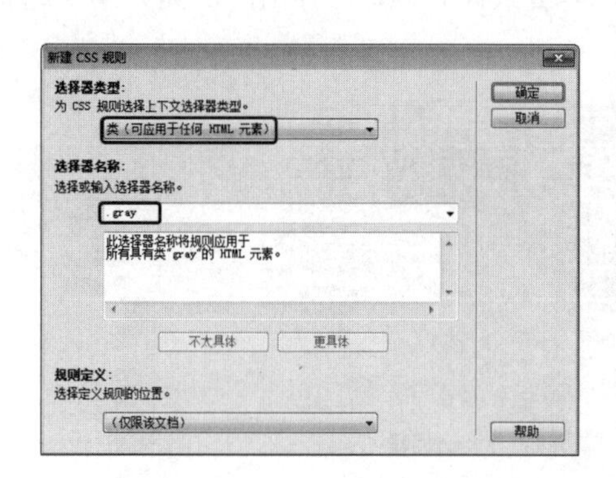

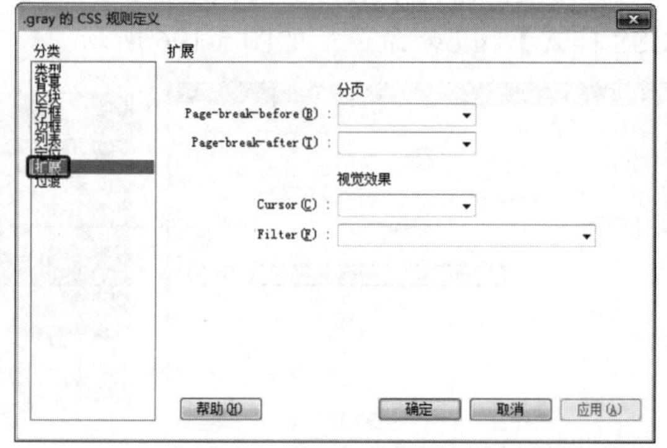

图 5-200　设置【新建 CSS 规则】对话框　　　　图 5-201　选择【扩展】选项

(5) 在 Filter 下拉列表框中选择 Gray 选项，如图 5-202 所示，单击【确定】按钮。

(6) 在文档窗口中选择需要应用样式的图像，右击，在弹出的快捷菜单中选择【CSS 样式】| gray 命令，如图 5-203 所示。

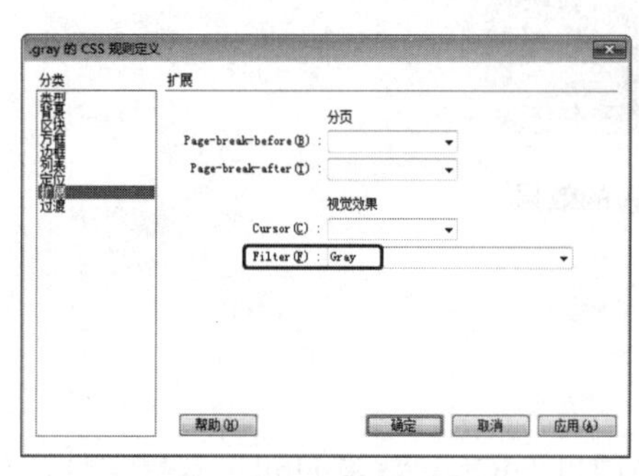

图 5-202　选择 Gray 滤镜　　　　图 5-203　选择 gray 命令

(7) 设置完成后，将文档保存，按 F12 键可以在网页中预览，效果如图 5-204 所示。

图 5-204 预览应用滤镜的效果

5.4.6 Invert 滤镜

应用 Invert 滤镜的具体操作步骤如下。

(1) 启动 Dreamweaver CS6，打开“素材\项目五\Invert 滤镜.html”素材文件，如图 5-205 所示。

(2) 选择需要修改的内容并右击，从弹出的快捷菜单中选择【CSS 样式】|【新建】命令，如图 5-206 所示。

图 5-205 素材文件

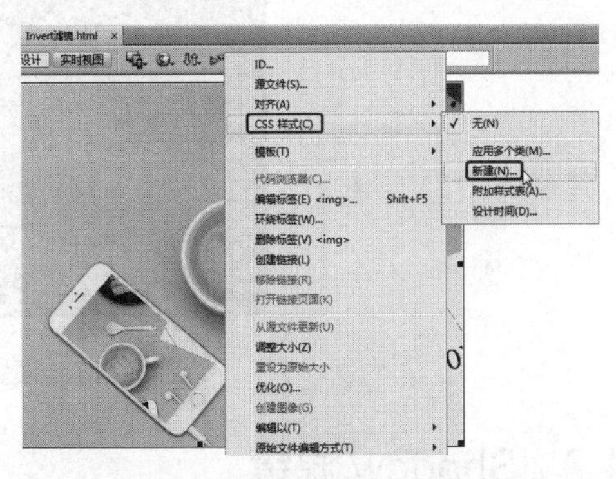

图 5-206 选择【新建】命令

(3) 在弹出的【新建 CSS 规则】对话框中，将【选择器类型】设置为【类(可应用于任何 HTML 元素)】，将【选择器名称】命名为“.invert”，如图 5-207 所示。

(4) 单击【确定】按钮，弹出【.invert 的 CSS 规则定义】对话框，在【分类】列表框中选择【扩展】选项，如图 5-208 所示。

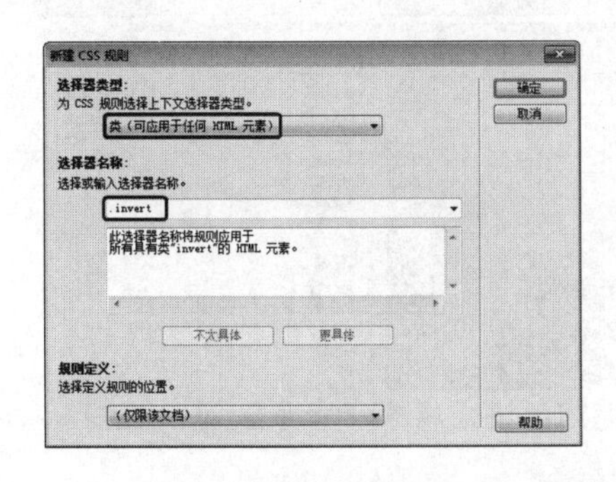

图 5-207 设置【新建 CSS 规则】对话框

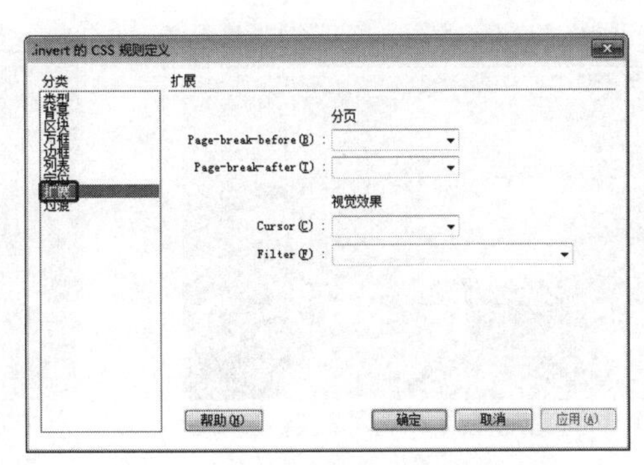

图 5-208 选择【扩展】选项

(5) 在 Filter 下拉列表框中选择 Invert 选项，如图 5-209 所示，单击【确定】按钮。

(6) 在文档窗口中选择需要应用样式的图像，右击，在弹出的快捷菜单中选择【CSS 样式】| invert 命令，如图 5-210 所示。

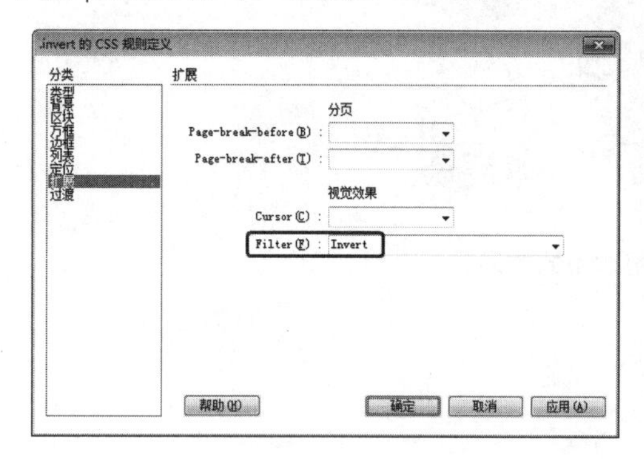

图 5-209　选择 Invert 滤镜

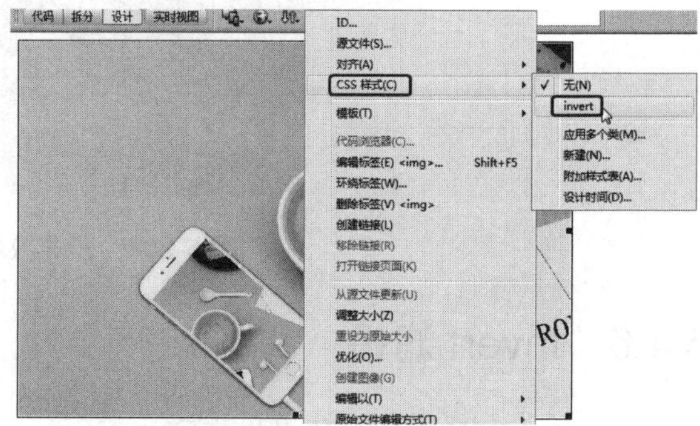

图 5-210　选择 invert 命令

(7) 设置完成后，将文档保存，按 F12 键可以在网页中预览，效果如图 5-211 所示。

图 5-211　预览应用滤镜的效果

5.4.7　Shadow 滤镜

应用 Shadow 滤镜的具体操作步骤如下。

(1) 打开“素材\项目五\Shadow 滤镜.html”素材文件，如图 5-212 所示。

(2) 选择需要修改的内容并右击，从弹出的快捷菜单中选择【CSS 样式】|【新建】命令，如图 5-213 所示。

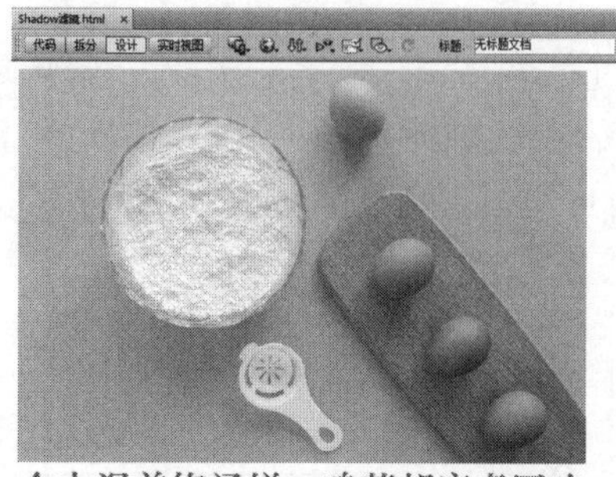

图 5-212　素材文件

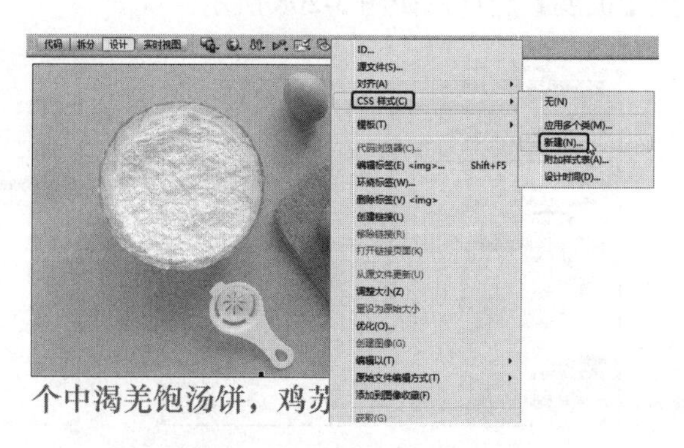

图 5-213　选择【新建】命令

(3) 在弹出的【新建 CSS 规则】对话框中将【选择器类型】设置为【类(可应用于任何 HTML 元素)】，将【选择器名称】命名为“.mask”，如图 5-214 所示。

(4) 单击【确定】按钮，弹出【.mask 的 CSS 规则定义】对话框，在【分类】列表框中选择【扩展】选项，如图 5-215 所示。

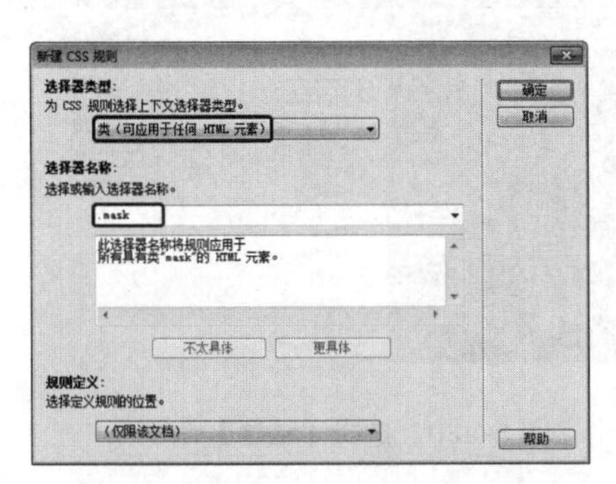

图 5-214 【新建 CSS 规则】对话框

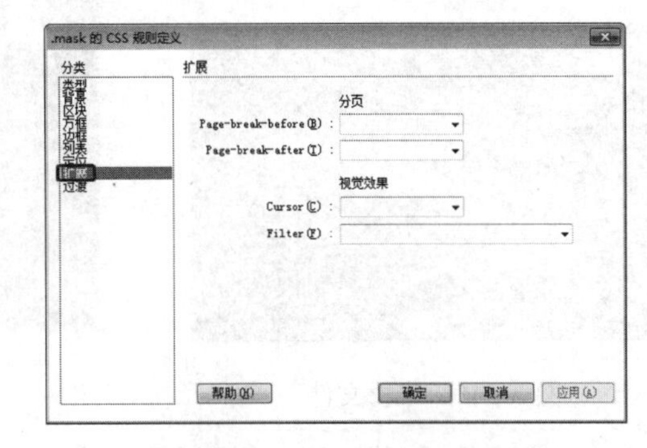

图 5-215 选择【扩展】选项

(5) 在 Filter 下拉列表框选择 Shadow(Color=?, Direction=?)选项。本例将 Color 设置为#000，设置 Direction 为 140，如图 5-216 所示，单击【确定】按钮。

(6) 在文档窗口中选择需要应用样式的图片及文字，右击，在弹出的快捷菜单中选择【CSS 样式】| mask 命令，如图 5-217 所示。

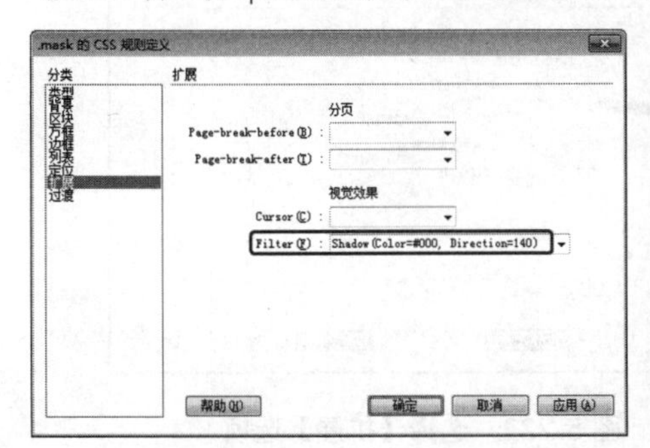

图 5-216 设置 mask 滤镜

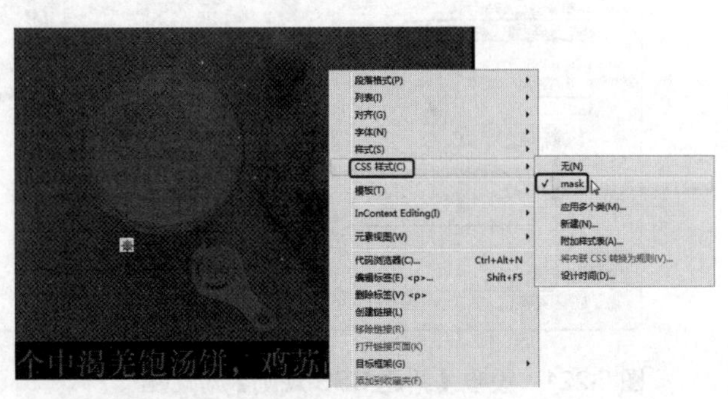

图 5-217 选择 mask 命令

(7) 设置完成后，将文档保存，按 F12 键可以在网页中预览，效果如图 5-218 所示。

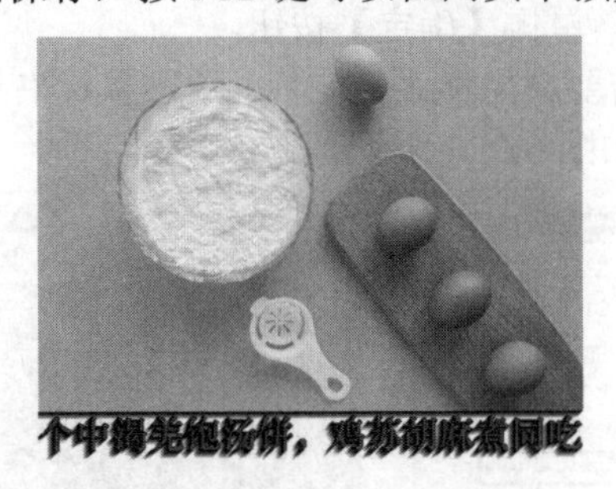

图 5-218 预览应用滤镜的效果

5.4.8 Wave 滤镜

应用 Wave 滤镜的具体操作步骤如下。

(1) 打开“素材\项目五\Wave 滤镜.html”素材文件，如图 5-219 所示。

(2) 选择需要修改的内容并右击，从弹出的快捷菜单中选择【CSS 样式】|【新建】命令，如图 5-220 所示。

图 5-219　素材文件

图 5-220　选择【新建】命令

(3) 在弹出的【新建 CSS 规则】对话框中将【选择器类型】设置为【类(可应用于任何 HTML 元素)】，将【选择器名称】命名为“.wave”，如图 5-221 所示。

(4) 单击【确定】按钮，在弹出的【.wave 的 CSS 规则定义】对话框中，选择【分类】列表框中的【扩展】选项，如图 5-222 所示。

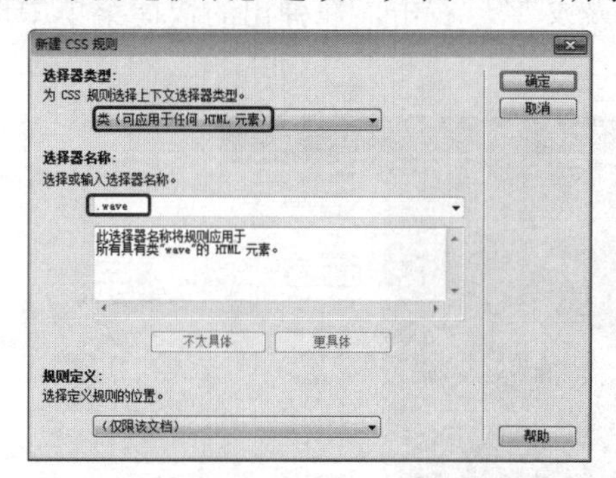

图 5-221　设置【新建 CSS 规则】对话框

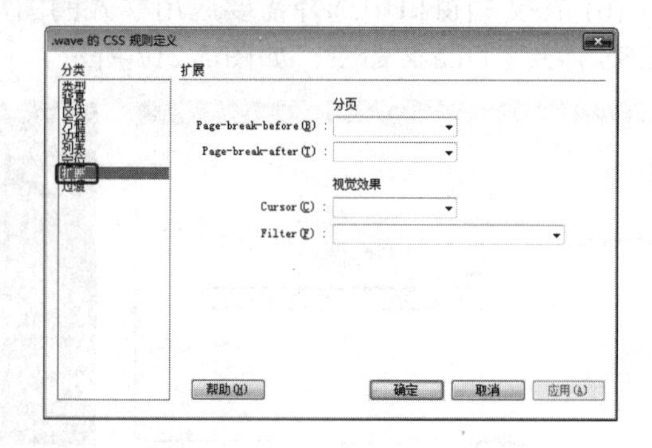

图 5-222　选择【扩展】选项

(5) 在 Filter 下拉列表框中选择 Wave(Add=?, Freq=?, LightStrength=?, Phase=?, Strength=?)选项。本例将 Add 设置为 0，Freq 设置为 6，LightStrength 设置为 16，Phase 设置为 0，Strength 设置为 15，如图 5-223 所示，单击【确定】按钮。

(6) 在文档窗口中选择需要应用样式的图片，单击鼠标右键，在弹出的快捷菜单中选择【CSS 样式】| wave 命令，如图 5-224 所示。

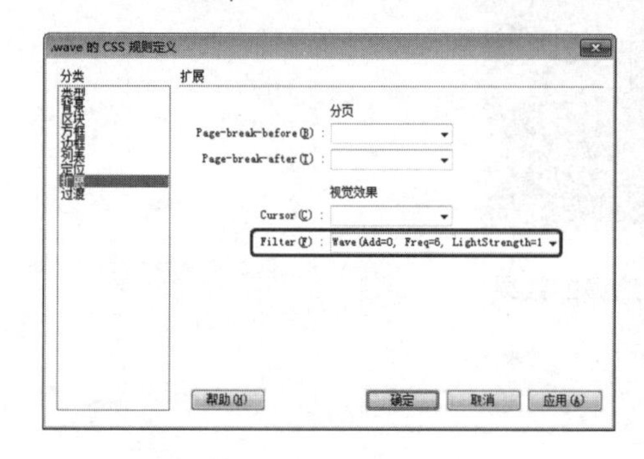

图 5-223　设置 Wave 滤镜

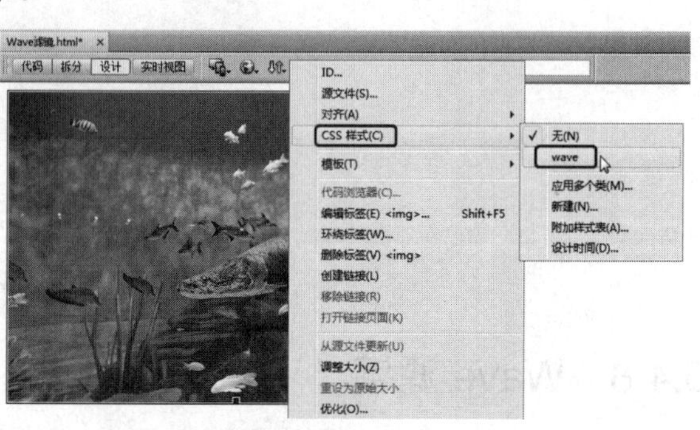

图 5-224　选择 wave 命令

(7) 设置完成后将文档保存，按 F12 键可以在网页中预览，如图 5-225 所示。

图 5-225　预览应用滤镜的效果

5.4.9　Xray 滤镜

应用 Xray 滤镜的具体操作步骤如下。

(1) 打开“素材\项目五\Xray 滤镜.html”素材文件，如图 5-226 所示。

(2) 选择需要修改的内容并右击，从中选择【CSS 样式】|【新建】命令，如图 5-227 所示。

图 5-226　素材文件

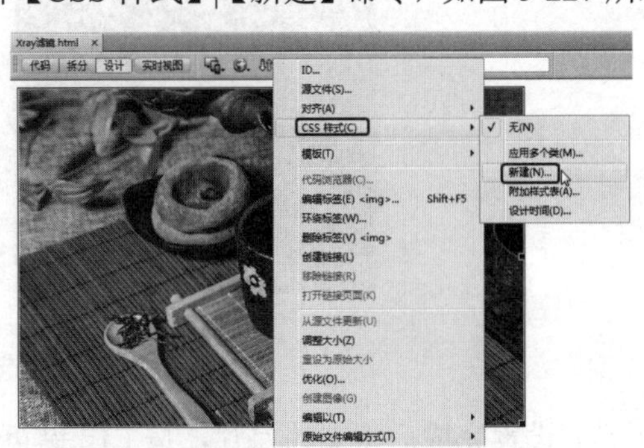

图 5-227　新建 CSS 样式

(3) 在弹出的【新建 CSS 规则】对话框中将【选择器类型】设置为【类(可应用于任何 HTML 元素)】，将【选择器名称】命名为“.xray”，如图 5-228 所示。

(4) 单击【确定】按钮，在弹出的【.xray 的 CSS 规则定义】对话框中选择【分类】列表框中的【扩展】选项，如图 5-229 所示。

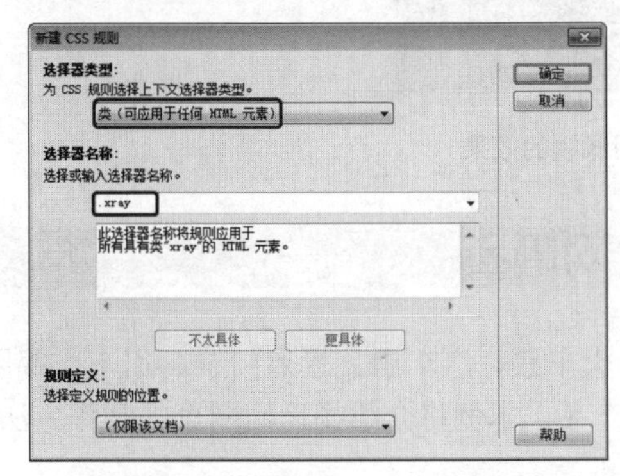

图 5-228　【新建 CSS 规则】对话框

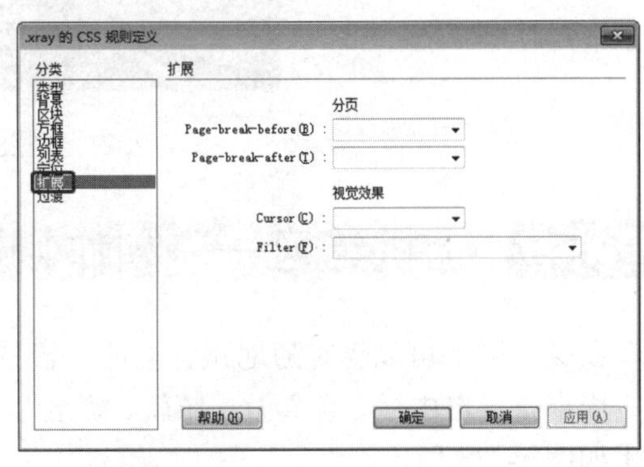

图 5-229　选择【扩展】选项

(5) 在 Filter 下拉列表框中选择 Xray 选项，如图 5-230 所示，单击【确定】按钮。

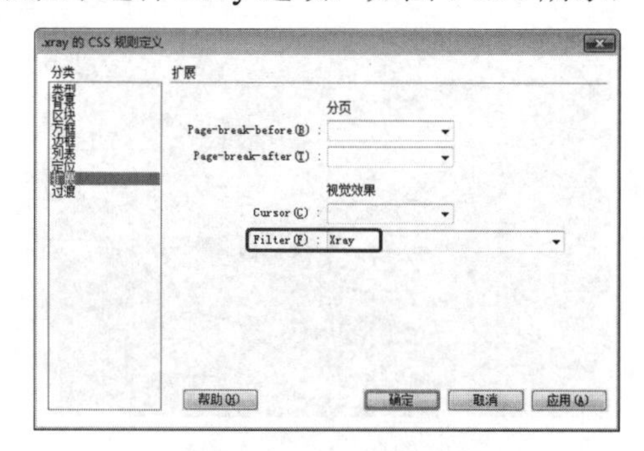

图 5-230　选择 Xray 滤镜

(6) 在文档窗口中选择需要应用样式的图片，右击，在弹出的快捷菜单中选择【CSS 样式】| xray 命令，如图 5-231 所示。

图 5-231　选择 xray 命令

(7) 设置完成后将文档保存，按 F12 键可以在浏览器中预览，如图 5-232 所示。

图 5-232　预览应用滤镜的效果

任务 5　上机练习——制作畅途网网页

在畅途网上可以随时随地预订酒店、机票、火车票、汽车票、景点门票、用车、跟团游、周末游、自由行、自驾游、邮轮、游轮度假产品。本例将介绍畅途网网页的制作方法，效果如图 5-233 所示。

素材	项目五\畅途网	 图 5-233　畅途网网页
场景	项目五\上机练习——制作畅途网网页.html	
视频	项目五\任务 5：上机练习——制作畅途网网页.mp4	

具体操作步骤如下。

(1) 启动软件后，新建一个 HTML 文档。新建文档后，按 Ctrl+Alt+T 组合键，弹出【表格】对话框，将【行数】设置为 1、【列】设置为 1，将【表格宽度】设置为 800 像素，将【边框粗细】【单元格边距】和【单元格间距】均设置为 0，然后单击【确定】按钮，如图 5-234 所示。

(2) 选中插入的表格，在【属性】面板中将【对齐】设置为【居中对齐】，如图 5-235 所示。

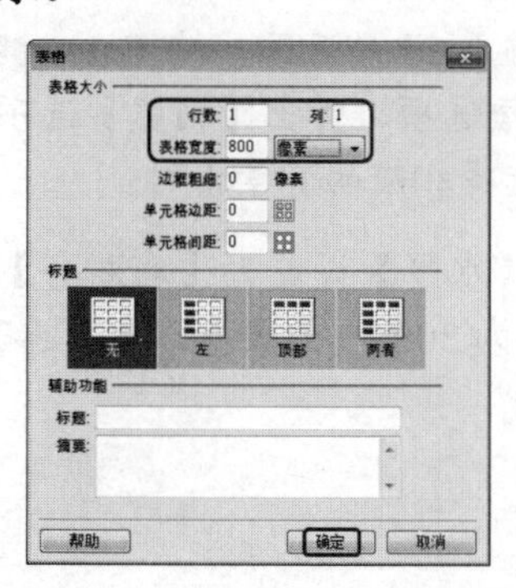

图 5-234　【表格】对话框

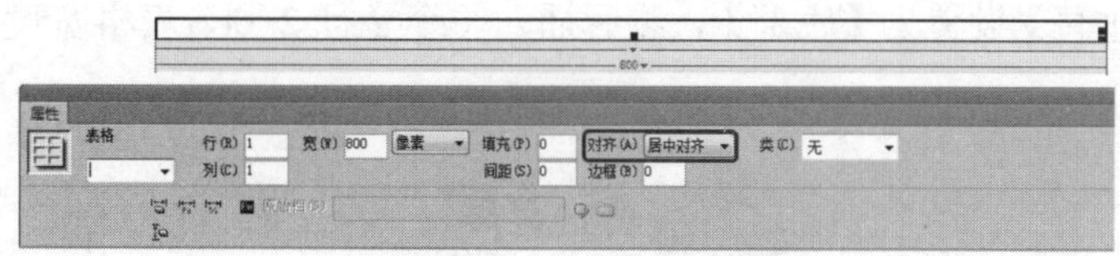

图 5-235　设置表格对齐方式

知识链接：HTML 简介

HTML 是一种规范、一种标准，它通过标记符号来标记网页中要显示的各个部分。网页文件实际上是一种文本文件，通过在文本文件中添加标记符，可以告诉浏览器如何显示其中的内容(如文字如何处理，画面如何安排，图片如何显示等)。浏览器按顺序阅读网页文件，然后根据标记符解释和显示其中的内容，对书写出错的标记将不指出其错误，且不停止解释执行过程，编制者只能通过显示效果来分析出错原因和出错部位。需要注意的是，不同的浏览器，对同一标记符可能会有不完全相同的解释，因而可能会有不同的显示效果。

HTML 之所以称为超文本标记语言，是因为文本中包含“超级链接”。所谓的超级链接，就是一种 URL 指针，通过激活(单击)它，可使浏览器方便地获取新的网页。这也是 HTML 获得广泛应用的最重要的原因之一。

(3) 将鼠标指针插入单元格中，在【属性】面板中将【高】设置为 90，如图 5-236 所示。

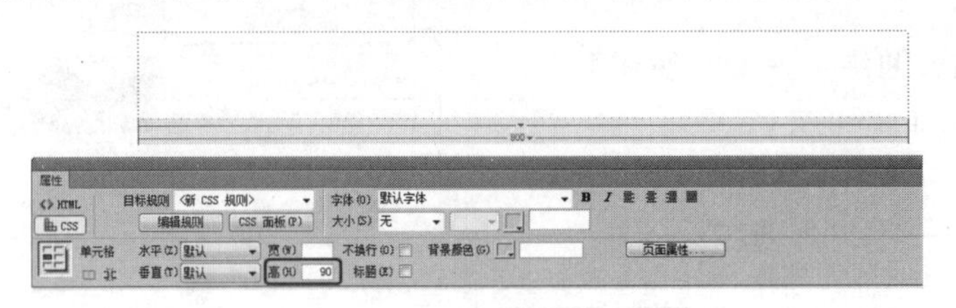

图 5-236　设置单元格的高

(4) 单击【拆分】按钮，在<td>标签中输入代码，将“素材\项目五\畅途网\畅途网.jpg”素材图片设置为单元格的背景图片，如图 5-237 所示。

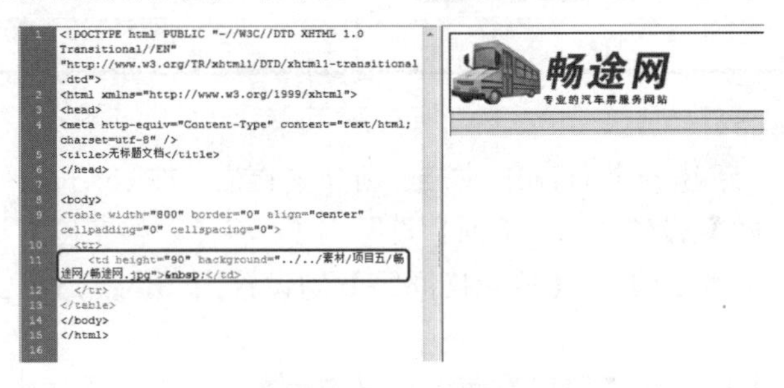

图 5-237　设置背景图片

提示：除了直接输入代码外，用户还可以将鼠标指针移至 td 的后面，按 Enter 键，在弹出的快捷菜单中选择 background，并双击该选项，弹出【浏览】选项，单击该选项，在弹出的【选择文件】对话框中选择相应的背景素材。

(5) 单击【设计】按钮。在【属性】面板中将单元格的【水平】设置为【右对齐】，【垂直】设置为【底部】，然后插入一个 2 行 2 列、表格宽度为 300 px 的表格，如图 5-238 所示。

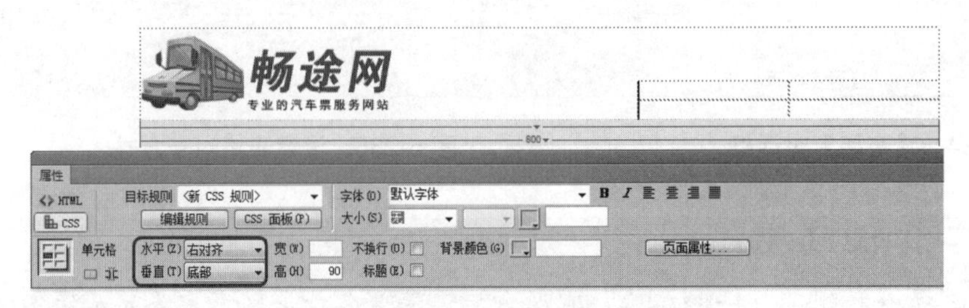

图 5-238　插入表格

(6) 选中新插入表格的第一行的两个单元格，单击□按钮，将其合并。然后将第一行单元格的【水平】设置为【右对齐】，【高】设置为 40，如图 5-239 所示。

提示： 用户除了可以使用上述方法合并单元格外，还可以选择需要合并的单元格并右击，在弹出的快捷菜单中选择【表格】|【合并单元格】命令，或按快捷键 Ctrl+Alt+M 合并单元格。

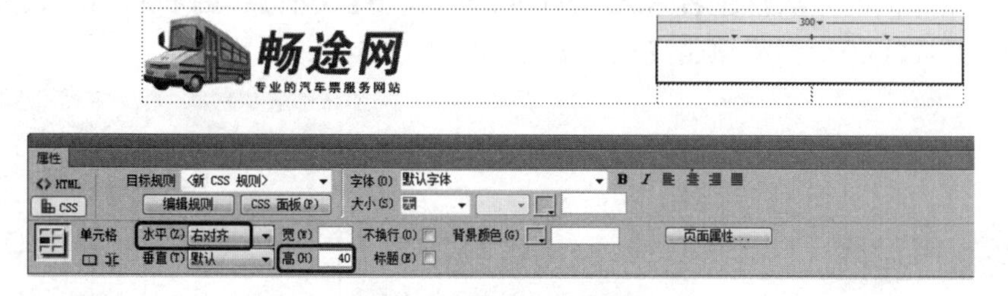

图 5-239　设置单元格

(7) 右击，在弹出的快捷菜单中选择【CSS 样式】|【新建】命令，如图 5-240 所示。

(8) 在弹出的【新建 CSS 规则】对话框中，将【选择器类型】设置为【类(可应用于任何 MTML 元素)】，将【选择器名称】设置为 A1，然后单击【确定】按钮，如图 5-241 所示。

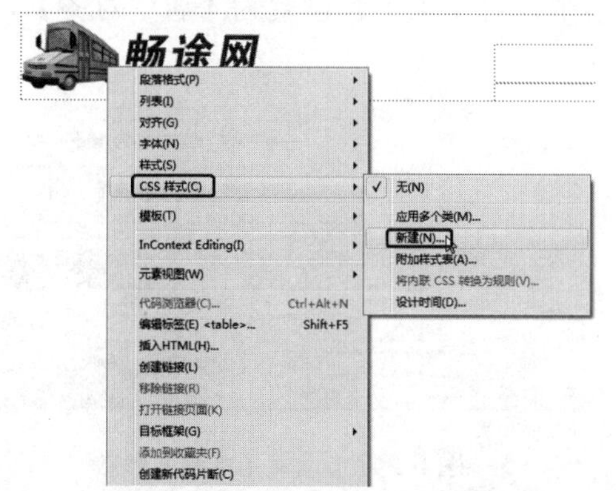

图 5-240　选择【新建】命令

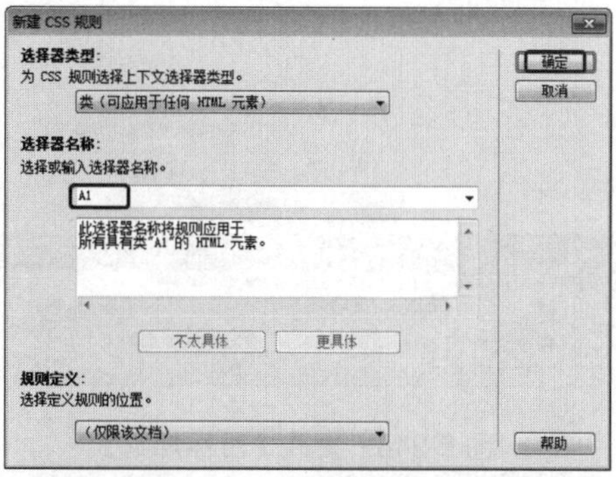

图 5-241　【新建 CSS 规则】对话框

(9) 在对话框中的【分类】列表框中选择为【类型】参数，将 Font-size 设置为 13 px，然后单击【确定】按钮，如图 5-242 所示。

(10) 在单元格中输入文字，然后在【属性】面板中将【目标规则】设置为.A1，如图 5-243 所示。

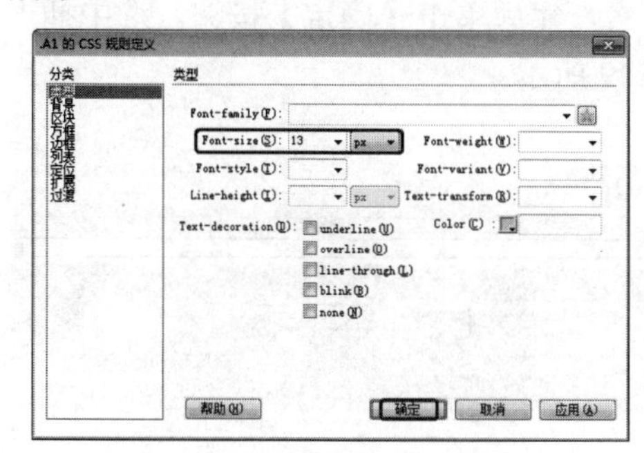

图 5-242　设置【类型】参数

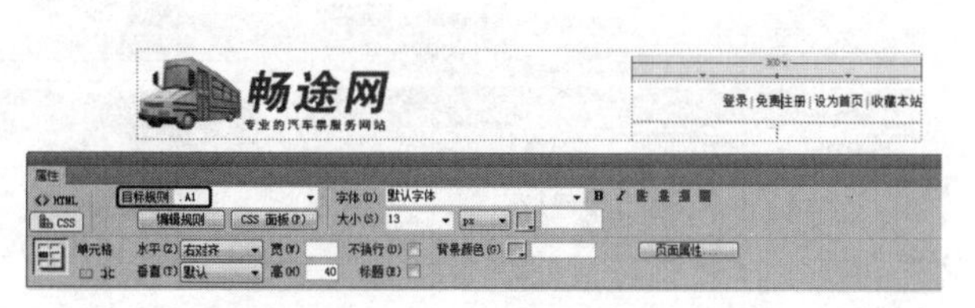

图 5-243　输入文字并设置目标规则

(11) 将鼠标指针插入第 2 行第 1 列单元格中，将【水平】设置为【右对齐】，【宽】设置为 220，【高】设置为 40。然后输入文字，将文字的【目标规则】设置为.A1，如图 5-244 所示。

(12) 使用相同的方法新建名为.A2 的 CSS 规则，将【类型】中的 Font-size 设置为 13 px，Color 设置为#428EC8，然后单击【确定】按钮，如图 5-245 所示。

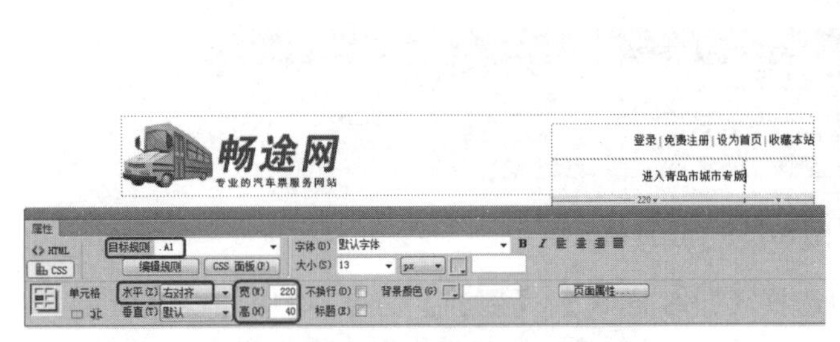

图 5-244　设置单元格并输入文字

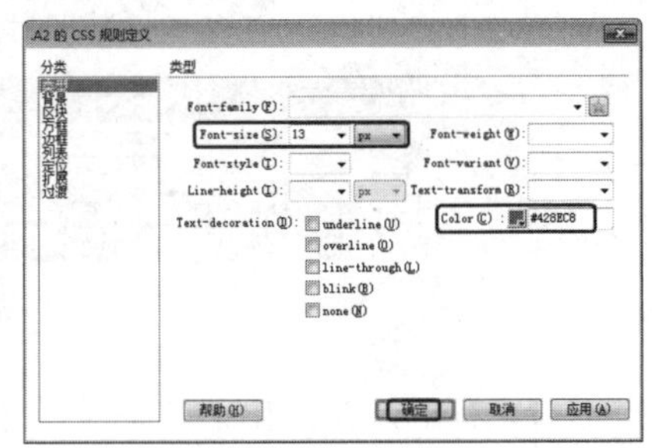

图 5-245　设置 A2 的 CSS 规则

(13) 选中"青岛市"，然后将【目标规则】更改为.A2，如图 5-246 所示。

(14) 将鼠标指针插入第 2 行第 2 列单元格中，将【水平】设置为【居中对齐】，如图 5-247 所示。

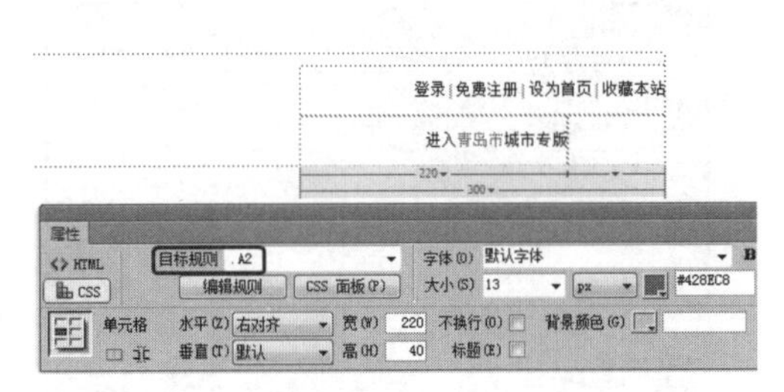

图 5-246　更改【目标规则】

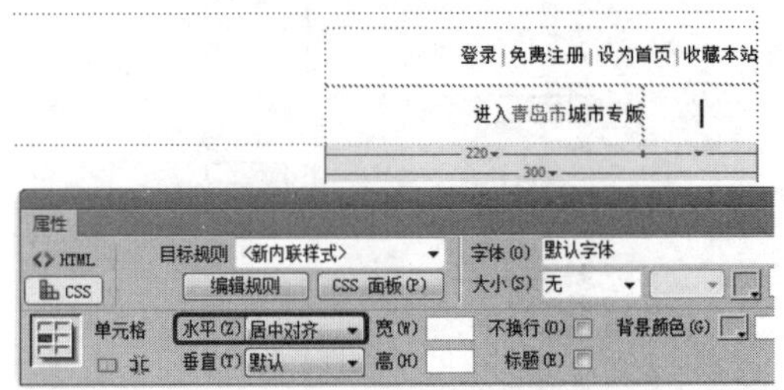

图 5-247　设置【水平】参数

(15) 在菜单栏中选择【插入】|【表单】|【按钮】命令，弹出【输入标签辅助功能属性】对话框，保持默认设置，单击【确定】按钮，在弹出的 Dreamweaver 对话框中单击【是】按钮。选中插入的按钮控件，在【属性】面板中，将【值】更改为【切换城市】，如图 5-248 所示。

(16) 在空白位置单击鼠标，然后按 Ctrl+Alt+T 组合键，弹出【表格】对话框，将【行】设置为 1、【列】设置为 8，将【宽】设置为 800 像素，然后单击【确定】按钮。选中插入的表格，将【对齐】设置为【居中对齐】，如图 5-249 所示。

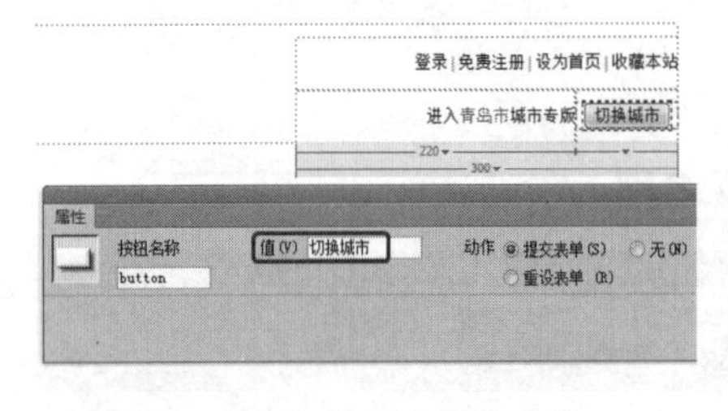

图 5-248　设置【值】参数

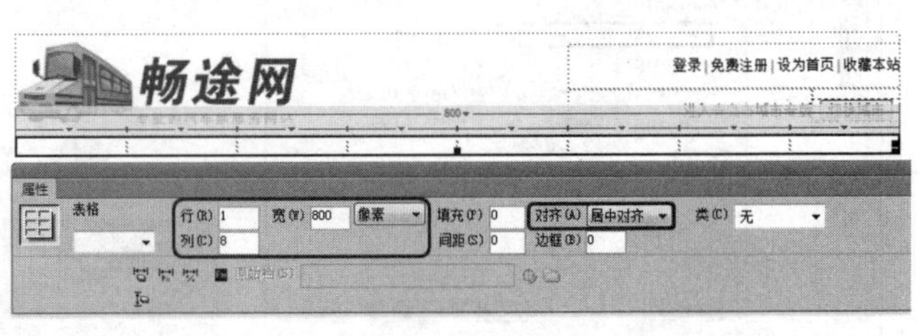

图 5-249　插入表格

(17) 选中新插入的单元格，将【水平】设置为【居中对齐】，【宽】设置为 100，【高】设置为 30。将第一个单元格的【背景颜色】设置为#F96026，其他单元格的【背景颜色】设置为#339999，如图 5-250 所示。

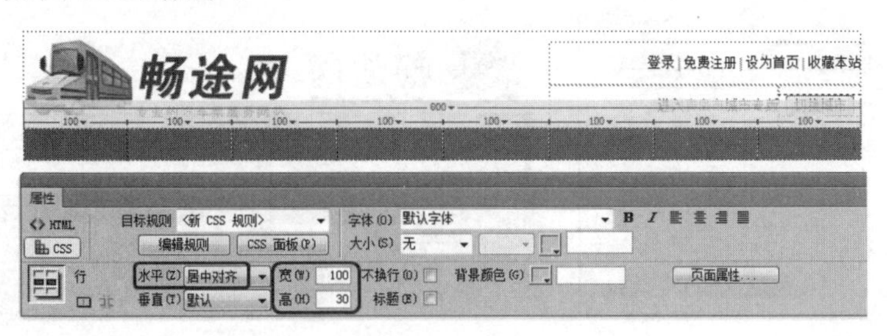

图 5-250　设置单元格

(18) 使用相同的方法新建名为 A3 的 CSS 规则，将【类型】中的 Font-size 设置为 14px，Font-weight 设置为 bold，Color 设置为#FFF，然后单击【确定】按钮，如图 5-251 所示。

(19) 在单元格中输入文字，然后将其【目标规则】设置为.A3，如图 5-252 所示。

提示： 在选中所有单元格的前提下新建 CSS 样式，可以对单元格直接应用该样式。

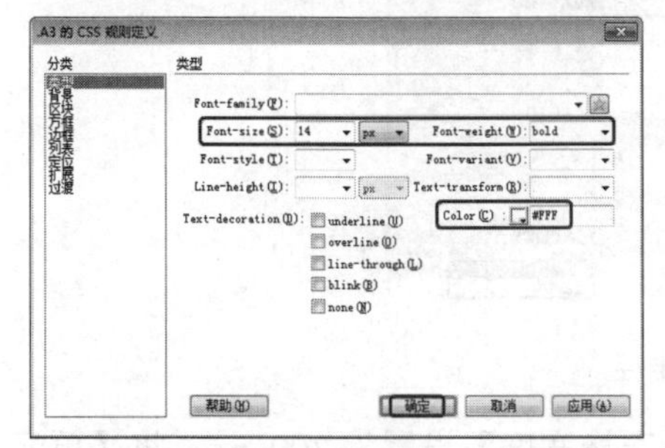

图 5-251　设置名为 A3 的 CSS 规则

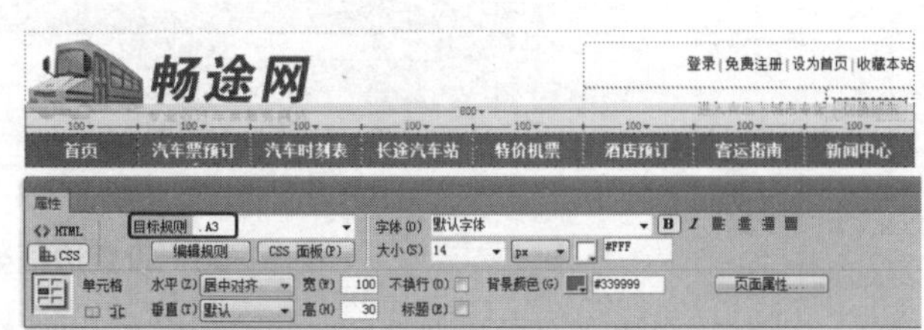

图 5-252　输入文字并设置【目标规则】

(20) 在空白位置单击鼠标，然后按 Ctrl+Alt+T 组合键，弹出【表格】对话框，将【行】设置为 1、【列】设置为 2，将【宽】设置为 820 像素，将【间距】设置为 10，然后单击【确定】按钮。选中插入的表格，将【对齐】设置为【居中对齐】，如图 5-253 所示。

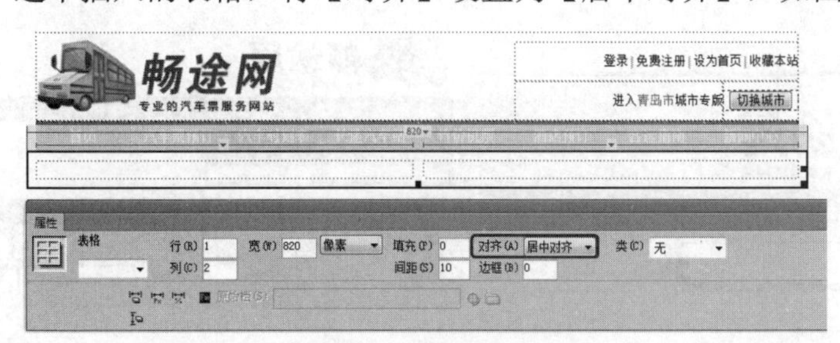

图 5-253　插入表格

(21) 使用相同的方法新建名为 ge1 的 CSS 规则，在【分类】列表框中选择【边框】选项，将 Top 中的 Style 设置为 solid，Width 设置为 5px，Color 设置为#339999，然后单击【确定】按钮，如图 5-254 所示。

(22) 将鼠标指针插入第 1 列单元格中，将【目标规则】设置为.ge1，【宽】设置为 300，如图 5-255 所示。

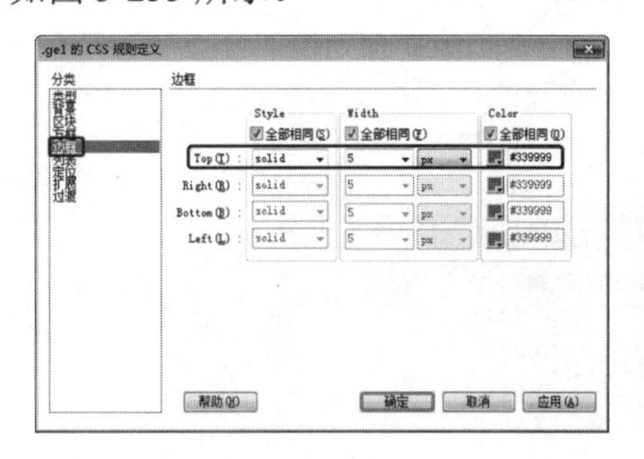

图 5-254　设置名为 ge1 的 CSS 规则

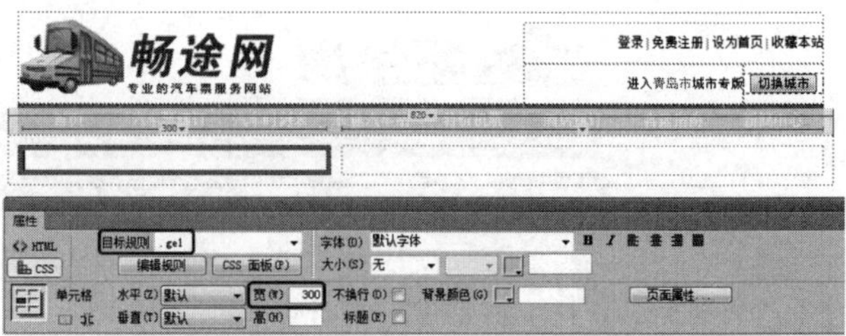

图 5-255　设置单元格

(23) 在菜单栏中选择【窗口】|【CSS 样式】命令，在弹出的【CSS 样式】面板中，将规则设置为.ge1，单击【添加属性】按钮，将属性设置为 border-radius，其值设置为 5 px，如图 5-256 所示。

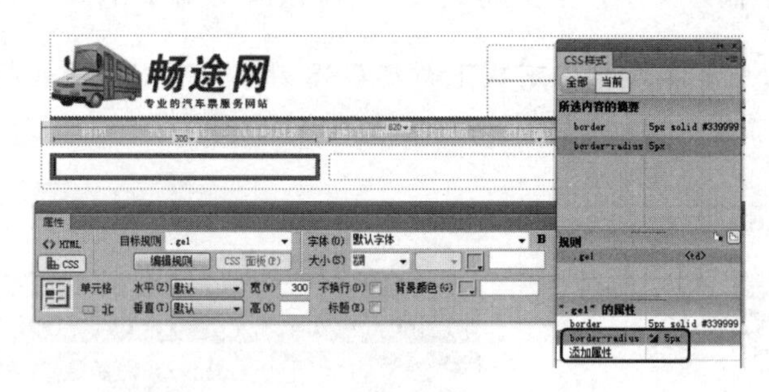

图 5-256　设置边框半径

(24) 在单元格中插入一个 2 行 4 列的表格，将【表格宽度】设置为 300 px，将【单元格间距】设置为 0 px，如图 5-257 所示。

(25) 将第一行单元格合并，然后将【高】设置为 40，【背景颜色】设置为#339999。然后输入文字，将【字体】设置为 Gotham, Helvetica Neue, Helvetica, Arial, sans-serif，【大小】设置为 18，字体颜色设置为#FFF，如图 5-258 所示。

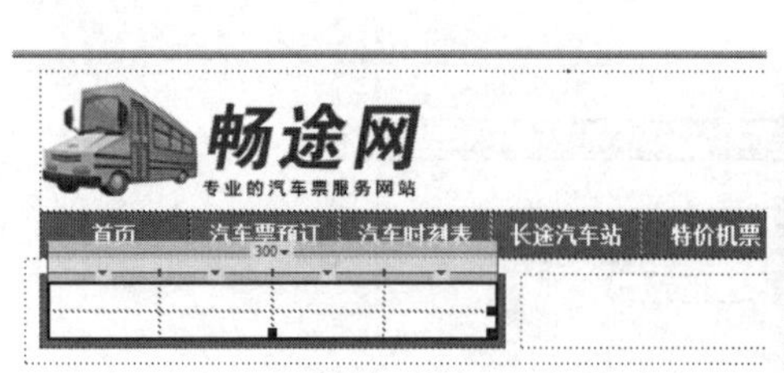

图 5-257　插入表格

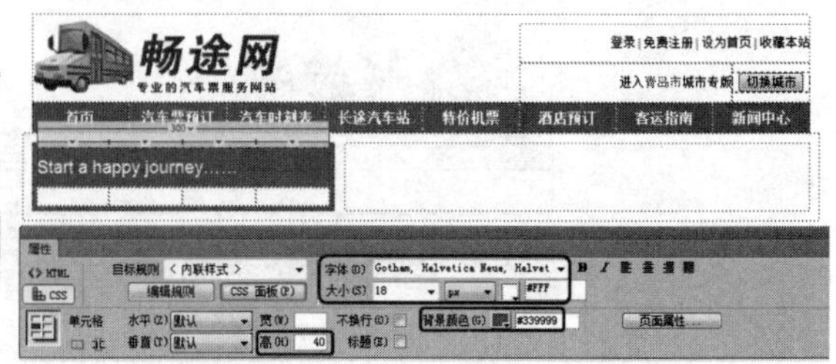

图 5-258　设置单元格并输入文字

(26) 将鼠标指针插入第 2 行第 1 列单元格中，将【水平】设置为【居中对齐】，【宽】设置为 45，【高】设置为 40，如图 5-259 所示。

(27) 按 Ctrl+Alt+I 组合键，弹出【选择图像源文件】对话框，选择“素材\项目五\畅途网\汽车票.png”素材图片，单击【确定】按钮，将【宽】设置为 20 px，【高】设置为 24 px，如图 5-260 所示。

图 5-259　设置单元格

图 5-260　插入素材图片

提示： 在菜单栏中选择【插入】|【图像】|【图像】命令，也会弹出【选择图像源文件】对话框。

(28) 将第 2 行的其他单元格的【宽】分别设置为 55、100、100，如图 5-261 所示。

(29) 在第 2 行第 2 列单元格中输入文字，单击B按钮，将【大小】设置为 14，字体颜色设置为#428EC8，如图 5-262 所示。

图 5-261　设置单元格的宽

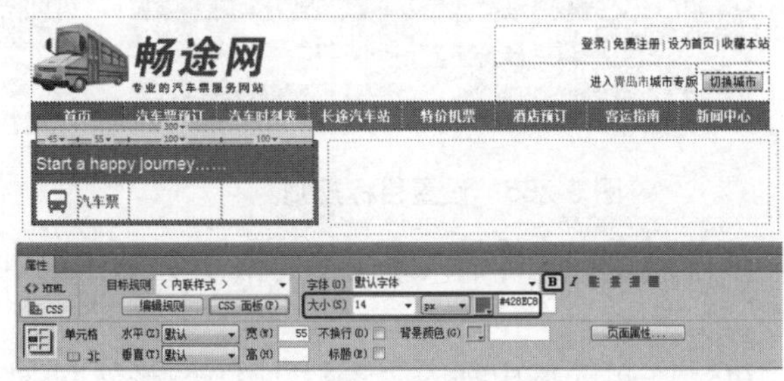

图 5-262　输入文字并设置

(30) 使用相同的方法新建名为.ge2 的 CSS 规则，在【分类】列表框中选择【背景】选项，将 background-color 设置为#E6F4FD，如图 5-263 所示。

(31) 在【分类】列表框中选择【边框】选项，取消选中 Style、Width 和 Color 下的【全部相同】选项。将 Bottom 和 Left 中的 Style 设置为 solid，Width 设置为 2 px，Color 设置为#339999，然后单击【确定】按钮，如图 5-264 所示。

(32) 将第 2 行最后两列单元格的【目标规则】设置为.ge2，如图 5-265 所示。

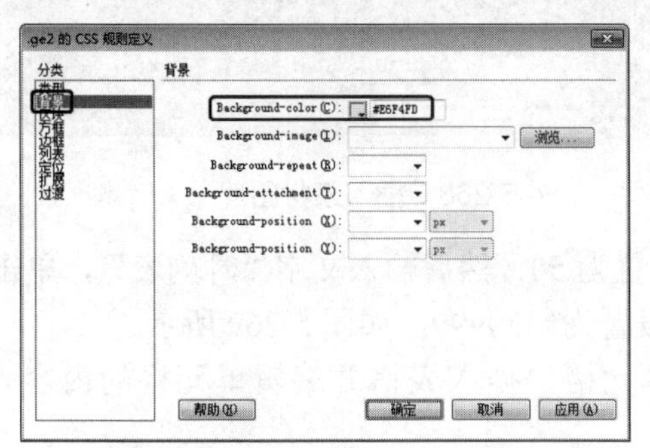

图 5-263　设置【背景】参数

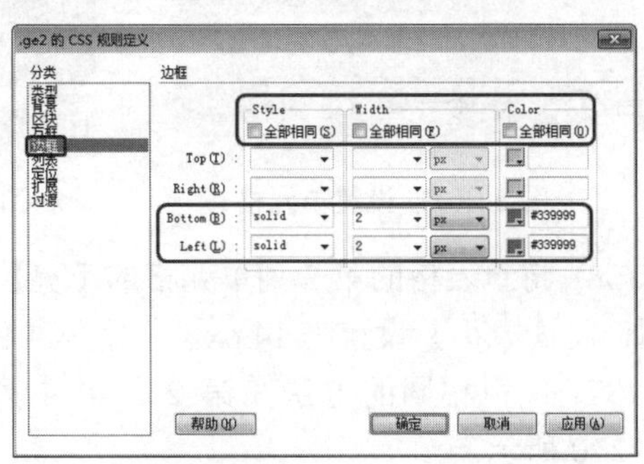

图 5-264　设置【边框】参数

知识链接：【边框】参数介绍

Style：设置边框的样式。样式的显示方式取决于浏览器。取消选择【全部相同】复选框，可分别设置元素各条边的边框样式。

Width：设置边框的粗细。取消选择【全部相同】复选框，可分别设置元素各条边的边框宽度。

Color：设置边框的颜色。显示方式取决于浏览器。取消选择【全部相同】复选框，可分别设置元素各个边的边框颜色。

(33) 在第 2 行第 3 列中插入一个 1 行 2 列的表格，将【宽】设置为 100，如图 5-266 所示。

图 5-265　设置目标规则

图 5-266　插入表格

(34) 将鼠标指针插入新表格的第 1 列单元格中，将【水平】设置为【居中对齐】，如图 5-267 所示。

(35) 在单元格中插入“素材\项目五\畅途网\时刻表.png”素材图片，将【宽】设置为 24 px、【高】设置为 24 px，如图 5-268 所示。

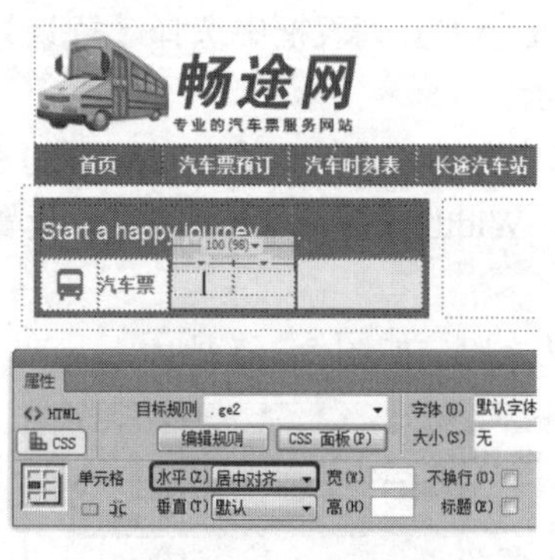

图 5-267　设置单元格

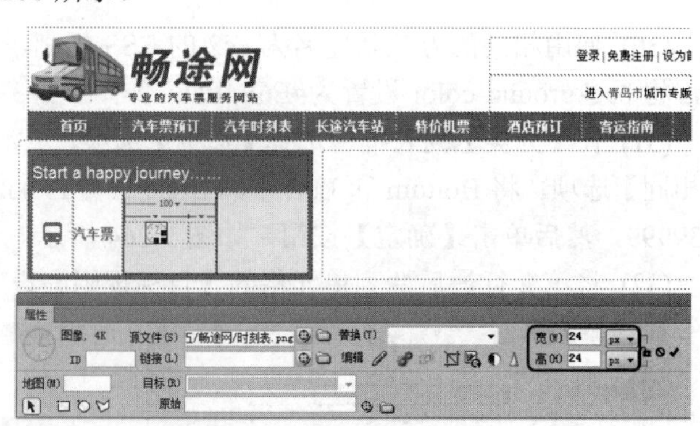

图 5-268　插入素材图片

(36) 将新表格的第 2 列单元格的【宽】设置为 50，然后输入文字“时刻表”，单击 **B** 按钮，将【大小】设置为 14 px，将字体颜色设置为#339999，如图 5-269 所示。

(37) 使用相同的方法在第 2 行第 4 列单元格中插入表格并编辑单元格的内容，如图 5-270 所示。

(38) 将光标置于 2 行 4 列表格的右侧继续插入一个 4 行 1 列的表格，将【宽】设置为 240 像素，【对齐】设置为【居中对齐】，如图 5-271 所示。

图 5-269 输入文字

图 5-270 插入表格

(39) 选中新插入表格的前 3 行单元格，将【垂直】设置为【底部】，【高】设置为 50，如图 5-272 所示。

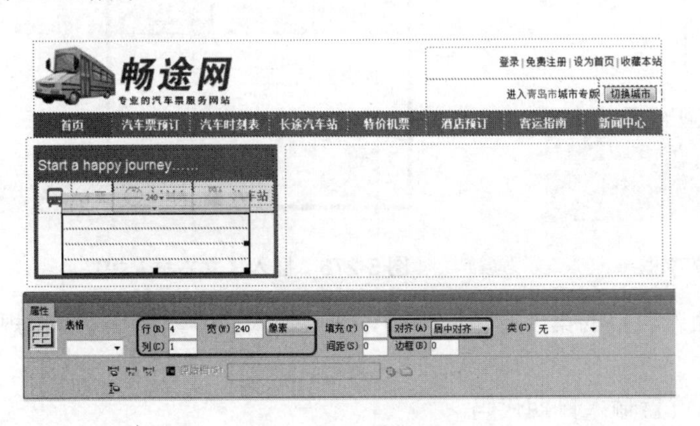

图 5-271 插入表格

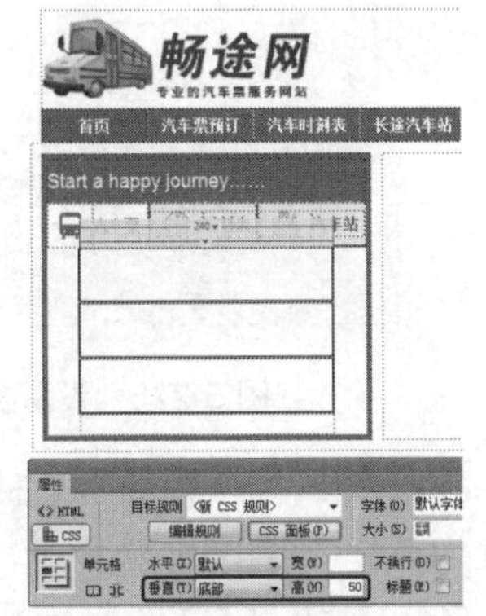

图 5-272 设置单元格

(40) 在新插入表格的第 1 行单元格中输入文字，然后选中文字，将其【目标规则】设置为.A1，如图 5-273 所示。

(41) 将鼠标指针插入文字的右侧，然后在菜单栏中执行【插入】|【表单】|【文本域】命令，如图 5-274 所示。

(42) 将文本框的【字符宽度】设置为 18，并将多余的对象删除，如图 5-275 所示。

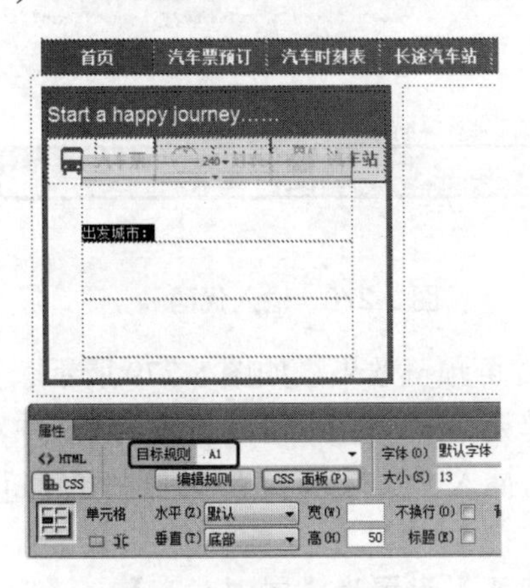

图 5-273 设置目标规则

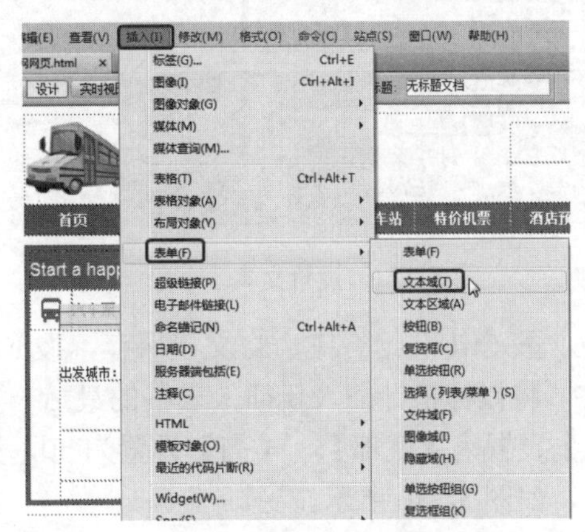

图 5-274 选择【文本域】命令

知识链接：【文本域】的属性

根据类型属性的不同，文本域可分为 3 种：单行文本域、多行文本域和密码域。文本域是最常见的表单对象之一，用户可以在文本域中输入字母、数字和文本等内容。

(43) 使用相同的方法在新插入表格的第 2 行单元格中插入【文本框】控件，并输入文字，如图 5-276 所示。

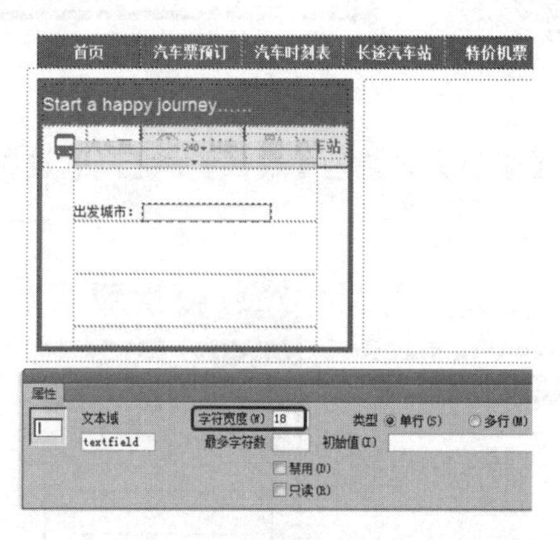

图 5-275　设置文本框

图 5-276　插入【文本框】控件

(44) 将鼠标指针插入新插入表格的第 3 行单元格中，然后输入文字，将其【目标规则】设置为.A1，如图 5-277 所示。

(45) 在如图 5-278 所示的位置输入日期代码。

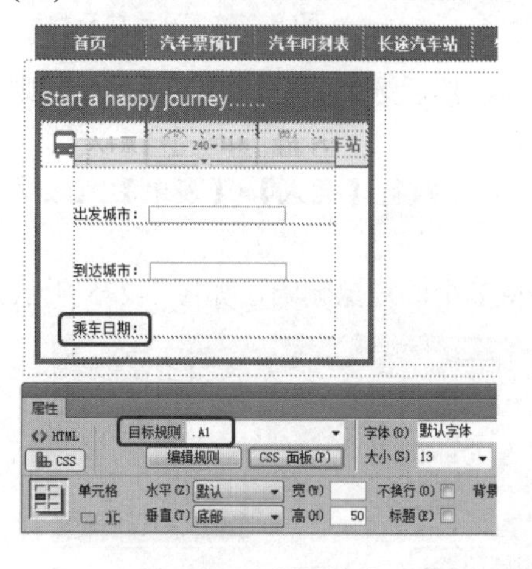

图 5-277　设置文本

图 5-278　输入代码

(46) 按 Ctrl+S 组合键，将文档保存，按 F12 键可预览效果，如图 5-279 所示。

(47) 将鼠标指针插入新插入表格的最后一行单元格中，将【水平】设置为【居中对齐】，【垂直】设置为【底部】，【高】设置为 50，然后插入“素材\项目五\畅途网\查询.jpg”素材图片，如图 5-280 所示。

(48) 将鼠标指针插入另一列单元格中，将【水平】设置为【居中对齐】，【宽】设置为 480，如图 5-281 所示。

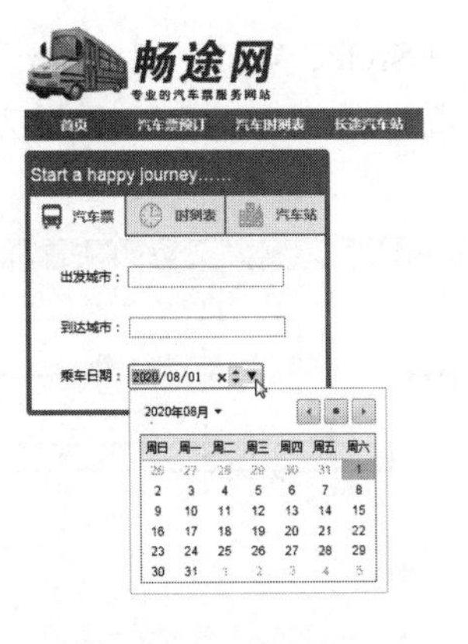

图 5-279　预览效果

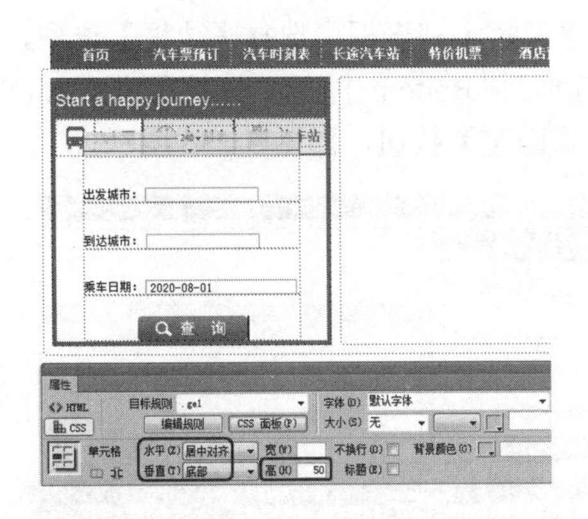

图 5-280　设置单元格并插入素材图片

(49) 使用相同的方法新建名为.ge3 的 CSS 规则，在【分类】列表框中选择【边框】选项，将 Top 中的 Style 设置为 solid，Width 设置为 thin，Color 设置为#339999，然后单击【确定】按钮，如图 5-282 所示。

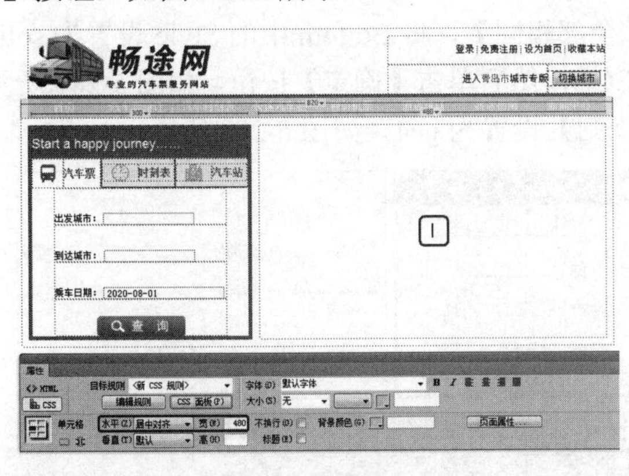

图 5-281　设置单元格

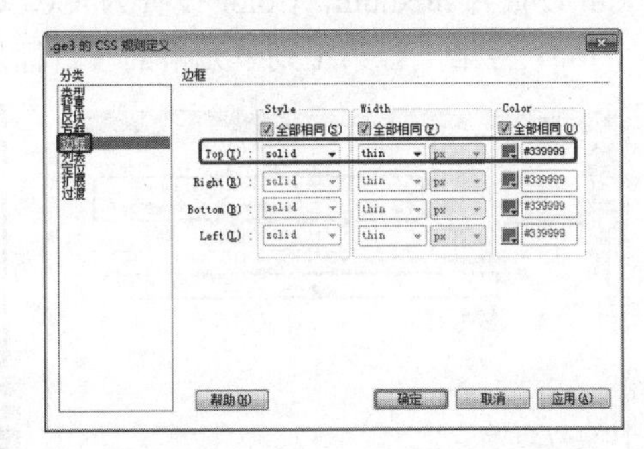

图 5-282　设置.ge3 的 CSS 规则

(50) 将单元格的【目标规则】设置为.ge3，如图 5-283 所示。

(51) 在单元格中插入一个 2 行 1 列的表格，将【宽】设置为 460 像素，如图 5-284 所示。

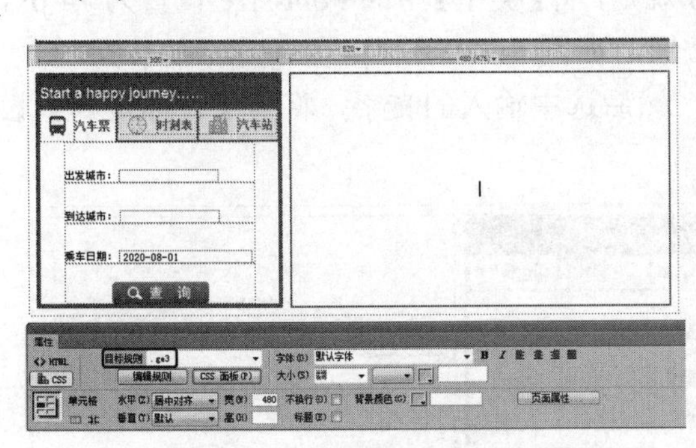

图 5-283　设置目标规则

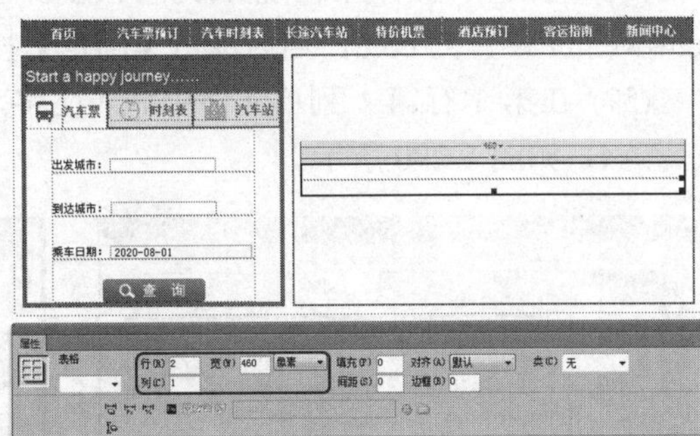

图 5-284　插入表格

(52) 将鼠标指针插入新表格的第 1 行单元格中，然后单击按钮，将其拆分为 3 列，将各列的【宽】分别设置为 105、95、260，【高】设置为 42，如图 5-285 所示。

(53) 将鼠标指针插入第 1 行第 1 列单元格中，然后使用相同的方法创建名为.ge4 的 CSS

规则，在【分类】列表框中选择【边框】选项，取消选中 Style、Width 和 Color 下的【全部相同】复选框，将Bottom 中的Style 设置为solid，Width 设置为medium，Color 设置为#428EC8，然后单击【确定】按钮，如图 5-286 所示。

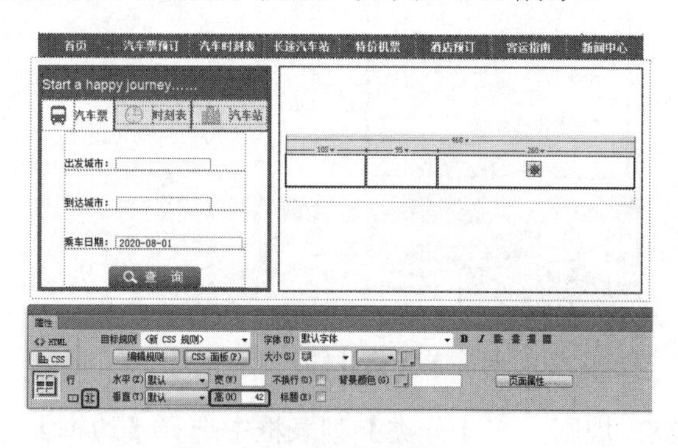

图 5-285　拆分单元格

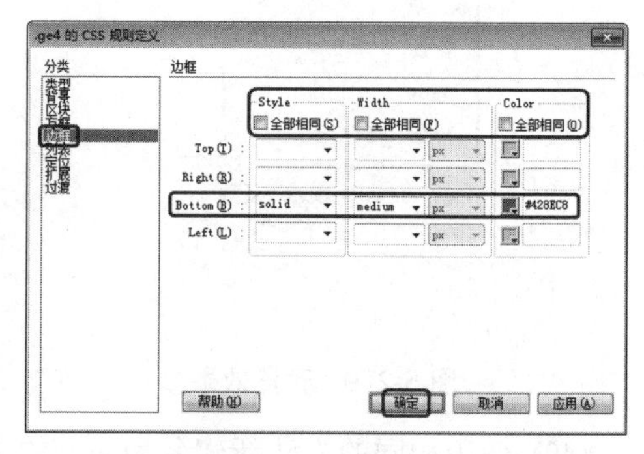

图 5-286　设置【边框】参数

(54) 使用相同的方法创建名为.ge5 的 CSS 规则，在【分类】列表框中选择【边框】选项，取消选中 Style、Width 和 Color 下的【全部相同】，将 Bottom 中的 Style 设置为 solid，Width 设置为 medium，Color 设置为#CCCCCC，然后单击【确定】按钮，如图 5-287 所示。

(55) 将第 1 行第 1 列单元格的【目标规则】设置为.ge4，如图 5-288 所示。

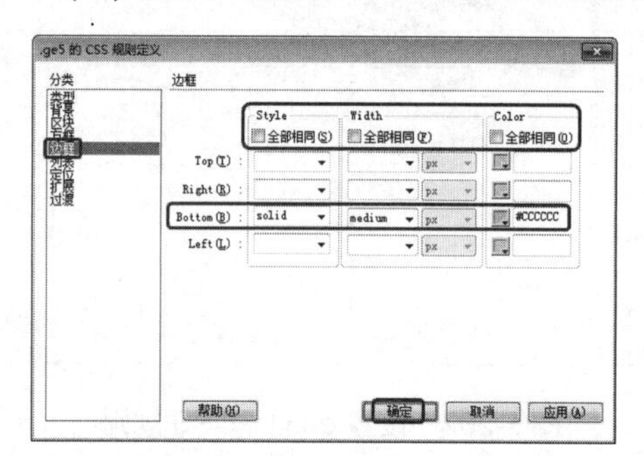

图 5-287　设置【边框】参数

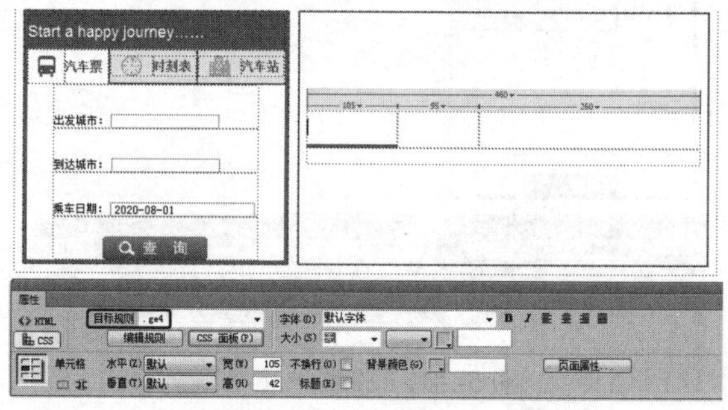

图 5-288　设置目标规则

(56) 使用相同的方法新建名为.A4 的 CSS 规则，将【类型】中的 Font-size 设置为 14 px，Font-weight 设置为 bold，然后单击【确定】按钮，如图 5-289 所示。

(57) 在第 1 行第 1 列单元格中输入文字，然后选中输入的文字，将其【目标规则】设置为.A4，如图 5-290 所示。

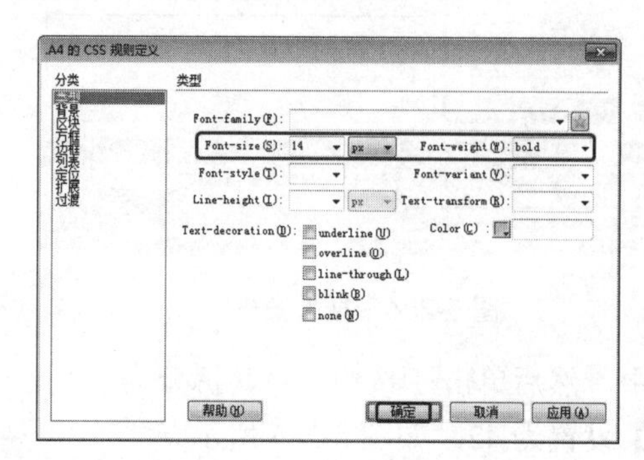

图 5-289　设置 A4 的 CSS 规则

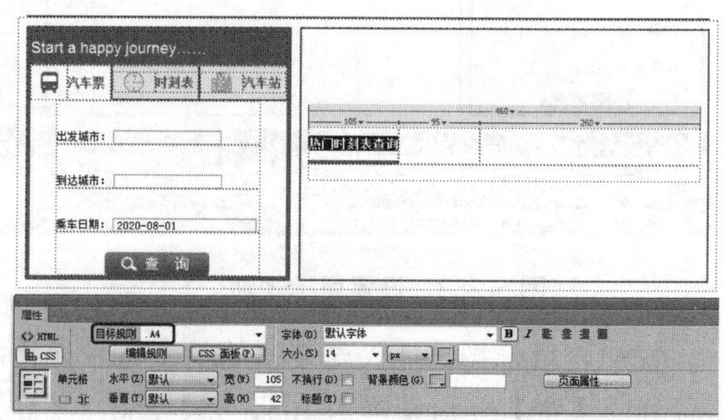

图 5-290　设置文字的目标规则

(58) 将鼠标指针插入第 1 行第 2 列单元格中，将【目标规则】设置为.ge5，将【水平】设置为【居中对齐】，如图 5-291 所示。

(59) 在菜单栏中选择【插入】|【表单】|【选择(列表/菜单)】命令，在单元格中插入【选择】控件，如图 5-292 所示。

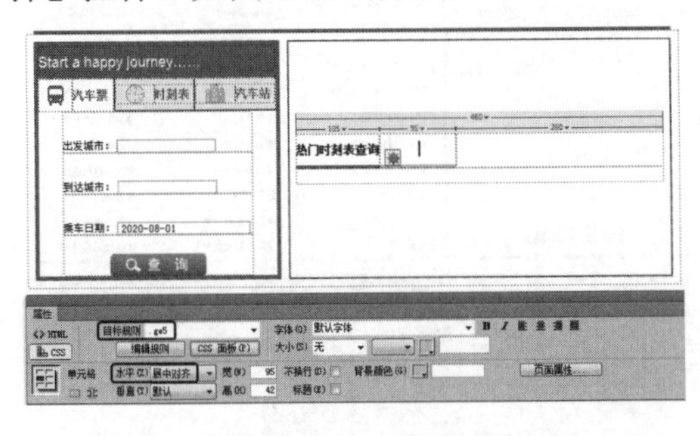

图 5-291　设置单元格

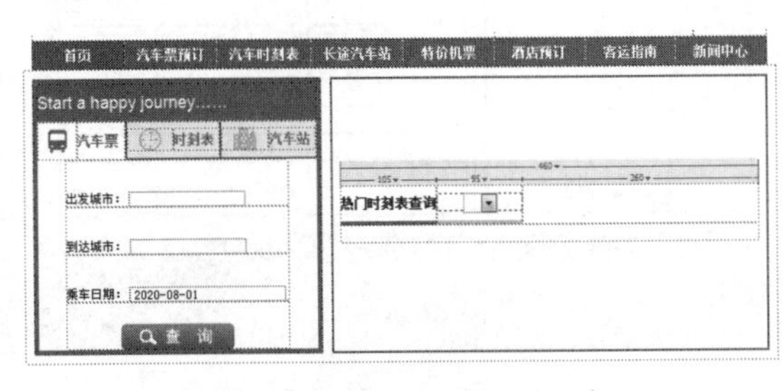

图 5-292　插入【选择】控件

(60) 选中文本框控件，在【属性】面板中单击【列表值】按钮，在弹出的【列表值】对话框中，添加多个项目标签，然后单击【确定】按钮，如图 5-293 所示。

(61) 将鼠标指针插入第 1 行第 3 列单元格中，将【目标规则】设置为.ge5，将【水平】设置为【右对齐】，如图 5-294 所示。

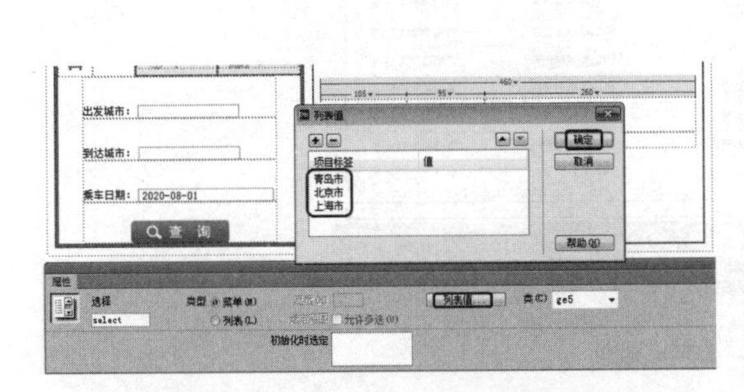

图 5-293　设置【列表值】参数

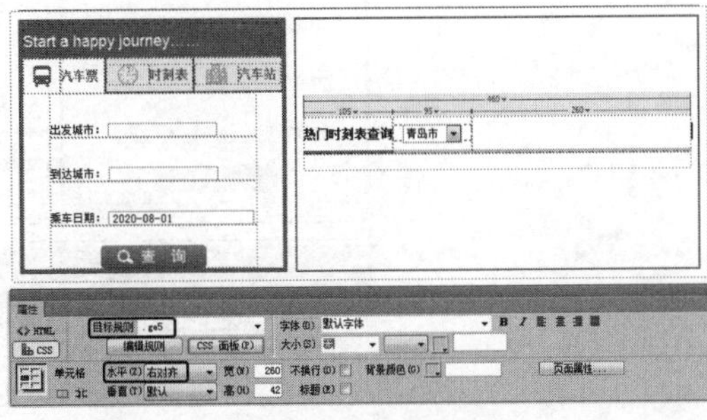

图 5-294　设置单元格

(62) 在单元格中输入文字，然后选中输入的文字，将【目标规则】设置为.A1，如图 5-295 所示。

(63) 在下一行单元格中插入一个 9 行 3 列的表格，将【宽】设置为 460 像素，如图 5-296 所示。

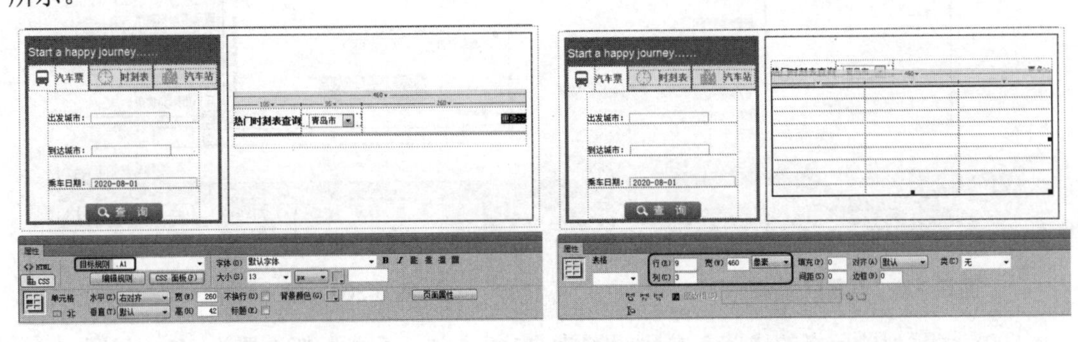

图 5-295　输入文字

图 5-296　插入单元格

(64) 将每列单元格的【宽】分别设置为 180、170、110，【高】都设置为 30，如图 5-297 所示。

(65) 在单元格中输入文字，并将其【目标规则】设置为.A1，如图 5-298 所示。

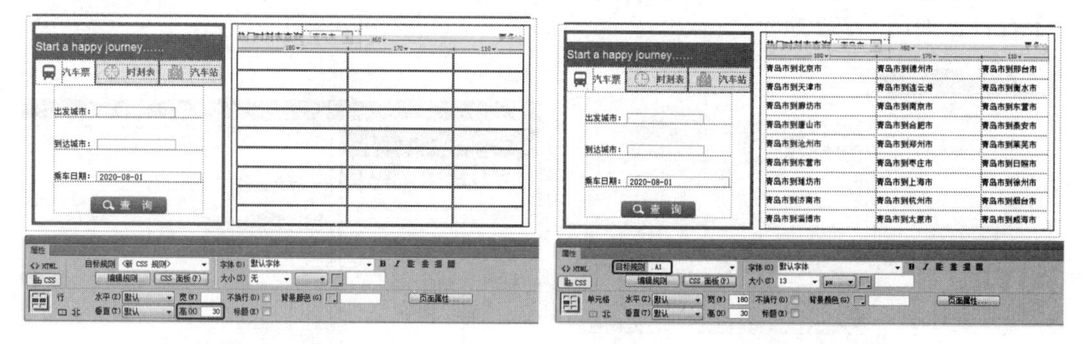

图 5-297　设置单元格　　　　图 5-298　输入文字

(66) 参照前面的操作方法插入一个 1 行 2 列的表格，将其【宽】设置为 800 像素，将【对齐】设置为居中对齐，如图 5-299 所示。

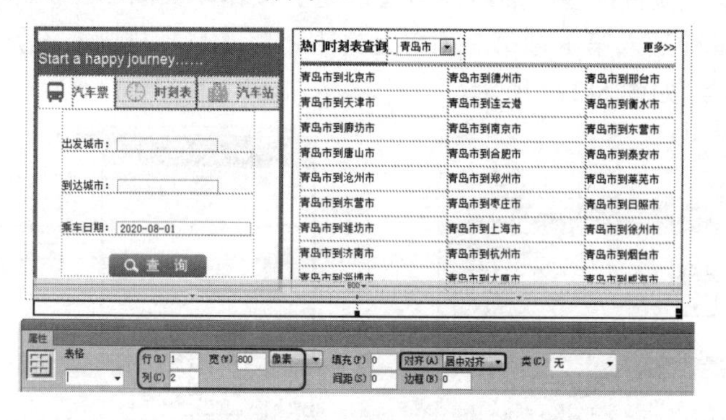

图 5-299　插入表格

(67) 将鼠标指针插入第 1 列单元格中，将其【目标规则】设置为.ge3，如图 5-300 所示。

(68) 在第 1 列单元格中插入一个 1 行 2 列的表格，将【宽】设置为 290 像素，将【对齐】设置为【居中对齐】，如图 5-301 所示。

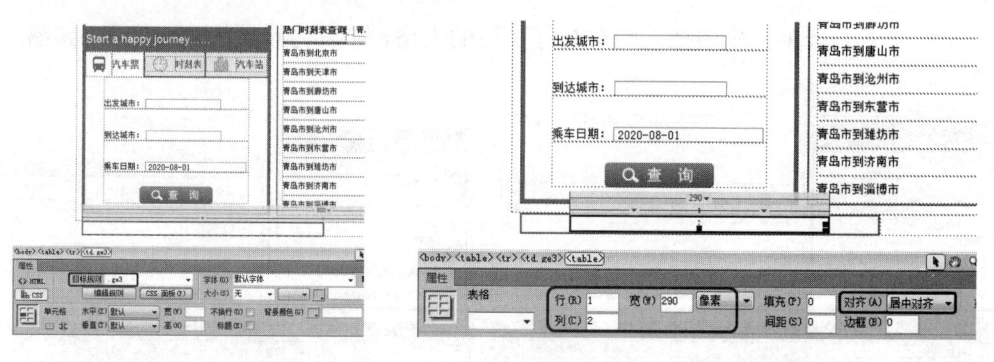

图 5-300　设置目标规则　　　　图 5-301　插入表格

(69) 将两列单元格的【宽】分别设置为 135、155，【高】都设置为 40，如图 5-302 所示。

(70) 将第1列单元格的【目标规则】设置为.ge4，第2列单元格的【目标规则】设置为.ge5，如图5-303所示。

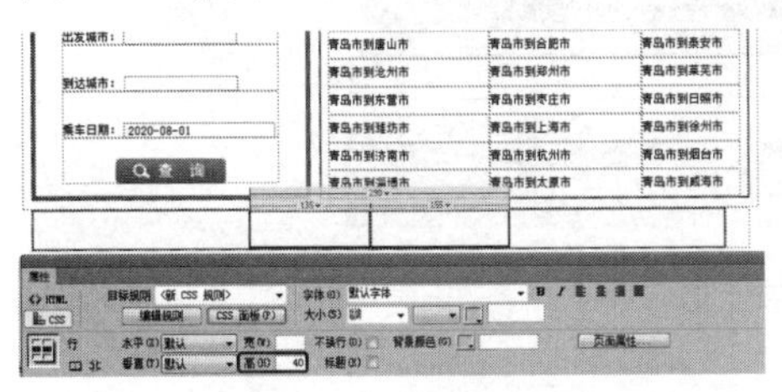

图5-302 设置单元格

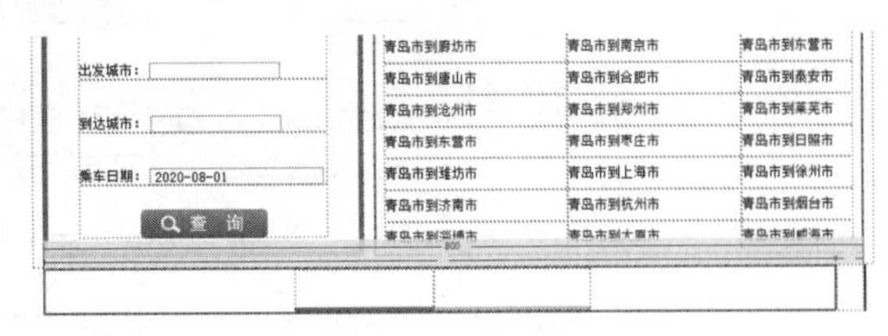

图5-303 设置目标规则

(71) 在第1列单元格中输入文字，然后选中输入的文字，将其【目标规则】设置为.A4，如图5-304所示。

(72) 在“手机客户端免费下载”表格的右侧插入一个1行6列的表格，将【宽】设置为290像素，将【对齐】设置【居中对齐】，如图5-305所示。

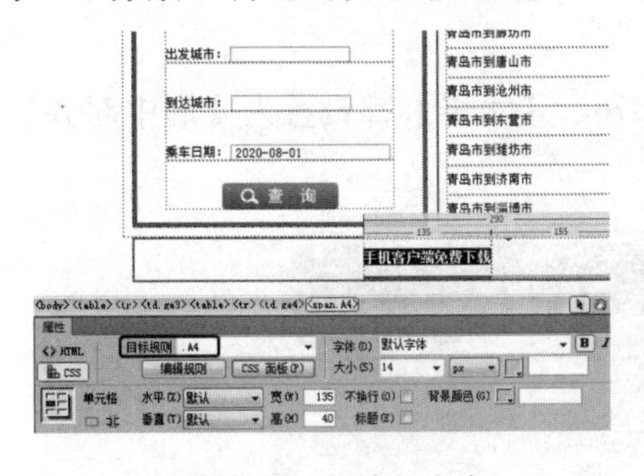

图5-304 输入文字

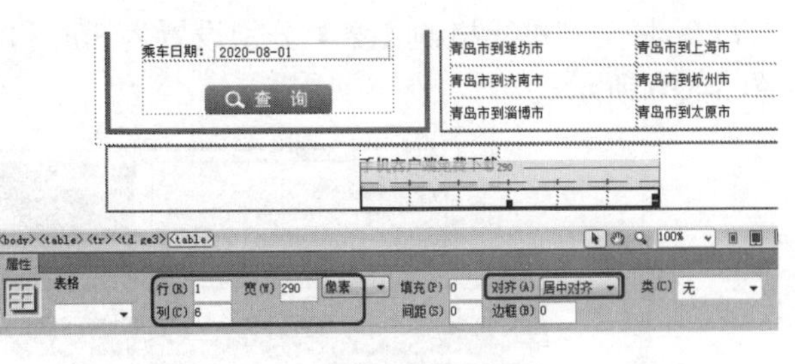

图5-305 插入表格

(73) 参照前面的操作步骤，对单元格的【宽】进行设置，然后插入素材图片，输入文字并设置目标规则，如图5-306所示。

(74) 将鼠标指针插入另一列单元格中，将其【水平】设置为【右对齐】，然后插入“素材\项目五\畅途网\图片.jpg”素材图片，如图5-307所示。

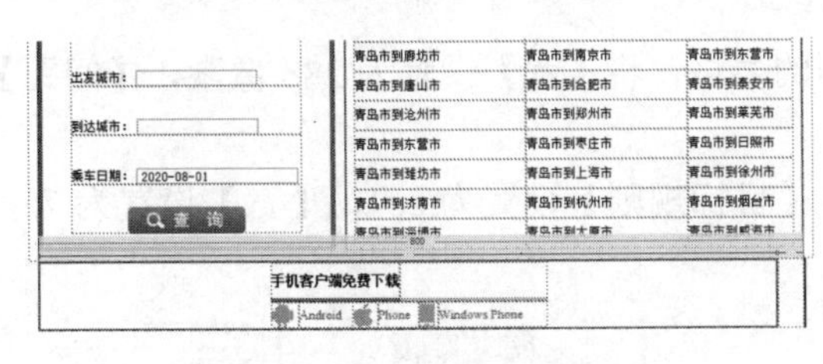

图5-306 编辑单元格内容

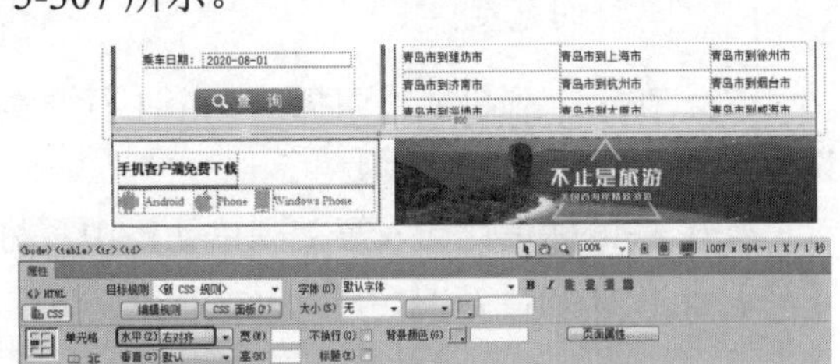

图5-307 插入素材图片

提示： 插入图片时，可以按Ctrl+Alt+I组合键，也可以在菜单栏中执行【插入】|【图像】|【图像】命令。

(75) 在空白位置单击鼠标，然后按Ctrl+Alt+T组合键，弹出【表格】对话框，将【行】设置为1、【列】设置为2，将【宽】设置为820像素，将【单元格间距】设置为10，然后单击【确定】按钮。选中插入的表格，将【对齐】设置为【居中对齐】，如图5-308所示。

(76) 将两列单元格的【目标规则】都设置为.ge3，如图5-309所示。

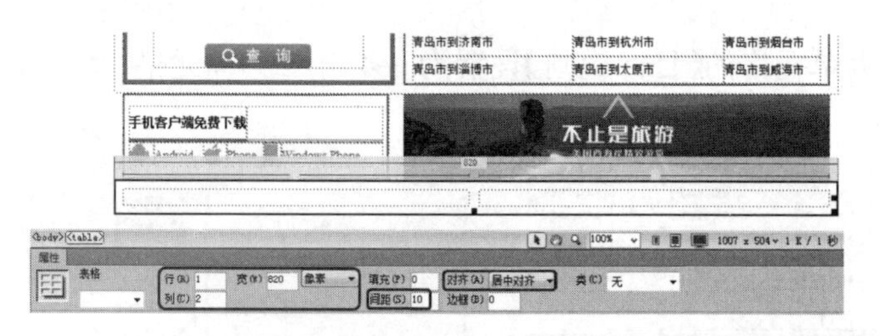

图 5-308　插入单元格

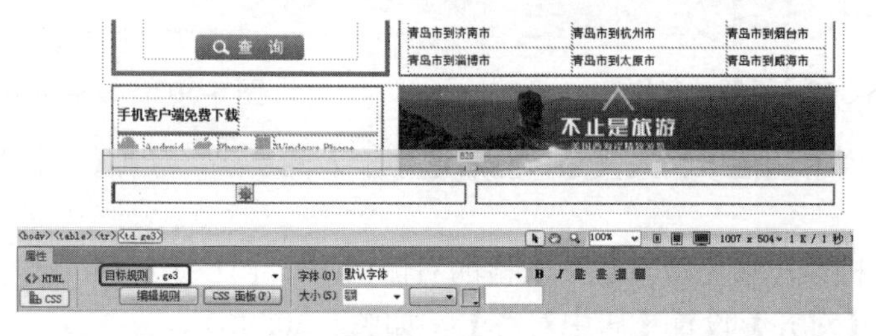

图 5-309　设置目标规则

(77) 将两列单元格的【宽】分别设置为 306 和 476，【水平】都设置为【居中对齐】，如图 5-310 所示。

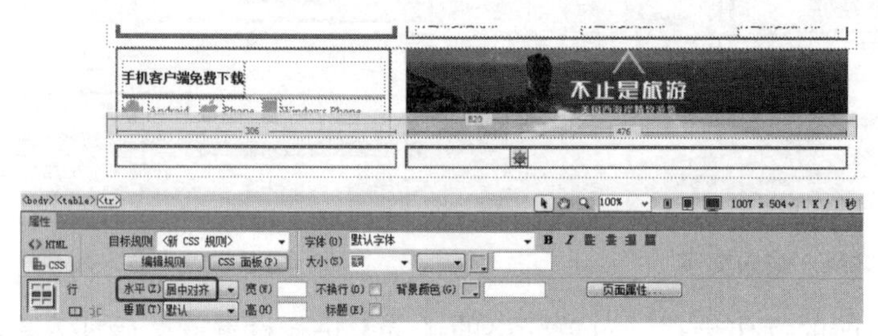

图 5-310　设置单元格

提示：同时选中两个单元格时，只显示相同的属性，所以图 5-310 中并没有显示不同的宽度。

(78) 在第 1 列单元格中插入一个 1 行 2 列的表格，将【宽】设置为 288 像素，【间距】设置为 0，如图 5-311 所示。

(79) 将鼠标指针插入第 1 列单元格中，将【目标规则】设置为.ge4，【宽】设置为 75，【高】设置为 40，如图 5-312 所示。

图 5-311　插入表格

图 5-312　设置单元格

(80) 在单元格中输入文字，然后选中输入的文字，将【目标规则】设置为.A4，如图 5-313 所示。

(81) 将鼠标指针插入第 2 列单元格中，将其【目标规则】设置为.ge5，【水平】设置为【右对齐】，【宽】设置为 213，如图 5-314 所示。

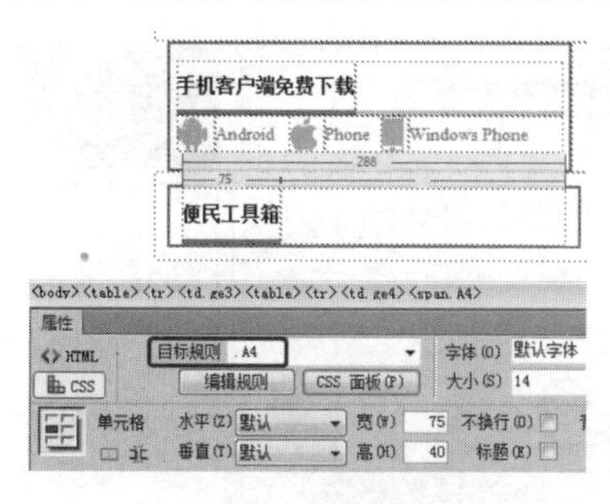

图 5-313 输入文字

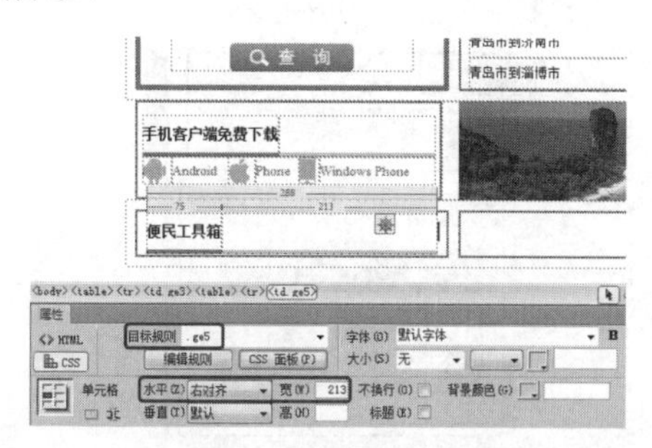

图 5-314 设置单元格

(82) 在单元格中输入文字，然后选中输入的文字，将【目标规则】设置为.A1，如图 5-315 所示。

(83) 将光标置于【更多】单元格的右侧一个 4 行 4 列的表格，将【宽】设置为 288 像素，如图 5-316 所示。

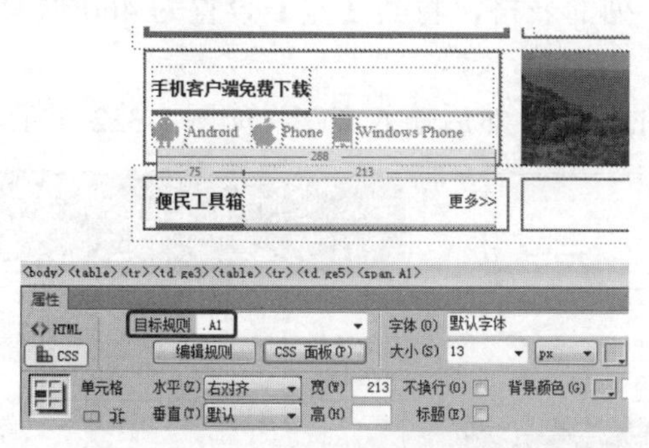

图 5-315 输入文字

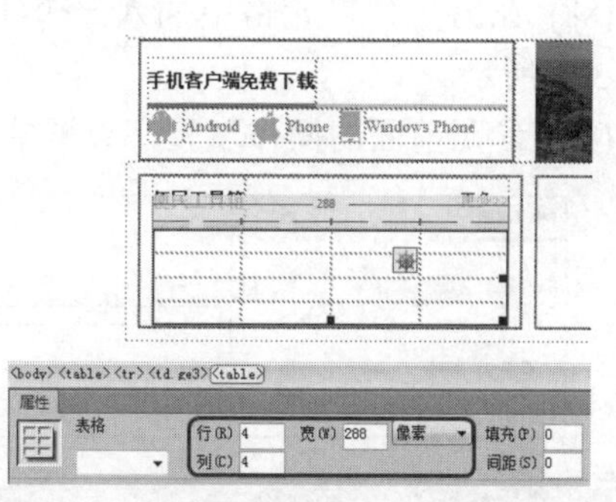

图 5-316 插入表格

(84) 选中第 1、3 行的单元格，将【水平】设置为【居中对齐】，【垂直】设置为【底部】，【宽】设置为 72，【高】设置为 60，如图 5-317 所示。

(85) 将素材图片插入单元格中，并设置素材图片的大小，如图 5-318 所示。

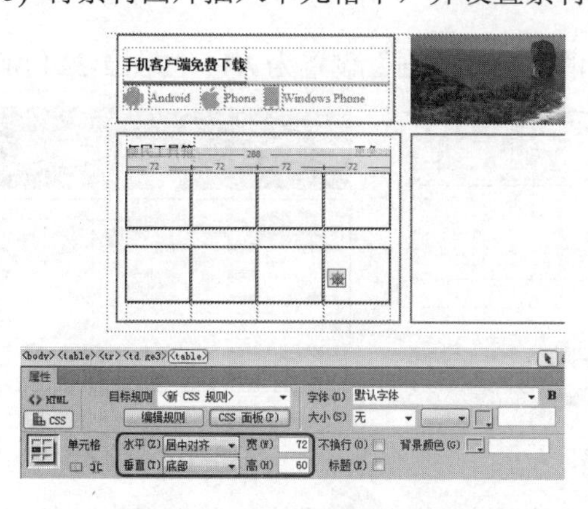

图 5-317 设置单元格

图 5-318 插入素材图片

(86) 选中第 2、4 行的单元格，将【水平】设置为【居中对齐】，【宽】设置为 72，【高】设置为 30，如图 5-319 所示。

(87) 在单元格中输入文字，然后选中输入的文字，将其【目标规则】设置为.A2，如图 5-320 所示。

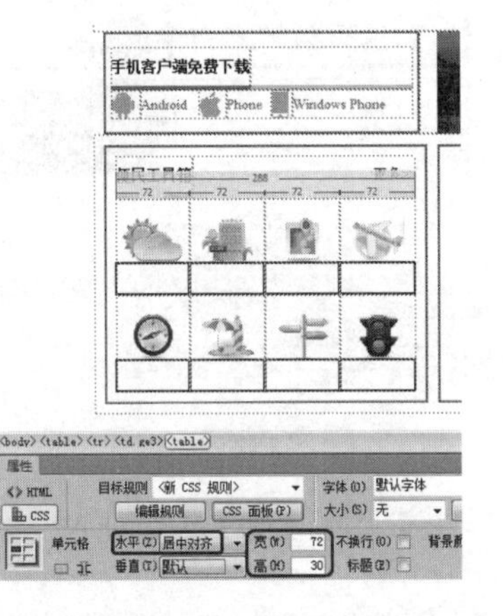

图 5-319　设置单元格

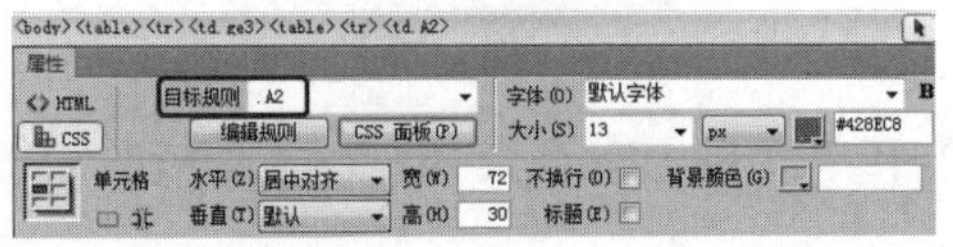

图 5-320　输入文字

(88) 在另一列单元格中插入一个 1 行 2 列的表格，将其【宽】设置为 460 像素，如图 5-321 所示。

(89) 参照前面的操作步骤，设置单元格的属性，然后输入文字，如图 5-322 所示。

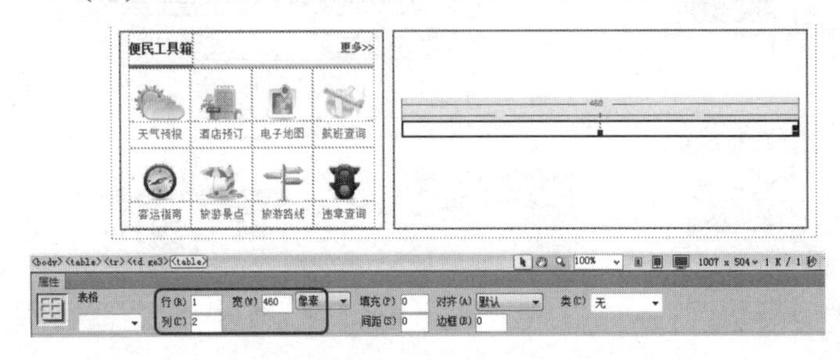

图 5-321　插入表格

图 5-322　设置单元格并输入文字

(90) 继续将光标置于新插入 1 行 2 列表格的右侧一个 6 行 5 列的表格，将【宽】设置为 460 像素，如图 5-323 所示。

(91) 设置单元格并输入文字，将文字的【目标规则】设置为.A1，如图 5-324 所示。

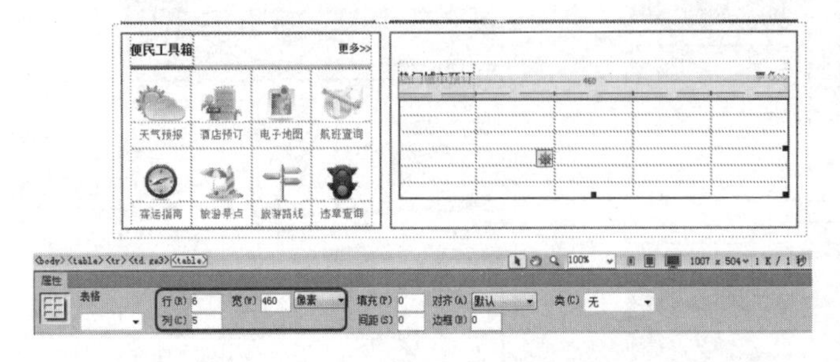

图 5-323　插入 6 行 5 列的表格

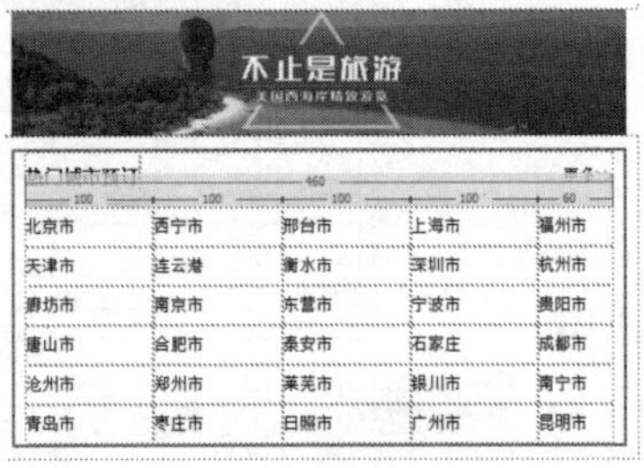

图 5-324　输入文字

(92) 继续将光标置于热门城市预订大表格的右侧空白位置处一个 1 行 1 列的表格，其

【宽】设置为 800 像素，【对齐】设置为【居中对齐】，如图 5-325 所示。

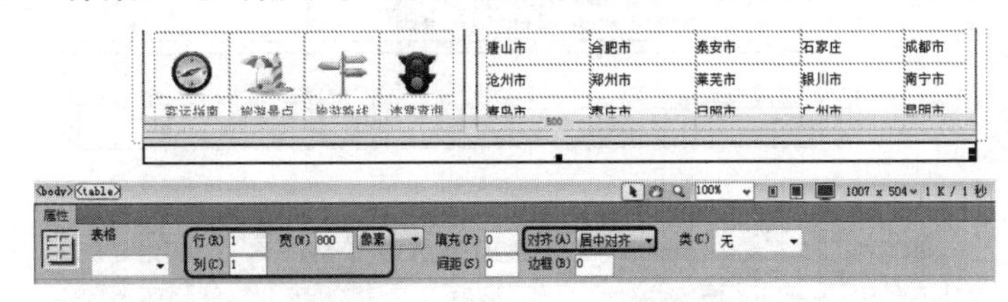

图 5-325　插入 1 行 1 列的表格

(93) 将鼠标指针插入单元格中，将【目标规则】设置为.ge3，【高】设置为 152，如图 5-326 所示。

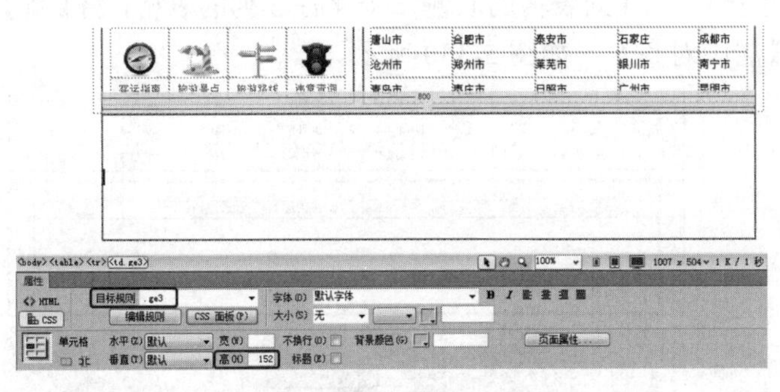

图 5-326　设置单元格

(94) 在单元格中插入一个 1 行 10 列的表格，将【宽】设置为 780 像素，【对齐】设置为【居中对齐】，如图 5-327 所示。

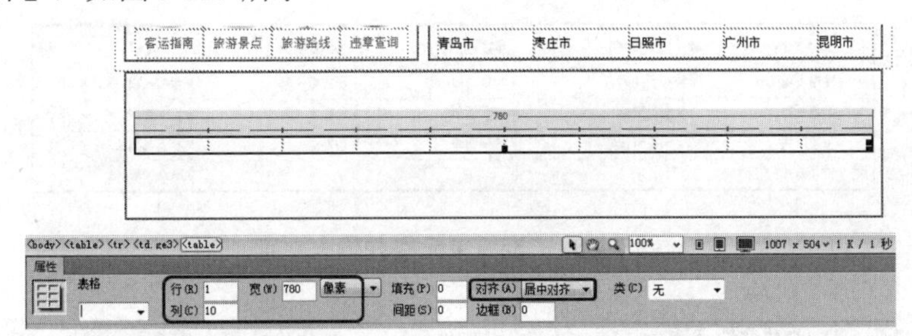

图 5-327　插入 1 行 10 列的表格

(95) 对单元格的【宽】进行设置，如图 5-328 所示。

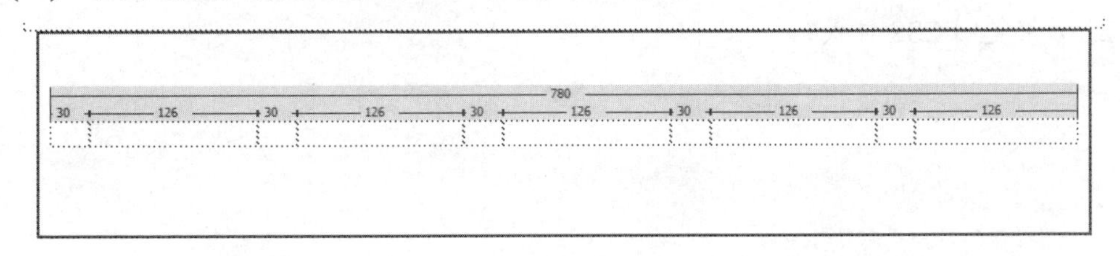

图 5-328　设置单元格的宽

(96) 将【高】设置为 40，参照前面的方法插入素材图片并输入文字，如图 5-329 所示。

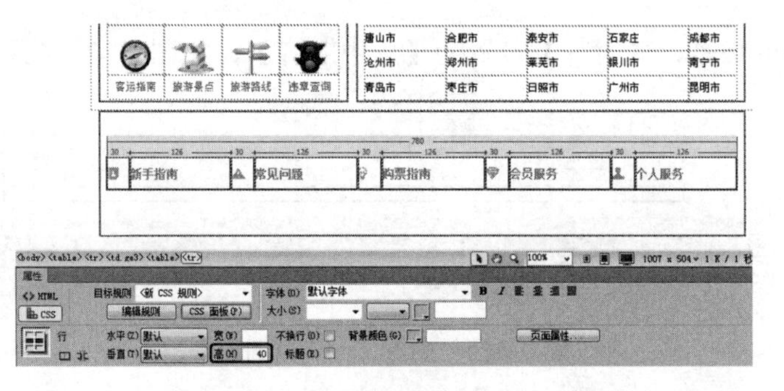

图 5-329　插入素材图片并输入文字

(97) 将光标置于 1 行 10 列表格的右侧一个 4 行 5 列的表格，将【宽】设置为 740 像素，【对齐】设置为【居中对齐】，如图 5-330 所示。

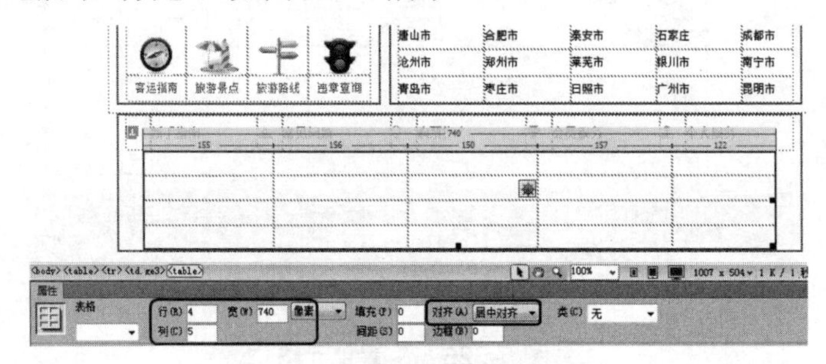

图 5-330　插入 4 行 5 列的表格

(98) 参照前面的方法设置单元格并输入文字，如图 5-331 所示。

新手指南	常见问题	购票指南	会员服务	个人服务
注册流程	购票问题	购票须知	优惠券使用	找回密码
购票流程	支付问题	取票须知	经验值说明	订单查询
取票方式	车票预售期	旅客须知	帮助中心	投诉与建议
支付方式				联系客服

图 5-331　设置单元格并输入文字

思考与练习

1. 如何链接外部样式表？
2. 如何复制 CSS 样式？

项目六

娱乐休闲类网页设计——使用行为制作特效网页

本章要点

基础知识
- ◈ 【标签检查器】面板
- ◈ 交换图像

重点知识
- ◈ 弹出信息
- ◈ 打开浏览器窗口

提高知识
- ◈ 效果
- ◈ 设置文本

本章导读

行为是用来动态响应用户操作，改变当前页面效果或是执行特定任务的一种方法，由对象、事件和行为组合而成。

使用行为可以不用编程即可实现一些程序动作，如交换图像、打开浏览器窗口等。本章将具体介绍怎样使用行为构建网站。

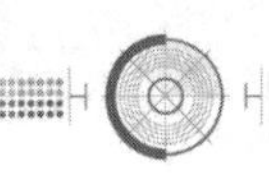

任务 1 制作游戏网页——行为的概念

网络游戏的诞生让人类的生活更丰富，在模拟环境下挑战和克服障碍，可以帮助人类开发智力、锻炼思维和反应能力、训练技能、培养规则意识等，大型网络游戏还可以培养战略战术意识和团队精神。本例将介绍网络游戏网页的制作过程，效果如图 6-1 所示。

素材	项目六\游戏网页
场景	项目六\制作游戏网页——行为的概念.html
视频	项目六\任务 1：制作游戏网页——行为的概念.mp4

图 6-1　游戏网页

具体操作步骤如下。

(1) 启动软件后，新建一个 HTML 文档。按 Ctrl+Alt+T 组合键，弹出【表格】对话框，将【行数】设置为 2、【列】设置为 1，将【表格宽度】设置为 989 像素，将【边框粗细】、【单元格边距】和【单元格间距】设置为 0，如图 6-2 所示，单击【确定】按钮。

(2) 将鼠标指针放置在第 1 行单元格中，在【属性】面板中将单元格的【高】设置为 450，如图 6-3 所示。

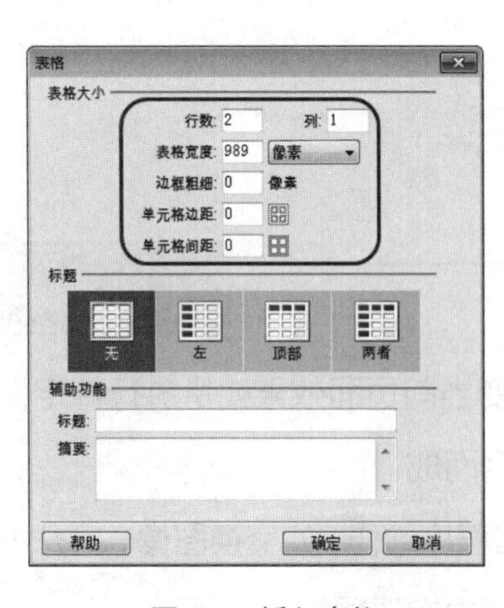

图 6-2　插入表格

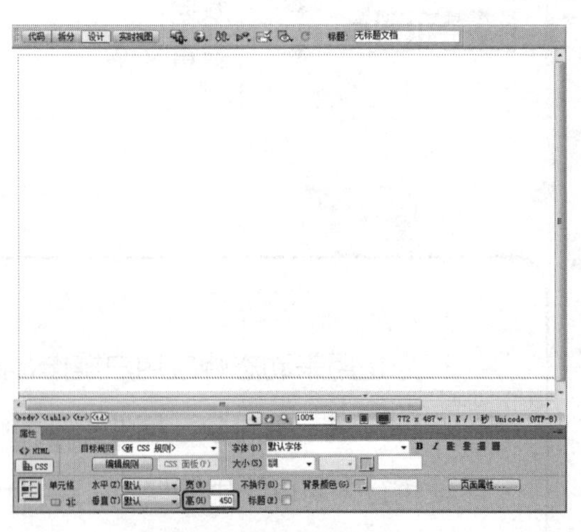

图 6-3　设置单元格的高

(3) 单击【拆分】按钮，将鼠标指针置入如图 6-4 所示的代码行中。

(4) 按 Enter 键，在弹出的列表中双击 background 选项，如图 6-5 所示。

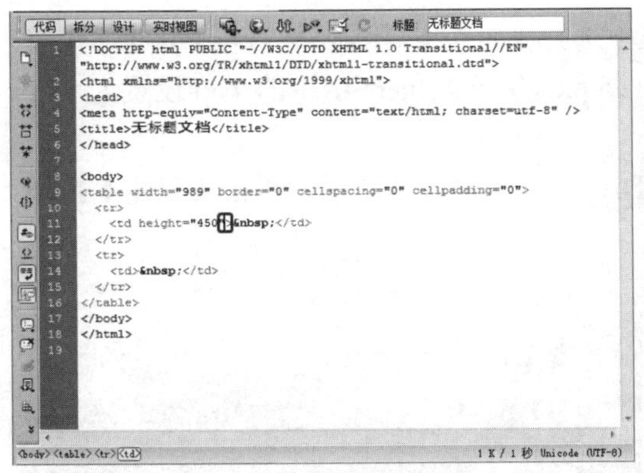

图 6-4　将鼠标指针置入代码中

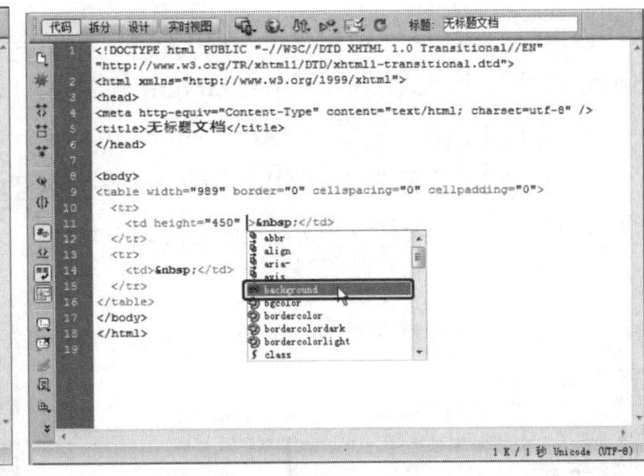

图 6-5　双击 background 选项

(5) 在弹出的列表中单击【浏览】选项，如图 6-6 所示。

(6) 在弹出的对话框中选择“素材\项目六\游戏网页\游戏.jpg”素材文件，如图 6-7 所示，单击【确定】按钮。

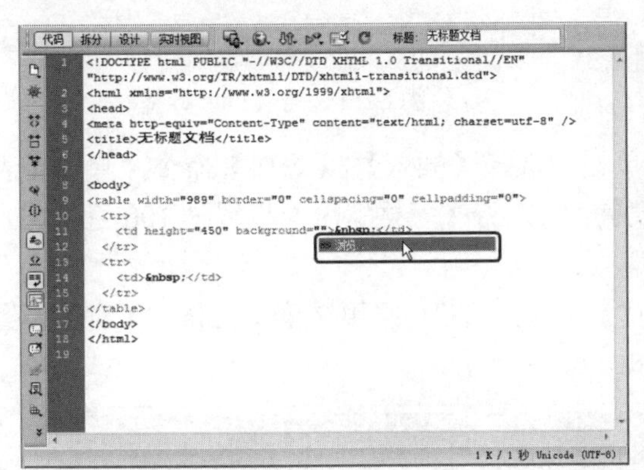

图 6-6　双击【浏览】选项

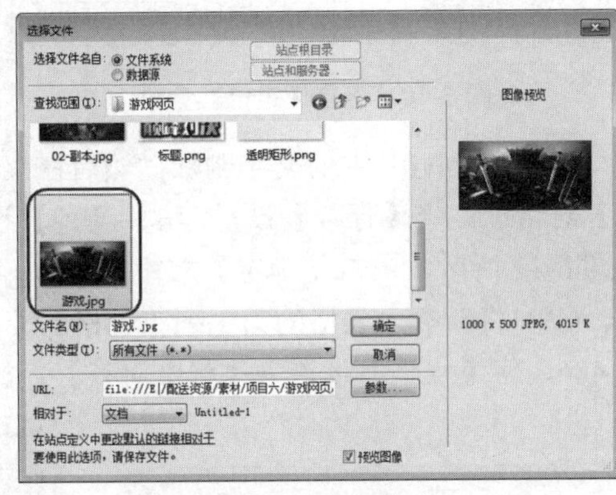

图 6-7　选择素材文件

(7) 单击【设计】按钮，在菜单栏中选择【插入】|【布局对象】|【Div 标签】命令，在弹出的【插入 Div 标签】对话框中将 ID 设置为 div01，如图 6-8 所示。

(8) 单击【新建 CSS 规则】按钮，在弹出的【新建 CSS 规则】对话框中，使用默认参数，如图 6-9 所示，然后单击【确定】按钮。

图 6-8　【插入 Div 标签】对话框

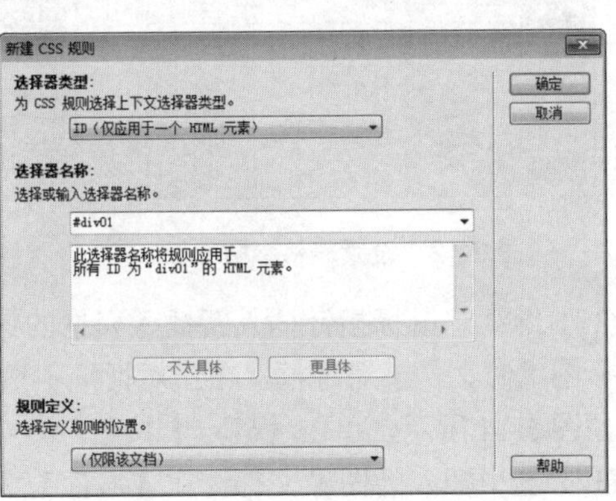

图 6-9　【新建 CSS 规则】对话框

(9) 在弹出的对话框中的【分类】列表框中选择【定位】选项，然后将 Position 设置为 absolute，Width 设置为 990 px，Height 设置为 195 px，将 Placement 组中的 Top 设置为 54 px、Left 设置为 11 px，如图 6-10 所示。

(10) 单击【确定】按钮，返回到【插入 Div 标签】对话框，然后单击【确定】按钮，在表格的第 1 行中插入 Div，如图 6-11 所示。

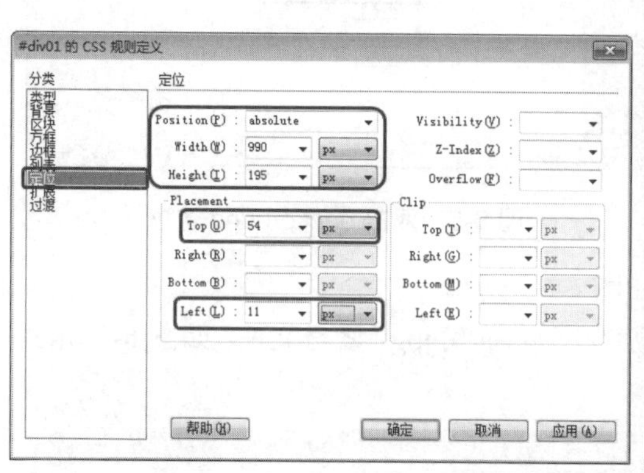

图 6-10 设置【定位】参数

图 6-11 插入 Div 标签

(11) 将 div01 中的文字删除，然后在菜单栏中选择【插入】|【表格】命令，弹出【表格】对话框，将【行数】设置为 1、【列】设置为 3，将【表格宽度】设置为 100 百分比，如图 6-12 所示，单击【确定】按钮。

(12) 将新插入表格的第 1 列单元格的【宽】设置为 292，将第 2 列单元格的【宽】设置为 406，将【水平】设置为【居中对齐】，如图 6-13 所示。

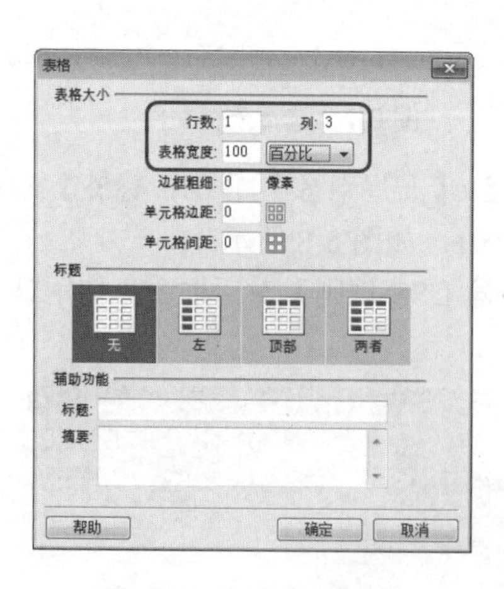

图 6-12 设置表格参数

图 6-13 设置单元格的宽与对齐方式

(13) 继续将鼠标指针插入新插入表格的第 2 列单元格中，按 Ctrl+Alt+I 组合键，弹出【选择图像源文件】对话框，在该对话框中选择“素材\项目六\游戏网页\标题.png”素材文件，如图 6-14 所示，单击【确定】按钮。

(14) 选中插入的图像文件，在【属性】面板中将【宽】、【高】分别设置为 300 px、195 px，如图 6-15 所示。

图 6-14 选择素材文件

图 6-15 设置图像大小

(15) 在菜单栏中选择【插入】|【布局对象】|【Div 标签】命令，在弹出的对话框中将 ID 设置为 div02，如图 6-16 所示。

(16) 在弹出的对话框中单击【新建 CSS 规则】按钮，再次单击【确定】按钮，在弹出的对话框中选择【分类】列表框中的【定位】选项，然后将 Position 设置为 absolute，Width 设置为 990 px，Height 设置为 204 px，将 Placement 组中的 Top 设置为 255 px，如图 6-17 所示。

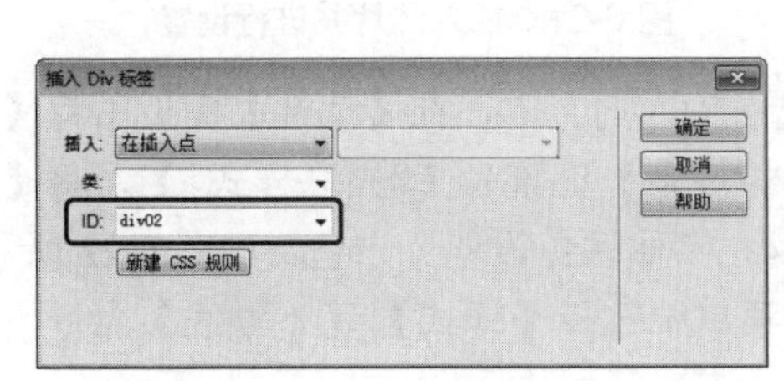

图 6-16 设置 ID 名称

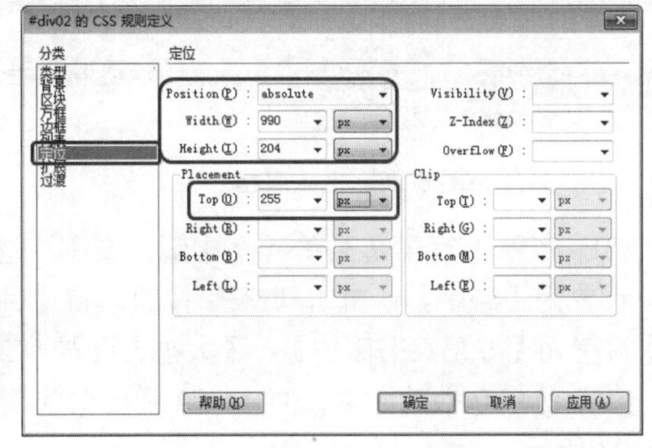

图 6-17 设置【定位】参数

(17) 设置完成后，单击两次【确定】按钮，即可插入 Div。将 Div 中的文字删除，插入一个 1 行 5 列的表格，在【属性】面板中，将各个单元格的【宽】分别设置为 340、309、14、296、30，如图 6-18 所示。

(18) 将鼠标指针插入第 2 列表格中，单击【拆分】按钮，在<td>标签中输入添加背景图的代码，添加“素材\项目六\游戏网页\透明矩形.png”素材文件，然后在【属性】面板中，将【高】设置为 196，【水平】设置为【左对齐】，【垂直】设置为【顶端】，如图 6-19 所示。

(19) 单击【设计】按钮，继续将鼠标指针置入第 2 列单元格中，按 Ctrl+Alt+T 组合键，插入一个 7 行 1 列、单元格间距为 2 的表格，如图 6-20 所示。

(20) 将第 1 行拆分为两列，并将第 1 行第 1 列单元格的【宽】、【高】分别设置为 68、61，然后插入“素材\项目六\游戏网页\01.png”素材文件，如图 6-21 所示。

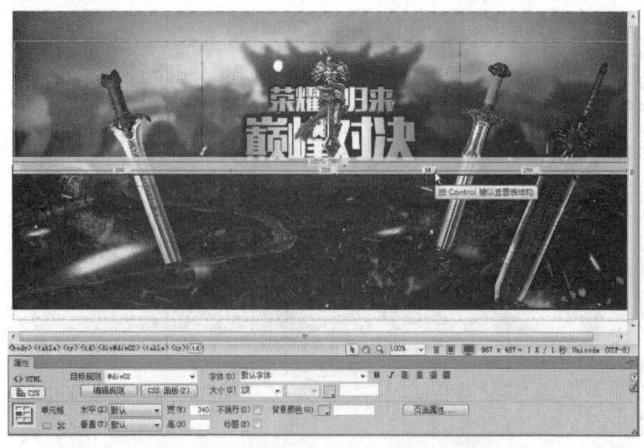

图 6-18　插入表格并设置列宽

图 6-19　插入素材图片并设置单元格

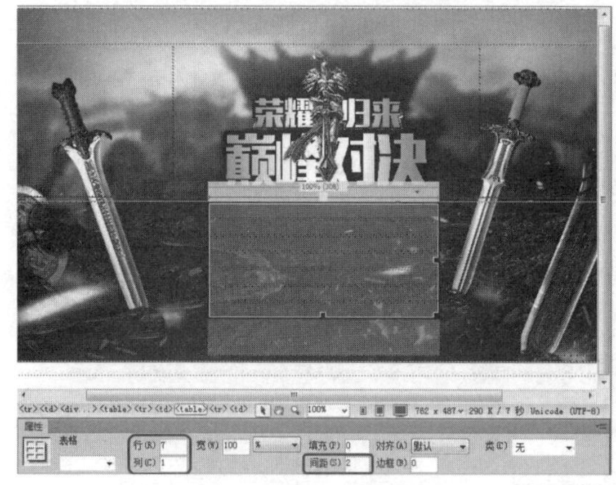

图 6-20　插入表格

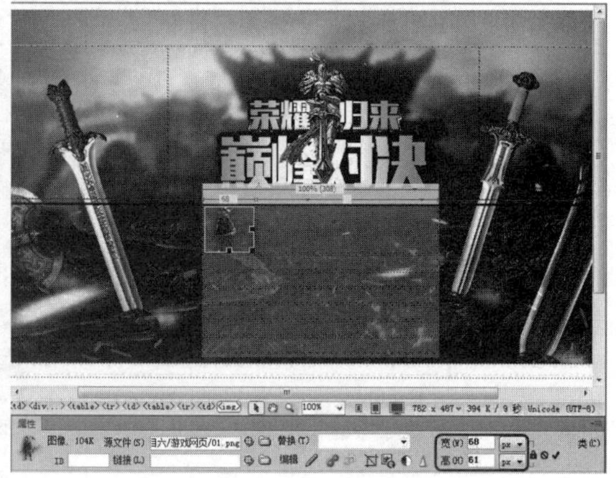

图 6-21　插入图片并进行设置

(21) 在第 1 行第 2 列单元格中输入文本。选中输入的文本，在【属性】面板中将【垂直】设置为【居中】，单击 CSS 按钮，将【目标规则】设置为【<内联样式>】，将【字体】设置为【方正隶书简体】、【大小】设置为 24，字体颜色设置为白色，如图 6-22 所示。

(22) 选中输入的文本，右击，在弹出的快捷菜单中选择【样式】|【下划线】命令，如图 6-23 所示。

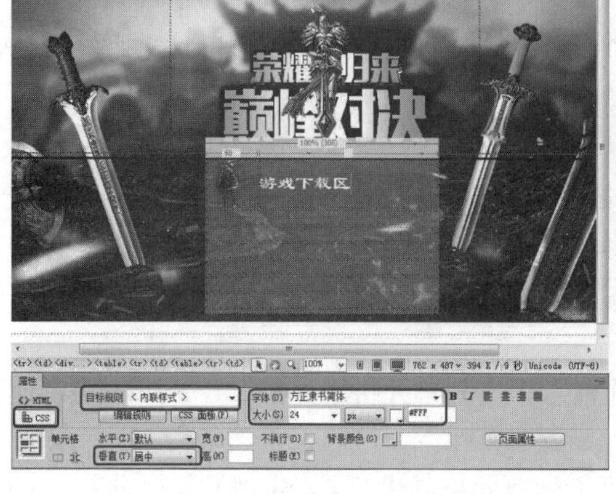

图 6-22　输入文本

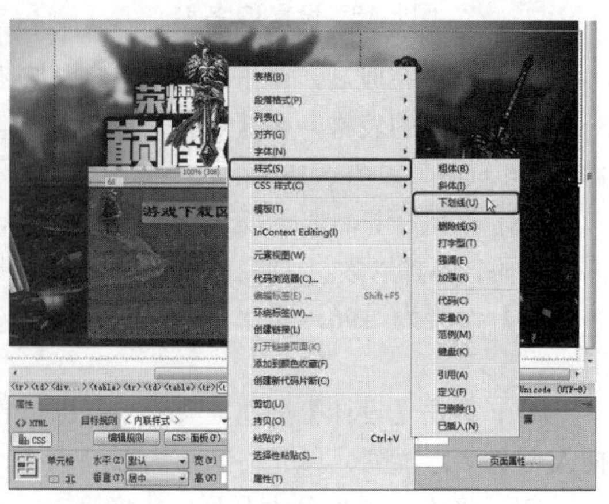

图 6-23　选择【下划线】命令

(23) 选中剩余的 6 行单元格，将【水平】设置为【居中对齐】，将【高】设置为 20，然后输入文本，如图 6-24 所示。

(24) 在文档中右击，在弹出的快捷菜单中选择【CSS 样式】|【新建】命令，在弹出的【新建 CSS 规则】对话框中，将【选择器名称】设置为 text1，如图 6-25 所示。

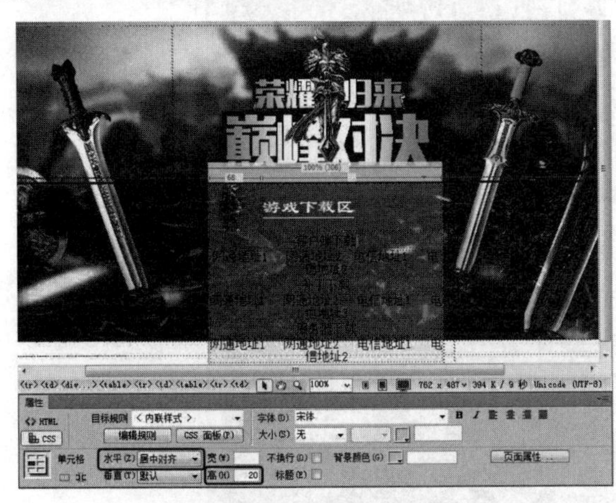

图 6-24　输入文本

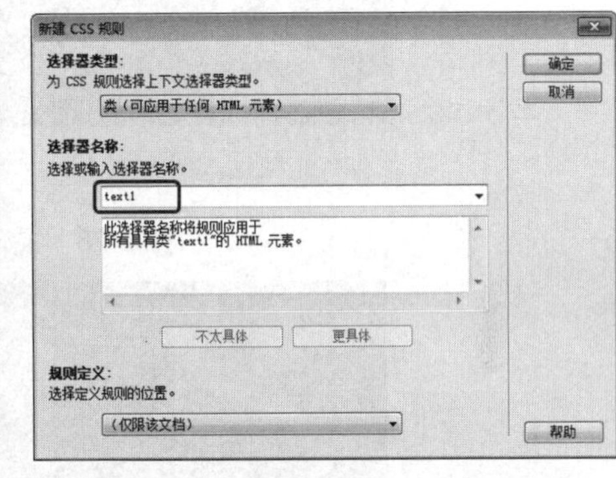

图 6-25　【新建 CSS 规则】对话框

(25) 单击【确定】按钮，在弹出的对话框中选择【类型】分类，将 Font-family 设置为【宋体】，Font-size 设置为 12 px，Color 设置为#FFF，如图 6-26 所示，单击【确定】按钮。

(26) 选中输入的文本，在【属性】面板中将【目标规则】设置为.text1，如图 6-27 所示。

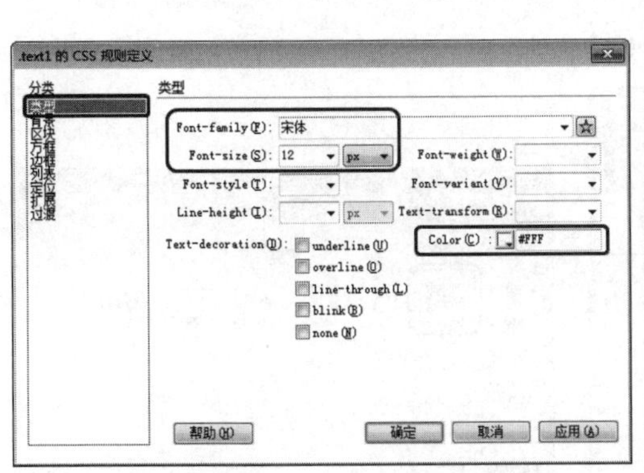

图 6-26　设置【类型】参数

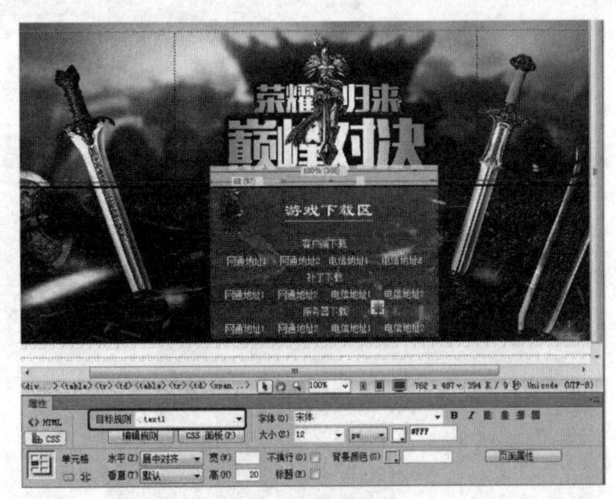

图 6-27　设置文本样式

提示： 若单元格的宽度有变化，可以手动拖曳单元格进行调整。

(27) 使用上面相同的方法，插入单元格并输入文本，如图 6-28 所示。

(28) 将鼠标指针插入最后一行单元格中，将【水平】设置为【居中对齐】，【背景颜色】设置为#000000，然后输入文字，并为其应用.text1，如图 6-29 所示。

(29) 在文档窗口中选择如图 6-30 所示的图像，在【标签检查器】面板中单击【添加行为】按钮，在弹出的下拉列表中选择【打开浏览器窗口】命令。

(30) 在弹出的对话框中单击【要显示的 URL】右侧的【浏览】按钮，在弹出的对话框中选择“素材\项目六\游戏网页\01-副本.jpg”素材文件，如图 6-31 所示。

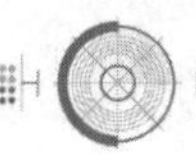

图 6-28　插入单元格并输入文本

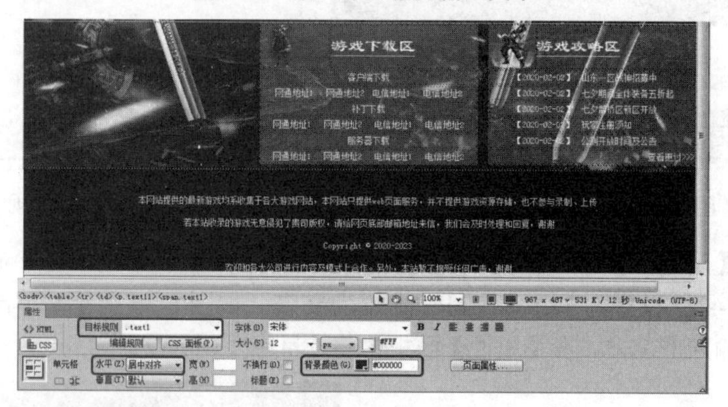

图 6-29　输入文本

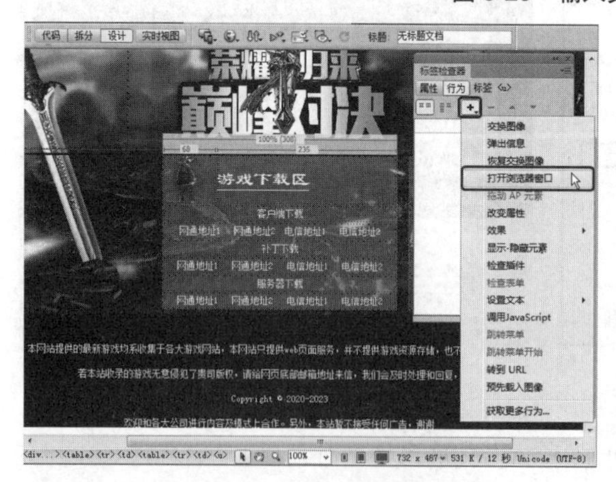

图 6-30　选择【打开浏览器窗口】命令

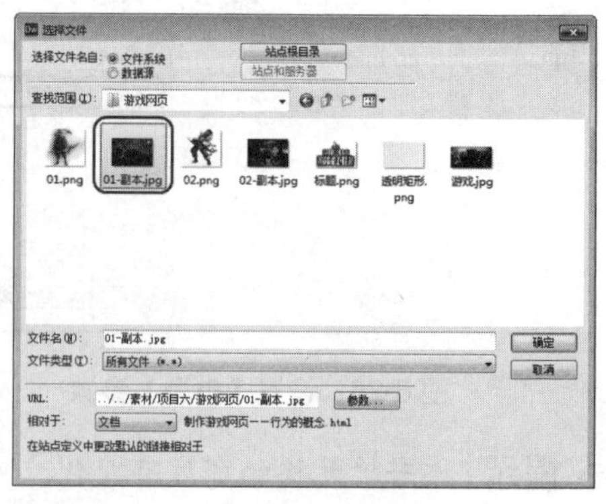

图 6-31　选择素材文件

疑难解答：【打开浏览器窗口】行为效果有什么作用？

为对象添加【打开浏览器窗口】行为效果后，在预览网页时，单击添加行为的对象，即可打开该对象所链接的 URL。例如，本例中为游戏人物添加了【打开浏览器窗口】行为效果，在对本案例进行预览时，单击该游戏人物，即可打开所链接的“01-副本.jpg”素材文件。

(31) 单击【确定】按钮，在返回的【打开浏览器窗口】对话框中选中【需要时使用滚动条】与【调整大小手柄】复选框，如图 6-32 所示。

(32) 单击【确定】按钮，即可为选中的图像添加行为效果。使用同样的方法为另一个游戏人物添加相同的行为效果，制作完成后保存即可，按 F12 键预览效果，如图 6-33 所示。

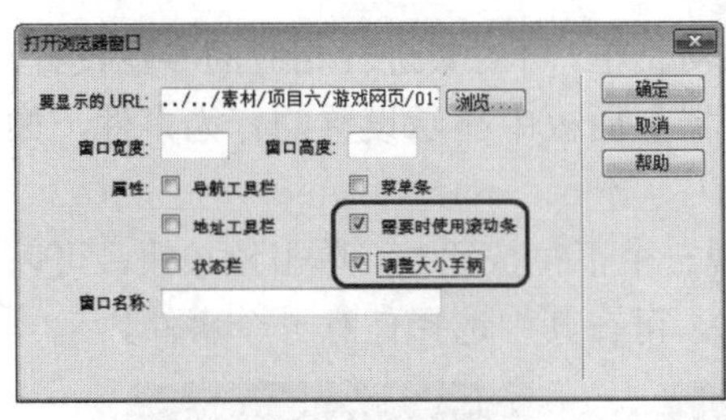

图 6-32　选中所需的复选框

图 6-33　预览效果

6.1.1　【标签检查器】面板

在 Dreamweaver 中，可以在【标签检查器】面板中实现添加行为、删除行为、控制行为等操作。

在菜单栏中选择【窗口】|【行为】命令，即可打开如图 6-34 所示的【标签检查器】面板。

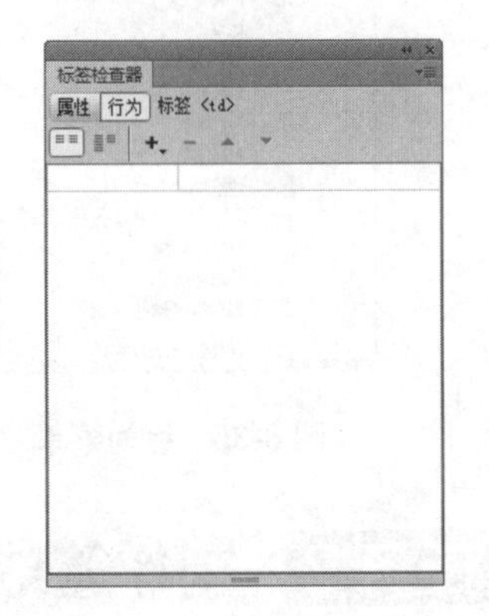

图 6-34　【标签检查器】面板

在【标签检查器】面板中可以将行为附加到标签上，并可以修改面板中所有被附加的行为参数。

已附加到当前所选页面元素的行为将显示在行为列表中，并将事件以字母顺序列出。

【标签检查器】面板中的各选项说明如下。

◎ 【添加行为】按钮：单击该按钮，在弹出的下拉列表中选择要添加的行为。在该列表中选择一个行为时，会弹出相应的对话框，可以在弹出的对话框中设置该行为的参数。

◎ 【删除事件】按钮：单击该按钮，会把选中的事件或者动作在【标签检查器】面板中删除。

◎ 【增加事件值】按钮：单击该按钮，可将动作选项向上移动，继而改变动作执行的顺序。

◎ 【降低事件值】按钮：单击该按钮，可将动作选项向下移动，继而改变动作执行的顺序。

提示： 在【标签检查器】面板中，如果只有一个或者不能在列表中上下移动的动作，箭头按钮将不会被激活，且不能使用。

6.1.2 在【标签检查器】面板中添加行为

在 Dreamweaver 中，可以为任何网页元素添加行为，如网页文档、图像、链接和表单元格等。可以为一个事件添加多个行为，并按【标签检查器】面板中动作列表的顺序来执行。

在【标签检查器】面板中添加行为的具体操作步骤如下。

(1) 在页面中选择一个需要添加行为的对象，在【标签检查器】面板中单击【添加行为】按钮+，弹出行为菜单，如图 6-35 所示。

(2) 选择需要添加的行为命令，会打开相应的参数对话框，可对其进行相应的参数设置，设置完成后，单击【确定】按钮，即可在【标签检查器】面板中显示设置的行为事件，如图 6-36 所示。

(3) 单击事件的名称，在该事件名称的右侧会出现一个下拉按钮▾，单击该按钮，可以在弹出的下拉列表框中看到所有事件，如图 6-37 所示，可在其中选择任意一个事件。

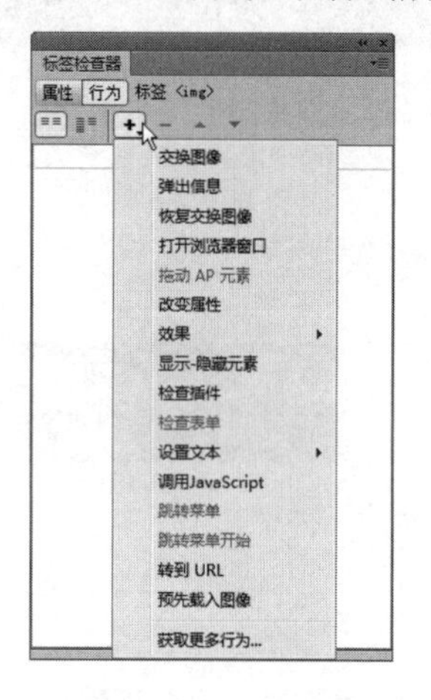

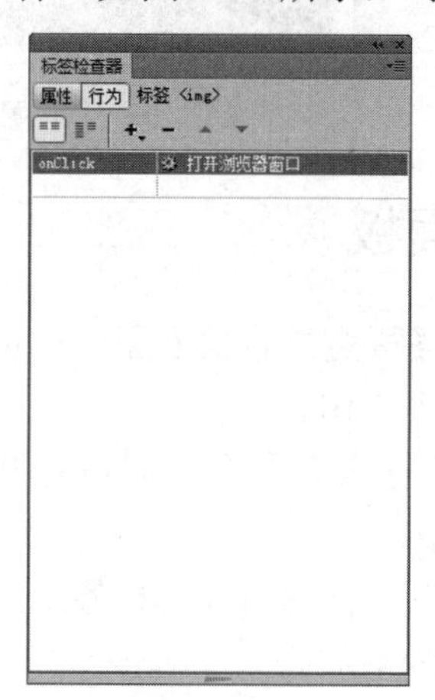

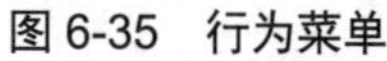
图 6-35　行为菜单　　图 6-36　添加的事件　　图 6-37　事件列表

任务 2　制作篮球网页——内置行为

篮球运动是 1891 年由美国人詹姆斯·奈史密斯发明的。最初篮球游戏比较简单，场地大小和参加游戏的人数没有限制。比赛队员分成人数相等的两队，分别站在球场的两端，在裁判员向球场中央抛球后，双方队员立即冲进场内抢球，并力争将球投进对方的篮筐。随着场地设施的不断改进，篮筐取消了筐底，并改用铁圈代替篮筐，用木板制成篮板代替铁丝挡网，场地增设了中线、中圈和罚球线，比赛改由中场跳球开始。这大大提高了篮球游戏的趣味性，并且吸引了更多的人参与，从而使篮球运动很快普及到了全国。随着篮球运动的普及，新兴了很多篮球网站，下面将介绍如何制作篮球网页，效果如图 6-38 所示。

素材	项目六\篮球网页	保罗-乔治专访版 时间去哪了？ NBA推荐视频>>> 图 6-38　篮球网页
场景	项目六\制作篮球网页——内置行为.html	
视频	项目六\任务 2：制作篮球网页——内置行为.mp4	

(1) 启动软件后，新建一个 HTML 文档。单击【页面属性】按钮，在弹出的【页面属性】对话框中，将【左边距】、【右边距】、【上边距】和【下边距】都设置为 0，然后单击【确定】按钮，如图 6-39 所示。

(2) 按 Ctrl+Alt+T 组合键，弹出【表格】对话框，将【行数】和【列】均设置为 1，将【表格宽度】设置为 1000 像素，将【边框粗细】、【单元格边距】和【单元格间距】均设置为 0，如图 6-40 所示，单击【确定】按钮。

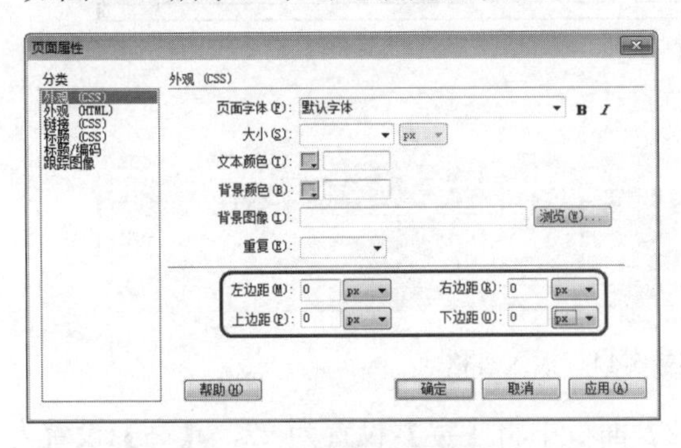

图 6-39　【页面属性】对话框

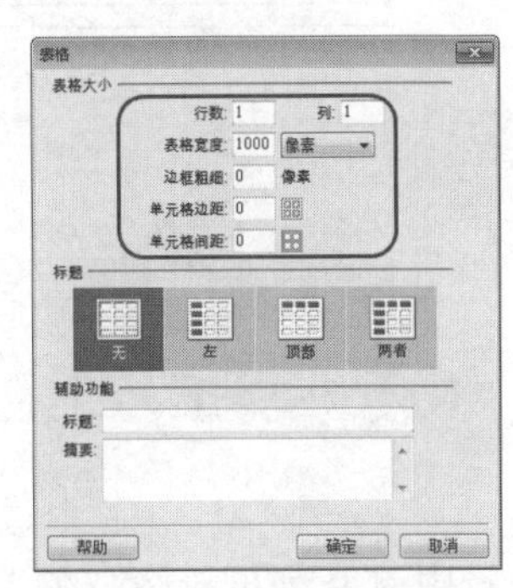

图 6-40　【表格】对话框

(3) 将第 1 行单元格的【高】设置为 96，【背景颜色】设置为#212529，如图 6-41 所示。

(4) 将鼠标指针插入第 1 行单元格中，按 Ctrl+Alt+I 组合键，在弹出的对话框中选择“素材\项目六\篮球网页\标题.png”素材文件，如图 6-42 所示。

(5) 单击【确定】按钮，插入素材图片，插入图片后的效果如图 6-43 所示。

提示： 为了使网页效果预览起来更加美观，在“标题.png”素材文件的左侧添加三个空格，用户可以按快捷键 Ctrl+Shift+空格键添加空格。

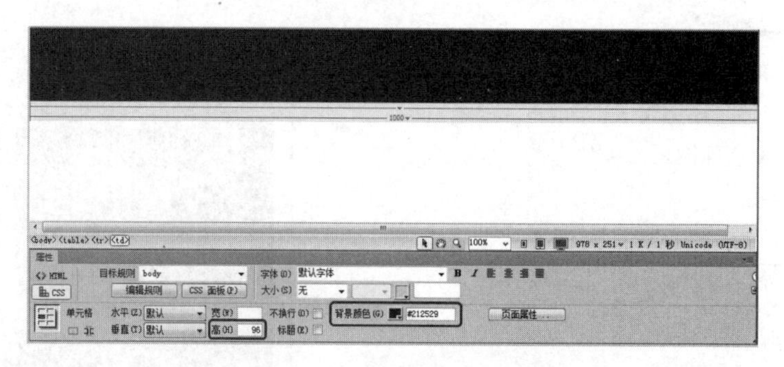

图 6-41　设置单元格属性

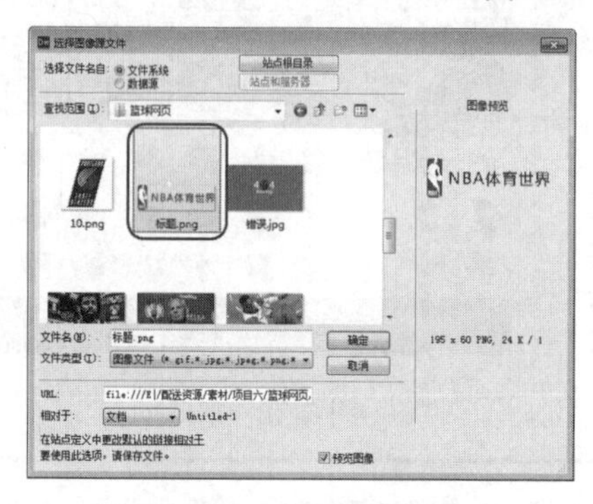

图 6-42　选择素材图片

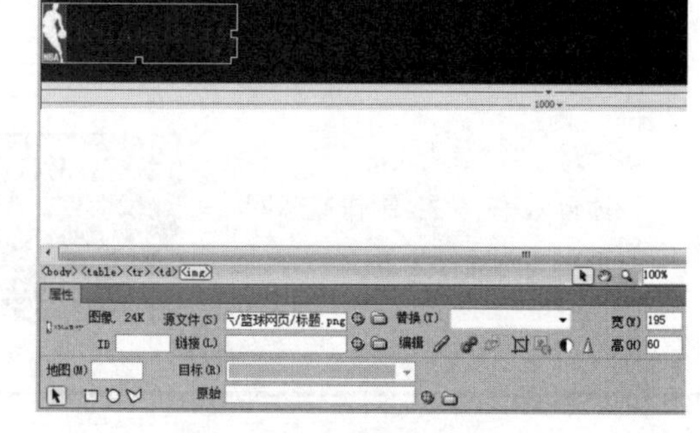

图 6-43　插入图片后的效果

(6) 将鼠标指针置于第一个表格的右侧，按 Shift+Enter 组合键新建一行，在第一个表格的下方插入一个 1 行 10 列的表格，将【表格宽度】设置为 1000 像素，如图 6-44 所示。

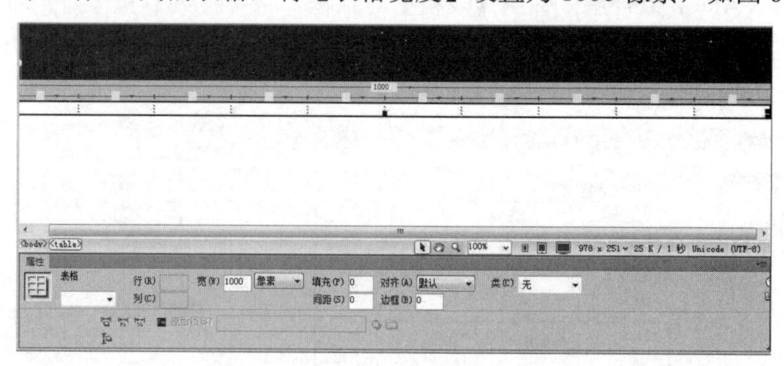

图 6-44　插入表格

(7) 选中前 9 列单元格，在【属性】面板中将【宽】设置为 72，【高】设置为 37，如图 6-45 所示。

(8) 将所有单元格的【水平】设置为【居中对齐】，【背景颜色】设置为#2587d4，如图 6-46 所示。

(9) 在单元格中输入文字，并将【目标规则】设置为【<内联样式>】，将【字体】设置为【微软雅黑】，将【大小】设置为 14 px，将字体颜色设置为#FFF，如图 6-47 所示。

(10) 将鼠标指针插入第 10 列单元格中，在菜单栏中选择【插入】|【表单】|【表单】命令，如图 6-48 所示。

(11) 执行上述操作后，即可在第 10 列单元格中插入表单，效果如图 6-49 所示。

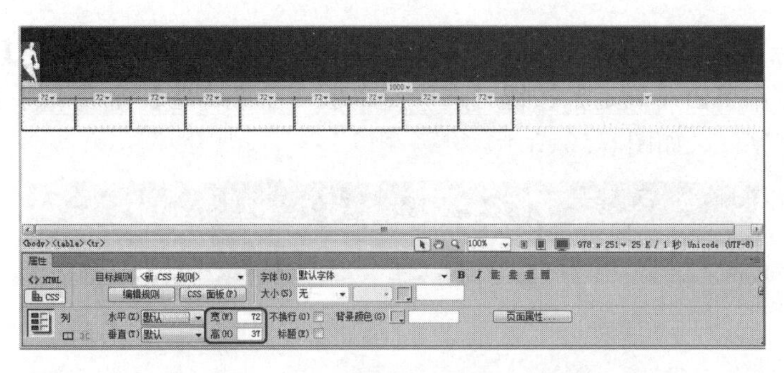

图 6-45 设置单元格的宽和高

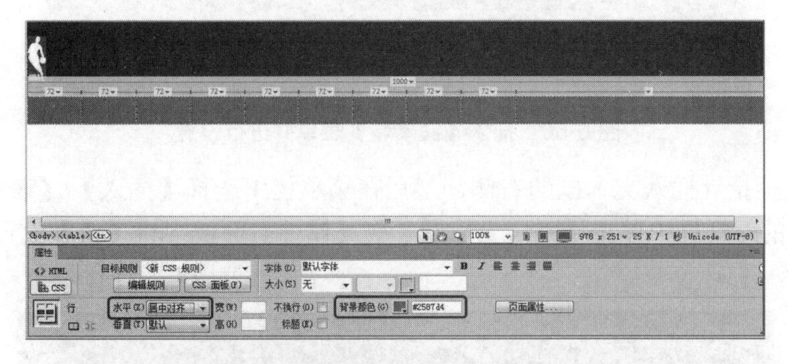

图 6-46 设置单元格的对齐方式和背景颜色

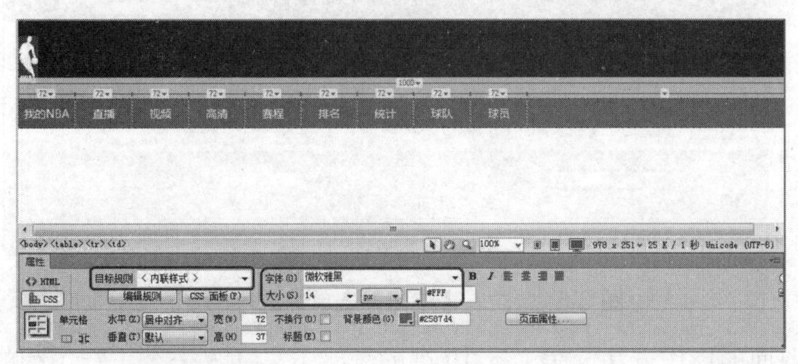

图 6-47 输入并设置文字

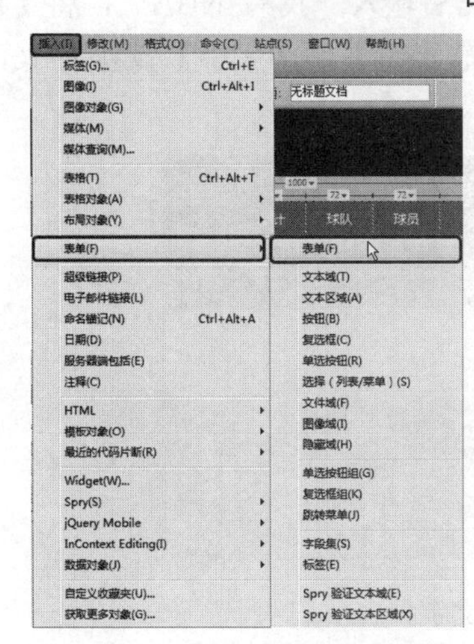

图 6-48 选择【表单】命令

图 6-49 插入表单

(12) 将鼠标指针插入表单中，然后在菜单栏中选择【插入】|【表单】|【文本域】命令，在弹出的对话框中单击【确定】按钮。选中文本框，在【属性】面板中将【初始值】设置为“请输入关键字”，如图 6-50 所示。

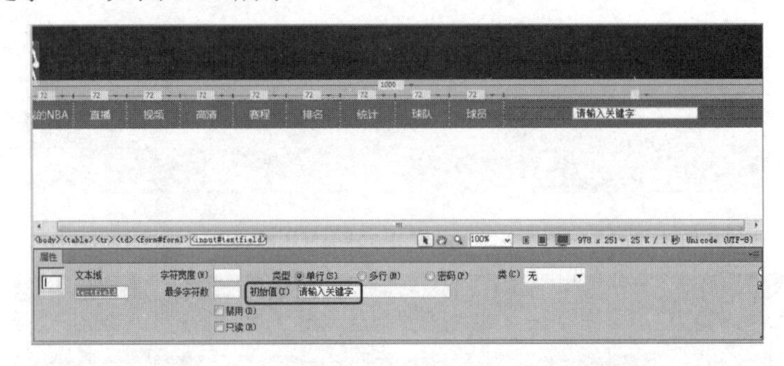

图 6-50　插入【文本域】表单并进行设置

(13) 将鼠标指针插入文本框的右侧，然后在菜单栏中选择【插入】|【表单】|【按钮】命令，在弹出的对话框中单击【确定】按钮，在【属性】面板中将【值】设置为“查询”，如图 6-51 所示。

图 6-51　插入【按钮】表单并进行设置

(14) 参照前面的操作方法，在 1 行 10 列的表格下方插入一个 1 行 1 列的表格，将单元格的【高】设置为 23，【背景颜色】设置为#c7c7c7。然后输入“我的 NBA”，将【目标规则】设置为【<内联样式>】，将【字体】设置为【微软雅黑】，【大小】设置为 16，字体颜色设置为白色，如图 6-52 所示。

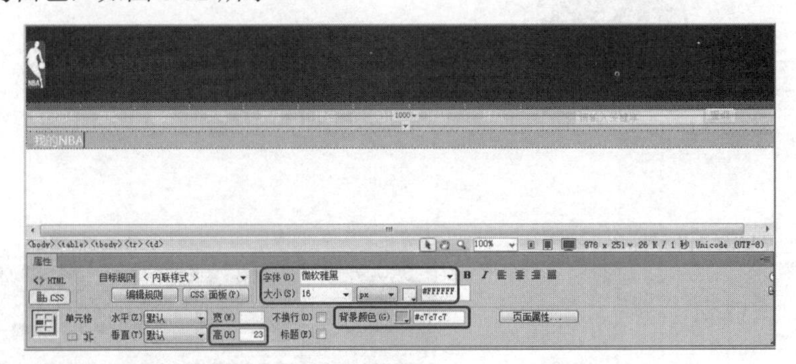

图 6-52　插入单元格并输入文字

(15) 单击页面中的空白处，在菜单栏中选择【插入】|【布局对象】|【Div 标签】命令，

在弹出的【插入 Div 标签】对话框中将 ID 设置为 div01，如图 6-53 所示。

(16) 单击【新建 CSS 规则】按钮，在弹出的【新建 CSS 规则】对话框中，使用默认参数，如图 6-54 所示，单击【确定】按钮。

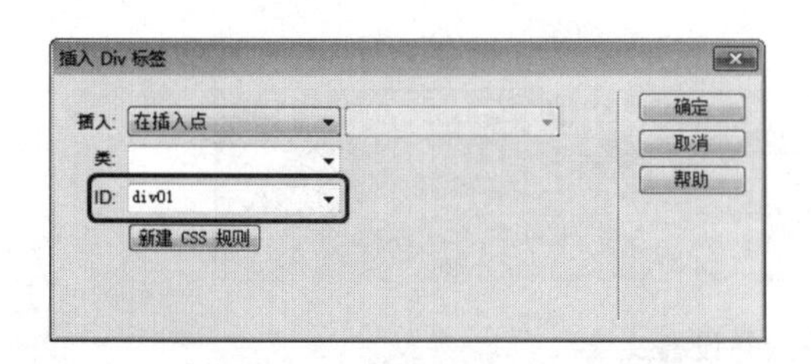

图 6-53 【插入 Div 标签】对话框

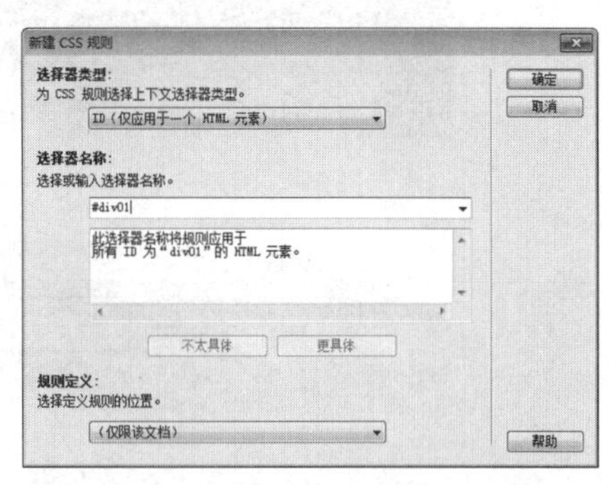

图 6-54 【新建 CSS 规则】对话框

(17) 在弹出的对话框中选择【分类】列表框中的【定位】选项，然后将 Position 设置为 absolute，Width 设置为 300 px，Height 设置为 27 px，将 Placement 组中的 Top 设置为 8 px，Left 设置为 609 px，如图 6-55 所示。

(18) 单击【确定】按钮，返回到【插入 Div 标签】对话框，然后单击【确定】按钮，插入 div01，如图 6-56 所示。

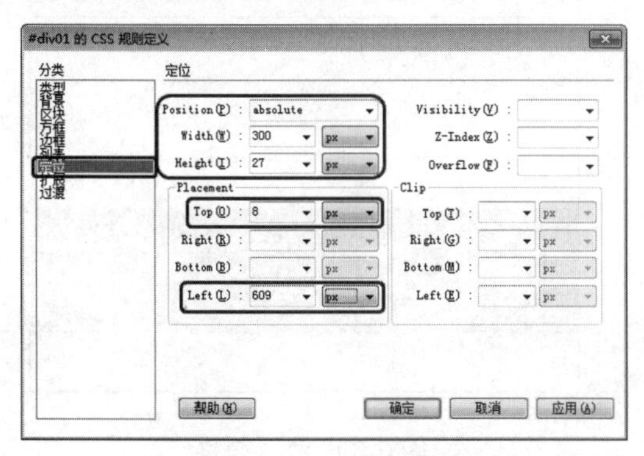

图 6-55 设置【定位】参数

图 6-56 插入 div01

(19) 将 div01 中的文字删除，插入一个 1 行 4 列、表格宽度为 100 百分比的表格，将单元格的【水平】设置为【居中对齐】，【宽】设置为 75，【高】设置为 28，如图 6-57 所示。

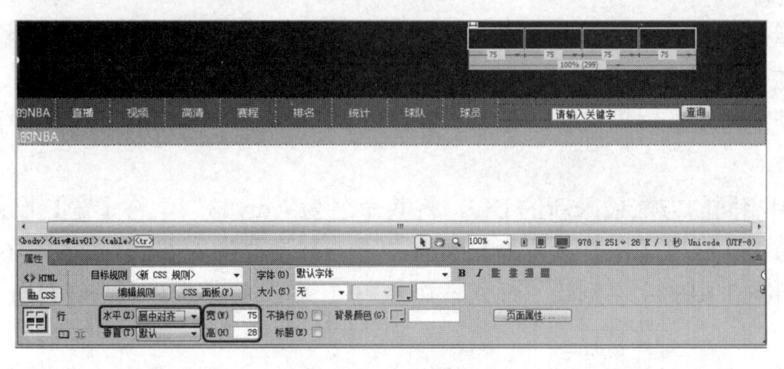

图 6-57 设置单元格

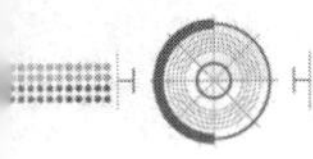

(20) 输入文字，将【目标规则】设置为【<内联样式>】，将【字体】设置为【微软雅黑】，【大小】设置为 14 px，字体颜色设置为#b3b3b3，如图 6-58 所示。

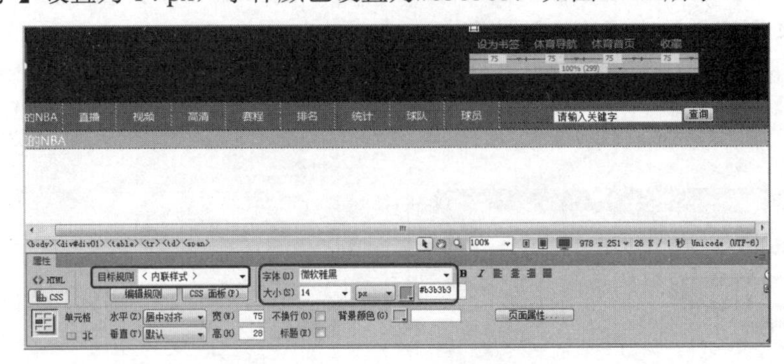

图 6-58　输入并设置文字

(21) 使用相同的方法插入新的 Div，将其命名为“div02”，将【宽】设置为 600 px。【高】设置为 437 px，【上】设置为 156 px，如图 6-59 所示。

(22) 将 div02 中的文字删除，然后在 div02 中插入一个 2 行 1 列的表格，将【表格宽度】设置为 100%，如图 6-60 所示。

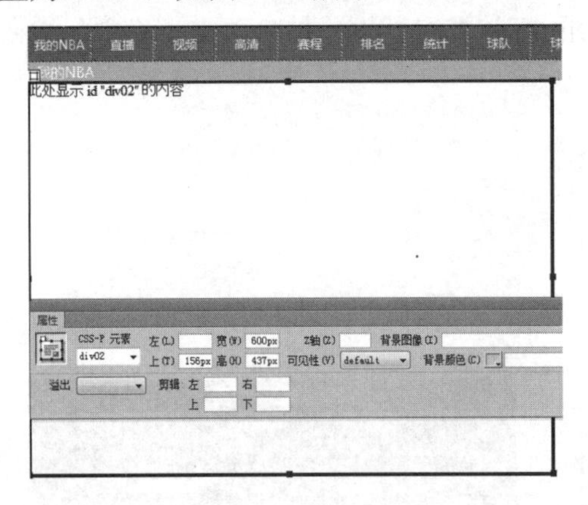

图 6-59　插入 div02

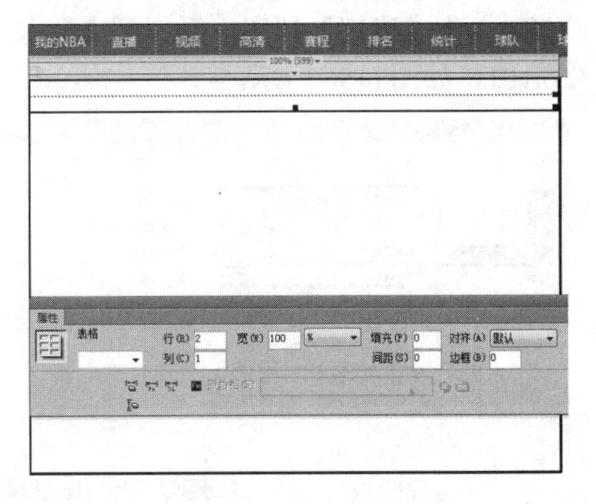

图 6-60　插入表格

(23) 将鼠标指针置入第 1 行单元格中，按 Ctrl+Alt+I 组合键，在弹出的对话框中选择“素材\项目六\篮球网页\图.jpg”素材文件，单击【确定】按钮，将其插入单元格中，效果如图 6-61 所示。

(24) 将鼠标指针插入第 2 行单元格，将【水平】设置为【居中对齐】，将【背景颜色】设置为#0061C3，【高】设置为 63。然后输入文字，将【目标规则】设置为【<内联样式>】，将【字体】设置为【微软雅黑】，【大小】设置为 30 px，字体颜色设置为白色，如图 6-62 所示。

(25) 使用相同的方法插入新的 Div，将其命名为“div03”，将【宽】设置为 370 px，【高】设置为 437 px，【左】设置为 630 px，【上】设置为 156 px，如图 6-63 所示。

(26) 将 div03 中的文字删除，插入一个 2 行 1 列、表格宽度为 100 百分比的表格，如图 6-64 所示。

(27) 将第 1 行单元格拆分成 4 列，并选中第 1 行的 4 列单元格，将单元格的【水平】

设置为【居中对齐】，【宽】设置为 25%，【高】设置为 36，【背景颜色】设置为#0061C3，如图 6-65 所示。

图 6-61　插入素材图片

图 6-62　设置单元格并输入文字

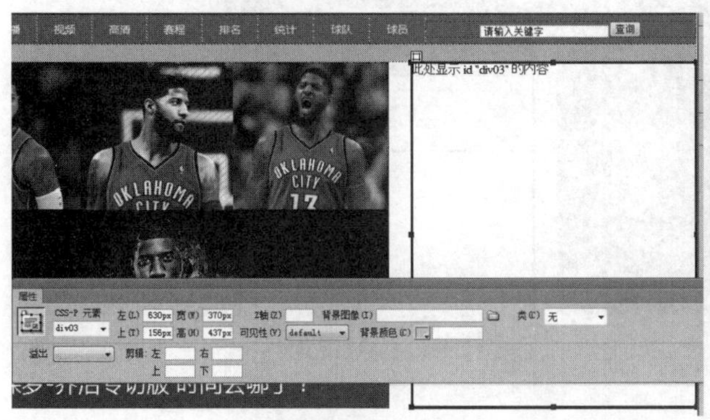

图 6-63　插入 div03

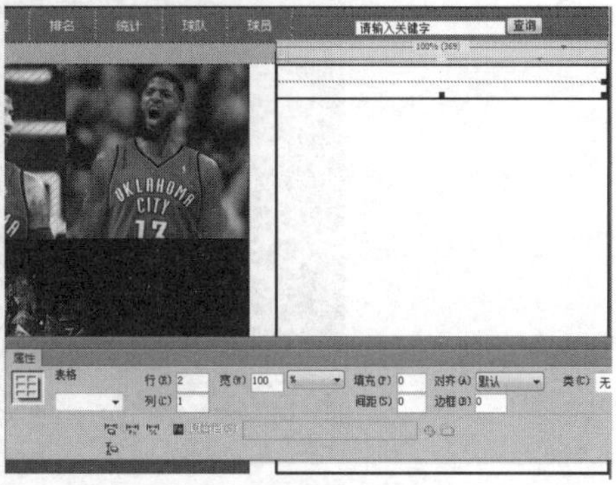

图 6-64　插入表格

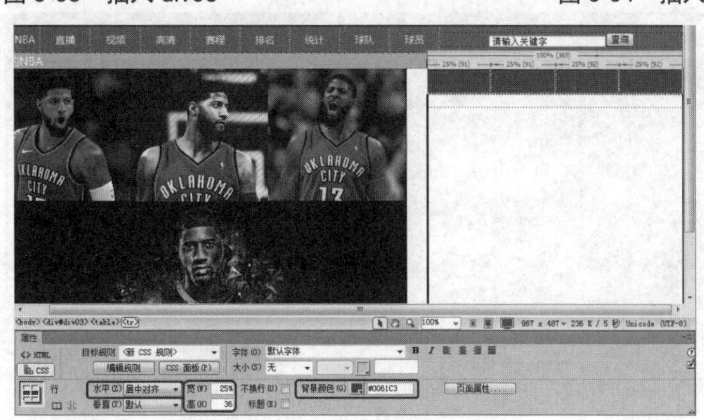

图 6-65　拆分并设置单元格

(28) 在单元格中输入文字，将【目标规则】设置为【<内联样式>】，将【字体】设置为【微软雅黑】，【大小】设置为 14 px，字体颜色设置为白色，如图 6-66 所示。

(29) 将鼠标指针置入第 2 行单元格中，插入一个 5 行 1 列的表格，如图 6-67 所示。

(30) 选中第 1 行单元格，将单元格的【水平】设置为【居中对齐】，【高】设置为 36，【背景颜色】设置为黑色，然后输入文字。在【属性】面板中将【目标规则】设置为【<内

联样式>】，将【字体】设置为【微软雅黑】，【大小】设置为 24 px，字体颜色设置为#c8103d，如图 6-68 所示。

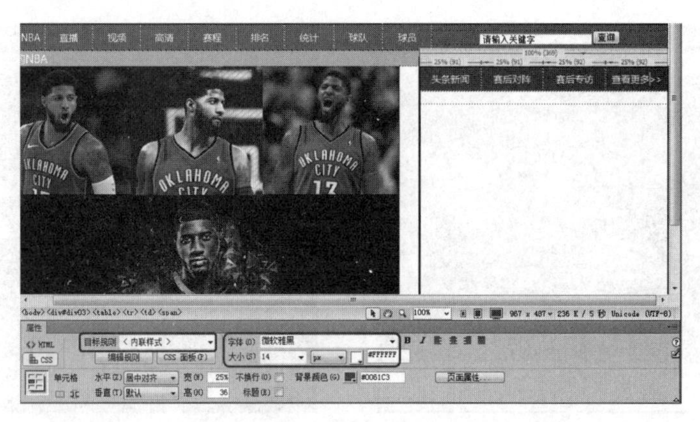

图 6-66　输入并设置文字

图 6-67　插入表格

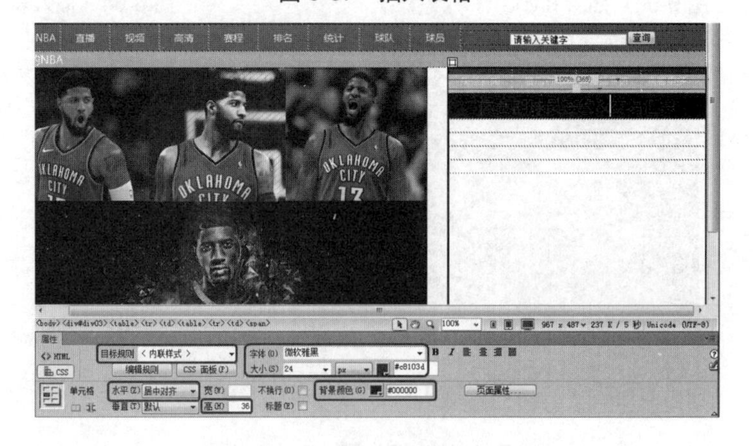

图 6-68　设置单元格并输入文字

(31) 将第 2 行单元格拆分成 6 行 2 列，选中第 1 列单元格，将【水平】设置为【居中对齐】，【宽】设置为 11%，【高】设置为 21，如图 6-69 所示。

提示： 将第 2 行单元格拆分成 6 行 2 列时，可以先拆分为 6 行，然后再将行逐一拆分为 2 列。

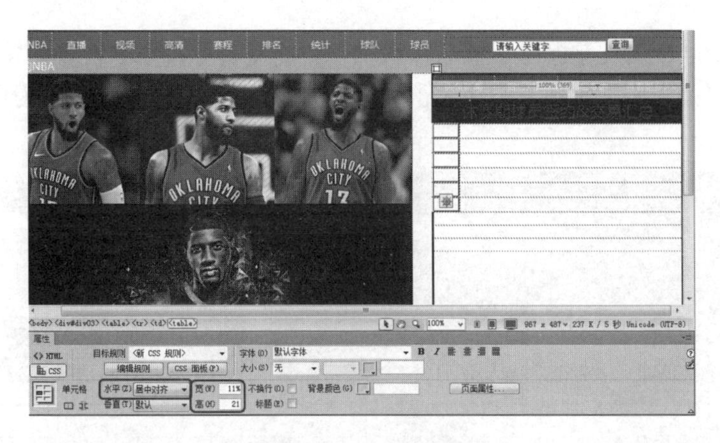

图 6-69　拆分单元格

(32) 在单元格中分别插入“视频.png”素材图片并输入文字，将【目标规则】设置为【<内联样式>】，将【字体】设置为【华文细黑】，【大小】设置为 14 px，并将所有单元格的【背景颜色】设置为#CCCCCC，如图 6-70 所示。

(33) 使用相同的方法拆分其他单元格并编辑单元格的内容，如图 6-71 所示。

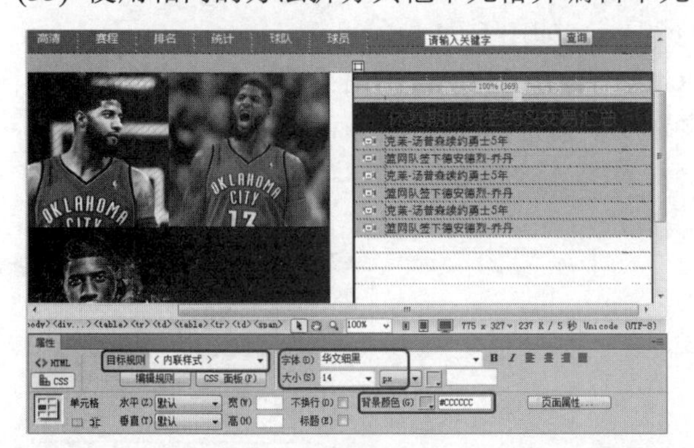

图 6-70　插入图片并输入文字

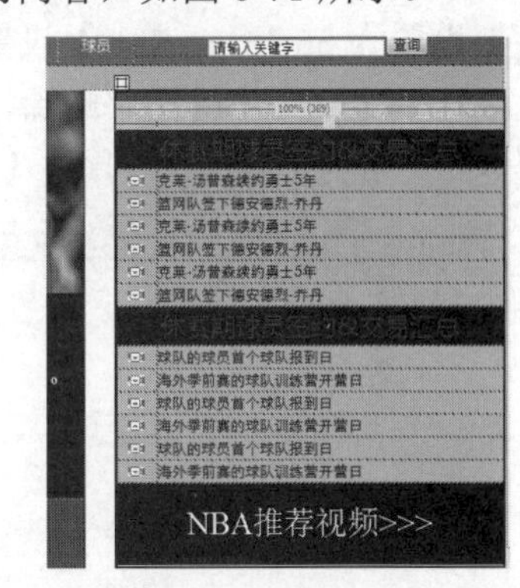

图 6-71　编辑其他单元格的内容

(34) 使用相同的方法插入新的 Div，将其命名为“div04”，将【宽】设置为 1000 px，【高】设置为 28 px，【左】设置为 0 px，【上】设置为 596 px，将【背景颜色】设置为#C7C7C7，如图 6-72 所示。

图 6-72　插入 div04

(35) 将 div04 中的文字删除，然后输入文字，将【目标规则】设置为【<内联样式>】，将【字体】设置为【微软雅黑】，【大小】设置为 18 px，字体颜色设置为白色，如图 6-73 所示。

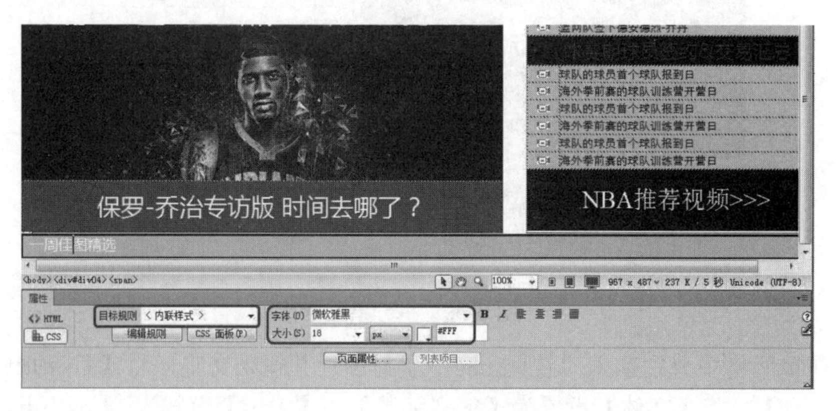

图 6-73　输入并设置文字

(36) 使用相同的方法插入新的 Div，将其命名为“div05”，将【宽】设置为 1000 px，【高】设置为 360 px，【上】设置为 624 px，如图 6-74 所示。

(37) 将 div05 中的文字删除，按 Ctrl+Alt+T 组合键，弹出【表格】对话框，将【行数】设置为 1、【列】设置为 2，将【表格宽度】设置为 1000 像素，如图 6-75 所示。

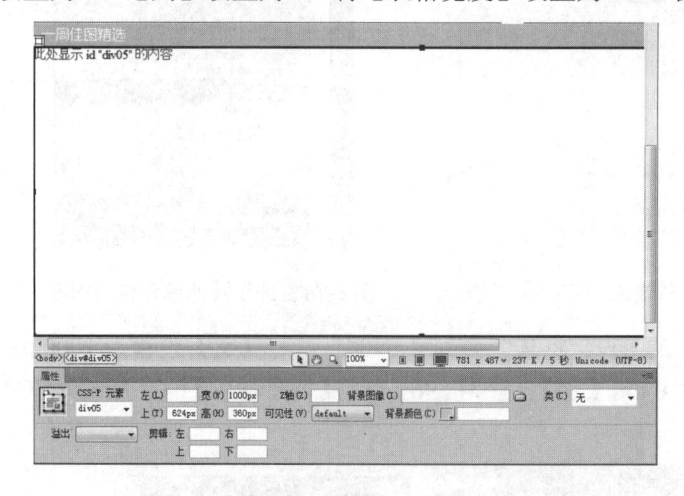

图 6-74　插入 div05

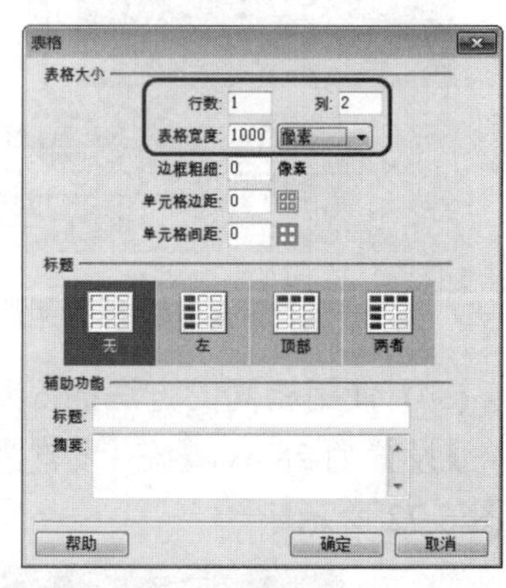

图 6-75　【表格】对话框

(38) 单击【确定】按钮，将第一列单元格的【宽】设置为 604，如图 6-76 所示。

(39) 参照前面的操作步骤，在单元格中插入素材图片，如图 6-77 所示。

(40) 使用相同的方法插入新的 Div，将其命名为“div06”，将【宽】设置为 1000 px、【高】设置为 28 px、【上】设置为 990 px，将【背景颜色】设置为#C7C7C7，然后输入文字，将【目标规则】设置为【<内联样式>】，将【字体】设置为【微软雅黑】、【大小】设置为 18、字体颜色设置为白色，如图 6-78 所示。

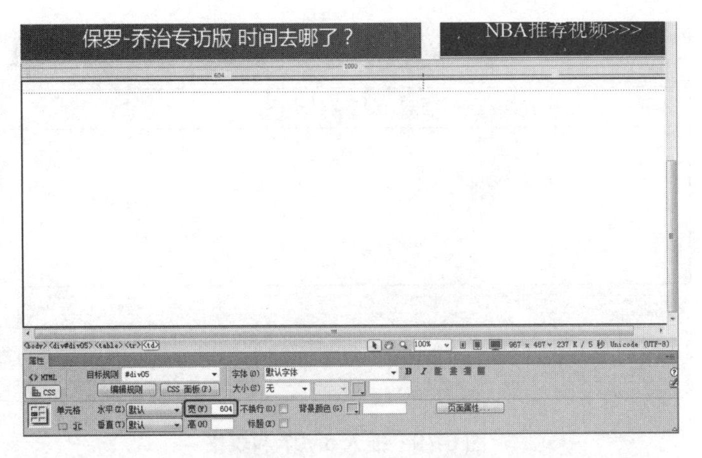

图 6-76　设置单元格的宽

图 6-77　插入素材图片

图 6-78　插入 div06 并输入文字

(41) 使用相同的方法插入新的 Div，将其命名为“div07”，将【宽】设置为 1000 px，【高】设置为 274 px，【上】设置为 1018 px。将 div07 中的文字删除，然后插入一个 3 行 10 列的表格，如图 6-79 所示。

(42) 选中所有单元格，将【水平】设置为【居中对齐】、【高】设置为 91，然后在各个单元格中插入素材图片，如图 6-80 所示。

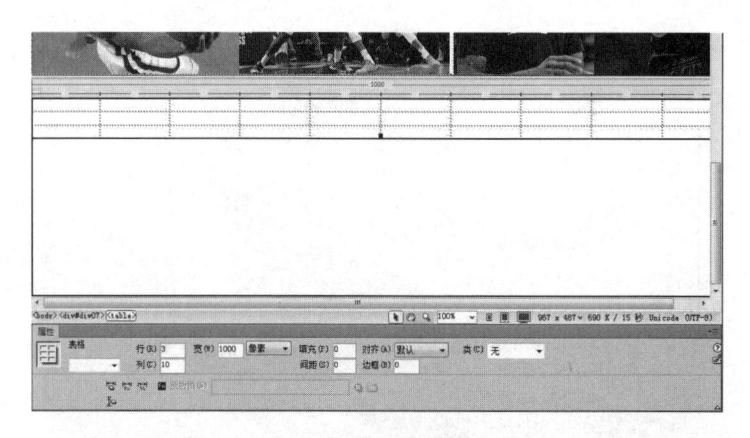

图 6-79　插入 div07 和表格

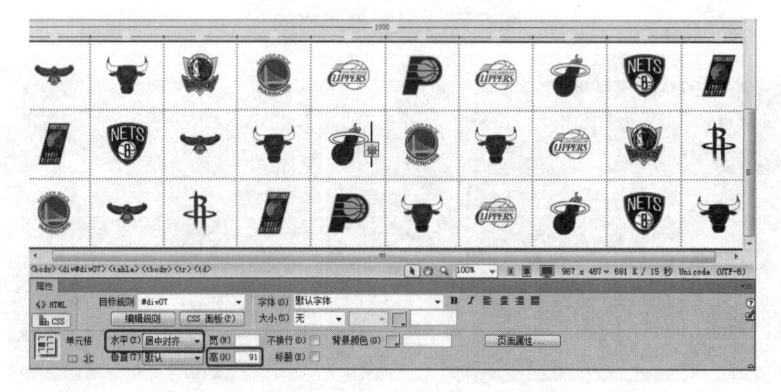

图 6-80　插入素材图片

(43) 使用相同的方法插入新的 Div，将其命名为“div08”，将【宽】设置为 1000 px、【高】设置为 100 px、【上】设置为 1293 px，将【背景颜色】设置为#363535，然后输入文字。在【属性】面板中将【字体】设置为【微软雅黑】，将【大小】设置为 14 px，将字体颜色设置为白色，单击【居中对齐】按钮，如图 6-81 所示。

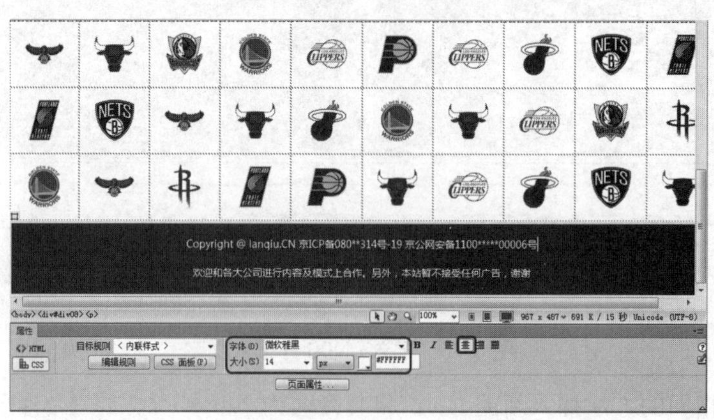

图 6-81　插入 div08 并输入文字

(44) 在文档窗口中选择如图 6-82 所示的图像，在【标签检查器】面板中单击【添加行为】按钮，在弹出的下拉列表中选择【弹出信息】命令。

(45) 在弹出对话框中的【消息】文本框中输入“即将观看视频”，如图 6-83 所示。

图 6-82 选择【弹出信息】命令

图 6-83 在【消息】文本框中输入内容

(46) 单击【确定】按钮，在文档窗口中选择如图 6-84 所示的按钮，在【标签检查器】面板中单击【添加行为】按钮，在弹出的下拉列表框中选择【转到 URL】命令。

(47) 在弹出的对话框中单击 URL 右侧的【浏览】按钮，在弹出的对话框中选择“素材\项目六\篮球网页\链接网页.html”素材文件，如图 6-85 所示。

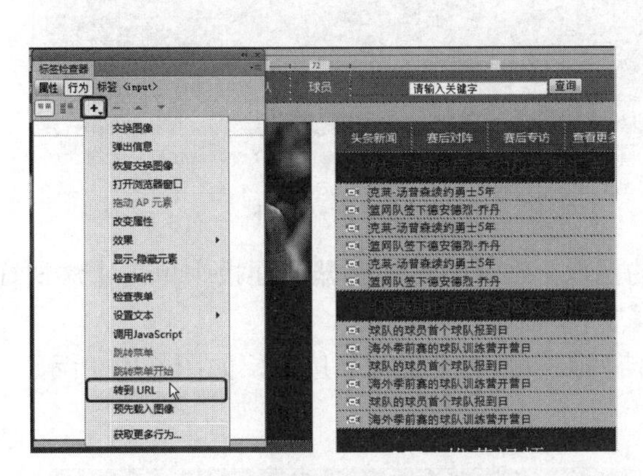

图 6-84 选择【转到 URL】命令

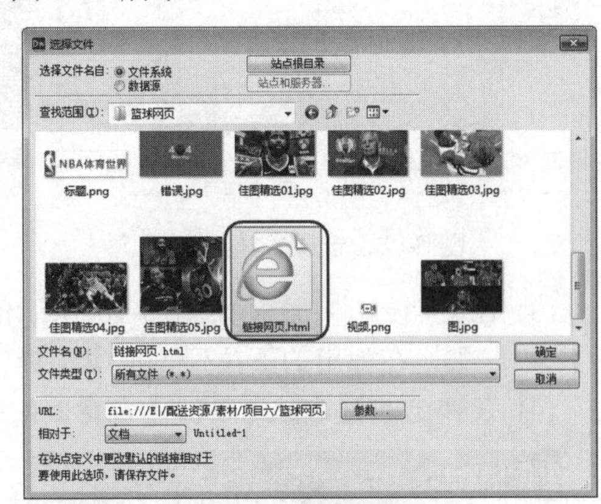

图 6-85 选择素材文件

(48) 单击【确定】按钮，返回到【转到 URL】对话框，单击【确定】按钮。按 F12 键预览效果，在搜索文本框中输入“保罗-乔治”，单击【查询】按钮，如图 6-86 所示。

(49) 单击【查询】按钮后，即可链接到“链接网页.html”素材文件，效果如图 6-87 所示。

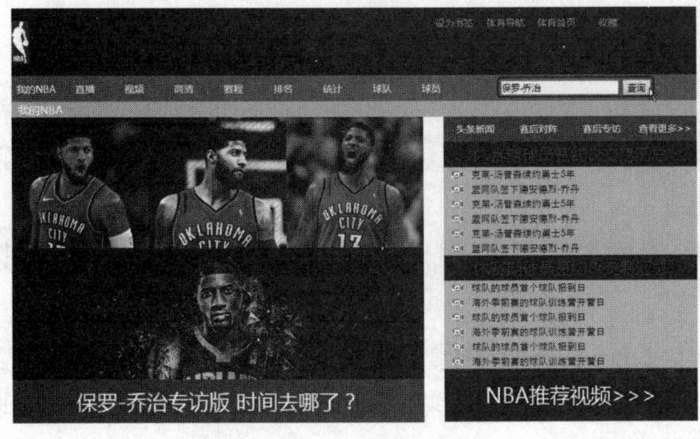

图 6-86 预览效果

图 6-87 链接其他网页素材的效果

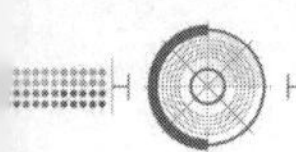

6.2.1 交换图像

【交换图像】行为是通过更改图像标签的 src 属性，将一个图像与另一个图像进行交换。使用该动作可以创建鼠标经过图像和其他图像效果。

使用【交换图像】行为的具体操作步骤如下。

(1) 启动软件，按 Ctrl+O 组合键，在弹出的对话框中选择“素材\项目六\爱德堡酒店\酒店素材.html”素材文件，如图 6-88 所示。

(2) 单击【打开】按钮，即可将选中的素材文件打开，效果如图 6-89 所示。

图 6-88 选择素材文件

图 6-89 素材文件

(3) 在文档窗口中选择如图 6-90 所示的图像，在【标签检查器】面板中单击【添加行为】按钮 +，在弹出的下拉列表框中选择【交换图像】命令。

(4) 在弹出的对话框中单击【设定原始档为】右侧的【浏览】按钮，如图 6-91 所示。

图 6-90 选择【交换图像】命令

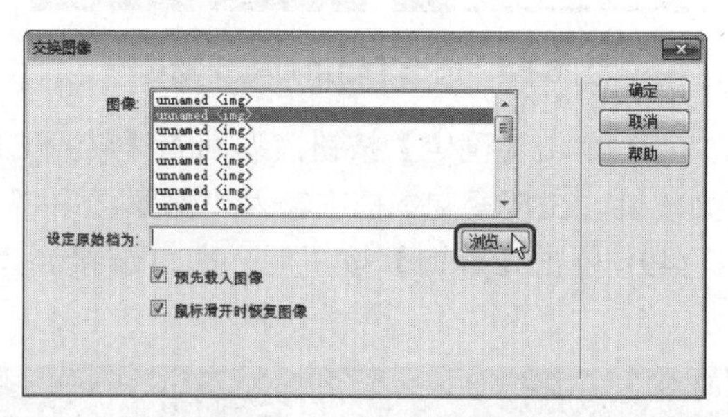

图 6-91 单击【浏览】按钮

(5) 在弹出的对话框中选择“素材\项目六\爱德堡酒店\首页 2.jpg”素材文件，如图 6-92 所示。

(6) 单击【确定】按钮，在返回的【交换图像】对话框中单击【确定】按钮，即可为其添加【交换图像】行为，如图 6-93 所示。

(7) 使用同样的方法为其下方的其他图像添加【交换图像】行为。添加完成后，按 F12 键在浏览器中查看添加【交换图像】行为后的效果。鼠标还未经过图像时的效果如图 6-94 所示，将鼠标放置在添加【交换图像】行为的图像上时，图像会发生变化，效果如图 6-95 所示。

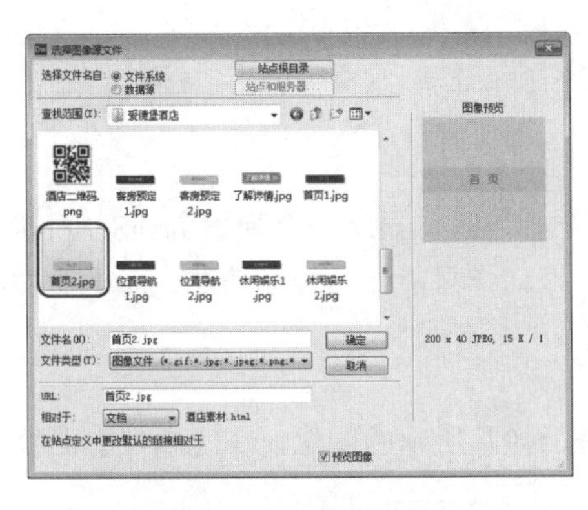

图 6-92 选择素材文件

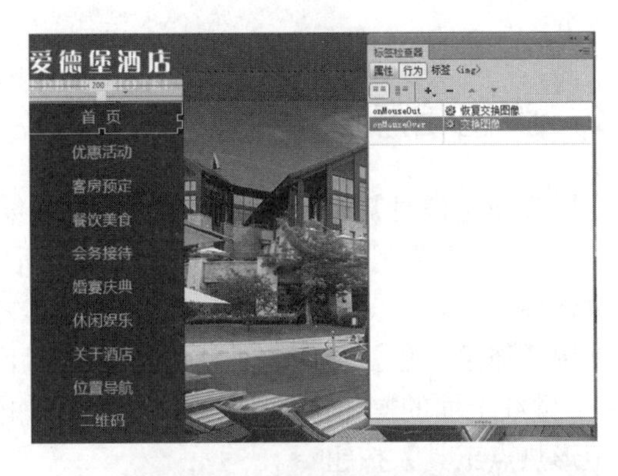

图 6-93 添加【交换图像】行为

图 6-94 鼠标未经过图像的效果

图 6-95 鼠标经过图像的效果

疑难解答：为什么在预览时无法查看【交换图像】效果？

在浏览时，鼠标经过添加【交换图像】行为的图片时，可能不会发生任何变化，在浏览器地址栏下方会出现一个提示，单击【允许阻止的内容】按钮，如图 6-96 所示，即可在当前网页中查看交换图像效果。

图 6-96 单击【允许阻止的内容】按钮

6.2.2 弹出信息

使用【弹出信息】行为可以在浏览者单击某个行为时，显示一个弹出 JavaScript 警告。由于 JavaScript 警告只有一个【确定】按钮，所以该动作只能作为提示信息，而不能为浏览者提供选择。

使用【弹出信息】动作的具体操作步骤如下。

(1) 继续上面的操作，在文档窗口中选择如图 6-97 所示的图像，在【属性】面板中单击【矩形热点工具】按钮。

图 6-97 选择图像并单击【矩形热点工具】按钮

(2) 在选中的图像上绘制一个矩形热点，效果如图 6-98 所示。

图 6-98 绘制热点

(3) 在【属性】面板中单击【指针热点工具】，选中绘制的热点，在【标签检查器】面板中单击【添加行为】按钮，在弹出的下拉列表中选择【弹出信息】命令，如图 6-99 所示。

(4) 在弹出的【弹出信息】对话框中输入文字，单击【确定】按钮，执行该操作后，即可为选中的热点添加【弹出信息】行为，如图 6-101 所示。

(5) 按 F12 键在打开的浏览器中预览添加【弹出信息】行为的效果，如图 6-102 所示。

图 6-99 选择【弹出信息】命令

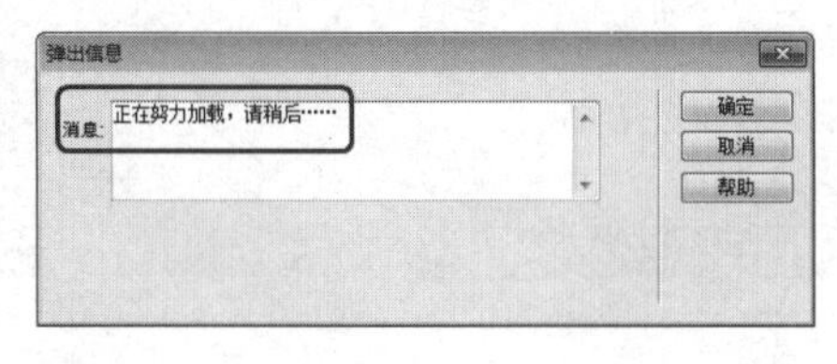

图 6-100 在【消息】文本框中输入内容

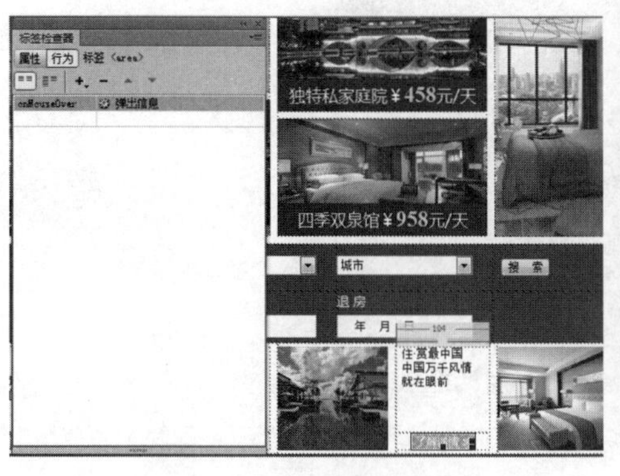

图 6-101 添加【弹出信息】行为

图 6-102 预览添加【弹出信息】行为的效果

6.2.3 恢复交换图像

恢复交换图像是将最后一组交换的图像恢复为它们以前的源文件，仅用于发行【交换图像】行为后使用。

如果在附加【交换图像】行为时选中了【鼠标滑开时恢复图像】复选框，则不再需要选择【恢复交换图像】行为。

6.2.4 打开浏览器窗口

使用【打开浏览器窗口】行为可以在窗口中单击打开指定的 URL，还可以根据页面效果调整窗口的高度、宽度、属性和名称等。

使用【打开浏览器窗口】动作的具体操作步骤如下。

(1) 继续上面的操作，在文档窗口中选择如图 6-103 所示的图像。

(2) 在【标签检查器】面板中单击【添加行为】按钮 +，在弹出的下拉列表框中选择【打开浏览器窗口】命令，如图 6-104 所示。

(3) 执行上述操作后，即可打开【打开浏览器窗口】对话框，如图 6-105 所示。

图 6-103　选择图像

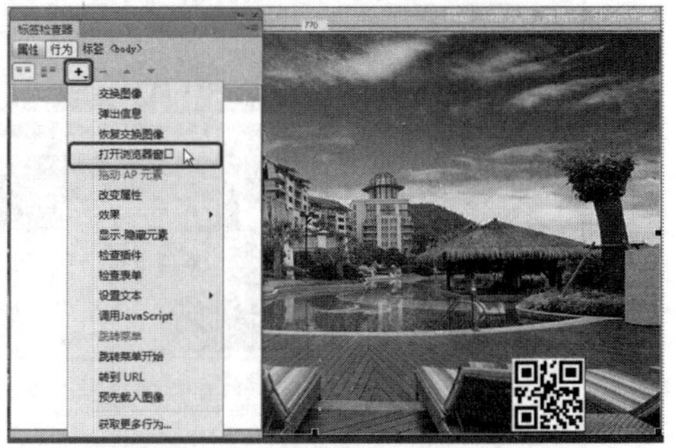

图 6-104　选择【打开浏览器窗口】命令

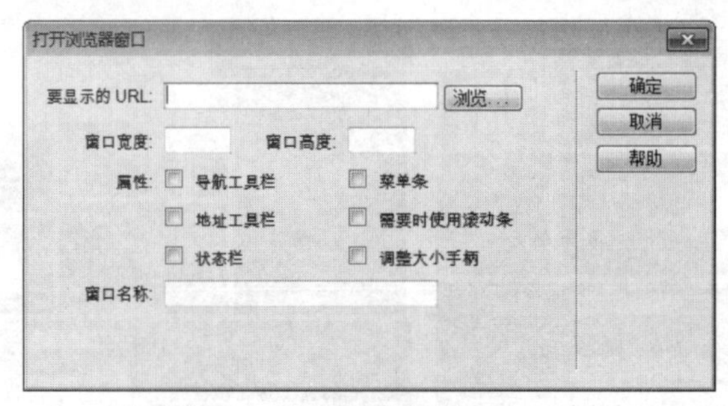

图 6-105　【打开浏览器窗口】对话框

【打开浏览器窗口】对话框中的各选项说明如下。

◎　【要显示的 URL】：单击该文本框右侧的【浏览】按钮，在打开的对话框中选择要链接的文件。或者在文本框中输入要链接的文件的路径。

◎　【窗口宽度】：设置所打开的浏览器的宽度。

◎　【窗口高度】：设置所打开的浏览器的高度。

◎　【属性】选项组中各选项的说明如下。

◈　【导航工具栏】：选中此复选框，浏览器的组成部分包括【地址】、【主页】、【前进】、【主页】和【刷新】等。

◈　【菜单条】：选中此复选框，将在打开的浏览器窗口中显示菜单，如【文件】、【编辑】和【查看】等。

◈　【地址工具栏】：选中此复选框，浏览器窗口的组成部分包含地址工具栏。

◈　【需要时使用滚动条】：选中此复选框，在浏览器窗口中，不管内容是否超出可视区域，在窗口右侧都会出现滚动条。

◈　【状态栏】：位于浏览器窗口的底部，在该区域显示消息。

◈　【调整大小手柄】：选中此复选框，浏览者可任意调整窗口的大小。

◎　【窗口名称】：在此文本框中输入弹出浏览器窗口的名称。

(4) 在该对话框中单击【要显示的 URL】右侧的【浏览】按钮，在弹出的对话框中选择“素材\项目六\爱德堡酒店\大图-副本.jpg”素材文件，如图 6-106 所示。

(5) 单击【确定】按钮，在返回的【打开浏览器窗口】对话框中选中【需要时使用滚动条】与【调整大小手柄】复选框，如图 6-107 所示。

图 6-106　选择素材文件

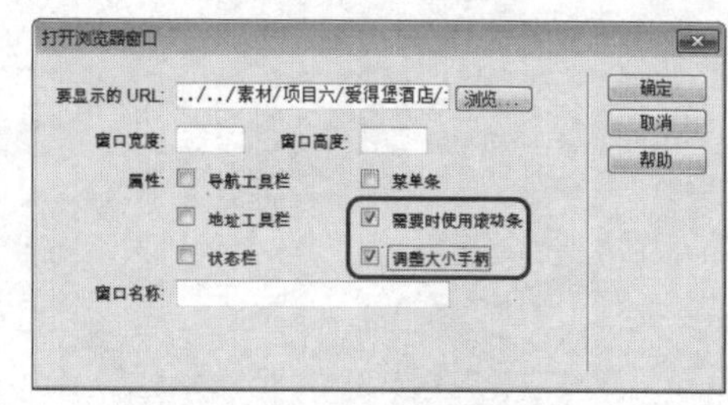

图 6-107　勾选复选框

(6) 单击【确定】按钮，即可为选中的图像添加【打开浏览器窗口】行为。按 F12 键预览效果，将鼠标指针移至添加【打开浏览器窗口】行为的图像上，如图 6-108 所示。

(7) 单击该图像，即可跳转至所链接的图像文件，效果如图 6-109 所示。

图 6-108　将鼠标指针移至添加行为的图像上

图 6-109　跳转至所链接的图像文件

6.2.5　拖动 AP 元素

【拖动 AP 元素】行为可以让浏览者拖动绝对定位的 AP 元素。此行为适合用于拼版游戏、滑块空间等其他可移动的界面元素。

使用【拖动 AP 元素】行为的具体操作步骤如下。

(1) 继续上面的操作，在状态栏中的标签选择器中单击 body 标签，图 6-110 所示。

(2) 在【标签检查器】面板中单击【添加行为】按钮 +，在弹出的下拉列表框中选择【拖动 AP 元素】命令，如图 6-111 所示。

(3) 打开【拖动 AP 元素】对话框，使用其默认参数，如图 6-112 所示。

(4) 单击【确定】按钮，即可将【拖动 AP 元素】行为添加到【标签检查器】面板中，如图 6-113 所示。

(5) 保存文件，按 F12 键在浏览器窗口中预览添加的拖动 AP 元素行为，如图 6-114、图 6-115 所示。

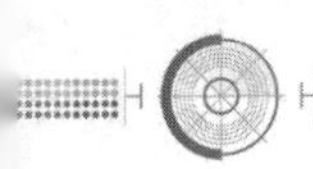

图 6-110　单击 body 标签

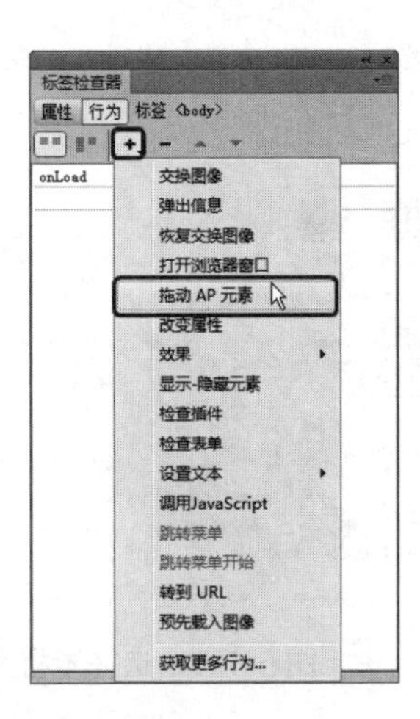

图 6-111　选择【拖动 AP 元素】命令

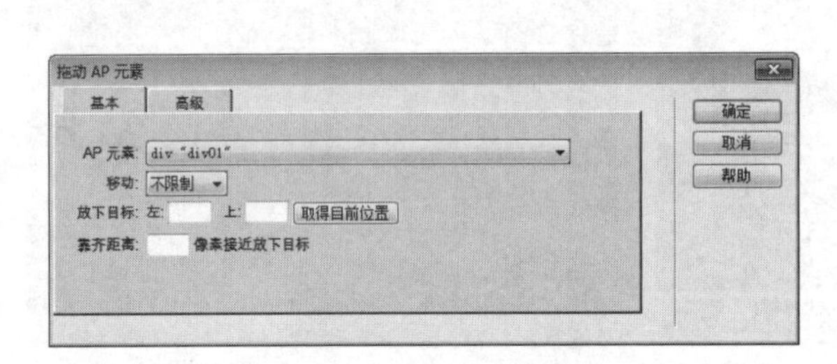

图 6-112　【拖动 AP 元素】对话框

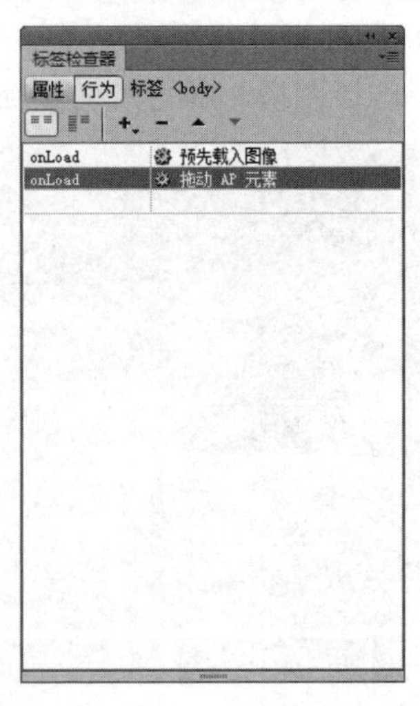

图 6-113　添加【拖动 AP 元素】行为

图 6-114　选择图像

图 6-115　拖动图像

6.2.6　改变属性

使用【改变属性】行为可以改变对象的某个属性的值，还可以设置动态 AP Div 的背景颜色，浏览器决定了属性的更改。

添加【改变属性】行为时，将会弹出【改变属性】对话框，如图 6-116 所示，该对话框中各参数的说明如下。

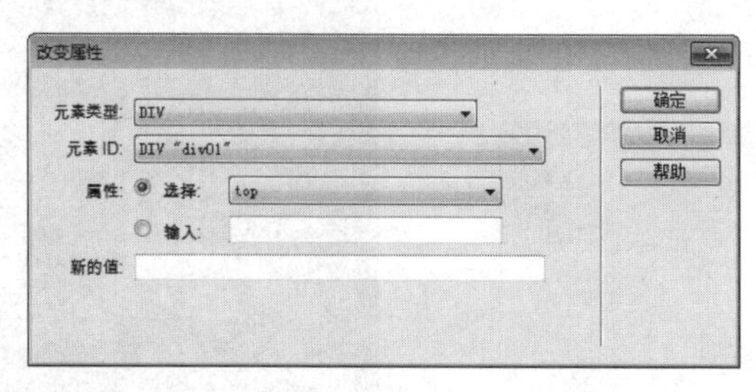

图 6-116 【改变属性】对话框

◎ 【元素类型】：单击右侧的下拉按钮，在下拉列表中选择需要更改其属性的元素类型。

◎ 【元素 ID】：单击右侧的下拉按钮，将在下拉列表框中显示所有选择类型的命名元素。

◎ 【选择】：单击右侧的下拉按钮，可在下拉列表框中选择浏览器的一个属性。

◎ 【输入】：可在此文本框中输入属性的名称。一定要使用该属性准确的 JavaScript 名称。

◎ 【新的值】：在此文本框中，输入新的属性值。

6.2.7 效果

在 Dreamweaver 中经常使用的行为还有【效果】行为，它一般用于页面广告的打开、隐藏、文本的滑动和页面收缩等。

下面以【效果】行为中的遮帘效果为例进行介绍。

(1) 继续上面的操作，在文档窗口中选择如图 6-117 所示的图像。

(2) 在【标签检查器】面板中单击【添加行为】按钮 +，在弹出的下拉列表框中选择【效果】|【遮帘】命令，如图 6-118 所示。

图 6-117 选择图像

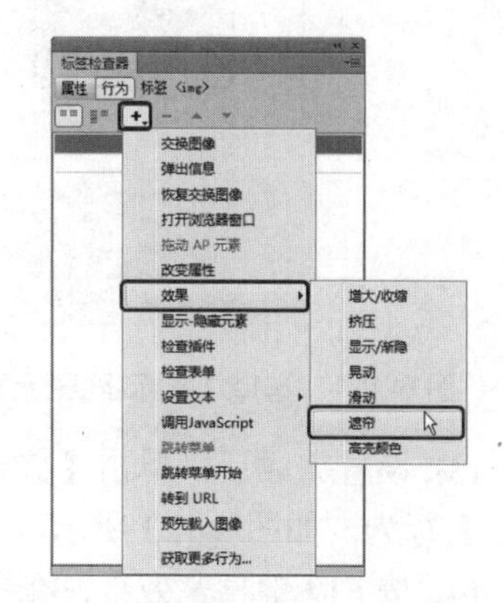

图 6-118 选择【遮帘】命令

(3) 在弹出的对话框中将【目标元素】设置为 div “div01”，其他参数使用默认设置即可，如图 6-119 所示。

(4) 单击【确定】按钮，按 F12 键预览效果，如图 6-120 所示。

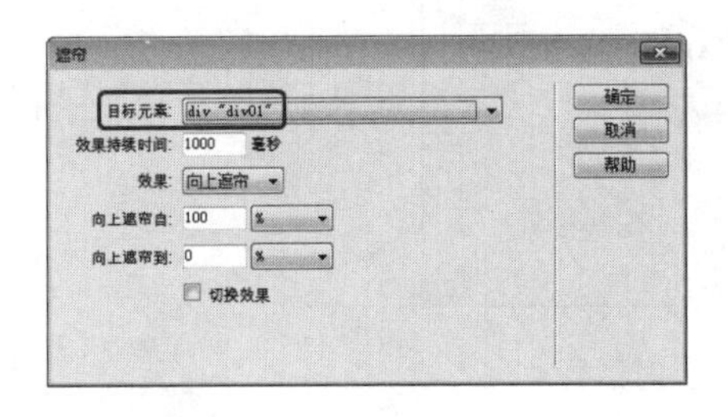

图 6-119 【遮帘】对话框

图 6-120 预览效果

6.2.8 显示-隐藏元素

使用【显示-隐藏元素】行为可以显示、隐藏、恢复一个或多个 AP Div 元素的可见性。用户可以使用此行为，来制作浏览者与页面进行交互时显示的信息。

在浏览器中单击添加【显示-隐藏元素】行为的图像时会隐藏或显示一个信息。

【显示-隐藏元素】行为的使用方法如下：

(1) 打开“素材\项目六\爱德堡酒店\酒店素材.html”素材文件，在【标签检查器】面板中单击【添加行为】按钮，在弹出的下拉列表框中选择【显示-隐藏元素】命令，如图 6-121 所示。

(2) 在弹出的对话框中选择【元素】列表框中的 div “div01”，单击【隐藏】按钮，如图 6-122 所示。

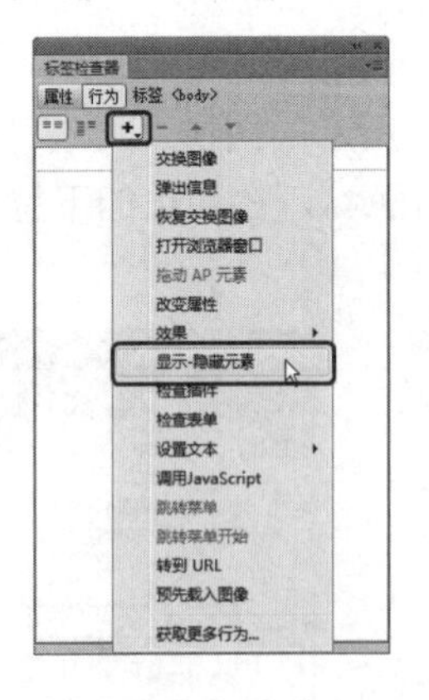

图 6-121 选择【显示-隐藏元素】命令

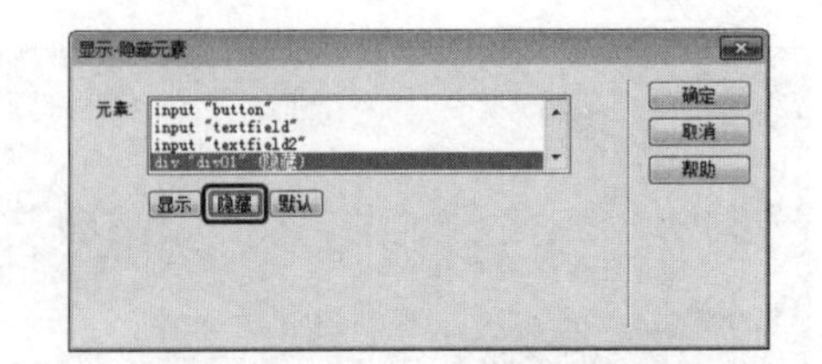

图 6-122 单击【隐藏】按钮

(3) 设置完成后，单击【确定】按钮，即可在【标签检查器】面板中添加【显示-隐藏元素】行为，如图 6-123 所示。

(4) 按 F12 键预览效果，在预览效果时添加【显示-隐藏元素】行为的对象将会被隐藏，效果如图 6-124 所示。

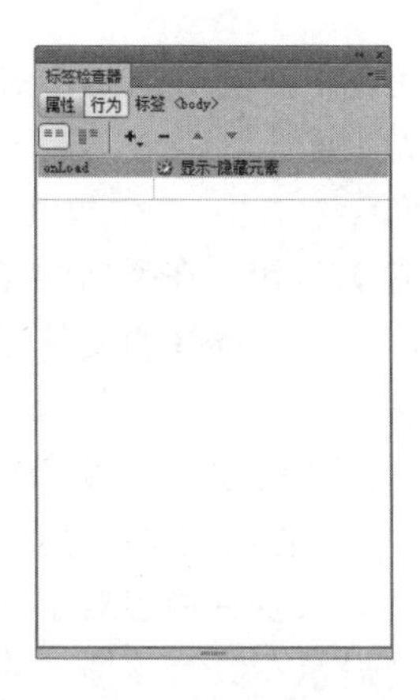

图 6-123　添加【显示-隐藏元素】行为

图 6-124　预览效果

6.2.9　检查插件

使用【检查插件】行为，可以根据访问者是否安装了指定的插件来跳转到不同的页面。

使用【检查插件】行为的具体操作步骤说明如下。

(1) 打开“素材\项目六\家居网网页\家居网 01.html”文件，如图 6-125 所示。

(2) 选择要添加行为的图片，打开【标签检查器】面板，单击【添加行为】按钮，在弹出的下拉列表框中选择【检查插件】命令，如图 6-126 所示。

图 6-125　素材文件

图 6-126　选择【检查插件】命令

(3) 打开【检查插件】对话框，如图 6-127 所示。

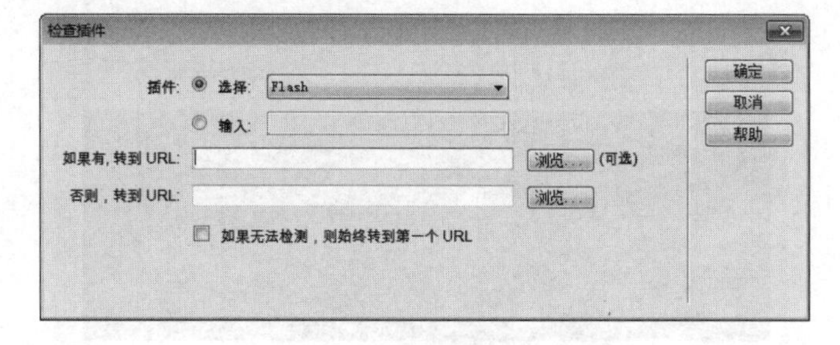

图 6-127　【检查插件】对话框

该对话框中的各参数说明如下。

◎ 【选择】：选择此选项，单击右侧的下拉按钮，在弹出的下拉列表框中选择一种插件。选择 Flash 后会将相应的 VB Script 代码添加到页面上。

◎ 【输入】：选择此选项，在文本框中输入插件的确切名称。

◎ 【如果有，转到 URL】：单击此文本框右侧的【浏览】按钮，在弹出的【选择文件】对话框中浏览并选择文件，单击【确定】按钮，即可将选择的文件显示在此文本框中，或者在此文本框中直接输入正确的文件路径。

◎ 【否则，转到 URL】：在此文本框中为不具有该插件的访问者指定一个替代 URL。如果要让不具有和具有该插件的访问者在同一页上，则应将此文本框空着。

◎ 【如果无法检测，则始终转到第一个 URL】复选框：如果插件内容对于网页是必不可少的一部分，则应选中该复选框，浏览器通常会提示不具有该插件的访问者下载该插件。

(4) 在【检查插件】对话框中单击【选择】右侧的下拉按钮，在下拉列表框中选择 Live Audio 选项，单击【如果有，转到 URL】文本框右侧的【浏览】按钮，在弹出的【选择文件】对话框中选择“素材\项目六\家居网网页\banner.jpg”素材，如图 6-128 所示。

(5) 单击【确定】按钮，选择的文件即可被显示在【检查插件】对话框中。在【否则，转到 URL】文本框中输入“banner-2.jpg”，单击【确定】按钮，按 F12 键预览效果，如图 6-129 所示。

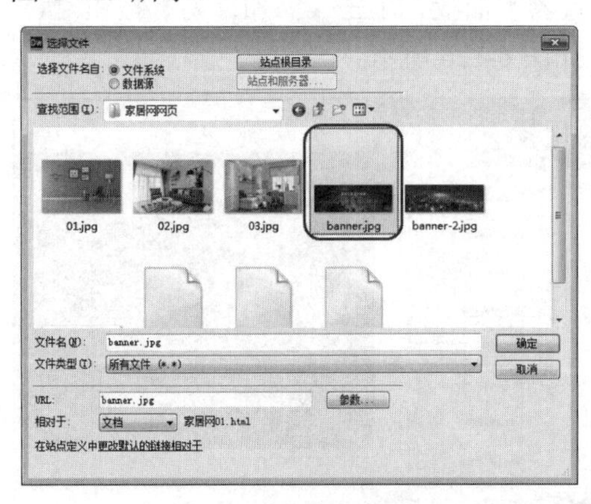

图 6-128　【选择文件】对话框

图 6-129　预览效果

(6) 将鼠标指针移至添加行为的图片对象上，单击鼠标，即可链接到行为对象上，如图 6-130 所示。

图 6-130　链接后的效果

6.2.10　设置文本

利用【设置文本】行为可以在页面中设置文本，内容主要包括设置容器的文本、设置文本域文字、设置框架文本和设置状态栏文本。

1. 设置容器的文本

通过在页面内容中添加【设置容器的文本】行为，可以替换页面上现有的 AP Div 的内容和格式，包括任何有效的 HTML 原代码，但是仍会保留 AP Div 的属性和颜色。

使用【设置容器的文本】行为的具体操作步骤如下。

(1) 继续上面的操作，在文档窗口中选择文字对象，在【标签检查器】面板中单击【添加行为】按钮，在下拉列表框中选择【设置文本】|【设置容器的文本】命令，如图 6-131 所示。

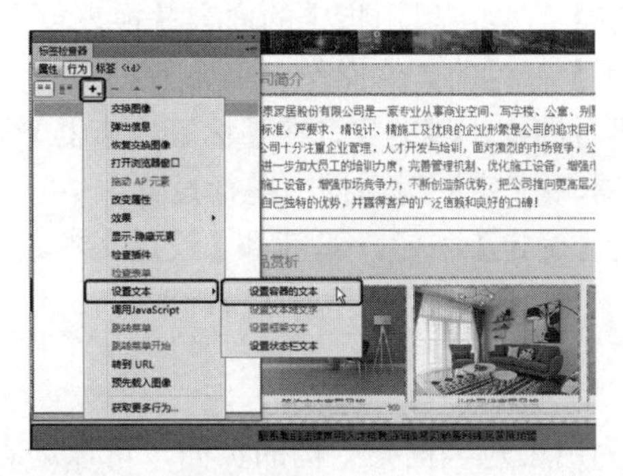

图 6-131　选择【设置容器的文本】命令

(2) 打开【设置容器的文本】对话框，单击【容器】右侧的下拉按钮，在弹出的下拉列表框中选择 div “div05”，在【新建 HTML】文本框中输入新的内容，如图 6-132 所示。

(3) 单击【确定】按钮，添加的【设置容器的文本】行为即会显示在【标签检查器】面板中，在【事件】列表中选择 onClick 选项，如图 6-133 所示。

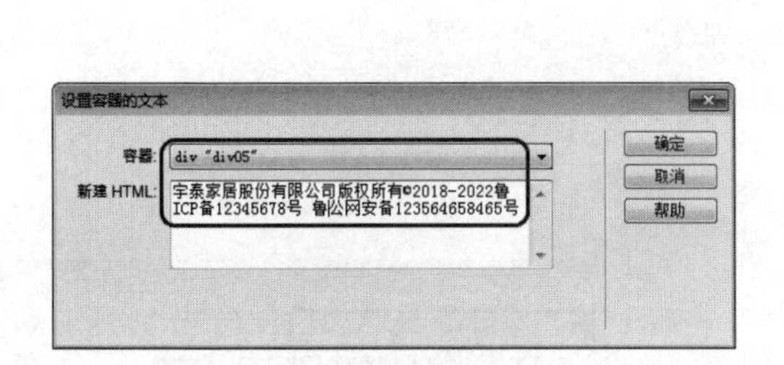

图 6-132　【设置容器的文本】对话框

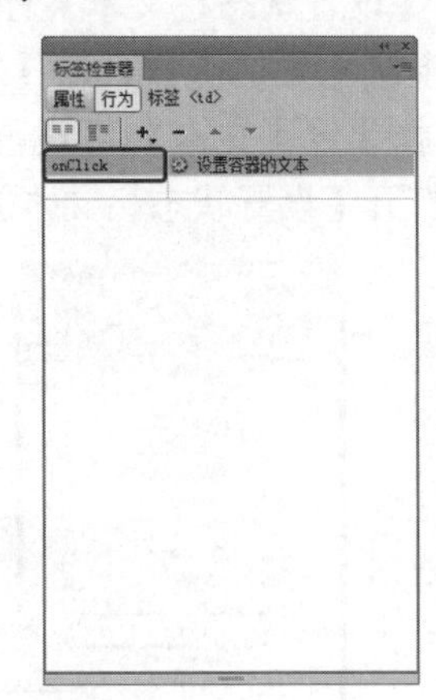

图 6-133　添加的行为

(4) 按 F12 键预览效果，在页面中单击添加行为的文字，即可显示新的内容，如图 6-134 所示。

图 6-134　显示新内容的效果

2. 设置文本域文字

使用【设置文本域文字】行为可以用指定的内容替换表单文本域中的文本内容。

使用【设置文本域文字】行为的具体操作步骤如下：

(1) 在网页中选择要设置的文本域对象，在【标签检查器】面板中单击【添加行为】按钮，在弹出的【设置文本域文字】对话框中进行设置。

(2) 设置完成后，单击【确定】按钮，即可将【设置文本域文字】行为添加到【标签检查器】面板中。

3. 设置框架文本

【设置框架文本】行为用于包含框架结构的页面，可以动态改变框架的文本，转变框架的显示、替换框架的内容。

4. 设置状态栏文本

在页面中使用【设置状态栏文本】行为，可在浏览器窗口底部左下角的状态栏中显示消息。

使用【设置状态栏文本】行为的具体操作步骤如下。

(1) 继续上面的操作，在【标签检查器】面板中单击【添加行为】按钮，在下拉列表框中选择【设置文本】|【设置状态栏文本】命令，如图 6-135 所示。

(2) 打开【设置状态栏文本】对话框，在【消息】文本框中输入内容，如图 6-136 所示。

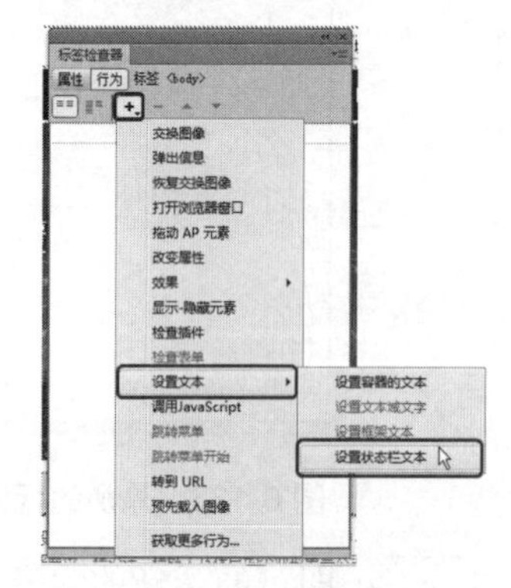

图 6-135　选择【设置状态栏文本】命令

图 6-136　【设置状态文本】对话框

(3) 单击【确定】按钮，即可将添加的行为显示在【标签检查器】面板中，如图 6-137 所示。

(4) 保存文件，按 F12 键在预览窗口中进行预览，如图 6-138 所示。

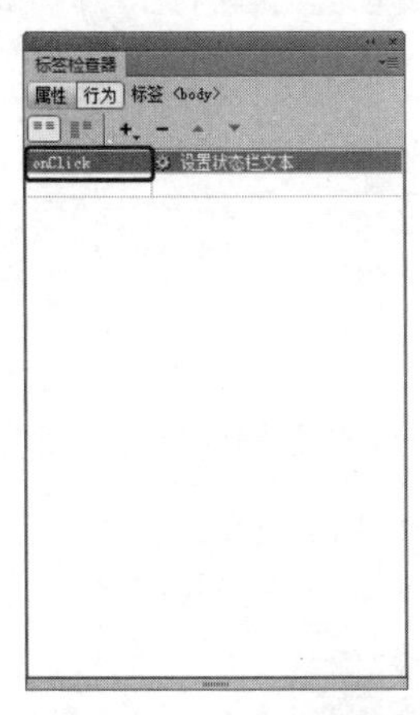

图 6-137　添加的行为

图 6-138　状态栏文本效果

6.2.11　跳转菜单

跳转菜单可建立 URL 与弹出菜单列表项之间的关联，可使浏览器跳转到指定的 URL。下面将介绍插入跳转菜单的具体操作步骤。

(1) 继续上面的操作，选择【选择城市】的表单对象，在【标签检查器】面板中单击【添加行为】按钮，在下拉列表框中选择【跳转菜单】命令，如图 6-139 所示。

(2) 系统将自动弹出【跳转菜单】对话框，如图 6-140 所示。

图 6-139　选择【跳转菜单】命令

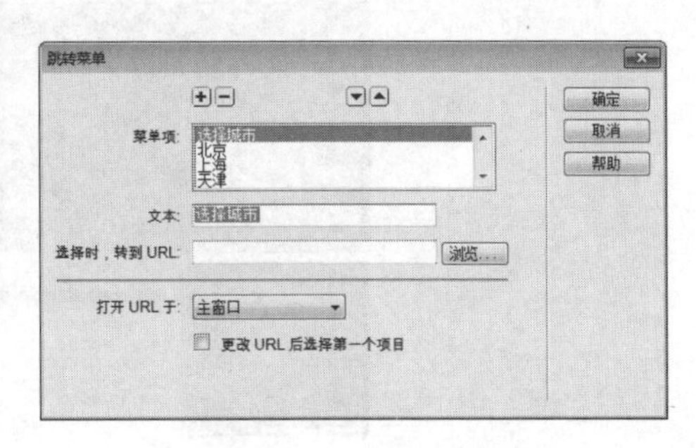

图 6-140　【跳转菜单】对话框

(3) 在该对话框的【菜单项】中选择【北京】选项，在【文本】文本框中自动填入，单击【选择时，转到 URL】文本框右侧的【浏览】按钮，在弹出的【选择文件】对话框中选择“素材\项目六\家居网网页\家居网 02.html”素材文件，如图 6-141 所示。

(4) 单击【确定】按钮，即可完成设置，如图 6-142 所示。

(5) 将文档保存，按 F12 键可以在网页中进行预览。单击【选择城市】下拉按钮，在弹出的下拉列表框中选择【北京】选项，如图 6-143 所示。

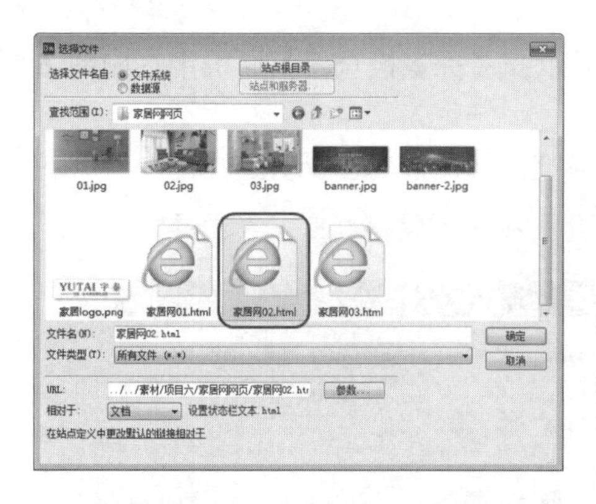

图 6-141　【选择文件】对话框

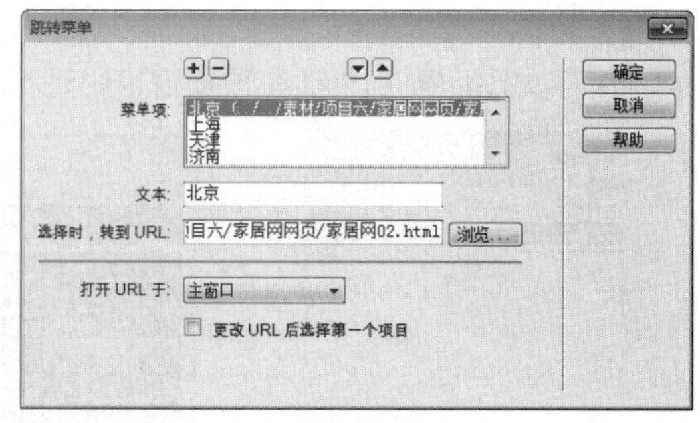

图 6-142　设置【跳转菜单】对话框

(6) 执行上述操作后，即可跳转至链接的网页，效果如图 6-144 所示。

图 6-143　选择【北京】选项

图 6-144　跳转至链接的网页

【跳转菜单】对话框中各选项的含义如下。

◎　+和−按钮：添加或删除一个菜单项。

◎　▼和▲按钮：选定一个菜单项，单击该按钮，可移动此菜单项在列表中的位置。

◎　【文本】文本框：输入要在菜单列表中显示的文本。

◎　【选择时，转到 URL】文本框：单击【浏览】按钮，可打开【选择文件】对话框，或在文本框中直接输入文件的路径。

◎　【打开 URL 于】下拉列表框：在下拉列表中，可选择文件的打开位置。

◈　【主窗口】：在同一个窗口中打开文件。

◈　【框架】：在所选框架中打开文件。

◎　【更改 URL 后选择第一个项目】复选框：选中该复选框，可使用菜单选择提示。

6.2.12　转到 URL

在页面中使用【转到 URL】行为，可在当前窗口中指定一个新的页面，此行为适用于通过一次单击更改两个或多个框架内容。

使用【转到 URL】行为的具体操作步骤如下。

(1) 打开“素材\项目六\家居网网页\家居网 01.html”文件，如图 6-145 所示。

(2) 在文本窗口中选择“新品上市”，单击【标签检查器】面板中的【添加行为】按钮 +，在下拉列表中选择【转到 URL】命令，如图 6-146 所示。

图 6-145　素材文件

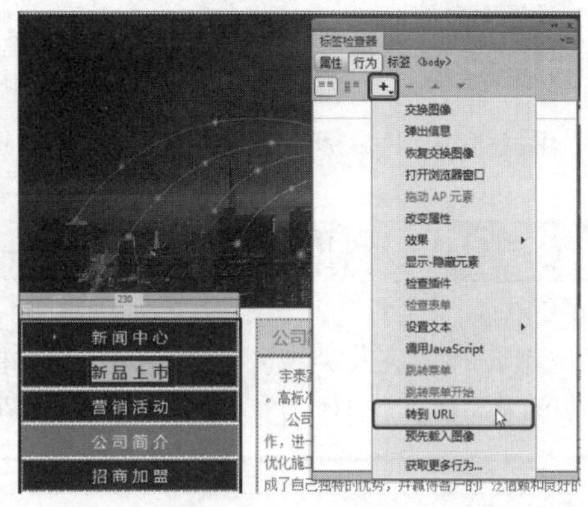

图 6-146　选择【转到 URL】命令

(3) 打开【转到 URL】对话框，单击 URL 右侧的【浏览】按钮，在弹出的对话框中选择“素材\项目六\家居网网页\家居网 03.html”素材文件，如图 6-147 所示。

(4) 单击【确定】按钮，返回至【转到 URL】对话框中，单击【确定】按钮，在【标签检查器】面板中将【事件】设置为 onClick，如图 6-148 所示。

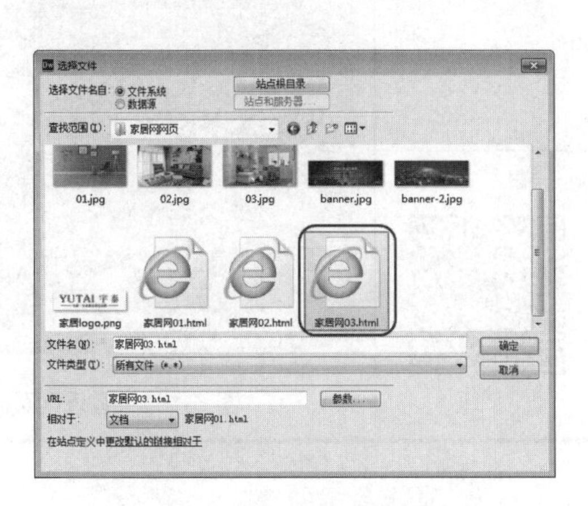

图 6-147　选择要链接的文件

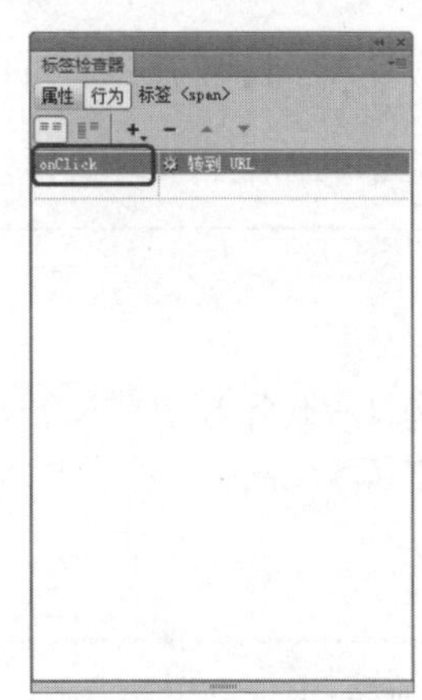

图 6-148　设置事件

(5) 单击【确定】按钮，保存文件，按 F12 键在预览窗口中预览，将鼠标移至添加行为的文字对象上，如图 6-149 所示。

(6) 单击该文字对象，即可跳转至链接的文件，效果如图 6-150 所示。

图 6-149 将鼠标移至添加行为的文字对象上

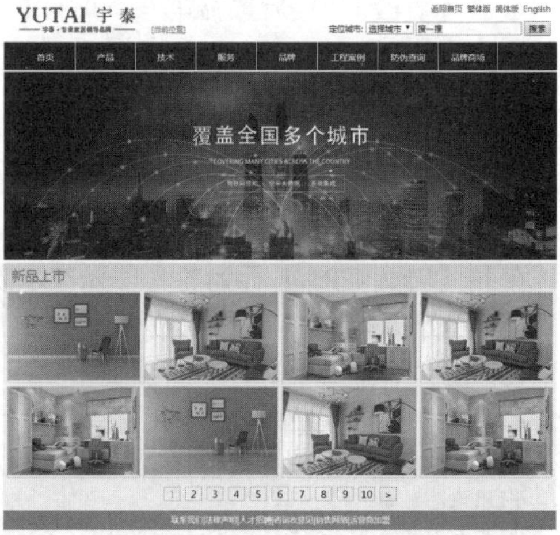

图 6-150 跳转至链接的文件

任务 3 上机练习——音乐网页

音乐是反映人类现实生活情感的一种艺术，音乐能提高人的审美能力，净化人的心灵。本例将介绍如何制作音乐网页，效果如图 6-151 所示。

素材	项目六\音乐网页
案例	项目六\上机练习——音乐网页.html
视频	项目六\任务 3：上机练习——音乐网页.mp4

图 6-151 音乐网页

具体步骤如下：

(1) 启动软件后，按 Ctrl+N 组合键，弹出【新建文档】对话框，选择【空白页】，设置【页面类型】为 HTML、【布局】为【<无>】，单击【创建】按钮，如图 6-152 所示。

(2) 新建文档后，在文档底部的【属性】面板中选择 CSS，然后单击【页面属性】按钮。弹出【页面属性】对话框，在【分类】列表框中选择【外观(CSS)】选项，将【背景颜色】设置为#ff7074，将【左边距】、【右边距】、【上边距】、【下边距】均设置为 50 px，单击【确定】按钮，如图 6-153 所示。

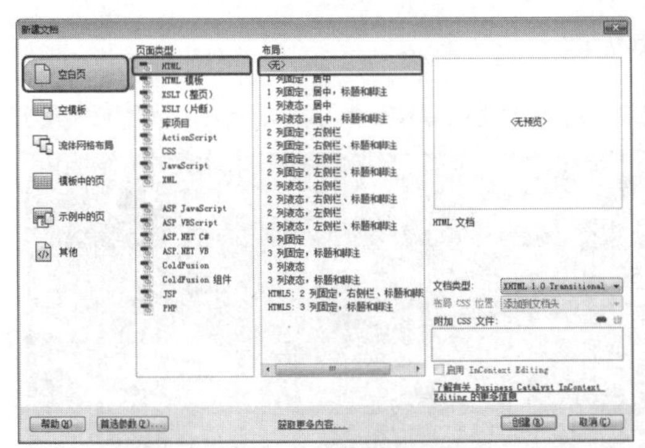

图 6-152 新建文档

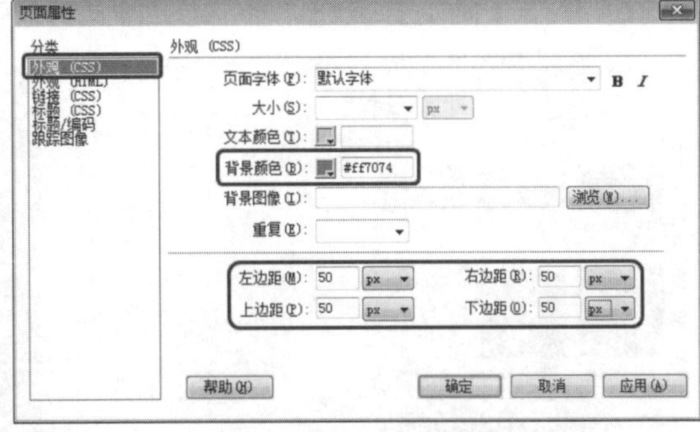

图 6-153 设置颜色

(3) 按 Ctrl+Alt+T 组合键，弹出【表格】对话框，将【行数】设置为 1、【列】设置为 5，将【表格宽度】设置为 900 px，将【边框粗细】、【单元格边距】、【单元格间距】均设置为 0，如图 6-154 所示，单击【确定】按钮。

(4) 选择第(3)步创建的整个表格，在【属性】面板，将【水平】设置为【居中对齐】，将【高】设置为 100，将【背景颜色】设置为#333333，如图 6-155 所示。

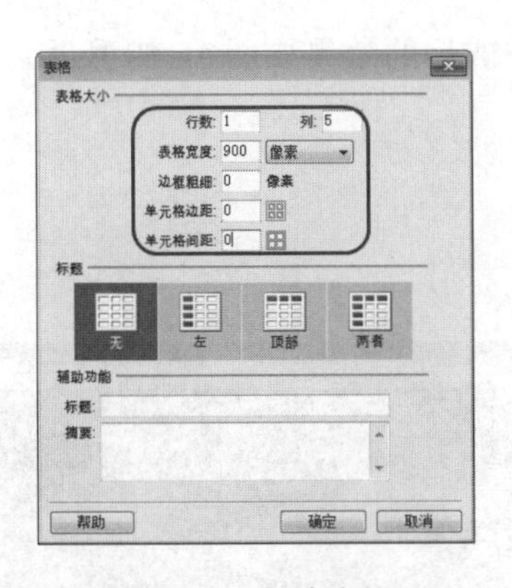

图 6-154 创建表格

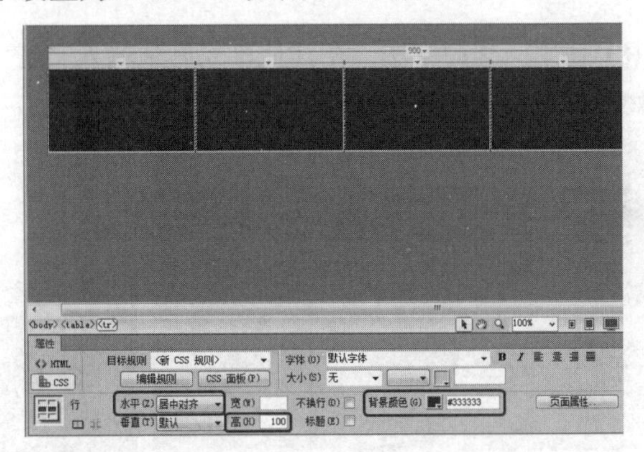

图 6-155 设置颜色

知识链接：表格

表格是网页中一个非常重要的元素，可用于控制文本和图形在页面上出现的位置。HTML 本身没有提供更多的排版手段，对于网页的精细排版，我们经常要用表格来实现。在页面创建表格之后，我们可以为其添加内容，修改单元格和列/行属性，以及复制和粘贴多个单元格等。

在 Dreamweaver 中可以使用表格清晰地显示列表数据，或者将各种数据排成行和列，从而更容易阅读信息。

如果创建的表格不能满足需要，我们可以重新设置表格的属性如表格的行数、列数、高度、宽度等。修改表格属性一般在【属性】面板中进行。

(5) 将第 1 列单元格的【宽】设置为 316，将其他列的【宽】设置为 146。将鼠标指针插入第 1 列单元格中，按 Ctrl+Alt+I 组合键弹出【选择图像源文件】对话框，选择“素材\项目六\音乐网页\素材 1.jpg”图片，如图 6-156 所示。

(6) 单击【确定】按钮，插入图片后的效果如图 6-157 所示。

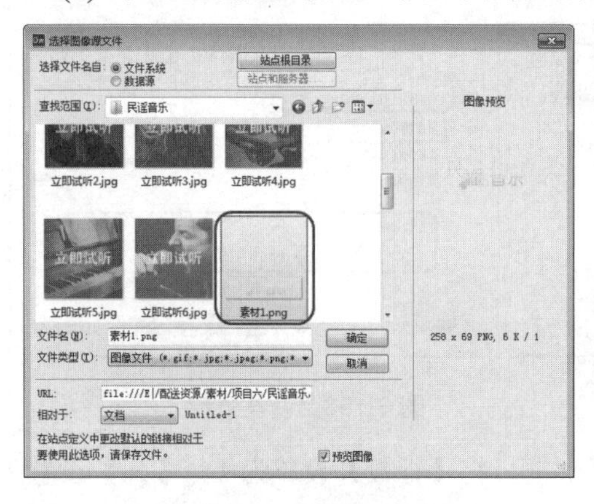

图 6-156　选择图片素材

图 6-157　插入图片素材效果

(7) 选择第 2 列单元格，输入“首页”，将【目标规则】设置为【<内联样式>】，将【字体】设置为【微软雅黑】，将【大小】设置为 24 px，将【字体颜色】设置为#EDEAD3，如图 6-158 所示。

(8) 使用同样的方法，在其他单元格中输入文字，完成后的效果如图 6-159 所示。

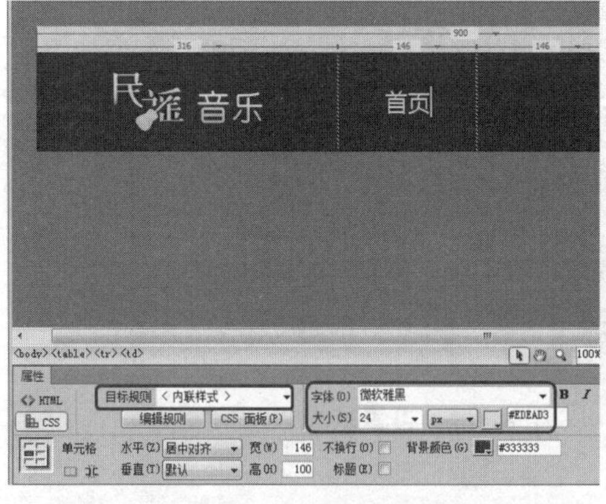

图 6-158　输入文字并设置后的效果

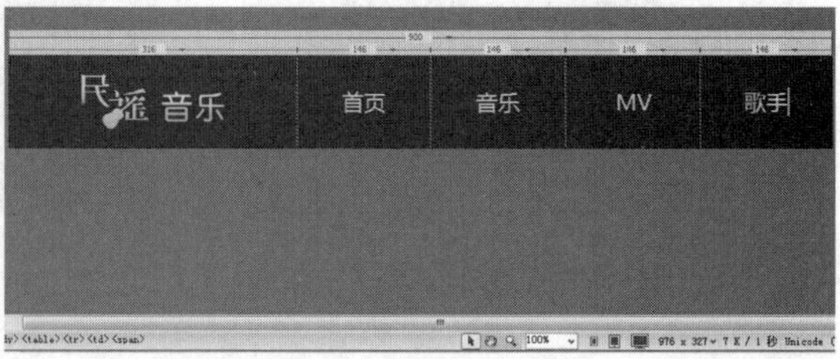

图 6-159　输入文字

疑难解答： 在设置文字时没有所需的字体怎么办？

在设置文字字体时，如果在【属性】面板中没有需要的文字，可以单击 CSS 属性栏中【字体】右侧的下拉按钮，在弹出的下拉列表框中选择【编辑字体列表】命令，如图 6-160 所示。此时会弹出【编辑字体列表】对话框，在【可用字体】列表中选择【微软雅黑】字体，然后单击«按钮，即可添加字体，然后单击【确定】按钮，如图 6-161 所示。

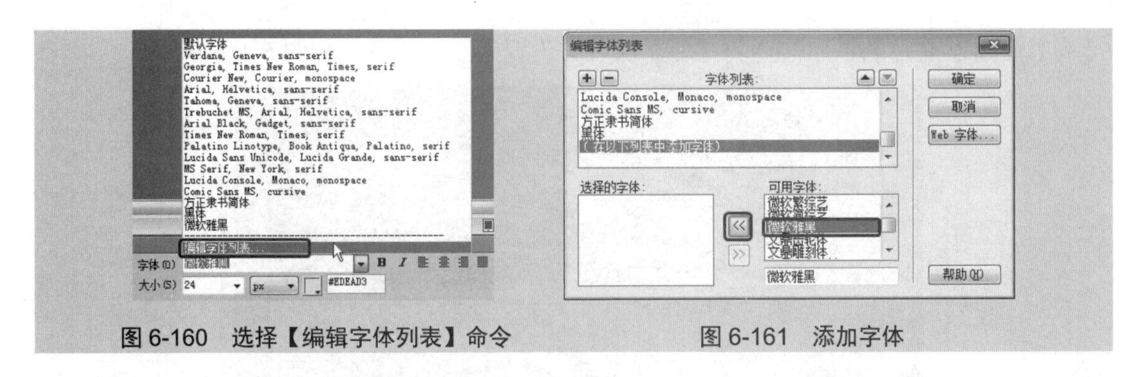

图 6-160　选择【编辑字体列表】命令　　　图 6-161　添加字体

(9) 在空白区域单击，按 Ctrl+Alt+T 组合键，弹出【表格】对话框，将【行数】和【列】均设置为 1，将【表格宽度】设置为 900 px，将【边框粗细】、【单元格边距】、【单元格间距】都设置为 0，如图 6-162 所示，单击【确定】按钮。

(10) 将鼠标指针插入单元格中，按 Ctrl+Alt+I 组合键，在弹出的【选择图像源文件】对话框中选择“素材\项目六\音乐网页\素材 2.jpg”素材文件，如图 6-163 所示。

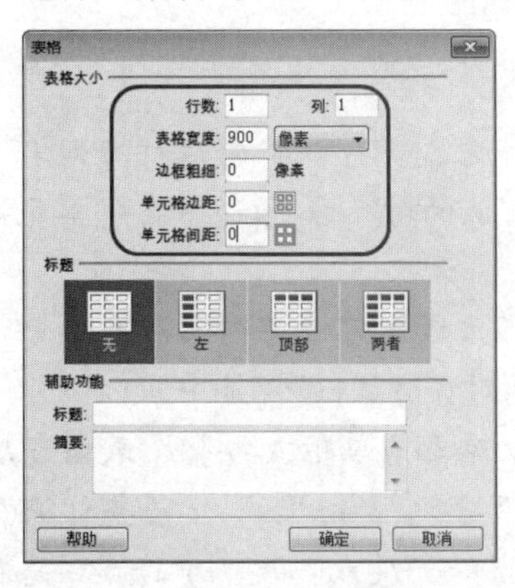

图 6-162　设置表格

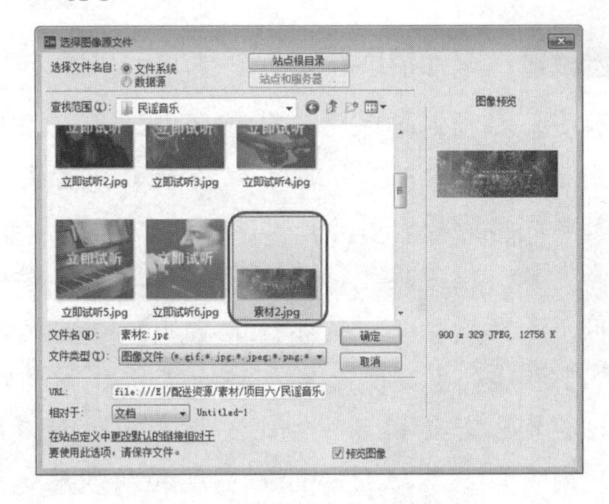

图 6-163　选择素材文件

(11) 单击【确定】按钮，即可将选中的素材文件插入表格中，效果如图 6-164 所示。

(12) 在空白区域单击，按 Ctrl+Alt+T 组合键，弹出【表格】对话框，将【行数】设置为 1、【列】设置为 6，将【表格宽度】设置为 900 px，将【单元格间距】设置为 2，如图 6-165 所示，单击【确定】按钮。

图 6-164　插入素材图片

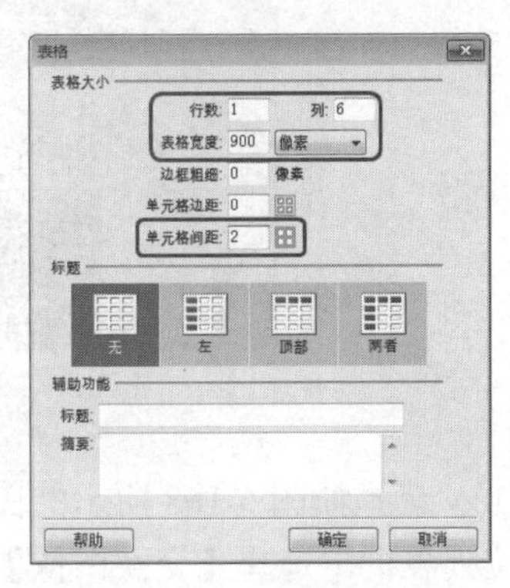

图 6-165　设置表格参数

(13) 选中新插入的单元格，在【属性】面板中将【水平】设置为【居中对齐】，将【宽】、

【高】分别设置为150、140，将【背景颜色】设置为#FFA6A8，如图6-166所示。

图 6-166　设置表格属性

知识链接：单元格的属性

【水平】：指定单元格、行或列内容的水平对齐方式。可以将内容对齐到单元格的左侧、右侧或使之居中对齐，也可以指示浏览器使用默认的对齐方式(通常常规单元格为左对齐，标题单元格为居中对齐)。

【垂直】：指定单元格、行或列内容的垂直对齐方式。可以将内容对齐到单元格的顶端、中间、底部或基线，或者指示浏览器使用默认的对齐方式(通常是中间)。

【宽】和【高】：所选单元格的宽度和高度，以像素为单位或按整个表格宽度或高度的百分比指定。若要指定百分比，请在值后面使用百分比符号“%”。若要让浏览器根据单元格的内容以及其他列和行的宽度和高度确定适当的宽度或高度，请将宽、高右侧的空白框留空(默认设置)。

(14) 使用前面介绍的方法在表格中插入素材图片，如图6-167所示。

图 6-167　插入素材图片

(15) 选择如图6-168所示的图片，在【标签检查器】面板中单击【添加行为】按钮，在下拉列表框中选择【交换图像】命令，如图6-168所示。

(16) 在弹出的对话框中单击【设置原始档为】文本框右侧的【浏览】按钮，弹出【选择图像源文件】对话框，在此对话框中选择“素材\项目六\音乐网页\立即试听1.jpg”文件，如图 6-169 所示。

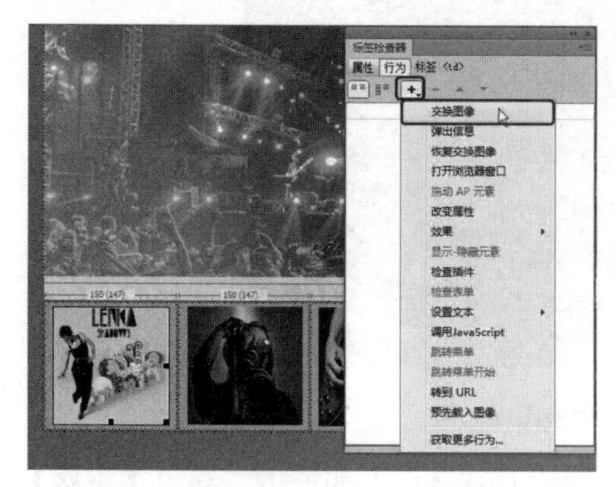

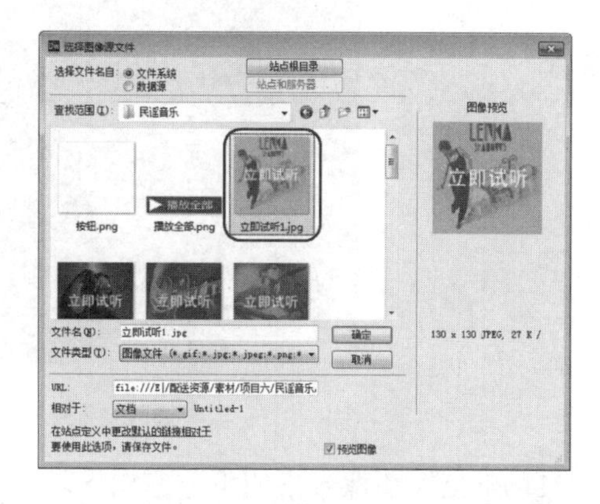

图 6-168　选择【交换图像】命令　　　　图 6-169　【选择图像源文件】对话框

(17) 单击【确定】按钮，返回到【交换图像】对话框，可以看到被添加的图像路径显示在【设定原始档为】文本框中，如图 6-170 所示。

(18) 单击【确定】按钮，可在【标签检查器】面板中看到添加的行为，如图 6-171 所示。

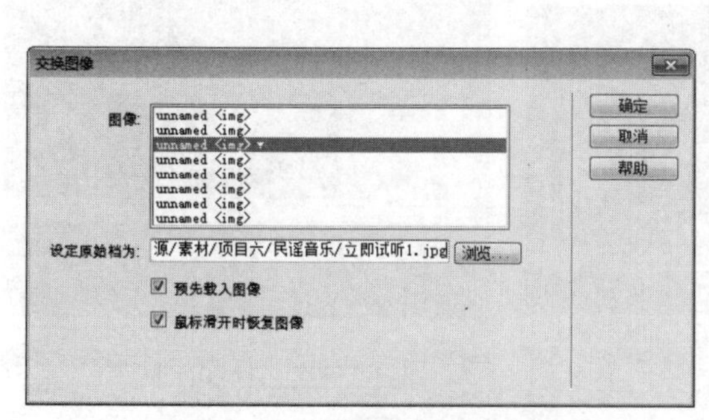

图 6-170　【交换图像】对话框　　　　图 6-171　【标签检查器】面板

(19) 单击【实时视图】按钮，切换视图，查看交换图像效果，如图 6-172 所示。

图 6-172　交换图像效果

(20) 按照前面讲过的方法，分别为其他素材图片添加交换图像效果，如图 6-173 所示。

图 6-173　添加交换图像效果

(21) 在交换图像表格的下方空白区域单击，按 Ctrl+Alt+T 组合键，弹出【表格】对话框，将【行数】设置为 1、【列】设置为 6，将【表格宽度】设置为 900 px，将【边框粗细】、【单元格边距】、【单元格间距】都设置为 0，单击【确定】按钮。选择创建的整个表格，将其【宽】设置为 150、【高】设置为 40，如图 6-174 所示。

(22) 将鼠标指针插入第(21)步创建的表格的第 1 列，输入“热歌榜”，将【目标规则】设置为【<内联样式>】，将【字体】设置为【微软雅黑】，将【大小】设置为 18 px，将【字体颜色】设置为#F2F0E0，如图 6-175 所示。

图 6-174　插入表格

图 6-175　输入文字并设置

(23) 使用同样的方法在第 3、5 列中分别输入“新歌榜”和“经典老歌”，如图 6-176 所示。

(24) 为剩余的列插入“播放全部.png”素材，效果如图 6-177 所示。

图 6-176　输入其他文字

图 6-177　插入素材后的效果

(25) 在空白区域单击，按 Ctrl+Alt+T 组合键，弹出【表格】对话框，将【行数】设置为 1、【列】设置为 3，将【表格宽度】设置为 900 px，将【边框粗细】、【单元格边距】、【单元格间距】都设置为 0，单击【确定】按钮。选中所有单元格，在【属性】面板中将【宽】设置为 300，如图 6-178 所示。

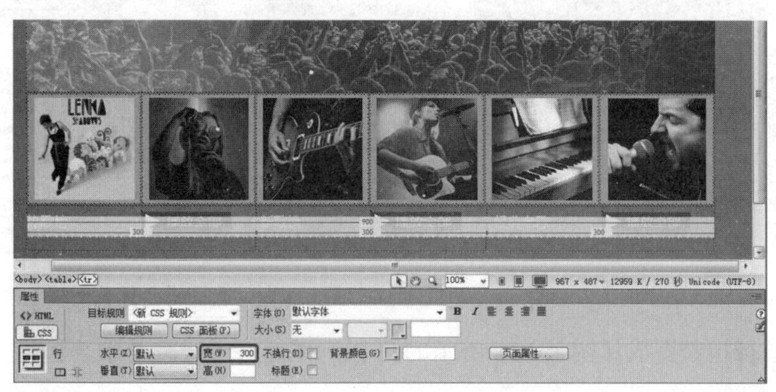

图 6-178　插入表格

(26) 将鼠标指针插入第 1 列单元格中，按 Ctrl+Alt+T 组合键，弹出【表格】对话框，将【行数】设置为 11、【列】设置为 4，将【表格宽度】设置为 290 px，单击【确定】按钮，如图 6-179 所示。

(27) 选择第 1、3、5、7、9、11 行，在【属性】面板中将【背景颜色】设置为#FF5559，效果如图 6-180 所示。

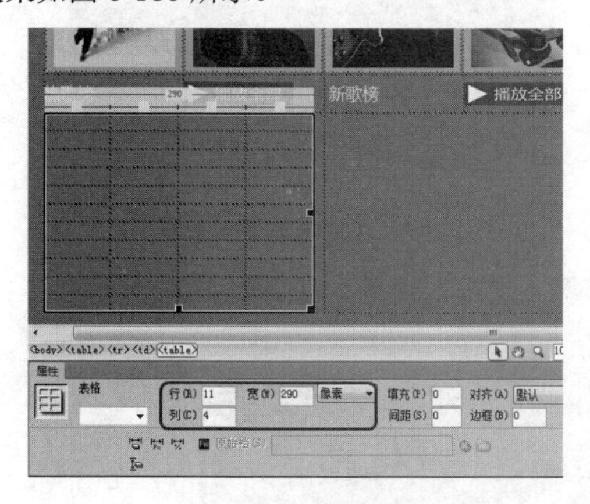

图 6-179　插入表格

图 6-180　设置单元格的背景颜色

(28) 选中新插入的单元格，将【水平】设置为【居中对齐】，将【高】设置为 25，将第 1 列的【宽】设置为 14%，将第 2 列的【宽】设置为 35%，将第 3 列【宽】设置为 29%，将第 4 列【宽】设置为 22%，并根据前面介绍的方法输入其他文字，插入相应的素材图片，效果如图 6-181 所示。

(29) 选中如图 6-182 所示的单元格，右击，在弹出的快捷菜单中选择【表格】|【合并单元格】命令。

(30) 将鼠标指针置入合并的单元格中，在【属性】面板中将【水平】设置为【右对齐】，输入文字。选中输入的文字，将【目标规则】设置为【<内联样式>】，将【字体】设置为

【微软雅黑】，将【大小】设置为 14 px，将【字体颜色】设置为#333333，如图 6-183 所示。

图 6-181　输入文字并插入素材

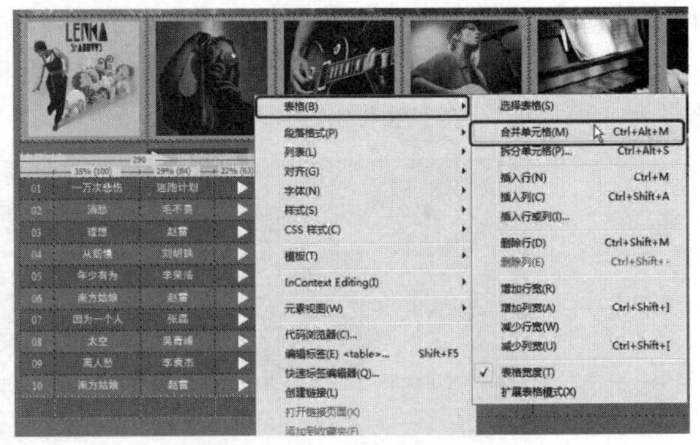

图 6-182　选择【合并单元格】命令

(31) 将鼠标指针置入如图 6-184 所示的第 2 列单元格中，将【水平】设置为【居中对齐】，如图 6-184 所示。

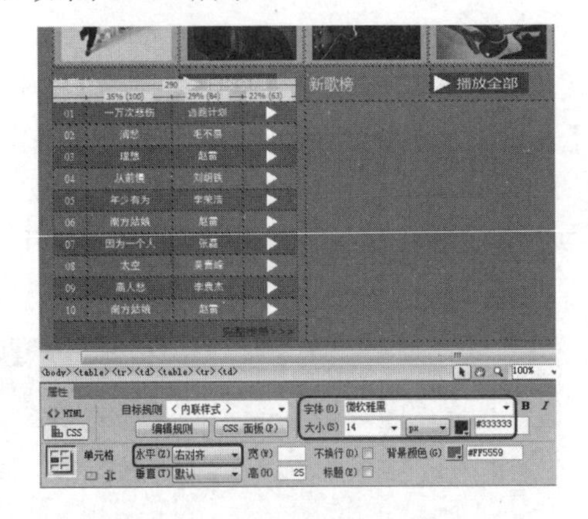

图 6-183　输入文字并设置

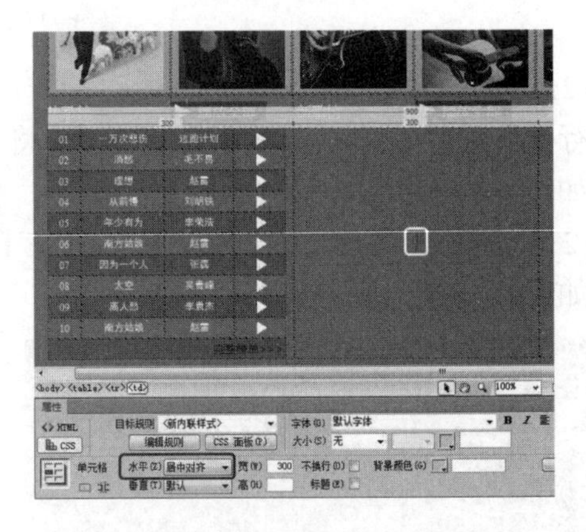

图 6-184　设置单元格对齐方式

(32) 将鼠标指针置于第 3 列单元格中，将【水平】设置为【右对齐】，如图 6-185 所示。

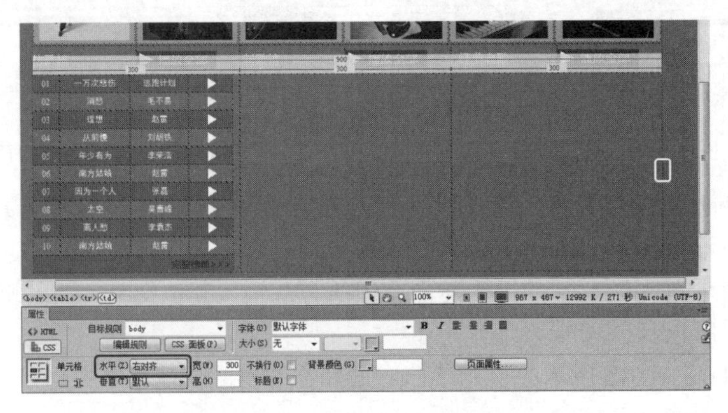

图 6-185　设置对齐方式

(33) 将前面制作的表格复制到第 2 列与第 3 列单元格中，效果如图 6-186 所示。

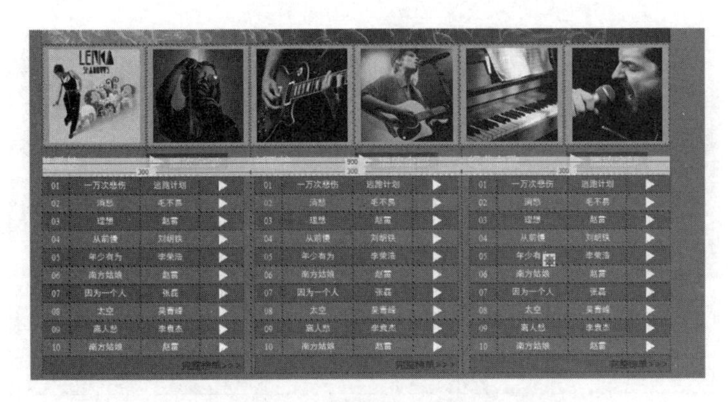

图 6-186 复制表格后的效果

(34) 再次插入个 1 行 1 列的单元格，将【表格宽度】设置为 900 px，并在单元格中输入文字“爱听音乐区”。在【属性】面板中将【目标规则】设置为【<内联样式>】，将【字体】设置为【微软雅黑】，将【大小】设置为 24 px，将【字体颜色】设置为#F2F0E0，如图 6-187 所示。

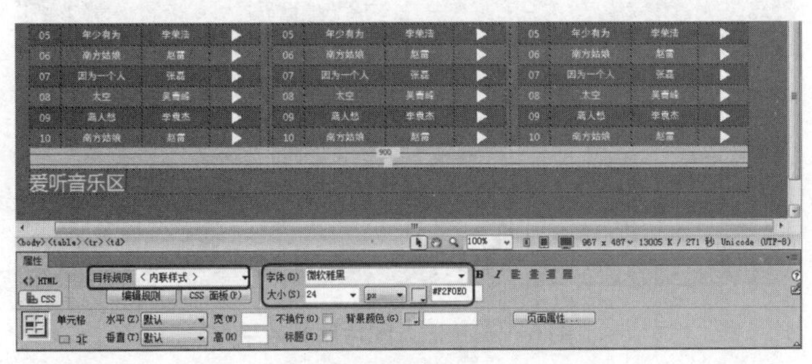

图 6-187 创建表格并输入文字

(35) 将鼠标指针插入文字的右侧，在菜单栏中选择【插入】| HTML |【水平线】命令，插入水平线。选中插入的水平线，在【属性】面板中将【高】设置为 1，并单击【拆分】按钮，在视图中输入代码，用于更改水平线的颜色，效果如图 6-188 所示。

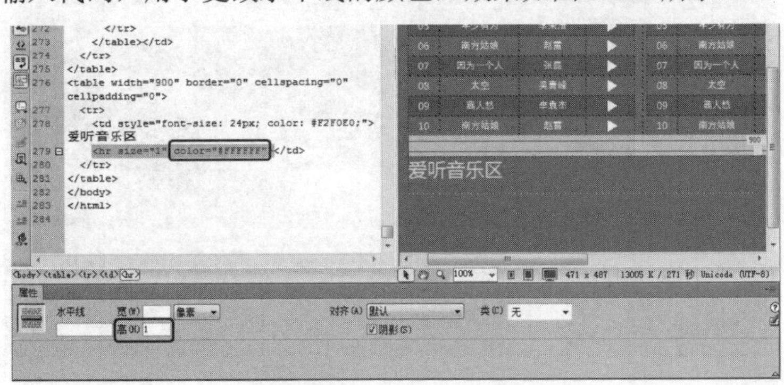

图 6-188 插入水平线

(36) 设置完成后单击【设计】按钮，在文档下方的空白处单击，并插入 4 行 4 列、表格宽度为 900 px 的表格。选择新创建的表格，在【属性】面板中将【水平】设置为【居中对齐】，将【宽】设置为 225，如图 6-189 所示。

图 6-189　创建表格并设置

(37) 根据前面介绍的方法在第 1 行的 4 列单元格中插入相应的素材图片，效果如图 6-190 所示。

图 6-190　插入图片后的效果

(38) 在第 2 行单元格中输入相应的文字，将【目标规则】设置为【<内联样式>】，将【字体】设置为【微软雅黑】，将【大小】设置为 18 px，将【字体颜色】设置为#FFFFFF，完成后的效果如图 6-191 所示。

图 6-191　设置完成后的效果

(39) 在第 3 行单元格中输入相应的文字，将【目标规则】设置为【<内联样式>】，将【字体】设置为【微软雅黑】，将【大小】设置为 12 px，将【字体颜色】设置为#FFF，效果如图 6-192 所示。

图 6-192 输入其他文字后的效果

(40) 选中第 4 行单元格，右击，在弹出的快捷菜单中选择【表格】|【合并单元格】命令，如图 6-193 所示。

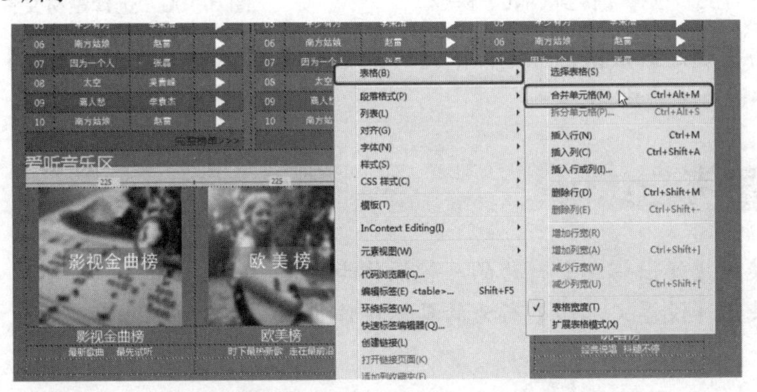

图 6-193 选择【合并单元格】命令

(41) 将鼠标指针置于合并的单元格中。输入文字，选中输入的文字，在【属性】面板中将【目标规则】设置为【<内联样式>】，将【字体】设置为【微软雅黑】，将【大小】设置为 14 px，将【字体颜色】设置为#FFF，将【垂直】设置为【底部】，将【高】设置为 45，如图 6-194 所示。

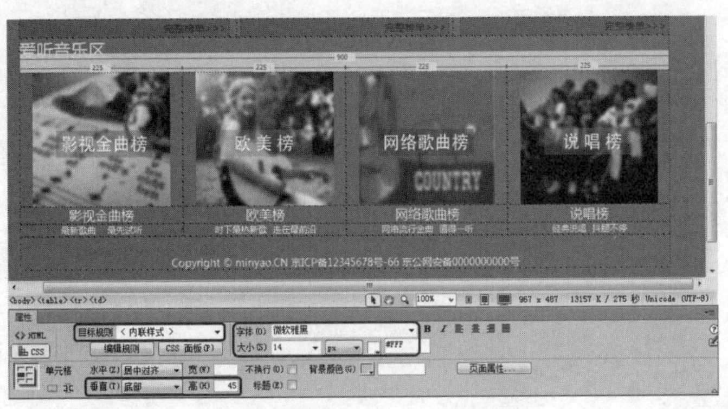

图 6-194 输入文字并设置

(42) 在页面中选择如图 6-195 所示的素材图片，在【标签检查器】面板中单击【添加行为】按钮，在弹出的下拉列表中选择【转到 URL】命令。

(43) 在弹出的对话框中单击 URL 右侧的【浏览】按钮，在弹出的对话框中选择“素材

\项目六\音乐网页\链接音乐.html”素材文件，如图 6-196 所示。

图 6-195　选择【转到 URL】命令

图 6-196　选择素材文件

(44) 单击【确定】按钮，在返回的【转到 URL】对话框中单击【确定】按钮，对制作完成后的文件进行保存即可。

思考与练习

1. 简述使用【弹出信息】行为的一般操作步骤。
2. 简述使用【设置文本域】行为的具体操作步骤。

项目七

商业经济类网页设计——使用表单创建交互网页

本章要点

基础知识

- ◈ 插入文本域
- ◈ 多行文本域

重点知识

- ◈ 单选按钮
- ◈ 列表/菜单

提高知识

- ◈ 插入按钮
- ◈ 图像域

本章导读

很多用户都有自己的电子信箱(即 E-mail)，如果想通过 E-mail 和别人进行联系，就要登录网页，在网页中输入自己的账号和密码，才能进入邮箱。其实在提交账号和密码时，使用的就是表单。表单的作用远不止这些，它主要是为了实现网页浏览者与 Internet 服务器之间的信息交互。比如在有些网站中提交留言，可以让访问网页者与网站制作者进行沟通，这也是表单应用的一种形式。

任务 1　制作宏达物流网页——表单对象的创建

物流是指为了满足客户的需求，以最低的成本，通过运输、保管、配送等方式，实现原材料、半成品、成品或相关信息由商品的产地到商品的消费地的计划、实施和管理的全过程。本例将介绍如何制作宏达物流网页，效果如图 7-1 所示。

素材	项目七\宏达物流
场景	项目七\制作宏达物流网页——表单对象的创建.html
视频	项目七\任务 1：制作宏达物流网页——表单对象的创建.mp4

图 7-1　宏达物流网页

具体操作步骤如下。

(1) 启动软件后，在打开的界面中选择 HTML 选项，在【属性】面板中单击【页面属性】按钮，在弹出的对话框中选择【外观(HTML)】选项，将【左边距】、【上边距】都设置为 0，如图 7-2 所示。

(2) 按 Ctrl+Alt+T 组合键打开【表格】对话框，将【行数】和【列】都设置为 3，将【表格宽度】设置为 900 px，将【边框粗细】、【单元格边距】、【单元格间距】都设置为 0，如图 7-3 所示。

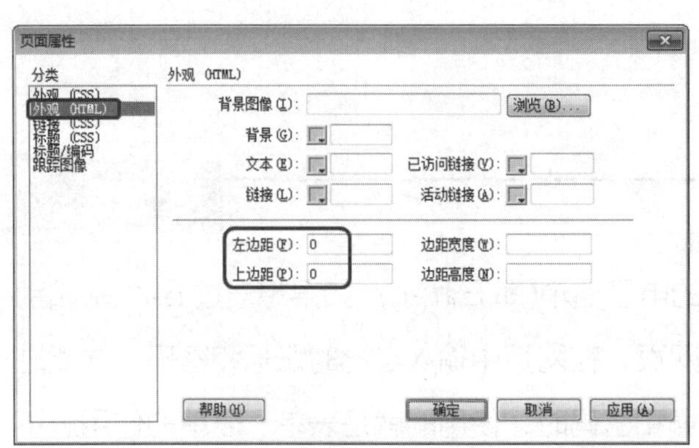

图 7-2　【页面属性】对话框

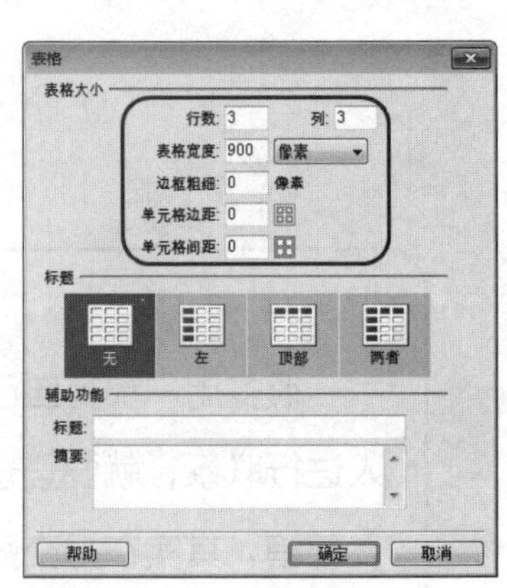

图 7-3　【表格】对话框

(3) 选择插入的表格，在【属性】面板中将【对齐】设置为【居中对齐】。选择所有的单元格，在【属性】面板中将【背景颜色】设置为#373c64，完成后的效果如图 7-4 所示。

图 7-4　设置表格的背景颜色

(4) 选择第 1 列单元格，将【宽】设置为 250，将第 2 列单元格的【宽】设置为 630，将第 3 列单元格的【宽】设置为 20，将第 1 行、第 2 行单元格的【高】设置为 40，将第 3 行单元格的【高】设置为 45。选择第 1 列的第 2 行和第 3 行单元格，按 Ctrl+Alt+M 组合键进行合并，完成后的效果如图 7-5 所示。

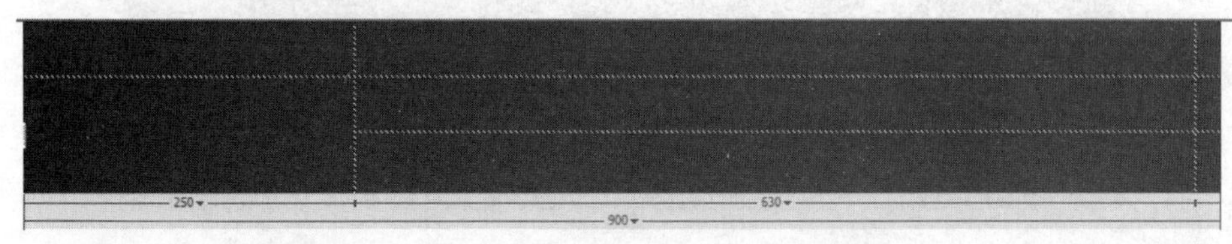

图 7-5　设置单元格

(5) 将鼠标指针插入合并后的单元格内，按 Ctrl+Alt+I 组合键打开【选择图像源文件】对话框，在该对话框选择“素材\项目七\宏达物流\素材 1.png”素材图片，如图 7-6 所示。

(6) 单击【确定】按钮，即可将图片插入合并的单元格内，完成后的效果如图 7-7 所示。

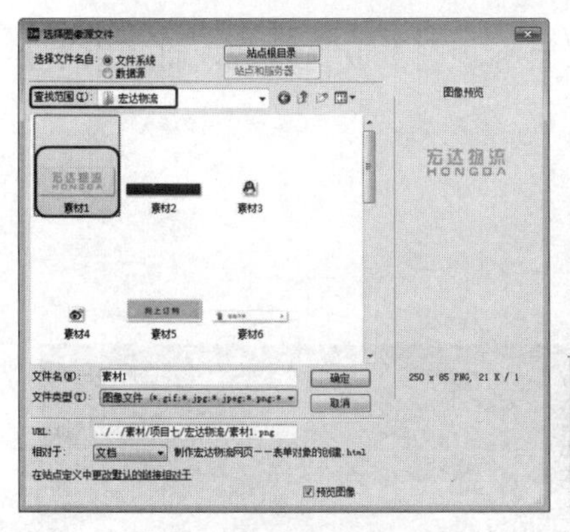

图 7-6　选择素材图片

图 7-7　插入图片后的效果

(7) 将鼠标指针插入第 1 行第 2 列单元格内，将【水平】设置为【右对齐】，【垂直】设置为【居中】，在单元格内输入文字。右击输入的文字，在弹出的快捷菜单中选择【CSS 样式】|【新建】命令，在弹出的对话框中将【选择器名称】设置为“a1”，如图 7-8 所示。

(8) 单击【确定】按钮，在弹出的对话框中将 Font-size 设置为 13 px，将 Color 设置为 #FFF，如图 7-9 所示，单击【确定】按钮。

(9) 选择刚刚输入的文字，在【属性】面板中将【目标规则】设置为.a1，完成后的效果如图 7-10 所示。

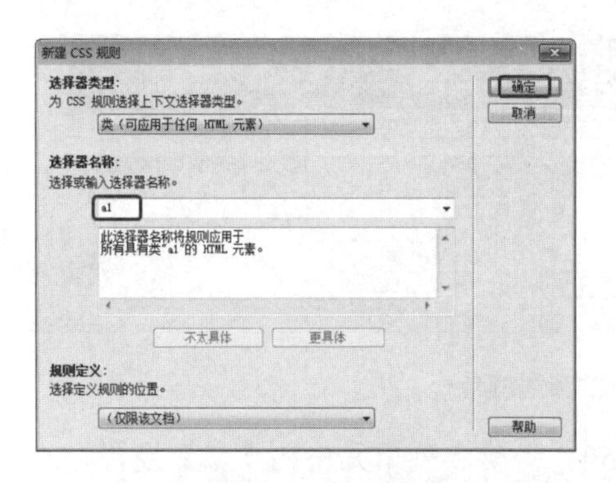

图 7-8 【新建 CSS 规则】对话框

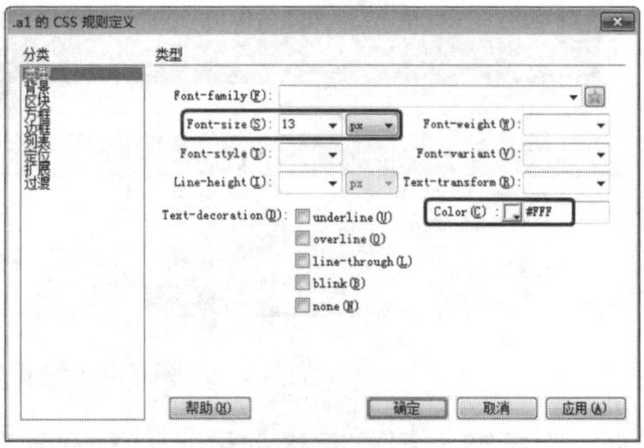

图 7-9 设置规则

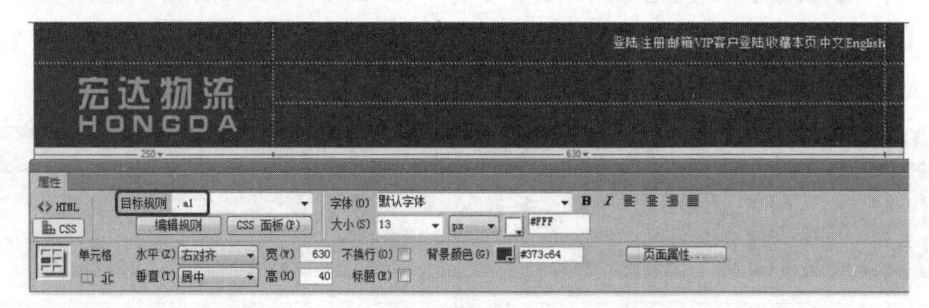

图 7-10 为文字设置目标规则后的效果

(10) 在第 2 行第 2 列单元格内输入文字，右击，在弹出的快捷菜单中选择【CSS 样式】|【新建】命令，在弹出的对话框中将【选择器名称】设置为“a2”，单击【确定】按钮。在弹出的对话框中将 Font-size 设置为 12 px，将 Color 设置为#faaf19，如图 7-11 所示，单击【确定】按钮。

(11) 选择刚刚输入的文字，在【属性】面板中将【目标规则】设置为.a2，将【水平】设置为【右对齐】，完成后的效果如图 7-12 所示。

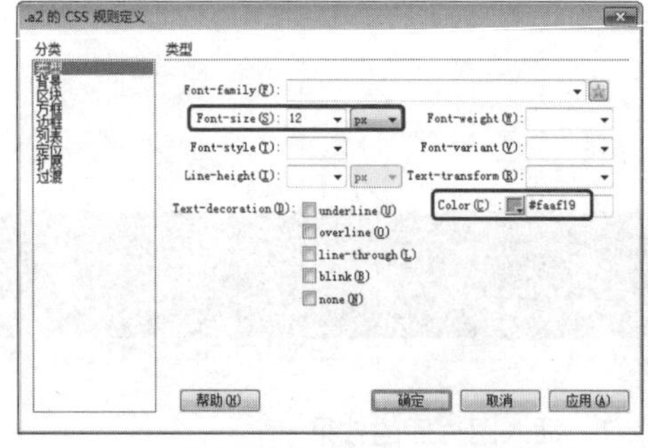

图 7-11 设置规则

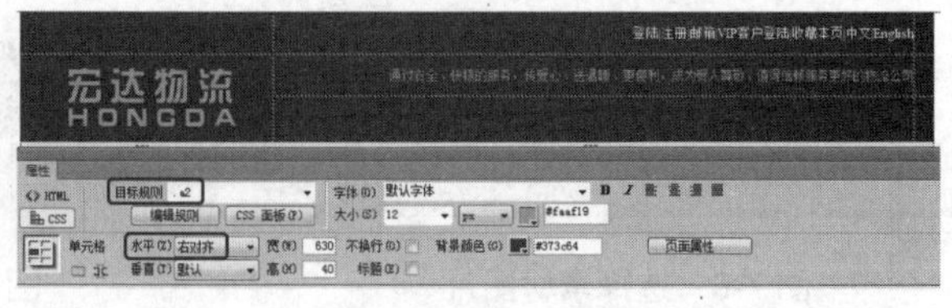

图 7-12 设置完成后的效果

知识链接：类型选项参数介绍

【类型】设置界面中的具体参数介绍如下。

- Font-family：用户可以在下拉列表框中选择需要的字体。
- Font-size：用于调整文本的大小。用户可以在下拉列表框中选择字号，也可以直接输入数字，然后在右侧的下拉列表框中选择单位。
- Font-style：提供了 normal(正常)、Italic(斜体)、oblique(偏斜体)和 inherit(继承)四种

字体样式，默认为 normal。

- Line-height：设置文本所在行的高度。选择【正常】选项将自动计算字体大小的行高，也可以输入一个确切值并选择一种度量单位。
- Text-decoration：在文本中添加下划线、上划线、删除线，或使文本闪烁。正常文本的默认设置是【无】。链接的默认设置是【下划线】。将链接设置为【无】时，可以通过定义一个特殊的类删除链接中的下划线。
- Font-weight：对字体应用特定或相对的粗细量。【正常】为 400，【粗体】为 700。
- Font-variant：设置文本的小型大写字母变体。Dreamweaver 不在文档窗口中显示该属性。
- Text-transform：将选定内容中的每个单词的首字母大写或将文本设置为全部大写或小写。
- Color：设置文本颜色。

(12) 将鼠标指针插入第 3 行第 2 列单元格中，将【水平】设置为【居中对齐】，【垂直】设置为【居中】。按 Ctrl+Alt+T 组合键打开【表格】对话框，在该对话框中将【行数】设置为 1、【列】设置为 7，将【表格宽度】设置为 630 px，如图 7-13 所示。

(13) 选择插入表格的所有单元格，将【宽】、【高】分别设置为 90、30，将【水平】设置为【居中对齐】、【垂直】设置为【居中】，然后在单元格内输入文字。新建一个【选择器名称】为“a3”的 CSS 样式，将 Font-size 设置为 18 px，将 Color 设置为#faaf19，如图 7-14 所示。

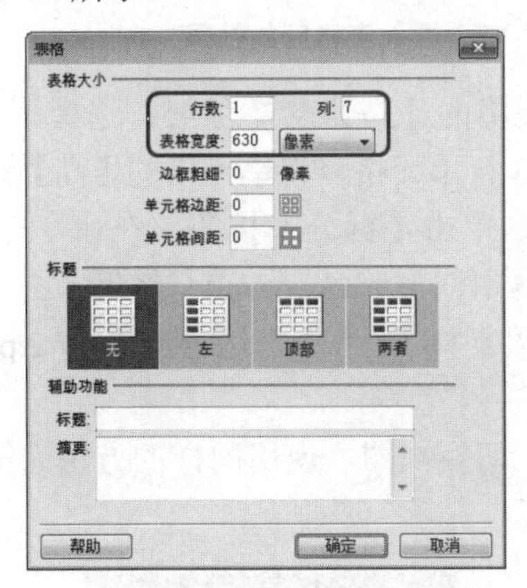

图 7-13 【表格】对话框

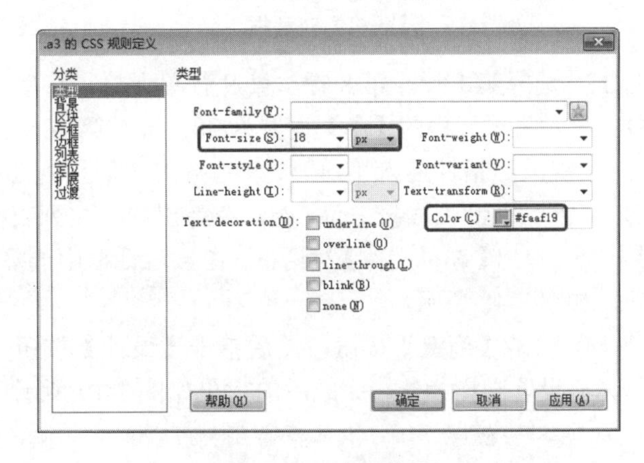

图 7-14 设置规则

(14) 选择除“首页”文字外的其余文字，将【目标规则】设置为.a3。选择“首页”文字，在【属性】面板中将【大小】设置为 18 px，将【字体颜色】设置为#FFF，完成后的效果如图 7-15 所示。

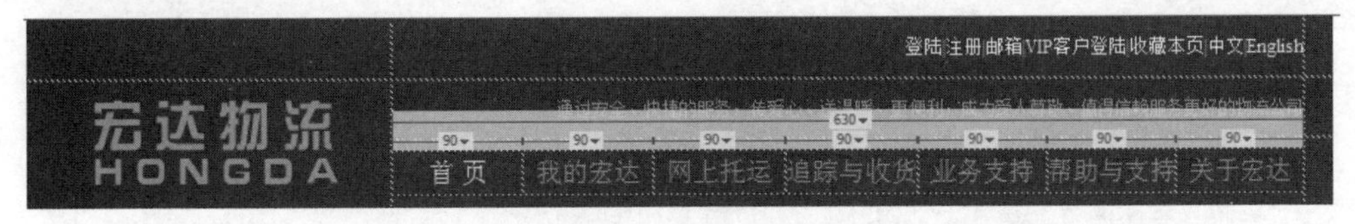

图 7-15 设置完成后的效果

(15) 将鼠标指针插入大表格的右侧，按 Ctrl+Alt+T 组合键打开【表格】对话框，在该对话框中将【行数】、【列】均设置为 2，将【表格宽度】设置为 900 px，其他保持默认设置，如图 7-16 所示。

(16) 单击【确定】按钮，即可插入表格。选择插入的表格，在【属性】面板中将【对齐】设置为【居中对齐】，将第 1 行单元格的【高】设置为 10。选择第 2 行的第 1 列单元格，将【宽】设置为 320，将鼠标指针插入该单元格内，将【水平】设置为【居中对齐】、【垂直】设置为【顶端】。按 Ctrl+Alt+T 组合键，在弹出的对话框中将【行数】设置为 13、【列】设置为 1，将【表格宽度】设置为 300 px，将【单元格间距】设置为 5，其他保持默认设置，完成后的效果如图 7-17 所示。

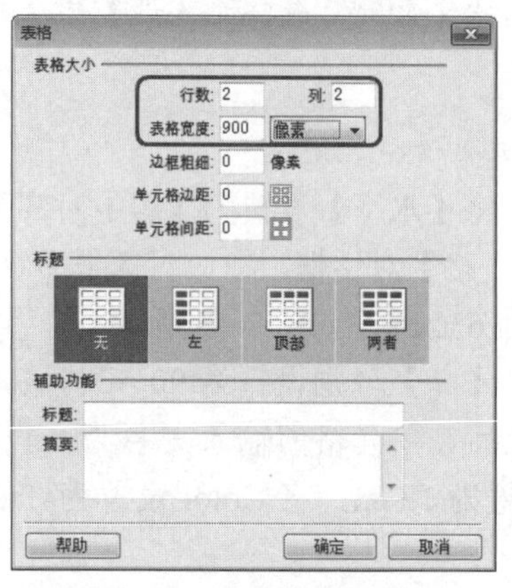

图 7-16　【表格】对话框

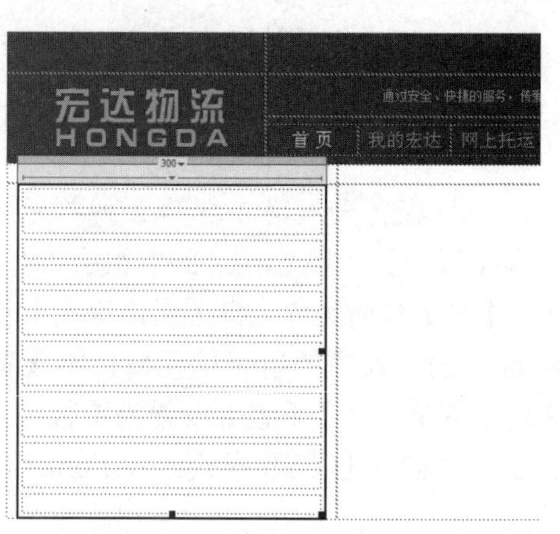

图 7-17　插入表格后的效果

(17) 选择第 1 行、第 8 行、第 9 行单元格，将单元格的【高】设置为 45；选择第 2~7 行单元格，将单元格的【高】设置为 30；选择第 10～13 行单元格，将单元格的【高】设置为 35。将鼠标指针插入第 1 行单元格内，切换视图，单击【拆分】按钮，在命令行<td height="45">的 td 后面按 Enter 键，在弹出的下拉列表框中双击 background，然后单击【浏览】按钮。弹出【选择文件】对话框，在该对话框中选择“素材\项目七\宏达物流\素材 2.png”文件，如图 7-18 所示。

(18) 单击【确定】按钮，然后单击【设计】按钮，切换视图。使用同样的方法为第 9 行单元格设置同样背景，完成后的效果如图 7-19 所示。

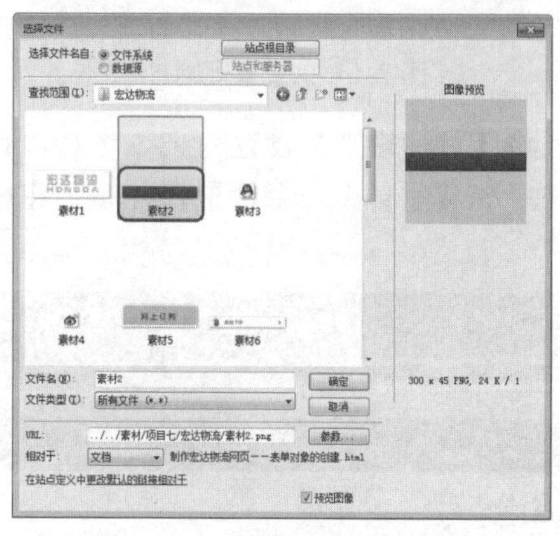

图 7-18　【选择文件】对话框

图 7-19　设置背景后的效果

(19) 在设置背景的单元格内输入文字，新建选择器名称为 a4 的 CSS 样式，将 Font-size 设置为 20 px，将 Color 设置为#FFF，然后为输入的文字应用该样式，完成后的效果如图 7-20 所示。

(20) 选择第 2 行至第 8 行单元格，将【水平】、【垂直】分别设置为【居中对齐】、【居中】。将鼠标指针插入第 2 行单元格内，选择【插入】|【表单】|【文本域】命令。在弹出的对话框中保持默认设置，单击【确定】按钮，然后在【属性】面板中将【字符宽度】设置为 35，将【初始值】设置为“用户名/手机/E-mail”，效果如图 7-21 所示。

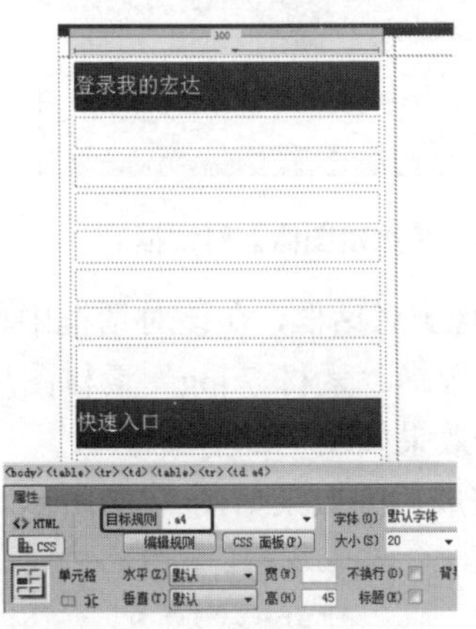

图 7-20　为输入的文字应用样式

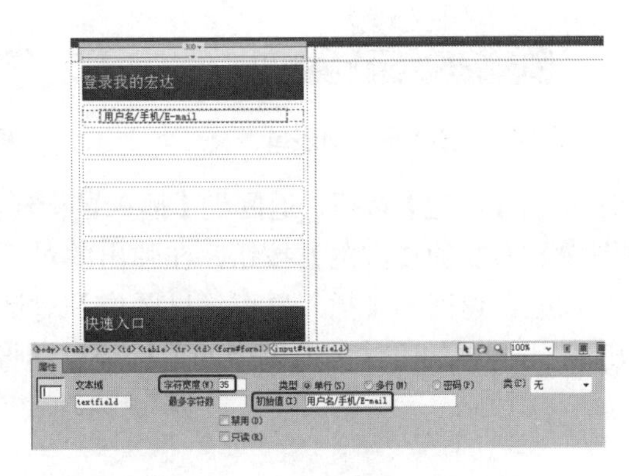

图 7-21　插入文本表单

(21) 使用同样的方法插入其他文本表单，效果如图 7-22 所示。

(22) 将鼠标指针插入第 4 行单元格内，选择【插入】|【表单】|【复选框】命令，输入文本“记住用户名”。继续插入复选框，输入文字“忘记密码”，效果如图 7-23 所示。

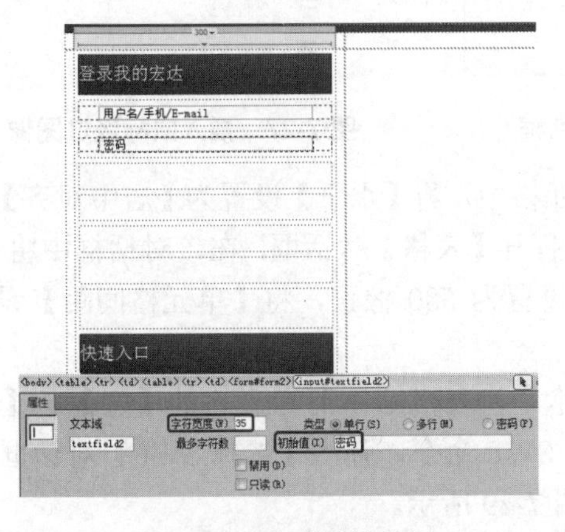

图 7-22　完成后的效果

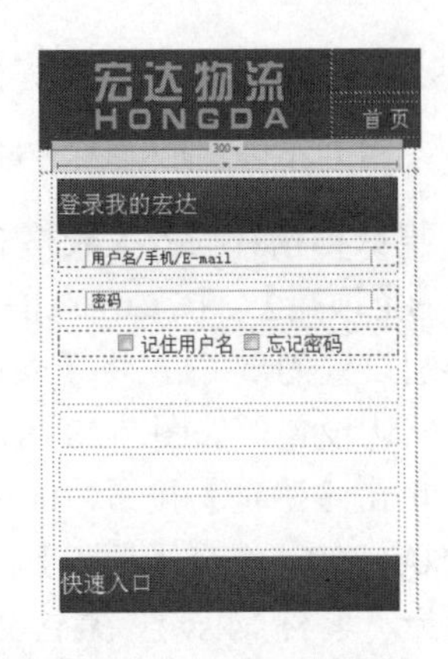

图 7-23　插入表单并输入文字

(23) 使用同样的方法插入其他表单与素材图片，并输入文字，完成后的效果如图 7-24 所示。

(24) 将鼠标指针插入第 10 行单元格内，选择【插入】|【图像对象】|【鼠标经过图像】命令，弹出【插入鼠标经过图像】对话框，在该对话框单击【原始图像】右侧的【浏览】按钮。弹出【原始图像】对话框，在该对话框中选择“素材 6.jpg”素材图片，如图 7-25 所示。

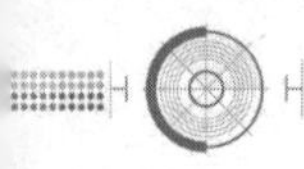

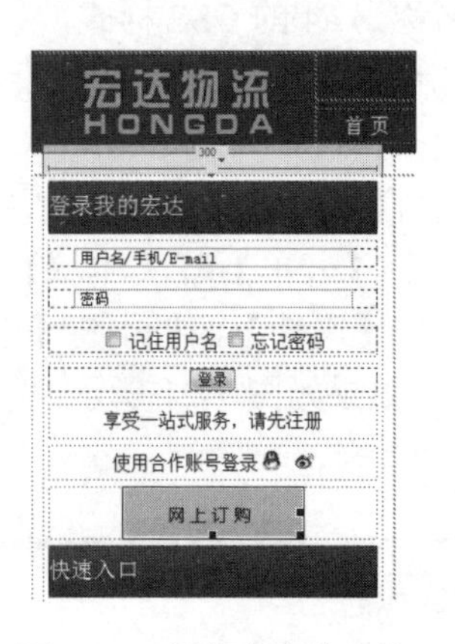

图 7-24　插入剩余的表单

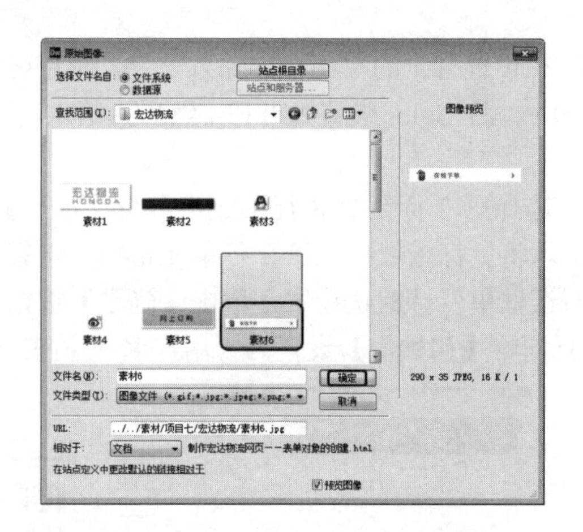

图 7-25　【原始图像】对话框

(25) 单击【确定】按钮，返回到【插入鼠标经过图像】对话框，在该对话框中单击【鼠标经过图像】右侧的【浏览】按钮，在弹出的对话框中选择“素材 7.jpg”素材图片，单击【确定】按钮。返回到【插入鼠标经过图像】对话框，效果如图 7-26 所示。

(26) 使用同样的方法插入剩余的鼠标经过图像，完成后的效果如图 7-27 所示。

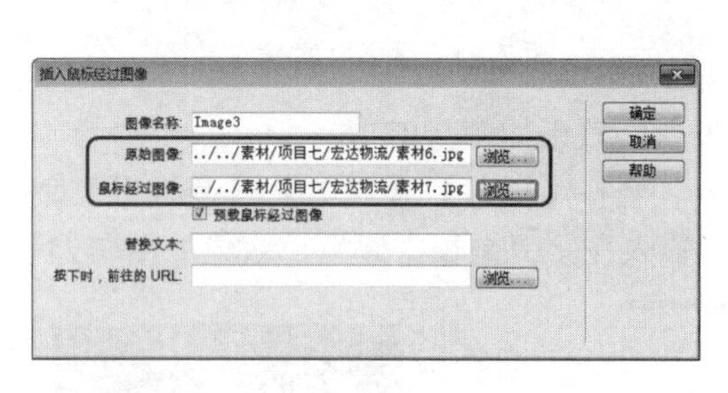

图 7-26　【插入鼠标经过图像】对话框

图 7-27　插入鼠标经过图像

(27) 将鼠标指针插入大表格右侧的单元格中，将【水平】设置为【居中对齐】，将【垂直】设置为【顶端】。按 Ctrl+Alt+T 组合键打开【表格】对话框，在该对话框中将【行数】、【列】分别设置为 3、1，将【表格宽度】设置为 580 像素，将【单元格间距】设置为 0，其他保持默认设置，如图 7-28 所示。

(28) 单击【确定】按钮，即可插入表格。将表格第 1 行单元格的【宽】、【高】分别设置为 580、200。选择【插入】|【媒体】| SWF 命令，弹出【选择 SWF】对话框，在该对话框中选择“素材 14.swf”素材文件，如图 7-29 所示。

(29) 单击【确定】按钮，弹出【对象标签辅助功能属性】对话框，在该对话框中直接单击【确定】按钮，即可插入 SWF 对象，完成后的效果如图 7-30 所示。

(30) 选择第 3 行单元格，将【宽】、【高】分别设置为 580、168，将【水平】设置为【居中对齐】，将【垂直】设置为【居中】。按 Ctrl+Alt+I 组合键打开【选择图像源文件】对话框，在该对话框中选择“素材 15.jpg”素材图片，单击【确定】按钮。然后调整图片的大小，单击【宽】、【高】右侧的【切换尺寸约束】按钮，将【宽】设置为 580，完成后的效果如图 7-31 所示。

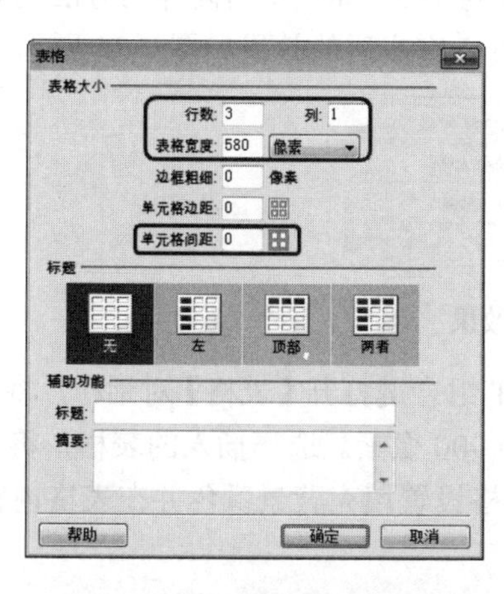

图 7-28 【表格】对话框

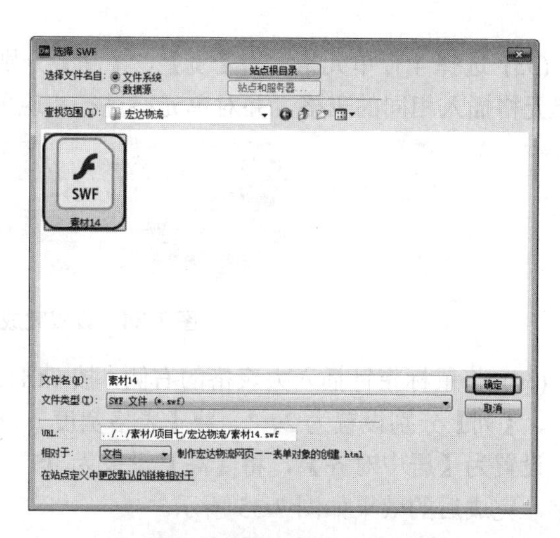

图 7-29 【选择 SWF】对话框

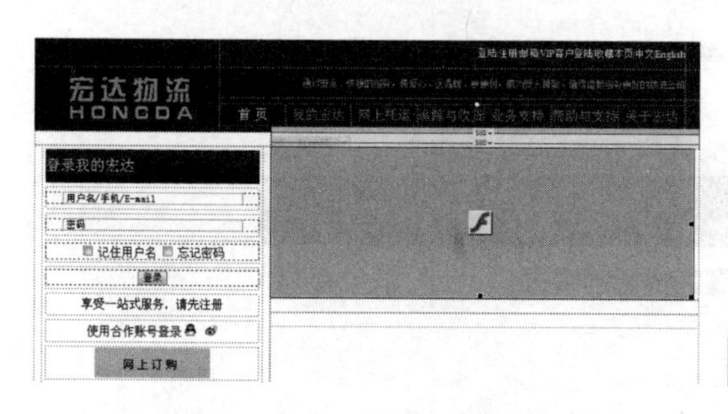

图 7-30 插入 SWF 后的效果

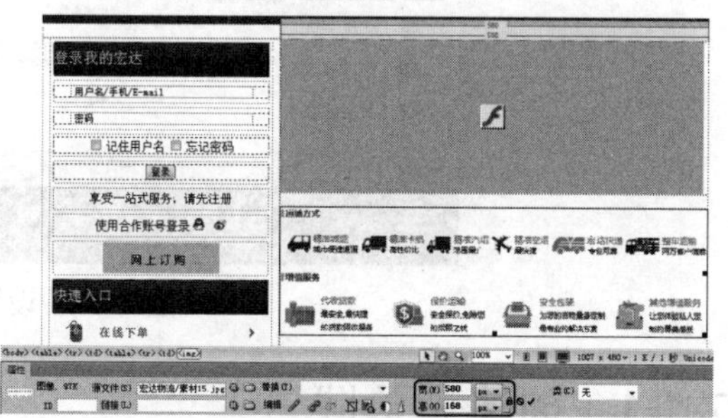

图 7-31 插入图片后的效果

(31) 选择第 2 行单元格，将【水平】设置为【居中对齐】，将【垂直】设置为【居中】。按 Ctrl+Alt+T 组合键，在打开的【表格】对话框中将【行数】、【列】分别设置为 1、3，将【表格宽度】设置为 580 px，将【单元格间距】设置为 5，其他参数保持默认设置，完成后的效果如图 7-32 所示。

(32) 单击【确定】按钮，即可插入表格。将鼠标指针插入第 1 列单元格内，插入 4 行 1 列、【表格宽度】为 186 px、【单元格间距】为 0 的表格。选择刚刚插入表格的所有单元格，将【背景颜色】设置为#EDEDED，完成后的效果如图 7-33 所示。

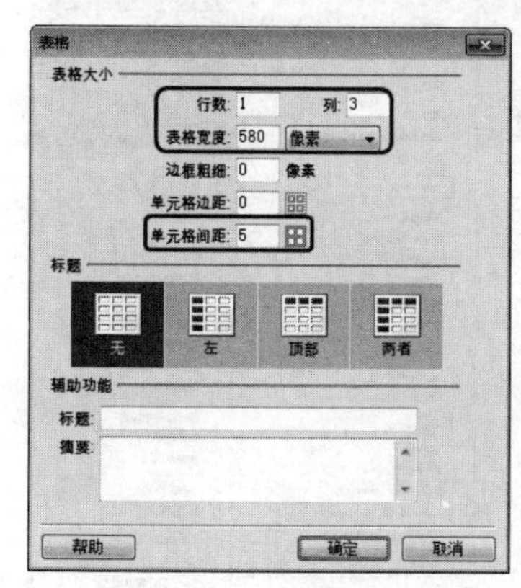

图 7-32 【表格】对话框

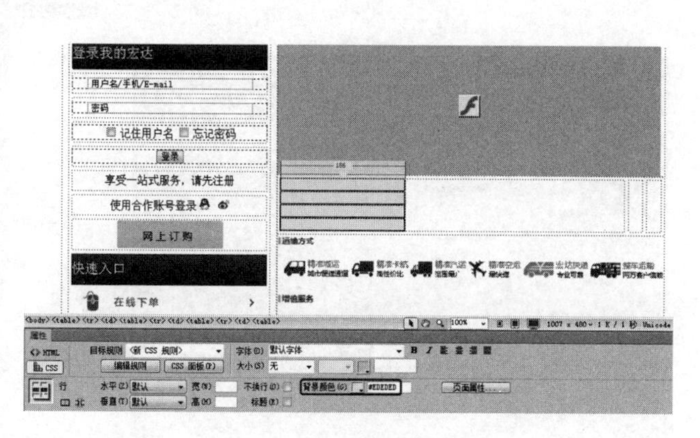

图 7-33 设置表格

(33) 选择 4 行单元格，将【宽】、【高】分别设置为 186、38。使用同样的方法为剩余的单元格插入相同的表格，并对单元格进行相应的设置，完成后的效果如图 7-34 所示。

图 7-34　设置完成后的效果

(34) 将鼠标指针插入大表格的右侧，按 Ctrl+Alt+T 组合键打开【表格】对话框，将【行数】、【列】分别设置为 2、1，将【表格宽度】设置为 900 像素。选择插入的表格，将【对齐】设置为【居中对齐】，将【高】设置为 35，为表格设置填充背景颜色并在表格内输入文字，完成后的效果如图 7-35 所示。

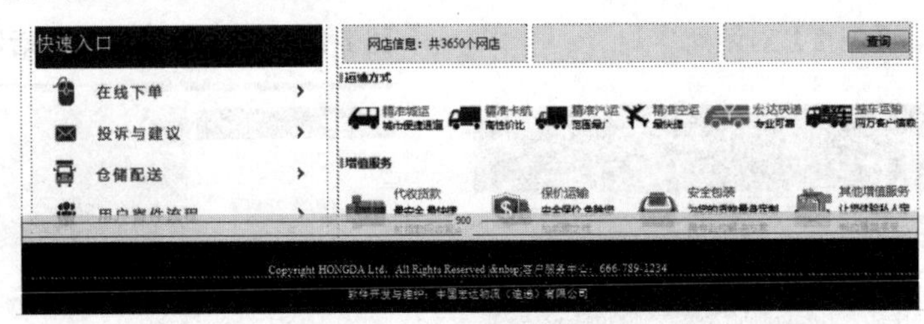

图 7-35　设置完成后的效果

7.1.1　创建表单域

每一个表单中都包括表单域和若干个表单元素，而所有的表单元素都要放在表单域中才会生效，因此，制作表单时要先插入表单域。

在文档中添加表单域的具体操作步骤如下。

(1) 运行 Dreamweaver CS6 软件，打开“素材\项目七\创建表单域素材.html”文件，如图 7-36 所示。

(2) 将鼠标指针插入最大的空白单元格中，然后在菜单栏中选择【插入】|【表单】|【表单】命令，如图 7-37 所示。

图 7-36　素材文件

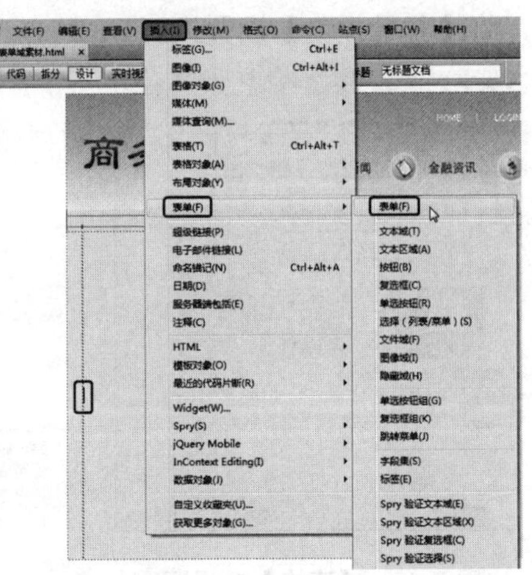

图 7-37　选择【表单】命令

(3) 选择【表单】命令后，在文档窗口会出现一条红色的虚线，即可插入表单，如图 7-38 所示。选中表单，在表单的【属性】面板中可以进行相应的设置，如图 7-39 所示。

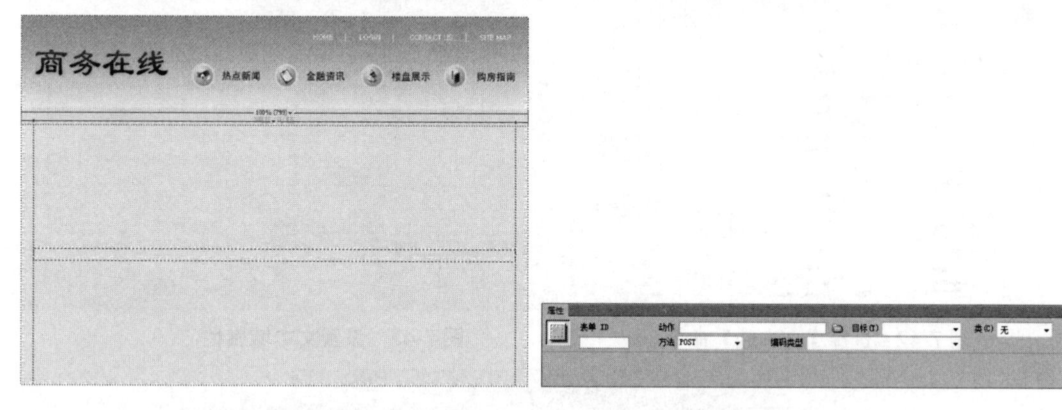

图 7-38 插入的表单

图 7-39 【属性】面板

7.1.2 插入文本域

根据类型属性的不同，文本域可分为 3 种：单行文本域、多行文本域和密码域。文本域是最常见的表单对象之一，用户可以在文本域中输入相应的文本，以及字母、数字等内容。具体操作步骤如下。

(1) 运行 Dreamweaver CS6 软件，打开“素材\项目七\插入文本域素材.html”文件，如图 7-40 所示。

(2) 将鼠标指针插入第 1 行的第一个单元格中，并输入文字“用户名：”，然后调整单元格的宽度，如图 7-41 所示。

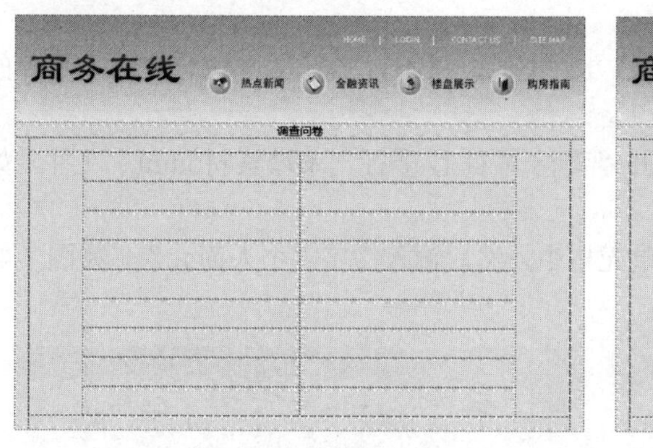

图 7-40 素材文件

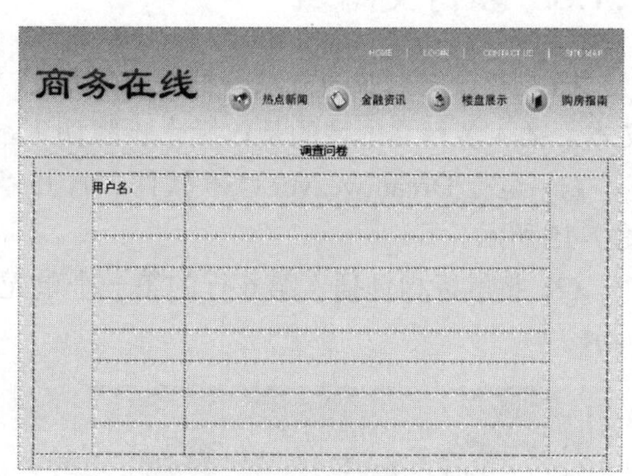

图 7-41 输入相应的文字

(3) 将鼠标指针插入第 1 行的第二个单元格中，在菜单栏中选择【插入】|【表单】|【文本域】命令，如图 7-42 所示。

(4) 选中插入的文本域，在【属性】面板中将【字符宽度】设置为 22，如图 7-43 所示。

(5) 使用相同的方法，在其他单元格中输入相应的文字并插入文本域，效果如图 7-44 所示。

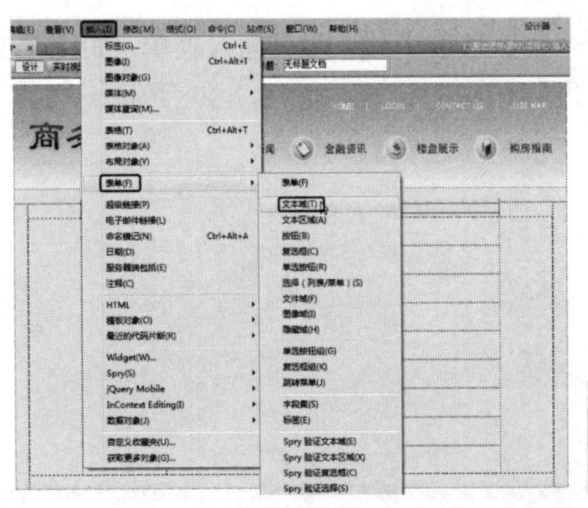

图 7-42　选择【文本域】命令

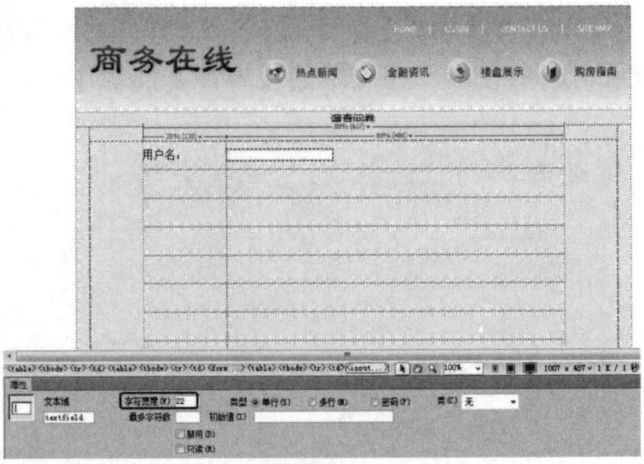

图 7-43　设置文本域属性

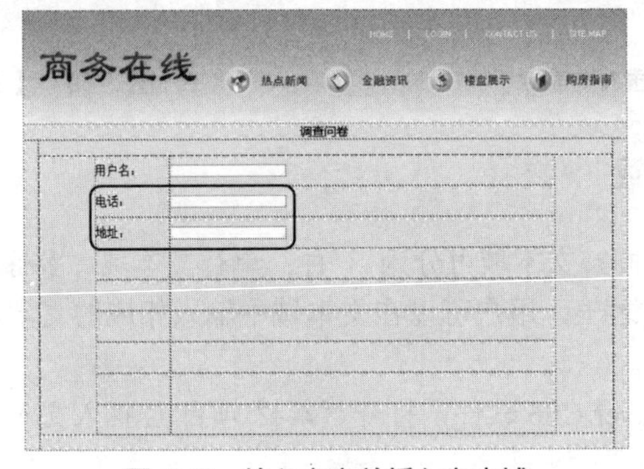

图 7-44　输入文字并插入文本域

7.1.3　多行文本域

插入多行文本域的方法与插入文本域的方法类似，只不过多行文本域允许输入更多的文本。插入多行文本域的具体操作步骤如下。

(1) 运行 Dreamweaver CS6 软件，打开“素材\项目七\多行文本域素材.html”文件，如图 7-45 所示。

(2) 将鼠标指针插入第 6 行的第一个单元格中，然后输入文字“个人简介”，如图 7-46 所示。

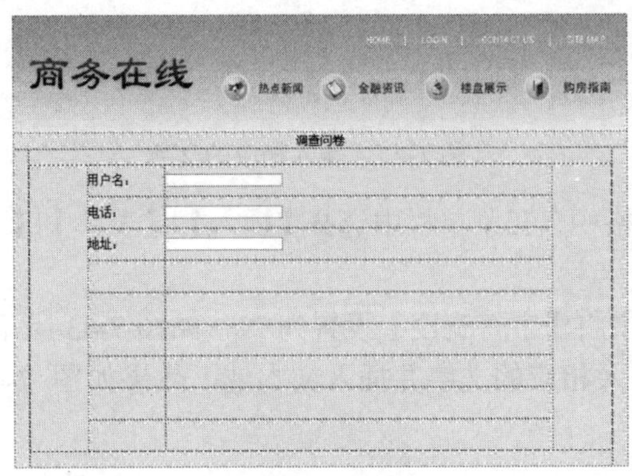

图 7-45　素材文件

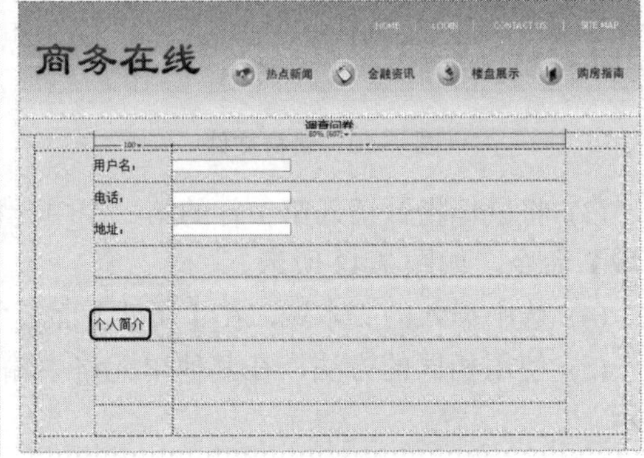

图 7-46　输入文字

(3) 将鼠标指针插入第 6 行的第二个单元格中，在菜单栏中选择【插入】|【表单】|【文本区域】命令，如图 7-47 所示。

(4) 插入文本区域的效果如图 7-48 所示。

图 7-47　选择【文本区域】命令

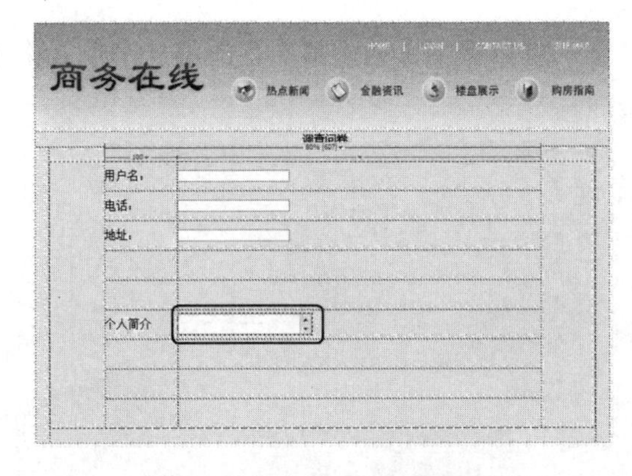

图 7-48　插入文本区域的效果

(5) 选中插入的文本域，在【属性】面板中将【字符宽度】设置为 60，【行数】设置为 5，如图 7-49 所示。

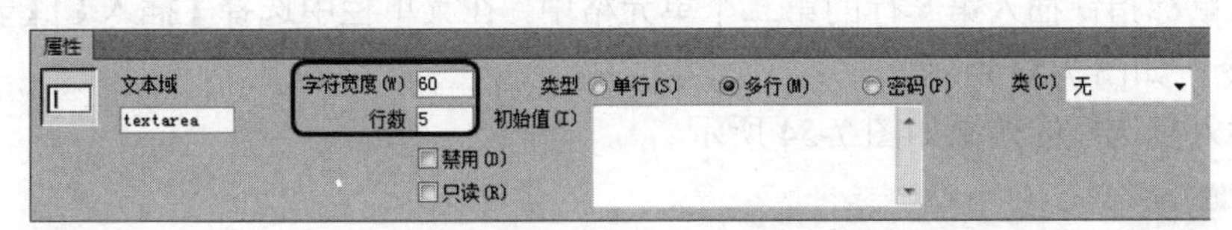

图 7-49　设置文本域的属性

(6) 设置完成后的效果如图 7-50 所示。

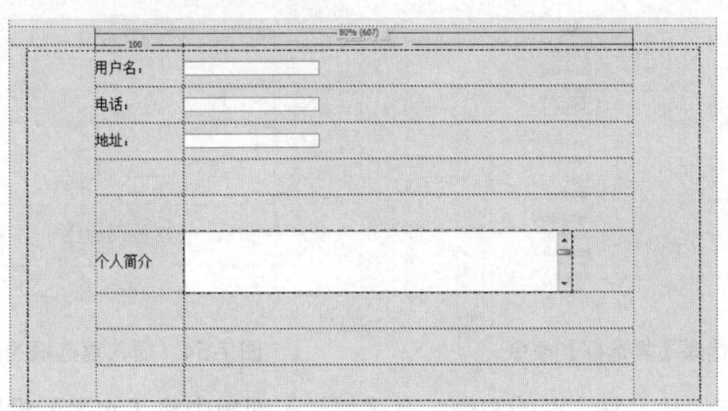

图 7-50　设置完成后的效果

提示：在【表单】插入面板中单击【文本区域】按钮，也可插入多行文本域。插入文本域后，在【属性】面板中将【类型】设置为【多行】类型，即可转换为多行文本域。

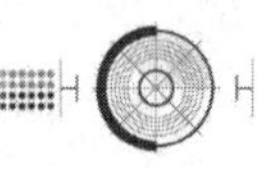

7.1.4 复选框

使用表单时经常会有多个选项，用户可以选择任意多个适用的选项，下面详细介绍插入复选框的具体操作步骤。

(1) 运行 Dreamweaver CS6 软件，打开“素材\项目七\复选框素材.html”文件，如图 7-51 所示。

(2) 将鼠标指针插入第 5 行的第一个单元格中，输入相应的文字，如图 7-52 所示。

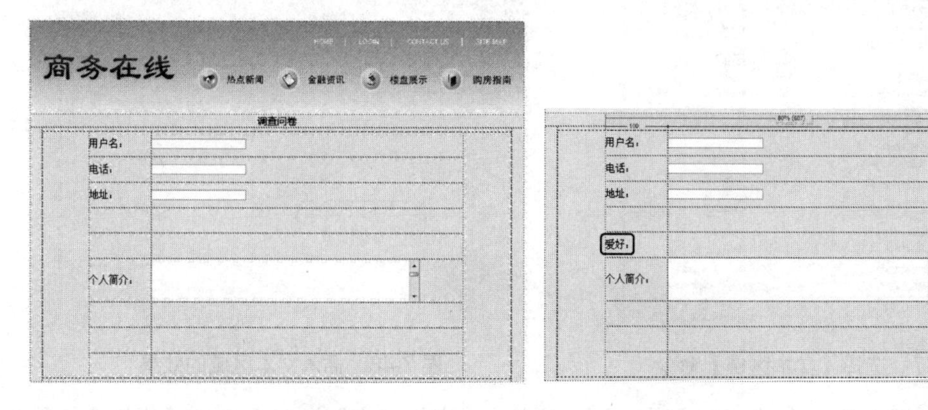

图 7-51　素材文件　　　　图 7-52　输入相应文字

(3) 将鼠标指针插入第 5 行的第二个单元格中，在菜单栏中选择【插入】|【表单】|【复选框】命令，如图 7-53 所示。

(4) 插入复选框的效果如图 7-54 所示。

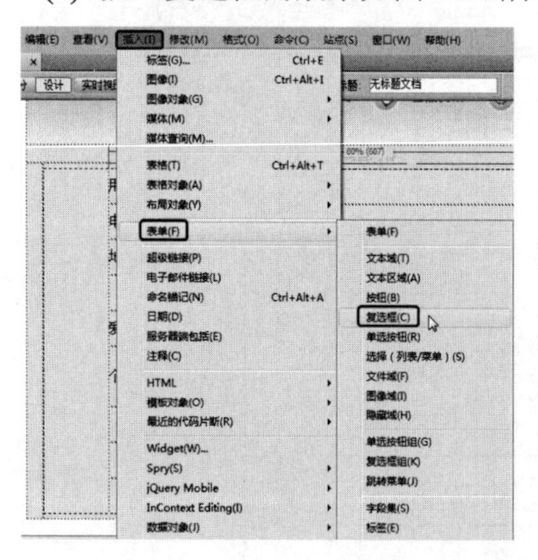

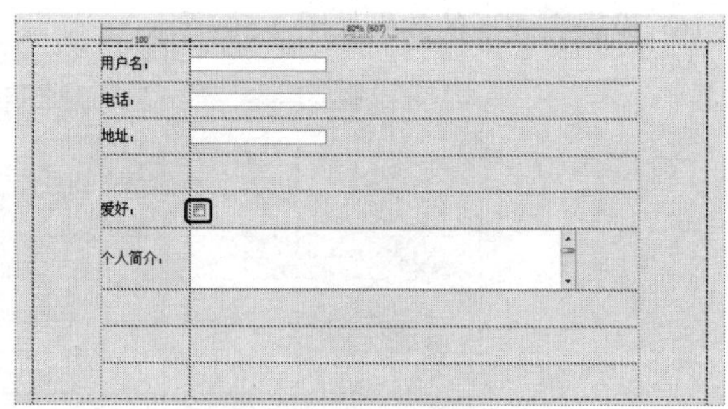

图 7-53　选择【复选框】命令　　　　图 7-54　插入复选框的效果

(5) 将鼠标指针插入复选框的右侧，在【属性】面板中将【水平】设置为【左对齐】，如图 7-55 所示。

(6) 根据前面介绍的方法，继续插入复选框，设置完成后的效果如图 7-56 所示。

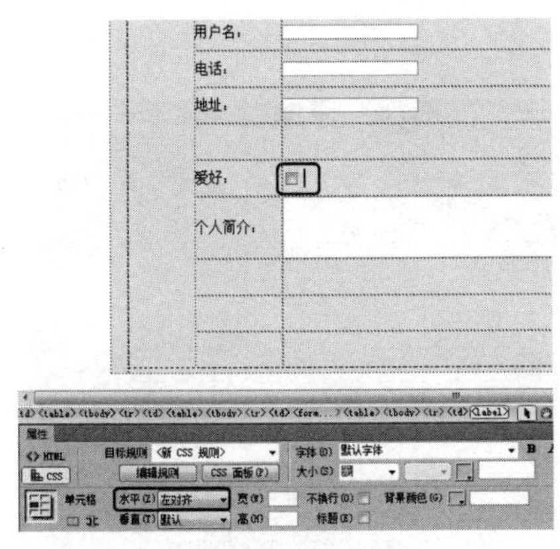
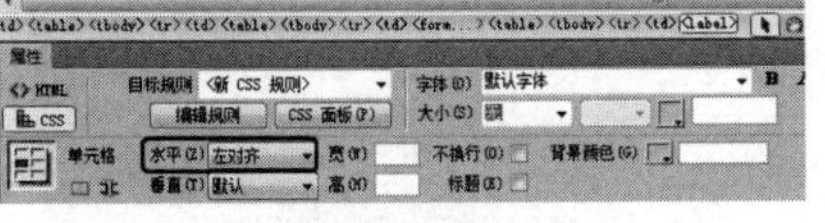

图 7-55 设置复选框的对齐方式

图 7-56 设置完成后的效果

7.1.5 单选按钮

通常单选按钮是成组使用的，在同一组中的单选按钮必须具有相同的名称。下面将介绍插入单选按钮的具体操作步骤。

(1) 运行 Dreamweaver CS6 软件，打开“素材\项目七\单选按钮素材.html”文件，如图 7-57 所示。

(2) 将鼠标指针插入第 4 行的第 1 个单元格中，输入文字“性别：”，如图 7-58 所示。

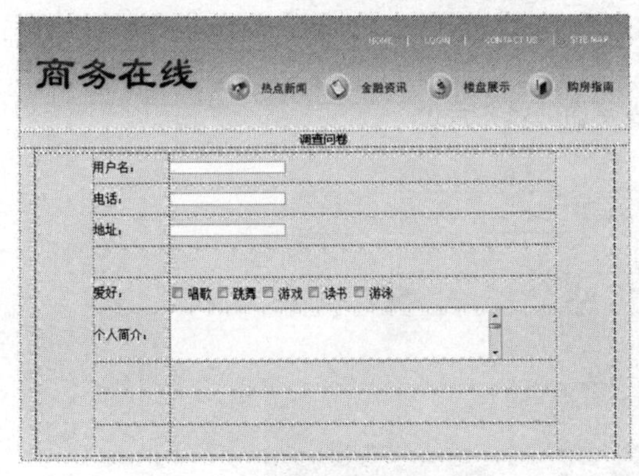

图 7-57 打开素材文件

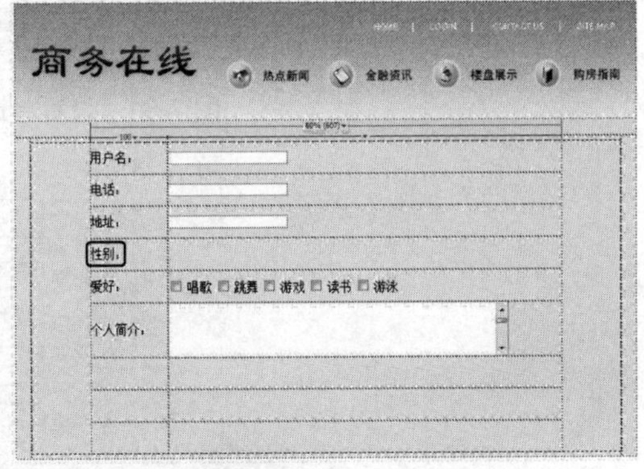

图 7-58 输入文字

(3) 将鼠标指针插入第 4 行的第 2 个单元格中，在菜单栏中选择【插入】|【表单】|【单选按钮】命令，如图 7-59 所示。

(4) 即可插入单选按钮，删除多余文字，如图 7-60 所示。

(5) 将鼠标指针插入单选按钮的右侧，在【属性】面板中将【水平】设置为【左对齐】，如图 7-61 所示。

(6) 选中单选按钮，在【属性】面板的【选定值】文本框中输入相应文字“男”，选择【已勾选】单选按钮，并在单选按钮的右侧输入文字“男”，如图 7-62 所示。

(7) 使用相同的方法插入单选按钮，并输入文字“女”，如图 7-63 所示。

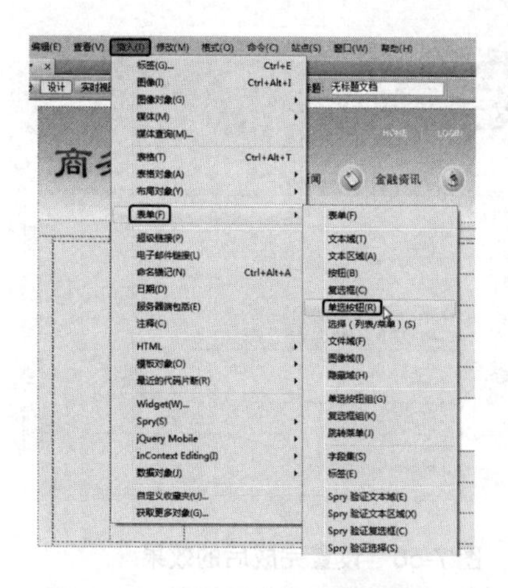

图 7-59　选择【单选按钮】命令

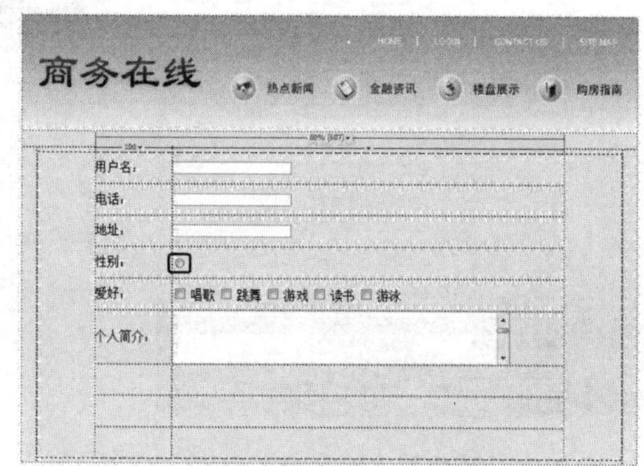

图 7-60　插入单选按钮

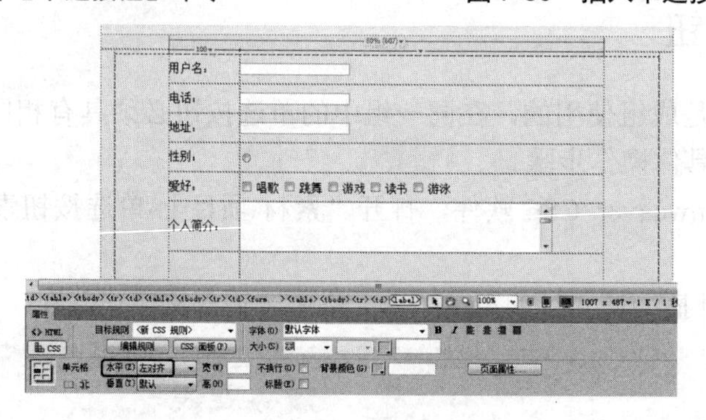

图 7-61　设置单选按钮的对齐方式

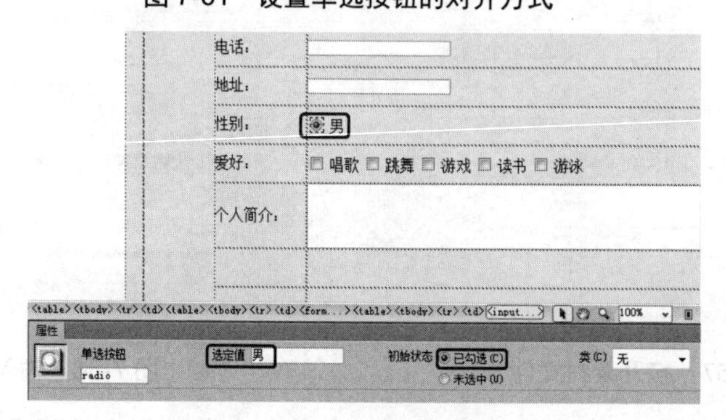

图 7-62　【属性】面板

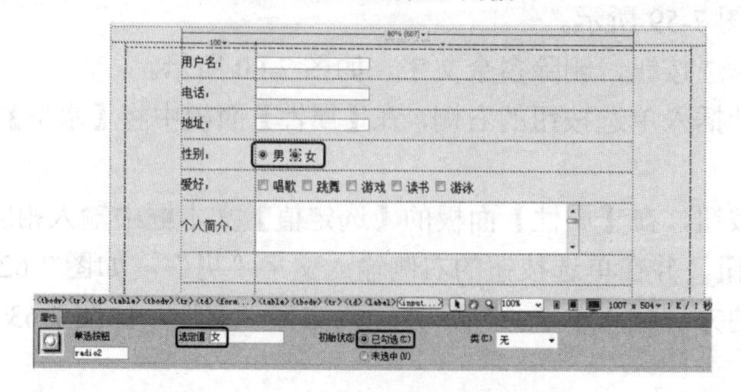

图 7-63　插入单选按钮并输入文字

7.1.6　列表/菜单

表单中有两种类型的菜单：一种是用户单击时下拉的菜单，称为下拉菜单；另一种则显示为一个列有项目的可滚动列表，用户可从该列表中选择项目，这被称为滚动列表。插入列表/菜单的具体操作步骤如下。

(1) 运行 Dreamweaver CS6 软件，打开“素材\项目七\列表和菜单素材.html”文件，如图 7-64 所示。

(2) 将鼠标指针插入第 7 行的第 1 个单元格中，输入文字“学历：”，如图 7-65 所示。

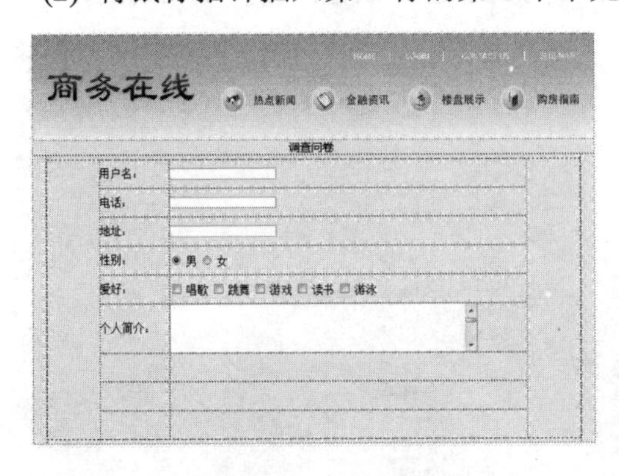

图 7-64　素材文件

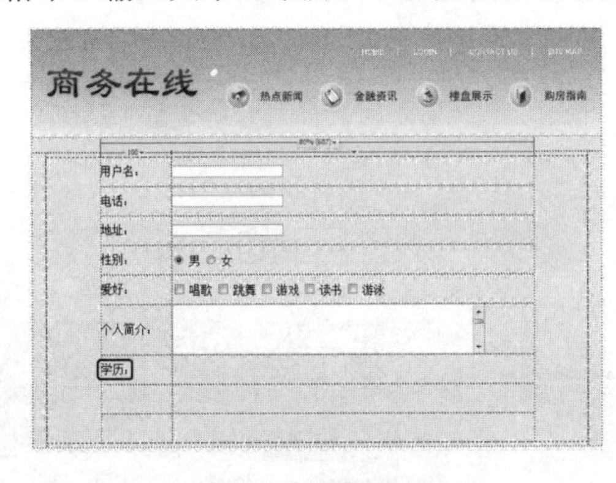

图 7-65　输入文字

(3) 将鼠标指针插入第 7 行的第 2 个单元格中，在菜单栏中选择【插入】|【表单】|【选择(列表/菜单)】命令，如图 7-66 所示。

(4) 即可插入列表/菜单，删除多余文字，如图 7-67 所示。

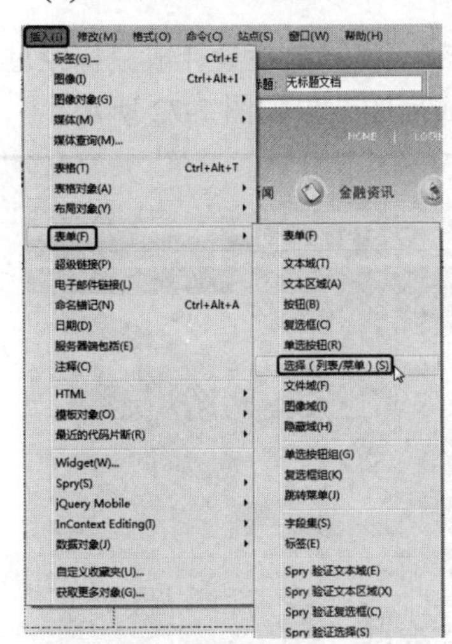

图 7-66　选择【选择(列表/菜单)】命令

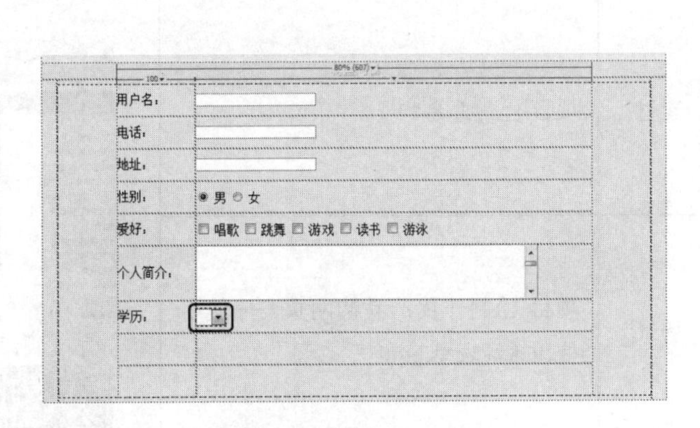

图 7-67　插入列表/菜单

(5) 选中插入列表/菜单，在【属性】面板中单击【列表值】按钮，系统将自动弹出【列表值】对话框，如图 7-68 所示。

(6) 单击【列表值】对话框中的 + 按钮，根据需要添加项目标签，如图 7-69 所示。

(7) 单击【确定】按钮，即可查看列表/菜单，如图 7-70 所示。

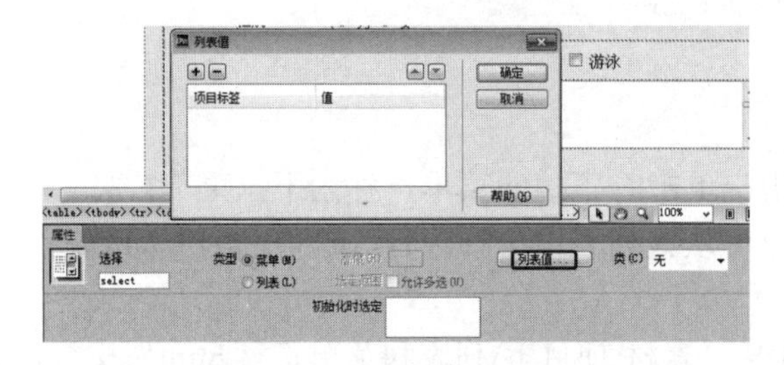

图 7-68　【列表值】对话框

图 7-69　设置【列表值】对话框

(8) 设置完成后将文档保存，按 F12 键可以在网页中进行预览，如图 7-71 所示。

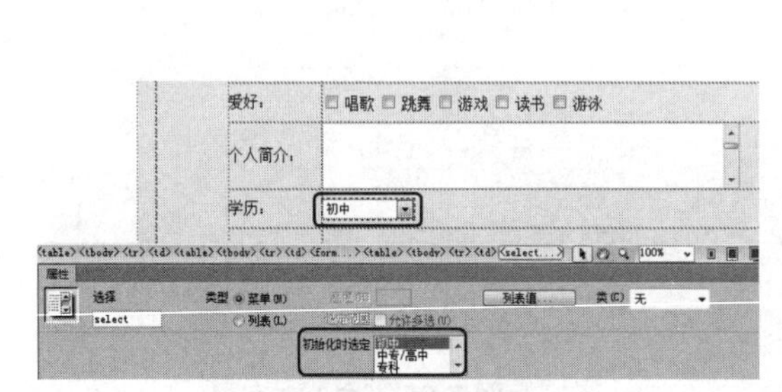

图 7-70　查看列表/菜单

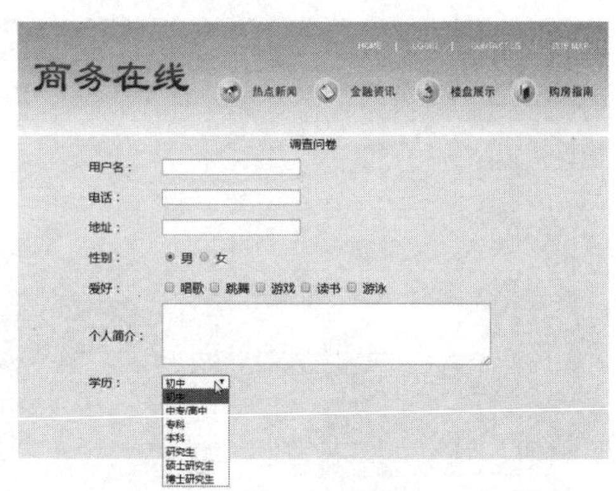

图 7-71　预览文档效果

任务 2　制作优选易购网页——使用按钮激活表单

本例将介绍如何制作优先易购网页。首先制作网页顶部，将导航栏设计成鼠标经过图像，然后在插入表格的单元格中输入文字和插入图片，完成后的效果如图 7-72 所示。

素材	项目七\优选易购	 图 7-72　优选易购网页
场景	项目七\制作优选易购网页——使用按钮激活表单.html	
视频	项目七\任务 2: 制作优选易购网页——使用按钮激活表单.mp4	

具体操作步骤如下。

(1) 新建一个空白文档，单击【属性】面板中的【页面属性】按钮，在弹出的对话框中选择【外观(HTML)】选项，将【上边距】、【左边距】、【边距高度】都设置为 0，如图 7-73 所示。

(2) 按 Ctrl+Alt+T 组合键打开【表格】对话框，在该对话框中将【行数】设置为 2、【列】设置为 2，将【表格宽度】设置为 900 px，如图 7-74 所示。

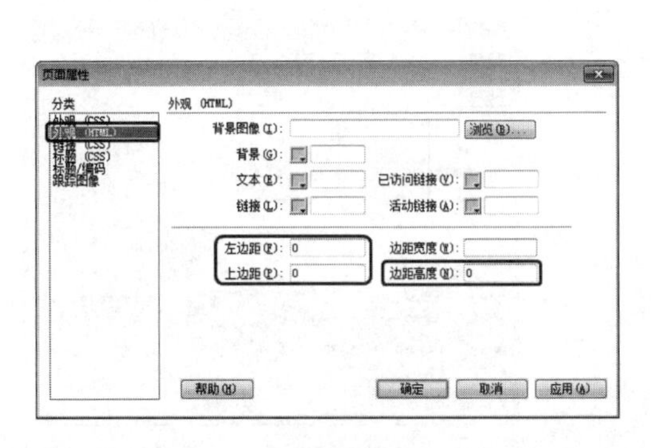

图 7-73 【页面属性】对话框

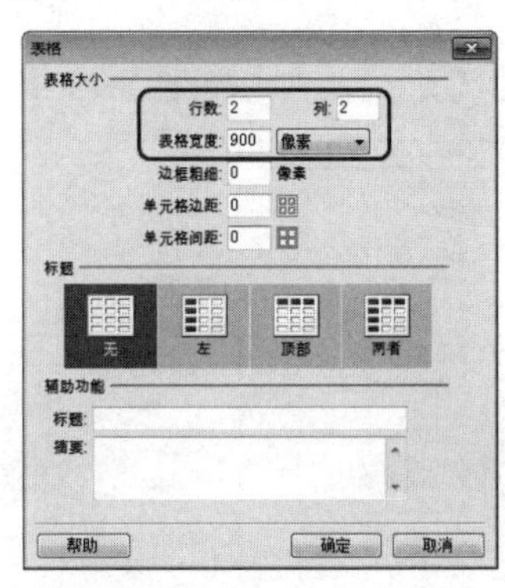

图 7-74 【表格】对话框

(3) 单击【确定】按钮，在【属性】面板中将【对齐】设置为【居中对齐】，在第 1 行单元格内输入文字，如图 7-75 所示。

(4) 在空白位置右击，在弹出的快捷菜单中选择【CSS 样式】|【新建】命令，弹出【新建 CSS 规则】对话框，在该对话框中将【选择器名称】设置为 a1，单击【确定】按钮。在打开的对话框中将 Font-size 设置为 13 px，将 Color 设置为#666666，其他参数保持默认设置，如图 7-76 所示，单击【确定】按钮。

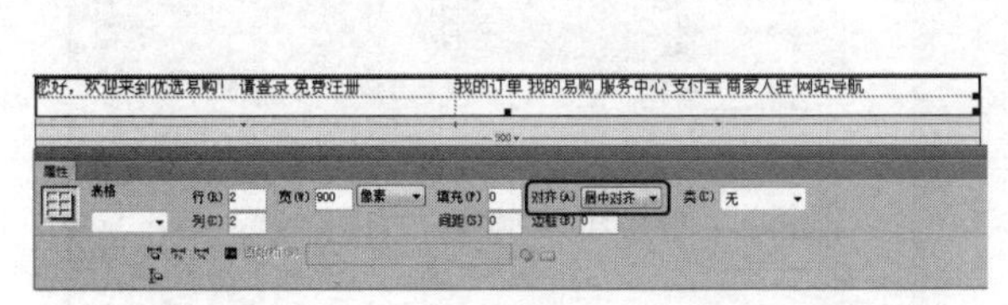

图 7-75 输入文字

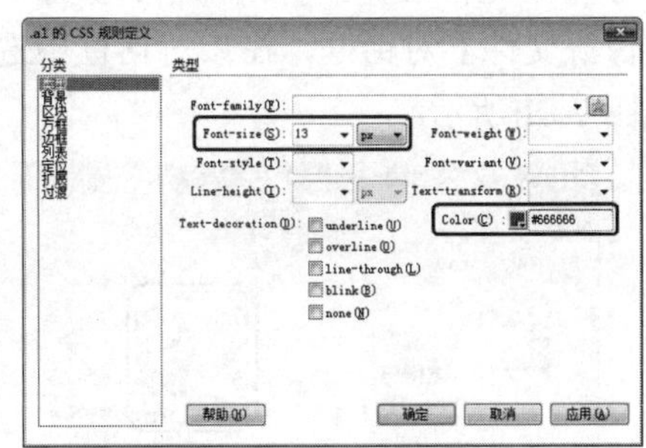

图 7-76 设置规则

(5) 选择输入的文字，在【属性】面板中将【目标规则】设置为.a1，将第 1 行第 1 列单元格的【宽】设置为 500，将第 1 行第 2 列单元格的【水平】设置为【右对齐】，将【宽】设置为 400，如图 7-77 所示。

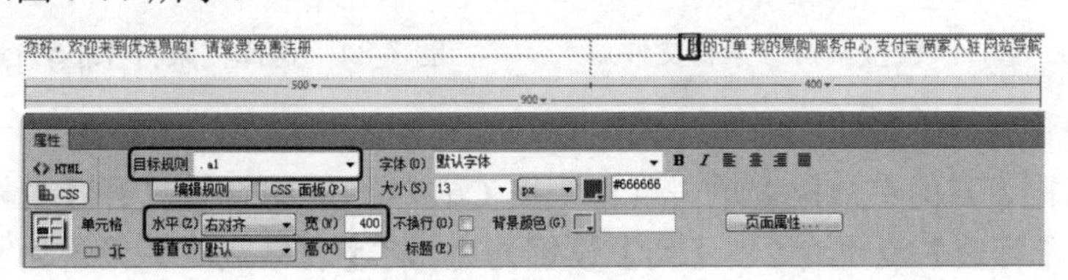

图 7-77 设置属性

(6) 将鼠标指针插入“免费注册”文字的右侧，在菜单栏中选择【插入】|【表单】|【图像域】命令，如图 7-78 所示。

(7) 执行完【图像域】命令后，系统将自动弹出【选择图像源文件】对话框，在该对话框中选择相应的图像文件，如图 7-79 所示。

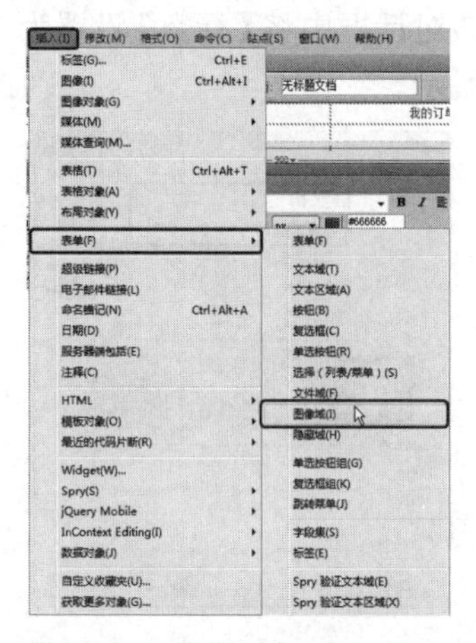

图 7-78　选择【图像域】命令

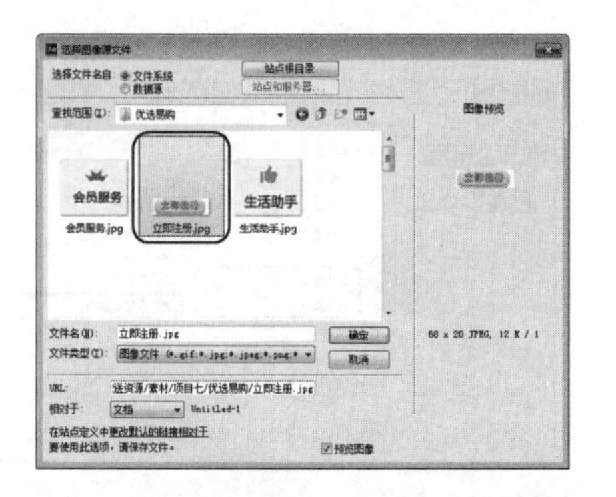

图 7-79　【选择图像源文件】对话框

(8) 单击【确定】按钮，在弹出的提示对话框中单击【否】按钮。选中插入的图像， 打开【标签检查器】面板，在该面板中单击【添加行为】按钮，在弹出的下拉列表中选择【转到 URL】命令。弹出【转到 URL】对话框，单击【浏览】按钮，在弹出的对话框中选择“素材\项目七\优选易购\链接素材.html”素材文件，如图 7-80 所示。

(9) 单击【确定】按钮，在返回的【转到 URL】对话框中单击【确定】按钮，然后将第 2 行单元格合并。将鼠标指针置于合并的单元格中，按 Ctrl+Alt+I 组合键，打开【选择图像源文件】对话框，在该对话框中选择“素材\项目七\优选易购\素材 1.jpg”素材文件，如图 7-81 所示。

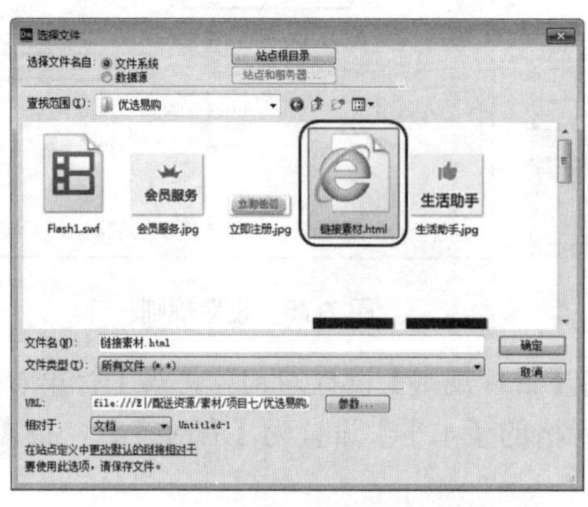

图 7-80　选择“链接素材”素材文件

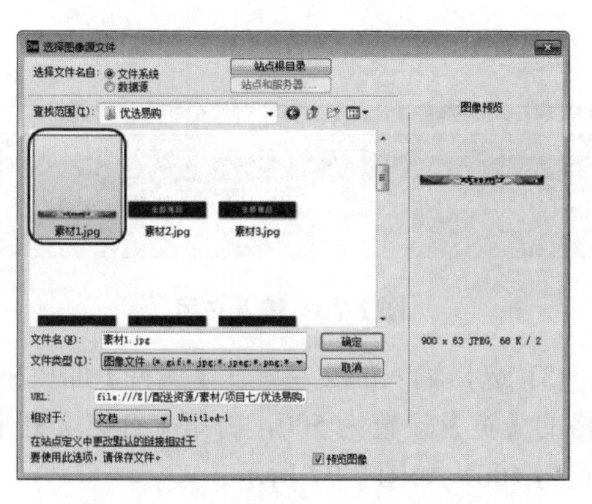

图 7-81　选择“素材 1.jpg”素材文件

(10) 单击【确定】按钮，即可导入图片，效果如图 7-82 所示。

(11) 在表格下方的空白位置单击鼠标，按 Ctrl+Alt+T 组合键打开【表格】对话框，在该对话框中将【行数】设置为 2、【列】设置为 8，将【表格宽度】设置为 900 px，其他保持默认设置，如图 7-83 所示，单击【确定】按钮。

图 7-82　插入图片后的效果

(12) 选择插入的表格，在【属性】面板中将【对齐】设置为【居中对齐】，将第 1 列单元格的【宽】设置为 200，其他单元格的【宽】设置为 100，将第 1 行单元格合并，将其【高】设置为 10，选中该单元格。单击【拆分】按钮，切换视图，将选中代码中的 删除，如图 7-84 所示。

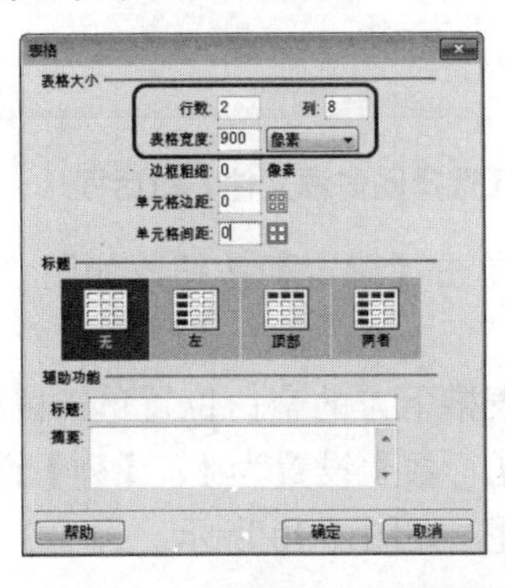

图 7-83　【表格】对话框

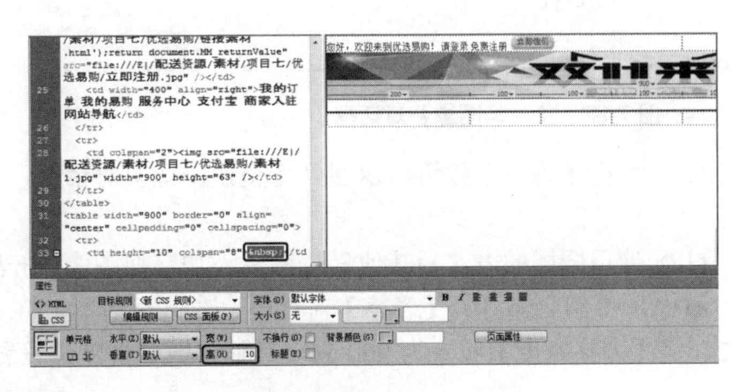

图 7-84　删除代码

(13) 单击【设计】按钮，切换视图。将鼠标指针插入第 2 行第 1 列单元格，按 Ctrl+Alt+I 组合键打开【选择图像源文件】对话框，在该对话框中选择“素材\项目七\优选易购\素材 2.jpg”素材文件，如图 7-85 所示。

(14) 单击【确定】按钮，并使用同样的方法插入其他图片，效果如图 7-86 所示。

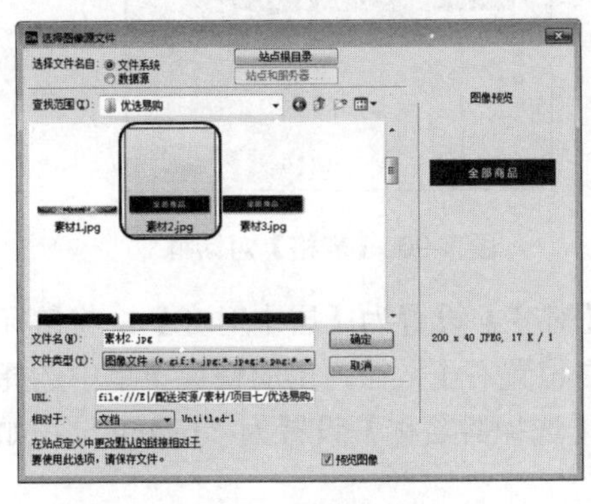

图 7-85　选择素材图片

图 7-86　插入图片

(15) 选择“全部商品”素材图片，在【属性】面板中将 ID 设置为 T1。打开【标签检查器】面板，在该面板中单击【添加行为】按钮，在弹出的下拉列表框中选择【交换图像】命令。弹出【交换图像】对话框，在该对话框中单击【浏览】按钮，如图 7-87 所示。

(16) 弹出【选择图像源文件】对话框，在该对话框中选择素材\项目七\优选易购\【素材 3.jpg】图片，如图 7-88 所示。

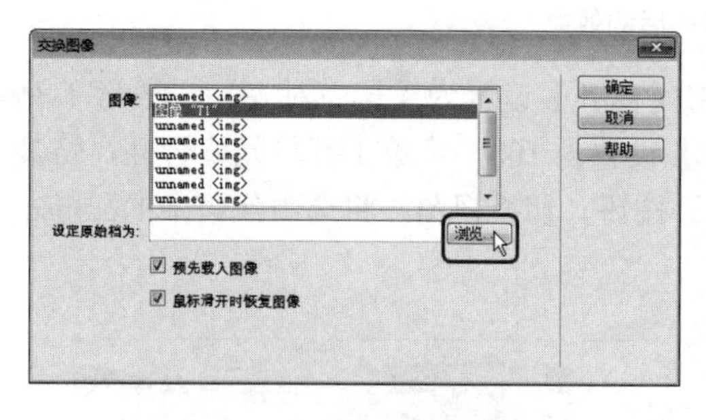

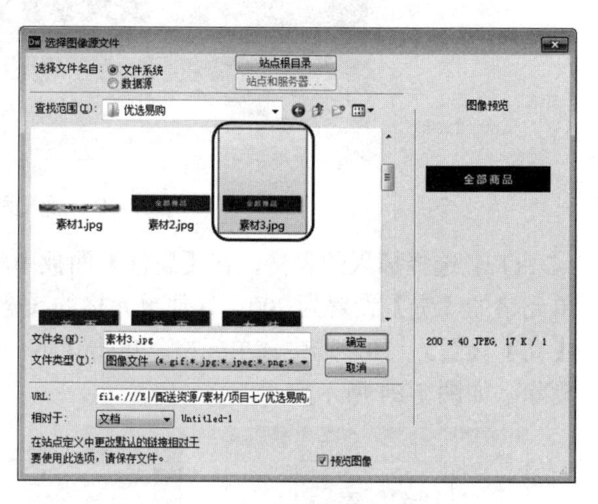

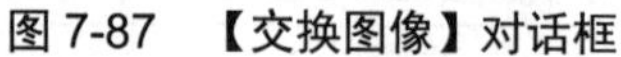

图 7-87 【交换图像】对话框

图 7-88 【选择图像源文件】对话框

(17) 单击【确定】按钮，返回到【交换图像】对话框，单击【确定】按钮，如图 7-89 所示。

(18) 使用同样的方法为其他素材图片添加交换图像。在表格下方的空白位置单击鼠标，按 Ctrl+Alt+T 组合键打开【表格】对话框，在该对话框中将【行数】设置为 1、【列】设置为 2，将【表格宽度】设置为 900 px，其他参数保持默认设置，如图 7-90 所示。

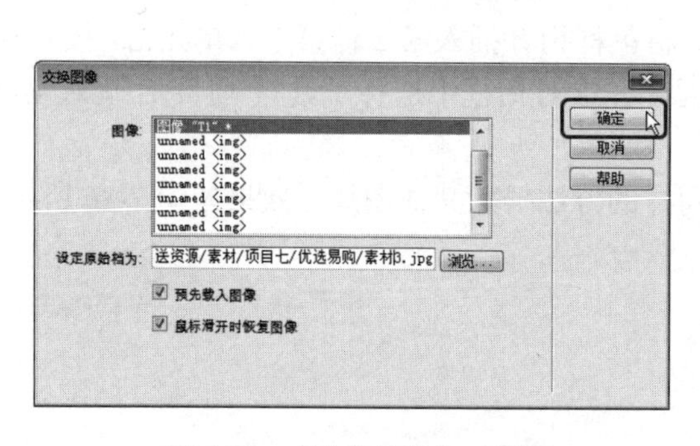

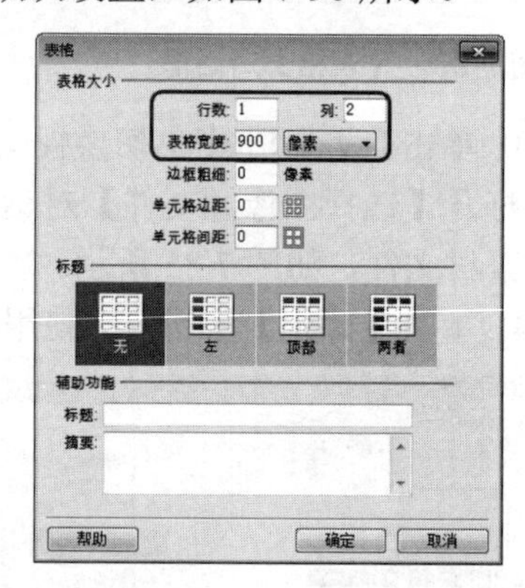

图 7-89 【交换图像】对话框

图 7-90 【表格】对话框

(19) 单击【确定】按钮，在【属性】面板中将【对齐】设置为【居中对齐】。将鼠标指针插入第 1 列单元格，将【宽】设置为 200。在空白位置右击，在弹出的快捷菜单中选择【CSS 样式】|【新建】命令，在弹出的对话框中将【选择器名称】设置为“biaoge”，如图 7-91 所示。

(20) 单击【确定】按钮，在弹出的对话框中选择【边框】选项，将 Top 设置为 solid，将 Width 设置为 thin，将 Color 设置为#E43A3D，如图 7-92 所示。

(21) 单击【确定】按钮，将鼠标指针插入第 1 列单元格中，在【属性】面板中将【目标规则】设置为.biaoge。将鼠标指针置于第 1 列单元格中，按 Ctrl+Alt+T 组合键打开【表格】对话框，在该对话框中将【行数】、【列】分别设置为 14、1，将【表格宽度】设置为 100 百分比，如图 7-93 所示。

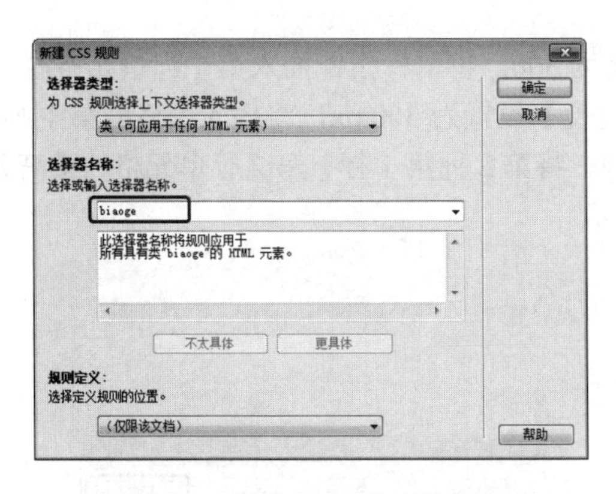

图 7-91　【新建 CSS 规则】对话框

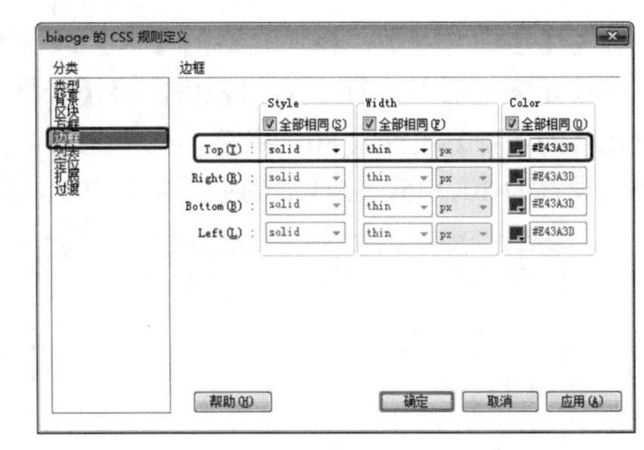

图 7-92　设置规则

(22) 单击【确定】按钮，即可插入表格。选中插入表格的所有单元格，将【高】设置为 25，在单元格内输入文字。选中输入的文字，在【属性】面板中将【目标规则】设置为【<内联样式>】，将【大小】设置为 15 px，完成后的效果如图 7-94 所示。

知识链接：选择单元格的方法

单击单元格，然后在文档窗口左下角的标签选择器中选择 <td> 标签，可选择一个单元格。

按住 Ctrl 键单击单元格，可选择不连续的单元格。

单击单元格，然后在菜单栏中选择【编辑】|【全选】命令。选择了一个单元格后再次选择【编辑】|【全选】命令可以选择整个表格。

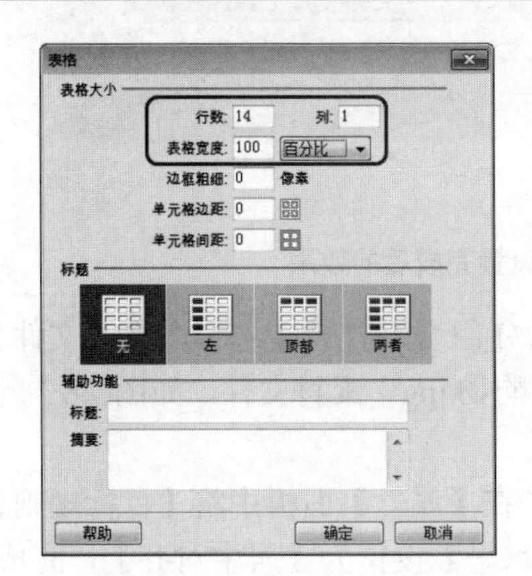

图 7-93　【表格】对话框

图 7-94　在单元格内输入文字后的效果

(23) 将鼠标指针插入第 2 列单元格内，在菜单栏中选择【插入】|【媒体】| SWF 命令，在弹出的对话框中选择“素材\项目七\优选易购\Flash1.swf”素材文件，如图 7-95 所示。

(24) 单击【确定】按钮，再在弹出的对话框中保持默认设置，单击【确定】按钮，如图 7-96 所示。

(25) 即可插入 SWF 媒体。将鼠标指针插入表格的右侧，按 Ctrl+Alt+T 组合键打开【表格】对话框，在该对话框中将【行数】设置为 1、【列】设置为 3，将【表格宽度】设置为 900 px，其他参数保持默认设置，如图 7-97 所示。

(26) 单击【确定】按钮即可插入表格。选择插入的表格，在【属性】面板中将【对齐】

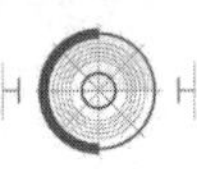

设置为【居中对齐】，将单元格的【宽】都设置为300。将鼠标指针插入第1列单元格内，在该单元格内插入2行2列的表格，将【表格宽度】设置为300 px，将插入表格的第1列单元格的【宽】设置为80，将第1列单元格合并，将第2列第1行、第2行单元格的【高】分别设置为30、35，完成后的效果如图7-98所示。

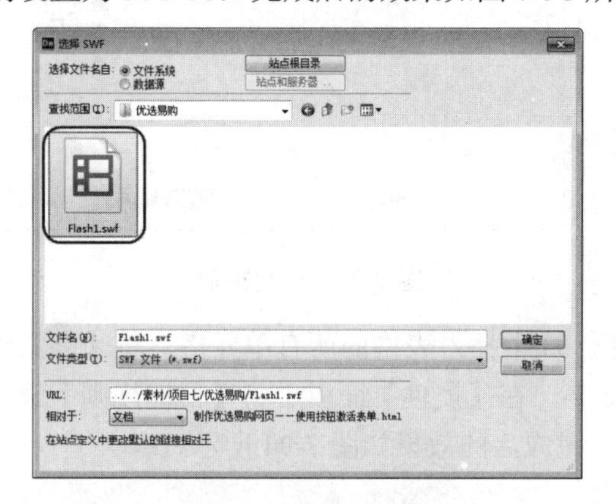

图7-95 选择素材文件

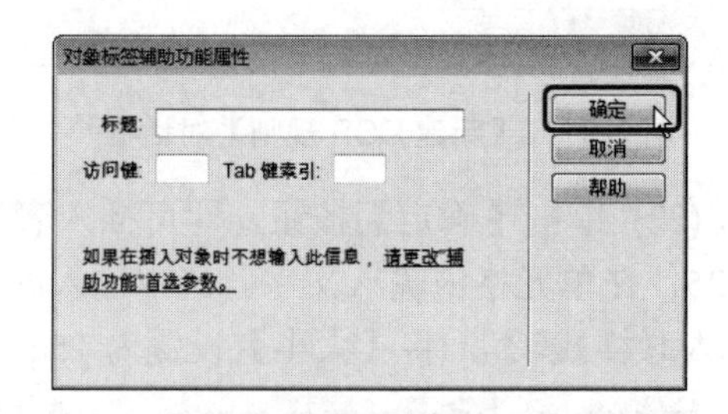

图7-96 【对象标签辅助功能属性】对话框

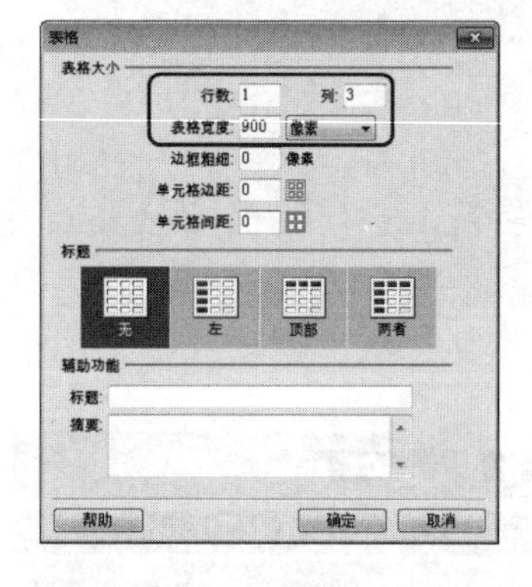

图7-97 【表格】对话框

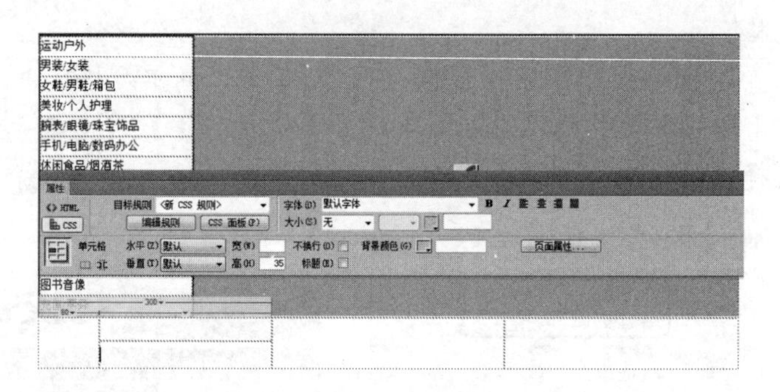

图7-98 设置完成后的效果

(27) 将鼠标指针移至合并后的单元格内，按Ctrl+Alt+I组合键打开【选择图像源文件】对话框，在该对话框中选择“素材\项目七\优选易购\特色购物.jpg”素材文件，如图7-99所示，单击【确定】按钮。

(28) 在第2列单元格内输入文字。选择输入的文字，在【属性】面板中将【目标规则】设置为【<内联样式>】，将【大小】设置为15 px，将【水平】设置为【居中对齐】，完成后的效果图7-100所示。

(29) 在其他单元格内插入表格并进行相应的设置，完成后的效果如图7-101所示。

(30) 将鼠标指针插入表格的右侧，按Ctrl+Alt+T组合键打开【表格】对话框，在该对话框中将【行数】设置为1、【列】设置为4，将【表格宽度】设置为900 px，如图7-102所示，单击【确定】按钮。

(31) 选择插入的表格，在【属性】面板中将【对齐】设置为【居中对齐】，使用前面介绍的方法在表格内插入图片，将【水平】设置为【居中对齐】，如图7-103所示。

(32) 按Ctrl+Alt+T组合键打开【表格】对话框，在该对话框中将【行数】设置为1，【列】设置为1、将【表格宽度】设置为900 px，单击【确定】按钮。确定插入的表格处于

选择状态，将【对齐】设置为【居中对齐】。将鼠标指针插入单元格内，在菜单栏中选择【插入】| HTML |【水平线】命令，如图 7-104 所示。

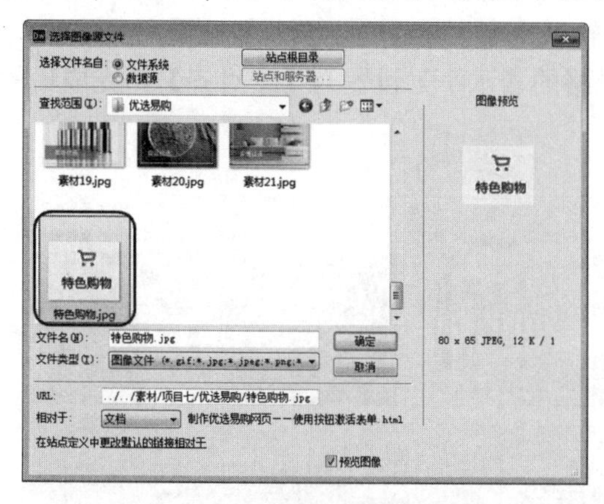

图 7-99　选择素材图片

图 7-100　输入文字并进行设置

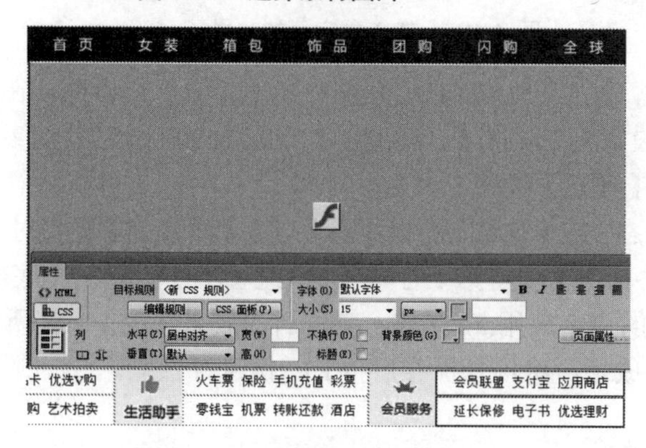

图 7-101　设置剩余的单元格

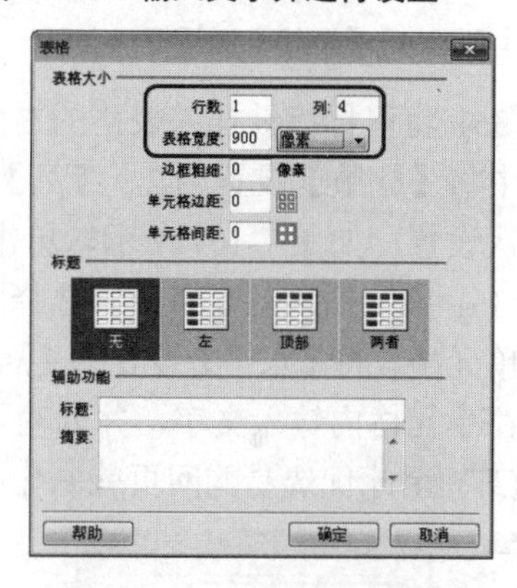

图 7-102　【表格】对话框

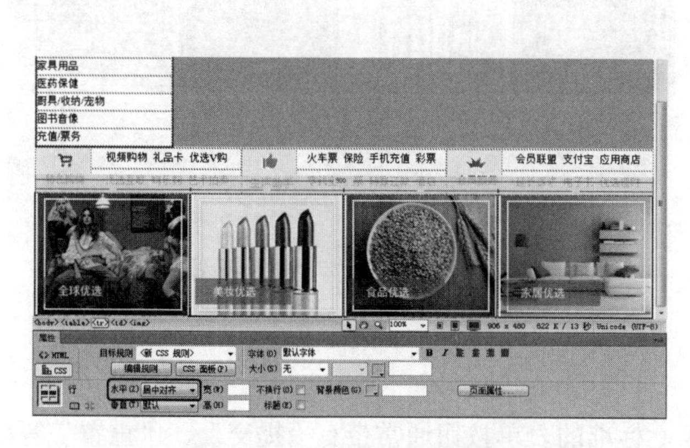

图 7-103　插入图片后的效果

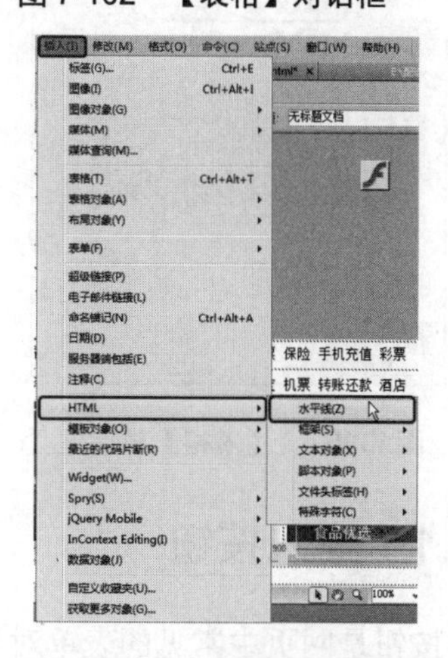

图 7-104　选择【水平线】命令

(33) 将鼠标指针插入水平线的右侧，按 Ctrl+Alt+T 组合键打开【表格】对话框，在该对话框中将【行数】设置为 2、【列】设置为 7，将【表格宽度】设置为 900 px，其他参数保持默认设置，如图 7-105 所示，单击【确定】按钮。

(34) 选择插入的表格，在【属性】面板中将【对齐】设置为【居中对齐】，将单元格的【背景颜色】设置为#e7e6e5，将【水平】设置为【居中对齐】。将第 1 行单元格的【高】设置为 25，然后在第 1 行、第 2 行单元格内输入文字，将【文字颜色】设置为#666666，为第 2 行的文字应用.a1，将第 2 行后两列单元格的【水平】设置为【左对齐】，完成后的效果如图 7-106 所示。

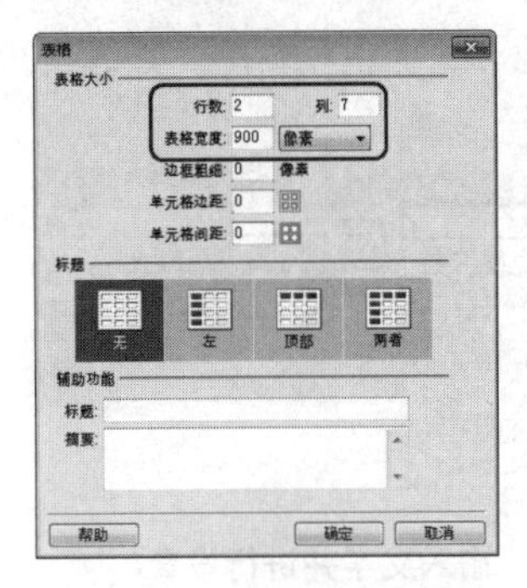

图 7-105　【表格】对话框

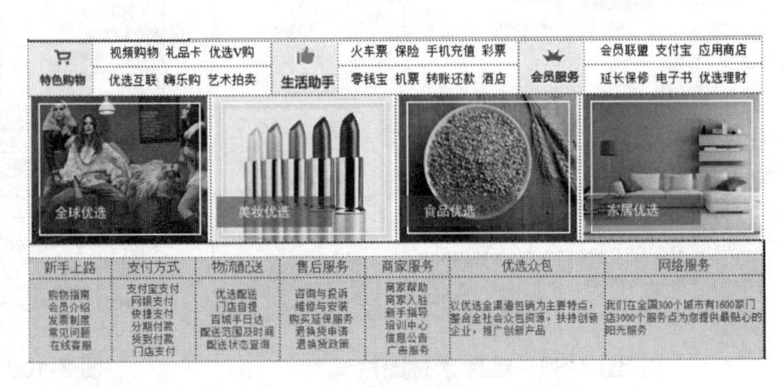

图 7-106　输入文字后的效果

(35) 将鼠标指针插入表格的右侧，按 Ctrl+Alt+T 组合键打开【表格】对话框，在该对话框中将【行数】设置为 2、【列】设置为 1，将【表格宽度】设置为 900 px，其他参数保持默认设置，如图 7-107 所示，单击【确定】按钮。

(36) 确定插入的表格处于选择状态，在【属性】面板中将【对齐】设置为【居中对齐】，选择单元格，将【水平】设置为【居中对齐】，将第 1 行单元格的【垂直】设置为【底部】，然后在单元格内输入文字，并为输入的文字应用.a1 样式，完成后的效果如图 7-108 所示。

(37) 至此优选易购网页就制作完成了，将场景保存后按 F12 键进行预览。

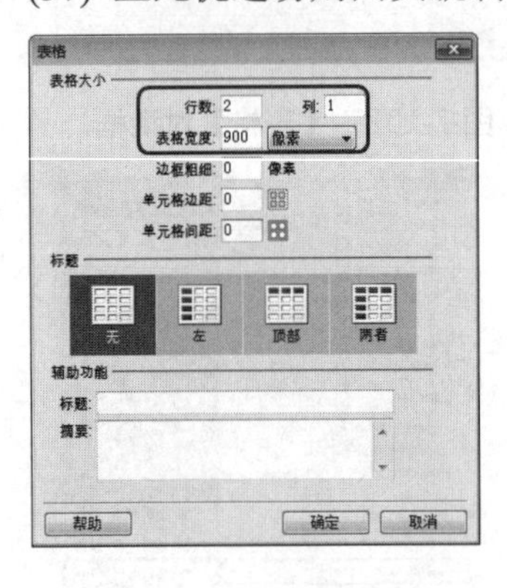

图 7-107　【表格】对话框

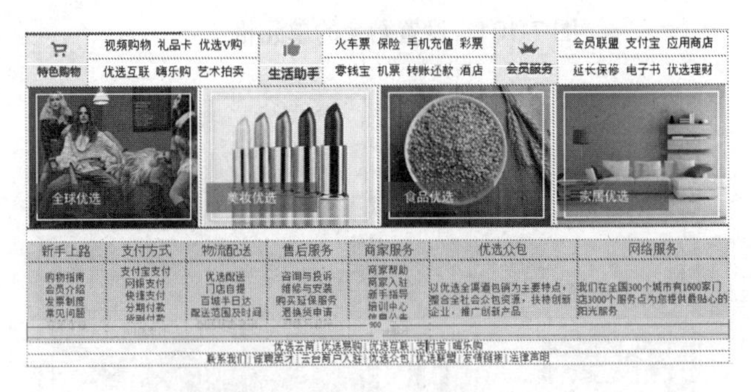

图 7-108　输入文字并进行设置

7.2.1　插入按钮

按钮是网页中常见的表单对象，标准的表单按钮通常带有“提交”、“重置”等标签，还可以为按钮分配其他在脚本中定义的处理任务。插入按钮的具体操作步骤如下。

(1) 打开“素材\项目七\插入按钮素材.html”文件，如图 7-109 所示。

(2) 将鼠标指针置于“友情链接”下方的单元格中，在菜单栏中选择【插入】|【表单】|【按钮】命令，如图 7-110 所示。

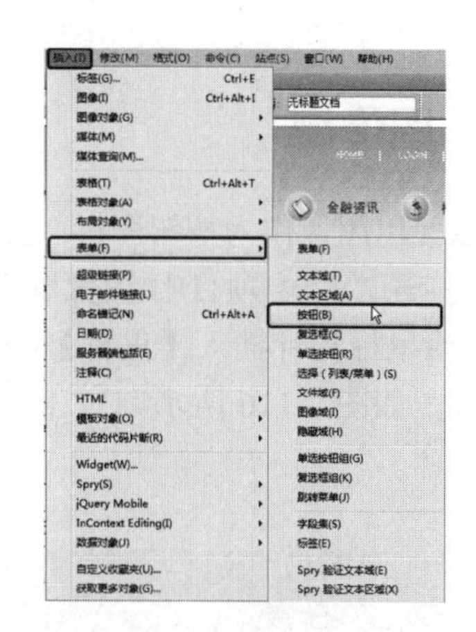

图 7-109　素材文件　　　图 7-110　选择【按钮】命令

(3) 执行上一步操作后，即可插入按钮，如图 7-111 所示。

(4) 将鼠标指针插入按钮的右侧，在【属性】面板中将【水平】设置为【居中对齐】，如图 7-112 所示。

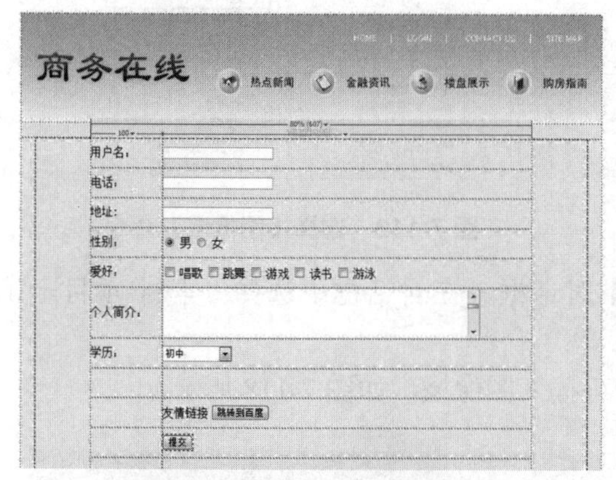

图 7-111　插入按钮

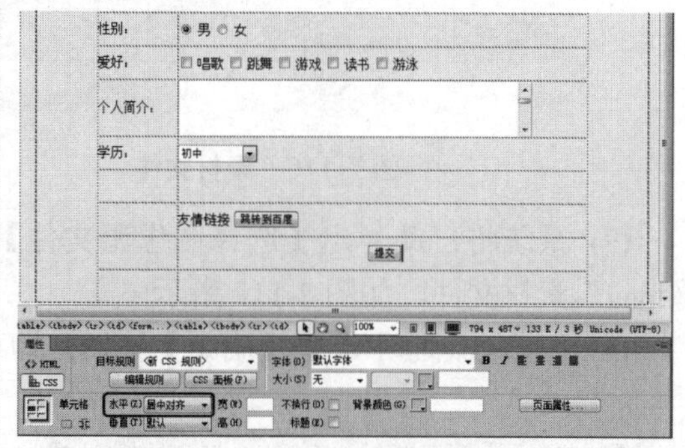

图 7-112　设置按钮的对齐方式

(5) 将鼠标指针置于【提交】按钮的右侧，在菜单栏中选择【插入】|【表单】|【按钮】命令，选中插入的按钮，在【属性】面板中单击【重设表单】单选按钮，如图 7-113 所示。

(6) 设置完成后，将文档保存，按 F12 键可以在网页中预览，如图 7-114 所示。

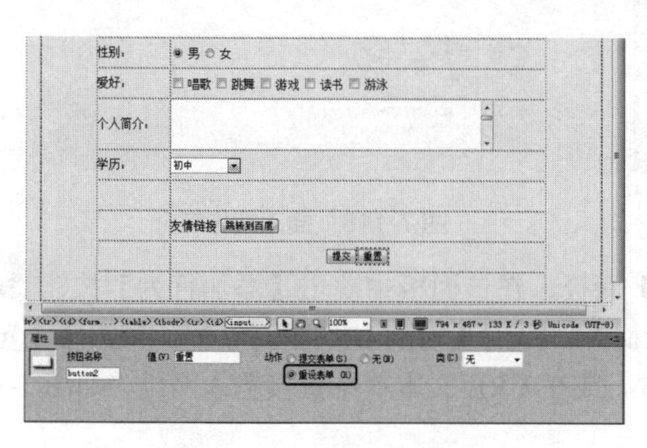

图 7-113　插入并设置按钮

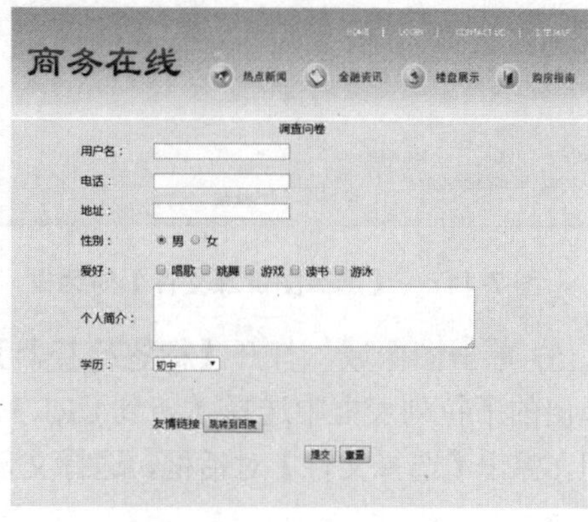

图 7-114　预览文档效果

7.2.2 图像域

可以使用图像作为按钮图标。插入图像域的具体操作步骤如下。

(1) 打开“素材\项目七\图像域素材.html”文件，如图 7-115 所示。

(2) 将鼠标指针插入【重置】按钮的右侧，在菜单栏中选择【插入】|【表单】|【图像域】命令，如图 7-116 所示。

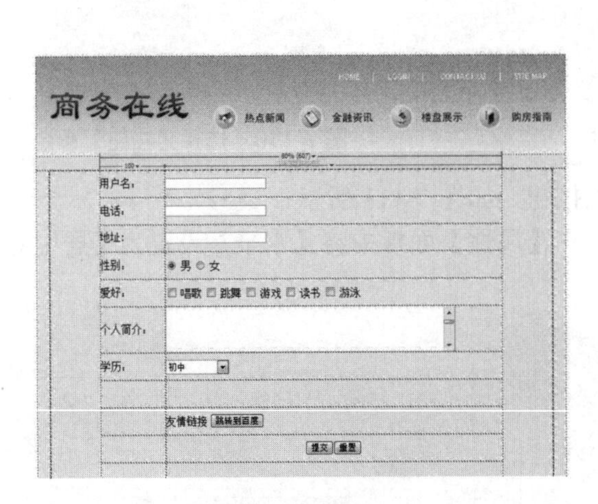

图 7-115 素材文件

图 7-116 选择【图像域】命令

(3) 系统将自动弹出【选择图像源文件】对话框，在对话框中选择“素材\项目七\图像.png”素材文件，如图 7-117 所示。

(4) 在该对话框中单击【确定】按钮，即可插入图像域，如图 7-118 所示。

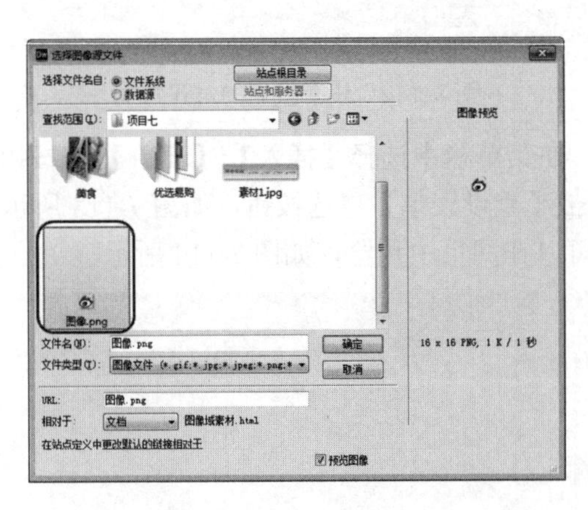

图 7-117 【选择图像源文件】对话框

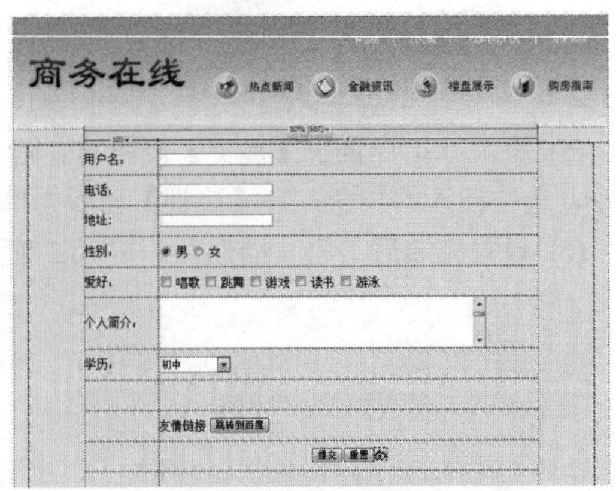

图 7-118 插入图像域

(5) 单击图像域，打开【标签检查器】面板，在该面板中单击【添加行为】按钮，在弹出的下拉列表框中选择【转到 URL】命令。弹出【转到 URL】对话框，单击【浏览】按钮，弹出【选择文件】对话框，选择文件，或在 URL 文本框中直接输入网址，如图 7-119 所示。

(6) 设置完成后将文档保存，按 F12 键可以在网页中进行预览，单击图像域即可跳转网页，如图 7-120 所示。

图 7-119　设置 URL

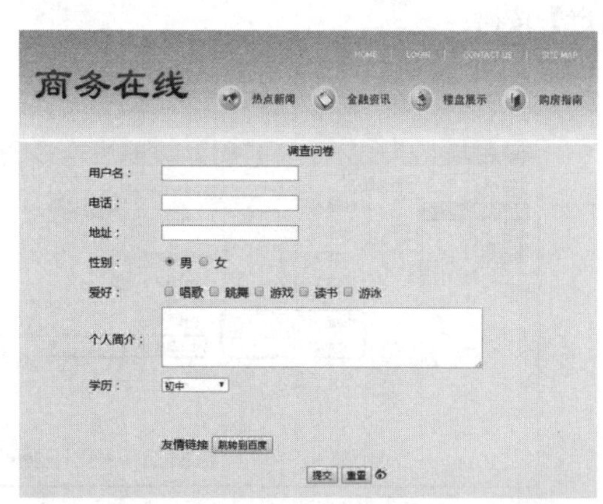

图 7-120　预览文档效果

任务 3　上机练习——制作美食网页

美食，顾名思义就是美味的食物，贵的有山珍海味，便宜的有街边小吃。但是不是所有人对美食的标准都是一样的，其实美食是不分贵贱的，只要是自己喜欢的，就可以称为美食。本例将介绍如何制作美食网页，完成后的效果如图 7-121 所示。

素材	项目七\美食	
场景	项目七\上机练习——制作美食网页.html	
视频	项目七\任务 3：上机练习——制作美食网页.mp4	

图 7-121　美食网页

具体操作步骤如下。

(1) 启动软件后单击新建 HTML 选项，单击【属性】面板中的【页面属性】按钮，在弹出的对话框中选择【外观(HTML)】选项，将【左边距】、【上边距】、【边距高度】都设置为 0，如图 7-122 所示，单击【确定】按钮。

(2) 按 Ctrl+Alt+T 组合键打开【表格】对话框，在该对话框中将【行数】设置为 1、【列】设置为 1，将【表格宽度】设置为 900 像素，其他参数均设置为 0，如图 7-123 所示，单击【确定】按钮。

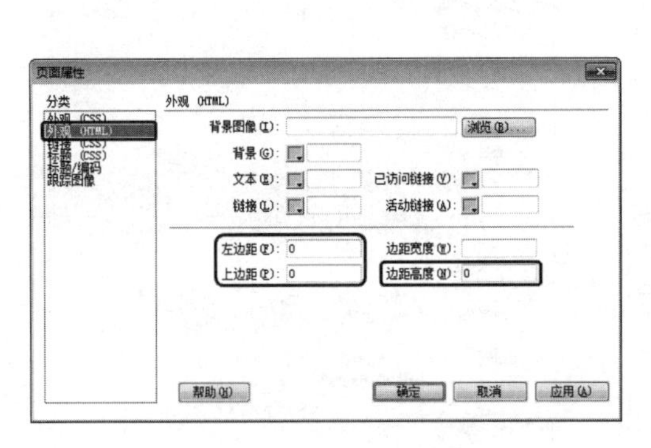

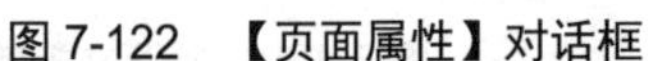
图 7-122 【页面属性】对话框

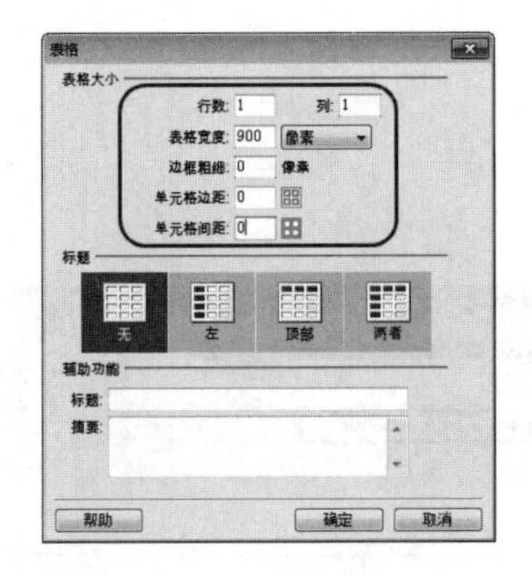

图 7-123 【表格】对话框

(3) 选择插入的表格，将【对齐】设置为【居中对齐】，将【高】设置为 30。在表格内输入文字，然后选择除“电脑版”以外的其他文字，将【目标规则】设置为【<内联样式>】，将【大小】设置为 13 px，将【文字颜色】设置为#666666。选择“电脑版”文字，将【目标规则】设置为【<内联样式>】，将【大小】设置为 15 px，将【文字颜色】设置为#FF9900，按 Ctrl+B 组合键将文字加粗，如图 7-124 所示。

图 7-124 设置文字属性

(4) 将鼠标指针插入表格的右侧，按 Ctrl+Alt+T 组合键在弹出的对话框中将【行数】设置为 1、【列】设置为 9，将【表格宽度】设置为 900 px，其他参数保持默认设置，如图 7-125 所示，单击【确定】按钮。

(5) 选择插入的表格，将【对齐】设置为【居中对齐】。将鼠标指针插入第 1 列单元格内，在菜单栏中选择【插入】|【图像对象】|【鼠标经过图像】命令，弹出【插入鼠标经过图像】对话框，在该对话框中单击【原始图像】右侧的【浏览】按钮，如图 7-126 所示。

(6) 弹出【原始图像】对话框，在该对话框中选择“素材\项目七\美食\素材 1.jpg”图片，如图 7-127 所示。

(7) 单击【确定】按钮，返回到【插入鼠标经过图像】对话框，在该对话框中单击【鼠标经过图像】右侧的【浏览】按钮，在弹出的对话框中选择“素材\项目七\美食\素材 2.jpg”图片。单击【确定】按钮，返回到【插入鼠标经过图像】对话框，如图 7-128 所示。

(8) 使用同样的方法插入其他鼠标经过图像，完成后的效果如图 7-129 所示。

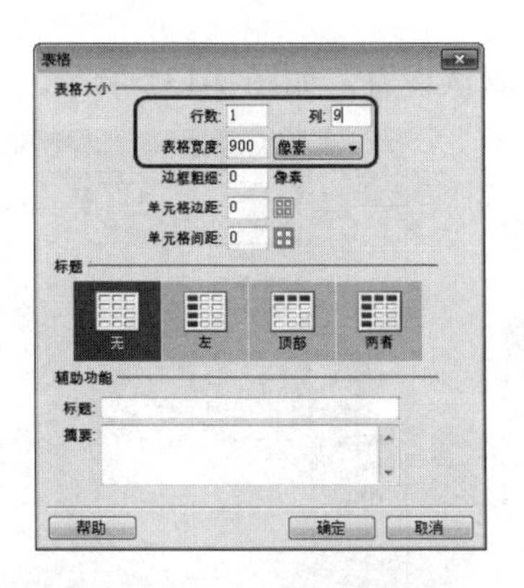

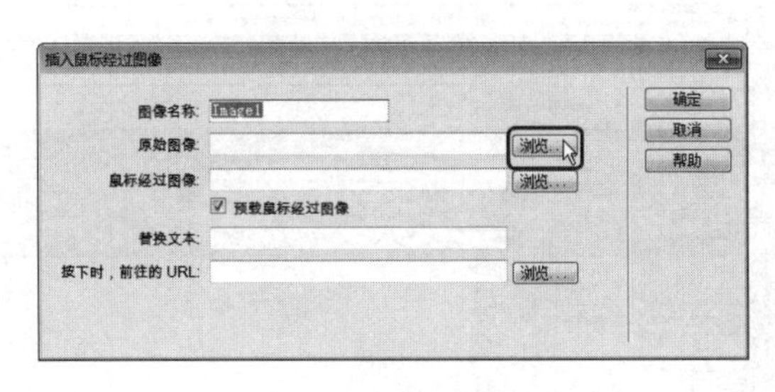

图 7-125　【表格】对话框　　　　图 7-126　【插入鼠标经过图像】对话框

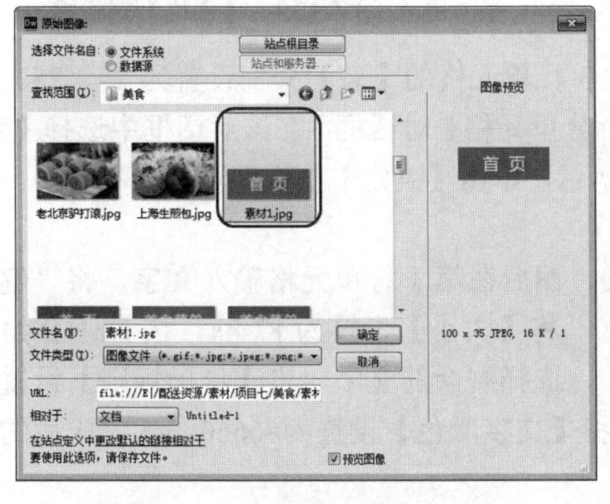

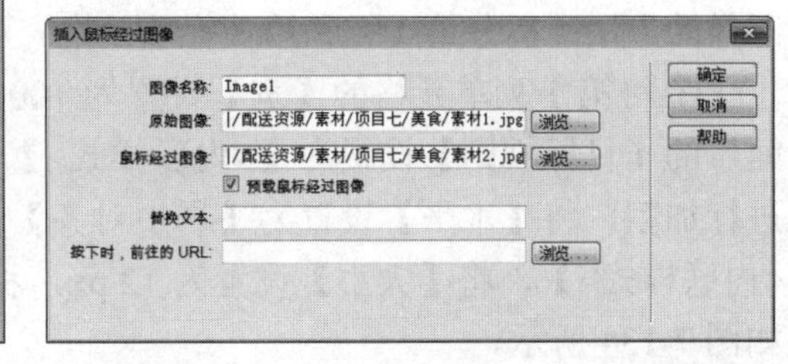

图 7-127　【原始图像】对话框　　　　图 7-128　【插入鼠标经过图像】对话框

(9) 将鼠标指针插入表格的右侧，按 Ctrl+Alt+T 组合键打开【表格】对话框，在该对话框中将【行数】设置为 2、【列】设置为 3，将【表格宽度】设置为 900 px，其他参数保持默认设置，如图 7-130 所示，单击【确定】按钮。

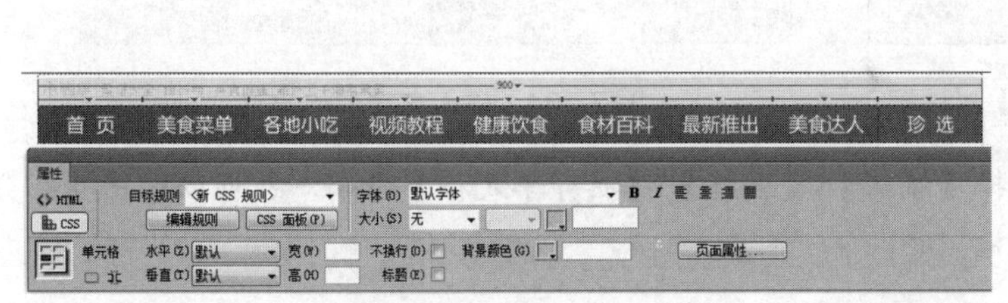

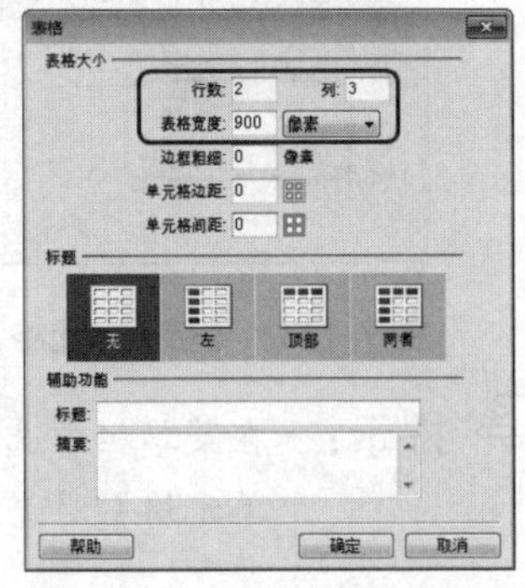

图 7-129　插入鼠标经过图像　　　　图 7-130　【表格】对话框

(10) 选择插入的表格，将【对齐】设置为【居中对齐】，将第 1 行单元格合并，将【高】设置为 10。选择合并后的表格，单击【拆分】按钮，切换视图，将选中命令中的 删除，如图 7-131 所示。

(11) 将第 2 行单元格的【宽】均设置为 300。将鼠标指针插入第 2 行第 1 列单元格内，按 Ctrl+Alt+T 组合键打开【表格】对话框，在该对话框中将【行数】设置为 11、【列】设置为 1，将【表格宽度】设置为 300 px，其他参数保持默认设置，如图 7-132 所示。

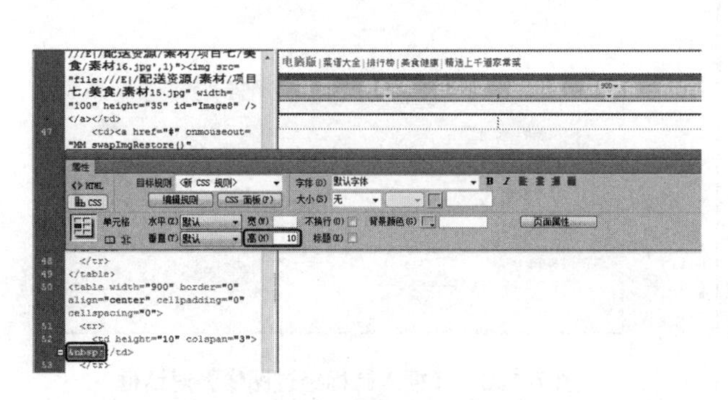

图 7-131　选中代码中的“ ”

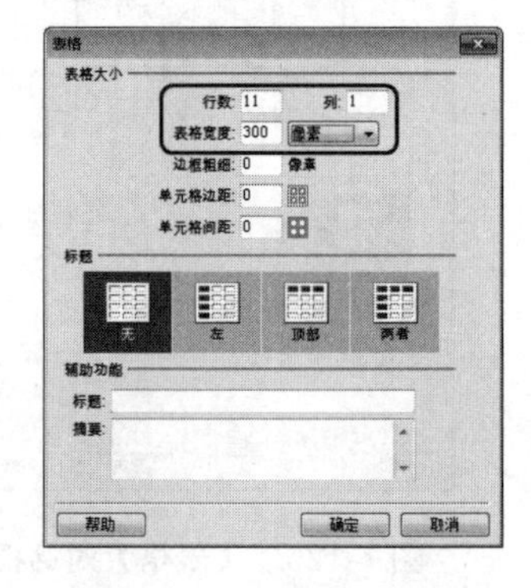

图 7-132　【表格】对话框

(12) 将第 1 行的【高】设置为 30，第 2、3 行单元格的【高】分别设置为 25、75。选择第 1 行单元格，单击【拆分】按钮，弹出【拆分单元格】对话框，在该对话框中选择【列】单选按钮，将【列数】设置为 2，如图 7-133 所示，单击【确定】按钮即可拆分单元格。使用同样的方法，拆分第 2 行和第 3 行单元格。

(13) 将第 1 列单元格的【宽】设置为 100，然后在第 1 行单元格输入文字，将“健康新闻”的【目标规则】设置为【<内联样式>】，将【大小】设置为 17 px，按 Ctrl+B 组合键进行加粗，将【水平】设置为【居中对齐】。选择剩余的文字，将【目标规则】设置为【<内联样式>】，将【大小】设置为 12 px，将【文字颜色】设置为#666666，完成后的效果如图 7-134 所示。

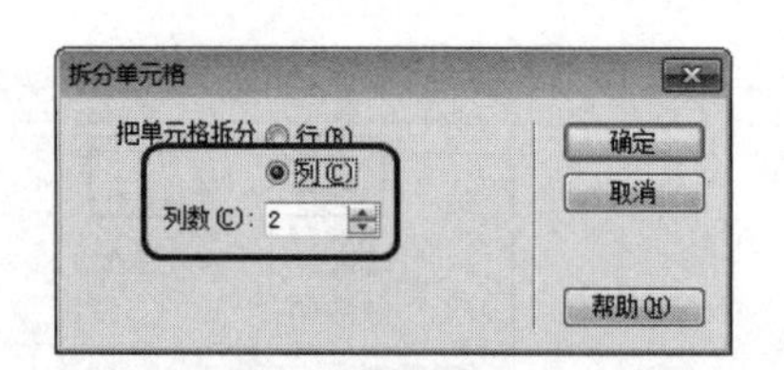

图 7-133　【拆分单元格】对话框

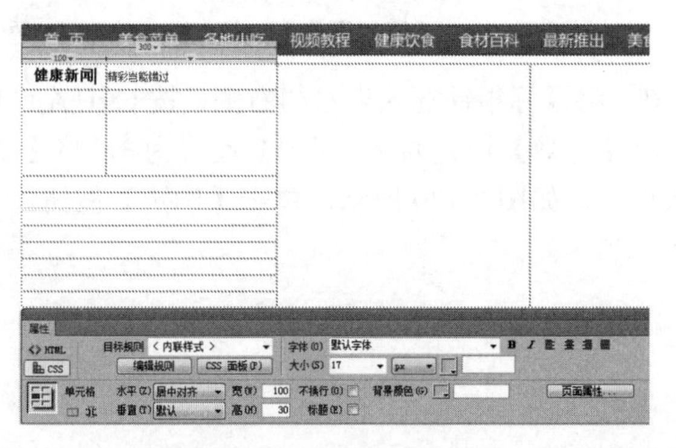

图 7-134　输入文字后的效果

提示： 在菜单栏中选择【编辑】|【表格】|【拆分单元格】命令，也可以弹出【拆分单元格】对话框。

(14) 将第 1 列中的第 2 行、第 3 行单元格合并，按 Ctrl+Alt+I 组合键打开【选择图像源文件】对话框，在该对话框中选择“素材\项目七\素材 19.jpg”文件，如图 7-135 所示，单击【确定】按钮。

(15) 选择插入的图片，在【属性】面板中将【水平】设置为【居中对齐】，完成后的效果如图 7-136 所示。

(16) 在图片右侧单元格中输入文字，选择“免疫力下降吃什么好？”文字，按 Ctrl+B 组合键进行加粗。将【目标规则】设置为【<内联样式>】，将【文字颜色】设置为#ff3300，将剩余文字的【目标规则】设置为【<内联样式>】，将【大小】设置为 13 px，将【文字颜色】设置为#666666，将【字体】设置为【微软雅黑】，完成后的效果如图 7-137 所示。

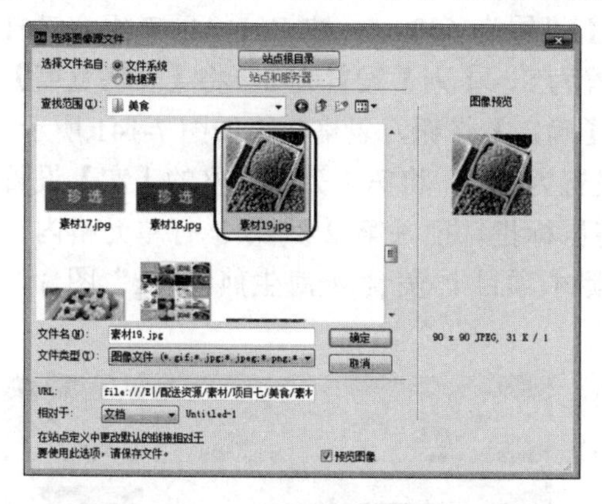

图 7-135 【选择图形源文件】对话框

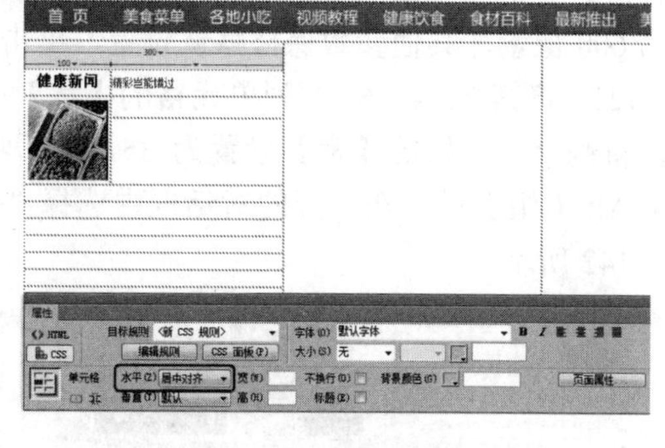

图 7-136 调整图片

(17) 将第 4 行单元格的【高】设置为 25，然后使用同样的方法为剩余的单元格插入图片和输入文字，并对输入的文字进行设置，完成后的效果如图 7-138 所示。

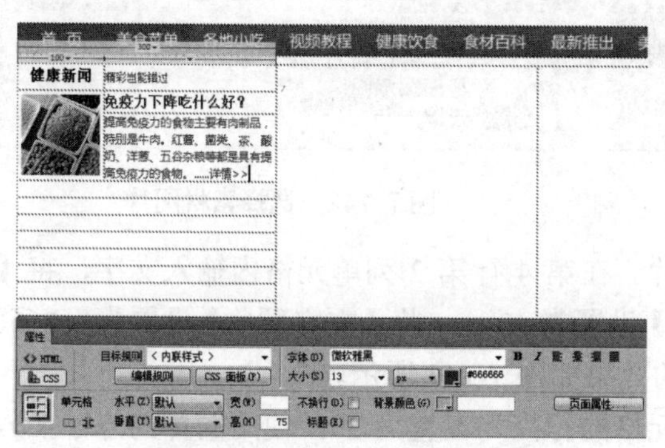

图 7-137 输入文字并设置

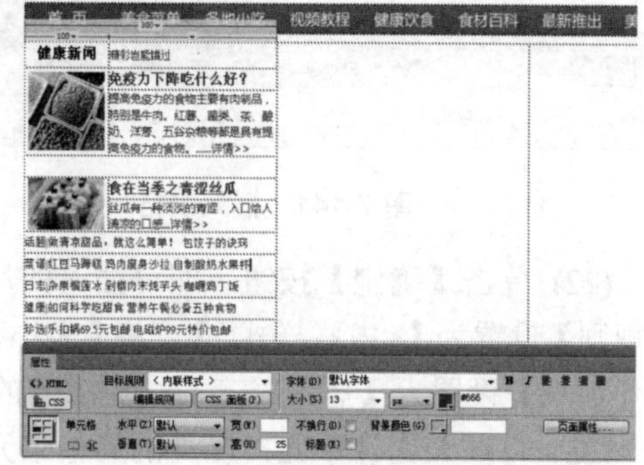

图 7-138 设置其他图片和文字

(18) 使用同样的方法在单元格内输入文字和插入图片，完成后的效果如图 7-139 所示。

(19) 将鼠标指针插入表格的右侧，按 Ctrl+Alt+T 组合键打开【表格】对话框，在该对话框中将【行数】设置为 2、【列】设置为 2，将【表格宽度】设置为 900 px，其他参数保持默认设置，如图 7-140 所示。

图 7-139 设置完成后的效果

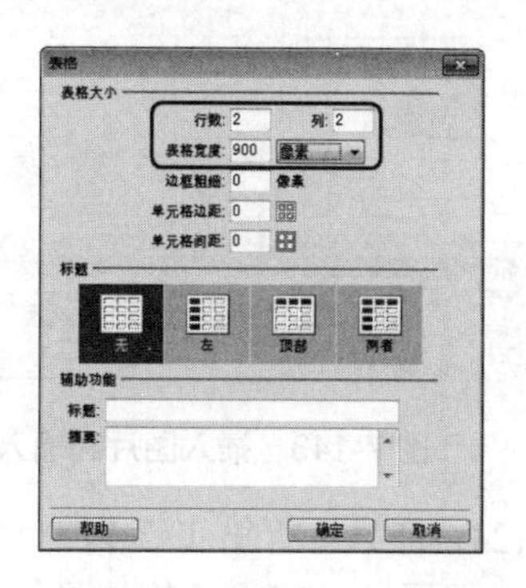

图 7-140 【表格】对话框

(20) 单击【确定】按钮，确定插入的表格处于选择状态，在【属性】面板中将【对齐】设置为【居中对齐】。将第 1 行单元格合并，使用前面介绍的方法将【高】设置为 10。将鼠标指针插入第 2 行第 1 列单元格内，将【宽】设置为 600 px。按 Ctrl+Alt+T 组合键打开【表格】对话框，在该对话框中将【行数】设置为 8、【列】设置为 8，将【表格宽度】设置为 600 像素，其他参数保持默认设置，单击【确定】按钮，表格效果如图 7-141 所示。

(21) 将第 2、4、6、8 列单元格的【宽】设置为 120，将第 1 列单元格的【宽】设置为 15，将剩余单元格的【宽】设置为 35，然后将鼠标指针插入第 2 列第 3 行单元格内，按 Ctrl+Alt+I 组合键，在打开的对话框中选择“素材\项目七\美食\上海生煎包.jpg”图片，如图 7-142 所示。

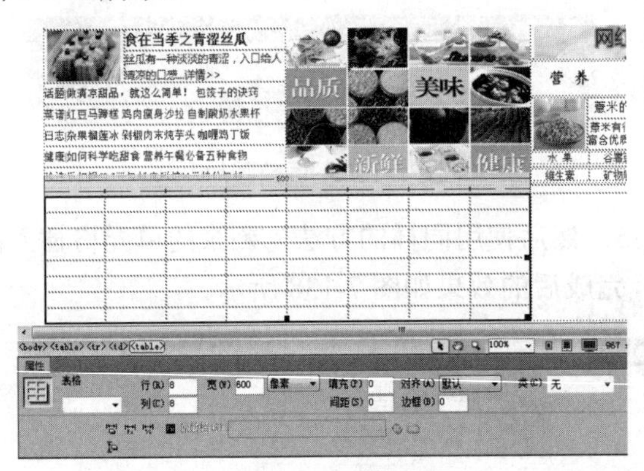

图 7-141　插入表格

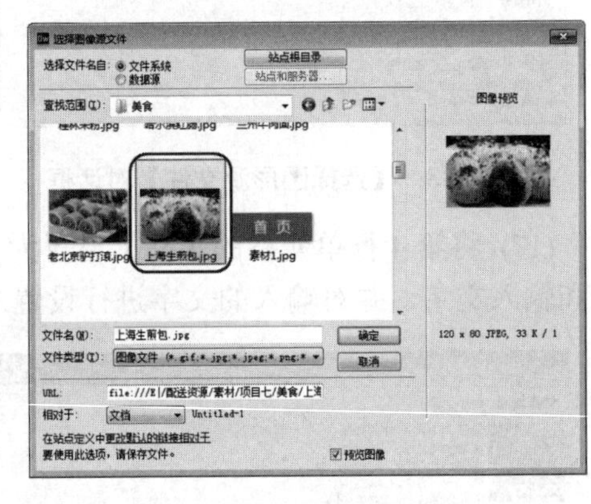

图 7-142　选择素材图片

(22) 单击【确定】按钮，即可插入图片。在第 4 行第 2 列单元格内输入文字，将【目标规则】设置为【<内联样式>】，将【大小】设置为 13 px，将【文字颜色】设置为#666666，将【水平】设置为【居中对齐】，完成后的效果如图 7-143 所示。

(23) 将插入图片单元格以外的其他单元格的行高均设置为 20，使用同样的方法插入其他图片和输入文字，完成后的效果如图 7-144 所示。

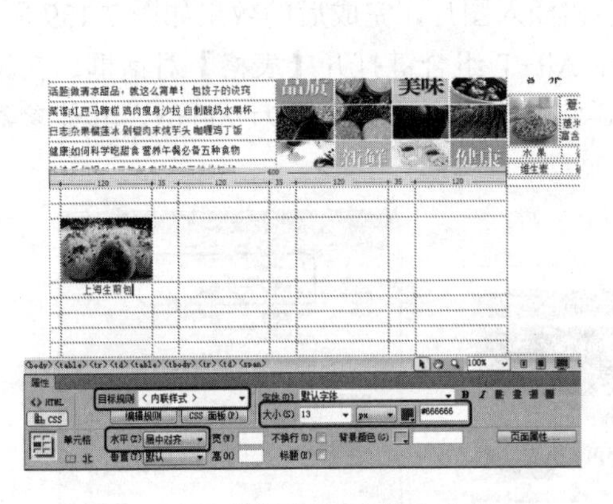

图 7-143　插入图片和输入文字

图 7-144　使用同样的方法插入其他图片

(24) 将第 1 行第 1~3 列单元格合并，将 4~8 单元格进行合并，然后在单元格内输入文字并设置属性，完成后的效果如图 7-145 所示。

(25) 将鼠标指针插入大表格的第 2 列单元格，按 Ctrl+Alt+T 组合键打开【表格】对话框，在该对话框中将【行数】设置为 11、【列】设置为 1，将【表格宽度】设置为 300 px，将【单元格间距】设置为 2，其他参数均设置为 0，单击【确定】按钮，如图 7-146 所示。

图 7-145 在单元格内输入文字

图 7-146 插入表格后的效果

(26) 选中插入的单元格，将【背景颜色】设置为#F46F2E，【水平】设置为【居中对齐】，将第 1 行单元格的【高】设置为 40，将其余单元格的【高】设置为 30，然后在单元格内输入文字，并对文字进行相应的设置，完成后单击【实时视图】按钮观看效果，如图 7-147 所示。

(27) 将鼠标指针插入表格的右侧，按 Ctrl+Alt+T 组合键打开【表格】对话框，在该对话框中将【行数】设置为 2、【列】设置为 1，将【表格宽度】设置为 900 px，将【单元格间距】设置为 0，单击【确定】按钮。在【属性】面板中将【对齐】设置为【居中对齐】，将第 1 行的行高设置为 10。切换至【拆分】视图中，将 代码删除。将鼠标指针插入该单元格中，选择【插入】| HTML |【水平线】命令，然后在第 2 行单元格内输入文字，将【大小】设置为 13 px，将【文字颜色】设置为#666666，将【水平】设置为【居中对齐】，效果如图 7-148 所示。

(28) 至此，美食网页就制作完成了，将场景保存后按 F12 键进行预览。

图 7-147 设置单元格并输入文字

图 7-148 制作其他对象后的效果

思考与练习

1. 简述添加表单域的操作步骤。
2. 简述添加复选框的操作步骤。
3. 简述添加单选按钮的操作步骤。

常用快捷键

文件菜单		
Ctrl + N　新建文档	Ctrl + O　打开一个 HTML 文件	Ctrl + W　关闭
Ctrl + S　保存	Ctrl + Shift + S　另存为	Ctrl + Q　退出
Ctrl + P　打印代码	F12　实时预览	
编辑菜单		
Ctrl + Z　撤销	Ctrl + Y　重做	Ctrl + X　剪切
Ctrl + C　复制	Ctrl + V　粘贴	Ctrl + Shift + V　选择性粘贴
Ctrl + A　全选	Ctrl +[　选择父标签	Ctrl +]　选择子标签
Ctrl + G　转到行	Ctrl+H　显示代码提示	Ctrl + Shift + C　折叠所选
Ctrl + Alt + C　折叠外部所选	Ctrl + Shift + E　扩展所选	Ctrl + Shift + J　折叠完整标签
Ctrl + Alt + J　折叠外部完整标签	Ctrl + Alt + E　扩展全部	Ctrl + T　快速标签编辑器
Ctrl + Shift + L　移除链接	Ctrl + Alt + M　合并单元格	Ctrl + Alt + Shift + T　拆分单元格
Ctrl + M　插入行	Ctrl + Shift + A　插入列	Ctrl + Shift + M　删除行
Ctrl + Shift + -　删除列	Ctrl + Shift +]　增加列宽	Ctrl + Shift + [　减少列宽
Ctrl + Shift + >　缩进代码	Ctrl + Shift + <　凸出代码	Ctrl + ‘　平衡大括弧
Ctrl + Alt +]　缩进	Ctrl + Alt + [　凸出	Ctrl + B　粗体
Ctrl + I　倾斜	Ctrl + Shift + P　段落	Ctrl + U　首选项
查看菜单		
Ctrl + Shift + F11　切换视图模式	Alt + Shift + F11　检查	Ctrl + =　增加字体大小
Ctrl + -　减小字体大小	Ctrl + 0　恢复字体大小	F5　刷新设计视图
Ctrl + Shift + I　隐藏所有	Ctrl + ;　显示辅助线	Ctrl + Alt + ;　锁定辅助线
Ctrl + Shift + ;　靠齐辅助线	Ctrl + Shift + G　辅助线靠齐元素	Ctrl + Alt + G　显示网格
Ctrl + Alt + Shift + G　靠齐到网格	Alt + F11　显示标尺	
插入菜单		
Ctrl + Alt + I　可弹出“选择图像源文件”对话框	Ctrl + Alt + T　“表格”对话框	Ctrl + Alt + F　“选择 SWF”对话框
Ctrl + Shift + Space　不换行空格	Ctrl + Alt + V　“新建可编辑区域”对话框	
工具菜单		
F9　编译	Ctrl + Alt + N　代码浏览器	Shift + F7　拼写检查
查找菜单		
Ctrl + F　在当前文档中查找	Ctrl + Shift + F　在文件中查找和替换	Ctrl + H　在当前文档中替换
F3　查找下一个	Shift + F3　查找上一个	Ctrl + Shift + F3　查找全部并选择

续表

Ctrl + R　将下一个匹配项添加到选区	Ctrl ＋ Alt ＋ R　跳过并将下一个匹配项添加到选区	
站点菜单		
Ctrl + Alt + D　获取	Ctrl + Alt + Shift + D　取出	Ctrl + Shift + U　上传
Ctrl + Alt + Shift + U　存回	Ctrl + F8　检查站点范围的链接	
窗口菜单		
F4　隐藏面板	Shift + F4　行为	F10　代码检查器
Shift + F4　CSS 设计器	Ctrl + F7　DOM	F8　文件
Ctrl + F2　插入	Ctrl + F3　属性	Shift + F6　输出
F7　搜索	Shift + F9　代码片段